림프드레나지 3판

MANUAL LYMPH DRAINAGE

림프드레나지 3판

MANUAL LYMPH DRAINAGE

2007년 8월 31일 1판 1쇄 발행
2012년 8월 27일 2판 1쇄 발행
2020년 3월 10일 3판 1쇄 발행
2024년 9월 30일 3판 4쇄 발행

림프드레나지3판
학지사메디컬

지은이 | 김성중 · 심정묘 외
펴낸이 | 김진환
펴낸곳 | 학지사메디컬 HAKJISA MEDICAL
04031 서울특별시 마포구 양화로 15길 20 마인드월드빌딩
대표전화_ 02-330-5188　　팩스_ 02-326-0338
등　록 | 2010년 2월 8일 제313-2010-36호
메　일 | hakjisamd@hakjisamd.co.kr
홈페이지 | http://www.hakjisamd.co.kr

ISBN　978-89-6069-867-3 93510

가　격 | 29,000원

림프드레나지 3판

김성중 · 심정묘 외 공저

MANUAL
LYMPH
DRAINAGE

학지사메디컬
HAKJISA MEDICAL

저자소개

대표저자

김성중 강원대학교

심정묘 수성대학교

집필진

김기연 충청대학교

김성중 강원대학교

김유정 여주대학교

김정숙 대구공업대학교

김해남 마산대학교

김현서 대구공업대학교

류현지 계명문화대학교

심정묘 수성대학교

이승자 한라대학교

이종민 상지영서대학교

이지현 서울호서직업전문학교

이현화 창원문성대학교

장현희 경복대학교

진정화 건양대학교

채순님 동원대학교

표영희 오산대학교

함영주 건국대학교 산업대학원

허홍임 대경대학교

홍지유 건국대학교 산업대학원

머리말

개정 3판을 내면서 감해가 새롭습니다. 1996년 국내에서 환자에 대한 치료 목적으로 엠엘디를 시작하였지만, 오히려 의학 분야에서보다 미용 분야에서 더욱 엠엘디에 대한 활용과 연구들이 많았습니다. 20년이 훨씬 지난 오늘에서야 조심스럽게 의학계에서도 도움이 될 수 있는 내용을 첨부하였습니다. 그러기에 3판을 준비하면서 안타까움과 흥분이 내내 공존하였습니다. 의학적 내용을 충분히 넣을 수는 없었지만, 가능한 임상에서 필요한 내용을 많이 담으려고 하였기에 현장에서 환자를 치료하는 의료전문가에게 조금이라도 도움이 되었으면 합니다.

2판에서 미용과 건강 분야에서 엠엘디를 배우기 위해 필요한 이론과 실기 내용을 담았다면, 3판에서는 의학 분야에서 환자를 치료할 때 도움이 될 수 있는 내용을 추가하였습니다. 엠엘디를 주로 적용할 수 있는 순환계 문제로 생기는 질병, 림프 순환의 문제로 발생되는 증상, 다양한 부종의 원인과 치료법 등을 추가하여 서술하였으며, 현재 보더 아카데미에서 교육하는 실기 과정을 최신 내용으로 수정 · 보완하였습니다.

여러 분야의 전문가들이 이 책을 사용할 것으로 생각됩니다. 미용과 건강증진 목적에서부터 병을 치료하는 치료법에 이르기까지 이 책의 내용이 도움이 될 것이라고 생각합니다. 이 책을 미용 및 일반 건강증진을 위한 목적으로 교육하고 활용한다면, 이 책에서 다룬 해부생리, 엠엘디 효과, 실기 내용을 중심으로 건강한 림프계를 가진 모든 사람을 대상으로 활용하도록 하며, 3판에서 추가된 질병 및 치료법의 내용은 다른 물리치료사, 작업치료사, 한의사, 의사, 간호사 등의 의료 전문가들과의 상호 협력을 위해 도움이 되었으면 합니다. 의료 전문가들에게는 이 책이 치료나 진단에 초점을 맞춘 것이 아니어서 그 분야는 다소 부족한 부분이 있지만, 그래도 치료의 핵심과 원리를 이해하는 데 많은 도움이 될 것이라고 생각됩니다. 추후, 의학적 질병이나 치료 및 진단에 대한 것은 좀 더 보충하도록 하거나 별도 교재를 만들 생각입니다.

엠엘디에 대한 연구들이 국제적으로 많이 진행되고 있습니다. 모든 내용에 참고문헌을 개별적으로 표기 못한 것이 많은 아쉬움으로 남습니다. 근거(evidence)를 기반으로 한 접근을 위해 많은 엠엘디에 대한 연구 결과들을 추후에 개별적 참고문헌 첨부와 함께 보강할 생각입니다.

마지막으로 3판이 나오는데 많은 도움을 주신 학지사메디컬 김진환 사장님 이하 편집부 직원분들께 진심으로 감사의 말씀을 드리며, 환자 치료와 연구, 수업 등으로 바쁘신 중에도 수정 · 보완이 잘 이루어질 수 있도록 도와주신 다른 저자들에게도 머리 숙여 감사를 드립니다.

2020년 3월

대표저자 **김성중 · 심정묘**

차례

CHAPTER 06 적응증과 금기증

CHAPTER 07 엠엘디와 다른 치료 병행하기

CHAPTER 08 효과를 높이는 방법

차례

CHAPTER

01

역사적 배경

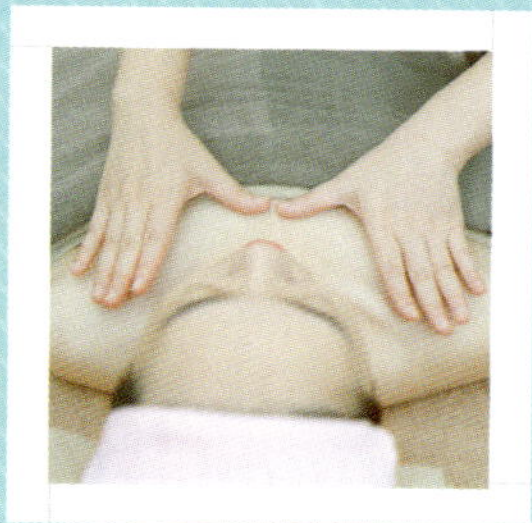
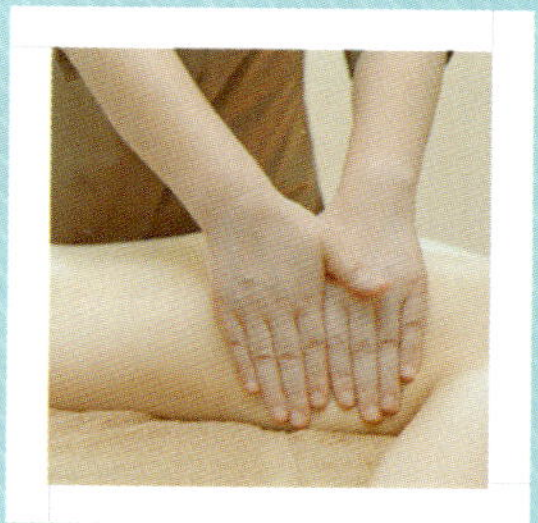

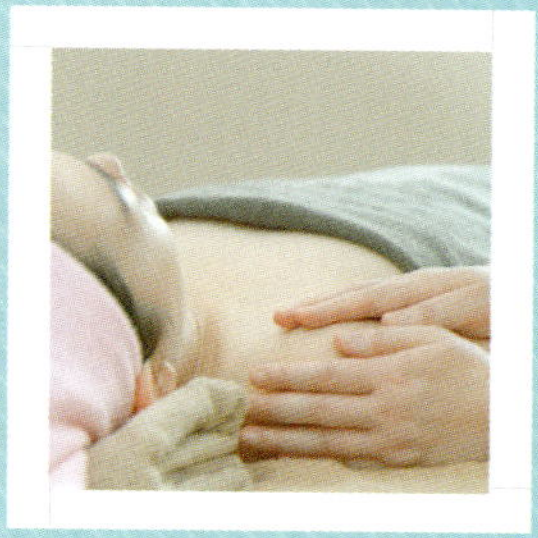
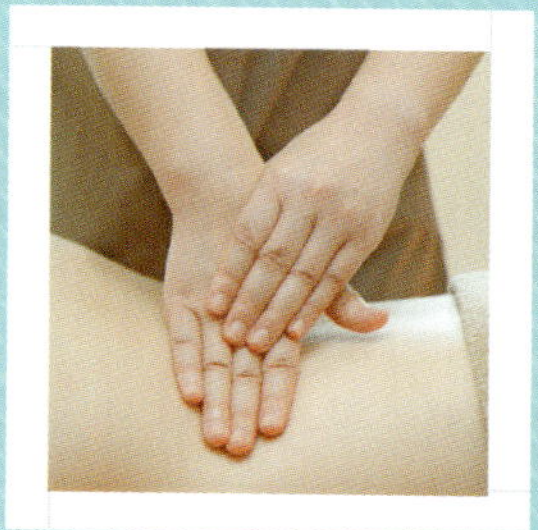
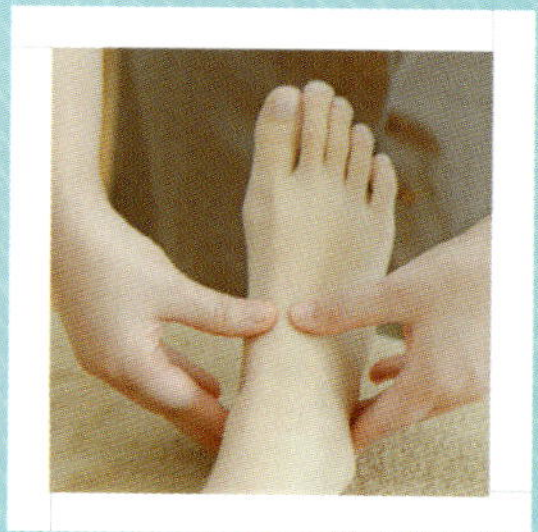

1 엠엘디의 정의

엠엘디(MLD)는 Manual Lymph Drainage의 두문자어로 테라피스트의 손을 이용하여 림프의 이동을 촉진시키는 방법이다. 전 세계 의학, 미용 분야에서 널리 사용되고 있는 공식적인 용어로 창시자인 에밀 보더(Emil Vodder) 박사가 명명하였다.

현재 국내에서는 림프배농, 림프배출, 엠엘디, 림프배액 등의 여러 형태로 불리고 있지만 국제적으로 통용되는 전문 용어는 엠엘디다. 우리 식으로 표현하면 엠엘디, 수기 림프드레나지, 수기 림프배출법, 림프드레나지 정도가 된다. 현재 림프 마사지라는 용어로도 많이 사용되고는 있지만, 일반적인 마사지와는 완전히 다른 형태로 적용되기 때문에 엠엘디 테라피스트는 이 방법이 마사지의 한 부류로 불리는 것을 원하지 않는다. 우리 식의 부적절한 표현을 지나치게 이곳저곳 사용하는 것은 바람직하지 않으므로 우리도 국제화 용어에 맞게 엠엘디로 부르는 것을 추천한다. 이 책에서는 표준화된 용어인 '엠엘디'를 사용하였다.

여러 사람이 엠엘디를 다양한 방법과 명칭으로 국내에 소개해 왔으나, 그 효과는 검증되지 않은 것이 대부분이다.

2 엠엘디의 역사

1) 퍼 헨릭 링

스웨덴 체육 강사인 퍼 헨릭 링(Per Henrik Ling)은 링 시스템(Ling system) 또는 스웨덴 움직임 치료(Sweden movement treatment)라고 하는, 비교적 압력을 강하게 적용하는 마사지(heavy massage)와 움직임(movement)을 같이 적용해서 신체의 상태를 개선시키는 방법을 발전시켰고, 이것은 스웨덴식 마사지(Swedish massage)의 토대가 되었다. 1913년 스톡홀름 왕실 중앙 체육 연구소(The Royal Gymnastic Central Institute of Stockholm)에서 그의 방법을 받아들여 체계화하면서 유럽을 중심으로 널리 알려지기 시작하였다(그림 1-1).

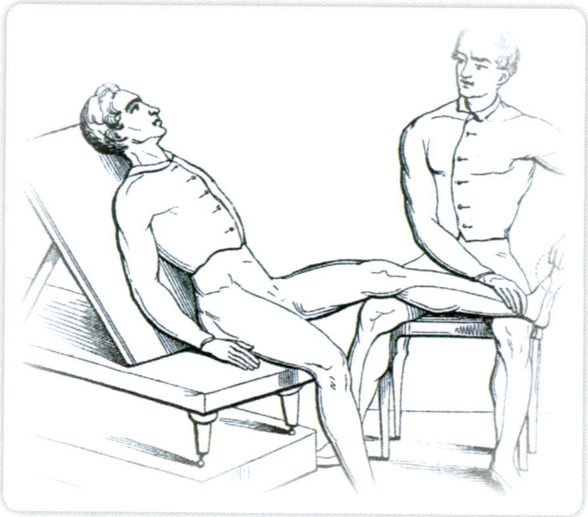

그림 1-1 퍼 헨릭 링의 스웨덴식 움직임의 일부인 연부조직과 관절의 수동관절운동

2) 모젠겔

모젠겔(Mosengel)과 그의 뒤를 이은 에스막(Esmarch), 쿠렌캠프(Kuhlenkampf)는 림프계의 변화에 의해 발생한 만성상피성림프부종이 있는 사람에게 림프에 적용하는 마사지와 피부 관리, 운동을 제시하였고, 이를 꾸준하게 지속해야만 부종 관리가 이루어진다고 하였다.

3) 알렉산더 본 위니월터

벨기에 의사인 알렉산더 본 위니월터(Alexander von Winiwarter)는 처음으로 수기기술을 이용한 림프부종 치료를 병원에 도입하였다. 그도 이전에 모젠겔 등이 제시한 것과 유사하게 피부 관리, 운동을 환자에게 적용하였으며, 좀 더 세밀하게 위생, 압박, 다른 치료 도구와 함께 스웨덴식 마사지와 같은 강한 마사지 기술을 사용하였다. 림프부종의 치료 및 관리에 있어서는 절대적으로 환자 스스로의 지속적인 관리를 강조하였으며, 팔다리 몸쪽(몸통)에서 먼쪽(팔다리), 즉 역순 방식(retrograde manner)으로 마사지할 것을 권하였다. 이는 현재의 엠엘디와 비슷한 원리로 적용되었다고 할 수 있다.

4) 에밀 보더

덴마크 물리치료사이자 마사지치료사인 에밀 보더(Emil Vodder)는 1928년 브뤼셀

그림 1-2 보더 박사 부부
좌: 에스트리드 보더(Estrid Vodder),
우: 에밀 보더(Emil Vodder)

에서 박사 학위를 받았다(그림 1-2). 그가 1932년경 프랑스의 리비에라(Riviera) 지방의 칸느(Cannes)에서 물리치료사로 있을 당시, 많은 환자가 목 주변의 림프절이 비대해져 있는 만성감기와 부비동염(chronic sinusitis), 광범위한 여드름(diffuse acne)을 가지고 있었다고 한다. 마사지를 전문 기술로 삼아 치료했던 그는 어떻게 이 사람들의 상태를 개선시킬까 고심하던 중에 직관적으로 심장 방향으로 가볍게 쓰다듬는 마사지를 적용하였는데, 의외로 상당히 빠른 증상 감소를 확인하였다. 이것을 계기로 림프계(lymph system)에 적용하는 엠엘디가 시작되었다.

5) 요하네스 아스동

보더 박사는 1936년 프랑스 파리에서 '건강과 미용(Sante et Beaute)'이란 주제로 개최된 건강 박람회를 통해 여드름 등에 대한 엠엘디 임상 결과를 발표하였다. 이때부터 엠엘디는 미용계에 혁신적인 피부 관리법으로 많은 관심을 불러 일으켜 대중에게 확산되었다. 하지만 그 당시 의사나 과학자들은 여전히 박테리아나 독소가 림프관을 통하여 온몸에 퍼진다고 생각했기 때문에 엠엘디를 받아들이지 않았다. 그러던 중 독일 의사인 요하네스 아스동(Johannes Asdonk, 그림 1-3)이 그의 병원에서 2만 명의 환자에게 엠엘디를 적용함으로써 의학적 효능을 확인하고 질환별 금기증과 적응증을 구별해 낸 후부터 의학계에 빠르게 확산되었다.

그림 1-3 요하네스 아스동

3 엠엘디의 발전

1967년 보더 박사의 엠엘디학회(The Society for Dr. Vodder's MLD)가 결성되고, 1972년 오스트리아의 웰치스(Walchsee) 지방에 보더 스쿨(Dr. Vodder School)이 설립되면서 정식 교육이 시작되었다. 이후 많은 해부생리학자가 그의 기술에 대한 이론적 근거를 제시하였고, 1976년에는 독일 림프학회에 치료적, 피부 미용적 엠엘디 분과로 학회가 통합되었다.

현재 힐더가드 위트링거(Hildergard Wittlinger)와 로버트 해리스(Robert Harris)가 운영하는 오스트리아와 캐나다의 보더 스쿨을 중심으로 전 세계적인 엠엘디 교육이 이루어지고 있다.

현재 보더 스쿨에서 이루어지고 있는 코스는 의료 및 건강 관련 전문가 프로그램과 미용 전문가를 위한 두 가지 코스가 있다. 의료 및 건강 관련 전문가 코스는 레벨 1 이론과 전신 실기(Level 1 Theory and Practical), 레벨 2 엠엘디 응용(Level 2 Applied MLD), 그리고 레벨 3 림프부종 이론과 림프부종치료(Level 3 Lymphedema Theory, Level 3 Lymphedema) 과정이 있고, 미용인을 위한 코스는 레벨 1 기초 이론과 미용 전신 실기(Level 1 Basic Theory and Basic Body Esthetician), 미용 고급 전신(Advanced Body Esthetician), 레벨 1 미용 목, 얼굴(Level 1 Neck & Face Esthetician), 고급 미용 목, 얼굴(Advanced Neck & Face Esthetician) 과정이 있다. 두 과정 모두 이론은 온라인으로 수강이 가능하며 닥터 보더 스쿨 홈페이지(https://vodderschool.com/)에 자세한 정보가 소개되어 있다.

알아두기

보더 방식 엠엘디의 국내 소개

S병원에서 혈관, 림프질환 전문 물리치료사로 근무했던 저자 김성중 교수(강원대학교)가 1996년 미국 플로리다에 소재한 The Academy of Lymphatic Studies에서, 독일에서 오랫동안 보더 방식의 엠엘디를 강의하던 조킴 주터(Zochim, Zuther)의 정식 코스를 이수하고 국내 최초로 소개한 것이 계기가 되어 국내에 확산되었다. 미국에서 보더 방식의 엠엘디를 교육 받은 후 많은 임상을 경험하면서, 과학적인 정통 엠엘디를 국내 의학계, 미용계에 보급시켰다. 현재, 보더 스쿨 정식 국제 강사로 활동하고 있으며 림프 및 암 관련 국외 유명 학회지에 엠엘디의 효과 검증에 대한 최신 연구를 활발히 발표하고 있다.

CHAPTER

02

엠엘디를 위한 해부 · 생리

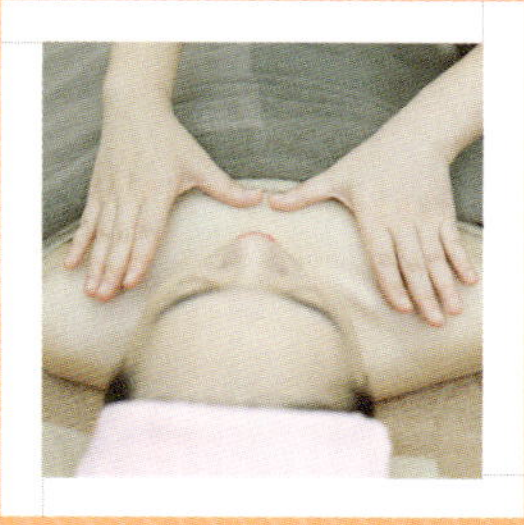
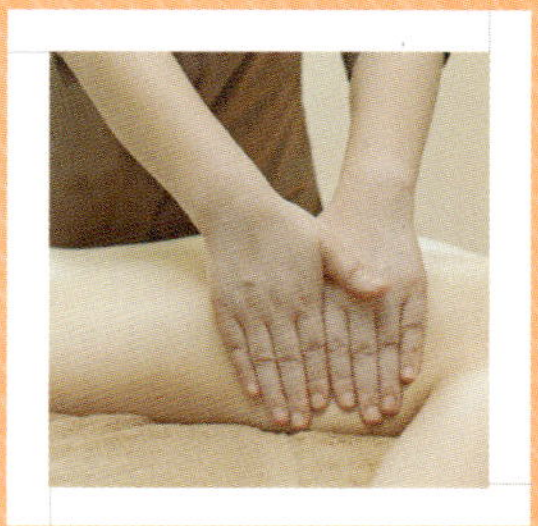

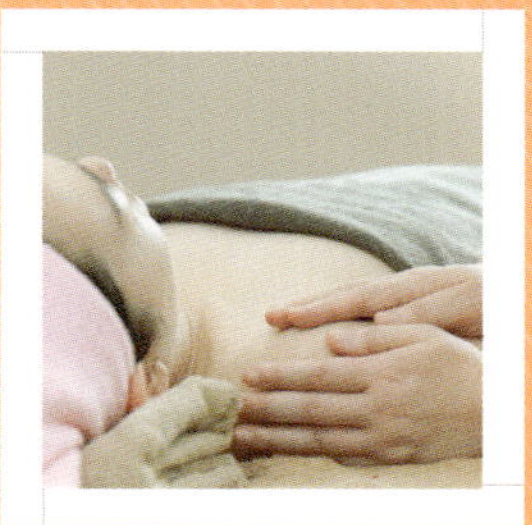
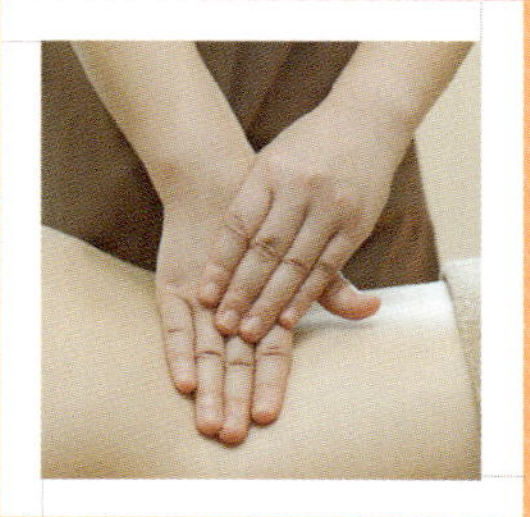
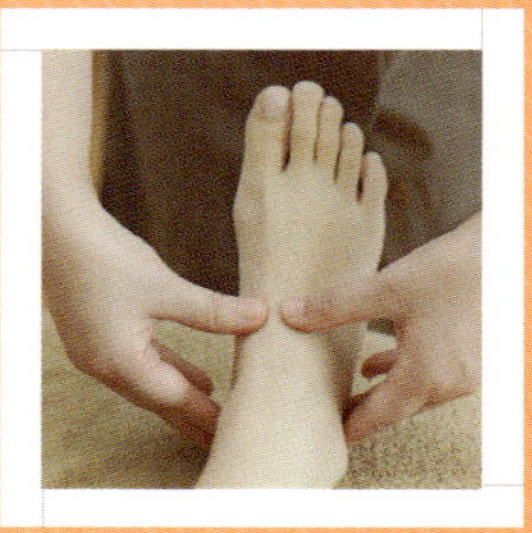

인간은 대략 60%의 액체와 40%의 고체로 구성되어 있다. 즉, 2/3는 수분이라는 것이다. 수분은 우리 몸에서 60조 개의 세포 안에 35%, 혈관 안 혈액에 4.5% 그리고 세포 사이 조직액에 19% 정도를 차지하고 있다. 수분의 이동은 끊임없이 세포, 혈관, 조직 사이를 이동하며 사람이 건강하게 살 수 있도록 사용된다(그림 2-1).

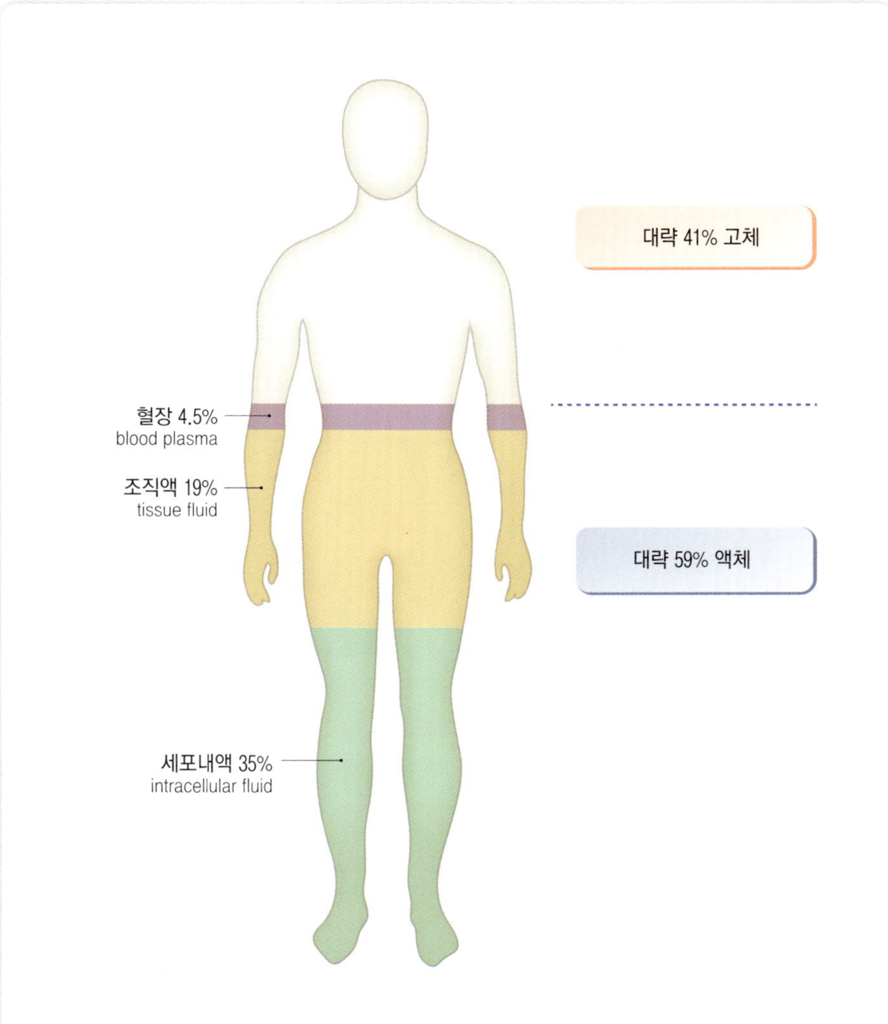

그림 2-1 인간의 수분 분포

인간은 살아가기 위해서 적절한 시간 간격에 맞추어 음식을 섭취하여 영양분을, 그리고 호흡을 통하여 필요한 산소(O_2)를 얻어야 한다. 이렇게 얻은 영양분과 산소는 인체의 구석구석까지 혈관을 통해 전달되고, 남은 성분과 불필요한 성분, 이산화탄소(CO_2)를 포함한 대사산물은 다시 호흡이나 대소변, 땀 등을 통해 배출된다. 이러한 현상을 세포 수준(cell level)에서 보면 모세혈관을 통해 나온 여러 필요 성분을 세포가 취하고, 남은 찌꺼기는 다시 혈관이나 림프관을 통해서 제거한다고 할 수 있다.

엠엘디 테라피스트는 미용 목적에서부터 질병 예방, 건강증진, 치료 목적까지 다양하게 엠엘디를 신체에 적용한다. 이때 엠엘디 적용에 대한 질(quality)을 높이기 위해 세포가 최적의 환경에 있을 수 있도록 혈액 순환과 림프 순환의 생리와 구조를 잘 이해하는 것이 중요하다.

순환계는 크게 둘로 나뉘는데, 혈액을 운반하는 혈액 순환계와 조직 사이의 조직액을 운반하는 림프 순환계로 구분할 수 있다(그림 2-2, 2-3).

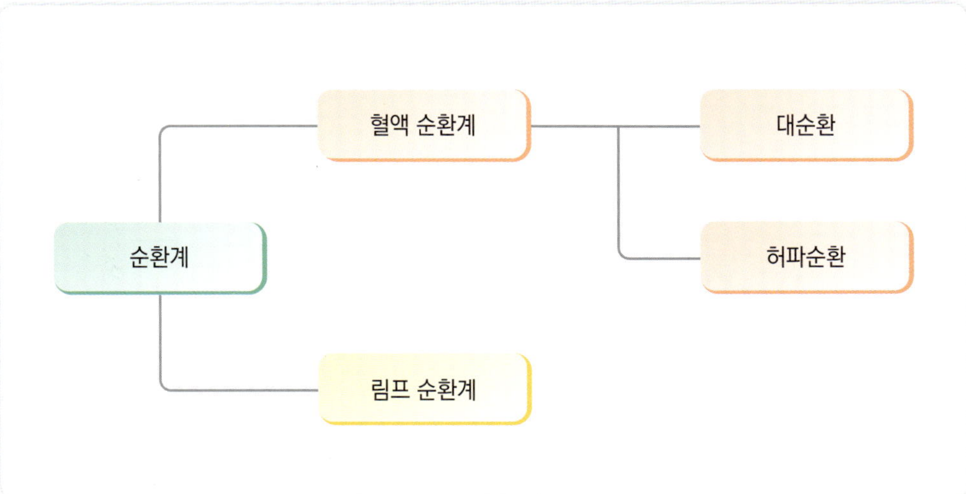

그림 2-2 순환계

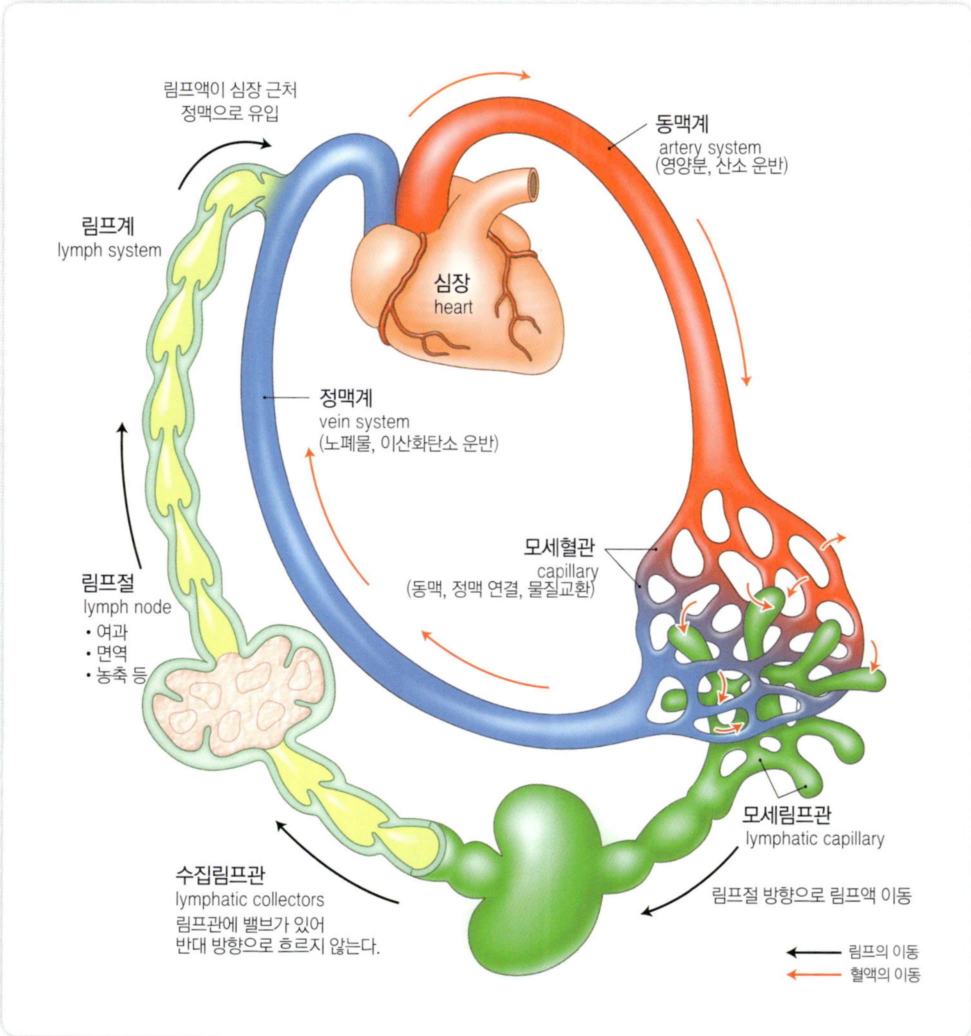

그림 2-3 순환계(동맥계, 정맥계, 림프계)

1 혈액 순환계

혈액은 다양한 기능을 가지고 있다. 기능에 대한 자세한 내용은 혈액 성분에 대한 부분에 기술하였다(p.106 참고). 심장을 출발한 혈액이 혈관 안에만 갇힌 채 인체를 돌고 돌기만 한다면 아무런 의미가 없다. 혈액은 혈관에서의 순환을 통해 피부를 포함한 신체의 모든 장기 및 조직 속으로 운반되어야 하며, 최종적으로는 혈관 주변에 있는 다양한 세포에 여러 가지 필요한 요소를 공급하는 일을 해야 한다(그림 2-4).

심장으로부터 세포로 혈액 성분이 이동하는 과정과 모세혈관에서의 물질 교환은 혈관의 해부학적, 생리학적 특징을 잘 알아야 이해할 수 있고, 이러한 특징을 잘 아는 것이 임상에서 볼 수 있는 여러 증상과 문제점, 치료 방법을 정확하게 판단할 수 있는 기초가 된다.

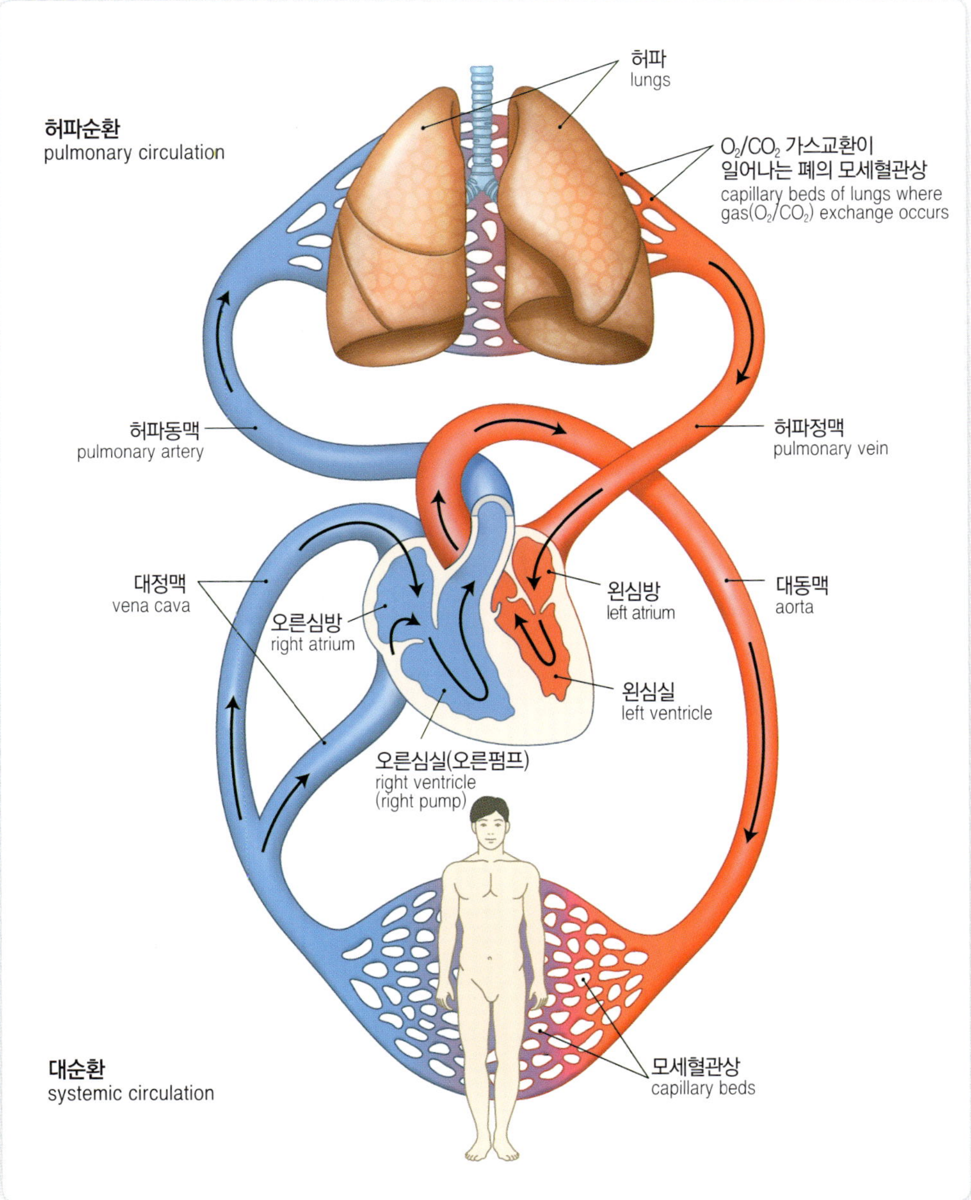

그림 2-4 심장의 구조와 혈액 순환

1) 혈액 순환의 분류

심장은 2심방과 2심실로 되어 있다. 정맥혈과 동맥혈이 섞이는 일은 없으며, 심장을 중심으로 혈액이 출입함으로써 폐순환과 체순환이 차례로 일어난다(그림 2-5).

그림 2-5 심장을 통한 혈액의 이동 경로

알아두기

심장의 구조

- **심중격:** 심장을 좌우로 나누는 중앙의 벽(심중격이 있으므로 좌 · 우측의 혈액이 바로 교통하지 못한다)
- **판막:** 심방과 심실의 경계(혈액 흐름의 역류를 방지한다. 즉, 혈액이 심방에서 심실로 흐르는 것만 허용한다. 이첨판은 왼심방과 왼심실 사이 판막, 삼첨판은 오른심방과 오른심실 사이 판막이다)
- **심방:** 혈액이 유입되는 곳
- **심실:** 혈액이 유출되는 곳

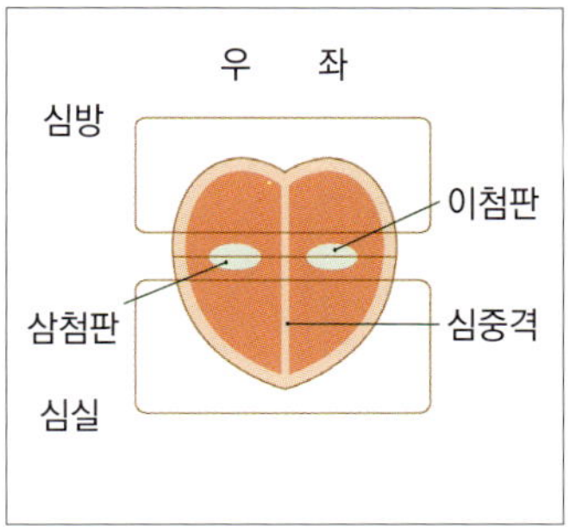

(1) 허파순환

혈액이 오른심실에서 허파로 나갔다가 다시 왼심방으로 되돌아오는 것이다. 폐순환은 탈산화된 정맥혈을 허파로 이동시킨다. 허파는 산소를 받아들이고 이산화탄소는 내보내며, 산화된 혈액은 왼심방으로 되돌아와 체순환으로 보내진다.

(2) 대순환

전신에 혈액을 공급하는 좀 더 큰 순환이다. 체순환하는 혈액은 산소와 생명 유지에 필요한 영양분을 세포로 운반하고, 세포로부터 이산화탄소와 노폐물을 받는다.

2) 혈관계의 구성

혈관은 심장에서 시작하고 끝나는 속이 빈 일련의 관이다. 심장에서 큰 동맥으로 혈액을 보내면 혈관을 돌아 심장으로 다시 되돌아오는데, 이러한 형태로 반복적으로 순환한다. 이와 같은 특성으로 혈액은 한 방향으로만 흐를 수 있다.

혈액의 혈관계는 동맥계, 정맥계, 모세혈관으로 구성되어 있다. 이 관의 구조는 크기와 기능에 따라 다양하다.

(1) 혈관의 종류

① 동맥계

동맥계는 심장에서 모세혈관까지 혈액을 운반한다. 심장에서 멀어질수록 혈관의 크기는 작아지고 대동맥(aorta), 동맥(artery), 세동맥(소동맥, arterioles) 순으로 이어져 있다.

② 정맥계

정맥계는 모세혈관에서 심장으로 혈액을 운반한다. 심장에 가까울수록 혈관의 크기는 굵어지고 세정맥(venule), 정맥(vein), 대정맥(vena cava) 순으로 이어져 있다.

③ 모세혈관

세동맥과 세정맥 사이의 혈관인 모세혈관(capillaries)은 모든 혈관 중 가장 많은 수를 차지하며, 신체 모든 세포에 분포하여 산소와 생명 유지에 필요한 영양분을 공급하고, 일부 노폐물의 제거를 담당한다.

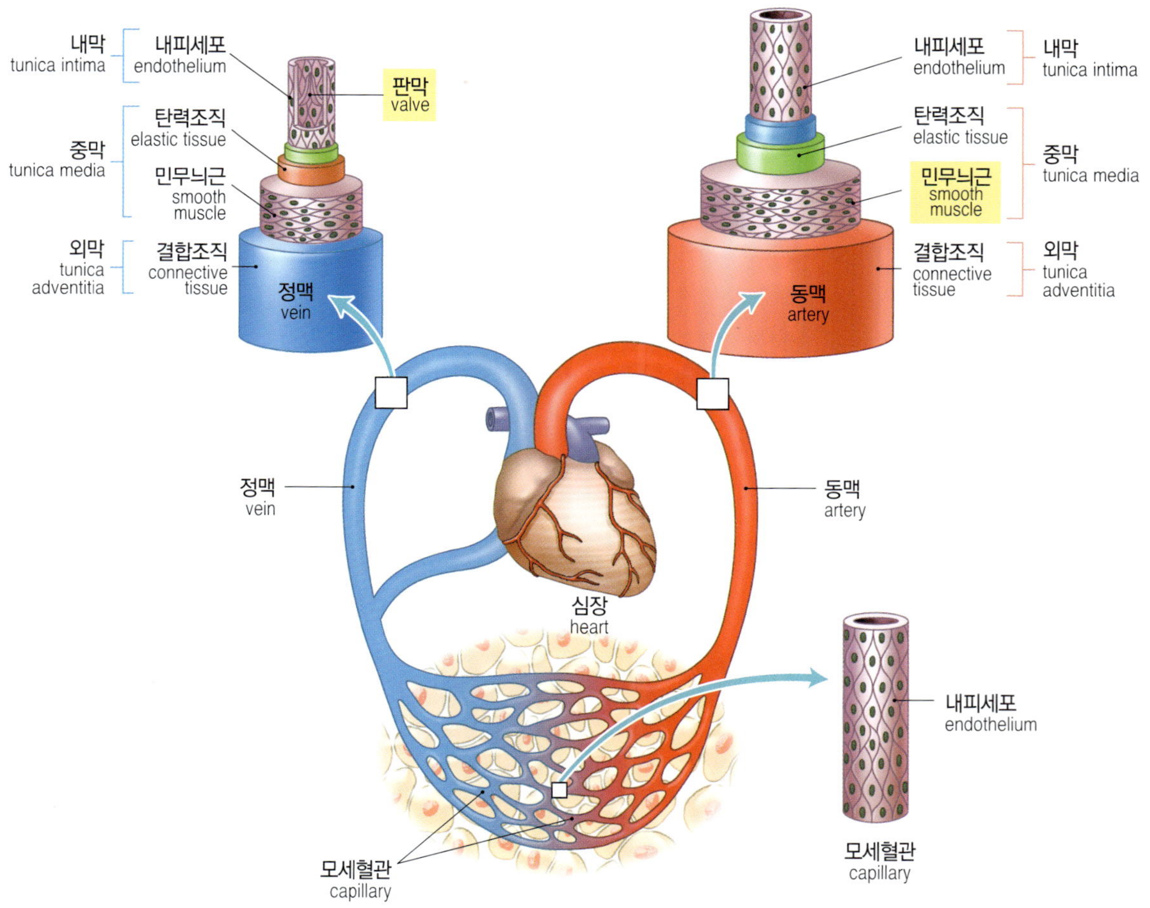

그림 2-6 혈관벽의 구조: 내막, 중막, 외막.

(2) 혈관의 구조와 기능

① 동맥과 정맥

동맥과 정맥 혈관의 기본 구조는 다음과 같이 3층으로 되어 있다(그림 2-6).

- 내막: 내피세포
- 중막: 민무늬근
- 외막: 결합조직

동맥은 심장의 강한 압력(혈압: 120~140/80~90mmHg)을 받아들이고 혈액을 모세혈관까지 잘 운반하는 역할을 하며 정맥은 모세혈관에서 심장으로 혈액이 운반될 수 있게 한다.

- 내막: 혈관의 가장 안쪽의 내피세포층으로, 납작하고 매끈하게 생겨 혈액이 표면을 따라 부드럽고 유연하게 흐를 수 있도록 되어 있다.
- 중막: 혈관의 중간층으로, 탄력조직과 민무늬근(근육)층으로 되어 있다. 심장 쪽에 가까운 동맥일수록 심장의 펌프작용에 따른 압력에 견딜 수 있게 중막이 잘 발달되어 있다.
- 외막: 탄성 섬유를 포함한 섬유성 결합조직으로 구성되어 있으며, 탄성이 있어서 약간 늘어나기는 하지만 단단하기 때문에 혈관을 지지하고 보호한다.

동맥과 정맥의 구조는 동일하게 3층으로 되어 있다. 하지만 각 혈관의 고유한 기능에 따라 구조적 차이가 있다(표 2-1).

동맥은 전도성혈관(conductance vessels)이라고 하며, 정상적으로 120mmHg의 강한 심장의 수축기 압력으로 심장의 심실에서 분출되는 높은 압력을 견디면서 모세혈관까지 전도하는 고유의 기능을 수행해야 하기 때문에 혈관벽이 두껍고 탄력적이다. 특히 중막은 근육층이 발달되어 있다(그림 2-7).

표 2-1 동맥과 정맥의 구조적 공통점과 차이점

구분	공통점	차이점
동맥	3층 구조 (내막, 중막, 외막)	전도성혈관(민무늬근이 발달하여 혈관벽이 두껍다)
정맥		보유혈관(판막이 발달하여 혈액의 역류를 방지하며, 혈관벽이 얇다)

정맥은 보유혈관(capacitance vessels)이라고도 하며, 혈액이 모세혈관에서 심장으로 귀환하는 통로이다. 정맥순환계는 총 혈액량의 약 70%를 저장하는 역

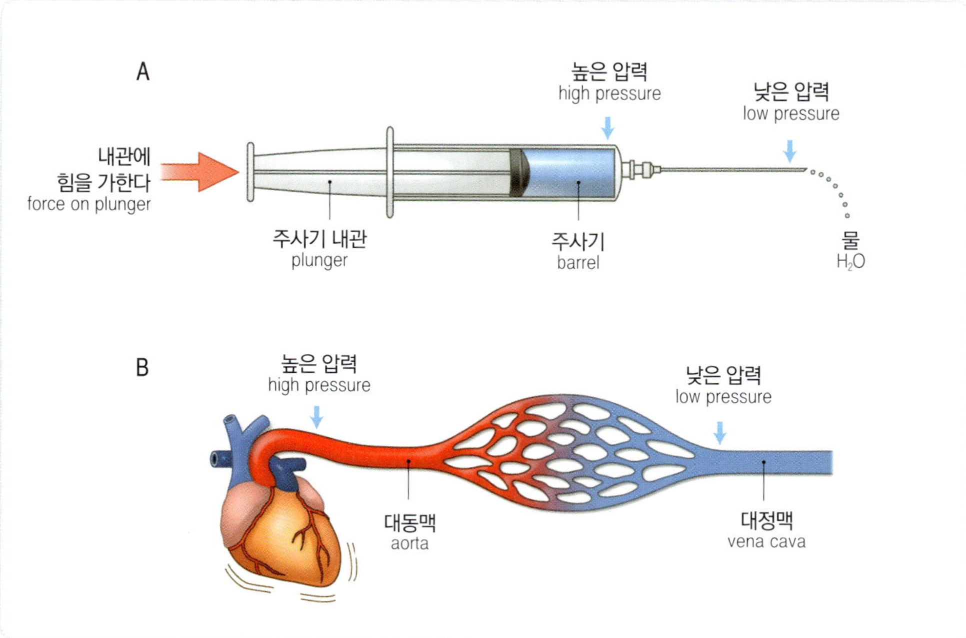

그림 2-7 혈액의 압력

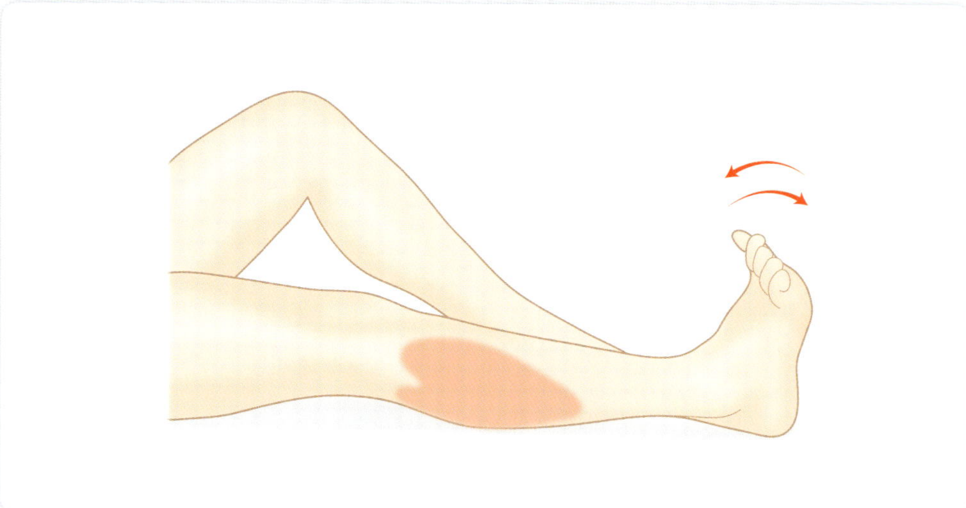

그림 2-8 뼈대근육(제2의 심장) 수축을 통한 정맥 순환 증진

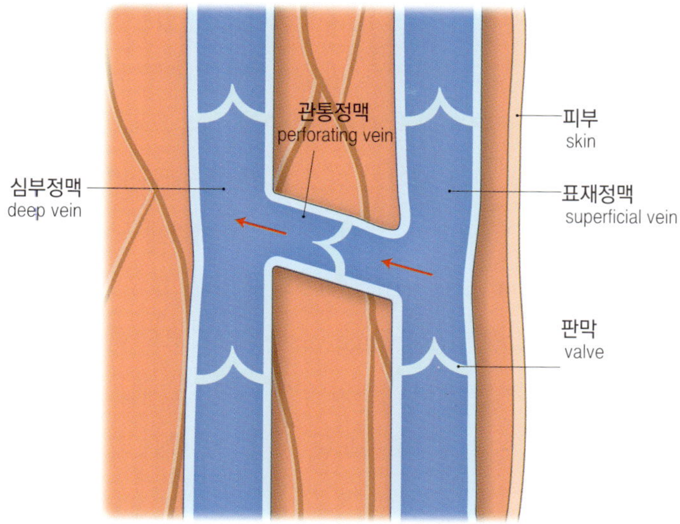

그림 2-9 정맥 혈관의 구조와 혈액 이동

할을 수행한다. 일반적으로 동맥에서 모세혈관을 거쳐 정맥으로 혈액이 이동하는 과정에서 혈압이 매우 감소하기 때문에 혈액 이동은 제2의 심장인 뼈대근육의 수축에 의해서 주로 이루어진다(그림 2-8).

정맥은 표재정맥, 심부정맥 그리고 그 사이를 잇는 관통정맥으로 구성되며 혈액의 흐름은 표재정맥에서 심부정맥으로 관통정맥을 통해 이동한다. 그러므로 혈관벽의 두께는 동맥에 비해 얇으며, 내막 내피세포의 변형물인 판막이 발달되어 혈액의 역류를 방지한다(그림 2-9). 심장 근처의 정맥은 혈압이 거의 떨어져 2~4mmHg 정도밖에 되지 않는다.

알아두기

외막과 중막 사이에는 외탄력막(external elastic membrane), 중막과 내막의 사이에는 내탄력막(internal elastic membrane)이 있어서, 심장의 수축기와 이완기 동안에 혈관의 파동 효과(ripple effects)를 촉진함으로써 연속적인 혈액의 흐름을 가능하게 한다.

② 모세혈관

모세혈관은 전신혈관의 약 97%를 차지하며 몸에 있는 약 60조 개의 세포에 혈액을 공급하게 된다. 세포를 집으로 비유하자면 고속도로는 대동맥이나 대정맥, 국도는 동맥이나 정맥, 골목길은 모세혈관으로 비유할 수 있다. 모세혈관의 구조는 위치해 있는 기관에 따라 제각기 다르다(organ-specific). 모세혈관은 기본적으로 2층으로 구성되어 있으며, 내벽은 단층의 내피세포로, 바깥층은 구멍이 숭숭 난 바닥막(basement membrane)으로 되어 있다.

모세혈관은 교환혈관(exchange vessels)이라고도 하며, 혈관 중 벽이 가장 얇다. 주기능은 조직과 혈액의 가스와 영양 성분, 노폐물 교환이다. 구조의 단순함과 더불어 총면적은 넓고 혈류속도는 느리므로 물질 교환이 쉽게 이루어진다(그림 2-10).

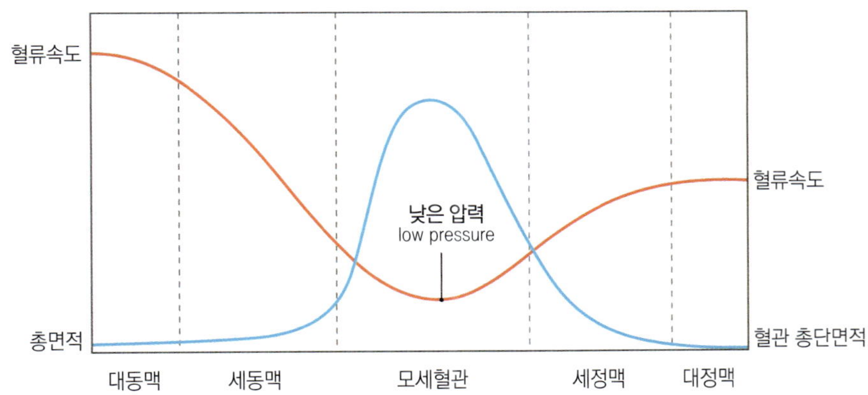

그림 2-10 혈류속도와 혈관 단면적. 심장 근처의 대동맥에서 속도가 가장 빠르고 모세혈관에서 가장 느리다.

③ 전모세혈관괄약근

전모세혈관괄약근(precapillary sphincter, PCS)은 세동맥과 모세혈관 사이에 위치하고 있는 민무늬근으로, 모양은 윤상형이다. 전모세혈관괄약근이 존재하지 않는 세동맥의 끝은 후세동맥으로 연결되어, 혈액이 곧바로 모세혈관을 거치지 않고 정맥 방향으로 나갈 수 있다(그림 2-11).

전모세혈관괄약근은 모세혈관 주변 세포의 에너지 요구가 낮을 때는 모세혈관을 닫아(폐쇄) 혈액을 동맥과 정맥으로 곧바로 연결된 메타세동맥을 통해 직접 정맥으로 이동시키고, 에너지 요구가 높을 때는 열어서(개방) 모세혈관으로 혈액이 유입되도록 한다(그림 2-11, 표 2-2).

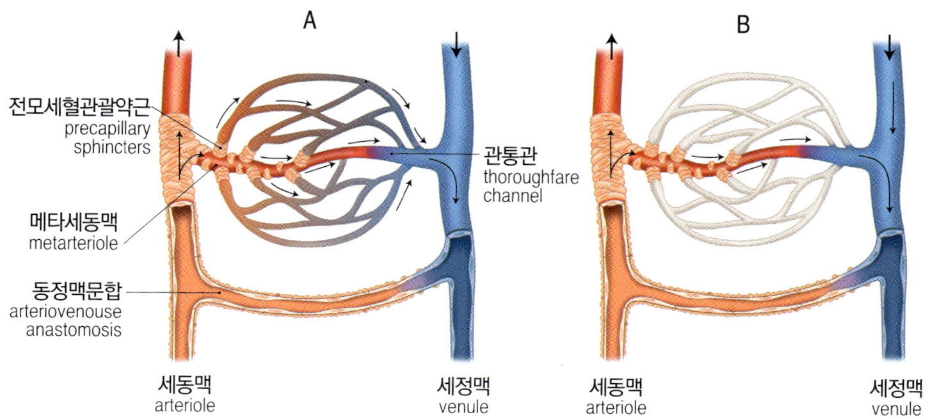

그림 2-11 모세혈관망. A: 괄약근 개방, B: 괄약근 폐쇄

표 2-2 전모세혈관괄약근의 생리

모세혈관 주변 세포	전모세혈관괄약근	혈액흐름
세포의 에너지 요구가 높을 때	개방(이완)	모세혈관
세포의 에너지 요구가 낮을 때	폐쇄(수축)	관통관

알아두기

메타세동맥은 강한 근육벽과 풍부한 신경지배를 가지고 있으며, 기능은 이웃 조직의 활동성에 달려 있다. 휴식기에는 관통동맥을 통해서 혈액이 정맥으로 유입되고, 활동성이 많아지거나 혈압이 높아지는 경우에는 전모세혈관괄약근이 개방되면서 모세혈관으로 유입되는 혈액이 많아져 혈액 성분이 모세혈관 주변의 조직세포로 빠져나간다.

전모세혈관괄약근은 세동맥에 괄약근이 막고 있는 압력을 넘게 되는 강한 압력이 생기기 전까지 모세혈관으로 가는 길을 차단한다. 그러므로 만약 세동맥의 압력이 괄약근이 막고 있는 압력보다 커지게 되면 괄약근은 개방되어 혈액을 모세혈관으로 유입시킨다. 일반적으로 모세혈관압은 동맥단(arterial end)에서는 30mmHg[millimeter of mercury, 토르(torr) 또는 밀리미터에이치쥐로 읽음] 정도이고 정맥단(venous end)에서는 15mmHg 정도이다.

즉, 모세혈관 동맥단의 압력이 30mmHg 이상이 되면 괄약근이 개방되어 혈액을 모세혈관 쪽으로 유입시킨다. 세동맥의 구조와 생리는 엠엘디의 효과를 언급할 때 아주 중요한 부분이므로 반드시 알아두도록 한다.

3) 혈관의 생리

(1) 혈관의 영양 공급

혈관의 내막은 혈액으로부터의 확산에 의해서 영양 공급을 받는다. 그에 반해 외막은 혈액과 직접 접촉하지 않으므로 혈관 안으로 들어가는 영양혈관을 통해서 영양을 공급받게 되는데, 이 혈관을 영양공급혈관(vasa vasorum)이라고 한다. 이 영양혈관은 중막 정도까지 분포해 있고, 대개 혈관의 신경과 나란히 있는 경우가 많다(그림 2-12).

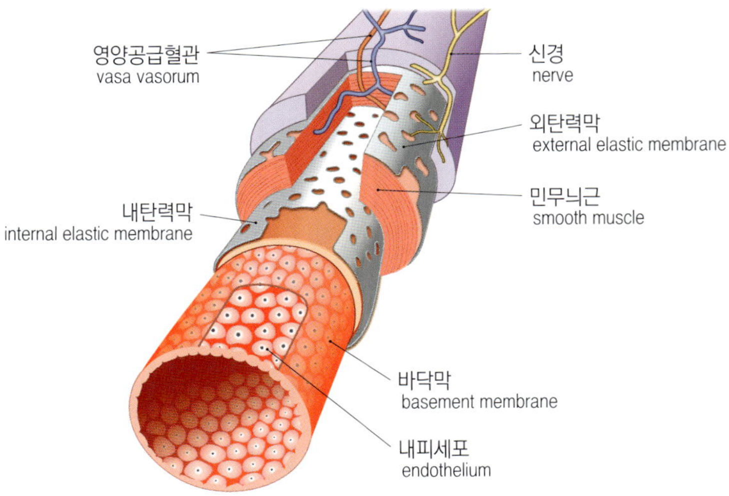

그림 2-12 혈관의 단면도

알아두기

혈관의 영양 공급은 내막까지지는 혈액으로부터의 확산으로, 중막과 외막에는 영양공급혈관에 의해 이루어진다.

(2) 혈관의 수축과 확장

혈관의 수축과 확장은 근육층인 민무늬근으로 이루어진 중막의 움직임과 신경성 및 화학성으로 조절된다.

① 신경성 조절

혈관의 민무늬근은 자율신경계에 속하는 교감신경에 의해 지배된다. 교감신경의 흥분성이 증가하면 피부혈관은 수축하고, 흥분성이 낮아지면 혈관은 확장한다(그림 2-13). 혈관 확장을 담당하는 신경인 부교감신경도 혈관벽에 분포하고 있으나 밀도가 낮고 그 작용도 명확하게 규명되어 있지 않다. 그러므로 혈관은 교감신경에 의해 수축하고 이완한다고 할 수 있다. 이렇게 신경에 의해 혈관이 수축 및 이완한다는 것은 신경이 중막의 근육층까지 분포되어 움직임을 조절한다는 뜻이다.

② 화학성 조절

세동맥 및 세정맥은 호르몬 및 기타 물질에 반응하여 그 굵기를 변화시킴으로써 조직세포의 혈류량을 조절한다.

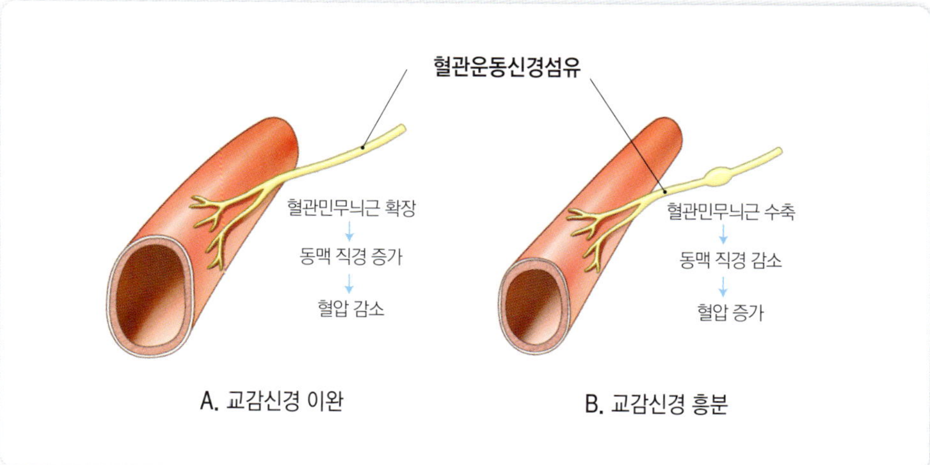

그림 2-13 교감신경이 이완할 때(A)와 흥분할 때(B)의 혈관의 운동성 변화

- 혈관수축물질: 부신수질호르몬(아드레날린, 노르아드레날린), 뇌하수체뒤엽호르몬(항이뇨호르몬)
- 혈관확장물질: 히스타민(조직 손상에 의한 방출), 세로토닌(혈소판에서 방출), 브래디키닌(혈장글로불린에서 생성)

알아두기

모세혈관과 세동맥에 혈액이 충만한 상태가 되었는지, 그렇지 않은지는 피부 색깔과 온도로 알 수 있다. 세동맥은 혈액의 양을 조절하고 피부의 온도를 결정한다. 추운 상태에서는 모세혈관과 세동맥이 좁아지고 혈액이 충만하지 않으므로 피부색이 창백하고 차게 되며, 따뜻한 상태에서는 모세혈관과 세동맥이 확장되어 혈액이 충만하기 때문에 피부색이 빨갛고 따뜻해진다.

(3) 압감수기와 화학감수기

속목동맥의 분기부와 대동맥활의 혈관벽에는 혈압이 높아져 혈관이 펴되면 이를 감지하는 압감수기(pressoreceptor, stretch receptor)가 있는데, 특히 속목동맥의 초부에 약간 팽대한 부위를 목동맥굴(carotid sinus)이라고 한다. 목동맥굴의 흥분은 혀인두신경의 분지인 목동맥굴신경(carotid sinus nerve)에, 그리고 대동맥활의 흥분은 미주신경의 분지인 감압신경(depressor nerve)을 통하여 연수의 심장억제중추에 전달되고, 그 결과 연수는 심장과 혈관에 억제적으로 영향을 미쳐 혈압을 낮추게 된다.

또한 속목동맥과 바깥목동맥의 분기부 후벽에 있는 목동맥소체(carotid body)와 대동맥활 주위에 있는 몇 개의 대동맥소체(aortic body)는 혈중의 O_2와 CO_2 농도를 감지하는 화학감수기(chemoreceptor)인데, 원래는 호흡 조절을 주관하나 혈압의 변동에도 많은 영향을 미친다(그림 2-14).

알아두기

엠엘디를 환자의 목 부분에 적용할 때 압력을 잘못 조절하면 경우에 따라서 어지럼증을 느끼게 된다. 이 어지럼증은 시술 시 적용되는 압력으로 인해 머리 쪽으로 혈액 공급이 원활하지 않아서 발생한다. 즉, 신체가 압감수기의 반응으로 높아진 혈압을 낮추는 과정에서 어지럼증을 호소할 수도 있다.

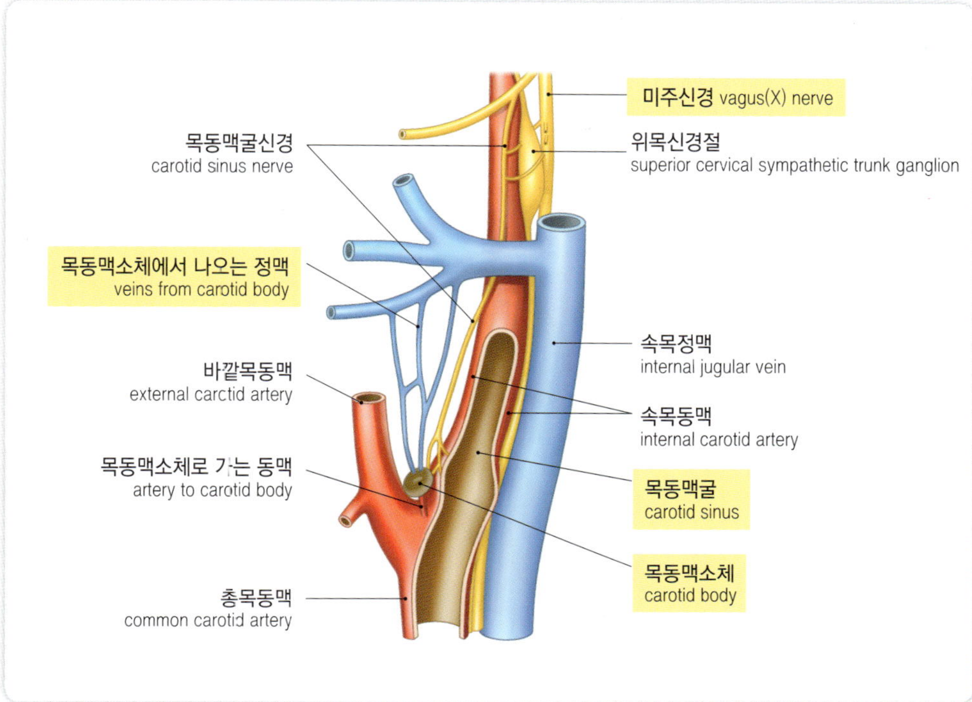

그림 2-14 목동맥굴과 목동맥소체

2 림프 순환계

일반적으로 동·정맥계를 각각 제1, 제2순환계라 말하고 림프계를 제3순환계라고 말한다(그림 2-15). 하지만 림프계는 혈액 순환처럼 심장을 기준으로 연결된 관을 통하여 물질이 이동하는 것이 아니라, 조직 사이에서 시작되는 작은 모세림프관에서 시작하여 말초의 림프액을 중심 쪽으로 이동시키는 일방 시스템(one way system)이기 때문에 순환계라고 하기 어려운 점도 있다. 하지만 혈액 성분이 모세혈관을 빠져나와 조직 사이에서 림프를 통해 다시 혈액과 만나 순환하는 형태를 갖기 때문에 이런 점에서 순환계로 볼 수 있다.

혈액 성분이 모세혈관벽을 통해 나오면 조직액의 일부가 되는데, 그 후 모세림프관으로 유입하여 림프절, 림프관줄기 등의 기관으로 이동하며, 최종적으로 좌우 정맥각으로 유입한다. 이런 과정과 관계되는 것을 일반적으로 림프계라고 하며, 그 외 지라

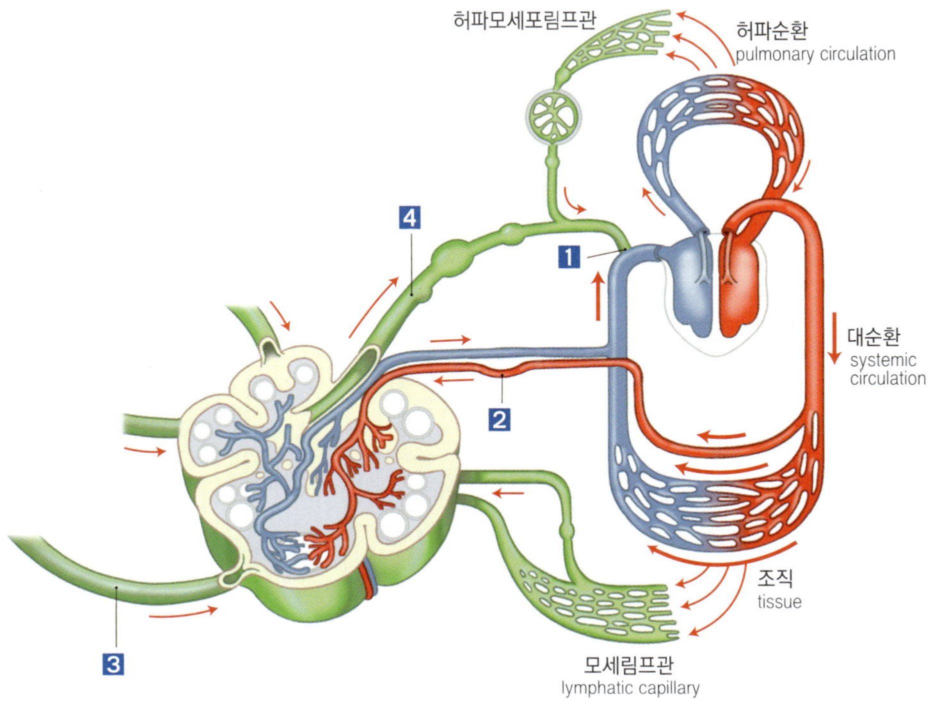

그림 2-15 림프계 1 림프정맥 문합(정맥각) 2 림프절 혈액공급 3 유입림프관 4 유출림프관

(spleen), 가슴샘(thymus), 편도(tonsils), 고립 및 집합림프소절(solitary and aggregated lymphatic nodule) 등을 림프기관(lymphatic organs)이라고 한다. 림프계의 일반적인 기능은 식균 작용과 이물질 제거에 의한 신체 방어 작용, 면역 작용, 혈액에서 유출되는 조직액을 다시 혈액으로 되돌리는 작용 등이 있다.

알아두기

림프계의 구성

림프계는 세 가지 주요소로 구성된다.

- 림프관(모세림프관 → 전수집림프관 → 수집림프관 → 림프관줄기)
- 림프절(이차 림프성기관 포함)
- 림프액 또는 림프

1) 림프

혈장과 조직액은 모세혈관벽을 통해 끊임없이 교류하는데, 동맥압에 의해서 모세혈관벽을 뚫고 조직 사이로 나온 성분 중에 모세림프관을 통해 유입되는 액체를 림프(림프액, lymph)라고 한다. 원래 근원은 혈관 내의 혈액 성분이지만, 적혈구와 혈소판이 거의 없기 때문에 실질적으로 조직 사이에 있는 조직액의 성분과 거의 비슷하다. 림프액은 피브리노겐(fibrinogen)을 포함하고 있으므로 응고(coagulate)될 수 있다. 림프 흐름의 속도는 매우 느려 24시간에 1.5~3L의 림프가 만들어지는데, 이 부피는 24시간에 생성된 조직액 총량의 약 10%에 불과하다.

림프는 보통 맑고 투명하며, 때로는 노란빛을 띠는 알칼리성 용액으로 혈액보다는 점성(viscous)이 덜하다. 물론 작은창자(small intestine)에서는 지방을 흡수하기 때문에 그 안에 있는 림프는 우윳빛같이 하얗다. 림프를 처음 발견한 사람들은 작은창자에서의 림프 빛깔 때문에 림프관을 '우윳빛 정맥(milky vein)'이라고 하였다.

운반 수단으로써 림프의 기능은 모세혈관을 통한 재흡수가 불가능한, 즉 정맥계를 이용하여 심장으로 다시 흡수되지 않는 물질을 흡수하여 조직압이 높아지지 않도록 하고, 림프절을 거치게 한 후 다시 빗장 위의 정맥각으로 들어가게 하는 것이다. 만약, 림프관이나 정맥계를 통한 심장으로의 재유입이 너무 느리면 조직압(interstitial pressure)이 높아지면서 부종이 유발된다.

(1) 림프액 성분

조직 사이의 세포는 조직액에서 산소와 여러 가지 생명 유지에 필요한 영양분 등의 물질을 흡수하고, 반대로 이산화탄소와 노폐물, 호르몬과 같은 대사산물은 내보내는 물질 교환을 하게 되는데, 이러한 물질 교환이 이루어지고 난 후 조직액은 다시 모세정맥 쪽으로 흡수된다. 이 과정에서 흡수되지 않은 일부 물질이 모세림프관에 의해서 흡수되는데, 이러한 물질을 림프의무물질(lymph obligatory load)이라고 한다(그림 2-16). 즉, 림프액은 다른 말로 림프의무물질인 것이다. 림프의무물질의 성분을 크게 나누면 다음과 같다.

① 혈장단백질(protein load)

림프 안 단백질의 구성은 조직마다 1L당 10~60g 정도로 매우 다양하다. 림프계는 단백질을 수송할 수 있다는 면에서 아주 중요한 역할을 담당하고 있다. 림프기

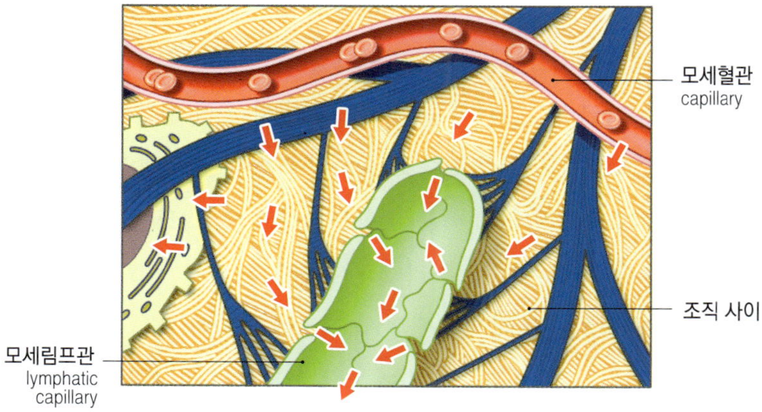

그림 2-16 혈액 성분이 조직 사이로 나왔다가 모세림프관으로 이동하는 모습

관은 혈액 순환 중 새어 나온 단백질(알부민, 알파 · 베타 · 감마글로불린, 면역글로불린, 피브리노겐 등)이 재순환할 수 있게 해 준다.

단백질 입자는 다른 입자에 비해 크기 때문에 혈관으로부터 유출되기가 쉽지 않지만, 혈관 내 단백질의 50%(약 75~100g)는 24시간 이내에 나온다. 혈관에서 나와 조직 사이에 있는 단백질의 일부는 주변 세포가 사용하거나 작은포식세포(microphage), 큰포식세포(macrophage)에 의한 식작용에 의해 없어지고, 그 부산물은 모세정맥과 림프계로, 큰포식세포가 놓치는 것은 림프계로 흡수된다.

만약 조직 사이에서 림프계에 의해서 단백질이 흡수되지 않으면 아주 심한 부종이 발생하고, 자가 독성화(auto-intoxication)로 결국 사망할 수도 있다. 신체 여러 기관 중 림프계만이 조직을 구성하는 세포 주변에 있는 단백질과 독소를 쉽게 제거할 수 있다. 이러한 단백질과 독소는 신체 활동이 부족할 때, 산소 공급이 원활하지 않을 때 또는 스트레스, 노화, 약의 영향을 받을 때 세포 주변에 축적된다.

② 수분(fluid: water load)

모세동맥압에 의해서 유출된 수분의 80~90%가량은 다시 모세정맥 내로 유입되고, 나머지 10~20%가 림프로 유입된다. 림프 안에 있는 수분은 혈관 내의 혈장보다 더 묽은데, 혈장은 90%의 물로 구성되고 림프는 96%의 물로 되어 있기 때문이다. 뇌척수액(Cerebrospinal Fluid, CSF)은 98.5%가 물이다.

③ 세포(cells: cell load)

림프에서는 주로 면역에 관계되는 세포가 많고 그 외 생명을 다해 죽은 세포, 암세포, 기타 다양한 세포를 볼 수 있다. 그중 면역 관련 세포는 다음과 같다.

- 림프구(lymphocytes): 림프의 전체 세포 가운데 80~85%를 차지한다. 혈액순환계 내에서는 림프구가 백혈구의 20~40%에 지나지 않는다.
- 큰포식세포(macrophages): 림프의 전체 세포 가운데 5~6% 수준이다.
- 세망내피계 세포(reticuloendothelial system cell): 기타 면역에 작용한다.

알아두기

혈액과 조직액의 성분은 매우 비슷하지만 약간 다른 점이 있다. 하지만 조직액과 림프는 모든 성분이 조성의 차이만 있을 뿐 같다고 할 수 있다. 그렇기 때문에 조직액과 림프를 혼동해서 사용하는 경우가 많다. 간과하기 쉬운 림프에 관한 용어를 몇 가지 짚고 넘어가면 다음과 같다.

림프(lymph)

- 조직액의 일부가 림프계 안으로 유입되어 림프관 또는 림프절 등에 자리 잡고 있는 경우
- 림프관 내의 구성물(림프의무물질 포함)
- 구성물도 혈장과 비슷함
- 단백질 성분인 피브리노겐을 함유하고 있기 때문에 응고될 수 있음
- 림프구(큰 림프관줄기에 더 많고 염증 과정 동안에 증식), 과립세포(granulocytes)를 포함
- 림프관을 따라가다가 소실되기도 함(림프관이 투과적이기 때문에 약간의 소실 가능성 있음)

예비림프(prelymph)

- 림프의무물질이 조직 안에 있는 것, 즉 조직액을 예비 림프라고 함
- 콜라겐과 탄력그물을 따라 확산 법칙에 의해 움직임

림프의 양(lymph volume)

- 모세혈관의 구조에 따라 다름
- 따뜻한 날씨에서는 온도 조절을 위해 혈관이 확장되어 여과가 증가됨
- 신체적으로 극심한 활동을 하면 많은 영양분이 필요하기 때문에 모세혈관이 확장됨
- 음식 섭취 후 영양물질이 흡수되면 소화기관에서 증가됨
- 가슴관의 개구부를 통해 대략 하루에 2L가 심장으로 유입됨
- 따뜻한 온도에서는 림프의 양이 증가되고, 추울 때는 감소됨
- 취침 시, 림프의무물질은 활동성인 조직에서만 나옴

그 외 다른 세포는 죽은 세포, 유주세포(즉, 암세포로부터), 돌연변이 세포, 극미소체의 세포 파편과 죽은 조직 염증이 있는 경우, 다른 조직으로부터 림프로 들어오게 된 세포(비만세포, 호산구, 육아세포, 혈소판, 약간의 침윤성 적혈구)가 있다.

④ 긴사슬지방산(long-chain fatty acids: fat load)

림프는 소화(digestion)가 이루어지는 동안에 창자(intestine)에서 흡수된 지방을 운반한다. 만약 창자에 있는 림프 순환이 손상되면 긴사슬지방산(TG)이 흡수되지 않는다. 이런 경우, 식단에 긴사슬지방산이 많은 음식을 배제하고 짧은 사슬지방산이 높은 것으로 섭취해야 한다. 지질의 대사는 일반적으로 작은창자에서 분해 · 흡수되어 중심에 중성지방 주위에 인지질로 구성된 카일로마이크론(chylomicron)이 림프관을 거쳐 간으로 유입되어 성숙과정을 거친다. 그 후 가슴관을 거쳐 혈액 내로 유입되어 흐르다가 지방조직, 근육 등의 모세혈관의 내피세포에 있는 지단백지질분해효소(lipoprotein lipase)에 의해 분해되어 지방산과 글

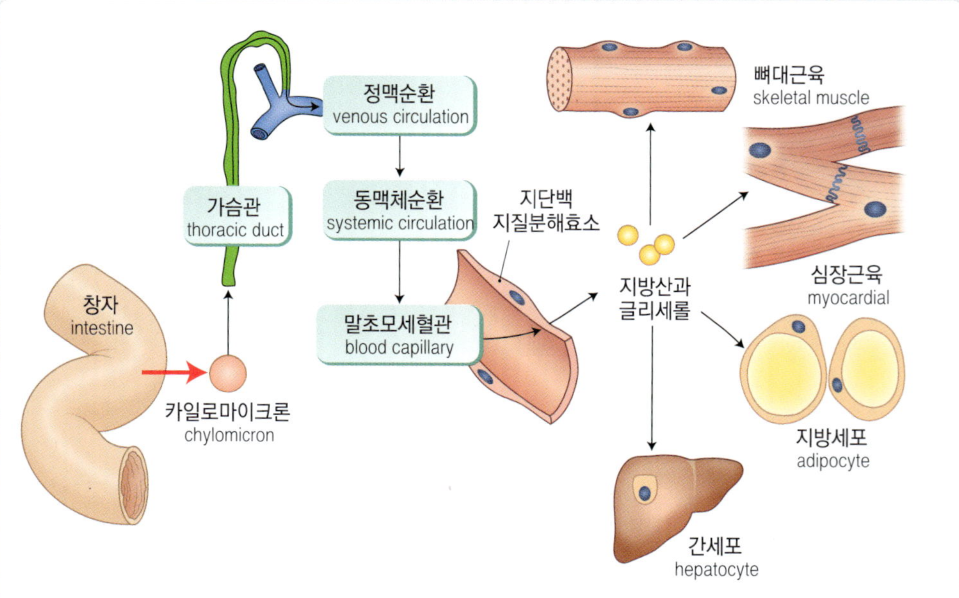

그림 2-17 지질 운반과 이용. 뼈대와 심장근육 세포, 간세포 그리고 지방세포에 있는 모세혈관은 카일로마이크론으로부터 지방산과 글리세롤을 유리하도록 하는 지단백지질분해효소를 가지고 있다. 지방산과 글리세롤은 조직으로 유입된다.

리세롤로 사용된다(그림 2-17). 지단백지질분해효소는 혈액 중의 카일로마이크론의 지방을 분해해서 맑은 혈액으로 만드는 작용을 하기 때문에 청정인자(clearing factor)라고 한다.

⑤ 림프 안에서 볼 수 있는 다른 물질

염색물질, 먼지, 타르, 바이러스, 박테리아 등과 같은 이물질, 호르몬, 효소, 독소, 죽은 조직, 노폐물 등이 있다.

2) 림프관

(1) 림프관의 위치

'피부층 내에서 림프관은 도대체 어디에 위치해 있는가?'라는 궁금증을 많이 갖게 된다. 림프관은 존재하는 위치에 따라 근육을 싸고 있는 근막, 피부 사이에 존재하는 얕은림프관, 근막 아래에 위치해 있는 깊은림프관으로 나뉜다.

- 얕은림프계(superficial lymphatic system): 피부밑 림프계(subcutaneous LS), 근막상 림프계(suprafacial LS), 근막위 림프계(epifascial LS)라고도 한다. 근막 위의 모든 림프관, 림프절을 말한다.
- 깊은림프계(deep lymphatic system): 근막아래 림프계(subfascial LS)라고도 한다. 근막 아래 피부를 제외한 모든 근육, 힘줄, 인대, 뼈, 뼈막 등에 존재하는 림프관, 림프절을 말한다.

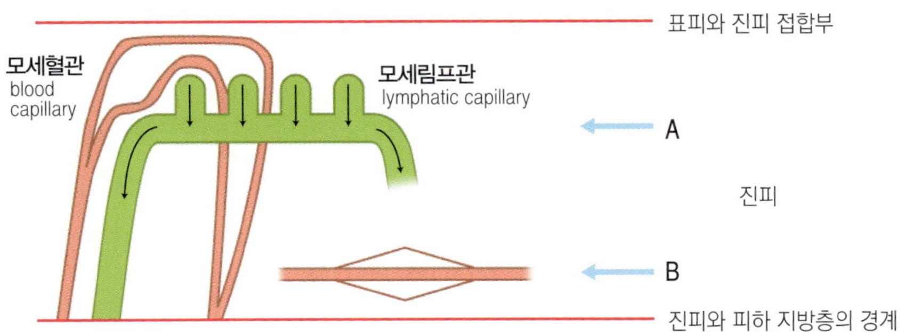

그림 2-18 진피층 내 림프관과 혈관의 분포. A: 림프관 고밀도 지역, B: 혈관 고밀도 지역

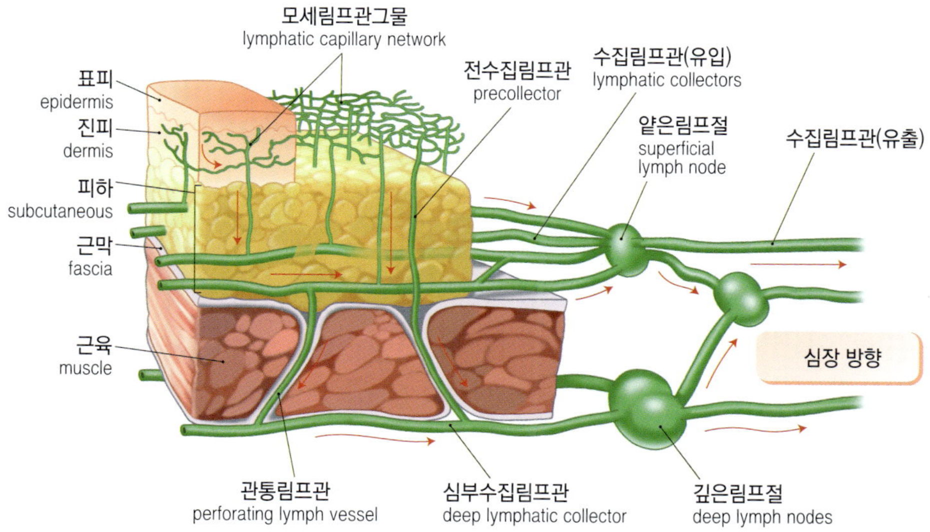

그림 2-19 표층과 깊은림프관과 림프절 구조

림프관 중에서 가장 작은 림프관인 모세림프관은 표피와 진피 접합부(dermoepidermal junction) 바로 아래에서 시작하며 점차적으로 진피 하방으로 진행한다(그림 2-18). 분포 비율을 보면, 우리 몸에는 얕은림프관(80%)이 깊은림프관(20%)보다 훨씬 많이 분포하고 있다(그림 2-18, 2-19).

(2) 전림프통로

액체(sol) 상태에서의 조직액은 불규칙적인 통로를 통하여 이동하는데, 이 통로를 전림프통로(prelymphatic pathways) 또는 조직 채널이라고 한다(그림 2-20). 조직 채널은 림프관으로 간주되지 않는다. 하지만 림프 물질을 구성하는 모든 물질의 흐름을 림프통로(lymphatic pathways) 방향으로 가속화시켜 준다.

이와 같은 작은 조직 채널은 폭이 0.1~10㎛ 정도 된다. 부종이 발생하면 조직 채널의 폭과 숫자가 증가한다. 이는 우기(rainy weather) 동안 자연스럽게 들판에 수로가 생기는 것과 비슷한 현상이라고 할 수 있다. 림프관과 같이 내피세포가 연결되어 만들어지는 폐쇄적이고 매우 조직적인 단위(unit) 형태가 아니고 불규칙적이며, 특별한 구조가 없는 형태다.

림프관 중에는 모세림프관이 가장 작으며, 실질적으로 이것부터 림프통로라고 할 수 있다. 모세림프관은 말초혈관 사이에서 조직액을 흡수하여 좀 더 큰 림프관으로 림프액이 유입되도록 해준다. 림프액이 흐르는 경로는 모세림프관 → 전수집기(전수집림프관) → 수집기(수집림프관) → 림프절 → 림프관줄기 → 정맥의 순서다(그림 2-20).

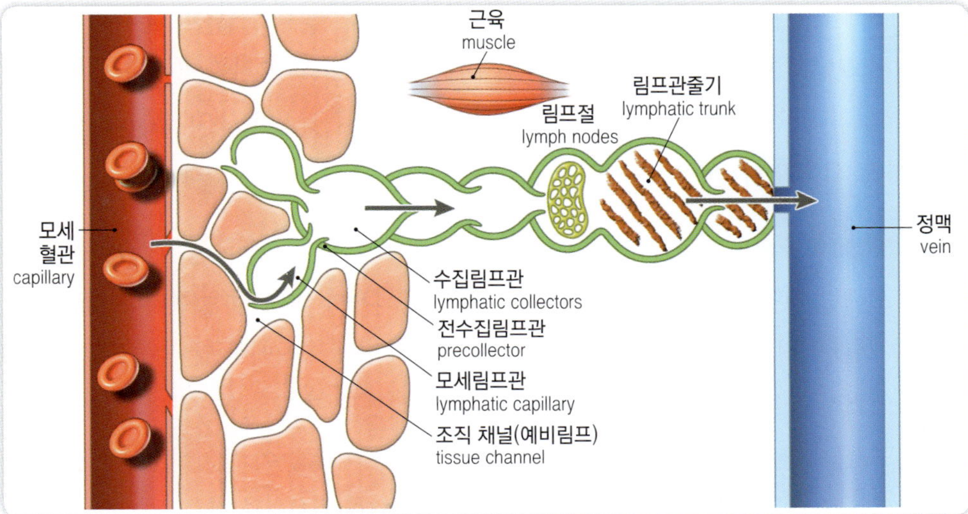

그림 2-20 모세혈관에서 정맥까지의 림프 이동 경로

알아두기

모세림프관의 상세 구조

모세림프관은 길이가 35㎛ 정도 되는 단층의 편평한 내피세포(flat single endothelial cell)로 이루어져 있다. 모세림프관의 세포는 접합된 끝이 내부로 구부러져 있고, 한쪽 끝이 개방되어 어느 정도 중첩되어 있기 때문에 내피세포 사이 간격(inter-endothelial gap)이 만들어진다. 이런 형태는 세포 사이의 물질 유입을 좀 더 원활하게 할 수 있으며, 이것으로 인해 나풀거리는 판(swinging flaps) 형태가 만들어진다. 이와 같은 해부학적 구조로 외부의 조직 사이(interstitial space)로부터 액체 유입은 가능하나, 림프가 모세림프관에 어느 정도 유입되어 내압이 증가되면 굴곡진(내부로 구부러져 있는) 끝이 밖으로 펴져 림프의 유출을 막게 된다(one-way valve system). 크기는 위치마다 다르지만 보통 내강(lumen)의 직경(diameter)이 0.1~100㎛ 정도 되며, 모세혈관과 비교해 매우 탄력적인 구조로 되어 있다. 내피세포 외벽은 주변의 콜라겐섬유에 붙어 있는 필라멘트에 연결되어 있다. 이 필라멘트는 조직 내에서 모세림프관의 내피세포와 진피 내 섬유를 연결하며 조직액 유입에 중대한 역할을 담당한다. 이것을 정박필라멘트(anchoring filament)라고 한다(그림 2-21).

(3) 모세림프관

모세림프관은 다른 말로 '말초림프관(peripheral lymphatics)', '말단림프관(terminal lymphatics)' 또는 간단하게 '작은 림프관(small lymphatics)'이라고도 한다. 하지만 케이슬리-스미스(Casley-Smith)가 명명한 '모세림프관(lymphatic capillaries)' 또는 '시작림프관(initial lymphatics)'이 더욱 보편적으로 쓰인다.

혈액 순환과는 다르게 '닫힌 고리(closed loop)' 또는 '막힌 길(blind alleys)' 형태로 세포바깥 공간(extracellular space)에서 시작되며, 그 가지를 풍부하게 펼쳐 대부분의 피부 진피층과 기타 신체기관을 덮고 있는 아주 조밀한 '거미집(spider web)' 형태로 되어 있다. 피부 구조에서는 진피층 상부에 주로 밀집해 있다.

① 조직액이 유입되는 과정

모세림프관의 외벽에 붙어 있는 필라멘트에 의해서 벽이 없는 형태의 채널(조직채널)이 형성되는데(그림 2-21), 모세림프관 주변에 조직액이 많아지면 주변 조직압력이 높아지면서 정박필라멘트(섬유성 필라멘트)가 모세림프관의 판막(내피세포 끝 부분)을 잡아당기게 된다. 이때 판막 사이에 공간이 생기면 조직액이 림프관 안으로 유입하여 림프액을 형성한다(그림 2-22).

모세림프관에 림프액이 차게 됨에 따라 조직압이 감소하면 판막이 닫히게 된다. 한편, 모세림프관은 림프망을 형성하기 위해 다른 모세림프관과 연결되어 있고, 심장 방향으로 이동한다. 림프관은 림프액을 운반하는 채널과 같은 역할을 하며 대부분 혈액 순환 방향으로 혈관과 나란히 존재해 있다.

림프액은 꿀이나 시럽처럼 걸쭉하며 아주 느리게 이동한다. 모세림프관은 림프액을 이동시킬 수 있는 근육이 없으므로 주로 주변의 뼈대근육 수축을 통해 전수집기 방향으로 림프액이 이동한다. 또한 아주 적은 양의 물질은 포액세포 작용을 통해 유입된다.

알아두기

모세림프관으로 조직액이 유입되는 과정

결합조직의 일부인 바탕질에 조직액 유입 → 진피층 섬유(콜라겐섬유, 탄력섬유)의 간격이 벌어짐 → 섬유에 붙어 있는 필라멘트가 모세림프관 내피세포를 잡아당김 → 내피세포가 중첩되어 만들어진 판막 열림 → 조직액 유입 → 모세림프관이 가득 차 내강압력이 높아짐 → 판막 닫힘(그림 2-23)

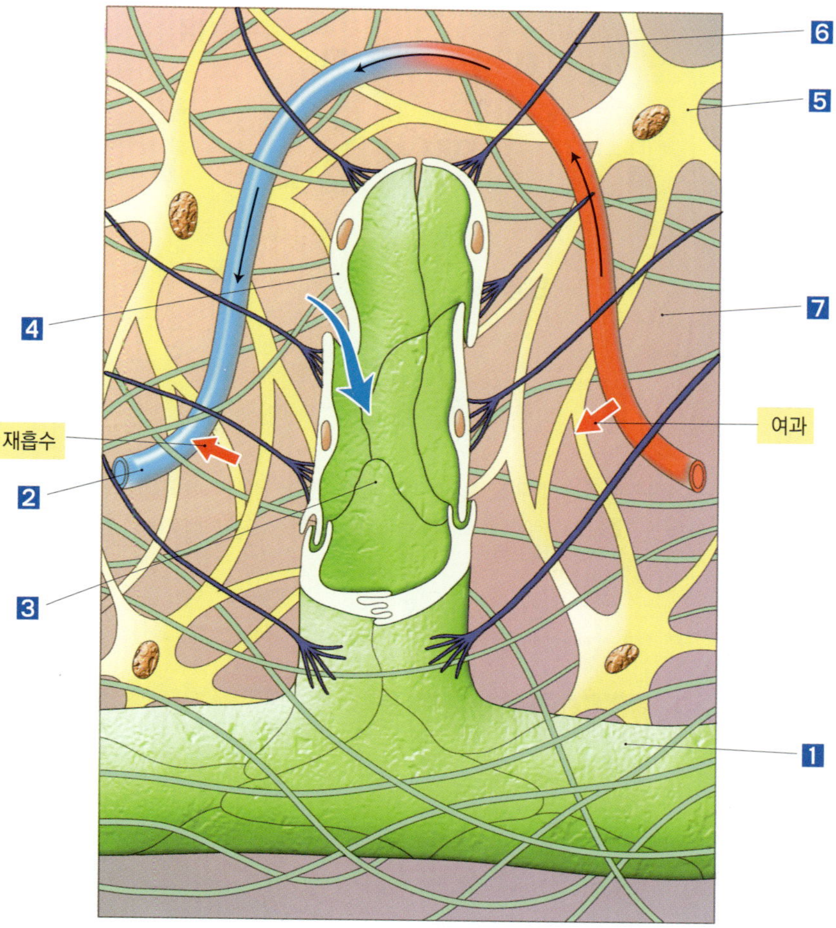

그림 2-21 조직액의 모세림프관으로의 유입

1 수집림프관 2 모세혈관 3 모세림프관 4 내피세포 5 섬유아세포 6 정박필라멘트 7 조직 공간

알아두기

정박필라멘트

정박필라멘트를 모세림그관의 내피세포에 부착하는 접합 물질(mortar substance)은 하이알루론산(hyaluronic acid)이다. 효소 하이알루로니다아제(hyaluronidase)는 이 접합 물질을 분리시켜 섬유 구조를 바꿈으로써 내피세포로부터 이탈하게 만든다. 하지만 결국은 하이알루론산에 의해 다시 붙게 된다. 하이알루론산과 하이알루로니다아제 사이의 상호작용은 결합조직에 있는 필라멘트 구조가 붙었다 떨어졌다를 반복하는 모세림프관의 연속적인 변화를 유발시킨다. 과도한 압력의 마사지를 피부에 적용하게 되면, 정박필라멘트의 손상으로 인해 내피세포 사이로 조직액이 원활히 들어가지 못해 부종이 생길 수 있기 때문에 강한 압력의 마사지를 적용해야 하는 경우에 얻는 효과와 잃는 효과를 잘 판단해야 한다.

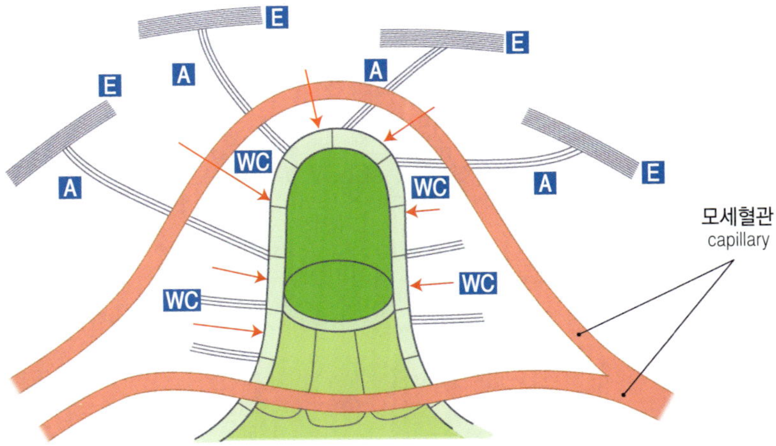

그림 2-22 **모세림프관 주변의 구조.** 모세림프관 주변에 연결된 필라멘트에 의해 조직액이 유입될 수 있는 관이 형성된다. A 정박필라멘트(anchoring filament) E 탄력섬유(elastic fiber) WC 벽이 없는 관(wallless canal): 조직 채널. 전림프통로

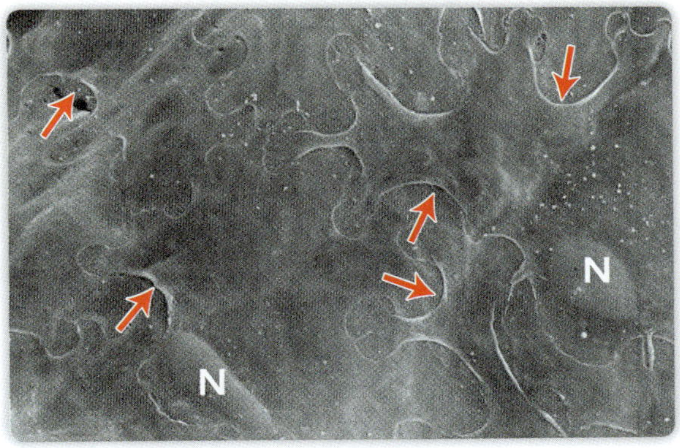

그림 2-23 **모세림프관의 내피세포.** 림프관 밖에 조직액이 많아지면서 압력이 높아지면 정박필라멘트가 내피세포를 잡아당겨 조직액이 유입된다(화살표 부분이 벌어지면서 림프가 유입됨).

모세림프관은 진피층(corium)의 상부에서 림프관 총(dermal capillary plexus)을 형성하고 있으며, 온몸에 걸쳐서 하나의 얕은림프그물(superficial capillary network)을 이루며 서로 유기적으로 연결되어 있다(그림 2-25). 주변의 조직에서 조직액이 유입하면 깊은 곳의 진피층에 존재하는 전수집림프관으로 림프액을 이동시킨다.

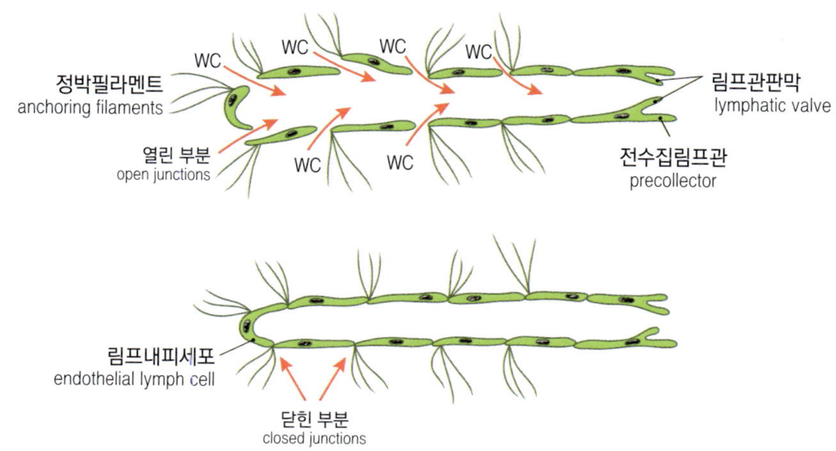

그림 2-24 조직액의 림프관 안으로의 유입(WC: 벽이 없는 관)

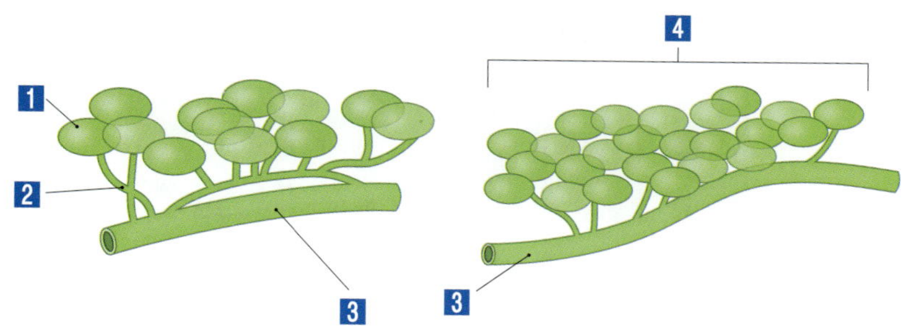

그림 2-25 모세림프관과 림프망. 1 모세림프관 2 전수집림프관 3 수집림프관 4 얕은림프그물

(4) 전수집림프관

전수집림프관(precollectors)은 진피층 상부에서 시작되는 모세림프관이 하방으로 진행되면서 이어지는 구조물로 진피층 상부에서 중간에 걸쳐 위치해 있다.

알아두기

전수집림프관의 구조

전수집림프관은 모세림프관과 수집림프관의 중간 형태의 구조를 가지고 있다. 기본 구조는 1~3층의 내피세포로 되어 있는데, 수집림프관처럼 정렬되고 조직화된 근육 구조를 가지고 있지는 않다. 간헐적으로 민무늬근이 자리 잡고, 잘 발달되어 있지는 않으나 안쪽에 2~3mm 간격으로 판막이 있어 모세림프관으로부터 유입한 림프가 다시 역류하지 않도록 해 준다(그림 2-26). 진피 하단부 대부분과 나머지 일부는 근막조직까지 내려와 있고 직경은 130~150㎛ 정도 된다. 구조상 림프액을 수집림프관으로 이동시킬 수 있는 근육이 잘 발달되어 있지 않기 때문에, 주변의 뼈대근육이 수축하여 모세림프관에 있던 림프가 전수집기 판막(precollector flap valves)이 허용하는 방향으로 들어올 때 주변에서 발생하는 기계적인 압력을 통해 수집림프관으로 림프를 보낸다.

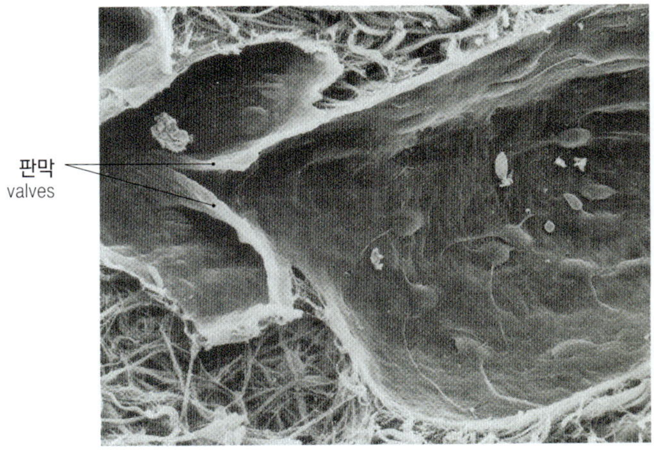

그림 2-26 전수집림프관 내 역류를 방지할 수 있는 판막

(5) 수집림프관

수집림프관(lymphatic collectors)은 림프계의 주요 운반관(main transporting vessel)이다. 분포 위치는 근육을 싸고 있는 근막 바로 위 피하 지방조직(fatty tissue)이다.

수집림프관의 단위인 림판지온의 근육 단위는 자동성(automaticity)을 가진 심박동기(pacemaker) 세포와 유사하다. 내피와 외피세포에는 교감신경과 부교감신경이

알아두기

수집림프관의 구조

수집림프관은 정맥과 비슷한 구조를 가지고 있다. 3층으로 구성되어 있으며, 가장 안쪽의 내막(tunica intima)은 1~2층으로 된 0.2~2㎛ 두께의 납작한 내피세포로, 중막(tunica media)은 반지 형태(ring-shaped)의 둥근 민두늬근으로, 외막(tunica adventitia)은 탄력섬유가 잘 발달된 결합조직으로 되어 있다. 외막에는 림프관의 대사작용을 위한 혈관(vasa lymphovasorum)과 신경(nervi lymphovasorum)이 분포한다.

림프관 내강의 크기(직경)는 위치한 기관마다 많은 차이가 있는데, 대략 150~160㎛ 정도 된다. 중간중간에 일정한 간격(6~20mm)을 두고 판막이 아주 잘 발달되어 있다. 이 판막을 단위로 하여 림프의 이동이 일어나는데 미슬린(Mislin)이라는 해부생리학자가 이것을 해부학적, 기능적 단위로 나누었으며, 림판지온(lymphangion)이라고 한다(그림 2-27). 수집림프관은 외관상 진주 목걸이와 비슷하게 보이는데 진주는 림판지온에, 목걸이 줄은 판막에 해당된다. 판막은 2층의 내피세포가 발달되어 생긴 것으로, 이것은 림프 흐름의 방향을 결정하고 거꾸로 역류하지 못하게 할 뿐 림프를 이동시키는 데 추진력이 되는 근육은 없다.

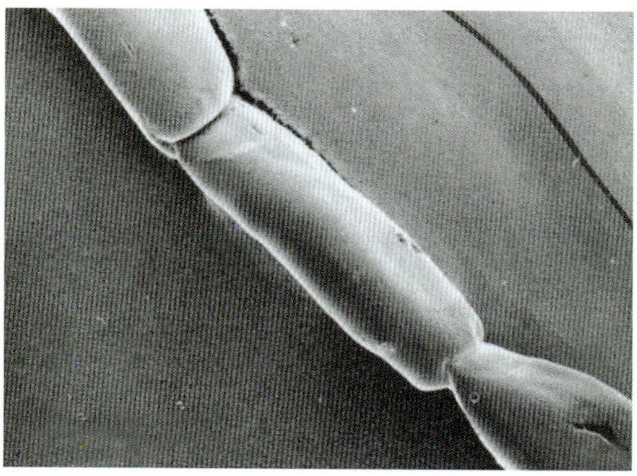

그림 2-27 수집림프관. 림프의 기본 단위인 림판지온으로 연결되어 있다.

넓게 분포되어 있다. 또한 신장에 민감한 수용기(stretch sensitive receptor)가 있어서 임상적으로 림프관의 기능에 직 · 간접적으로 자극을 주어 활성화시키면 림프관 운동성(lymphangiomotoricity)을 증가시켜 줄 수 있다. 수집림프관은 중간 중간에 림프절을 거치기는 하지만 좀 더 큰 림프관줄기(major lymphatic trunks)로 연결되어 있다.

(6) 림프관줄기

림프관줄기(lymphatic duct)는 오른림프관줄기(right lymphatic duct)와 가슴관(thoracic duct)을 말하며 림프관 중에서는 가장 크다(그림 2-28).

구조는 수집림프관과 비슷하지만, 중막이 더 잘 발달되어 있고 신경 분포도 잘 되어 있다. 오른림프관줄기는 신체의 오른쪽 상반신에서 생성된 림프를 운반하는 관으로 오른쪽 머리목부, 목에서 내려오는 오른목림프관줄기(right cervical lymphatic trunk)와 오른빗장밑림프관줄기(right subclavian lymphatic trunk) 등이 서로 합쳐

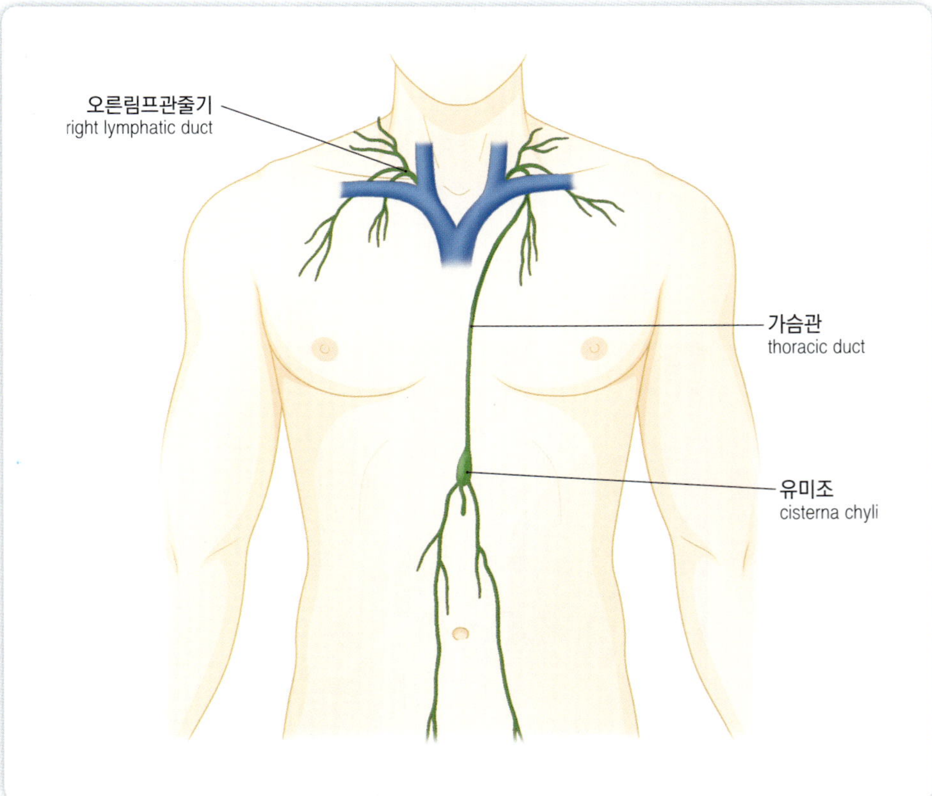

그림 2-28 림프관줄기. 오른림프관줄기와 가슴관

지면서 이루어지며, 우측의 내목정맥과 빗장밑정맥 사이로 유입된다.

① 유미조

작은창자(small intestine)에 분포하는 림프관줄기를 유미관(chyliferous vessel)이라고 한다. 이는 지방을 흡수하는 부위로서 림프가 지방 덩어리이기 때문에 유백색을 띠므로 이때의 림프를 유미(chyle)라고 하며, 이들이 유입되는 가슴관의 시작점은 유미조(cisterna chyli)라고 한다. 창자, 복부장기, 다리 등에서 오는 림프가 유미조에서 만나게 된다. 크게 세 가지 림프본관이 이곳으로 유입되는데, 창자림프관줄기(intestinal trunk)와 왼 · 오른허리림프(lumbar trunks)관줄기이다(그림 2-29).

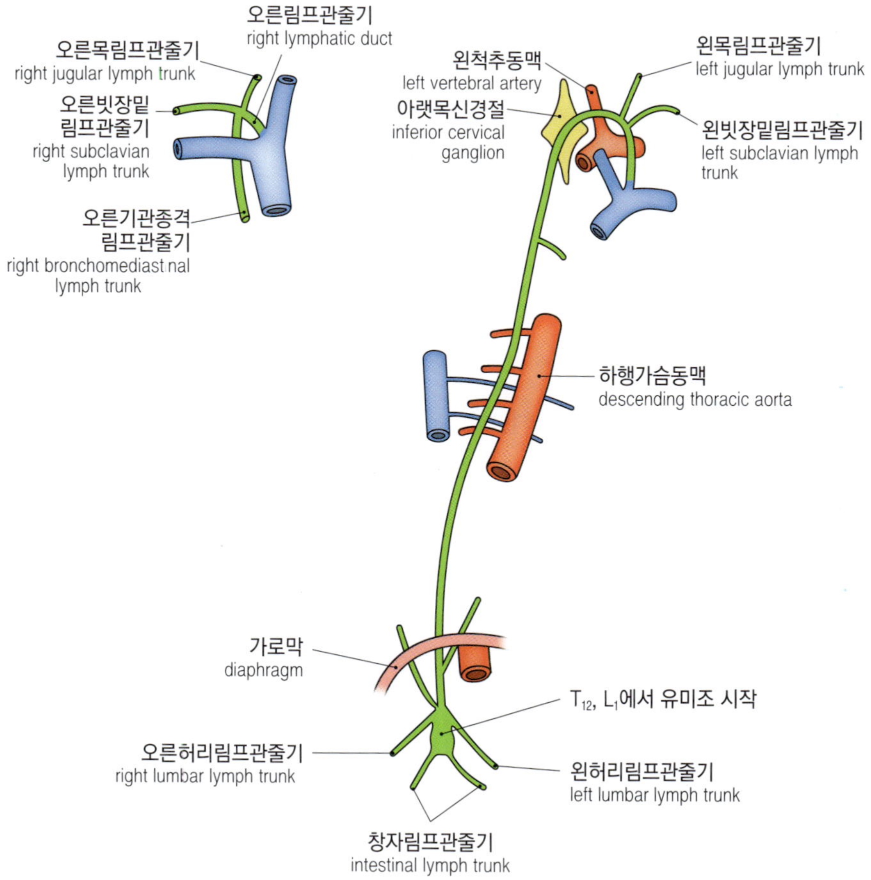

그림 2-29 가슴관

가슴관은 왼쪽 상반신에서 생성된 림프와 양쪽 하반신에서 만들어진 모든 림프를 수송하는 인체에서 가장 큰 림프관줄기로, 12번 등뼈 또는 1번 허리뼈 전면에 있는 방추상의 유미조에서 시작되어 대동맥과 함께 가로막을 가로질러 올라가 5번 등뼈 정도에서 식도 왼쪽으로 올라가 왼빗장밑정맥(left subclavian vein)과 왼목정맥(left jugular vein)이 합류하는 곳인 왼정맥각(left venous angle) 안으로 들어가게 된다.

왼정맥각에서는 왼쪽 상반신에서 생성된 림프를 운반하는 목림프관줄기와 왼쪽 팔의 림프가 모인 빗장아래림프관줄기 등에서 유입된 관이 만나게 된다.

3) 림프절

(1) 림프절의 분포

말초에서 조직액의 일부가 모세림프관을 통해 들어오면서, 림프액은 신체의 여러 지점에서 림프관을 따라 위치해 있는 림프절이라고 불리는 기관을 통과하게 된다. 우리 몸에는 대략 500~1,500개의 림프절이 존재하는데, 림프절의 개수는 사람마다 다소 차이가 있다. 타원형 또는 콩팥 모양의 이 림프절은 대략 핀의 머리에서 아욱콩 정도의 크기(2~25mm)인데 대부분 머리와 목, 겨드랑이, 샅, 복부, 골반 그리고 가

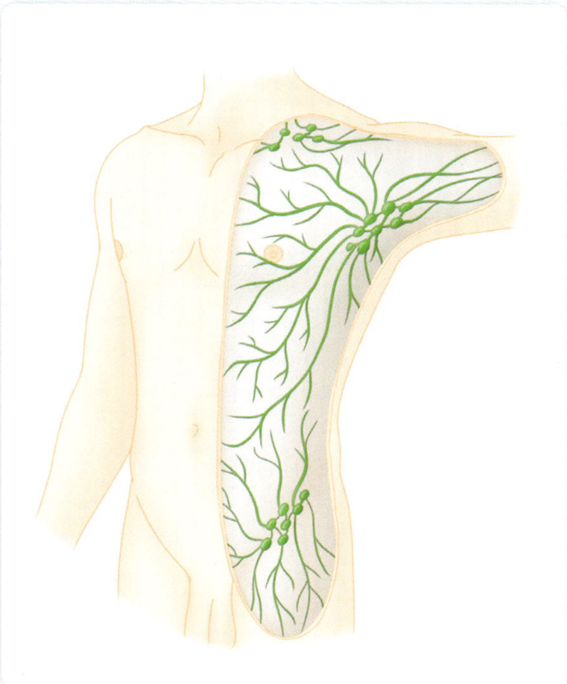

그림 2-30 얕은림프계. 표피 아래(근막 위)에 위치하는 림프관과 림프절

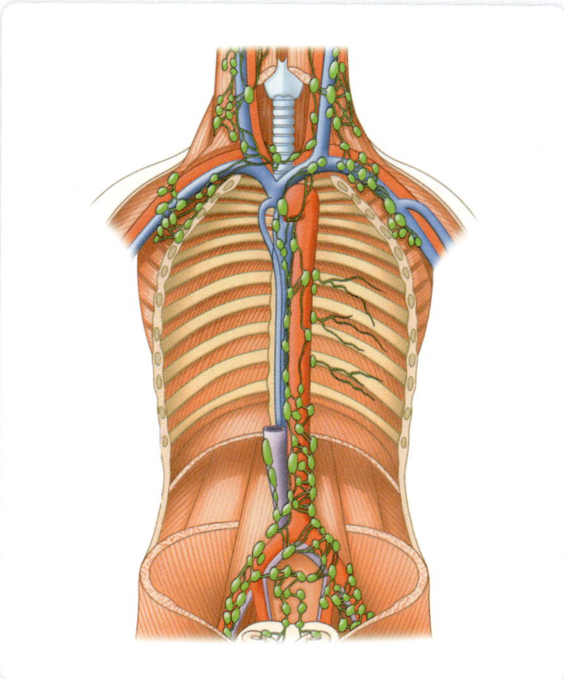

그림 2-31 깊은림프계.
근막 아래에 위치하는
림프관과 림프절

슴에 많이 분포한다. 존재하는 위치에 따라 손으로 만져서 탐지할 수 있을 정도로 표면에 존재하는 얕은림프계(그림 2-30)와 깊은 곳에 존재하는 깊은림프계(그림 2-31)로 나눌 수 있다.

(2) 림프절의 구조

① 림프절의 외형

림프절은 일정한 구조로 되어 있으며 둥근 외형에 한쪽은 볼록하고 한쪽은 오목한 형태로 되어 있다. 오목한 부분을 문(hilum)이라 하여 신경과 혈관이 출입하고 1~2개의 유출림프관(efferent lymphatic vessels)이 나가며, 반대로 볼록한 부분에는 유입림프관(afferent lymphatic vessels)이 들어오는데, 유입림프관은 상대적으로 유출림프관보다 수가 더 많다. 유입림프관을 통해 림프가 유입되고, 유입된 일부가 유출림프관을 통해 심장 방향으로 이동한다(그림 2-32).

② 림프절의 내부 구조

림프절의 표면은 결합조직성 피막으로 덮여 있고, 이 피막으로부터 내부를 향하여 잔기둥(trabecula)이 뻗어 나와 림프절을 불완전하게 여러 구획(compart-

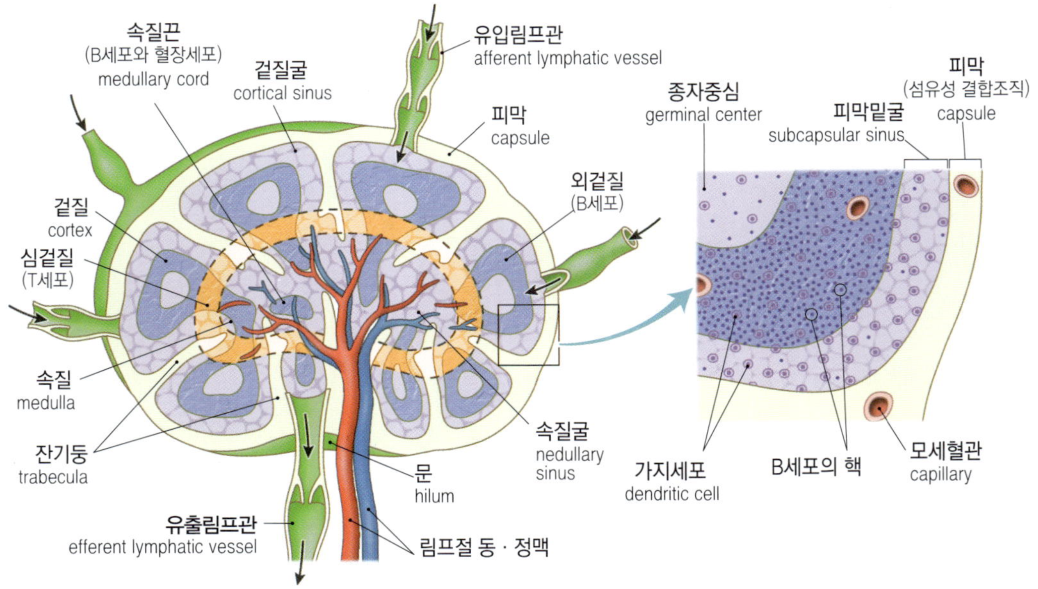

그림 2-32 림프절의 구조

ment)으로 분리하고 있다.

림프절의 외층인 겉질(cortex)은 림프구가 밀집되어 어둡게 보이는데, 이것이 림프소절이다. 그러나 그 중심부에는 분화 과정의 여러 림프구가 있어서 밝게 보이는데, 이를 종자중심(germinal center)이라고 한다.

내층인 속질(medulla)은 림프절의 문에서 방사상으로 퍼져 있으며, 림프소절이 없고 세포 성분이 겉질보다 적지만 조직학적 구조는 겉질과 거의 같다. 잔기둥과 림프조직 사이에는 림프굴(lymphatic sinus)이 있어 유입관 및 유출관과 교통하고 있다.

유입관을 통하여 림프와 함께 림프절로 들어온 세균과 이물질은 림프굴의 큰 포식세포와 같은 세망세포에 포식되어 처리되기도 하고 겉질에서는 주로 B림프구가 속질 쪽에 가까울수록 T림프구가 면역 작용을 한다.

림프절은 재생력이 좋아 수술 뒤에 남겨진 아주 작은 림프 조각으로부터 완전재생이 가능하다. 또한 암의 전이(metastasis)는 림프계를 통하여 이루어지는데, 암세포가 림프에 섞여서 림프동맥에 도달하면 이곳에서 증식되어 다음 경로에 있는 림프절로 흘러 들어가는 방식으로 신체 전체에 퍼져 나간다.

(3) 림프절의 기능

① 여과 · 식균 작용(biological filtration and macrophagic actions)

림프절은 세망 구조로서 이물질을 여과시키며 큰포식세포의 식균 작용이 이루어진다. 박테리아, 바이러스, 이물질 그리고 다른 잠재적 병인뿐만 아니라 죽은 세포와 노폐물을 걸러서 분해하고 제거해 준다. 기본적으로 림프절은 독소를 잡아서 소멸시키고, 그것이 혈류 속으로 들어가 그 안에서 오염되는 것을 막는다. 림프절이 독소 제거 기능을 함으로써 림프액은 깨끗하게 되어 혈액 안으로 돌아갈 준비를 하는 것이다. 그러나 많은 양의 미생물이 들어오게 되면 림프절염(adenitis)이 되며, 악성종양의 암세포에 의해 림프절 종양이 생길 때는 혈액으로 돌아가는 림프액에 환류장애가 생긴다.

② 농축(concentration)

림프절 유입림프관이 유출림프관보다 수적으로 훨씬 우세하며, 이것으로 나가는 림프의 양이 들어오는 림프의 양보다 줄어드는 것을 알 수 있다. 림프의 구성 성분 중 대부분을 차지하는 수분을 림프절 안에 있는 모세정맥 안으로 재흡수함으로써 약 40~50% 정도까지 림프액을 농축할 수 있다. 물론 림프절 안으로 유입된 모세혈관을 통해 혈액의 유출도 이루어진다. 하지만 대부분 유출보다 유입이 더 많다.

③ 림프구 생산(production of lymphocytes)

림프절의 림프조직은 무과립백혈구인 림프구 · 단핵구 및 형질세포 등을 만든다. 이때 활성화된 B림프구는 종자중심으로 이동하여 분열과 분화를 거쳐 면역모세포(immunoblast)가 되며, 이는 계속 분화하여 형질세포와 기억B세포(memory B cell)가 된다. 또한 T림프구도 활성화되어 보조세포, 억제세포, 기억세포, 세포독성 킬러 T림프구로 분화되어 면역 작용을 한다.

알아두기

림프절은 전염성 물질에 대한 방어 작용뿐만 아니라 신체 내로 들어온 이물질이나 악성종양(암세포)의 침습에도 작용한다. 즉, 림프계를 통하여 들어온 세균을 어느 기간 동안 국소에 억제시켜서 전신으로 퍼지는 것을 막지만, 이 기능이 파괴되면 림프계와 정맥계가 연결된 곳을 통하여 혈액 내로 세균이 들어가게 된다. 악성종양의 경우도 마찬가지로 일단 국소 림프관에서 암세포의 전신 전이를 막게 된다. 암세포가 전이된다는 이유로 림프관이 좋지 않은 기능을 한다고 생각하는 경우가 있는데 이것은 잘못된 생각이다.

4) 림프액의 최종 목적지

림프관은 중간 림프절을 거치면서 직경도 커지게 된다. 여러 구역에서 온 수많은 림프관은 두 개의 림프관줄기(왼 · 오른림프관줄기)를 형성하기 위해 모이게 된다. 이 관을 통해서 림프 순환과 혈액 순환이 연결되어 림프액은 혈액 안으로 되돌아오게 된다. 림프관줄기와 심장 주변 정맥이 만나는 부분을 터미너스(정맥각, terminus)라고 한다(그림 2-33).

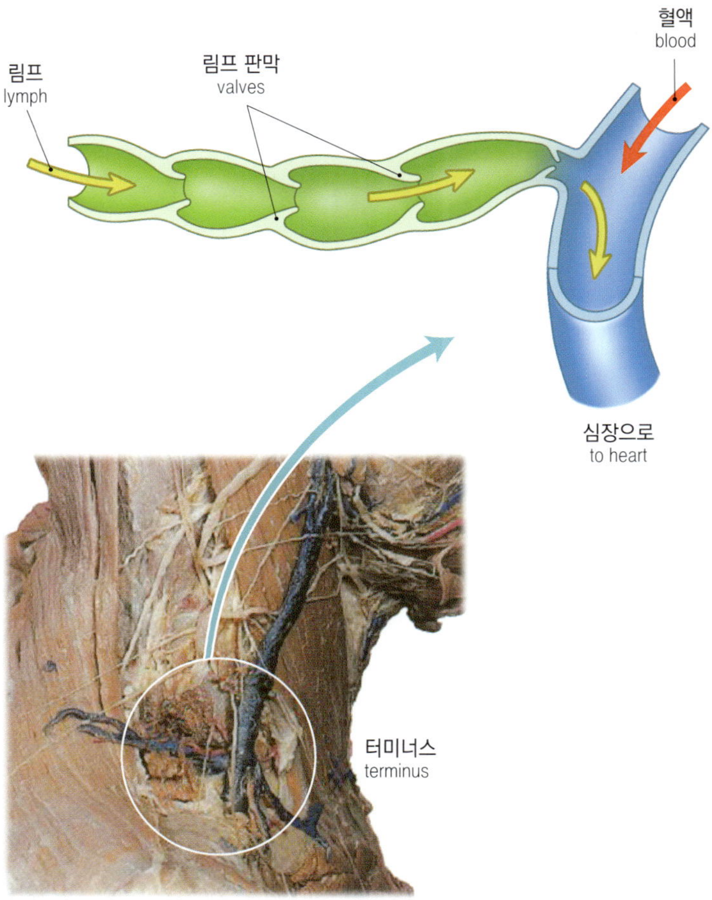

그림 2-33 머리와 목에서 내려오는 목정맥과 팔에서 빗장 아래쪽으로 올라오는 빗장밑정맥이 만나는 곳인 터미너스. 여기서 림프관줄기와 정맥혈관이 합류되어 심장으로 향하게 된다.

가슴관(왼림프관줄기)은 머리와 목의 왼쪽 부분과 왼쪽 팔, 몸통 그리고 양다리를 포함한 신체의 80%의 림프액을 흡수할 수 있으며, 오른림프관줄기는 나머지 영역에서 20%의 림프를 흡수한다(그림 2-34). 가슴관은 척추 하부에서 시작하는데 다리, 골반, 복부 그리고 가슴우리 하부의 모든 림프관으로 나오는 림프액을 모으게 된다. 그 다음 액은 가슴까지 운반되어 목의 왼편의 저부에 있는 정맥을 통하여 중앙 혈액순환 안으로 비워진다. 가슴관이 정맥과 만나는 부위를 좌측 터미너스라 한다. 오른림프관줄기는 오른쪽 목과 머리, 오른쪽 가슴 그리고 오른쪽 팔의 림프액을 모아서 목의 오른편에 있는 정맥을 통하여 비우게 되며, 정맥과 만나는 부위를 우측 터미너스라 한다. 두 림프관줄기 중 왼림프관줄기는 오른림프관줄기보다 약간 더 큰데, 그 이유는 이곳으로 모이게 되는 림프액의 양이 훨씬 많기 때문이다.

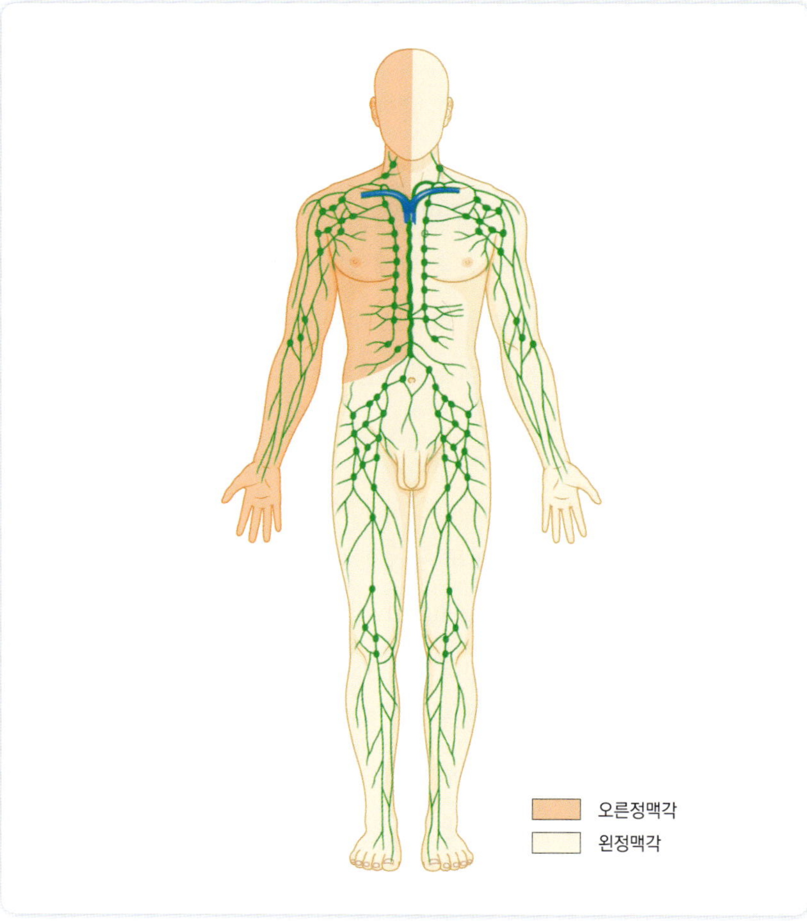

그림 2-34 오른 · 왼정맥각이 담당하는 림프영역

5) 림프액을 이동시키는 추진력

림프기관 안으로 림프액이 들어간다고 해서 무조건 심장 근처의 정맥까지 림프액이 이동하는 것은 아니다. 림프액이 림프관 안에서 잘 이동할 수 있도록 여러 가지 요인이 작용해서 최종 목적지인 혈관 안으로 다시 돌아가는 것이다.

일단 신체 조직으로부터 모인 액이 모세림프관으로 들어가면, 몇몇 종류의 추진력에 의해 림프관, 림프절로 이동하게 된다. 앞서 말했듯이 림프계 안에 있는 림프가 더욱 큰 림프관으로 이동하면서 심장으로 가는 데 필요한 추진력은 여러 가지가 있다. 이때 림프계 안에 추진력의 요인이 있으면 내재적 요소(intrinsic factors)라 하고, 그 외의 다른 신체기관에 추진력의 요인이 있으면 외재적 요소(extrinsic factor)라 한다. 추진력의 종류는 다음과 같다.

(1) 내재적 요소

① 신장수용기(stretch receptors)

림프액의 증가로 림프관 수축을 유발시키는 신장수용기(기계적 수용기)가 자극을 받게 되면 척수신경을 통한 반사로(reflex pathways)를 통해 운동성이 증가된다.

림프관의 기능적인 수축 단위인 림판지온에는 신장에 민감한 센서가 있다. 하나의 림판지온이 림프액으로 가득 차게 되면, 이 센서가 자극을 받아 신장반사가 일어나서 반사적으로 연동운동 형태로 수축되어 림프액이 다음 림판지온으로 이동하게 된다. 이러한 과정이 연속적으로 이어져 림프액이 말초에서 심장까지 이동하게 되는 것이다(그림 2-35).

② 자동 근발생적 수축(automatic myogenic contraction)

심장은 외부 신경의 지배 없이도 활동전압을 일으켜 규칙적인 수축과 이완을 반복하는 근발생적 율동성(myogenic rhythmicity)이라는 현상을 갖고 있다. 이러한 과정은 일명 푸르킨예계(Purkinje system)라고도 하는 특수한 자극 전도계에 의하여 일어나는데, 이는 신경조직이 아닌 고도로 특수화된 심근섬유의 다발이다. 이와 같이 림프관에서도 벽에 있는 근육세포로부터 시작하는 수축(cell initiated contraction)으로 인해 림판지온이 스스로 수축한다. 근육의 신장이 자발적인 수축을 유발한다.

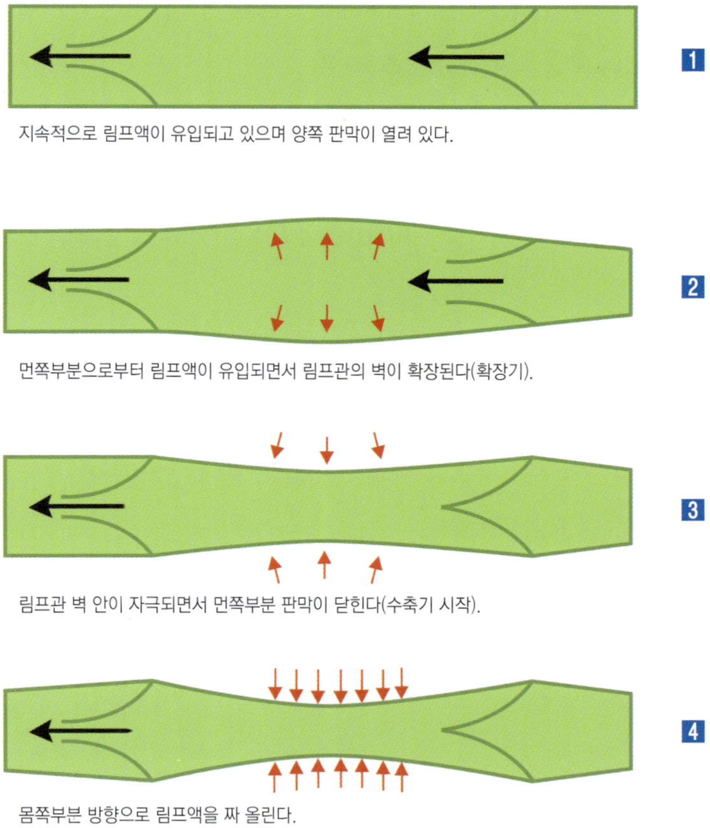

그림 2-35 림프관에서의 림프액의 이동. 시작 위치에서 제일 아래에 있는 림판지온에 림프액이 들어오게 되면 그 안에 있는 센서가 작동하여 수축하고 최대로 비운 상태가 된다. 수축과 동시에 그 안에 있던 림프액이 다음 림판지온으로 이동하고, 이 림프액을 받은 림판지온이 림프액으로 가득 차게 되면 또 다른 센서가 작동하여 다시 수축함으로써 다음 림판지온으로 이동하게 된다.

③ 자율신경계에 의한 수축

림프관의 중막에는 많은 종류의 신경종말이 분포해 있다. 이것은 혈관과 마찬가지로 자율신경에 의해 지배를 받아 움직임을 유발시킨다. 자율신경계 중에서도 교감신경계가 활동성이냐 비활동성이냐에 따라서 림프액의 이동이 달라진다. 교감신경계의 활동성이 떨어지면 림프관의 긴장성이 떨어지면서 관의 직경이 커져 림프의 유입이 쉽게 이루어진다. 이렇게 유입된 림프는 바로 림프관 수축으로 이어져 이동을 시키게 된다.

(2) 외재적 요소

일반적으로 보조펌프(auxiliary pumps)라고 하며 림프관 바깥으로부터 림프관 벽에 작용하여 림프의 흐름을 촉진하는 요소이다.

① 뼈대근육의 움직임

림프관 주변의 근육이 수축함으로 인해 대부분 피부와 근육 사이에 존재하던 림프관 안의 림프액이 짜 올려지면서 림판지온의 자가 운동성도 더욱 증가된다(그림 2-36).

② 세동맥의 맥동

심박동에 의해서 생긴 혈관의 맥동이 말초까지 전해지면서 림프관이 있는 주변에 파형을 전달시켜 주기적으로 자극을 주기 때문에, 림프관이 자극을 받아 원활하게 움직이는 데 도움이 된다.

③ 호흡에 의한 가슴안 내 압력의 변화

호흡을 할 때마다 가슴안 내 압력이 변화되면서 유미조를 비롯한 림프관과 장기

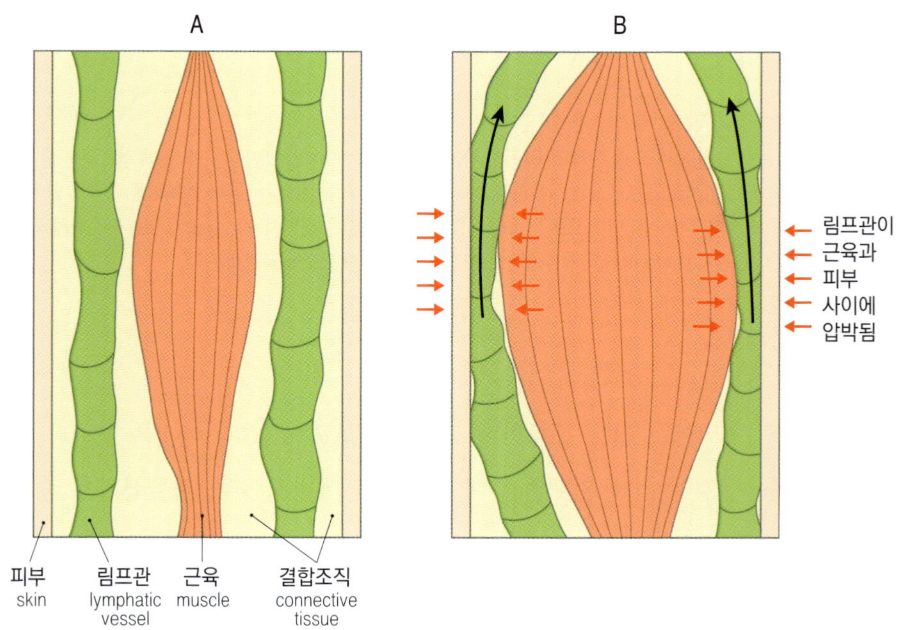

그림 2-36 근육 수축과 림프액의 이동. A: 이완 시의 근육, B: 수축 시의 근육

주변의 림프절, 하부에서 올라오는 중심부에 위치한 가슴관이 자극을 받게 된다. 이로 인해 림프관에 다시 한 번 심장 쪽으로 올라갈 수 있는 힘이 만들어진다. 이런 이유로 다리 부종인 경우에는 효과적인 배호흡 자세를 취해 충분하게 림프기관을 자극해 주는 것이 좋다(그림 2-37).

④ 창자의 연동 움직임

배안에서 장이 꿈틀꿈틀 연동운동을 함으로써 배안의 림프관이 자극을 받아 림프액의 이동을 촉진한다.

⑤ 엠엘디

림프관의 수축 단위인 림판지온의 외부에도 신장(stretching)에 민감한 수용기가 있는데, 외부에서 적용하는 아주 부드럽고 가벼운 마사지 등에 의해서 이 수용기

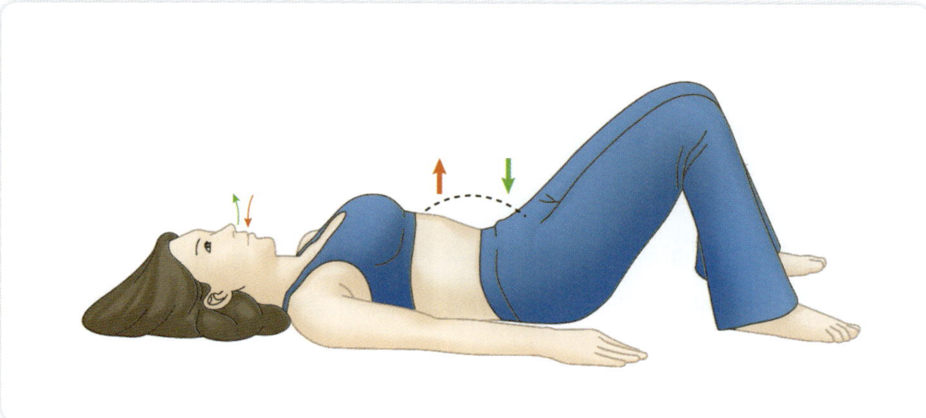

그림 2-37 배호흡을 위한 효과적인 자세

알아두기

맥동률

림판지온은 1분에 평균 5~7회 정도 자동적으로 수축 · 이완하게 되는데, 림프관 내 압력과 림프벽의 긴장성에 따라서 적게는 1회, 많게는 30회까지 맥동률이 빨라진다. 하나의 림판지온이 수축하였다가 이완하는 경우 그 주기를 100%로 본다면, 95%는 림판지온 안으로 림프가 들어차는 데 소요되는 시간(filling time)이고, 나머지 5% 정도만 수축을 해서 안에 가득 들어 있던 림프를 다음 림판지온으로 보내는 시간(emptying time)이다.

가 반응하면 림판지온이 더욱 활발히 수축하게 된다. 수동 신장을 림프관에 가하면 림프관 벽에 있는 민무늬근세포가 전기적 · 기계적인 반응을 일으켜 움직임을 촉진하게 된다.

6) 신장에 가장 민감한 림프관

림프관의 맥동에 영향을 미치는 내재적 · 외재적 요인 중에 가장 영향력이 큰 요소는 신장이다. 이전에 언급했듯이 림프액이 림판지온으로 유입하면 내부는 림프액으로 가득 차게 되고, 이로 인해서 림프의 내벽이 신장된다. 또한 외부에서 가해지는 힘에 의해서도 림프관이 자극받고 신장반사가 유발되어 림프관의 움직임이 더욱 증가하게 된다. 미슬린의 실험에 의하면 세로(lengthwise), 가로(transverse) 방향으로 림프관 신장을 유발시키면 수축이 증가한다. 보더의 특수 엠엘디 시술 동안 발생하는 피부의 움직임은 림프관의 가로와 대각선 신장을 최대로 만들어 림프의 운동성을 증가시킨다.

7) 림프의 흐름이 감소되는 경우

(1) 운동 부족

운동 시 발생하는 피부의 움직임과 근수축이 림프의 이동을 촉진하게 되는데, 활동(운동)이 저하되면 림프관의 기계적 압박과 자극이 줄어들어 림프 흐름이 감소된다.

(2) 취침, 휴식

취침과 휴식 시에는 최소한의 신체기관만 일을 하게 되어 조직액의 축적이 많지 않으므로 운반해야 할 림프의 양이 줄어든다.

(3) 감염, 염증

급성 또는 국소적 염증 반응이 발생하면 림프관의 경련으로 인해 림프 흐름이 저하된다.

(4) 꽉 끼는 옷, 속옷 등을 입었을 때

몸 전체에 적절한 압력을 가하는 것이 아니라 신체 특정 부위에만 압력이 증가되면서, 림프관을 압박하여 림프 이동이 방해를 받게 된다.

(5) 마비

뇌졸중, 척수 손상 마비 등으로 몸의 일부 또는 전신이 마비된 경우에도 림프 흐름은 감소한다.

8) 림프소절(lymphatic nodule)

림프소절은 림프조직으로 되어 있는 구형의 덩어리이며 소화관, 기도, 비뇨생식기의 점막 및 편도 등에서 볼 수 있다. 특히 작은창자의 먼쪽부위인 돌창자의 점막에는

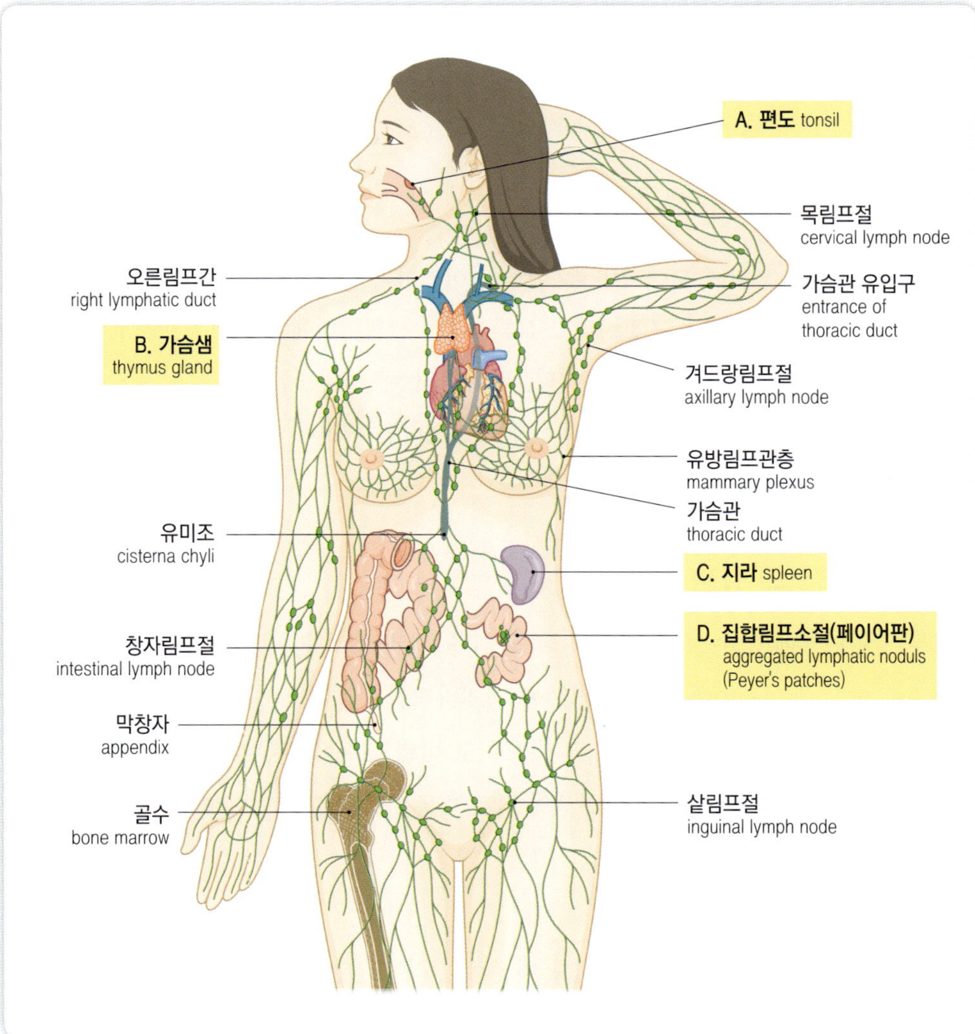

그림 2-38 기타 림프기관. A: 편도, B: 가슴샘, C:. 지라, D: 집합림프소절

림프소절이 가로 4mm, 세로 10mm 정도의 크기로 나타나는데, 이를 집합림프소절(aggregated lymphatic noduls) 또는 페이어판(Peyer's patches)이라고 한다(그림 2-38). 페이어판의 큰포식세포는 세균을 포식하여 제거함으로써 작은창자벽의 파괴를 방어할 수 있는 이상적인 위치에 있다.

9) 기타 림프기관

순환 혈액량을 조절하고 노쇠 적혈구 및 혈중의 이물질을 처리하는 지라(spleen), T세포가 분화하는 가슴샘(thymus), 림프구 생성과 미생물 침입을 방어하기 위해 항체를 생성하는 편도(tonsils) 등이 있다.

3 신체 부위별 림프절과 림프 흐름

림프절은 일정한 부위에 모여 집단을 이루며 이러한 집단은 한정된 주변부의 림프를 모아 처리하기 때문에 국소림프절이라고 부른다. 각 신체부위에서 국소림프절로 흡수되는 림프의 흐름을 이해하는 것이 중요하다. 왜냐하면 해당 림프절의 해부학적 · 기능적 손상으로 인해 림프 흐름에 국소적으로 문제가 발생하면 림프 정체로 인한 다양한 임상 증상이 나타나기 때문이다.

1) 두개 안면부의 림프 흐름

두개 안면부에 있는 주요 림프절은 크게 다섯 부위로 나눌 수 있다. 귀를 기준으로 귀의 앞쪽에 앞귓바퀴림프절, 뒤쪽에 뒤귓바퀴림프절, 턱 바로 아래 턱끝밑림프절, 아래턱뼈를 따라서 있는 턱밑림프절 그리고 머리 뒤쪽에 뒤통수림프절로 나뉜다. 각각 림프절로 흡수되는 두개 안면부의 림프 흐름은 그림 2-39와 같다.

2) 머리와 목에서의 림프 흐름

머리와 목에서 생성된 림프는 뇌를 비롯해 머리에 있는 모든 표면과 깊은 곳의 림프가 모여지기도 하지만, 나머지 전신에 있는 림프가 최종적으로 모이게 되는 터미너스가 근처에 있기 때문에 임상적으로 매우 중요한 부분이다.

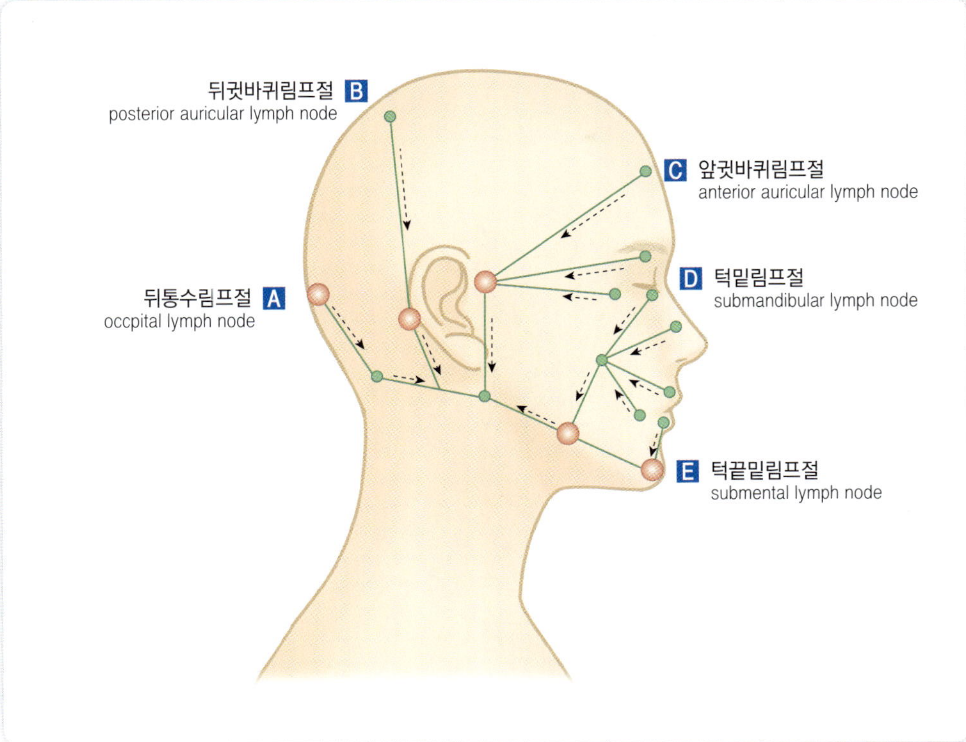

그림 2-39 두개 안면부의 림프관과 림프절. A 담당영역: 후두, 목의 상부 B 담당영역: 두정, 귀의 뒷면 C 담당영역: 이마, 윗 눈꺼풀, 아래 눈두덩의 가쪽, 귀의 앞면 D 아랫눈두덩의 안쪽, 코, 윗입술, 아랫입술의 가쪽, 볼 E 담당영역: 아랫입술 안쪽, 턱

목 부분의 림프 구조는 루비에르 삼각(Rouvier's triangle)을 중심으로 분포하고 있으며, 이것에 따라 프로펀더스에서의 정맥으로 유입하는 림프의 이동도 달라진다고 할 수 있다. 루비에르 삼각은 목 심부에서 림프절이 다발로 사슬처럼 놓여 있는 것을 말하는데, 삼각형을 이루는 세 부분은 그림 2-40과 같다.

(1) 부사슬

그림 2-40에서 A에 해당하는 림프 사슬은 부신경이 뻗어 있는 방향과 나란히 존재하기 때문에 부사슬(accessory chain)이라는 이름이 붙여졌다.

(2) 빗장위사슬

그림 2-40에서 B에 해당하는 빗장위사슬(supraclavicular chain)은 빗장의 위모서리를 따라서 분포하고 있으며, 부사슬에서 오는 림프를 받아서 터미너스 안으로 유입시킨다.

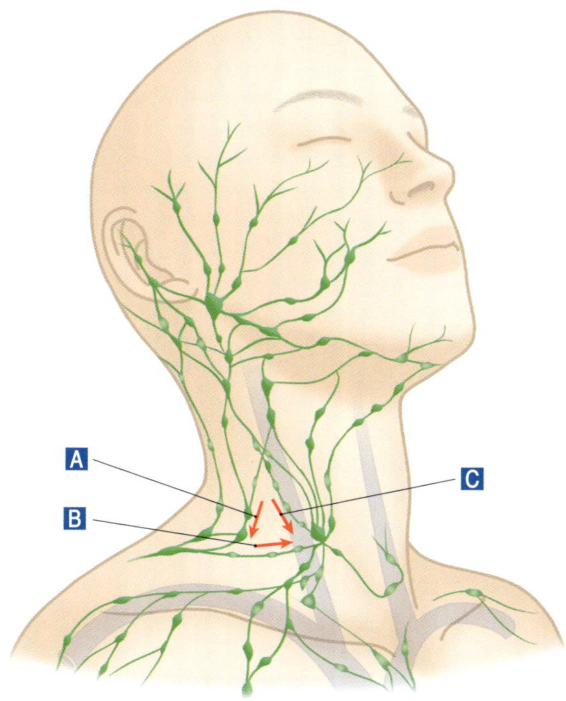

그림 2-40 목(경부)에서의 림프 흐름. A 부사슬 B 빗장위사슬 C 목정맥사슬

알아두기

루비에르 삼각을 중심으로 한 림프 흐름

- **제1흐름:** 부사슬 → 빗장위사슬 → 빗장위림프관줄기 → 터미너스
- **제2흐름:** 목정맥사슬 → 목정맥림프관줄기 → 터미너스

(3) 목정맥사슬

그림 2-40에서 C에 해당하는 목정맥사슬(jugular chain)은 정맥각으로 유입되는 경정맥을 따라서 분포하고 있다. 두개 안면부에서 오는 림프를 받아서 바깥목정맥을 따라 분포하고 있는 5~8개의 얕은목림프절(superficial cervical lymph nodes)과 속목정맥을 따라 분포하는 15~30개의 깊은목림프절(deep cervical lymph node)에 모였다가 목림프관줄기(jugular trunk)로 유입된다.

3) 뇌에서의 림프 흐름

뇌세포는 일반 세포보다 더 중요하기 때문에 혈액성분이 쉽게 빠져 나와 직접적으로 뇌세포에 영향을 미칠 수 없게 되어 있다. 즉, 뇌세포에 필요한 것만 혈액성분에서 빠져나와 사용될 수 있게 하고, 좋지 않은 것은 전달되지 않게 하는 특수한 구조를 가지고 있다. 이것을 혈액뇌장벽(Blood-Brain Barrier, BBB)이라 하고, 일종에 뇌를 보호하기 위한 특수한 형태의 보호구조물이라 할 수 있다(그림 2-41).

혈액뇌장벽은 일반적으로 두 가지 구조로 이루어져 있다. 첫째는 혈관 내피세포 간 연결부위이고, 둘째는 신경교세포 중 별아교세포(astrocyte)이다. 뇌의 혈관 내피세포 간 공간은 다른 일반 모세혈관 내피세포 사이보다 '밀착 연접(tight junction)'을 이루고 있어 쉽게 물질이 빠져나오지 못한 구조를 가지고 있다. 별아교세포 역시 이와 같은 장벽의 역할을 하는데, 별아교세포가 혈관외부를 촘촘히 둘러싸고 있기 때문에 물질이 마음대로 이동하지 못한다.

이렇게 뇌세포는 혈액뇌장벽에 의해 선택적으로 필요한 것을 받게 되어 있고, 일

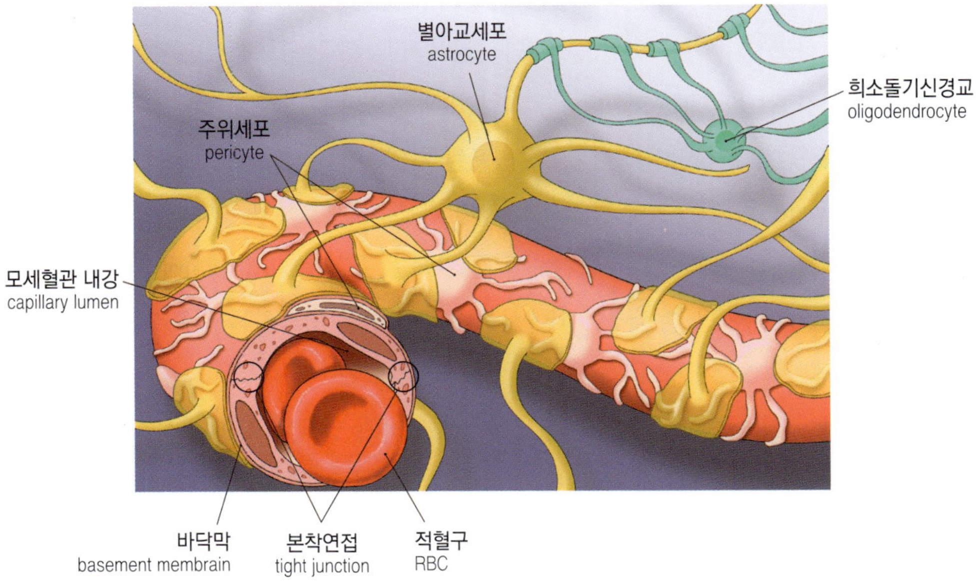

그림 2-41 혈액뇌장벽(BBB)

부는 면역세포를 많이 함유하고 있어 기본적으로 중추신경의 면역 작용을 통해 보호하는 역할을 하는 뇌척수액에서 뇌세포와 물질교환 같은 것을 통해 물질을 공급 받는다.

뇌에서 독소나 세포 파편, 단백질 그리고 대사산물 등 불필요한 것은 여러 경로를 통해서 제거된다. 첫째, 뇌척수액이 중요한 역할을 한다. 하루 500mL 정도가 맥락얼기와 비르코-로빈 공간(Virchow-Robin Space)에서 생성되고 거미막의 거미막 과립에서 비슷한 양이 분해되어 없어진다(그림 2-42).

둘째, 글림프계(Glymphatic system)이다. 동맥혈관은 뇌의 안쪽으로 뇌가 필요한 물질을 공급하기 위해 뻗어나가 있다. 이때 뇌척수액도 동맥 혈관 주변의 일정한 공간인 비르코-로빈 공간으로 유입되어 혈관벽에 발을 붙이고 있는 별아교세포 등과 같은 것을 통하여 뇌세포가 있는 공간으로 들어가게 된다. 뇌세포와 주변에서 생기는 여러 가지 노폐물은 정맥 주변에 있는 공간을 통해 흡수되어 흐르다가, 목림프절에 주로 흡수되는데, 이러한 흡수 경로를 글림프계라 한다(그림 2-43, 44).

셋째, 림프계이다. 뇌를 싸고 있는 막 안에서는 지속적인 면역 감시(immune surveillance)가 있다는 것으로 알려져 있음에도 얼마 전까지 중추신경계의 특징 중에 하나가 림프 배액 시스템(drainage system)이 없었다는 것이었다. 뇌에서 만들어지는 대부분의 대사물과 같은 노폐물 등은 뇌척수액으로 흡수되어 40~50% 정도는 후각신경을 타고 흡수되어 단단(물렁)입천장에서 깊은 목림프절로 흡수되고, 시신경과 속귀신경도 길잡이(guide track) 역할을 해서 림프로 흡수되게 하는 역할을 한다고 알려져 왔다. 하지만 최근 뇌에도 림프관이 있음을 몇몇 연구자들이 발표하였다. 루브(Louveau A) 등은 2016년 Nature지에 뇌척수액으로부터 경막동을 따라 발달한 림프관이 체액과 면역세포를 운반하여 깊은 목림프절(cervical lymph nodes)로 림프를 운반한다는 것을 밝혀내어 뇌에서 림프의 이동을 담당하는 림프관이 있음을 밝혀냈다(그림 2-45).

림프관이 기능을 잘못하게 되면 면역성에 변화가 발생되고, 다발성 경화증, 알츠하이머병, 신경학적 질환과 관련된 일차성 림프부종과 같은 다양한 질환의 원인이 될 수 있다.

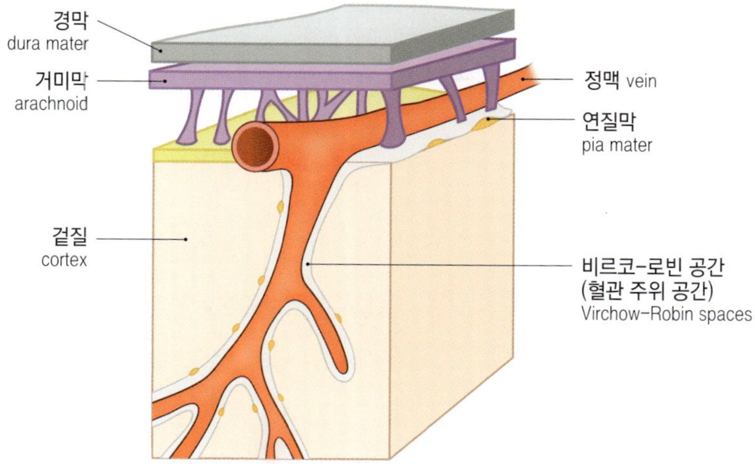

그림 2-42 비르코-로빈 공간

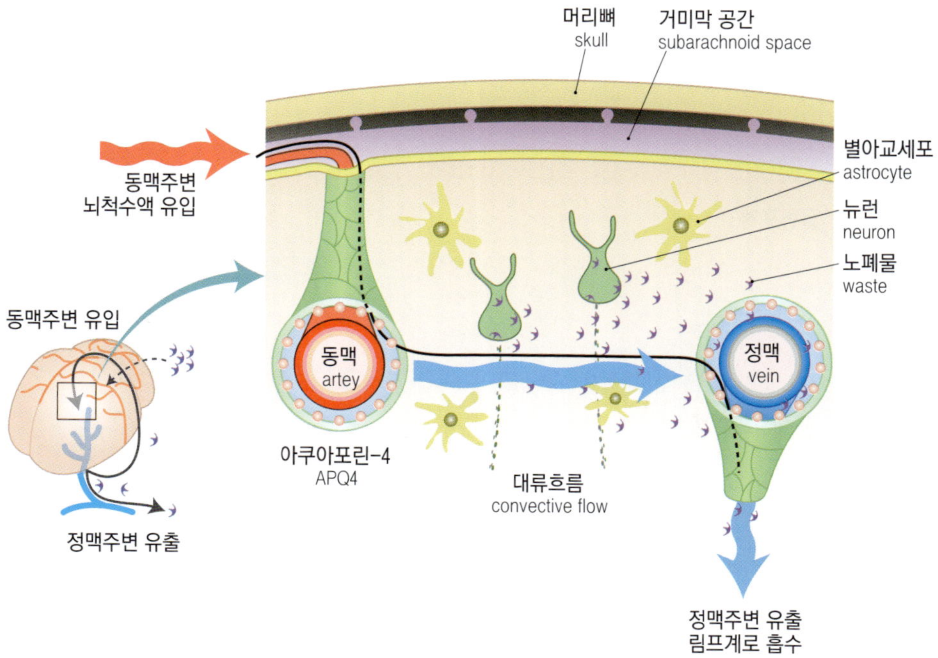

그림 2-43 뇌에서의 노폐물의 흡수

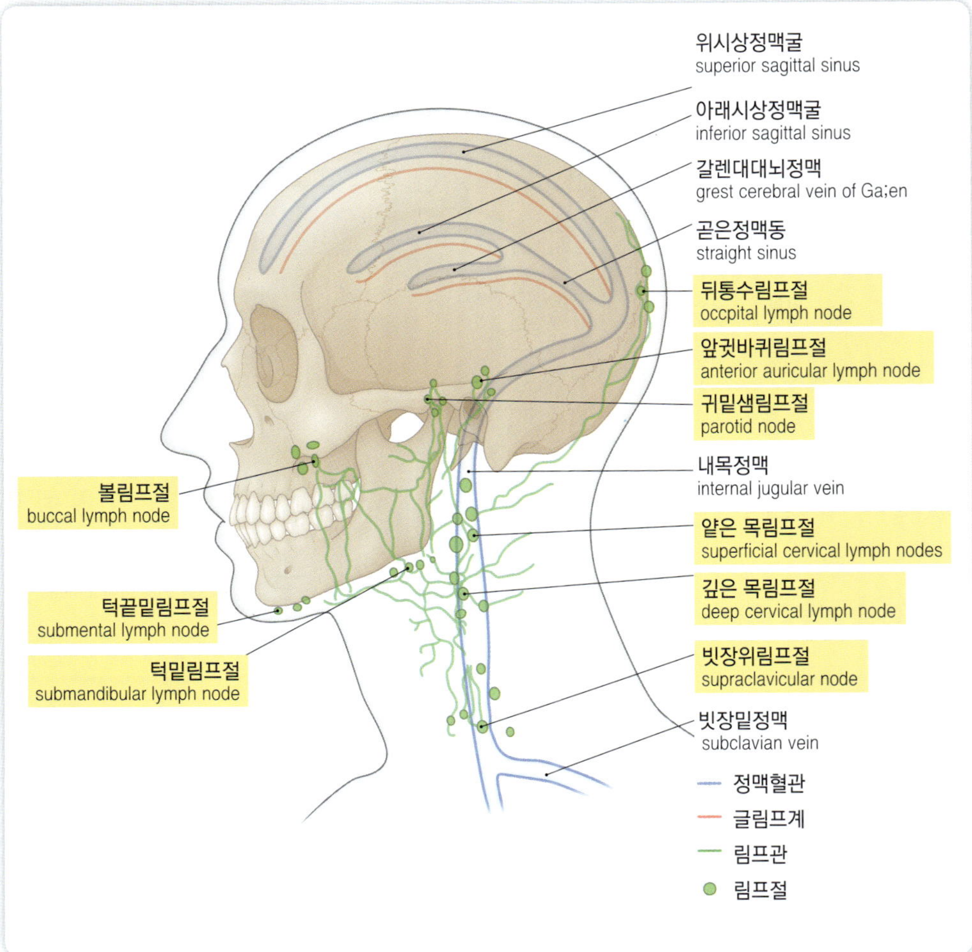
위시상정맥굴
superior sagittal sinus
아래시상정맥굴
inferior sagittal sinus
갈렌대대뇌정맥
grest cerebral vein of Ga;en
곧은정맥동
straight sinus
뒤통수림프절
occpital lymph node
앞귓바퀴림프절
anterior auricular lymph node
귀밑샘림프절
parotid node
내목정맥
internal jugular vein
얕은 목림프절
superficial cervical lymph nodes
깊은 목림프절
deep cervical lymph node
빗장위림프절
supraclavicular node
빗장밑정맥
subclavian vein
볼림프절
buccal lymph node
턱끝밑림프절
submental lymph node
턱밑림프절
submandibular lymph node
정맥혈관
글림프계
림프관
림프절

그림 2-44 글림프계

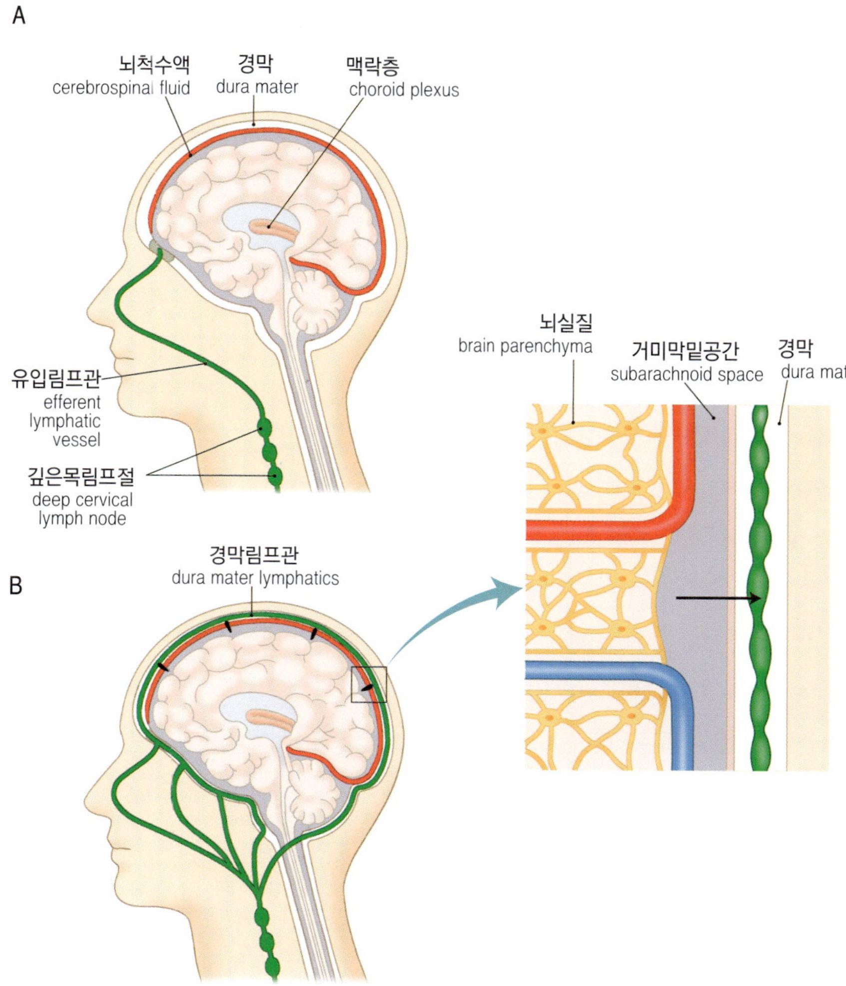

그림 2-45 뇌 림프 흐름의 변화(A: 이전, B: 최근)

4) 위팔에서의 림프 흐름

왼쪽과 오른쪽 위팔에서 생성된 림프는 12~30개로 구성된 겨드랑림프절(axillary lymph node)에 모였다가 빗장아래림프관줄기(subclavian trunk)로 유입된다. 겨드랑림프절에는 팔과 가슴 등 상부에 해당되는 부분의 림프가 모이게 된다. 좀 더 상세하게 설명하자면 아래팔의 세 영역(안쪽, 노쪽, 자쪽 다발)이 팔꿈치 안쪽의 주두와(cubital)림프절에 모여서 위팔의 정중위팔다발로 모여 주로 겨드랑림프절로 흡수된다. 위팔은 배가쪽, 정중 그리고 배안쪽 위팔영역으로 나눌 수 있다. 배가쪽은 빗장위, 빗장아래림프절을 통해 빗장아래림프관줄기로 유입되고 정중다발은 대부분 아래팔의 림프를 받아들여 정중앙 겨드랑림프절로, 배안쪽도 겨드랑림프절로 흡수된다. 일반적으로 겨드랑림프절은 빗장아래림프절을 거쳐 빗장위림프절로 흐름이 진행되고 최종적으로 빗장아래림프관줄기를 통해 터미너스로 유입된다(그림 2-46, 2-47).

요약

1. 손바닥 → 손등 → 아래팔에서 앞쪽으로 방향 전환 → 팔꿈치오목림프절 → 위팔정중림프절→ 겨드랑림프절 → 빗장아래림프절 → 빗장위림프절 → 빗장아래림프관줄기
2. 배안쪽 위팔영역 → 겨드랑림프절 → 빗장아래림프절 → 빗장위림프절 → 빗장아래림프관줄기
3. 배가쪽 위팔영역 → 빗장아래림프절 또는 빗장위림프절 → 빗장아래림프관줄기

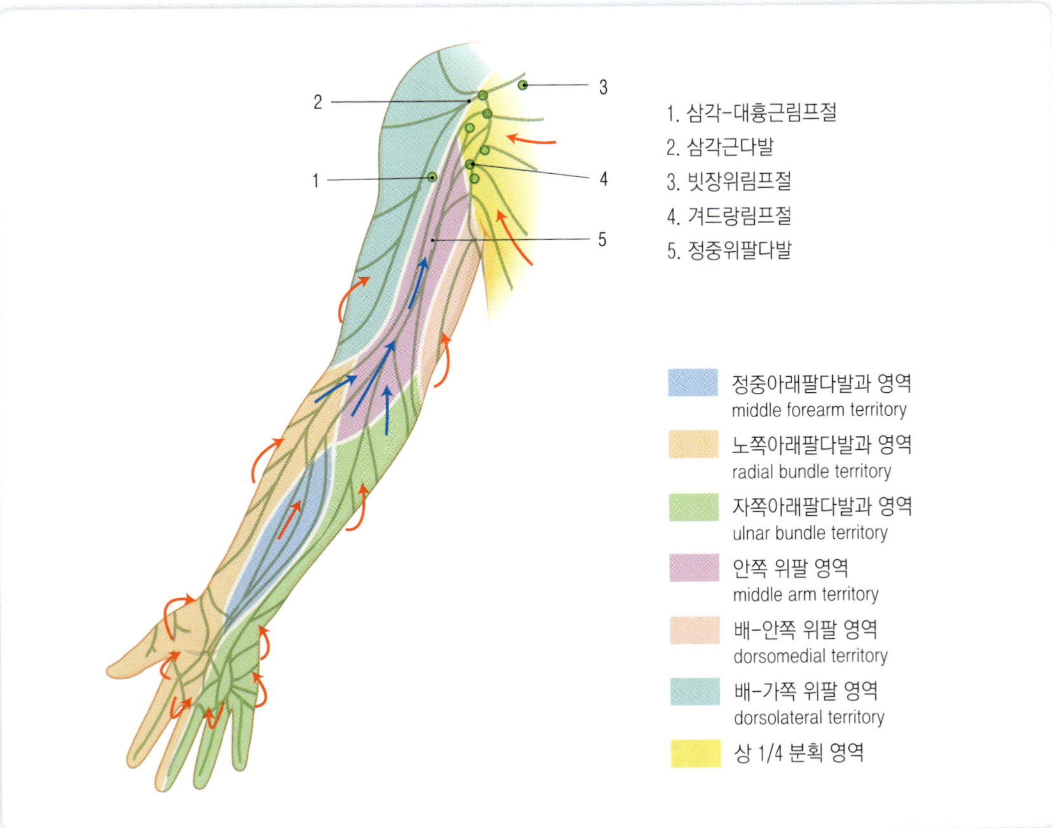

그림 2-46 위팔 앞쪽의 림프관다발(bundle)과 림프영역(territories)

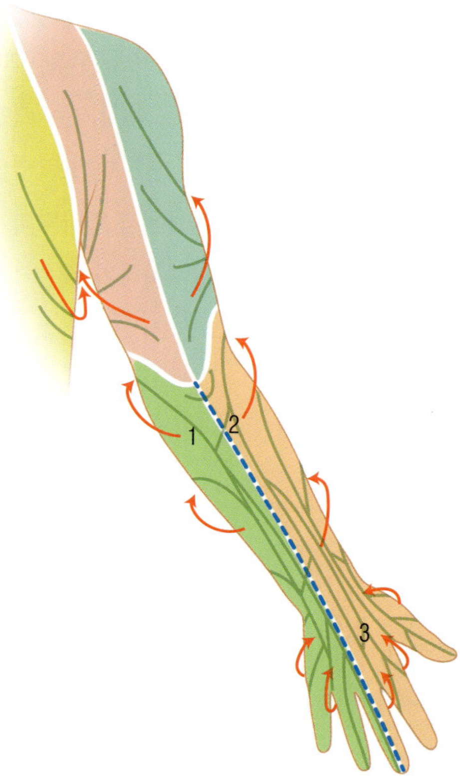

그림 2-47 위팔 뒤쪽의 림프관다발과 림프영역

알아두기

일반적으로 위팔은 연결이 길게 되어 있는 긴 유형과 짧게 연결된 짧은 유형, 이렇게 두 가지 유형의 림프 흐름이 가능하다. 첫 번째 긴 유형은 엄지손가락 쪽 아래팔의 노쪽아래팔다발과 위팔의 가쪽다발이 연결되어 빗장아래림프절과 빗장위림프절로 흡수될 수 있는 유형이고, 두 번째 짧은 유형은 연결이 되어 있지 않은 유형이다. 인구의 60% 정도는 긴 유형을 가지고 있어 겨드랑림프절이 손상되거나 기능이 저하되면 긴 유형을 따라서 림프 흐름이 활발히 진행될 수 있다. 긴 유형을 노쪽유역(radial catchment area)이라고 한다.

5) 다리의 림프 흐름

다리는 샅림프절로 대부분 흡수된다. 다리뿐만 아니라, 배꼽 아래 아랫배, 엉덩이부, 외음부에서의 림프 흐름도 샅림프절로 유입된다. 흐름은 발등에서 무릎 아래 전면으로 흐르다가 대퇴 안쪽 정중앙을 따라 올라가서 샅림프절로 유입되는 배안쪽(ventromedial) 다발과 위팔과 유사하게 대퇴의 배안쪽 다발, 배가쪽 다발로 영역이 나뉘어져 샅림프절로 흐르는 영역으로 나뉘어져 있다. 무릎 아래에서 발바닥과 종아리를 따라 올라가다가 오금림프절로 가서 넙다리뼈를 따라서 진행하다가 깊은 샅림프절로 흐르는 길도 무릎 아래에서는 주요한 림프 흐름이 된다(그림 2-48).

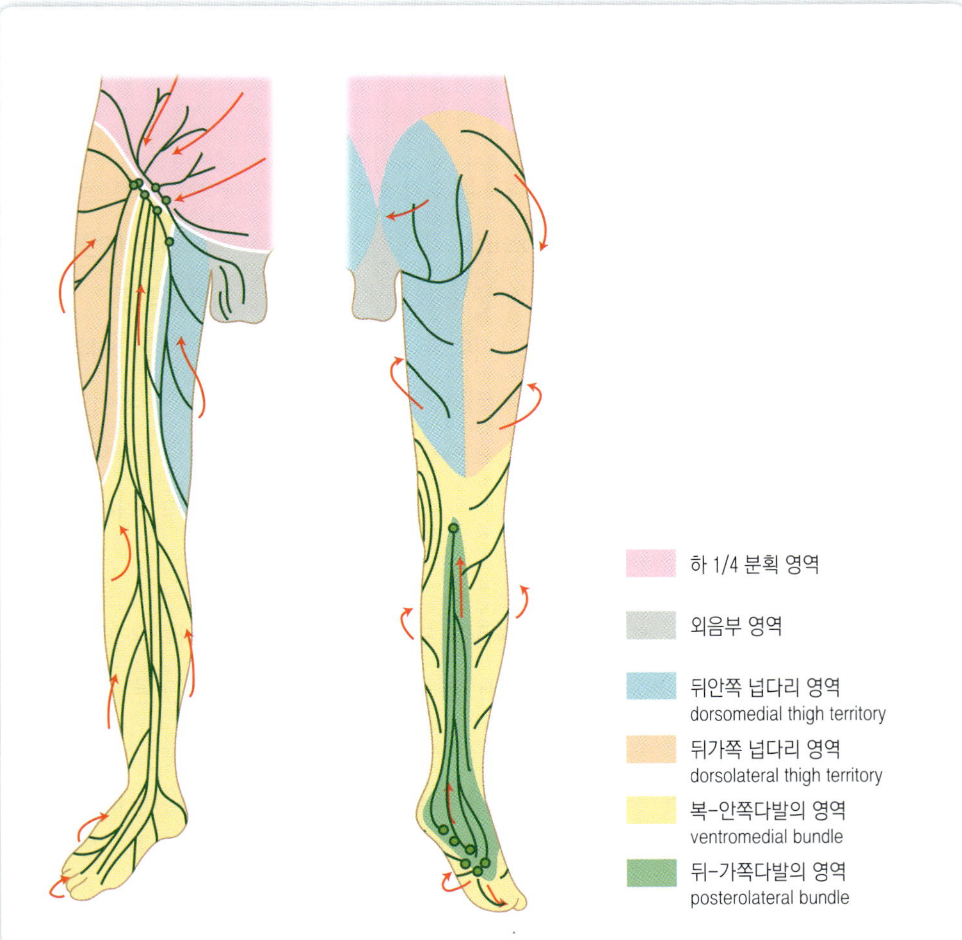

그림 2-48 다리의 림프관과 림프절

일부 오금림프절에서 진행되는 림프관은 궁둥신경(sciatic nerve)을 타고 뒤쪽 넙다리를 타고 올라가다가 샅림프절을 거치지 않고 천장림프절이나 허리림프절로 유입되기도 한다. 이 경로는 샅림프절이 정체되었을 때 매우 좋은 림프의 흐름이 되기도 한다.

6) 몸통(체간)의 림프 흐름

몸통의 림프 흐름은 주로 겨드랑림프절과 샅림프절로 흐름이 만들어지고 깊은 곳의 흐름은 복장뼈 주변, 척추 주변으로 이루어진다. 몸통 피부는 림프 경계를 중심으로 구획이 나뉘고 구역에 따라서 각각 겨드랑과 샅으로 림프 흐름이 이루어진다(그림 2-49).

몸통 심부의 림프 흐름을 보면 우선 늑간 전면은 복장뼈변 림프절로 유입되었다가 터미너스 또는 가슴관으로 유입되고 후면 늑간은 척추옆 림프절에서 가슴관으로 유입된다. 몸통 앞의 젖샘(mammary gland)을 4구역으로 나누어 볼 때, 안쪽 두 영역은 복장뼈뒤와 복장뼈 림프절로 흐르고 가쪽 두 영역은 겨드랑림프절로 흐른다. 4구역은 서로 연결되어 있기도 하며, 일부는 빗장위림프절로 흐르기도 한다.

샅에서 몸통 쪽으로 림프 흐름이 진행되어 긴뼈림프절과 허리림프절로 진행되면서 비뇨생식 기관은 긴뼈림프절로 흡수되고 일부 남성의 고환, 여성의 난소 그리고

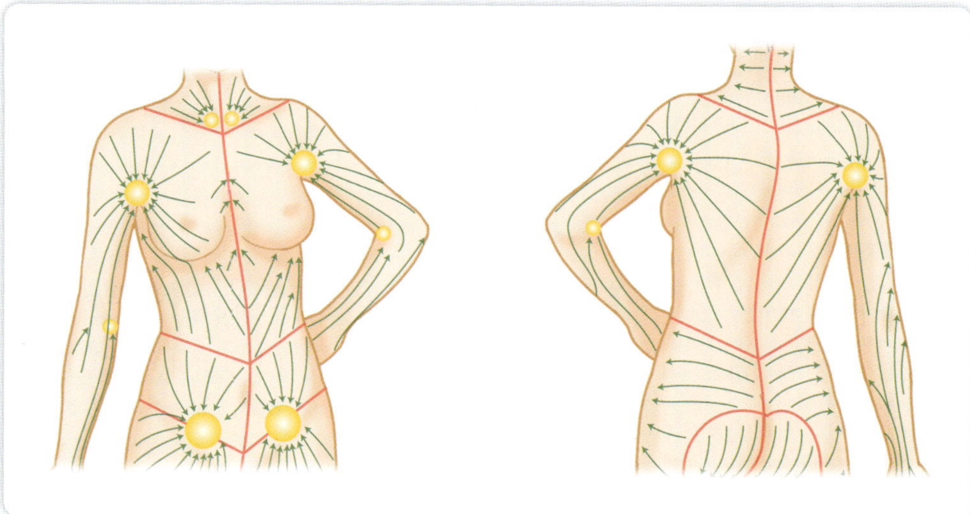

그림 2-49 몸통 피부의 림프 흐름

복부 장기들은 허리림프절을 통해 유미조로 흐름이 만들어진다.

간(liver) 위쪽의 림프 흐름은 종격과 복장뼈 림프절을 통해 오른쪽 터미너스로 진행하고 나머지 간의 림프 흐름은 가슴관을 통해 왼쪽 터미너스로 가게 된다.

가슴 몸통에서는 오른쪽 허파, 심장, 왼쪽 허파 아래엽은 오른쪽 터미너스로 가고, 왼쪽 나머지 허파는 왼쪽 터미너스로 흐름이 만들어진다(그림 2-50).

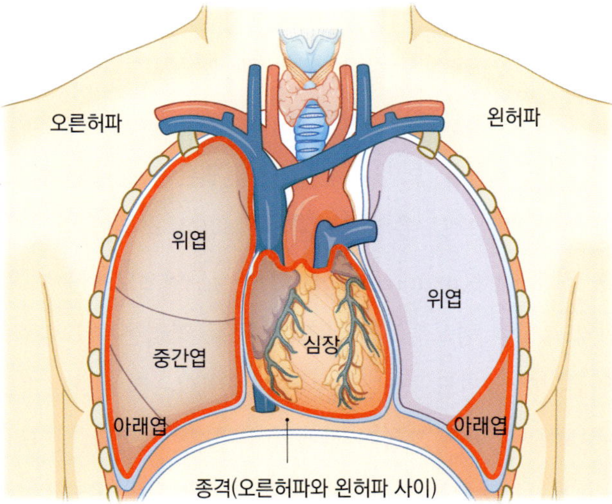

그림 2-50 오른쪽 터미너스로 유입되는 장기

4 엠엘디를 위한 용어

1) 림프지역

모세림프관은 피부로부터 0.3~0.4mm 정도 아래에 위치해 있으며, 온몸에 걸쳐서 림프그물을 형성하고 있다. 이렇게 신체 표면 구석구석까지 분포되어 있는 모세림프기관을 림프지역(lymph area)이라고 한다(그림 2-51).

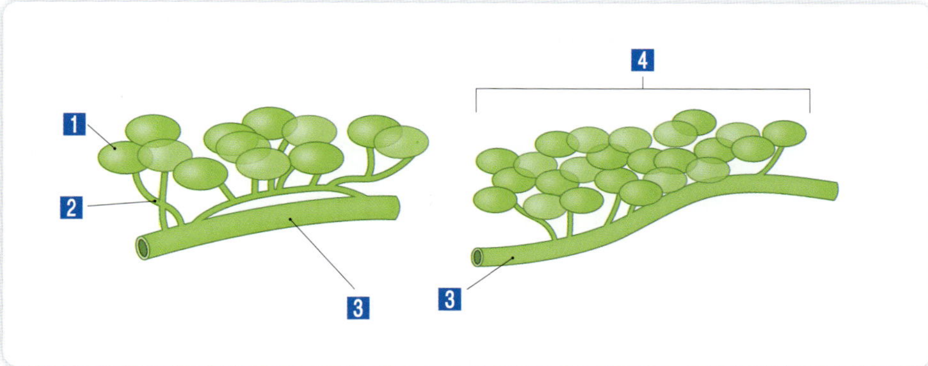

그림 2-51 모세림프관과 림프그물 1 모세림프관 2 전수집림프관 3 수집림프관 4 얕은모세림프그물

2) 림프영역

모세림프관과 전수집림프관이 함께 모여서 만들어지는 작은 구역을 림프영역(lymph territories)이라고 하며, 림프경계선에 의해서 영역이 만들어진다. 림프경계에서는 림프가 림프그물의 수집림프관에 의해 흡수되며, 수집림프관은 신체 부분에 고루 존재하는 림프액을 모아서 인근의 림프절이 모여 있는 곳으로 이동시키는 역할을 한다. 그러므로 림프영역에 존재하는 수집림프관은 흡수되는 림프절로 나란히 같이 주행한다고 할 수 있다.

림프영역은 림프경계에 의해서 구역이 각각 나뉘게 된다. 수집림프관에서 흐름이 차단되는 경우에는 판막과 근육이 잘 발달되어 있지 않은 전수집림프관과 모세림프관으로 역류해 연결된 곳으로 우회해서 림프 흐름을 진행시킨다(그림 2-52).

3) 림프경계

림프경계는 하나의 림프영역과 다른 림프영역 사이에 림프관이 거의 없는 곳을 말한다(그림 2-53). 영역과 영역 사이에서 림프그물로의 이동은 오직 경계에 존재하는 모세림프관그물에 의해서만 이루어진다. 림프영역을 나누는 림프경계는 위치에 따라 크게 4개로 나눌 수 있다.

첫째는 머리끝에서 회음부까지 이어져 우리 몸을 좌우로 나누는 시상 림프경계, 둘째는 배꼽에서 갈비뼈의 제일 아래를 지나 등뼈 12번 또는 허리뼈 1번을 지나면서 몸을 상하로 나누는 수평 림프경계이다. 셋째는 목 아래 빗장이 위치해 있는 빗장 림

A

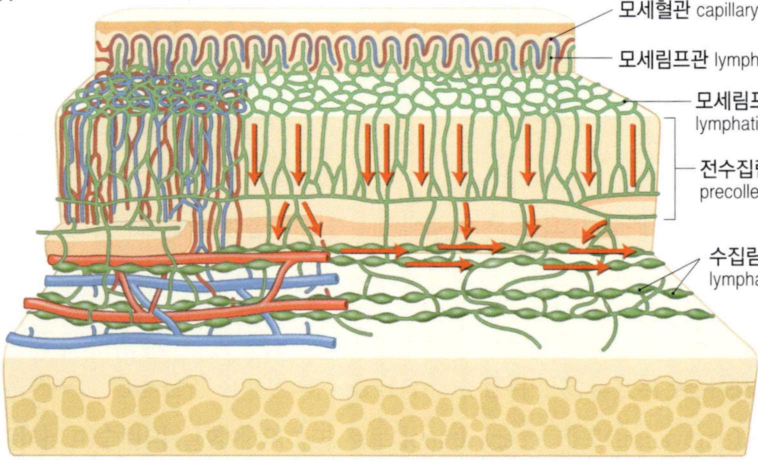

B

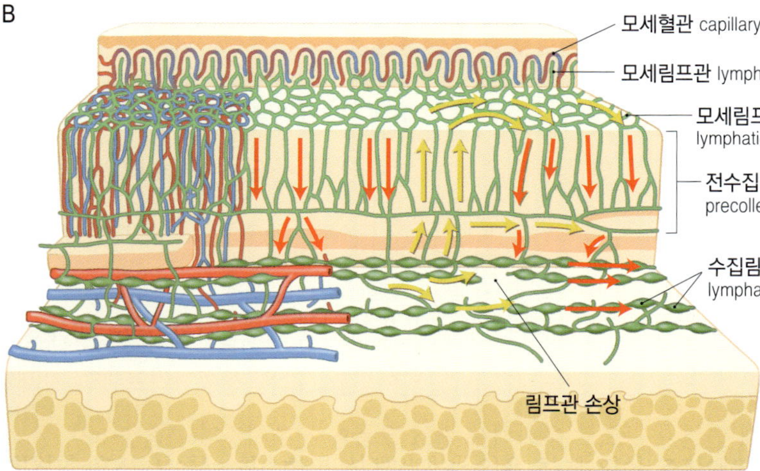

그림 2-52 정상일 때(A)와 손상 시(B) 림프 흐름. 수집림프관 손상 시 림프가 전수집림프관에서 모세림프관으로 역류해서 전수집림프관이 모세림프관으로 역류해서 연결된 그물을 통해 우회해서 수집림프관으로 흐르는 모습

프경계와 바로 뒤쪽의 목뼈 6번에서 시작하여 어깨뼈가시로 이어지는 어깨뼈가시 림프경계, 넷째는 엉치뼈의 꼭대기(apex)에서 시작해 엉덩이의 중간을 가로질러 넙다리 뒤쪽에서 무릎 뒤까지 내려오는 엉덩이부 림프경계이다.

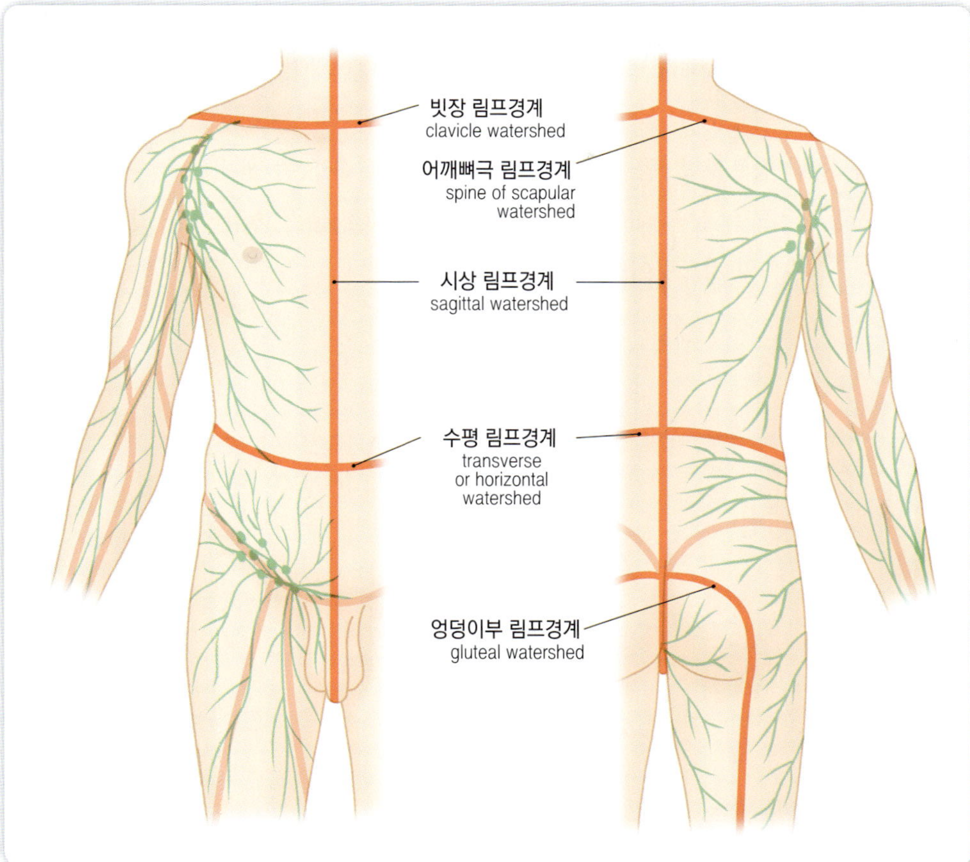

그림 2-53 림프경계

4) 림프문합

림프문합(lymphatic anastomosis)은 림프영역을 연결시켜 주는 곳을 말한다(그림 2-54). 원래 두 림프영역 사이는 림프경계에 의해서 나누어져 림프액의 이동이 원활하지 않은데, 문합을 통하여 하나의 영역에서 다른 영역으로 림프액의 이동이 가능해진다. 보통 한 영역에서 문합이 이루어지는 곳은 림프액이 흡수되는 림프절과 다른 영역의 흡수되는 림프절을 잇는 직선이 되는데, 이 구역은 엠엘디를 시행할 때 특히 중요하므로 정확하게 위치를 알아두는 것이 좋다. 중요한 림프의 문합은 다음과 같다.

- 앞쪽 겨드랑-겨드랑 림프문합: 몸 앞쪽에서 겨드랑이와 반대편 겨드랑이를 잇는 선
- 뒤쪽 겨드랑-겨드랑 림프문합: 몸 뒤쪽에서 겨드랑이와 반대편 겨드랑이를 잇는 선
- 앞쪽 샅 간 림프문합: 몸 앞쪽에서 샅과 반대편 샅을 잇는 선
- 뒤쪽 샅 간 림프문합: 몸 뒤쪽에서 샅과 반대편 샅을 잇는 선
- 겨드랑-샅 또는 샅-겨드랑 림프문합: 겨드랑이와 같은 측의 샅을 잇는 선, 또는 샅과 같은 측의 겨드랑이를 잇는 선

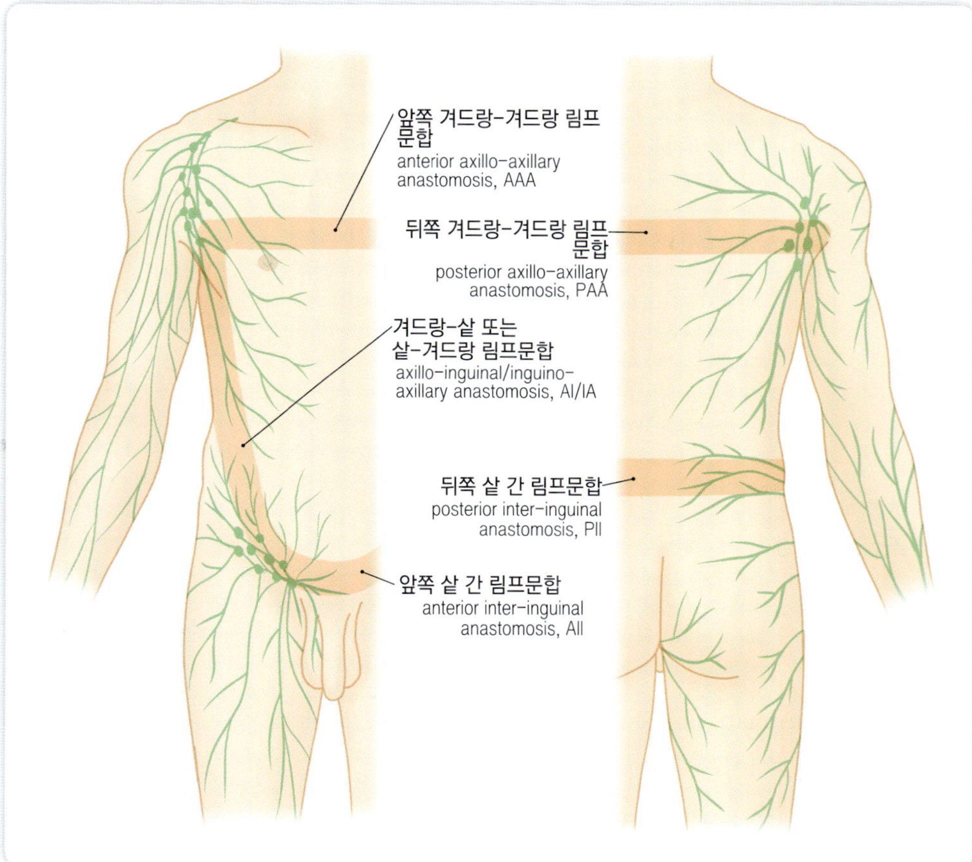

그림 2-54 림프문합

CHAPTER

03

엠엘디의 효과

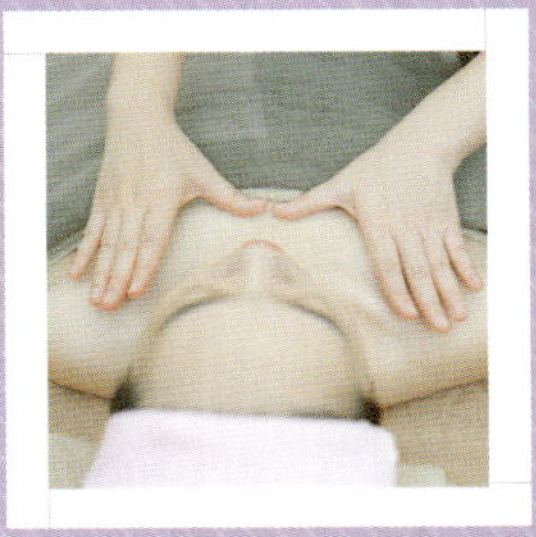
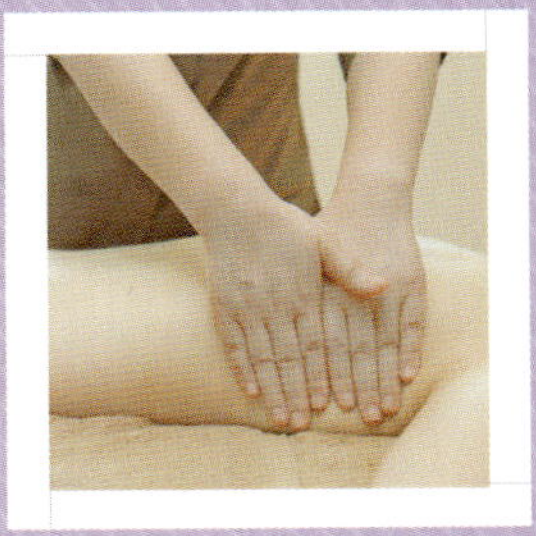

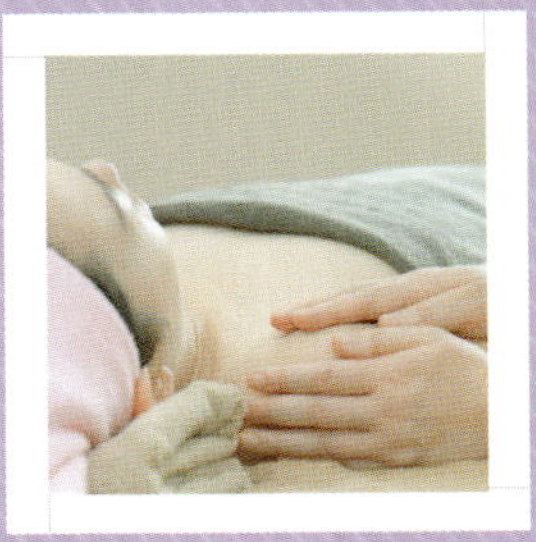
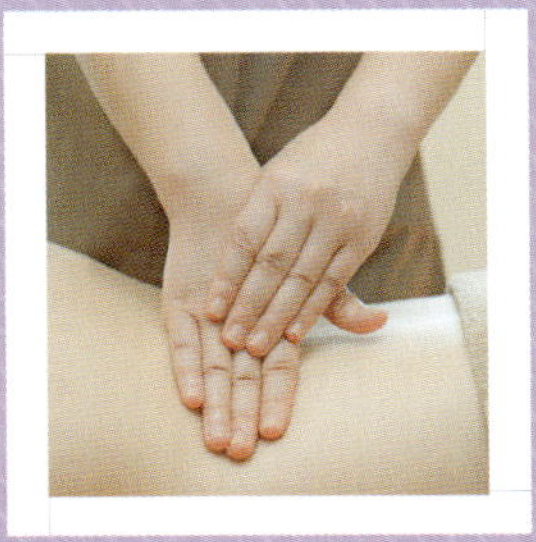
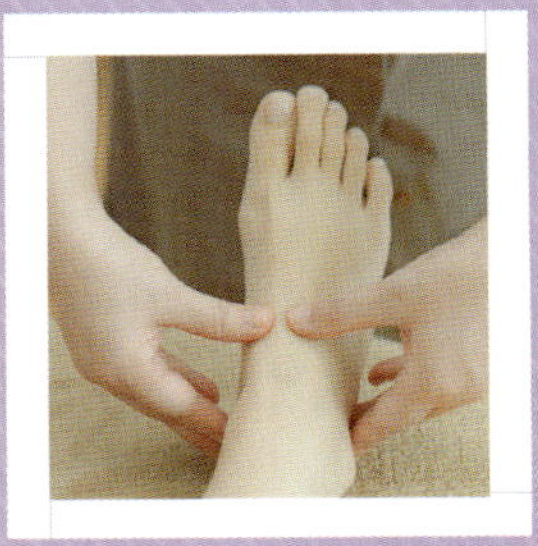

1 부종 완화를 위한 적용 시 모세혈관, 모세림프관에 대한 효과

1) 정상 림프관을 자극해서 부종 흡수를 돕는다

초기의 보더 엠엘디는 정상적인 림프 흐름만을 촉진한다고 하였다. 즉, 부종이 있는 조직에 엠엘디를 적용하면, 정상적인 림프관이 자극되어 부종액이 림프관을 통하여 잘 흡수되기 때문에 부종액이 감소한다고 생각하였다. 이는 신체 특정 부분에 여러 가지 이유로 부종이 발생하였다고 하더라도 림프관이 정상적인 상태이기 때문에 림프관의 기능을 활성화하여 정상적인 경로의 부종 흡수를 촉진시키는 경우라 할 수 있다.

2) 림프관이 손상된 경우에도 부종 감소에 탁월하다

림프관의 기능이 저하되거나 아예 없어져서 부종이 발생한 경우에도 엠엘디를 적용하면 부종이 눈에 띄게 감소하는 현상이 일어난다. 연구자들이 정상적인 림프관이 없는데도 어떻게 부종액이 감소하는지를 증명하기 위해 쥐를 이용하여 과학적인 실험을 시도한 적이 있다. 쥐를 두 그룹으로 무작위 분류한 후, 림프 흐름을 차단시켜 모두 림프정체성 쥐(lymphostatic rat)로 만들어 놓았다. 얼마 후 양쪽 그룹에 심한 부종이 발생하였다. 그 후 양쪽 그룹 중 한쪽(실험군)에만 엠엘디를 적용하였고, 다른 그룹(대조군)은 아무런 처치를 하지 않았다.

결과는 아주 고무적이었다. 엠엘디를 적용하지 않은 그룹은 부종이 더욱 악화되었지만, 적용한 그룹은 부종이 거의 흡수되었다. 림프관을 묶어 놓아 림프 흐름을 차단시킨 상태에서도 부종액이 조직으로부터 흡수된 것이다. 이 결과로 인해 '조직의 림프관을 손상시켰는데 어떻게 부종이 완화되었는가?'라는 새로운 의문이 제기되었다. 이전에 엠엘디 시행 후에 나타난 정상적 림프관의 기능 향상 효과만 생각해 본다면 도저히 나올 수 없는 실험 결과였기 때문이다.

이 실험 결과에는 두 가지 가능성이 제시된다. 첫째, 수분이 모세혈관을 통해 대부분 흡수되었다. 부종이 발생하는 부위의 모세혈관으로 부종액 재흡수가 정상적인 상태보다 더욱 촉진된 것이다. 부종 완화를 위해 엠엘디를 적용하게 되면 적절한 압력, 마치 탄력 스타킹을 신을 때나 물속에서 발생되는 정수압과 유사한 효과가 나타난다. 결국, 모세혈관에 가해지는 조직압을 세게 함으로써 재흡수 효과(resorptive effect)를 증가시키고, 한편으로는 모세혈관의 초미세여과(ultrafiltration)를 감소시켜 혈관에서 조직으로의 혈액 유출을 근본적으로 줄였다는 것이다.

둘째, 주로 유두하층(subpapillary layer)에 존재하는, 판막이 없는 모세림프관에 의해 흡수되었다. 엠엘디 적용의 기본 원칙 중 하나는 '항상 몸쪽부터 먼쪽으로 적용하라'이다. 즉, 증상이 있는 곳에만 엠엘디를 적용하지 않고 그 부근에 있는 정상적인 림프기관을 먼저 자극해 림프를 보낼 수 있는 환경을 만들어 놓는다. 그 후 증상 개선을 위해 엠엘디를 적용할 때, 주변 조직으로의 림프의무물질 흡입 효과(suction effect)를 이용해 부종액을 감소시킨다. 진피 하부층에 있는 큰 림프관이 제대로 기능하지 못한다 할지라도, 진피층 상부에서 그물망처럼 전신을 연결시켜 주는 모세림프관으로 엠엘디를 통해 흡수시키는 것이다.

그렇기 때문에 물뿐만 아니라 단백질도 조직으로부터 제거된다. 정리하면, 다른 종류의 자극적인 마사지보다 가볍게 적용되는 엠엘디의 압력이 모세혈관을 자극하여 혈관의 투과성을 증가시키지 않으면서 재흡수를 돕고, 거미줄처럼 연결된 모세림프관을 통하여 조직액을 원활하게 제거할 수 있는 효과가 있는 것이다. 이것은 다른 일

알아두기

동물 실험의 절차는 다음과 같다.

1. 쥐를 무작위로 두 그룹으로 나누었다.
2. 두 그룹 모두 다리로부터 올라오는 샅림프관을 심장 방향으로 흐르지 못하도록 묶어 놓았다.
3. 얼마 후 두 그룹 모두 림프관을 묶어 놓은 다리에 부종이 발생하였다.
4. 엠엘디를 적용한 그룹은 부종이 감소되었다.
5. 엠엘디를 적용하지 않은 그룹은 오히려 부종이 증가하였다.

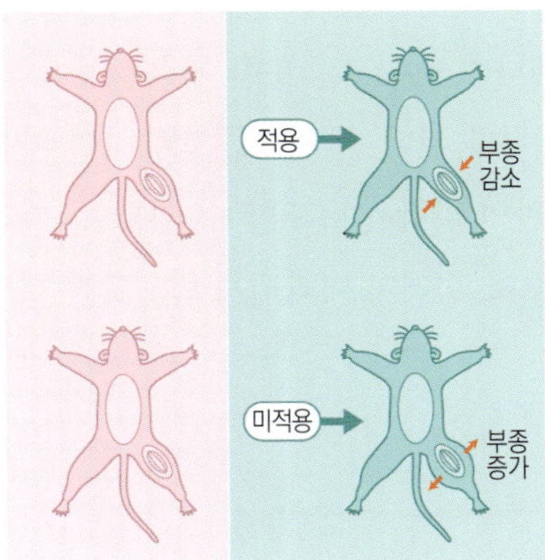

반적인 마사지가 갖지 못하는 엠엘디만의 가장 독특한 효과라고 할 수 있다. 그러므로 엠엘디가 효과적이기 위해서는 적절한 압력으로 적용해야 한다는 것은 당연한 말이 된다.

2 혈관의 민무늬근과 림판지온에 미치는 효과

엠엘디는 혈관의 민무늬근에 강장 효과(tonic effects)를 줄 수 있다. 엠엘디를 적용하게 되면 림프관으로 조직액의 흡수가 증가되고, 이를 통해 동맥에 가해지는 조직 압력이 낮아지게 된다. 작은 혈관은 드문드문 근육이 발달되어 있기 때문에 조직압에 대해서 상당히 민감하다. 조직압이 낮아지면, 모세혈관의 맥동(pulsation) 진폭과 흐름 속도가 증가하게 되어 낮아진 조직압을 정상으로 만들어 물질대사 변화를 유발하며, 림프관으로 흡수된 단백질의 농도도 감소하여 모세혈관의 수분 재흡수를 더욱 가능하게 한다. 이를 통한 혈관 운동성의 증가로 강장효과를 줄 수 있다.

3 말초혈관의 전모세혈관괄약근에 미치는 효과

모세혈관으로 혈액이 유입되기 바로 전인 말초세동맥에 위치한 전모세혈관괄약근은 민무늬근이 아주 잘 발달되어 있다(그림 3-1). 이 민무늬근이 수축하면 모세혈관으로 혈액이 들어갈 수 없고, 이완하는 경우에만 들어갈 수 있다. 이렇게 모세혈관으로 가는 혈액의 양을 조절해 주는 전모세혈관괄약근은 혈압, 주변 세포의 에너지 요구량, 움직임에 따라 수축과 이완이 결정된다(2장 참고). 또한 자율신경계의 지배를 받기 때문에 자율신경의 활동성이 중요한 변수가 된다. 엠엘디를 적용하면 자율신경계 중 교감신경의 기능이 저하되므로 전모세혈관의 확장을 유도할 수 있으며, 따라서 혈압이나 혈류량을 증가시키지 않고도 모세혈관으로 혈액이 여과되게 함으로써 더욱 원활한 조직액의 감소를 촉진할 수 있다.

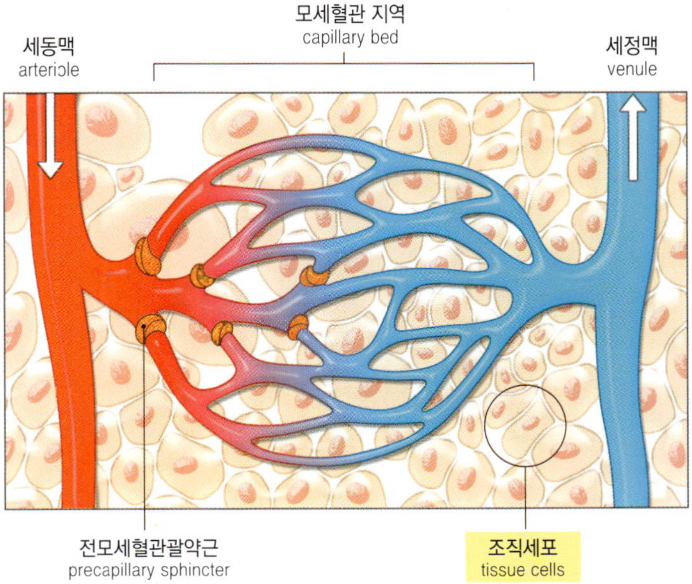

그림 3-1 모세혈관의 구조

4 자율신경계에 미치는 효과

1) 기초 해부생리학

생체를 구성하는 세포는 일정한 범위 내의 조건에서만 제 기능을 수행할 수 있는데, 이러한 조건을 생명 조건이라고 한다. 생명 조건에 변화를 일으키는 원인을 자극(stimulus), 자극에 대하여 생체가 일으키는 능동적인 반응을 흥분(excitation), 발생된 흥분을 다음 세포로 전달하는 생리적 작용을 전도(conduction)라고 한다.

신경계는 신체의 외부와 내부에서 일어나는 여러 가지 자극을 수용하고, 이를 종합 · 분석한 후, 신체를 구성하는 기능이 다른 수많은 세포가 적절한 반응을 일으켜 생명 조건을 유지할 수 있도록 조절 및 통제하는 특수 조직 계통이다. 신경계는 중추신경계(Central Nervous System, CNS)와 말초신경계(Peripheral Nervous System, PNS)로 구분되는데, 중추신경계는 뇌와 척수, 말초신경계는 체성신경인 뇌신경과 척수신경, 자율신경계는 교감 및 부교감신경으로 이루어져 있다(그림 3-2).

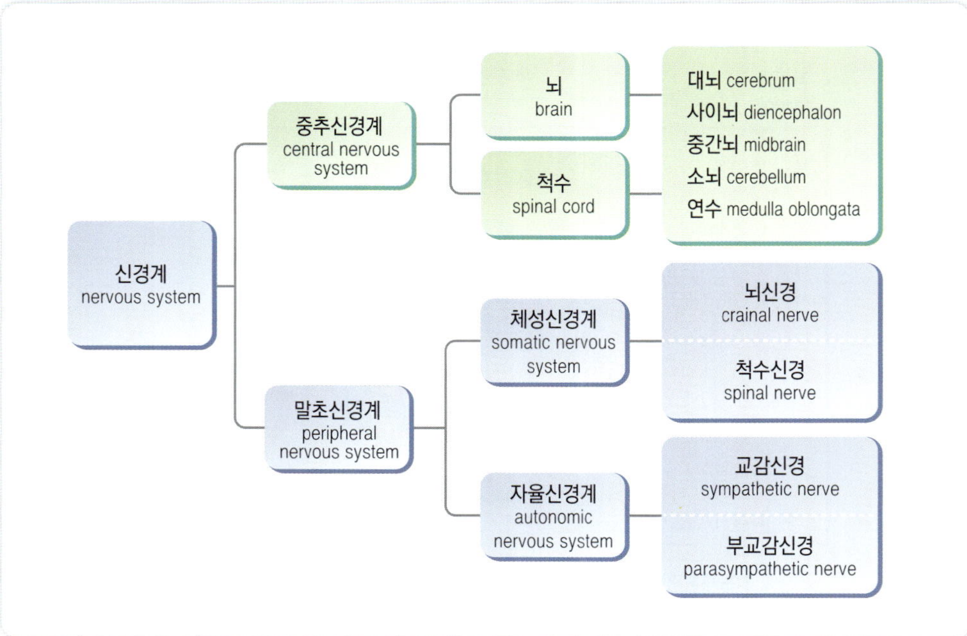

그림 3-2 신경계의 구분

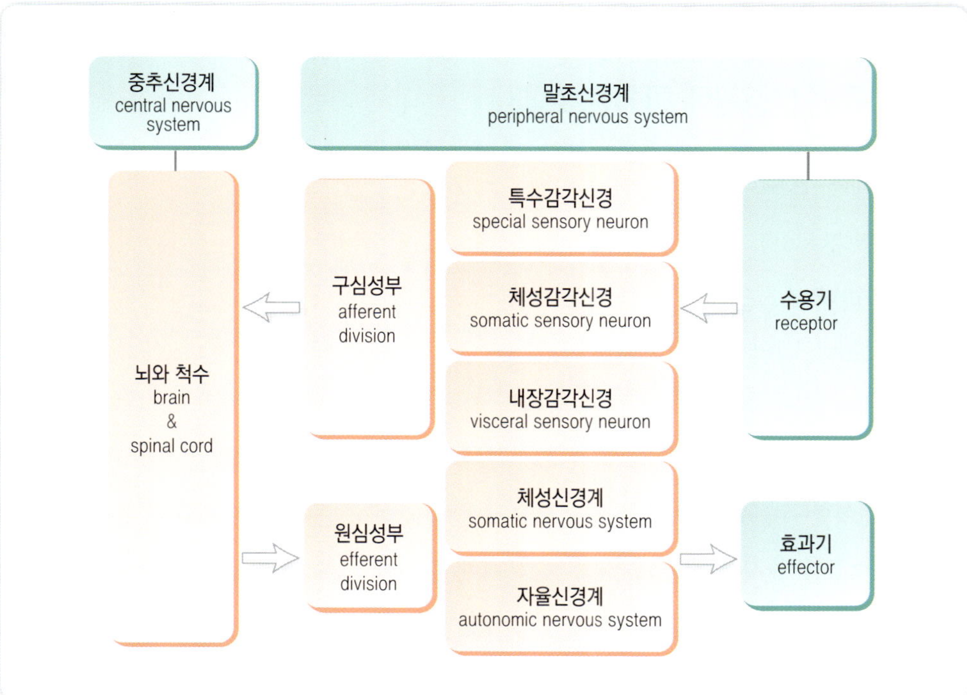

그림 3-3 자극에 대한 신경의 작용

이처럼 신경계의 기능은 주위 환경과 개체, 개체 내 여러 기관의 상호 협력을 순조롭게 하는 데 있기 때문에, 특정 부위에 가해진 자극의 충동은 다른 부위로 전도되어 일정한 반응을 일으키게 된다. 이때 자극이 가해진 부위의 신경말단을 수용기(receptor)라고 하며, 반응을 일으키는 부위를 효과기(effector)라고 한다(그림 3-3).

엠엘디가 말초신경계 중 자율신경계에 어떠한 영향을 미치는지 알아보기 전에, 우선은 자율신경의 간단한 해부학적 기능에 대해 알아보도록 한다. 말초신경계(그림 3-4)에서 체성신경계는 뼈대근육의 수의적인 운동, 피부 및 감각기의 감각을 지배하지만, 자율신경계는 내장, 혈관 및 샘(gland) 등에 분포하며, 이들 기관의 기능을 무의식적 혹은 반사적으로 조절해 주고 있다. 따라서 자율신경계는 기능 면에서 중추신경의 의식적인 지배에 의존하지 않고 거의 자율적으로 활동하고 있는 것처럼 보이지만, 실제로는 대뇌겉질의 의식적인 지배를 받고 있다.

자율신경계는 교감신경과 부교감신경으로 구분되는데, 몇몇 기관을 제외하면 교감신경과 부교감신경이 하나의 기관을 동시에 지배한다(그림 3-5). 어느 한쪽은 기능을 촉진시키는 데 반하여, 다른 한쪽은 기능을 억제시키는 상호 길항적인 작용을 통하여 신체 조절에 관여한다. 활동성인 교감신경은 활기를 돋우는 반면, 부교감신경은 이완 · 휴식 · 회복 작용을 한다. 결합조직을 포함한 신체 모든 부분에서 부교감신경계의 섬유를 발견할 수 있다.

교감신경은 제1등뼈~제2허리뼈 사이의 측각에서 나오기 때문에 등허리뼈부(thoracolumbar division)신경, 부교감신경은 뇌신경(그림 3-6)과 척수신경의 일부에서 섞여져 나오므로 뇌 · 꼬리뼈부(craniosacral division)신경이라고도 한다.

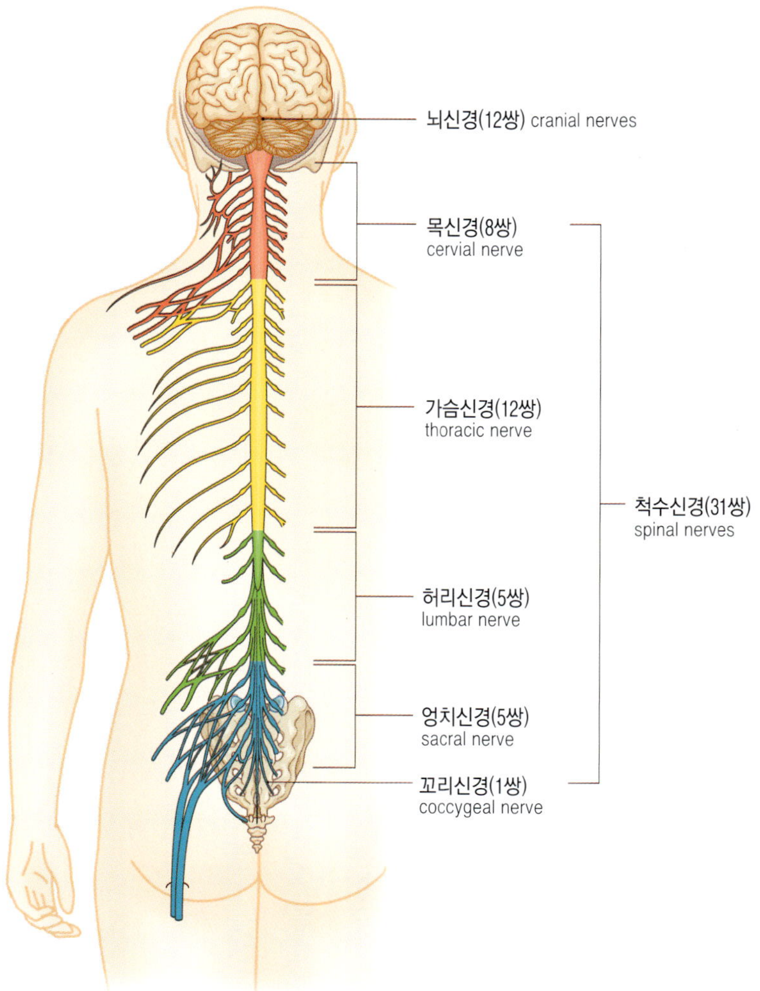
뇌신경(12쌍) cranial nerves
목신경(8쌍)
cervial nerve
가슴신경(12쌍)
thoracic nerve
척수신경(31쌍)
spinal nerves
허리신경(5쌍)
lumbar nerve
엉치신경(5쌍)
sacral nerve
꼬리신경(1쌍)
coccygeal nerve

그림 3-4 말초신경계

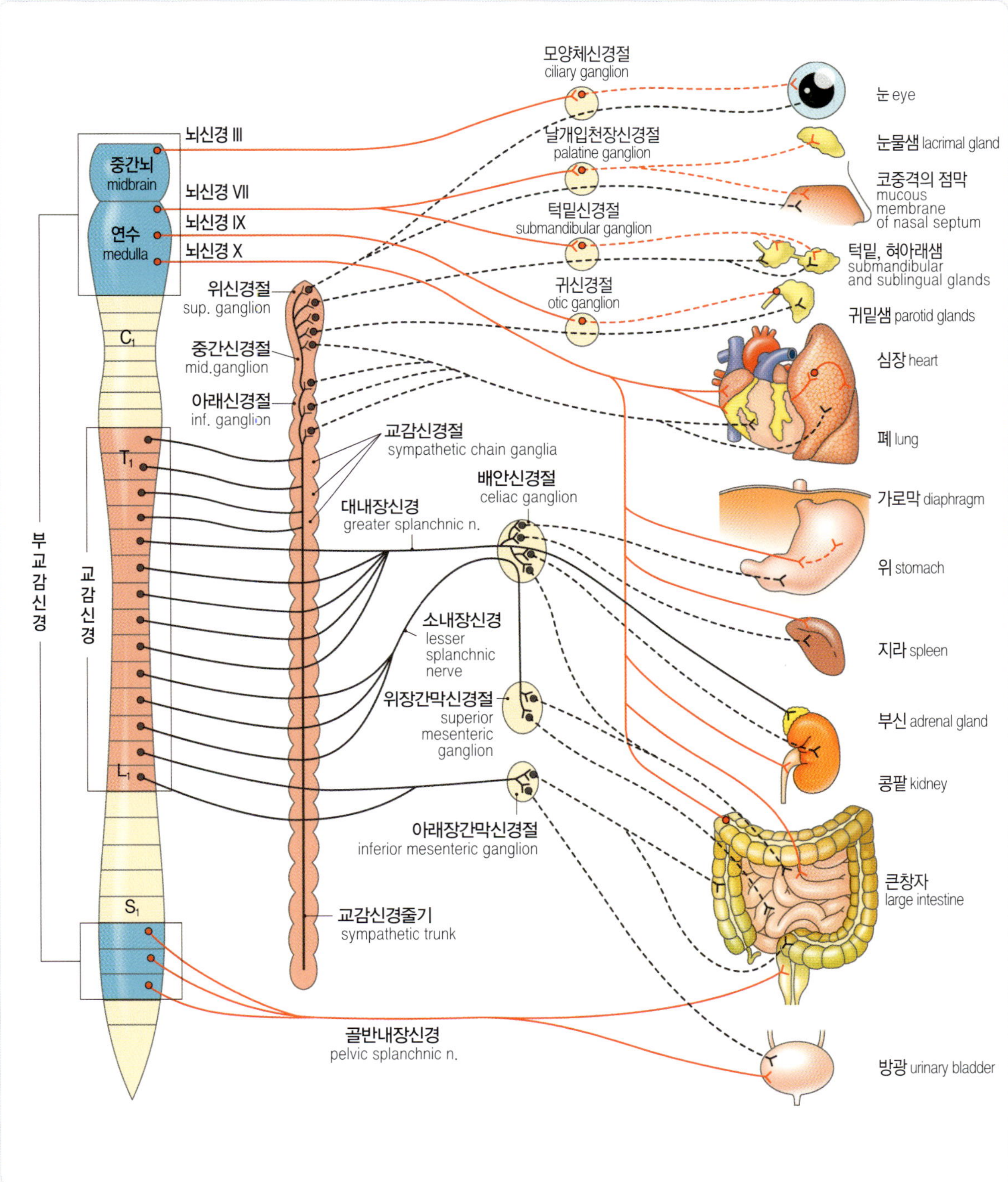

그림 3-5 교감 및 부교감신경의 구조

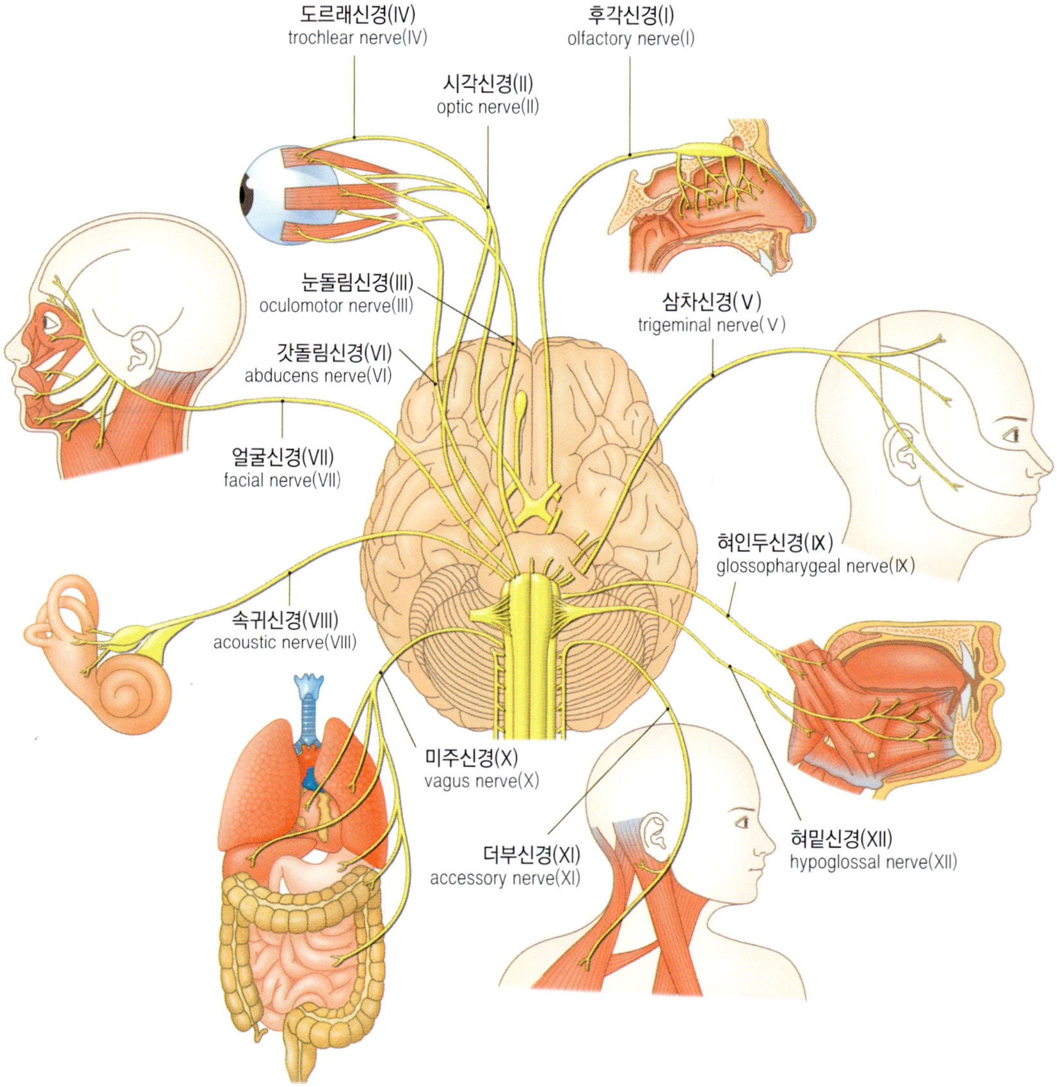
도르래신경(IV)
trochlear nerve(IV)
후각신경(I)
olfactory nerve(I)
시각신경(II)
optic nerve(II)
눈돌림신경(III)
oculomotor nerve(III)
삼차신경(V)
trigeminal nerve(V)
갓돌림신경(VI)
abducens nerve(VI)
얼굴신경(VII)
facial nerve(VII)
혀인두신경(IX)
glossopharygeal nerve(IX)
속귀신경(VIII)
acoustic nerve(VIII)
미주신경(X)
vagus nerve(X)
혀밑신경(XII)
hypoglossal nerve(XII)
더부신경(XI)
accessory nerve(XI)

그림 3-6 뇌신경 12쌍

2) 교감신경계

교감신경계는 방위 반응(fight or flight)계로서 신체가 위험에 반응하게 한다. 교감신경의 말초조직 지배는 체절성 분포를 보인다. 즉, 제1등뼈에서 유래된 신경은 머리 부위, 제2등뼈는 목 부위, 제3~제5등뼈는 가슴안 속의 장기, 제7~제11등뼈는 배안 속의 장기 그리고 제12등뼈~제2요수는 다리 부위에 분포하면서 각 기관을 지배하고 있다.

교감신경은 신체가 위기에 처했을 때와 같은 외적 자극에 대한 반응으로 활성화되기 때문에, 흥분하면 체내의 각 조직에 저장되었던 에너지원이 분해되어 혈액 속으로 유리되고, 순환계의 기능이 항진된다. 교감신경에 의한 혈관 확장으로 많은 혈액이 활동하는 뼈대근육에 들어오게 되고, 대부분의 다른 조직에서는 혈관이 수축되면서 혈액이 잘 공급될 수 있도록 해 준다. 그러므로 피부에 있는 혈관 및 림프의 민무늬근은 수축된다(교감신경에 의해 피부에 있는 혈관은 수축하고 뼈대근육의 혈관은 확장됨. 부교감신경은 특별히 관여하지 않음).

3) 부교감신경계

신체의 살림살이(housekeeping)를 유지하는 기관이다. 교감신경이 흥분하여 전신의 대사를 촉진하는 데 반해, 부교감신경은 국소적인 안정 상태를 유지하여 흥분이나 스트레스에 대응해 신체의 항상성을 유지하려고 한다. 부교감신경은 독립된 형태를 갖고 있는 것이 아니라 뇌신경인 눈돌림신경, 얼굴신경, 혀인두신경 및 미주신경, 척수신경인 제2~4천수신경 내에 혼합되어 있다.

4) 자율신경계의 반응

자율신경을 구성하고 있는 교감신경과 부교감신경 중에 교감신경을 일명 '낮신경(the day nerve)'이라 부른다. 그 이유는 주로 낮 동안에 활발히 활동하면서 신체를 활동적으로 만들고 일을 할 수 있게 해 주기 때문이다. 반면에 부교감신경은 '밤신경(the night nerve)'이라 하여 신체를 쉴 수 있게, 즉 다음날 정상적인 활동을 할 수 있도록 수면을 취하며 소모한 신체 에너지를 회복할 수 있게 해 준다.

정상적인 사람의 자율신경계는 균형을 잘 유지하고 있다. 그러나 바쁜 활동, 주변

환경, 정신적 스트레스, 흥분 등의 요인이 균형을 유지하지 못하게 한다. 이러한 상황에서는 교감신경이 지배적인 영향을 끼쳐 부교감신경과 균형을 이루지 못하게 된다. 이것을 교감신경항진증(sympathicotonia)이라 하는데, 부교감신경과의 부조화, 반작용 상태 그리고 질병을 일으킨다.

엠엘디는 교감신경계에 진정 효과(calming effect)를 가져온다. 그렇기 때문에 신체적인 문제를 가진 사람에게 엠엘디를 적절히 적용하면 신체가 진정 · 이완되면서 적용 도중에 잠이 들기도 한다. 미용인에게 있어서 신체적인 이완을 즐기기 위해 온 고객의 이같은 반응은 매우 바람직하다고 할 수 있다. 신체에 병적인 문제가 있는 환자 중에는 교감신경의 항진으로 인해 신체의 균형이 깨지면서 병이 생긴 사람이 많이 있다. 독일 의사인 후첸로이터(Hutzchenreuter)는 환자에게 엠엘디를 적용하여 교감신경을 진정시키는 것을 교감신경 온화 효과(symphathicolytic effect), 즉 자율신경계를 진정시키는 효과라고 하였다. 그렇기 때문에 엠엘디는 교감신경계의 이상으로 생기는 피부 문제나 신체의 질병을 치료하는 데 성공적으로 사용할 수 있는 확실한 방법 중 하나다.

엠엘디는 느리고 단조로운 리듬으로 실시하는 것이 필수다. 너무 빨리 적용하게 되면, 역효과로 인해 고객(환자)을 자극하여 긴장하게 만들 수도 있다. 부교감신경계는 영양을 보충하는 효과(trophotropic effect)가 있다. 즉, 성장과 회복을 촉진하고 힘을 충전할 수 있게 해 준다. 이러한 과정은 의식적인 의지에 의해서는 일어날 수 없는 것이므로, 일반적으로 수면을 통하여 이루어진다. 근육의 과긴장은 종종 무의식적인 행동에 의해서 생길 수 있다. 이런 경우 엠엘디를 적용하면 자율신경계에서 비롯된 근육 과긴장을 완화해 줄 수 있다.

아주 유명한 의사이자 마사지 테라피스트 중 한 사람인 H. 마니츠(H. Marnitz)는 '보더 박사의 엠엘디는 림프의 흐름을 빠르게 하기 위해 정교하게 만들어진, 간단하고도 충분히 설득력 있는 기술이다. 동시에 피부의 감각신경 말단에 진정 효과와 반사적인 긴장 완화를 줄 수도 있다'라고 말하였다.

5) 반사

반사(reflex)는 자극에 대한 반응이다. 수용기라고 불리는 신경세포는 다양한 종류의 자극을 받아들이게끔 만들어져 있다. 예를 들면 각각 빛, 화학 물질, 열, 기계적 자극에 반응하는 수용기가 있는데, 수용기는 특정한 자극을 받아서 전기적인 신호로 바꾸어 신경세포에 전달한다. 신경세포는 그것을 받아서 축삭(axons)을 통해 반사중추로 전달시키는데, 신호는 이러한 전환점(switching point)으로부터 해당하는 목표기관(target organ)에 도달하여 반응을 일으킨다. 예를 들어 바늘로 손가락을 찌르면, 목표 기관의 근육은 찔린 손가락을 다른 곳으로 치울 것이다. 많은 반사는 느낌(feeling)을 동반하게 된다. 우리가 관심 있는 반사는 즐거움(pleasure)을 일으킬 수 있는 반사와 방위 반응 반사(fight or flight reflex)이다. 강하고 거친 마사지는 사람을 움츠리게 만들거나 방어 반응을 유도하며, 심지어 회피 반사(flight reflex)까지 유발한다. 보통 통증은 근육 긴장(muscle tension) 증가와 연관이 있다. 회피하고 싶은 싫은 감정(예: 화남, 두려움)은 이러한 반사를 수반한다. 엠엘디를 적절하게 적용하면 즐거움 반사(pleasure reflexes)가 나오게 되며, 이는 아주 기분 좋은 감각(예: 애정, 행복감)을 수반하고, 근육의 기본 활동성을 감소시키며 이완 효과를 만들게 된다.

5 통증 완화를 위해 척수신경에 미치는 효과

1) 관문조절설

1965년 로날드 멜작(Ronald Melzack)과 패트릭 D. 월(Patrick D. Wall)이 발표한 관문조절설(Theory of gate control)은 통증의 경험과 직접 연관된 추상적 전도세포가 유수신경섬유와 무수신경섬유의 상호작용을 통해, 유수섬유의 활동 작용을 증대시키는 수용기뿐 아니라 뒤뿌리를 통해 들어오는 모든 자극의 문지기로 작용할 것이라는 내용이다. 말초감각신경은 통각을 전달하는 A-δ 및 C 섬유와 체성감각과 관련이 있는 A-β 섬유로 구분한다(표 3-1).

일반적으로 기분 나쁘게 느껴지는 감각은 피부에서 유해수용기를 통해 척수를 거쳐 대뇌까지 전달되는데, 이 과정은 세 번에 걸쳐 이루어진다(그림 3-7). 1차는 피부에서 척수후각까지, 2차는 척수후각에서 시상까지, 3차는 시상에서 지각을 담당하는 대뇌까지 전달된다. 관문의 역할을 하는 척수뒤뿔 부근에 있는 교양질(SG) 기능은

표 3-1 통증을 전달하는 말초신경섬유의 특징

구분	A-δ 섬유	C 섬유
수초	유수신경섬유	무수신경섬유
직경	2~5㎛	0.4~1.2㎛
전도 속도	4~20m/s	0.5~2.5m/s
통증 전달	빠른 통각(제1통각)	느린 통각(제2통각)
통증의 특성	찌르는 듯한 통각	작열통 및 둔통
통증의 성격	국소통	원시적 통증
개인차	없음	현저함

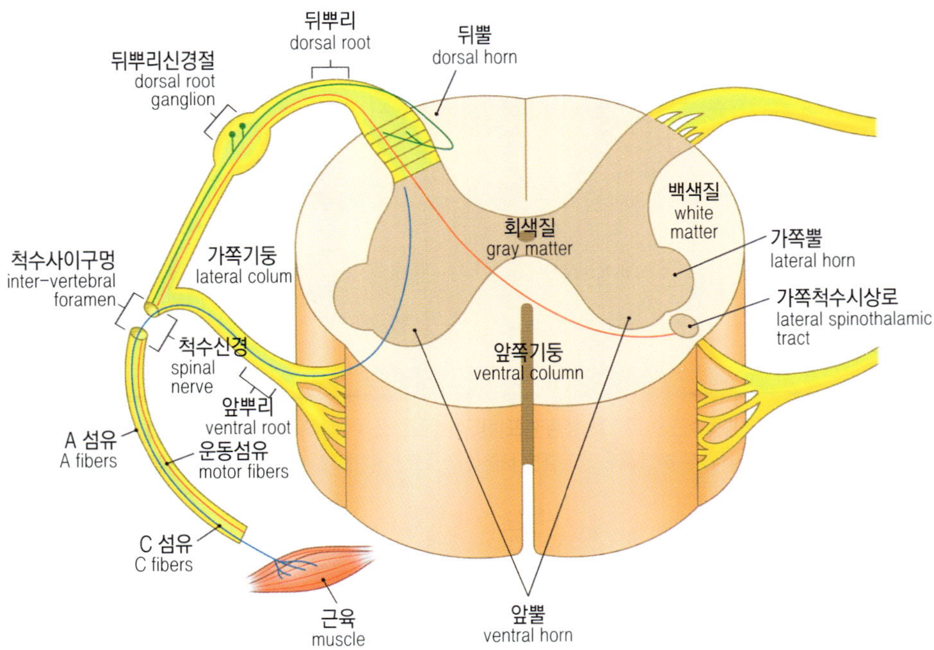

그림 3-7 척수의 구획과 관문조절의 계통도

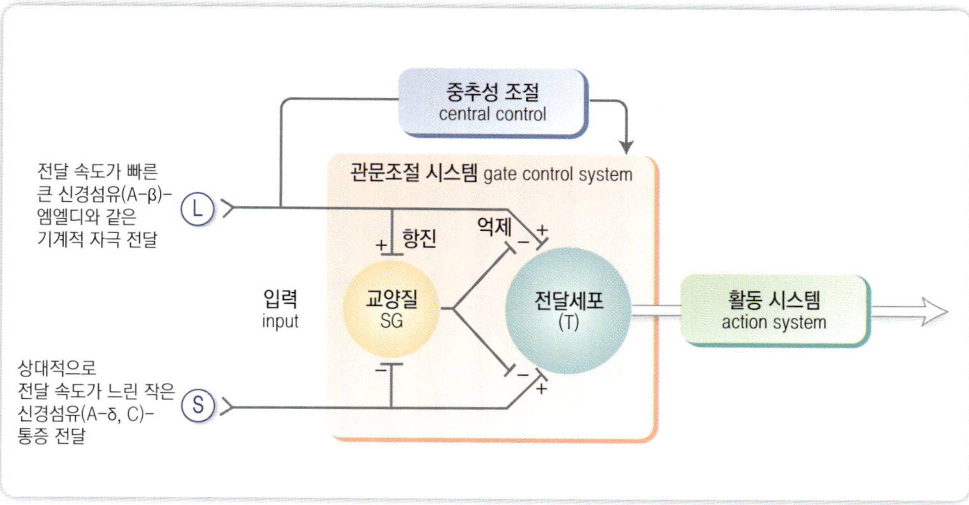

그림 3-8 관문조절설에서 교양질의 역할

엠엘디와 같은 부드러운 기계적 자극으로 A-β 섬유를 통해 항진된다. 이는 A-δ, C 섬유를 타고 오는 통증이 전달세포를 통해 대뇌 지각 영역까지 가지 못하게 차단하여 통증을 느끼지 못하게 해 준다(그림 3-8).

이러한 점에서 엠엘디의 기계적 자극 효과와 흡수 효과(drainage effect)는 통증을 경감시켜 줄 수 있다. 예를 들어 국소부종을 일으키는 혈종(hematomas) 또는 염좌(sprains)의 경우, 부종과 유해수용기를 자극하는 결합조직 내의 물질로 인해 손상 주변에 통증이 발생하는데, 이때 기계적 자극(엠엘디)으로 통증을 억제하고 유해한 통증유발물질을 흡수함으로써 상태를 호전시킬 수 있다.

6 신체 방어계에 미치는 효과

면역은 영어로 'immunity'라고 하는데, 이는 'immunitas'라는 라틴어에서 유래되었다. 이 말은 원래 법률 용어로서 세금을 면제하거나 죄를 면하거나 군복무를 면제받는다는 의미를 갖고 있었다. 그러나 의학에서는 특정 질환으로부터 보호 받는다는 뜻으로 쓰이며, 조직이나 기관에 손상을 줄 가능성이 있는 모든 병원체나 독소에 저항할 수 있는 신체의 능력을 면역이라고 한다. 면역계의 특성으로는 특이성(specificity), 기억 작용

(memory process), 이물질에 대한 인지 작용(recognition process)이 있다.

신체의 방어기전은 크게 두 가지로 나뉜다. 즉 하나는 선천성인 비특이적 방어기전(nonspecific defense mechanism)이고, 다른 하나는 후천성인 특이적 방어기전(spe-

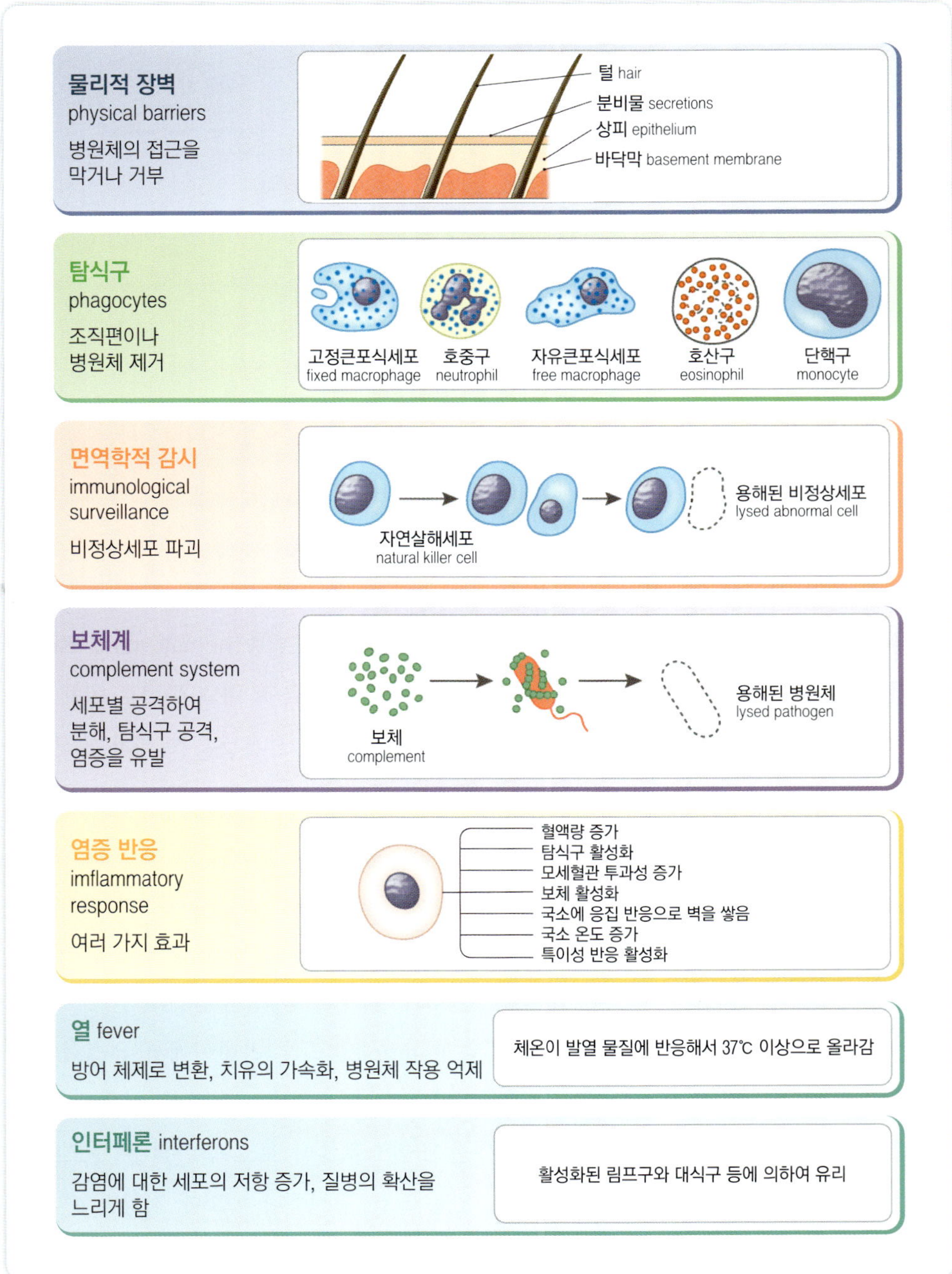

그림 3-9 비특이성 방어

cific defense mechanism)인데, 이 중 특이적 방어기전이 면역의 실체가 된다.

비특이적 방어란 생체 구조에 기인하는 천부적인 것으로 특정 병원체에 대한 선별 방어가 아니라 모든 병원체에 무작위로 작용하는 방어이다(그림 3-9).

이와는 달리 신체가 어떤 병원체에 한번 노출된 이후 그 병원체에 대해서만 선별적으로 방어 기능을 획득하는 경우가 있는데, 과정은 림프구에 기인하는 좁은 의미의 면역 반응으로 특이적 방어로 분류하고, 후천성 방어기전이라고 한다. 즉, 외부에서 각종 독성 물질 및 세균과 같은 해가 되는 물질인 항원(antigen)이 들어오면 그 물질에 대한 항체(antibody)를 생성하여 대항하게 된다(항원-항체 반응). 그리고 이미 체내에 침입했던 이물질(foreign body)에 대하여는 신체가 일일이 기억하고 있다가, 재침입하였을 때 신속히 항체를 생산해 사멸시킨다.

우리가 흔히 구분하는 신체의 방어기전 중 1차 방어벽은 피부에 해당되고, 2차 방어벽은 혈액, 3차 방어벽은 2차 보호벽을 통과한 항원이 최종적으로 림프구와 보체(complement)에 의하여 사멸되는 면역 반응 과정이다.

1) 비특이성 방어계

(1) 세포성

작은포식세포와 큰포식세포가 병원체(pathogen)인 이물질, 죽은 세포를 식작용과 세포 내 효소 분해를 통해 파괴시키는 것을 비특이적 세포성 면역이라고 한다.

작은포식세포는 일반적으로 백혈구 중에서 아주 작은 세포인 과립백혈구(granu-

알아두기

비특이성 방어계(nonspecific defence system)

- 세포성(cellular)
  - 작은포식세포(microphages)
  - 큰포식세포(macrophages)
- 체액성(humoral)

특이성 방어계(specific defence system) [면역학적 방어계(immunological defense system)]

- 세포성(cellular)
- 체액성(humoral)

locytes)를 말한다. 식작용을 통해 이물질을 파괴시킨 후, 큰포식세포에 의해 먹히거나 농(pus, 액성 바탕질에서 죽은 과립백혈구)이 되어 흡수 또는 체외로 배출된다.

탐식세포라고도 하는 큰포식세포는 비특이성 방어계와 특이성 방어계 모두에 관여하는 면역 담당 세포의 하나이다. 동물 체내의 모든 조직에 분포하며, 이물질, 세균, 바이러스, 체내 노폐세포 등을 포식하고 소화하는 대형 아메바상 식세포를 총칭한다. 혈액단구(혈류의 단핵백혈구), 허파꽈리큰포식세포, 배안큰포식세포, 염증 부위 육아종큰포식세포 등은 유주성 큰포식세포이다. 이에 반하여 쿠퍼세포, 중추신경계의 미세아교세포, 그 밖의 피하 결합조직에서 볼 수 있는 조직구, 지라, 골수, 림프절에서의 세망내피 및 림프구 간극에 돌기로 뻗어 있는 수지상 큰포식세포, 혈관외막세포 등은 정착성 큰포식세포라고 한다. 큰포식세포는 기능적으로 정의된 세포군이기는 하지만 발생학적 기원에 대해서는 불분명한 점이 많고, 대부분이 단핵구(monocyte)에서 유래한다고 본다. 큰포식세포의 세포질에는 가수분해효소가 축적된 리소좀이 많이 있어, 이물포식에 의하여 형성된 파고좀과 융합해 효소를 방출하여 이물을 소화하는 작용, 즉 식작용을 한다.

비특이성 방어계에서는 항원에 의해 식작용의 기능이 강화되어 직접적으로 식작용을 일으키며, 특이성 방어에서는 항원과 결합하여 항원에 대한 정보를 받은 후 특이성 면역계에 관여하는 세포에 전달하는 기능을 한다.

알아두기

큰포식세포계(macrophage system)

이전에는 결합조직 내의 큰포식세포와 같이 식작용(phagocytosis)으로 신체를 방어하는 세포를 총칭하여 그물내피계(Reticuloendothelial System, RES)라고 하였다. 그러나 현재는 형태 및 명칭은 달라도 기능이 동일하기 때문에 큰포식세포계라고 하며, 종류는 다음과 같다.

- 조직구(histiocyte, 유동성 결합조직세포)
- 단핵구(monocyte)
- 변연세포(marginal cells, 림프절과 골수 모세혈관의 큰포식세포)
- 쿠퍼세포(Kupffer's cell, 간의 성상세포)
- 호르테가세포(Hortega cell, Mesoglia cell, 뇌 조직의 혈관 주변에 있음)
- 그물세포(reticular cell, 림프절 등의 세망 조직 내에 있는 식작용성 그물세포)
- 외막세포(adventia cell, 모세혈관과 세정맥의 바로 주변에서 발견되는 큰포식세포)
- 허파의 먼지세포(dust cell)

(2) 체액성

이물질과 맞서는 비특이성 방어를 위해 세포로부터 혈청(serum)으로 유리되는 단백질 성분의 물질을 말한다. 혈액에서 유형 성분 이외의 부분은 혈장인데, 이 혈장에서 섬유소원(피브리노겐)을 제거한 것이 혈청이다. 혈청 성분 중 면역과 관계가 있는 것은 γ-글로불린이며, 이 속에 항체가 있다.

2) 특이성 방어계(면역학적 방어계)

특이성(면역학적) 방어계는 면역 반응의 실체로 특이하게 자극되기 전까지는 아무런 활동을 하지 않고 조용히 대기 상태에 있다. 즉, 적당한 자극이 있을 때 이에 대비하여 활성화할 수 있는 준비 상태에 놓여 있는 셈이다. 이러한 면역 반응은 두 가지 형태로 나타나는데, 하나는 체액성 면역 반응이고, 다른 하나는 세포성 면역 반응이다(표 3-2).

특이적 면역 반응은 각각 T림프구와 B림프구가 주도한다. 다른 백혈구나 적혈구, 혈소판과 같이 골수의 미분화 간세포(stem cell)로부터 기원하는 세포의 분화 과정에서 T림프구는 가슴샘(thymus)에서, B림프구는 간과 지라에서 분화되어 성장한다. 이들은 서로 특징이 다른 두 림프구이나, 별개의 독립된 기능을 갖고 있는 것이 아니라 상호 보완적으로 신체를 방어한다(그림 3-10).

따라서 감작세포(sensitized cell)를 만드는 형태의 면역을 세포성 면역이라고 하고, 항체(antibody)를 만드는 형태의 면역을 체액성 면역이라고 한다.

표 3-2 특이성 방어계(면역학적 방어계)

구분	세포성 면역	체액성 면역
관련 림프구	T림프구	B림프구
분화	세포독성T세포, 기억T세포, 보조T세포, 억제T세포	형질세포(항체를 만드는 B세포), 기억B세포
작용기전	세포독성T세포가 항원에 접촉하여 세포를 직접 파괴 독소를 분비하여 항원을 파괴	1차 반응: B세포에서 분화된 형질세포가 항체 형성 2차 반응: 같은 항원이 재침입 시 기억B세포가 형질세포로 분화하여 다량의 항체 생성

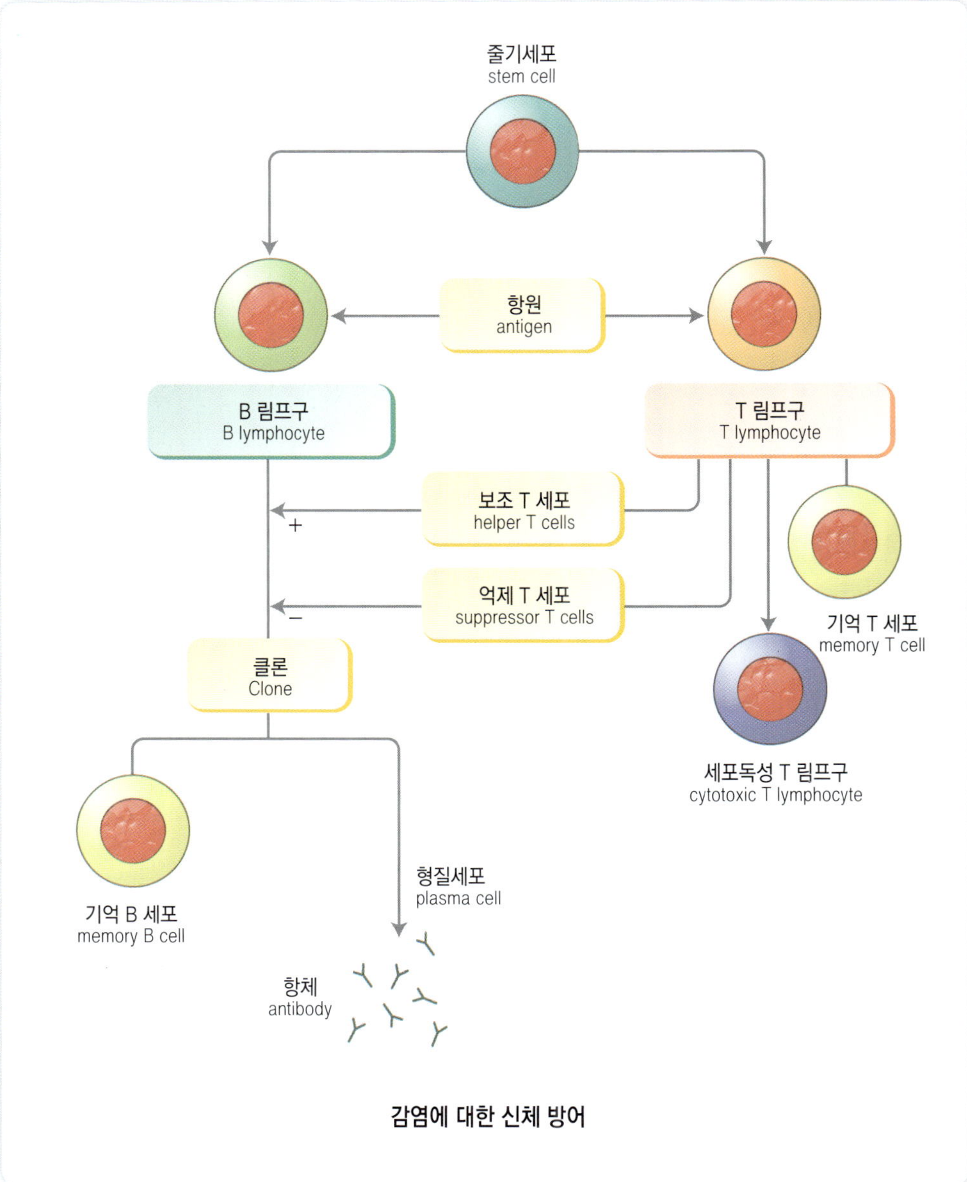

그림 3-10 세포성 면역과 체액성 면역

알아두기

인터페론(interferon)

바이러스에 감염된 세포로부터 유리되는 폴리펩티드(polypeptide)는 다른 세포로 바이러스가 증식되는 것을 막는 역할을 한다. 이는 바이러스 감염이 진행되는 데 대한 항체 작용이 있기 전에 효과적으로 작용한다. 일반적으로 수많은 질병 치료에 인터페론의 사용이 권장되고 있다.

① 종류

- α(알파)-인터페론, β(베타)-인터페론, γ(감마)-인터페론
- α · β-인터페론은 모든 세포에서 생산되며, 폴리펩티드는 바이러스 감염 지역으로부터 다른 세포를 보호하는 메신저의 역할을 수행한다. 바이러스는 폴리펩티드에 의해 복제 능력이 방해될 뿐, 다른 세포에 대한 침투 능력은 여전히 남아 있다.
- α-인터페론은 A형 간염, B형 만성 간염, 백혈병, 카포시육종 등의 치료에 사용되며, β-인터페론은 재발성 다발성경화증 치료에, γ-인터페론은 만성적인 육아종증(granulomatosis) 치료에 사용된다.
- γ-인터페론은 오직 특수한 림프구와 자연적인 킬러세포만을 방출한다. γ-인터페론의 분비는 감염과 암에 대한 면역학적인 방어를 의미한다.

② 인터페론의 기능

- 자극 효과: 큰포식세포의 식작용, 킬러T세포 활성, 자연성 킬러세포, 활성항체 생산
- 억제 효과: 세포 분열, 종양 성장, 지방세포 성숙, 적혈구 성숙
- 발열 물질[파이로젠(pyrogen)]: 박테리아, 바이러스, 독소, 기타 미생물이 외인성 발열 물질(exogenous pyrogens)로 작용하여 방출하는 엔도톡신(endotoxin)에 의해 발열 물질 분비가 활성화된다. 발열 물질은 작은포식세포, 큰포식세포의 내재성 발열 물질(endogenous pyrogens)을 자극하여 시상하부의 온도 조절 중추에 영향을 미침으로써 열을 발생시켜, 신체가 바이러스 등과 대항하여 싸우는 데 중요한 요소로 작용한다.

(1) 세포성

골수에서 면역학적 능력이 갖추어지지 않은 림프구가 생성되면 가슴샘(thymus)으로 가서 면역학적 특성을 갖게 된다(그림 3-11).

T림프구에서 T의 의미는 면역학적 특징을 가슴샘에서 받게 되었다는 것이다. 여기서 성숙 과정을 거쳐 림프절, 편도, 지라와 같은 림프성 조직으로 이동하는데, 엠엘디를 적용할 때 흡수되는 경로로 자주 이용되는 림프절은 곁겉질 영역(paracortical area)에 있다.

신체 내로 항원(antigen)이 들어오면 면역학적 기능을 가진 T림프구는 민감해지고, 증식할 때 그 딸세포(daughter cell)에게 자신을 민감하게 했던 항원을 알아보고

파괴할 수 있는 특이성 능력을 넘겨주게 된다. 딸세포는 킬러T세포(Tc), 보조T세포(Th), 억제T세포(Ts) 등으로 나뉜다.

킬러T림프구는 표적 항원을 세포 표면에 가지고 있는 이상 세포에 접촉하여 직접적으로 이를 파괴하는데(cytotoxin), 파괴기전은 아직 자세히 알려져 있지 않다. 보

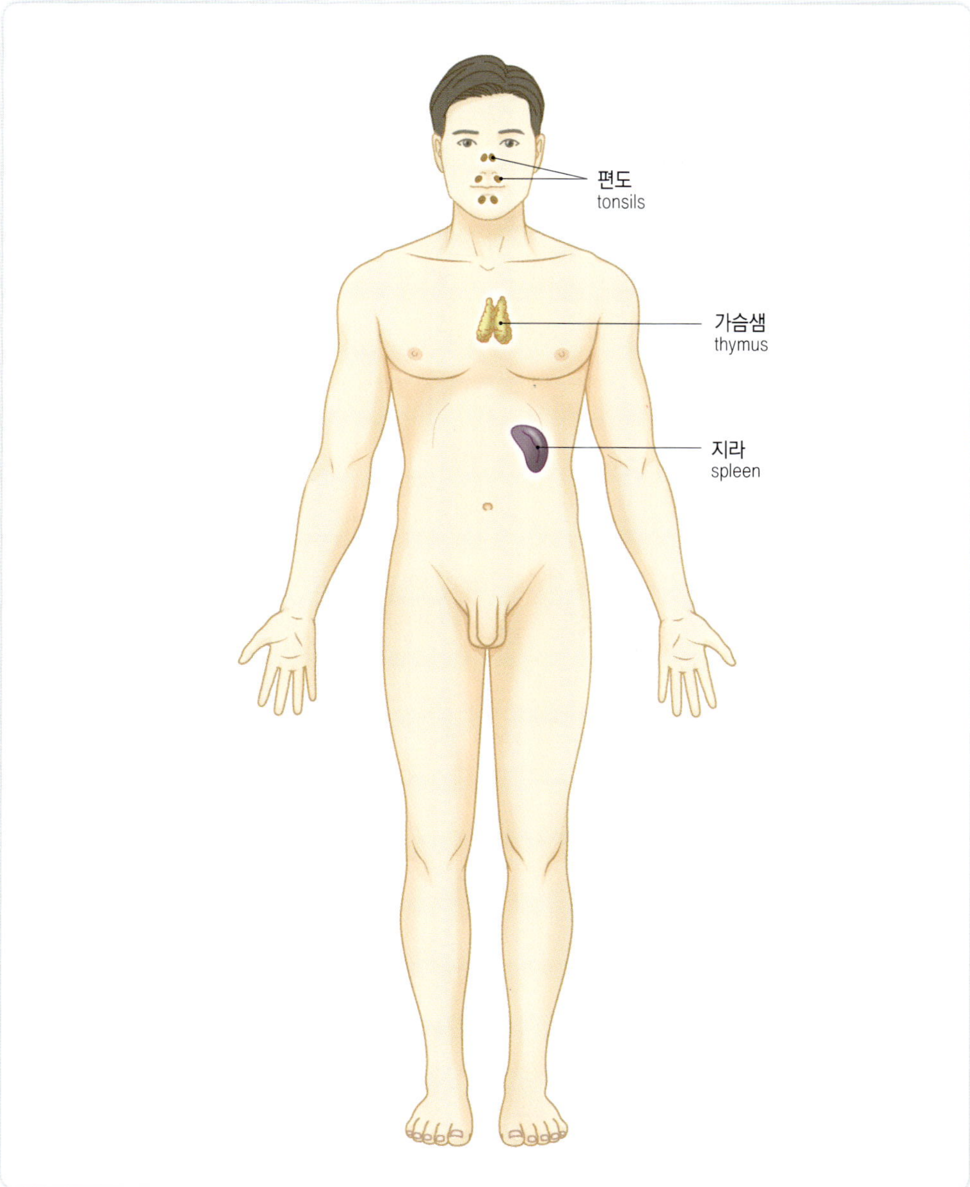

그림 3-11 림프성기관

조T림프구나 억제T림프구는 B림프구나 킬러T림프구에 의한 체액성 및 세포성 면역 반응을 강화 혹은 억제함으로써 간접적으로 면역 반응을 조절한다. 즉, B림프구나 킬러T림프구는 보조T림프구에 의해서 더욱 활성화되고, 억제T림프구에 의해서 억제된다.

이와 같이 여러 종류의 T림프구는 세포 표면에 있는, 각각의 종류에 독특한 표면 항원(marker)의 존재로 식별이 가능하다. '기억세포'는 1년 정도 신체 내에서 살아가게 된다. 만약 같은 항원이 몸에 다시 들어오면, 기억세포가 이를 인식해서 T면역 딸세포와 T면역세포를 거쳐 증식하고 항원을 공격한다. 결국 항원이 T면역세포의 항체에 의해 파괴되면 신체는 병적 증상을 나타내지 않게 된다.

(2) 체액성

체액성 면역(humoral immunity)은 혈액 내에 존재하는 항체(antibody, immunoglobulin)에 의해 매개되는 면역기전이다. B림프구 표면은 세포의 특징적인 항체를 표출하고 있는데, 이 표면 항체는 특정 항원에 대한 수용체 역할을 할 수 있다. 따라서 B림프구가 외부에서 침입한 세균이나 바이러스 등의 항원에 노출되면, 이를 특이적으로 인식하고 세포가 분열, 증식, 분화하여 많은 항체(면역글로불린)를 세포바깥 체액으로 분비하는 형질세포(plasma cell)가 되거나 면역적인 기억을 갖게 되는 기억세포(memory cell)가 된다(그림 3-12).

형질세포로부터 생산된 항체는 혈청이나 림프 등의 체액에 운반되고, 외부에서 침입한 항원과 특이적으로 결합하여 이를 제거하는 다양한 반응을 주도하게 된다. B 기억세포는 항원과 다시 접촉하였을 때, 항원을 인식하고 형질세포를 거쳐 면역글로불린 형성을 자극시킨다. 일반적으로 B림프구는 항원과 접촉한 후 항체를 형성할 수 있지만, 종종 큰포식세포 또는 T림프구의 도움이 필요한 경우도 있다.

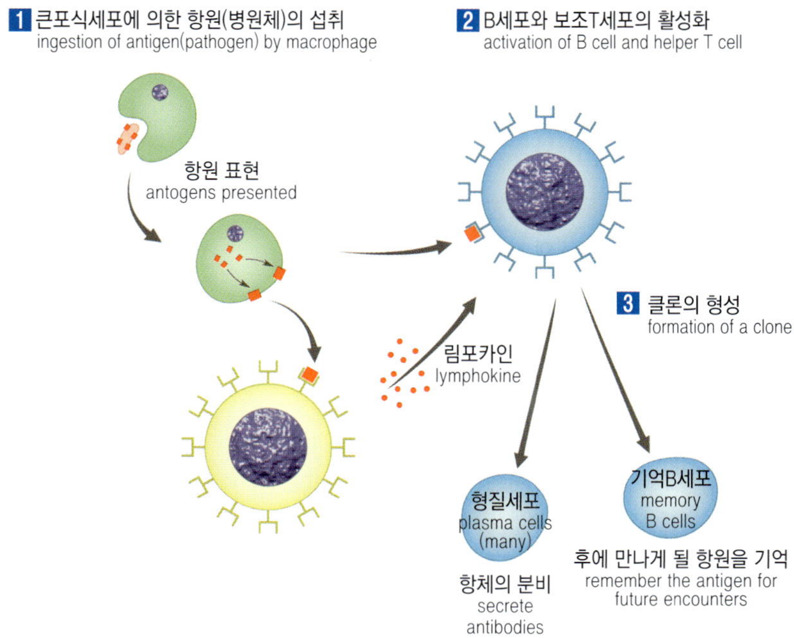

그림 3-12 항체매개면역

3) 엠엘디가 신체 방어계에 미치는 효과

엠엘디가 면역에 직접적으로 영향을 미친다는 연구는 미비하다. 하지만 면역 작용이 활발하게 이루어지는 림프절로 세균이나 바이러스 등의 면역 작용이 필요한 물질의 이동을 촉진시켜, 손상 및 침범된 조직을 치유하고 이차적인 염증 반응을 억제시킬 수 있을 것이다. 또한 교감신경의 기능을 저하시키므로 면역 기능을 항진시켜 인체 방어 체계를 더욱 강하게 만들 수 있다.

알아두기

다섯 종류의 면역글로불린 (γ-글로불린)

면역글로불린(Immunoglobulin, Ig)은 주로 γ-글로불린으로, 그물내피계[(Reticuloendothelial System, RES): 림프절, 골수, 지라 및 간]의 형질세포에서 생성되며, 일반적으로 다섯 가지로 분류된다.

- IgA: 주로 바이러스, 박테리아, 변형된 자신의 세포와 싸운다. 혈장에서 형성되며 대개 점막에서 발견된다. 침, 눈물, 콧물, 초유, 젖 그리고 위장과 비뇨생식기의 분비물에 가장 많이 밀집되어 있다. 주로 몸속으로 항원이 들어오는 지점에서 맞서 반응한다.
- IgM: 가장 큰 항체이며 중요한 항원 제거 항체(antigen fighter)이다. 염증 부위에 최초로 출현하는 항체로, 혈액에서 발견되며 보체(complement), 특히 큰포식세포를 활성화시킨다. 체액성 면역 반응에서 형성되며 IgG에 의해 유지된다.
- IgG: 면역글로불린의 대부분을 차지하고 있다. 항원에 노출된 직후에 생성되며, 태반을 통과할 수 있는 유일한 항체로 선천적 면역을 담당한다. 식세포는 IgG와 결합하여 세포를 탐식하거나 파괴시키며 또한 보체를 활성화시킨다.
- IgD: 혈청에 적은 양이 존재하고, 주로 순환하는 B림프구의 세포막에서 발견된다. 어린이의 우유에 대한 알레르기로 나타나며, 성인의 혈청 내에는 없다. 특히 부작용 발생 시 혈청 내에 증가하여 항원을 유발시키는 림프구를 분화하는 데 중요한 역할을 한다고 알려져 있다.
- IgE: 혈청에만 적은 양이 존재하며, 기생충 감염, 페니실린 쇼크(penicillin shock), 화상, 화장독 및 각종 자극성 화학 중독 시의 알레르기 반응에 관여하는 면역 혈청이다. 특히 염증 부위에서 백혈구, 항체 및 보체를 돕는 역할을 한다. 비만세포(mast cell)에 붙고 항원-항체 반응을 할 때 히스타민이 유리된다.

7 뼈대근육에 미치는 효과

근육에 과도한 긴장이나 통증이 있는 경우, 즉 산소 결핍 대사로 인해 젖산이 축적된 경우에 근육의 긴장도가 항진되는데, 엠엘디를 통해 이를 정상화시킬 수 있다. 젖산은 림프관을 통해서 흡수되며, 이때 엠엘디와 함께 열을 적용하면 더 효과적이다.

CHAPTER

04

결합조직과 물질수송

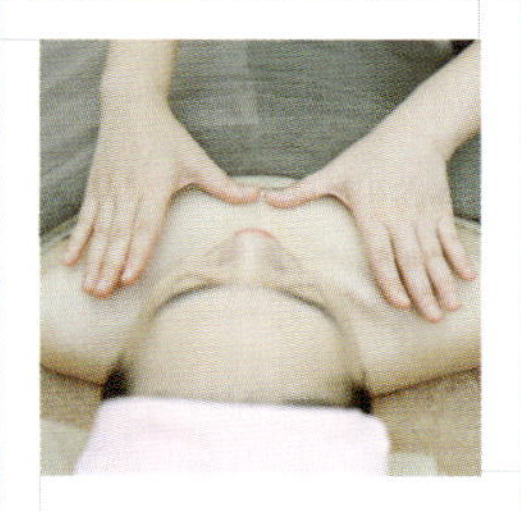
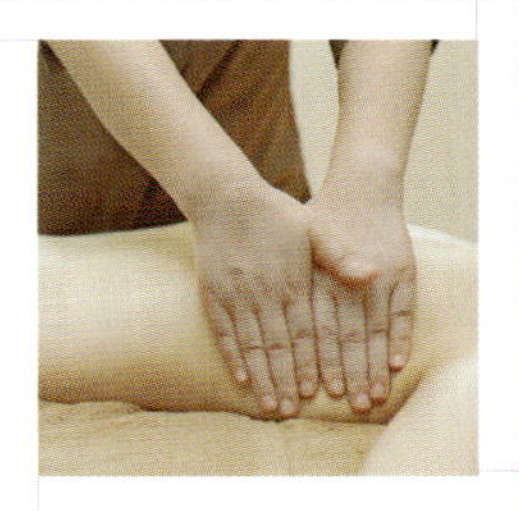
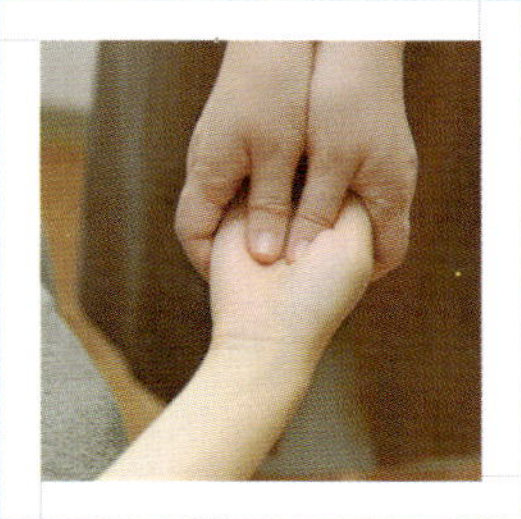
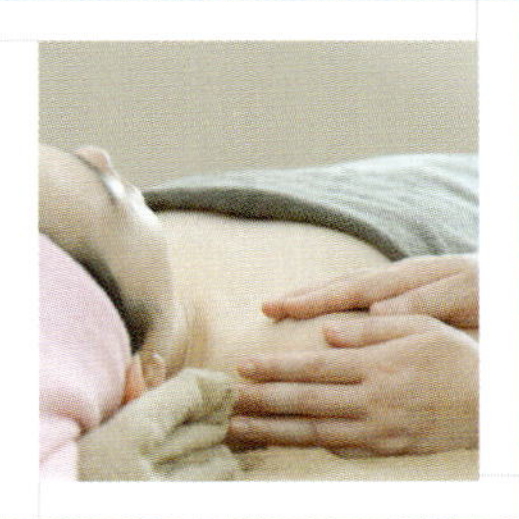
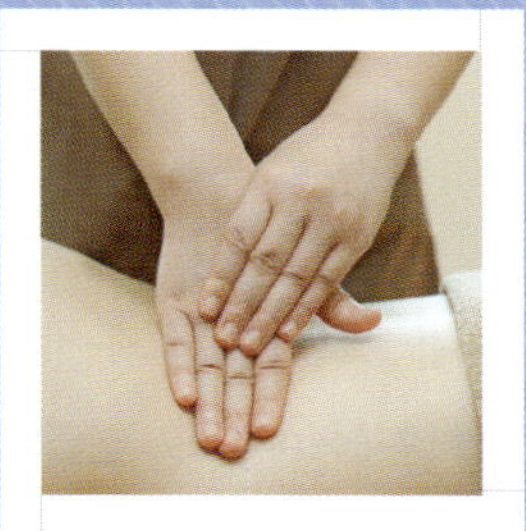
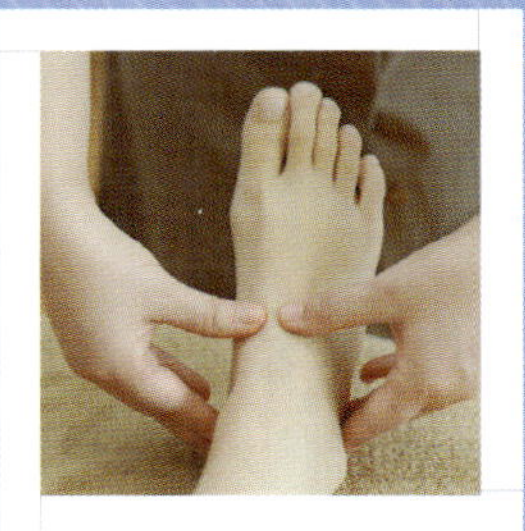

1 결합조직

1) 결합조직의 기능

결합조직의 기능은 방어(defence), 구조적 지지(support) 그리고 세포 환경으로의 역할이라고 할 수 있다.

방어 기능은 외부에서 유입된 여러 바이러스 등의 이물질이 쉽게 인체 내로 들어오지 못하게 구조적으로 여러 형태의 섬유 등이 조밀하게 구성되어 있으며, 이물질이 인체에 유입되어 감염 등의 나쁜 영향을 미치지 못하도록 면역세포가 작용하여 우리 몸을 보호하는 역할을 하는 것을 말한다.

구조적 지지는 모든 조직과 기관이 그 특성에 따라서 원활한 일을 수행할 수 있도록 구조적으로 형태를 만들어 주는 역할을 한다. 예를 들어, 간세포가 모여 간을 구성하게 되는데, 이때 여러 형태의 결합조직이 간세포가 형태를 잘 유지하여 일을 할 수 있도록 간의 형태를 구성하게 만들고, 그 외 근육, 뼈, 인대 등 모든 조직이 고유의 형태를 잘 유지할 수 있도록 해 준다.

마지막으로 세포 환경으로의 기능은 모든 세포는 그 기능과 특성이 비슷한 것으로 모여져 있는데, 이 세포가 원활한 영양 공급과 불필요한 대사산물 등의 제거를 통해 세포가 건강하게 살아갈 수 있는 최적의 환경을 만들어 준다는 것이다. 이렇게 세포와 세포 사이에서 세포가 건강하게 기능할 수 있도록 해 주는 것이 결합조직의 역할이라고 할 수 있다.

2) 결합조직의 구성

결합조직은 세포, 섬유, 바탕질의 세 가지 형태로 구성된다.

(1) 세포

세포는 고정(fixed)세포와 유동(mobile)세포로 구성되는데, 고정세포는 섬유세포와 섬유모세포로 되어 있다. 섬유모세포는 주로 프로콜라겐(procollagens)과 뮤코다당류[글리코사미노글리칸, mucopolysaccharides(glycosaminoglycans)] 등을 합성하는 일을 하고 섬유세포는 콜라겐(collagen), 엘라스틴(elastin) 그리고 다당류-단백질(polysaccharide-proteins)을 합성하는 일을 주로 한다.

유동세포는 큰포식세포, 비만세포(mast cells), 과립구(granulocytes), 림프구(lymphocytes) 그리고 조직세포(histocytes) 같은 세포로 구성되며, 어느 정도는 결합조직 내에서 이동이 가능하다.

큰포식세포는 면역세포의 기본 형태이다. 바이러스 등의 이물질이 유입되면 큰포식세포가 활동을 하여 면역 작용을 하거나 감염된 세포에 대한 식작용 후, 세포 표면에 항원(이물질) 조각을 제시하는(antigen presentation) 과정을 통해 T세포의 활성화를 유도한다. 이를 통해 T세포가 사이토카인(cytokine)을 내보내어 킬러T세포, B세포, 큰포식세포 등이 활발하게 면역 작용을 하도록 돕는 역할을 한다.

비만세포는 알레르기의 주요인이 되는 면역세포이다. 표면에 IgE 형태의 항체가 붙을 수 있는 표면 인자가 있어서 여기에 항원이 결합하면 비만세포가 활성화되어 신경전달물질인 히스타민을 외부로 분비하여 알레르기 반응을 유발한다. 히스타민은 일반적으로 큰 혈관은 수축시키고 작은 혈관은 확장시켜 혈액의 여과를 증가시키고 손상된 곳으로 과립구를 모이게 한다. 또한, 통증 수용기를 자극시켜 통증을 유발하기도 한다.

과립구는 백혈구의 일종이다. 과립 백혈구라고 불리며 호중구, 호산구 그리고 호염기구 등이 있으며, 이 중 95%는 호중구이며 식작용을 통해 면역 작용을 한다. 혈액 성분에 풍부하고 조직액에서도 면역 작용을 위해서 존재한다.

림프구는 무과립 백혈구로 일반적으로 분류된다. T림프구, B림프구 등이 있으며, 조직에서 세포성 면역과 체액성 면역에 관여한다(신체 방어에 미치는 영향 참고).

조직세포도 면역에 관여하며 조직 내 큰포식세포라고 할 수 있다. 큰포식세포, 수상돌기세포(dendritic cells), 랑게르한스 세포(Langerhans cell) 등이 조직세포에 포함된다.

(2) 섬유

섬유성 조직은 위치에 따라 교원섬유, 세망섬유, 탄력섬유로 구분된다. 주로 섬유아세포로부터 형성된다.

① 교원섬유(collagen fiber)

섬유아세포에서 분비된 콜라겐 단백질인 트로포콜라겐 분자는 원섬유(protofibrils)를 만들기 위해서 함께 놓여진 다음 미세섬유를 형성하기 위해서 합쳐진다.

교원섬유는 5% 신장력이 있고 매우 높은 장력이 있어 피부밑에서 뿐만 아니라 인대, 뼈, 힘줄, 근막에서 많이 보인다. 탄력섬유가 과다폄되지 않게 보호하는 역할도 한다.

② 세망섬유(reticular fiber)

교원섬유와 비슷하지만, 훨씬 더 정교하게 형성되어 있다. 세망섬유는 간, 골수, 림프절, 림프성 기관, 혈관의 바닥막 등에서 많이 존재하며, 실질세포와 연결된 많은 기관에서 발견된다.

③ 탄력섬유(elastic fiber)

섬유아세포에 의해서 만들어지고 원섬유의 경단백질(fibrillary scleroproteins)로 구성되어 있으며 망을 형성한다. 시간이 지남에 따라 점차적으로 유연성을 잃게 되며, 폄된 후 처음 길이로 돌아오는데 지연을 의미하는 히스테레시스(hysteresis)가 되기 쉬워서 노화가 진행됨에 따라 또는 장시간의 폄 후에는 더 이상 처음 상태로 돌아올 수 없다. 탄력섬유망은 피부, 혈관, 폐, 탄력연골 등 다양한 기관에서 볼 수 있다. 임신으로 폄된 흉터는 과다폄과 탄력 그리고 교원섬유망이 찢어져 생기는 결과이다.

(3) 바탕질

바탕질은 특별한 구조를 가지고 있지 않고 모세혈관으로부터 세포로 영양물질의 이동 경로가 된다. 물 이외에 전해질, 아미노산, 펩타이드, 호르몬, 비타민 그리고 다양한 알부민 물질을 포함한다. 바탕질은 요변성(thixotropy)의 특징이 있고 세망구조로 연결되어 있어서 열과 움직임에 반응해서 젤(gel) 상태와 솔(sol) 상태로 수시로 변화한다. 바탕질에는 뮤코다당류와 히알루론산이 풍부하고 특히 히알루론산은 히알루론산분해효소(hyaluronidase)에 의해 분해와 합성을 반복하게 되며, 계속적인 파괴와 재합성 사이에 균형을 이룬다. 뮤코다당류는 물과 높은 친화력을 갖고 있기 때문에 수분을 포함하고 있어서 겔 상태의 바탕질 상태를 만든다.

(4) 지방조직

지방은 지방세포 안에서 액체 상태로 존재한다. 지방세포는 탄력섬유와 교원섬유에 의해 고정되어 있다.

일반적으로 완충지방(buffer fat)과 저장지방(storage fat)으로 구분할 수 있는데, 완충지방은 정적인 특징이 있어 스트레스나 환경 변화에 따라서 별다른 변화가 없지만, 저장지방은 주로 피부밑조직, 큰창자의 그물막, 배막 등에서 발견되고 저체온증으로부터 장기를 보호하며, 감소된 음식 섭취에 대한 에너지원으로 사용된다.

3) 결합조직의 특성

엠엘디가 결합조직에 어떠한 영향을 미치는지 이해하기 위해서는 결합조직의 기본적인 특성을 이해하고, 고유한 특성의 변화가 정상적인 범위 내에서 이루어질 수 있도록 하는 것이 매우 중요하다. 앞에서 언급한 기본 결합조직의 구성을 바탕으로 결합조직의 특성을 이해하고 이를 통해 엠엘디가 결합조직에 어떠한 영향을 미치는지 알아보도록 한다.

(1) 대사

생물은 자신을 둘러싸고 있는 주위 환경으로부터 물질을 얻어 체내에서 분해 및 합성함으로써 생명을 유지한다. 이때 물질을 필요한 열과 에너지 및 부산물로 전환시키는 물리적 · 화학적 반응을 대사라고 한다. 대사 과정은 피부조직(특히 진피)에서 가장 활발히 일어나기 때문에, 피부의 상태를 개선시킨다. 피부 문제를 해결하기 위해서는 피부의 대사 작용에 중요한 역할을 하는 모세혈관과 림프관의 구조와 기능, 생리적 특징을 반드시 알아야 한다.

(2) 항상성

생물이 나타내는 가장 중요한 특성을 간단하게 정리하면 외부 자극(stimulus)을 받아들이고 그에 대해 반응(response)한다는 것이다. 19세기에 프랑스의 생리학자 클로드 베르나르(Claude Bernard)는 유기체가 체액의 안정성을 유지하는 것에 대하여 '생체 내 모든 중요한 기전은 아무리 그 종류가 다양하다 하더라도, 내부 환경인 세포 내액의 상태를 일정하게 보존한다는 한 가지 목적만을 가지고 있다'라고 하였다. 생물은 자신을 둘러싼 외부 환경이 변하더라도 체내의 환경은 거의 일정한 상태를 유지하려는 기전을 갖고 있는데, 이를 항상성이라고 한다. 생체 내부 환경의 항상성 유지를 위하여 개체를 구성하고 있는 각 기관의 기능이 지나치면 억제하고, 부족하면 촉진하는 2대 자동 조절기전이 있다. 하나는 사이뇌 시상하부가 중추인 자율신경계에 의한 신경성 조절이고, 또 다른 하나는 뇌하수체를 비롯한 내분비계의 호르몬에 의한 체액성 조절이다. 그리고 좀 더 세밀하게 분류하면 다음과 같이 다섯 가지로 나눌 수 있다.

① 신경 및 호르몬에 의한 신체 기능의 조절
② 체액의 수송계(transport system)인 확산, 여과, 삼투압 및 능동적 운반 등 체액의 순환을 통한 평형 조절
③ 호흡기계를 통한 산소의 흡입, 위장관을 통한 영양물질의 흡수 및 배설, 간이나 그 외 장기의 대사 및 근육의 글리코겐(glycogen) 대사 등을 통한 조절
④ 이산화탄소는 호흡기계, 땀은 피부, 소변은 콩팥 등을 통해서 세포 대사산물을 몸 밖으로 배출하면서 조절
⑤ 생식(reproduction)에 의한 조절

피부는 항상성 조절기전에 문제가 생기면 신체 다른 부분과 마찬가지로 여러 문제를 겉으로 나타낸다. 특히, 혈액 순환이나 림프 순환에 문제가 발생되면 피부 세포의 항상성이 깨지기 때문에, 항상성을 유지시키는 신체 조절 기능을 최대로 작용시키기 위해 여러 가지 방법을 동원해야 한다. 여러 가지 방법 중 엠엘디는 신경, 혈관, 림프관 등의 작용을 강력하게 촉진시키기 때문에 항상성을 유지시키는 데 많은 도움이 된다.

(3) 요변성

진피의 바탕질은 요변성(tixotropy)으로 움직인다. 이 과정은 관절 내 윤활액의 점성도(viscosity)에서 관찰할 수 있다. 열을 가하거나 강한 운동 시 윤활액은 액체 상태가 된다. 예를 들어, 관절액이 수 시간 동안 정체되어 있거나(예: 잠을 잘 때) 온도가 낮아지면 점성도가 증가하게 된다. 즉, 바탕질의 고분자(macromolecules)가 그물 구조로 모인다. 여기에 열을 가하거나 움직임을 주면 모인 것이 다시 풀어진다. 이러한 고분자 집합의 성질을 요변성이라고 한다.

만약 무거운 압력이 갑자기 적용되면, 결합조직은 찢어지는 것으로 반응한다. 고분자는 공간적으로 적응할 수 있는 충분한 시간을 갖지 못한다. 이것은 스포츠에서 워밍업을 적절하게 하지 않았을 때 힘줄, 근육이 찢어지는 원인(즉, 운동 경기 전에 스포츠 마사지가 필요한 이유)이 된다. 아킬레스힘줄 파열은 워밍업하지 않은 상태

로 추운 곳에서 경기를 할 때 전형적으로 나타나며, 힘줄과 근육 파열은 갑자기 예상하지 못한 힘이 적용될 때 종종 발생한다.

엠엘디는 결합조직의 요변성에 영향을 미친다. 엠엘디를 신체에 기계적으로 적용하게 되면 조직(예: 피부, 근육, 혈관, 림프관, 관절액)에 에너지가 섞이면서 움직임을 더욱 원활하게 해 준다.

(4) 관성

엠엘디를 이해하기 위해서는 먼저 관성물질(inertial mass)에 대해 설명할 필요가 있다. 예를 들어 꿀은 관성체이다. 만약 동전을 꿀 속으로 빠뜨린다면 관성체인 꿀 속으로 동전이 사라지는 데는 시간이 걸린다.

고장 난 차의 경우도 관성체의 좋은 예가 될 수 있다. 자동차를 움직이게 하기 위해서는 어떻게 해야 하는가? 그것을 밀어서 관성물질인 자동차에 에너지를 가해야 할 것이다. 이는 두 가지 방식으로 적용할 수 있다. 첫째는 달려가서 차를 힘차게 미는 방법이다. 이렇게 하면 자동차는 조금 움직이겠지만 그다지 긴 거리를 움직이지는 않는다. 두 번째 방법은 자동차에 기대어 힘차게 미는 것이다. 이렇게 하면 시간은 다소 걸리겠지만 관성물질인 자동차는 움직이게 될 것이다. 이는 가해지는 에너지는 별도로 하더라도, 관성물질을 움직이고 변화시키는 데는 시간이 필요하다는 의미이다.

비만, 오래 지속된 부종에서 결합조직은 관성물질같이 반응한다. 즉, 엠엘디를 다소 오랜 시간을 두고 적용하는 것이 관성물질의 성질을 바꾸는 데 좋다는 뜻이다. 진피조직 내 조직액의 이동을 목적으로 적용한다면 급한 마음으로 서둘러 하지 말고 천천히 여유를 갖고 적용하는 것이 관성물질인 조직액을 원활히 흡수 및 이동시킬 수 있는 최상의 방법이다.

(5) 이력현상

철과 고무의 탄력성을 설명하기 위해서 한쪽은 철 스프링, 다른 한쪽은 고무줄 스프링이 달려 있는 T자형 막대(T−bar)를 상상해야 한다. 만약 동일한 크기와 무게를 연속적으로 달아보면, 철 스프링은 동일한 거리만큼씩 늘어나는 것을 볼 수 있다. 거꾸로 하나씩 무게를 빼면 동일한 단계로 원래의 위치로 돌아올 것이다. 즉, 철 스프링은 원래의 길이에 비례해서 늘어나게 된다. 이러한 철의 양상은 콜라겐섬유(collagen

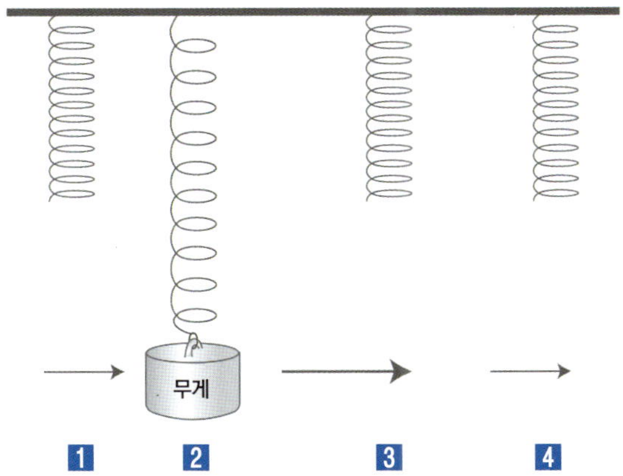

그림 4-1 철의 탄력성. 철=콜라겐섬유(높은 복원력, 높은 장력이 특징)
1 무게 적용 전 2 무게 적용 시(장력이 높아서 무게만큼 늘어난다) 3 무게 제거 시(다시 원상태로 복귀)
4 무게 적용한 시간과 무관하게 원상태로 거의 돌아온다.

fibers)에서도 볼 수 있다(그림 4-1). 그러므로 콜라겐섬유는 잘 늘어나지 않고 늘어나더라도 시간이 많이 경과되지 않은 상태라면 상대적으로 탄력섬유보다 쉽게 원래의 위치로 회복되는 성향이 있다.

반대로 고무줄은 첫 번째 무게를 달면 아주 많이 늘어난다. 두 번째, 세 번째 동일한 무게를 달게 되면 이미 첫 번째 무게를 주었을 때 많이 늘어난 상태가 되었기 때문에 무게에 비례하여 많이 늘어나지 않고 아주 조금씩만 늘어나게 된다. 거꾸로 하나씩 무게를 빼면 마지막 무게가 다 제거될 때까지 원래의 위치로 돌아오지 않을 것이다. 즉, 가벼운 저항에도 잘 늘어나고 저항이 제거되면 잘 수축한다는 것이다. 하지만 조금이라도 늘어나는 시간이 장기적으로 되면 고무줄은 원래 길이로 줄지 않고 늘어난 상태로 남게 된다. 왜냐하면 고무줄은 늘어나기 쉽고 노화(변성)되기 쉬운 성질을 띠기 때문이다(그림 4-2).

고무줄이 점차적으로 줄어들어 원래 위치로 돌아오는 것과 같은 현상을 히스테레시스(hysteresis, 이력현상)라고 한다. 이 과정은 고무가 얼마나 오래되었는가, 늘어난 기간이 얼마만큼 인가에 달려 있다. 탄력섬유는 고무줄과 같은 탄력성을 가지고 있다. 그러므로 쉽게 펌 되고 이 기간이 조금만 길어져도 원래의 길이대로 수축하기 힘들다.

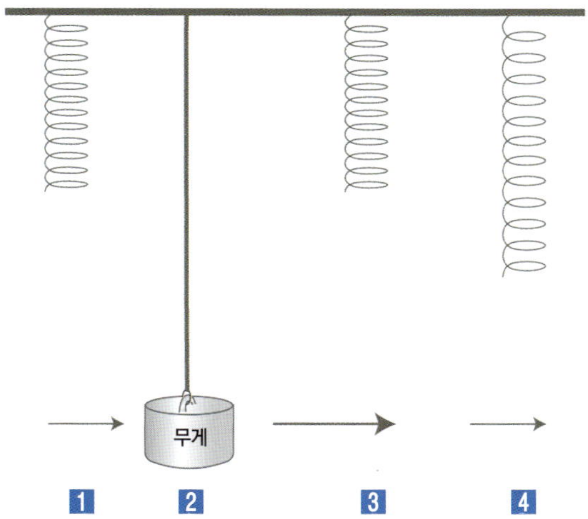

그림 4-2 고무줄의 탄력성. 고무줄=탄력섬유(낮은 복원력, 낮은 장력이 특징)
1 무게 적용 전 2 무게 적용 시(장력이 낮아서 길게 늘어난다) 3 무게 제거 시(다시 원상태로 복귀)
4 무게 적용한 시간에 비례해서 원상태로 돌아오지 못하고 늘어나게 된다.

이같은 점이 엠엘디를 시행하는 데 있어서 중요한 점이 될 수 있다. 부종이 있는 조직은 엠엘디를 적용하여 빨리 부종을 감소시키는 것이 중요하다. 왜냐하면 시간을 두고 오랫동안 부은 상태가 유지되면 부종으로 인해 피부조직의 탄력섬유가 쉽게 늘어나 원래의 상태로 회복되기 어렵기 때문이다. 부종이 감소된다 하더라도 다시 늘어난 조직 사이로 부종액이 다시 생성될 수 있으므로, 피부가 늘어나지 않도록 외부지지 붕대 또는 탄력 스타킹을 이용하여 조직에 부종액이 다시 모이게 되는 것을 막아야 하고 히스테레시스를 촉진해야 한다.

(6) 순간 이동 거리

그림 4-3은 혈관에서 물질이 유출하여 조직을 통해 세포로 이동하는 과정에서 물질이 세포까지 도달하기 위한 거리를 나타내는 것이다.

일반적으로 도달 시간과 거리는 다음 공식으로 계산할 수 있다.

$$T = D^2$$

T = 시간(Time), D = 거리(Distance)

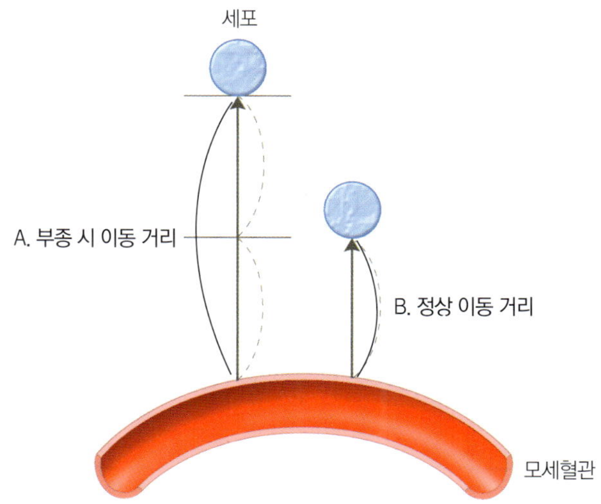

그림 4-3 모세혈관에서 유출된 물질이 세포까지 도달하기 위한 거리

이 공식에 따라 만약 거리가 1mm이면 시간은 1초, 거리가 2mm이면 시간은 4초, 거리가 4mm이면 시간은 16초가 된다. 실질적으로 거리는 얼마 증가하지 않아도 도달 시간에는 상당한 변화가 생기는 것이다.

건강한 사람은 순간 이동 거리가 짧기 때문에 도달되는 시간이 짧은데, 부종이 있으면 영양분 등을 공급하기 위한 도달 거리가 상당히 멀어지고 도달 시간도 길어져서 세포에 원활한 물질 공급이 되지 않는다. 부종이 오랫동안 심하게 지속되는 경우에는 피부가 썩는 괴사(necrosis)가 발생하기도 한다.

4) 엠엘디가 결합조직에 미치는 효과

(1) 재흡수 효과

엠엘디는 림프 흐름을 고려하여 아주 작은 압력으로 피부 신장을 만들어내는 특수한 형태의 기술이다. 혈관 압박이나 혈관 자극을 최소화시킬 수 있는 압력으로 인해 조직 압력을 상승시켜 미세분자 물질이나 수분을 혈관으로 재흡수시키는 것을 향상시킬 수 있다.

(2) 요변성에 미치는 효과

엠엘디의 반복적이고 지속적인 기계적 자극은 결합조직에 영향을 미쳐 젤(gel) 상태에서 솔(sol) 상태로 만들어 물질의 이동과 신체 유동성을 향상시킬 수 있다. 특히, 엠엘디의 특수 기술(special technique)은 단단해진 피부를 반복적으로 움직이게 해서 부드럽게 만들 수 있다.

(3) 림프관운동성 향상 효과

엠엘디를 적용하면 림프관의 운동성을 향상시킬 수 있다. 이를 통해 결합조직 내의 림프의무물질의 흡수를 도와 주어 결합조직의 질을 향상시키는 데 도움을 준다. 이를 통해 비정상적인 상태의 결합조직을 정상적인 형태로 만들어 줄 수 있다.

2 물질수송

1) 결합조직과 모세혈관 사이의 물질 이동

결합조직이 최상의 상태가 되어야 그 안에 존재하는 세포가 건강한 상태를 유지할 수 있다. 결합조직의 질은 혈관이 얼마나 양질의 영양분과 산소를 제공하고 불필요한 것을 혈관과 림프관을 통해서 제거시키느냐에 따라 달라진다.

혈액은 조직 내 세포가 필요한 것들이 포함되어 있는 곳이기 때문에 구성 성분이 매우 중요하다. 혈액은 결합조직으로, 색은 혈액 내 산소의 양에 따라 적색에서 검푸른 적색까지 다양하게 나타난다. 성인의 평균 혈액량은 체중의 7~8% 정도 된다. 예를 들어 체중이 70kg인 사람의 경우에는 4.5~6L 정도라고 생각하면 된다. 혈액은 모세혈관을 빠져나와 조직액의 일부가 되고 이것은 다시 림프관으로 흡수되는 림프의 주성분이 된다(그림 4-4). 이러한 이동이 얼마나 원활하게 잘 이루어지는가에 따라 결합조직의 질(quality)이 결정되고, 조직의 상태와 직결되므로 혈액의 구성 성분에 대해서는 꼭 알아야 한다. 최근 치료의 패턴은 영양관리까지 병행되고 있는데, 이는 영양 상태에 따라 혈액 성분이 바뀌고, 그로 인해 유출되는 물질이 달라져 결합조직의 상태를 변화시키기 때문이다.

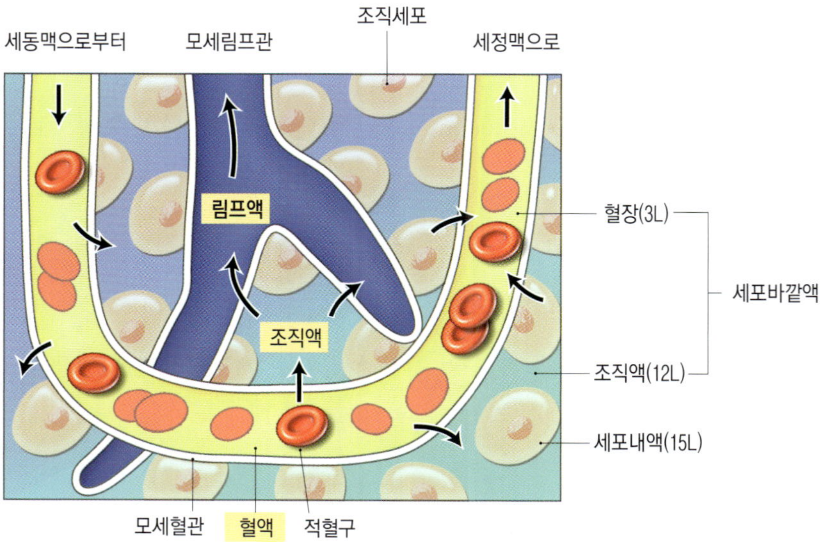

그림 4-4 세포와 혈액 사이에서 이루어지는 물질 교환과 세 가지 주요 유동액 구획

(1) 혈액 성분

① 혈액의 주요 기능

혈액의 전반적인 기능은 조절, 운반, 보호 세 가지이다. 첫째, 혈액의 조절 기능은 체액과 체온을 조절하며 항상성을 유지한다. 둘째, 혈액의 운반 기능은 동맥을 통한 신체 조직으로의 산소와 영양분 운송, 정맥을 통한 조직 노폐물의 제거를 말한다. 셋째, 혈액의 보호 기능은 인체의 감염과 과도한 혈액 손실을 막아 준다.

② 혈액의 구성 성분

혈액은 약알칼리성 액이며 혈액을 혈액 검사(헤마토크릿)로 분리하면 55%의 혈장과 45%의 혈구세포로 구성되어 있다(그림 4-5, 4-6).

- **혈장**(plasma): 90% 가량이 수분인 점액성 액으로 나머지 10%는 용존 물질(콜로이드, colloid)이다. 용존 물질은 가스(산소, 이산화탄소 등), 단백질, 면역물질, 소화관에서 흡수한 영양분, 효소, 호르몬 그리고 혈구를 제외한 모든 다른 종류의 물질로 구성되어 있다. 혈장단백질은 삼투와 농도에 관여하는 알

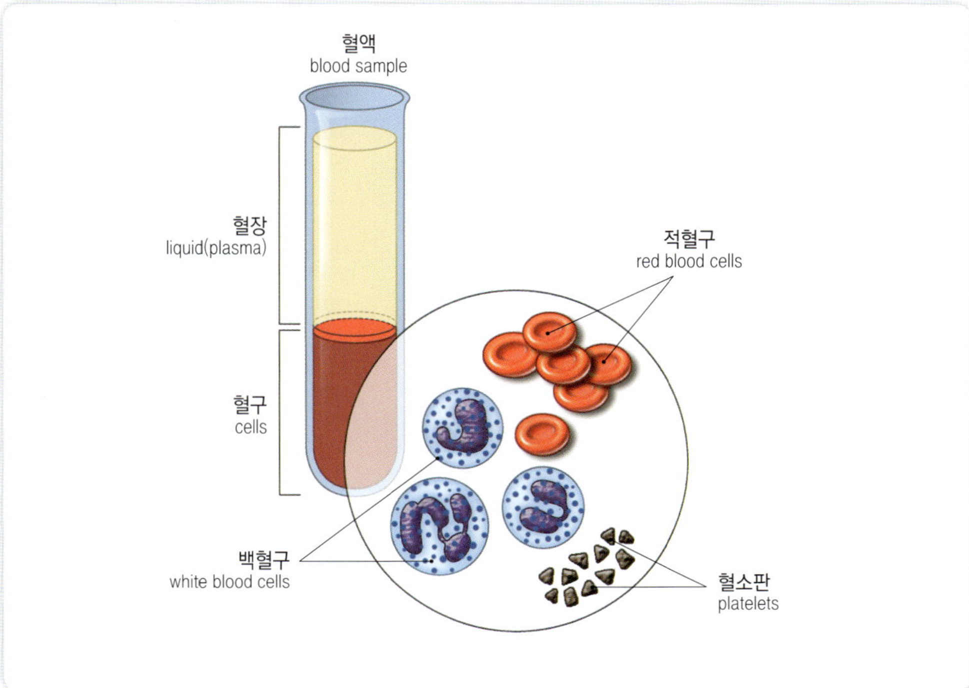

그림 4-5 혈액의 구분

부민(60%), 철(Fe), 구리(Cu)와 같은 특수 물질의 운반에 관계하는 글로불린(36%), 혈액 응고와 면역을 담당하는 피브리노겐(4%)을 포함한다.

- **혈구(blood cells):** 조혈작용을 통한 골수 줄기세포(stem cell)로부터 형성된 모든 종류의 세포를 말하는 것으로, 산소 운반의 주역인 혈색소(hemoglobin)가 있는 적혈구(red blood cell, erythrocyte), 과립백혈구인 호중성구, 호산성구, 호염기구와 무과립백혈구인 림프구와 단핵구로 나뉘는 백혈구(white blood cell, leukocyte), 지혈 및 혈액 응고에 관여하는 혈소판(platelet, thrombocyte)으로 구성된다.

백혈구 중 과립백혈구가 60% 정도를 차지하며 식작용을 통해 박테리아를 파괴하는 역할을 한다. 그 중 호중구가 대부분을 차지하며(95%), 호산구는 3%, 호염기구는 2% 정도로 미비하다. 림프구는 백혈구의 30% 정도를 차지하고 있고, 4% 정도만 혈액에 있으며 나머지 대부분은 비장, 가슴샘, 창자의 림프조직 그리고 림프절 같은 림프성 기관에 존재한다. 림프구는 골수에서 만들어지지만, 가슴샘에서 성숙해진 T림프구와 그렇치 못한 B림프구로 나눌 수 있

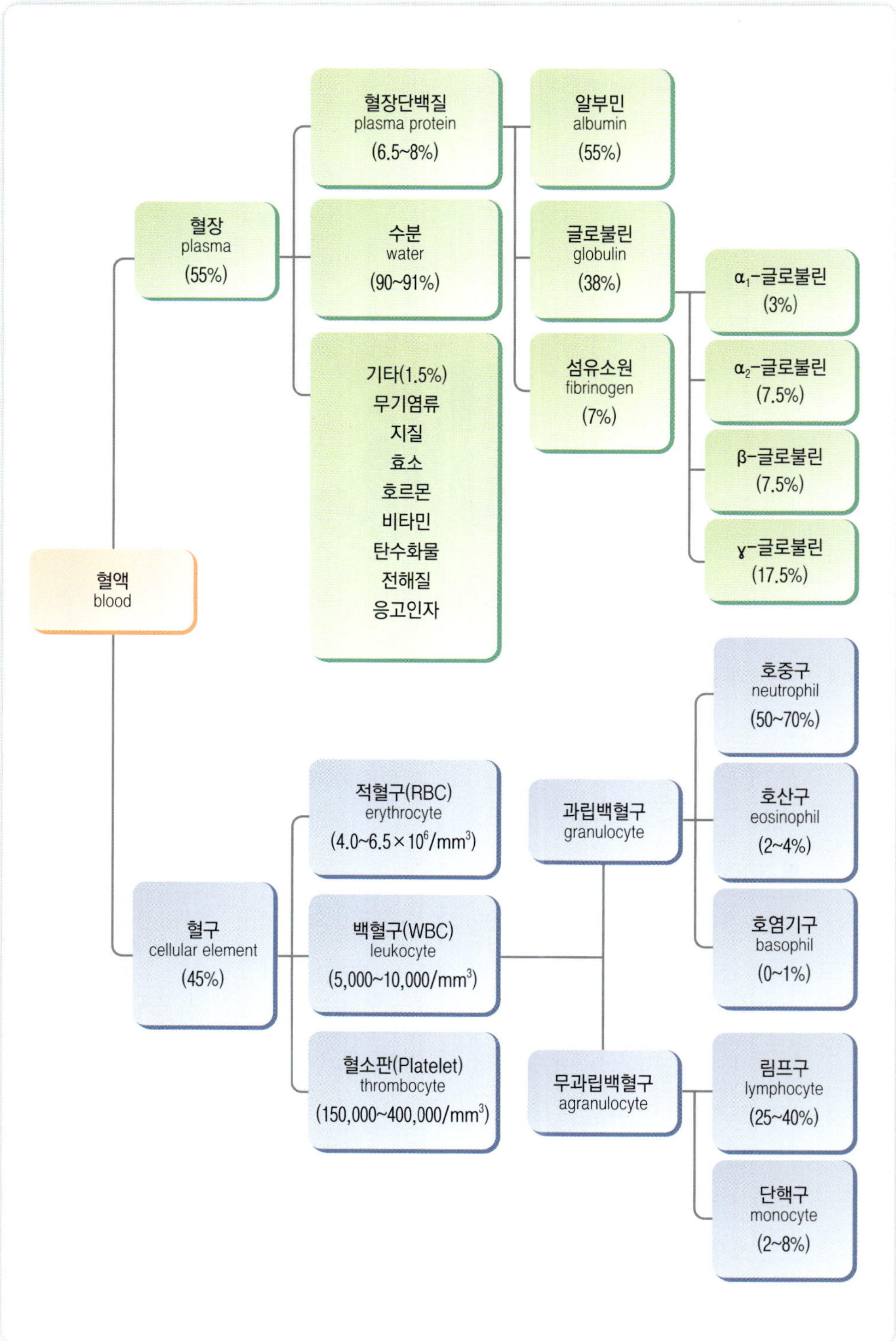
혈액
blood
혈장
plasma
(55%)
혈장단백질
plasma protein
(6.5~8%)
알부민
albumin
(55%)
글로불린
globulin
(38%)
α1-글로불린
(3%)
α2-글로불린
(7.5%)
β-글로불린
(7.5%)
γ-글로불린
(17.5%)
섬유소원
fibrinogen
(7%)
수분
water
(90~91%)
기타(1.5%)
무기염류
지질
효소
호르몬
비타민
탄수화물
전해질
응고인자
혈구
cellular element
(45%)
적혈구(RBC)
erythrocyte
(4.0~6.5×10⁶/mm³)
백혈구(WBC)
leukocyte
(5,000~10,000/mm³)
혈소판(Platelet)
thrombocyte
(150,000~400,000/mm³)
과립백혈구
granulocyte
호중구
neutrophil
(50~70%)
호산구
eosinophil
(2~4%)
호염기구
basophil
(0~1%)
무과립백혈구
agranulocyte
림프구
lymphocyte
(25~40%)
단핵구
monocyte
(2~8%)

그림 4-6 혈액의 성분

알아두기

혈장단백질(blood proteins)

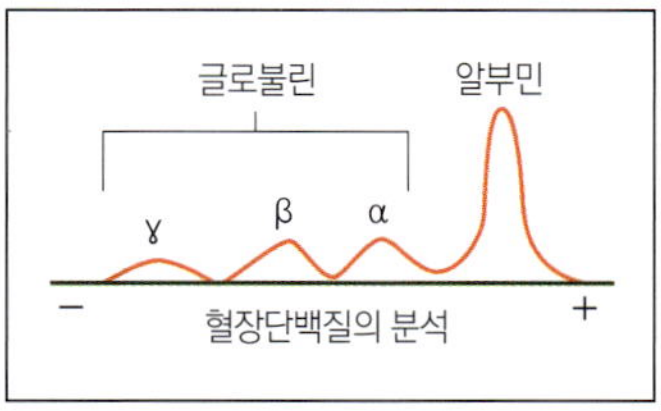

- 혈장단백질 조성: 혈액 내에 있는 혈장단백질은 7.0g/100mL 정도를 차지하며 실험실에서 전기 이동(electrophoresis)시켜 보면 크게 알부민, α(알파)-글로불린, β(베타)-글로불린, γ(감마)-글로불린의 네 가지 주성분으로 구분된다.
- 혈장알부민: 알부민은 거의 모든 동물과 사람의 조직, 박테리아 등에서 발견된다. 간에서 생성되고 인간의 혈장단백질을 주로 구성한다(50~60%). 혈장알부민의 기능은 삼투압을 통한 수분 조절, 영양 물질 운반 그리고 노폐물 제거를 돕는 것이다.
  - 수분 조절(삼투압): 단백질의 삼투성 특징으로 인해, 혈장알부민은 물을 끌어들이고 혈액의 점성도와 삼투압을 유지하는 것을 돕는다. 만약 혈류에서 알부민의 농도가 감소되면(저단백혈증, hypoproteinemia), 수분이 혈장으로부터 조직으로 빠져나갈 수 있고 부종이 유발된다.
  - 영양 물질 운반: 혈장알부민은 지방산, 호르몬, 노폐물, 다른 치료적 약물을 포함한 많은 물질을 운반할 수 있는 운반단백질이다. 알부민은 체액과 혈액이 불용성의 지방과 같은 물질을 운반하도록 해 준다.

다. 혈액 내 단핵구는 조직에서 큰포식세포로 수개월에서 수년까지 존재하며, 아메바 운동을 통한 식작용을 한다. 혈소판은 혈관 수축을 유발시키는 세로토닌을 함유하고 있으며 혈액응고와 혈관이 손상되면 상처봉합(wound sealing) 역할을 한다.

(2) 혈관과 조직에서의 물질 이동

모세혈관의 혈액 성분이 조직 내로 이동하고 조직 내에서 일정량의 불필요한 성분이 다시 혈관이나 림프관으로 이동하는 것은 결합조직의 질을 최상으로 만들고 이를 통해 세포 건강을 향상시킬 있는 최상의 방법이다. 그러므로 이들 관계에서 어떠한 생리학적 현상이 일어나는지 알아보고 이를 통해 건강한 조직과 건강한 세포를 만들도록 해야 한다.

모세혈관은 가장 작은 혈관이고, 세동맥과 세정맥 사이를 연결하는 혈관이다. 모세혈관은 교환혈관으로서의 역할을 한다. 예를 들어 식당에서 손님은 테이블에 앉아서 종업원이 가져다주는 음식을 제공받고, 먹고 남은 것은 다시 가져가는 서비스를 받으며 음식을 섭취한다. 이를 모세혈관 주변의 세포로 비유하자면 손님은 세포이며 종업원은 혈관과 혈액의 이동, 즉 교환의 역할을 한다(그림 4-7). 혈관에서부터 혈액의 이동을 보면, 심장을 출발한 혈액이 모세혈관을 통해서 유출되어 조직 채널의 조

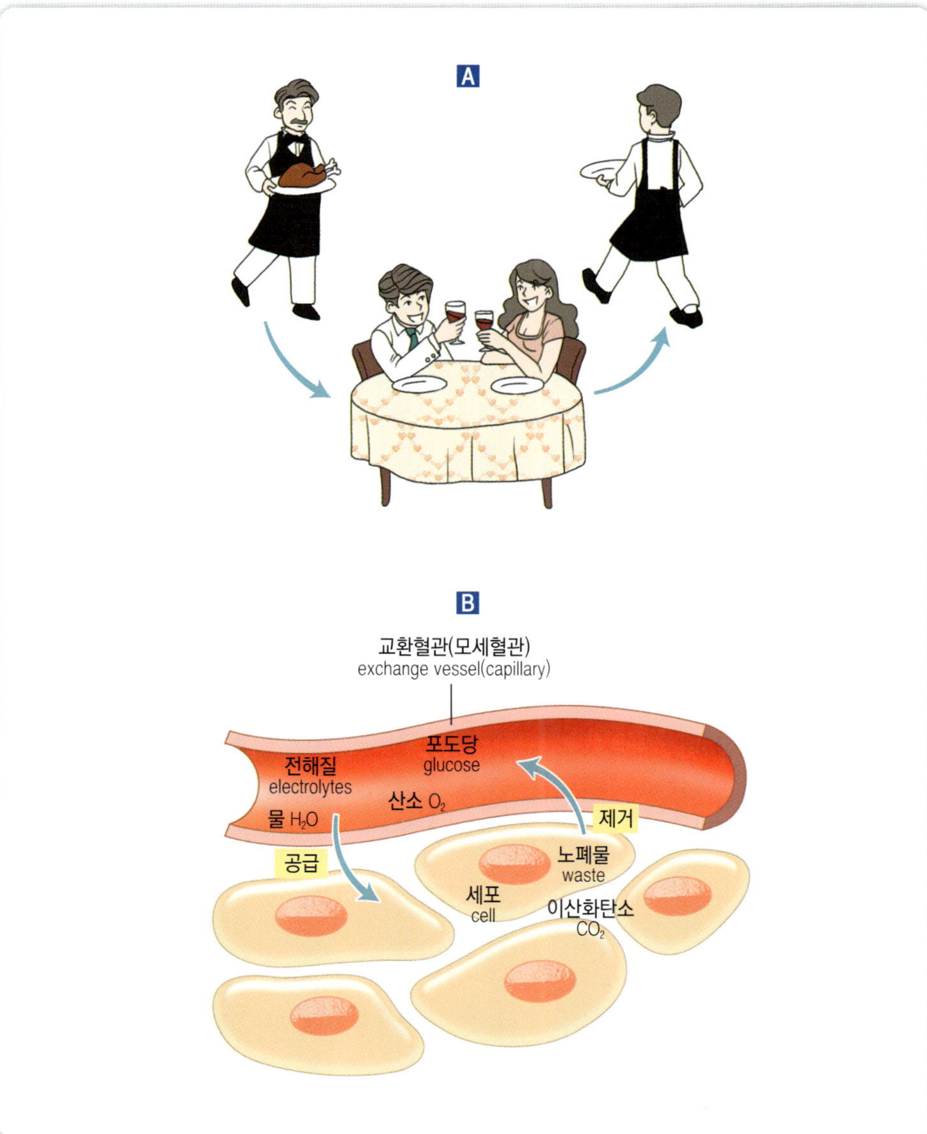

그림 4-7 물질 교환 역할을 하는 모세혈관

직액과 합류하게 되고, 이렇게 영양분과 산소가 조직을 구성하는 세포에 공급된 후 이산화탄소 등의 노폐물이 생기게 되면 혈관 또는 림프계로 유입되어 정맥을 통해 심장으로 다시 들어가게 된다.

과정은 주로 모세혈관에서 이루어진다. 물질 이동은 여러 가지 요인에 의해 영향을 받지만, 스탈링 가설(Starling's hypothesis)에 의해 많은 부분이 설명된다. 스탈

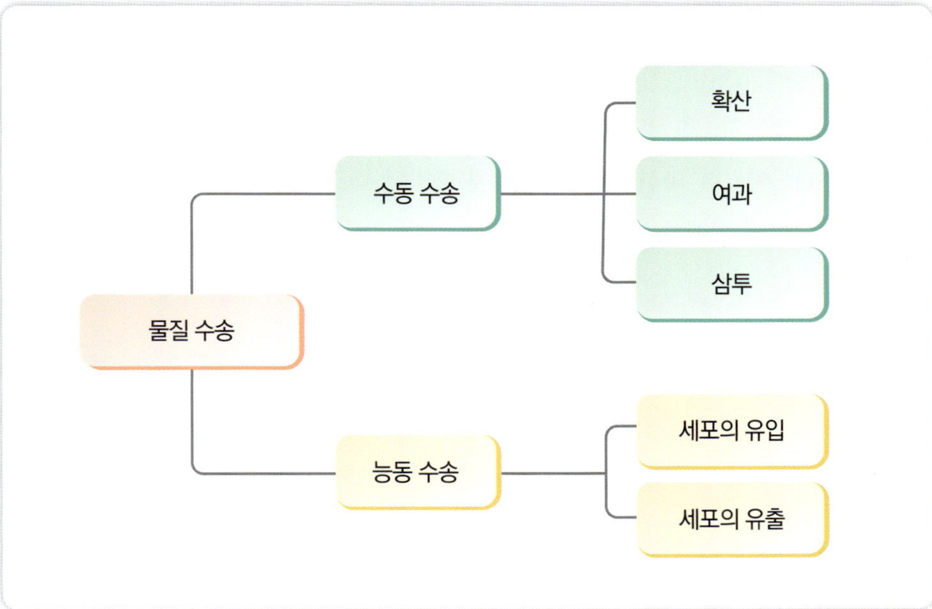

그림 4-8 물질 수송 분류

링의 가설을 이해하기 위해 여러 가지 물질 수송의 개념을 살펴보고자 한다. 물질 수송은 크게 두 가지로 분류한다. 세포의 에너지 소비 유무에 따라 세포 에너지의 소비가 필요하면 능동 수송, 세포 에너지의 소비가 필요하지 않으면 수동 수송이라 한다(그림 4-8).

① 수동 수송

수동 수송(passive transport)은 세포벽을 통한 물질의 움직임이다. 세포 에너지를 필요로 하지 않고, 움직임이나 압력에 반응하여 일어난다. 수동 수송에는 확산, 여과, 삼투 현상이 있다.

▪ 확산

0℃ 이상의 온도에서 용액 또는 가스 상태로 있는 분자는 브라운 운동(Brownian motion)이라고 하는 자유로운 분자 운동(random motion)을 한다.

분자 운동의 차이로 인하여 분자는 분자 농도가 높은 쪽으로부터 분자 농도가 낮은 쪽으로 이동하는데, 이동은 양쪽 분자 농도가 동일해질 때까지 계속된다. 이와 같이 용액 또는 가스 상태의 분자가 서로 인접해 있는 공간에서 분자의 농도가 높은 곳에서 낮은 곳으로 이동하는 현상을 확산(diffusion)이라고 한다(그림 4-9). 물론 확산이 일어날 때 저농도에서 고농도로의 이동도 일어난다. 하지만 농도가 높은 곳에서 낮은 곳으로 이동하는 경향이 우세하다. 이러한 확산 현상은 조직에 따라서 다르지만 확산거리가 0.1mm 정도가 되어야 원활한 영양 공급과 노폐물 제거가 일어난다고 한다. 그러므로 확산거리를 정상적인 형태가 될 수 있도록 하는 것이 매우 중요한 치료 목표가 될 수

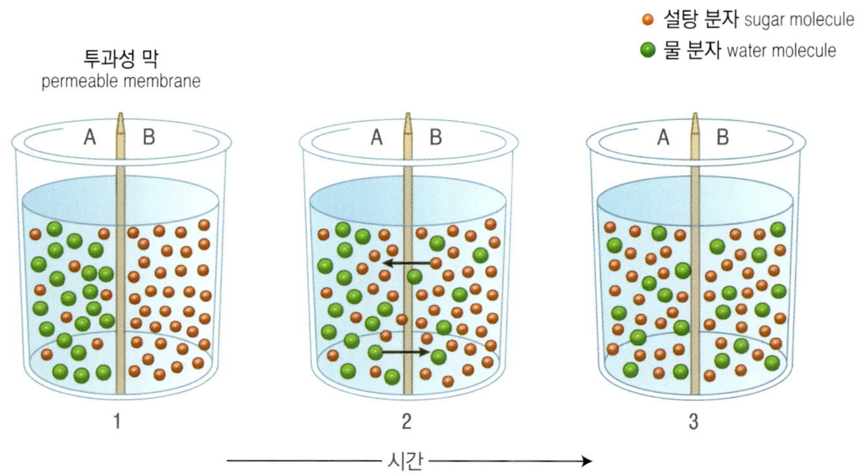

그림 4-9 투과성 막을 기준으로 시간이 흐르면서 고농도의 설탕 분자가 있던 곳(A)에서 저농도(B)로 이동하는 확산 과정

알아두기

엠엘디는 확산에 영향을 미치지 못한다. 그 이유는 확산은 기계적인 힘에 의해서 발생되는 것이 아니므로 마사지 시 적용되는 외부적인 압력이 높은 농도의 물질을 낮은 농도로 또는 낮은 농도의 물질을 높은 농도로 이동시키지는 못하기 때문이다. 하지만 확산에 영향을 미치는 온도, 농도 등을 고려하여 효과적인 제품 사용 등에 이용하는 것이 좋다. 참고로, 임상에서 얼굴이나 다리 등이 부으면서 푸석푸석하거나 건조해지는 이유는 혈관에서 피부로의 확산거리가 멀어지기 때문이다. 이것이 지나치면 피부(표피)의 수분, 영양 공급 부족으로 피부 괴사(썩는 것)가 유발되기도 한다.

있다.

확산은 네 가지 요인에 의해서 영향을 받는다. 첫째, 온도(temperature)가 높아지면 확산은 가속한다(온도 의존성). 절대 영도, −273℃에서는 움직임이 없다.

둘째, 거리(distance)의 영향을 받기 때문에 일정 거리 이상이 되면 확산이 어렵다. 확산 시간은 거리의 제곱에 비례한다. 신체 안에서 매일 일어나는 확산의 양은 2만~6만 L에 달한다.

셋째, 분자의 크기(size of molecule)가 크면 클수록 확산율은 느리고 작으면 빠르다.

넷째, 농도경사(concentration gradient)에 영향을 받는데, 농도경사가 높으면 확산이 잘 일어나고 농도경사가 낮은 저밀도 상태에서는 확산이 저하된다.

여과

막을 경계로 하여 내외에 압력 차가 있을 때 막을 통해 액체가 이동하는 순 물리적인 현상을 여과(filtration)라고 한다(그림 4-10).

일반적으로 모세혈관에서 일어나는 여과 현상은 세 가지에 의해 영향을 받

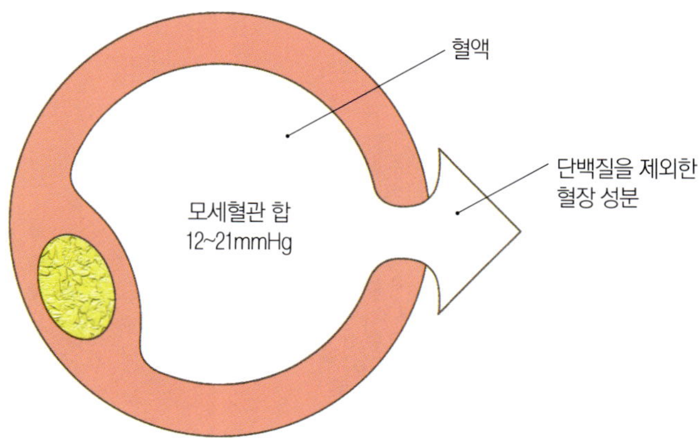

그림 4-10 모세혈관벽을 가로질러 혈액 성분을 여과시키는 힘

는다.

첫째, 혈관 안팎의 압력 차에 의해 영향을 받는다. 압력 차가 클수록 여과율이 높아지게 된다.

둘째, 입자의 크기에 의해 영향을 받는다. 막의 구멍에 비해 입자의 크기가 크면 여과량이 많아지게 된다.

셋째, 혈관막의 구멍 크기에 영향을 받는다. 내피세포와 인접해 있는 내피세포에서 만들어지는 구멍의 크기에 따라 여과량이 달라지게 된다. 구멍이 크면 클수록 여과량이 적어진다.

삼투

세포의 크기가 항상 일정하게 유지되는 것은 물 분자가 확산에 의해 쉽게 세포막을 통과할 수 있기 때문이다. 마찬가지로 모세혈관이 많이 분포해 있는 진피층도 항상 일정하게 항상성을 유지하는데, 이것 또한 혈관막을 경계로 한 삼투 현상 때문이다.

이와 같이 막을 통과하는 물 분자의 확산을 삼투(osmosis)라고 하는데, 물이 많은 쪽에서 적은 쪽으로(반대로 용질의 농도 기준으로는 농도가 낮은 쪽

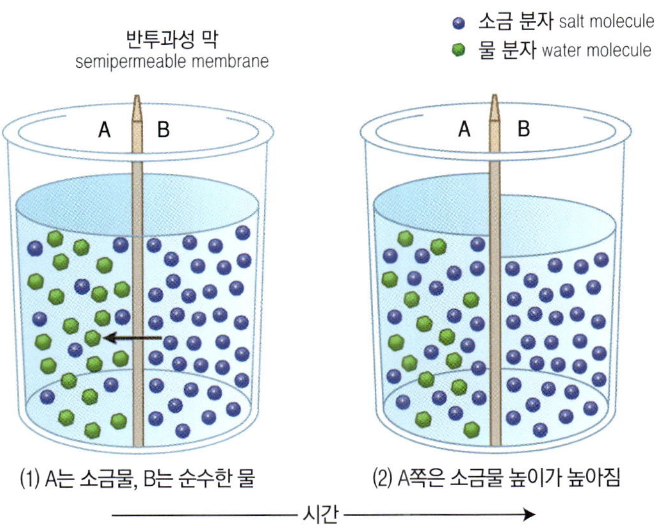

그림 4-11 반투과성 막을 사이에 두고 물 분자가 있는 쪽(B)에서 소금물이 용해되어 있는 쪽(A)으로 물 분자의 이동이 발생하여 수면이 높아졌다.

알아두기

단백질 삼투압

반투과성 막을 기준으로 한쪽에는 물 100%, 다른 한쪽에는 물 80%와 단백질 20%가 있는 경우, 시간이 지나면서 물 100%가 있는 쪽의 물이 반투과성 막을 통과해 단백질이 있는 쪽으로 이동하여 단백질 쪽의 수면이 올라간다. 이것을 단백질 삼투압(colloid osmotic pressure)이라고 한다. 단백질 삼투압은 주로 알부민과 글로불린에 의해 발생한다. 알부민 분자는 글로불린 분자의 대략 반 정도 크기이지만 혈장에서의 농도는 글로불린보다 두 배 정도 높다. 혈장알부민은 혈장단백질 삼투압의 65% 정도를 담당하고 혈장글로불린은 15% 밖에 영향을 미치지 못한다. 다른 용존 물질(예: 소금)은 혈관 내외에서 농도가 비슷하기 때문에 혈관의 여과 또는 재흡수에 약하다고 할 수 있다.

에서 높은 쪽으로) 이동하는 막을 통한 물의 순이동이다. 따라서 삼투는 물은 자유롭게 투과시키나 용질(solute)은 자유롭게 투과시키지 않는 반투과성 막을 통해 일어난다(그림 4-11). 이 막에 미치는 압력을 삼투압(osmotic pressure)이라고 한다.

생체 내의 모든 세포는 세포내 · 바깥액과의 사이에서 항상 삼투적인 평형 상태에 있다. 다시 말하면, 세포 내외의 여러 가지 비투과성 용질의 농도 차가 서로 같은 것이다. 만일 조금이라도 농도 차가 생기면 곧바로 물의 삼투적 이동이 일어나서 평형을 이룬다. 삼투 현상은 세포, 진피층 내 조직 환경을 건강하게 유지시키므로 삼투 현상을 유발하는 용질의 농도는 상당히 중요하다. 특히 혈관 내외의 농도는 건강한 피부를 만드는 데 아주 중요하다.

② 능동 수송

세포내 · 바깥액의 화학 성분 분포는 각기 다르다. 화학 성분 중 나트륨(Na^+)을 예로 들어 설명하면, 세포바깥액에는 세포내액보다 14배 이상 많게 분포되어 있어 농도경사만 본다면 나트륨(Na^+)이 확산되어 세포 내로 들어가는 것이 사실이나, 세포바깥액의 분포는 언제나 일정한 값을 유지하므로 확산하여 들어간 것만큼 내부에서 외부로 이동된다는 것을 알 수 있다. 이와 같이 어떤 물질이 농도경사나 전압경사에 역행하여 이동되는 것을 능동 수송(active transport) 혹은 에너지 효소계(energy-enzyme system) 운반이라고 한다[예: 나트륨-칼륨 펌프(Na^+-K^+ pump)].

■ **세포의 유입(엔도시토시스, endocytosis)**

세포막의 틈을 통해서 물질이 유입되는 과정을 이야기하는 것으로, endo-는 '안쪽'을, cyto-는 '세포'를 의미한다. 뒤에서 설명할 엑소시토시스와 반대의 개념이라고 생각하면 된다. 일반적으로 막 융합(fusion)과 함입(invagination)에 의해 소포가 형성되면서 일어난다(그림 4-12).

백혈구, 큰포식세포, 모세혈관내피세포, 갑상샘세포, 난황낭 및 난자 등에서 나타난다. 여러 세포에서 엔도시토시스는 병균의 식작용, 면역 반응, 거대분자의 이동, 호르몬 변형 및 분비, 대사 과정의 조절, 세포에 대한 영양 공급, 노쇠한 세포나 손상된 세포의 제거에 이용되며, 임산부에서는 모태에서 태아로의 여러 단백질 이동에 관여한다.

- 식세포작용[phagocytosis(cell eating)]: 비교적 큰 대상의 섭취와 소화를 말한다. 위족(pseudopodium) 또는 '가짜 발'로 물질을 크게 얽어 맨 다음 세포 내 액포로써 막의 내부로 완전히 감싸서 소포(vesicle) 혹은 식포(食胞, phagosome)를 형성한 후 세포 내로 흡수하는 것이다(예: 큰포식세포

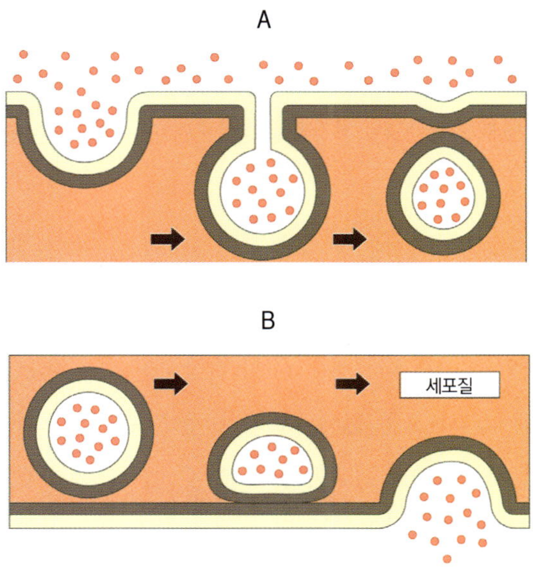

그림 4-12 A: 엔도시토시스, B: 엑소시토시스

에 의한 이물질 포획).

- 포액세포작용[pinocytosis(cell drinking, cytopempsis)]: 1927년에 발견되었고 볼티모어(Baltimore)에서 H. 루이스(H. Lewis)에 의해 1933년 검증되었다. 리포단백질(lipoprotein), 페리틴(ferritin), 용존 물질(colloid), 면역복합체(immune complex) 등의 소립자와 효소, 호르몬, 항체, 난황단백질, 독소 등 수용성 거대분자 그리고 분자량이 작은 고체가 주위의 세포바깥액과 함께 세포막에 의해 둘러싸여 피노좀(pinosome)를 형성한 후 세포 내로 흡수되는 과정이다.
- 수용기-매개 수송: 물질이 세포막에 있는 특수한 막 수용기에 결합하는 것이다.

세포의 유출(엑소시토시스, exocytosis)

세포막의 틈(pore)을 통해서 물질이 유출하는 과정을 뜻하는 것으로 exo-는

알아두기

단백질 분자 중 7nm(나노미터)의 크기를 가진 알부민은 여과에 의해서 모세혈관의 내피세포 사이 8~9nm를 빠져나갈 수 있다. 하지만 10nm 정도의 글로불린은 이 틈을 빠져나가지 못하기 때문에 포액세포작용과 같은 이동 경로를 통해서 혈관 밖으로 나갈 수 밖에 없다.

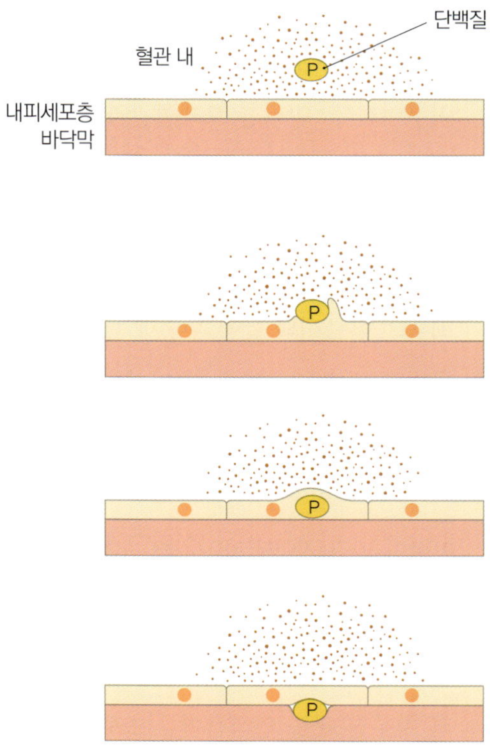

포액세포작용

'바깥'을, cyto-는 앞에서 밝혔듯이 세포를 의미한다. 엑소시토시스는 막 소포(vesicle)가 함유하고 있는 기포(bubble)와 같은 물질을 세포로부터 분비 또는 방출하는 것을 말한다(그림 4-12). 포액세포 과정의 역과정이라고 할 수 있는데, 세포로부터의 물질 분비 과정의 공통된 기전이다.

부신속질의 카테콜아민(catecholamine) 분비, 뇌하수체뒤엽의 바소프레신(vasopressin)과 옥시토신(oxytocin) 분비, 침샘에서 소화효소의 분비, 신경 말단의 신경전달물질 분비, 비만세포의 히스타민 분비, 백혈구와 혈소판에서의 효소 분비 등이 엑소시토시스에 의한 세포 물질 분비의 예다.

③ 모세혈관에서의 체액의 이동

세포막을 통한 세포내 · 바깥액의 이동과 혈장과 조직액 사이의 이동이 있다. 모세혈관은 혈장과 조직액이 모세혈관벽을 통하여 끊임없이 혈액과 조직 사이를 오가며 가스와 영양물질을 교환하는 부위다. 모든 조직세포는 모세혈관으로부터 60~70㎛(마이크로미터)밖에 떨어져 있지 않다. 모세혈관 막에는 작은 구멍(pore)이 있어 이곳을 통해 액체가 출입하게 되지만, 단백질이나 입자가 큰 물질은 통과하지 못하고 각종 삼투압과 정수압, 사이질정수압 등에 의해 물질 이동이 이루어진다. 이러한 모세혈관과 조직 사이의 액체 이동은 스탈링 가설(Starling's hypothesis)에 의해서 설명할 수 있다.

스탈링 가설은 18세기 말경에 영국의 생리학 교수였던 어니스트 H. 스탈링(Ernest H. Starling, 1866~1927)이 발표하였다. 처음 발표되었던 1896년에 단백질의 유출이나 능동 수송에 대한 언급이 없는 상태로 연속적인 모세혈관에서의 물질 교환에 대해서 논한 것이다. 스탈링 가설에 따르면 물질 교환은 혈관과 조직 사이의 정수압과 삼투압 균형에 의해 발생된다고 하였다. 1926년경 E. M. 랜디스(E. M. Landis)가 스탈링 가설을 더욱 확고히 하여 스탈링-랜디스 공식(Starling-Landis equation)이라고 불리기도 한다.

④ 항상성과 스탈링 가설

우리 몸 전체에 걸쳐 있는 수많은 탐지기(sensors)는 특정한 기준(norm)으로부터 치우친 것을 인식하면 시스템을 정상으로 돌리기 위한 보상 작용을 작동한다. 대부분의 항상성(homeostasis) 기전은 되먹임(피드백, feedback) 원리에 의해 작동한다. 세포바깥액의 사이질 부분은 세포체의 환경이다. 세포의 정상적인 기능은 이 액의 연속성에 달려 있다. 여기에는 많은 생리적 조절기전이 있는데, 그 목적은 변화 후에 정상 상태로 환경을 되돌리는 것이다. 이를 위해서 다음의 힘이 혈액으로부터 이동하는 물질에 작용하게 된다.

스탈링-랜디스 공식: Jv = Kf [(CHP−THP) − S(COP − TOP)]

- Jv: 일정 모세혈관벽의 표면적을 통과하는 물질의 움직임에 대한 비율
- Kf: 여과상수(모세혈관 투과성). 모세혈관의 내피세포에서의 일반적인 상수 Kf는 내피세포의 수압 전도성의 기능(모세혈관 손상의 경우에는 변하게 된다), 그리고 여과가 가능한 모세혈관벽의 면적, 모세혈관 동원 기능, 개방 능동 모세혈관의 수이다.
- S: 용질의 반사(reflection) 상수, 즉 모세혈관막을 통과하는 물질의 상대적 능력. 물의 반사 상수는 0이다. 만약 모세혈관막을 통과할 수 없다면, 알부민의 상수는 1이 된다.
- CHP: 혈관 정수압(capillary hydrostatic pressure). 혈액의 액체 성분을 모세혈관 밖으로 여과시키는 힘(혈압)이다.
- THP: 조직 정수압(tissue hydrostatic pressure). 이는 세포 사이에 있는 조직액이 갖는 압력으로, 조직액을 모세혈관 내로 밀어내는 힘이 된다. 이 압력에 의하여 조직이 일정한 형태를 유지한다. 수분이 모세혈관 밖으로 이동하는 것을 방해하고, 조직사이질액이 모세혈관 안으로 이동하는 것을 촉진한다(조직압).
- COP: 혈관 삼투압(capillary oncotic pressure). 모세혈관 내의 단백질 삼투압(colloid osmotic pressure)으로 조직사이질에서 모세혈관으로 수분이 이동하는 것을 촉진시킨다(혈장 교질 삼투압).
- TOP: 조직 삼투압(tissue oncotic pressure). 조직사이질 쪽으로 수분의 이동을 촉진(또는 모세혈관 내로의 수분 이동을 억제)한다(조직 교질 삼투압).

여과는 스탈링-랜디스 공식이 +일 때 발생하고, 재흡수는 -일 때 발생한다.

(CHP + TOP) = 여과압

(THP + COP) = 재흡수압

여과와 재흡수가 일어나기 위해 선행되어야 할 가장 중요한 사항은 혈관 내 혈액의 흐름이다. 만약 혈관이 외부 압력에 눌려 흐름이 차단되면 혈관 주변 지역은 영양분의 부족과 노폐물의 축적으로 어려움을 겪게 된다. 만약 외부 압력이 없

알아두기

예: 정상적인 상태에서의 모세혈관

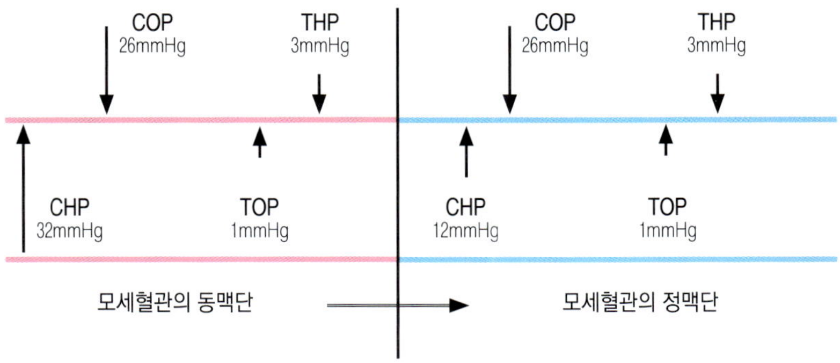

스탈링 공식에 대입해 보면

동맥에서의 압력: (CHP+TOP)-(THP+COP)=(32+1)mmHg-(3+26)mmHg =+4mmHg

(여과압, 총 33mmHg)-(재흡수압, 총 29mmHg)=+4mmHg

→ 결과가 +값이기 때문에 재흡수압보다 여과압이 더 강하다.

정맥에서의 압력: (CHP+TOP)-(THP+COP)=(12+1)mmHg-(3+26)mmHg =-16mmHg

→ 결과가 -값이기 때문에 여과압보다 재흡수압이 더 강하다.

예를 들어, 30mmHg 정도의 붕대 또는 스타킹을 적용하였다고 하면, THP=30+3mmHg가 된다.

동맥		정맥
COP	=	COP
CHP	>	CHP
TOP	=	TOP
THP	=	THP

어지면 모세혈관은 다시 열려 혈류순환을 시작하는데, 초기에는 압력이 증가되므로 여과가 증가된다. 혈압 또한 정맥부분에서 상승하기 때문에, 재흡수가 감소된다. 이때 모세동맥부분에서의 여과가 더 길어지고 모세정맥부분에서의 재흡수는 짧아지게 된다. 즉, 이상적인 엠엘디 압력이 조직 압력과 같이 작용하여 재흡수를 일으킨다. 마사지 압력을 증가시킬 때는 분명한 한계를 두도록 한다. 최적의 재흡수는 너무 많은 압박이 발생하지 않을 때 이루어질 수 있다.

만약 조직에 많은 영양분과 산소 공급이 필요하다면 강한 마사지가 도움이 될 수도 있다. 강한 압력을 적용할 때 모세혈관을 압박하게 되고 이로 인해 혈관 압력이 높아지면서 여과력을 증가시킬 수 있다. 치료할 때 조직에 필요한 것을 여과를 통해 공급해 주는 것을 목적으로 할지 아니면 오히려 조직에 불필요한 것을 제거해 주는 것을 목적으로 할지 등을 정확하게 설정한 후, 그 목적에 맞게 적절한 압력이 적용될 수 있도록 해야 한다.

⑤ 스탈링 가설의 한계점

스탈링은 모세혈관벽을 통한 여과는 모세혈관과 조직 사이에서의 정수압과 삼투압의 불균형 때문이라고 하였다. 그는 모세혈관막은 단백질 방출을 허용하지 않는 연속적인 막이라 하였고, 림프의 역할과 능동 수송에 대해서는 고려하지 않았다.

물질 교환 과정을 완전히 이해하려면, 단백질에 대한 혈관의 투과성과 림프의 기능에 대해 언급해야 한다. 메이어슨(Mayerson)은 우선 과학적 테두리 안에서 스탈링이 주장한 일반적인 사항에 대해 수긍한 후, 공식의 타당성에 대한 첫 번째 질문을 던졌다. 모세혈관은 스탈링 공식에서 제시한 것보다 훨씬 더 복잡하다. 예를 들면, 그의 모델은 림프관의 흡입 효과, 전림프채널(pre-lymphatic channels), 모세혈관의 투과성의 변화, 혈액의 점성도, 조직압 등 수많은 다른 요인을 고려하지 않았다. 혈액 내 단백질의 50%가량은 포액세포 작용을 통해 운반할 수 있다.

글리코칼릭스(glycocalyx)란 '당(sugar)'의 의미인 'glyco'와 '막(coat)'의 의미를 가진 calyx의 합성어이다. 즉, 탄수화물이 풍부한 막으로써 혈관의 내피세포와 혈장 사이에 일종의 보호막의 역할을 해 주는 구조물이라고 생각하면 된다. 다

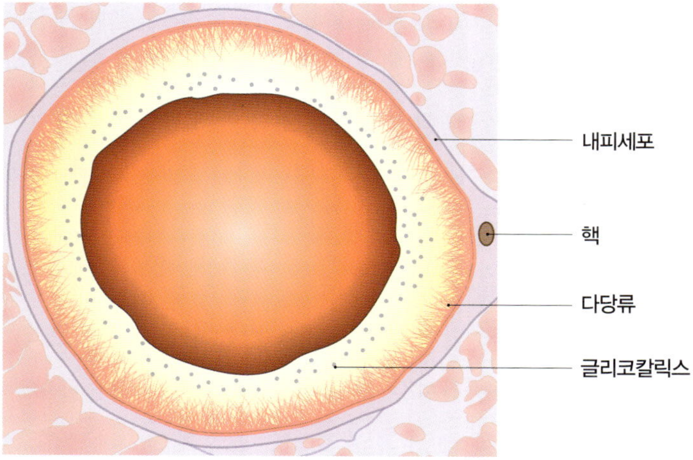

그림 4-13 혈관 내 내피세포 구조

당류(polysaccharides) 네트워크에 의해 지지를 받으며 수화된 젤(gel)같은 형태로 되어 있다(그림 4-13).

글리코칼릭스의 기능을 좀 더 자세히 설명하자면 수분, 단백질, 지질과 같은 것들이 모세혈관벽으로 지나치게 많이 빠져 나가는 것을 막아주는 방어막 같은 역할을 하고, 내피세포 표면에 염증성 세포나 혈소판이 유착되는 것을 조절해서 심혈관 질환과 매우 밀접한 관련이 있는 죽상경화 등을 막아주기도 하며, 내피세포에 가해지는 유체 전단력에 대한 감수기(sensor)와 기계변환기로서의 역할과 혈관의 평활근에서 분비되어 혈관 확장을 도와 주는 산화질소의 유리를 개시시켜 주는 역할을 한다. 혈액 내 영양분과 호르몬 등이 조직으로 빠져나가는 것을 조절해 주는 역할도 한다. 그 외 뼈대근육 섬유로 인슐린의 운반을 억제해 인슐린 민감성을 조절하는 등 많은 역할을 한다(그림 4-14).

글리코칼릭스가 손상을 받으면 기능들이 원활치 않게 되고, 특히 혈관의 투과성이 증가해 쉽게 부종이 발생하고, 백혈구나 혈소판이 내피세포에 쉽게 유착되어 혈관 문제를 유발시키기도 한다.

스탈링 가설에서는 글리코칼릭스의 역할과 그 외 림프관 조직액의 흡수 등에

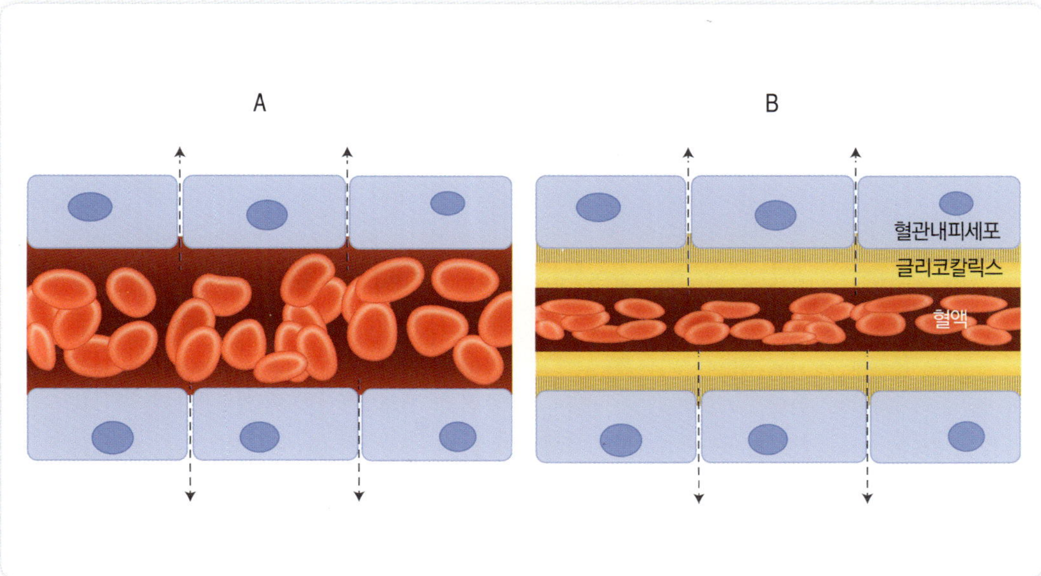

그림 4-14 스탈링 개념의 변화 A: 전통적 스탈링 개념. 혈관 내와 조직 사이에서의 교질 삼투압 구배, **B:** 수정된 스탈링 개념. 내피세포 글리코칼릭스를 통한 교질 삼투압 구배

대한 많은 영향 등을 고려하지 못한 점이 있기 때문에 완벽하게 혈관과 조직 사이에서의 물질 이동에 대해 설명할 수 없다. 하지만 물질 이동에서 스탈링이 제시하는 힘의 작용은 매우 중요한 역할을 하므로 임상적으로 중요한 의미를 갖는다고 할 수 있다.

CHAPTER

05

부종

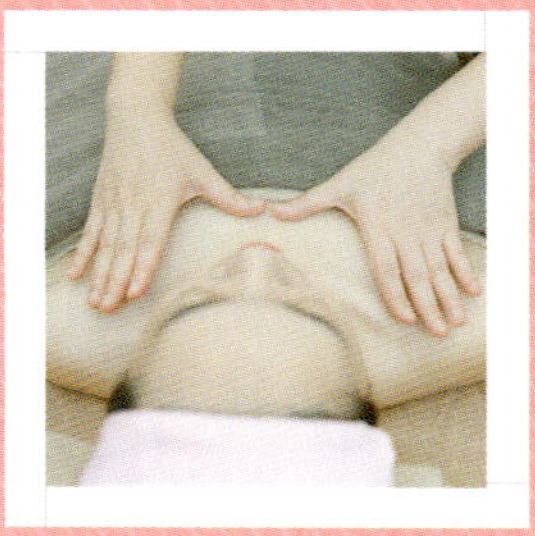
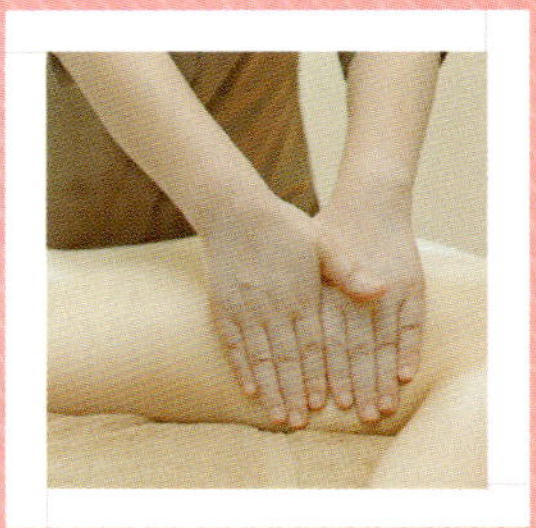

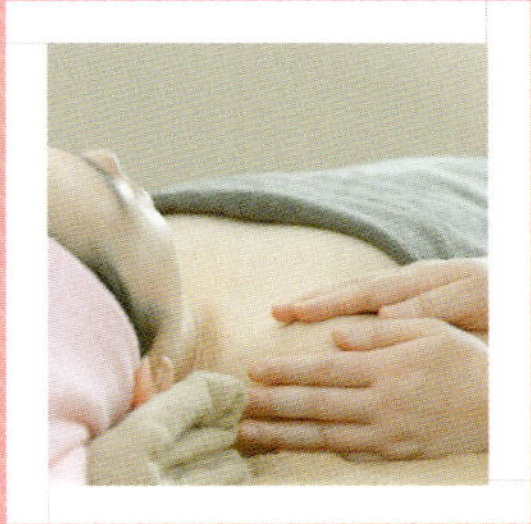
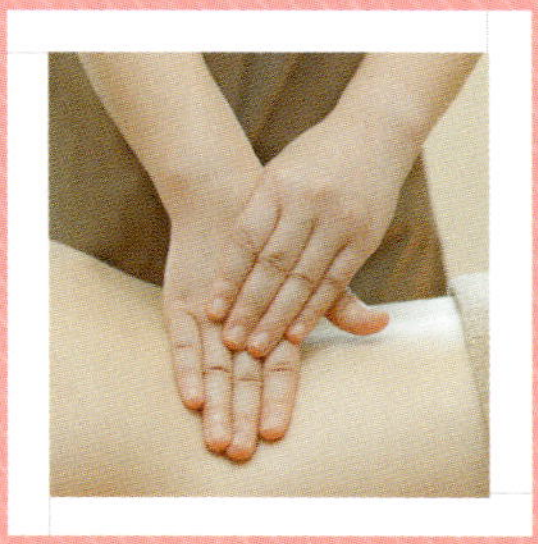
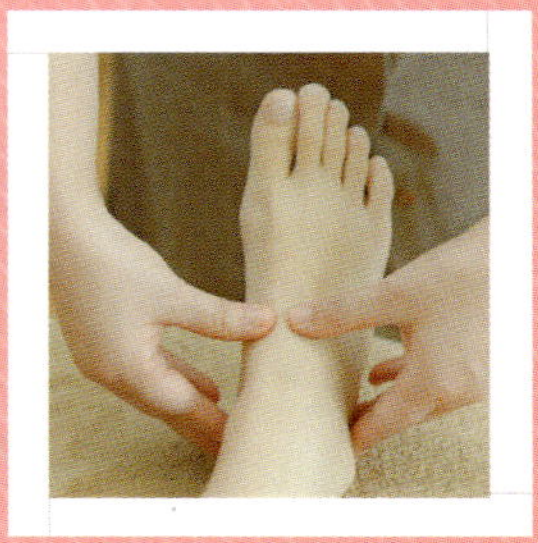

1 도입

세포의 영양, 수분, 산소 등의 공급은 동맥쪽 모세혈관에서의 여과를 통해서 이루어지고, 불필요한 노폐물의 제거는 정맥쪽 모세혈관을 통한 재흡수를 통해서 이루어진다. 욕조에는 물이 넘치는 것을 막기 위해 따로 물이 빠질 수 있는 배출구를 만들어 놓는데, 인체 내에서 세포 주변 조직에 과도하게 쌓이지 않게 배출구 역할을 해 주는 것이 바로 림프계이다. 만약 욕조에 물을 받으려고 수도를 틀어 놓고 깜박 잊어버린다 하더라도 배출구를 통해서 물이 빠져나갈 것이다. 이렇게 욕조에 물이 가득 찬 상태에서 욕조에 들어가는 물의 양과 배출구를 통해서 나가는 양이 적절하게 균형을 이루게 되면 욕조에 물이 넘치지 않고 가득 차게 된다(그림 5-1).

앞에서 설명한 것과 같이 스탈링이 이미 100년 전에 이에 관해 언급하였다. 정맥을 통한 재흡수가 적절하게 일어나지 않거나 동맥을 통한 여과가 제거보다 너무 많으면 욕조가 넘치는 것을 방지하는 배출구와 같은 림프관을 통해서 흡수된다. 여러 가지 이유로 림프계가 완벽하게 기능을 수행하지 못하면 결국 부종이 유발되는 것이다. 피부를 포함한 세포에 필요한 물질의 혈액 순환을 통한 공급과 정맥과 림프관을 통한 제거와의 관계를 고려해서 불균형이 일어나지 않도록 하는 것이 중요하다.

정맥이나 림프관 기능장애가 나타난다는 것은 혈액과 조직액이 원활히 심장으로 다시 돌아오지 못하고, 세포 주변의 노폐물이 제거되지 않는다는 의미다. 이렇게 되면 세

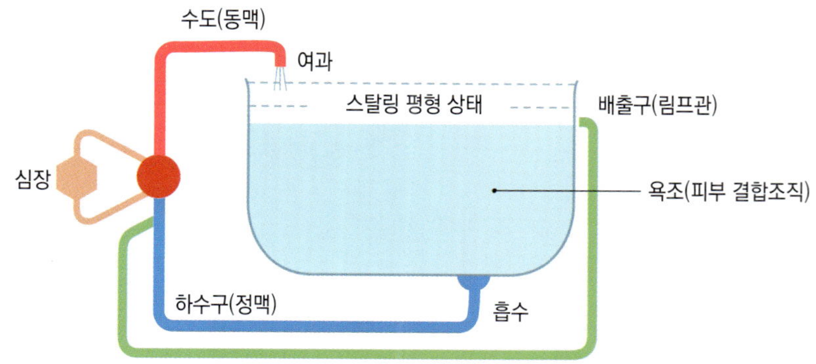

그림 5-1 평형과 균형

포 주변 조직에서의 정체가 발생하고 심하면 부종까지 유발되는데, 이 상태에서 순환을 증진시키는 방법을 적용하면 혈관에서의 여과가 증가하여 문제를 더욱 가중시킨다. 그렇기 때문에 정맥이나 림프 순환 손상으로 인한 문제가 있는 경우에는 순환을 증진시키는 치료는 하지 않도록 해야 한다.

이미 욕조에 물이 넘쳐 버린 것 같이, 즉 몸에 부종이 발생한 상태라면 어떤 상황이라 하더라도 림프계를 통한 운반이 잘 이루어지게 해서 증가된 부종액(림프의무물질)을 흡수시켜 주는 것이 좋다.

2 원인

부종 그 자체는 질병이 아니라 증상일 뿐이다. 아주 간단하게 스탈링 가설에 의해서만 생각한다면 부종은 다음의 생리적 변화 중 적어도 하나 이상이 생길 때 발생한다고 할 수 있다.

- 혈관 정수압의 증가
- 혈관 삼투압의 감소
- 조직 정수압의 감소
- 조직 삼투압의 증가

이것이 부종에 대한 일반적인 또는 국소적인 원인이다. 이들은 종종 서로 복잡하게 연결되어 부종을 유발한다.

1) 전신적 부종 원인

일반적 원인인 경우 부종이 대개 양측에서 대칭적으로 나타난다.

(1) 혈관정수압 증가 또는 삼투압의 감소(단백질 소실)

- 심장성 부종: 분홍색 또는 청색 오목부종이고 보통은 따뜻하다. 원인은 심장 기능 부전, 왼쪽 또는 오른쪽 심부전, 심근경색, 심장판막병, 심막염 등이다.
- 콩팥 · 비뇨기 부종: 보통 흰색 오목부종이 나타난다. 콩팥 기능 부전, 사구체병, 콩팥증후군, 요로폐쇄 등이 있다.

(2) 혈관 삼투압의 감소(혈관 단백질 감소)

- 단백질 섭취 · 흡수 감소
  - 영양 불량: '둘째 아이가 태어날 때 큰아이가 걸리는 병'이라는 뜻의 가나어에서 유래한 콰시오커(Kwashiorkor)는 엄마가 새로 태어난 동생에게 젖을 물리면서 더 이상 모유를 먹지 못하는 큰아이가 곡류나 감자 같은 것을 충분히 섭취해서 열량 공급을 받는다 해도 단백질 공급이 부족한 상태가 되는 1~4세 유아에게 주로 발생한다. 단백질 부족으로 붓고 배가 많이 나오게 된다.
  - 흡수 불량: 셀리악병(celiac disease), 이자관병, 크론병(Crohn's disease), 휘플씨병(Whipple's disease), 낭성 섬유증 등으로 인해 나타난다.
- 단백질 소실의 증가
  - 설사, 저단백질혈증, 장벽의 비대를 수반하는 단백상실성 장질환(protein-losing enteropathy)이나 콩팥증후군 등이 원인이다.

(3) 모세혈관 투과성의 증가

- 호르몬 요인
  - 주기성 특발성 부종: 프로게스테론 수치의 변화에 대한 반응으로 에스트로겐 수치가 증가한다. 이러한 상태의 여성은 종종 신경과민 현상이 나타나고 두통, 변비 그리고 혈압 저하를 경험하게 된다. 부종은 대개 아침에 시작되고, 다리, 눈, 손에 주로 나타나며, 경우에 따라서는 전신으로 확장되기도 한다. 일반적으로 2주 동안 부종이 나타나고 그 다음 2주 동안에는 사라진다. 모세혈관 투과성에 변화가 생기고 단백질 함량이 많은 부종이 나타난다.
  - 생리 전 부종: 임신성 부종이 나타나 골반 심부에 있는 림프관에 대한 자궁 내 압력이 증가하여 발생한다.

(4) 약에 대한 알레르기 반응

항고혈압 약, 니페디핀(Nifedipine), 스테로이드, 에스트로겐, 아만타딘(Amantadine), 정신과 약 등에 대한 알레르기 반응으로 부종이 생길 수 있다.

(5) 기타

과도한 총 신체 수분, 특발성 나트륨저류(sodium retention), 면역 반응, 저칼륨혈증, 콘증후군(Conn's syndrome), 암, 간부전 등에 의해 발생하는 과도한 알도스테론, 납 중독, C1-에스테라제 억제제 결핍증 등이 부종의 다른 원인이다.

2) 국소적 부종 원인

국소적 부종은 한쪽 또는 양쪽 모두에 나타날 수 있으며 대개 비대칭성이다. 신체 양쪽에 대칭적으로 국소 부종이 발생하는 원인은 없지만 양측에 대칭적인 영향이 나타날 수는 있다. 예를 들어 정맥부종은 양측성이기는 하지만, 대개는 특히 초기에는 정확하게 대칭적이지 않다. 구체적인 원인은 다음과 같다.

- 외상성 부종: 삠, 골절, 화상, 수술, 벌레 물림 등
- 국소 알레르기
- 국소 감염, 염증 또는 면역 반응
- 정맥 또는 동맥성 부종: 혈액 정체, 혈전, 생전이 혈관 안에 있는 경우, 정맥염, 정맥판막 기능 부전, 모세혈관 압력이 상승하는 경우에 나타난다. 정맥부종은 초기 단계에는 보통 비대칭적이고, 피부가 창백해지며 누르면 함몰된다.
- 림프정체성부종이나 림프부종: 보통 국소적 병인에 기인한다.

림프성부종에는 림프역동성(lymphodynamic)부종과 림프정체성(lymphostatic) 부종의 두 가지가 있다. 대부분의 부종은 이 범주 중 하나에 해당된다.

림프역동성부종은 정상 림프계가 운반해야 할 물질이 지나치게 많아져 림프계가 운반해야 할 능력을 넘어선 상태에 발생한다. 이러한 부종은 전신성 또는 국소적으로 나타난다.

림프정체성부종에서 림프계는 정상이 아니다. 신체 내부적 원인으로 림프관이나 림프절이 생성되지 못했거나, 정상 발달을 하지 못한 경우 또는 외부적 원인으로 베이거나 화상 등의 손상으로 그 기능이 정상적이지 못할 때 발생한다.

림프부종은 림프병이라고 할 수 있다. 림프부종은 일반적으로 국소 부종이며 다음과 같이 분류할 수 있다.

- 일차성 림프부종: 원인 불명의 선천성 림프부종이다.
- 이차성 림프부종: 다음과 같은 원인에 의해 발생한다.
  - 수술 후
  - 방사선 치료 후
  - 암 전이
  - 염증 후
  - 마비 후('의자차 부종'이라고도 함)
  - 외상 또는 화상
  - 기생충(필라리아성 림프부종)

3 부종을 막기 위한 안전 요인

정상 조직은 약간의 진공상태로 −5mm/Hg 정도의 음압을 유지해서 액의 이동이 조직으로 어느 정도 가능하도록 되어 있고 모세혈관과 세포 사이가 매우 가깝다. 하지만 부종이 있는 경우에는 모세혈관에서 세포가 멀어진다. 조직액의 조직 내 축적이 많아지면서 점점 음압 상태에서 양압 상태로 압력이 증가하면서 부종이 발생되는데, 이때 부종이 발생되지 않게 하기 위한 인체의 세 가지 기전이 작용하게 되며, 다음과 같다.

- 조직은 약간 음압 상태라는 것(−5mmHg)
- 림프계의 능력 증가(−7mmHg)
- 단백질 제거로 재흡수의 증가(−5mmHg)

총 −17mmHg의 압력으로 인해 어느 한계 점까지는 부종이 조직에서 예방이 될 수 있다.

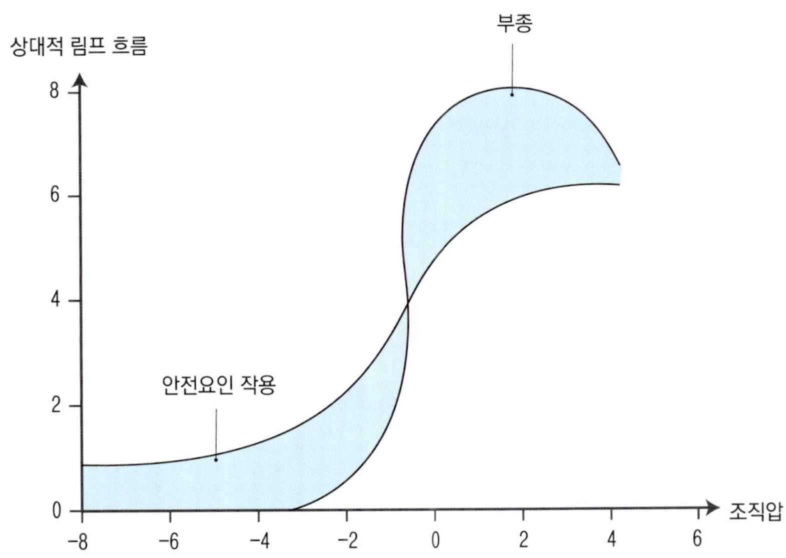

그림 5-2 조직압력과 상대적 림프 흐름과의 관계
정맥압의 증가로 여과가 증가되면서 조직압이 음압 상태에서 양압 상태로 변화되어 부종이 나타남

4 용어와 분류

1) 용어

림프성 부종의 여러 유형을 이해하기 위해서는 다음 개념을 알아야 한다.

- 림프성 물질(Lymphatic Load, LL): 림프계를 통하여 순환계로 돌아가는 물질을 말한다. 림프의무물질(림프액)이라고도 한다.
- 운반 능력(Transport Capacity, TC): 림프계를 통하여 운반될 수 있는 물질의 최대량이다. 즉 림프계가 최대로 흡수해서 이동시킬 수 있는 최대량을 말한다(그림 5-3).
- 단위 시간당 림프 운반량(Lymphatic Time Volume, LTV): 단위 시간당 림프계를 통하여 실질적으로 운반되는 림프 양이다. 예를 들어, 보통의 생리적 상태에서 가슴림프관의 LTV는 하루에 1.5~3L 정도 된다. 이것은 최대 운반 능력의 약 10% 정도이다. 나머지 90%는 림프계의 기능적 보유 능력(Functional Reserve, FR)이라고 불린다.
- 기능적 예비 운반 능력: 최대 운반 능력과 단위 시간당 림프 운반량 사이의 차이다. 최대 운반 능력은 보통 단위 시간당 림프 운반 능력의 10배 정도다. 기능적 예비 운반 능력은 조직을 위한 '안전밸브(safety valve)'로써 작용한다.

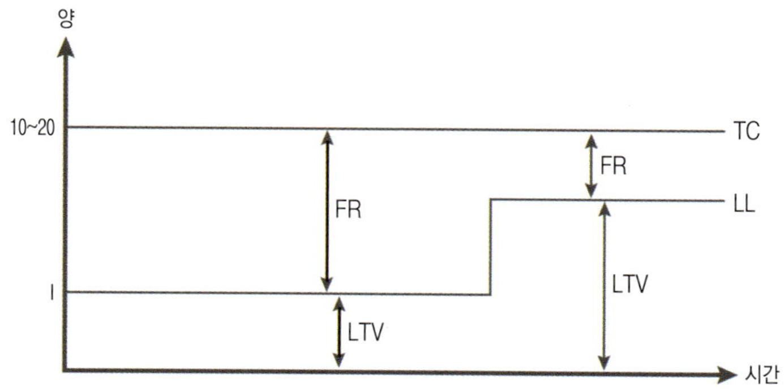

그림 5-3 생리적 상태에서 림프물질과 최대 운반 능력
LL: lymphatic load, 림프성 물질(림프액)
TC: tranport capacity, 운반 능력
LTV: lymphatic time volume, 단위 시간당 림프 운반량
FR: functional reserve, 기능적 예비 운반 능력

2) 분류

(1) 림프역동성부종(dynamic edema, high-volume insufficiency)

림프역동성부종은 림프부종은 아니다. 림프역동성부종은 저단백질 부종으로 조직 사이 공간에 과도한 액이 축적되어 발생한다(그림 5-4). 결합조직에서 과도한 액은 림프계의 최대 운반 능력을 초과하는 부담(burden)이다. 즉, 림프계는 정상이지만, 액이 너무 많아 모두 다 빠져나갈 수 없는 상태다. 림프 운반 능력은 기능적 예비 보유 능력으로 인해서 보통보다 10~20배 정도 역할을 할 수 있다. 그 지점을 넘게 될 때 림프역동성부종이 발생한다.

림프역동성 요소는 림프부종(림프정체성부종)과는 다르게 대부분의 부종 상태에 해당된다[예: 초기 단계의 심장성부종(cardiac edema), 콩팥성부종, 저단백질혈증, 정맥성부종, 지방부종, 심장부종, 기아부종, 만성심장 기능 부전].

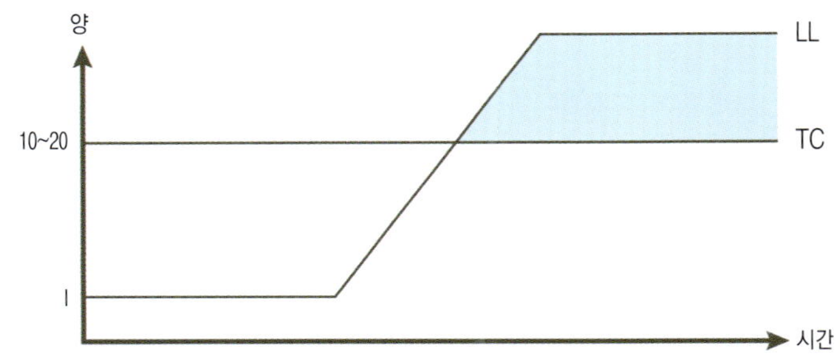

그림 5-4 림프역동성부종

LL: lymphatic load, 림프성 물질(림프액) TC: tranport capacity, 운반 능력

(2) 림프부종 또는 림프정체성부종 (lymphostatic edema, low-volume insufficiency, mechanical insufficiency)

림프부종은 림프정체성부종과 같은 의미로 사용될 수 있다. 이론적으로 림프정체는 임상 림프부종을 유발하는 것은 아니다.

림프정체성부종은 림프관이나 림프절의 손상으로 운반 능력이 저하되거나 소실되어 최대 운반 능력이 정상적인 림프물질을 처리하는 수준 이하로 떨어져서, 조직 사이에서 과도한 액을 제거할 수 없는 상태를 말하며 다음과 같은 경우가 있다.

- 림프계에 직접적 손상이 있는 경우: 외상, 수술
- 운동성 감소: 림프관운동성 감소, 터미너스로의 유입(venous return) 감소
- 림프관 긴장(spasm): 통증, 변화가 큰 자극, 염증 과정

림프부종은 일반적으로 조직에서 고단백질 상태를 보인다. 느슨한 결합조직의 단백질 농도가 1g/100mL(1g%) 이상이 되고, 종종 6g/100mL 이상이 되기도 한다(정상은 0.1~0.5g/100mL이다). 그러나 최근에는 모든 림프부종이 고농도의 단백질과 관련 있다는 믿음이 도전받고 있다. 예를 들어, 올제스키(Olszewski)는 림프부종을 '고단백질 농도(high protein concentration)' 부종이라고 보기보다는 스탈링 가설에 영향을 미치지 않는 '고 단백질 양(high protein volume)'이라고 하는 편이 더 적절하다고 하였다.

(3) 안전밸브 기능 부전(safety-valve insufficiency)

앞에서 설명한 두 가지 상황의 조합이다. 최대 운반 능력이 단위 시간당 림프 운반 능력 이하로 떨어지게 된다(그림 5-5).

안전밸브 기능 부전은 대개 만성적 림프역동성부종으로, 림프관의 상태가 점차 악화되어 발생된다. 처음에는 부종이 순수하게 림프역동성이다. 그 다음 림프관 또는 림프절의 퇴행과 함께 림프정체성부종으로 발전하게 된다. 이 경우의 예는 심각한 만성적 액의 정체와 관련된 만성 정맥 기능 부전(Chronic Venous Insufficiency, CVI), 재발성 감염 또는 반복적인 알레르기 반응이다. 가장 극단적인 경우에는 조직

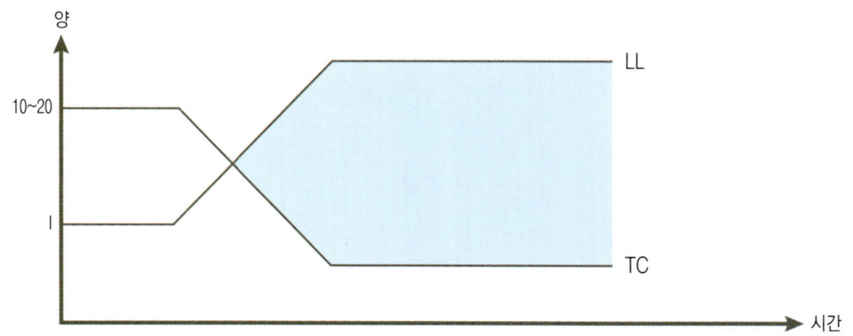

그림 5-5 안전밸브 기능 부전
LL: lymphatic load, 림프성 물질(림프액) TC: tranport capacity, 운반 능력

괴사가 일어날 수 있다. 예를 들어, 이자관과 이자 림프관이 동시에 차단된 경우에는 이자 괴사가 발생할 수 있다.

3) 림프부종에 대한 생리적 반응

- 다른 경로로의 흡수: 림프부종 초기에 조직액의 림프관으로의 흡수가 원활치 않게 되면 조직액이 지속적으로 증가하기 때문에 조직압력이 높아진다. 이 상황에서는 다른 흡수 경로를 이용해 조직액의 이동이 이루어진다. 평상시에는 많이 이용되지 않았던 림프 측부 순환 경로나 림프 문합 또는 림프 정맥 문합을 통한 흡수가 많아진다(그림 5-6).
- 운반능력 증가: 기능이 남아 있는 림프관이 최대로 림프관 수축을 통해 림프액의 이동을 최대로 만든다. 즉, 단위 시간당 림프 운반 능력(LTV)이 향상되면서 운반능력(TC)의 최고점에 이르러 부종이 발생되지 않게 하려 한다.
- 큰포식세포 작용 증가: 큰포식세포 작용이 활발해 진다. 조직 내 단백질 등이 림프관으로의 흡수가 원활치 않게 되면서 단백질의 농도가 높아진다. 큰포식세포가 이러한 단백질을 식작용을 통해 분해(proteolysis)하고, 분해된 조각은 모세혈관으로 재흡수가 이루어진다.

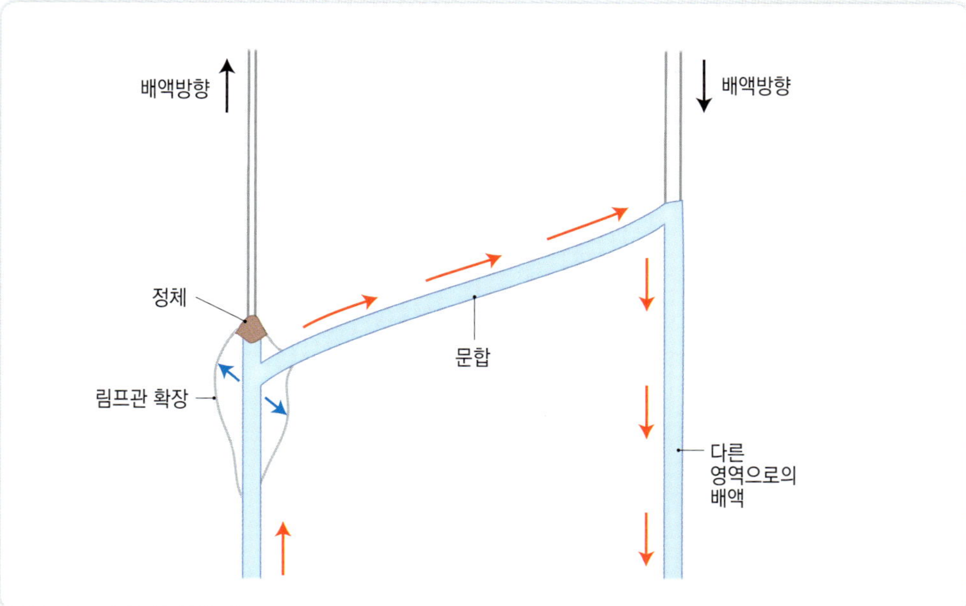

그림 5-6 정체 시 다른 경로로의 액의 흡수

5 림프기능에 대한 검사와 측정

부종이 발생하는 이유는 너무나 다양하다. 단순히 먹은 음식에 의해서 일시적으로 붓는 것부터 혈액 순환의 문제나 콩팥, 간 기능 등의 문제로 인한 주기적이거나 만성적인 부종 패턴을 갖는 부종도 있다. 중요한 것은 부종의 원인이 다른 이유가 아닌 림프관이나 림프절의 기능이 저하되거나 손상되어 나타나는 경우에는 림프에 대한 의학적 검사를 해서 이것을 반드시 알아내야 한다는 것이다. 특히, 일차성이나 이차성으로 림프부종이 발생될 수 있는 경우가 많기 때문에 림프에 대한 문제가 있다고 생각되면 검사를 해보는 것이 중요하다.

림프부종 증상이 있는 사람 중에 많은 사람들이 병원에 가서 검사를 받는 것을 주저한다. 대부분 증상이 자연적으로 사라질 것이라고 생각하기 때문이다. 그러나 림프부종 증상이 나타난다면 빨리 전문의에게 가서 림프부종에 의한 부종인지 아니면 다른 이유로 인한 것인지 확인을 받아야 한다. 치료와 효과적인 관리에 앞서 가장 중요한 것은 정확한 검사와 진단이다.

외상, 림프절을 제거한 수술을 받았거나 방사선 치료 등을 받은 사람은 부종 증상이 있는지 주의 깊게 살펴보아야 하고, 증상이 나타나면 즉시 의학적 조언을 구해야 한다. 림프에 대한 검사를 통해 림프부종을 진단하는데에 표준은 없다. 의사는 시각적 검사, 방사선적 소견, 부종의 진행 과정을 둘레 측정과 함께 적어 놓은 차트 등에 의존하여 림프부종에 대한 진단을 내린다. 정확한 진단은 효과적인 치료와 효율적인 관리를 위해서 절대적으로 필요하다. 특별한 장비를 이용하지 않고 줄자나 측정 물통을 이용하는 일반적 방법과 장비를 이용하여 특정 부위를 시각화하는 이미지법이 있는데, 이미지법은 일반적으로 부종 부위를 직접 재는 것과는 달리 진단과 치료를 위해 엑스-레이 검사를 사용하고 판독하는 전문의사에게 의뢰하여 림프부종을 진단한다. 방사선 판독 전문의는 한 가지 또는 그 이상의 다른 검사를 통하여 림프관이나 림프절의 상태를 알아봄으로 해서 어느 부분에서 림프관이 막혔는지 알아볼 것이다. 이 검사에는 도플러검사, 자기공명영상(MRI), 림프관 조영술(lymphangioscintigraphy, LAS), 컴퓨터 단층촬영(CT) 등이 포함된다.

1) 인체 측정법

(1) 둘레 측정

림프부종을 평가하는 한 가지 방법은 부종 부위를 측정하는 것이다. 줄자를 사용해서 여러 지점에서 부종 부위의 둘레를 재서 부종의 정도를 점검한다.

일반적으로 둘레 측정은 임상에서 가장 많이 쓰이는 방법이고 부피 측정(volumetric displacement)과 매우 높은 상관관계를 갖고 측정자 간, 측정자 내 신뢰도가 매우 높은 편이다.

측정 시 붓지 않는 정상 측 부위를 모두 측정하는 것도 중요하다. 한쪽이 다른 쪽보다 약간 크다고 해서 무언가 분명히 잘못이 있다는 것은 아니다. 예를 들어, 환자가 오른손잡이라면 오른팔은 자연적으로 왼쪽 팔보다 좀 더 클 수 있다. 사실상, 건강한 우세손이 약간 부은 상태의 비우세손보다 조금 클 수도 있다. 그러나 일반적으로 한쪽이 2cm 이상 다른 쪽보다 크면, 의사는 림프부종이라고 진단내릴 수도 있다.

부종의 측정은 부위를 기준으로 측정하는 방법이 있는데, 이 방법은 일정한 기준점을 정해 두고 측정하고자 하는 신체 부위를 중심으로 측정한다. 팔은 손바닥, 손목, 팔꿉 주름 아래에서 10cm, 팔꿉 주름, 팔꿉 주름 위 10cm에서 측정한다. 다리의 경우 발등, 발목, 종아리, 무릎, 무릎 위 10cm, 무릎 위 20cm 형태로 측정한다(그림 5-7).

이 방법은 아래팔이나 종아리, 발목 등 특정 부위의 부종 정도를 알 수 있다는 장점이 있다. 또 다른 방법은 3, 4cm 등의 일정한 간격을 정해 두고 측정하는 방법이다. 예를 들어, 손목이나 발목에서부터 3cm 간격으로 위로 측정해서 측정한 둘레를 원뿔 공식에 기초한 계산기나 소프트웨어를 이용하여 부피를 계산한다. 이 방법은 비교적 쉽게 부피 측정은 가능하나 부종 부위를 추적 관찰하기 어려운 점이 있다.

비교적 부종의 정도가 작을지라도 환자는 부종 부위가 무겁거나 뻑뻑한 느낌을 경험할 수 있다. 3cm 이하이고 부피 차이가 20% 정도면 경증, 3~5cm이거나 부피 차이가 20~40% 정도이면 중증도, 그리고 5cm 이상이거나 40%의 부피 차이가 있다면 중증 림프부종을 의미한다. 물론 이 경우는 한쪽에만 부종이 있는 경우 해당된다.

A

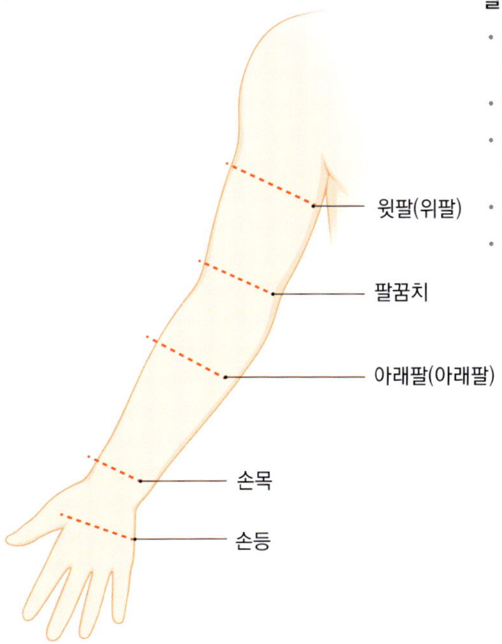

팔 측정 부위

- **위팔:** 팔꿈치 안쪽 구부려지는 지점에서 일정한 간격(약 10cm 정도) 위로 표시하고 측정
- **팔꿈치:** 팔꿈치가 구부려지는 부분 측정
- **아래팔:** 팔꿈치 안쪽의 구부려지는 지점에서 일정한 간격(약 10cm 정도) 아래로 표시하고 측정
- **손목:** 손목에서 가장 가느다란 부분
- **손등:** 가운데 손가락 끝에서 손바닥 정 중앙까지 일정한 거리(약 10cm 정도)를 표시해 놓고 측정

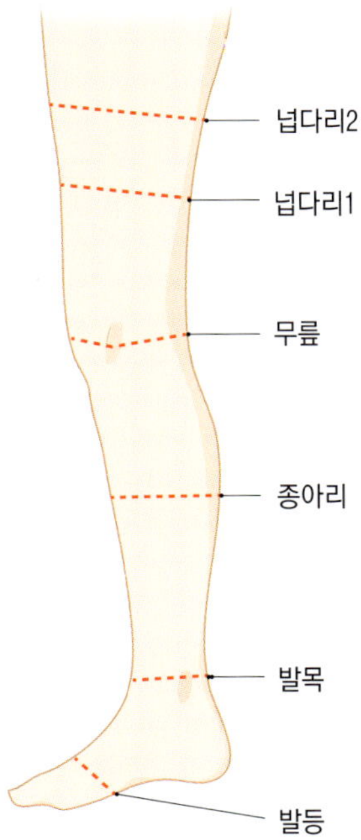

다리 측정 부위

- **넙다리2:** 무릎뼈 가장 윗부분에 기준을 두고 위로 20cm 정도 측정
- **넙다리1:** 무릎뼈 가장 윗부분에 기준을 두고 위로 10cm 정도 측정
- **무릎:** 무릎뼈 정중앙 측정
- **종아리:** 무릎뼈 가장 아래 쪽에 기준을 두고 아래로 10cm 정도 측정
- **발목:** 발목에서 가장 가느다란 부분
- **발등:** 두 번째 발가락 끝에서 발등 중간 부분까지 일정한 간격을 두고(약 10cm 정도) 표시한 다음 측정

그림 5-7 부종 측정 방법(부위 기준) **A:** 팔, 다리 측정 부위

B

[팔부종 측정표]

날짜	체중(kg)	손등(cm)	손목(cm)	아래팔(cm)	팔꿈치(cm)	위팔(cm)
20 . .						
20 . .						
20 . .						
20 . .						
정상쪽 측정						
20 . .						
20 . .						
20 . .						
20 . .						
정상쪽 측정						
20 . .						
20 . .						
20 . .						
20 . .						
정상쪽 측정						
20 . .						
20 . .						
20 . .						
20 . .						
정상쪽 측정						

*본 측정표를 복사해서 주기적으로 점검
*매 4회 째는 붓지 않은 쪽도 같이 측정(필요시 생략 가능)

[다리부종 측정표]

날짜	체중(kg)	발등(cm)	발목(cm)	종아리(cm)	무릎(cm)	넙다리1(cm)	넙다리2(cm)
20 . .							
20 . .							
20 . .							
20 . .							
정상쪽 측정							
20 . .							
20 . .							
20 . .							
20 . .							
정상쪽 측정							
20 . .							
20 . .							
20 . .							
20 . .							
정상쪽 측정							
20 . .							
20 . .							
20 . .							
20 . .							
정상쪽 측정							

*본 측정표를 복사해서 주기적으로 점검
*매 4회 째는 붓지 않은 쪽도 같이 측정(필요시 생략 가능)

그림 5-7 부종 측정 방법(부위 기준) (계속) **B:** 팔, 다리 측정표

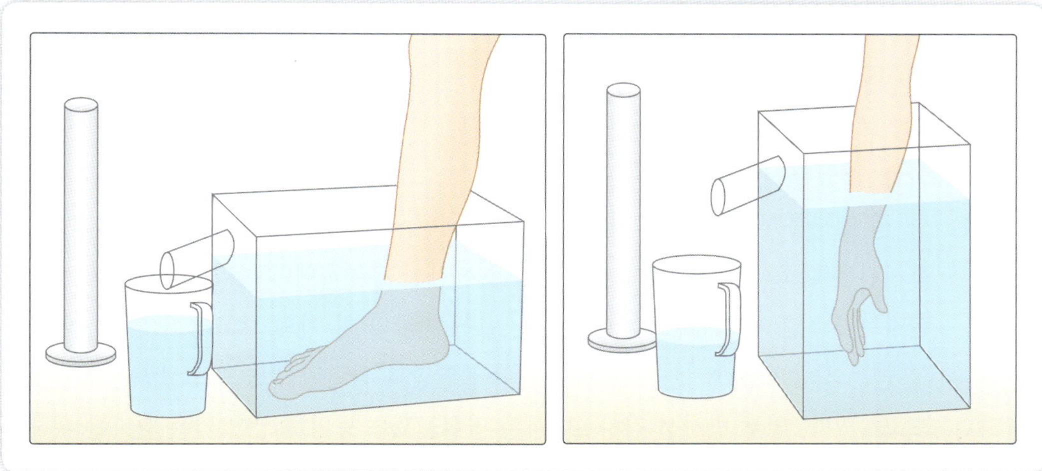

그림 5-8 침수법

(2) 침수법

부종 부위를 측정하는 다른 방법은 부종 부위를 물 안에 넣어서 흘러나온 물의 양을 측정하는 것이다. 그러나 이 방법은 매우 정확하기는 하지만 번거로움과 감염, 위생 문제 등으로 인해서 드물게 사용된다.

최근에는 체적측정기(volumetry)를 이용한 측정을 많이 한다. 적외선을 이용하여 일정구간의 둘레를 측정하고 체적까지 얻을 수 있으므로 어느 정도 부어 있는지를 양적으로 알 수 있다는 장점이 있으나 다른 측정법보다 비용이 비싸다는 단점이 있다.

2) 의학적 이미지법

(1) 도플러 검사(Color Flow Doppler)

초음파를 이용한 비침습적인 방법으로, 혈관을 흐르고 있는 액의 흐름을 영상화하고 어떤 부분이 차단되어 있는지 알아보는 검사이다. 이 검사를 실시하기 위해서, 의사는 측정하고자 하는 부위에서 각기 다른 부위에 혈압측정 커프를 두르게 하고 최고 동맥 혈압을 측정한다. 그 다음 각 커프에서 나는 소리의 진폭을 측정할 수 있는 기계에 커프를 연결하여 측정한다. 이 검사는 대략 15분 정도 소요된다.

(2) 자기공명영상(MRI)

순환계 기형, 근육, 지방, 체액의 구별 또한 하부의 조직 손상의 정도를 알아보기 위해 실시된다. 또한 이 검사를 통해 림프절이 비정상적으로 커져 있는지의 여부도 알아볼 수 있다.

이 검사를 받기 위해서 환자는 터널 형태의 전자장 기계 안에 들어가게 된다. 소요시간은 다소 긴 편이며, 움직이지 않은 자세를 유지하여야 한다. 검사를 하는 동안 환자는 불편함이나 통증을 느낄 수도 있다. 미국의 한 학회 보고에 의하면, 이 검사를 받는 사람의 30%가량이 기계 안에서 불안함과 관련된 반응으로 고통을 받았다고 보고하였다. 일부 방사선 검사실에서는 밀실공포증 등의 증상이 있는 환자를 위해서 개방된 자기공명영상 기계를 사용하기도 한다. 이 기계는 양쪽 끝과 옆이 개방되어 있어서 팔이나 다리를 충분히 움직일 수 있도록 되어 있다.

(3) 핵의학 검사(lymphangioscintigraphy, LAS)

침습적 검사법 중 하나로 방사선 추적 물질을 피부조직 안으로 주입하여 림프관을 통해 이동하는 모습을 찍어서 상세한 림프관과 림프절의 기능 영상을 얻을 수 있다.

자기공명영상과 핵의학 검사의 조합은 림프관을 보는 데 있어서 매우 효과적인 방법이다. 자기공명영상은 연부조직, 림프절 그리고 혈관에 대한 중요한 정보를 제공할 수 있고, 특히 혈관이 막힌 곳이 어디인지를 찾아내는 데 유용하다. 반면에 핵의학 검사는 림프 채널과 림프계의 기능을 나타낼 수 있다.

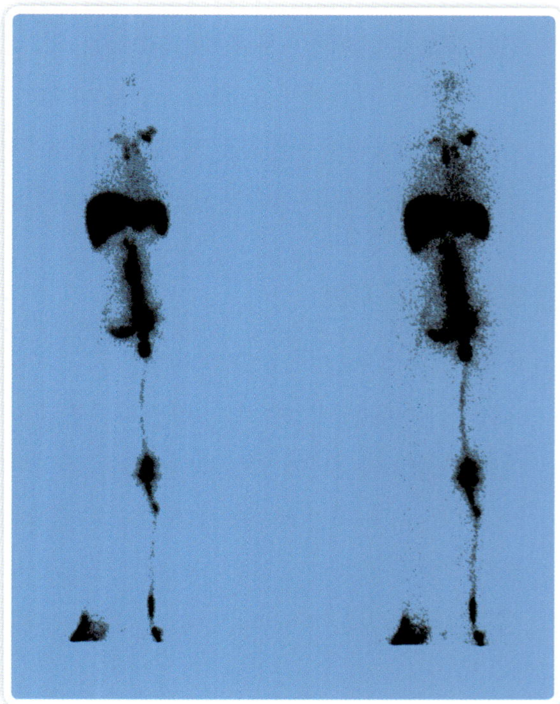

그림 5-9 핵의학 검사를 통한 림프계 기능 검사

(4) 컴퓨터 단층촬영(CT)

림프부종을 진단하는 데 가끔 사용되기도 한다. 조영제를 정맥 안으로 주입해야 하는 번거로움과 심각한 알레르기 반응을 유발할 수도 있기 때문에 많은 의사들은 자기공명영상을 더 선호한다.

6 질환별 부종

1) 림프정체성(림프부종)

림프부종은 암환자의 증가 등으로 인해 임상에서 많이 볼 수 있고, 제대로 된 관리와 치료가 되지 않으면 상태가 지속적으로 악화될 수 있기 때문에 다른 부종보다는 좀 더 세밀히 알아야 할 필요가 있다. 이에 림프부종에 대한 것은 다른 부종 유형보다 좀 더 자세하게 원인부터 치료에 이르기까지 광범위 하게 서술하였다.

(1) 원인

림프부종은 림프계의 손상으로 인해 팔 또는 다리에 부종이 발생되는 것을 말한다. 림프계는 면역계의 일부이다. 림프계가 조직에서 불필요한 성분을 흡수하여 액의 균형을 유지하는 일을 담당하며, 면역 작용에 관여하는 것은 이미 알고 있을 것이다. 만약 림프계가 손상된다면, 조직 사이에 단백질 함량이 많은 액이 지속적으로 축적된다. 어느 한 곳에서 조직액의 양이 림프관에 의해 흡수되는 양보다 많으면 부종이 발생한다. 그러므로 림프부종은 조직 단백질의 비정상적인 축적으로 인한 팔다리부종, 만성염증의 지속적인 상태로 정의할 수 있다.

특별한 후천적인 이유 없이 유전적, 선천적인 림프기관의 문제로 사춘기 전후 또는 출생 후 얼마 되지 않아서 부종이 생기는 경우를 일차성 림프부종이라고 하며, 남자보다 여자가 두 배 정도 많고, 주로 손과 무릎 아래 부분의 말초에 부종이 생기는 것이 특징이다. 또한 수술, 방사선, 상처, 심지어 감염에 의해 다양한 방식으로 림프계가 손상되어 부종이 나타나는 경우를 이차성 림프부종이라 한다. 이차성 림프부종은 팔에서는 주로 유방암으로 인한 치료 후에, 다리에서는 자궁경부암, 난소암과 같은 여성암 이후에 발생하는 경우가 많다.

(2) 특징

① 일차성 림프부종

통계에 따라 다르지만 림프부종의 3~10% 정도가 일차성 림프부종이고 대개 여성에게서 발생한다(최대 80% 정도). 일차성 림프부종의 원인 중에 태어날 때부터 부종을 갖고 태어나는 경우를 밀로이 병(Millroy's disease)이라고 하며, 10% 정도 되며 림프관의 결손 등에 의해서 발생하는 것보다는 기능적 결손(functional impairment)으로 부종이 발생한다.

태어날 때는 정상적이었지만 사춘기나 그 후에 부종이 발생하는 경우도 있다. 이런 경우를 메기 병(Meige's disease)이라고 하며, 90% 정도 된다. 메기 병은 림프관이나 림프절이 어떤 형태로, 비정상적으로 성장하였는가에 따라 세 가지 원인이 있다.

- 과형성증(hyperplasia): 림프관의 직경이 너무 크게 과형성된 것
- 저형성증(hypoplasia): 림프관이나 림프절의 수가 적게 형성된 것
- 무형성증(aplasia): 국소적으로 림프관이나 림프절이 생성되지 않은 것

② 이차성 림프부종

림프부종의 대부분은 이차성 림프부종에 해당된다. 다양한 원인에 의해서 림프기관의 손상으로 발생되며, 기질적인(organic)인 경우와 기능적(functional)인 경우가 있다.

기질적인 경우는 림프 흐름에 변화가 발생되어 흐름이 잘 이루어지지 않는 경우를 말하며 비가역적이다. 암이나 질병으로 인해서 림프절 제거나 방사선 조사를 한 경우, 림프기관이 외상에 의해서 손상된 경우, 사상충(filarial worm)에 의해 림프관이 손상된 경우 등으로 나타난다. 이차성 중 종양으로 인해서 발생되는 경우가 많은데 유방암, 자궁경부암 등 부인과암, 전립샘암, 인후두암, 혀암 등 다양한 암의 발생과 치료로 림프계가 손상되어 발생한다.

발생 빈도를 보면 유방암의 경우 20%, 두경부암은 치료 후 18개월 이내에 약 90%, 부인과암은 치료 후 12개월 이내에 약 40% 정도 나타나고, 방사선이나 항암치료, 체중 증가 등에 따라서 발생률이 증가한다.

이차성 림프부종이 발생되는 주요 원인은 다음과 같다.

- 수술 특히, 암 수술에 의해 림프절이 제거되었을 때: 유방, 전립샘, 부인과적, 머리, 목, 큰창자 등에 생긴 암과 흑색종 등
- 방사선 치료: 암세포를 제거하기 위해서 방사선 치료를 할 때, 림프관과 림프절이 방사선으로 인해 섬유화되면서 기능이 소실된다.
- 림프절이 있는 부분을 차단하는 외상
- 감염, 림프관염
- 필라리아시스: 동남아시아, 인디아, 아프리카와 같은 지역에서 주로 발견되는 질병으로, 말초림프관 안으로 필라리아라고 불리는 기생충 유충이 들어감에 따라 발생된다.
- 마비 또는 오랫동안 움직이지 않을 때
- 만성 정맥 기능 부전(Chronic Venous Insufficiency)

이와 같은 원인 중 하나로 림프부종이 발생할 때, 이차성 림프부종으로 생각할 수 있다. 림프절을 수술적으로 제거했거나 방사선 치료를 받은 사람 모두 림프부종에 걸리는 것은 아니다. 많은 사람에게서 남아 있는 림프관이 확장되거나 측부순환 또는 새로운 길이 형성되어 부종이 생기지 않는 것을 볼 수 있다. 수술 의사는 림프계가 사람마다 매우 차이가 있다고 말한다. 그러므로 많은 환자가 똑같은 수술과 치료를 받았다 하더라도 어떤 사람은 부종에 걸리고 어떤 사람은 걸리지 않는 것이다.

기능적인 경우는 림프관에 기능적인 문제가 발생된 것을 말하며, 일반적으로 가역적이다. 뼈대근육의 마비, 림판지온의 판막 기능 저하, 모세림프관의 기능 저하, 수집림프관의 평활근의 긴장 등으로 발생된다. 뇌졸중이나 척수 손상과 같은 중추신경 손상이나 안면신경 마비와 같은 말초신경 손상이 유발되어 뼈대근육의 움직임이 원활치 않게 되는 경우, 골절, 탈구, 삠, 베인 상처, 벌레 물림 등으로 림프 기능이 저하되어 발생한다.

③ 진행 단계

림프부종의 진행은 3단계로, 뚜렷하게 구분할 수 있다. 1단계는 적절하게 관리 · 치료하게 되면 정상적인 상태로 돌아갈 수 있는 가역적(reversible) 단계다. 이 단계는 수주에서 수개월까지 지속되기도 한다. 섬유경화증으로 인해 피부가 단단해지는 현상은 아직 없다. 피부조직은 상온에 있는 버터같이 부드럽다. 부종이 의

심되는 부위를 손가락으로 누르면 눈에 띄게 움푹 들어가는 오목부종 현상(pitting-edema)이 일어난다(그림 5-10). 때때로 몇 시간 동안 부종 부위를 올림(거상)시키는 것으로 부종을 감소시킬 수 있다.

2단계는 적절한 치료를 받지 않으면 정상적인 상태로 돌아갈 수 없는 비가역적(irreversible) 단계다. 이 단계에서는 섬유아세포(fibroblasts)가 자유 단백질(free protein)에 의해 활성화되고, 결합조직을 만들게 되어 냉장고에서 꺼낸 버터같이 피부가 단단해진다. 조직은 손가락으로 세게 눌러도 약간 패이는 정도 밖에 들어가지 않는다. 림프부종이 2단계로 접어들면 스테머 징후(Stemmer's sign)가 양성이 된다. 이 징후는 림프부종의 진행 정도를 알아볼 때와 일반 부종과의 구별에 많이 사용된다. 팔의 경우는 손가락, 다리의 경우는 두 번째 발가락의 등쪽 피부를 꼬집어서 피부가 들어 올려지면 음성이 되고, 피부가 단단해져서 들어 올릴 수 없게 되면 부종이 진행된 것이므로 양성으로 판단한다. 즉 진행 단계로는 2단계, 일반 부종이 아닌 림프부종으로 간주할 수 있다는 것이다(그림 5-11).

3단계는 림프정체성 코끼리외부종(lymphatic elephantiasis)이라고 할 수 있

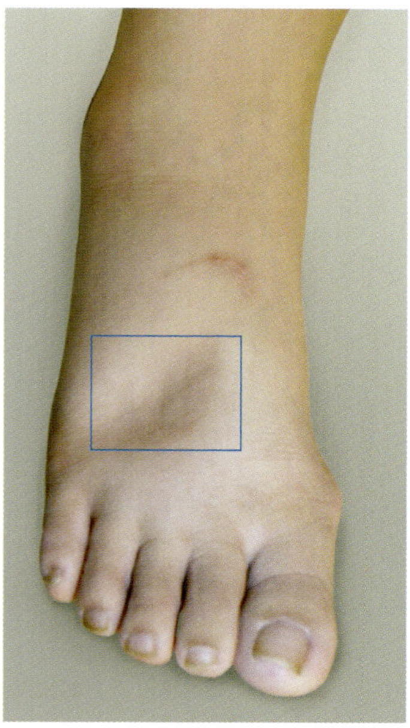

그림 5-10 오목부종

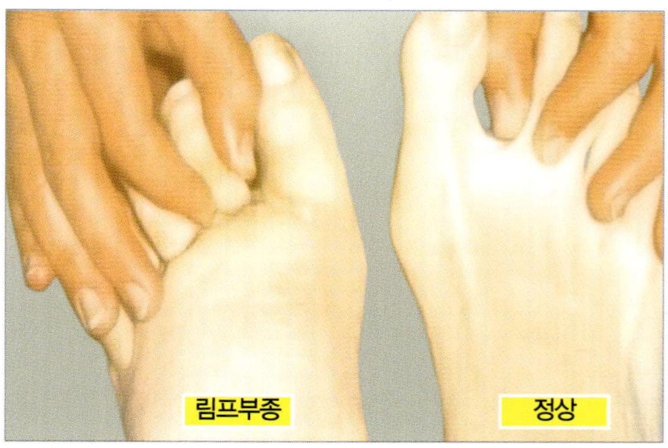

그림 5-11 스테머 징후 검사

다. 피부에서의 섬유경화증이 상당히 진행된다. 이 상태는 적절한 치료에 의해 호전될 수는 있지만, 완전하게 원래대로 되돌리는 것은 더 이상 가능하지 않다. 이 단계에서는 콜라겐섬유가 비정상적으로 증식해 두껍고 길게 되며, 탄력섬유는 점점 퇴화한다.

④ 피부 변화

- 섬유증: 부종 부위 조직에서 단백질이 림프관을 통해 흡수가 원활히 이루어지지 않게 되면 단백질 주변으로 섬유화 현상이 일어나 피부가 단단해 진다. 섬유화 현상은 림프관 기능이 저하나 손실인 경우에 특징적으로 나타난다.
- 얕은 연조직염(erysipelas): 단독은 연쇄상구균(streptococcal) 감염으로 인해 발생되는 피부 감염이다. 봉와직염보다 좀 더 피부 표면에서 발생한다. 만성림프부종 환자의 20~30%가량이 부종으로 인해 이차적으로 발생한다. 단독 증상으로는 열, 오한이 나타나면서 임상적으로 림프 정체가 되는 부분에서 감염 증상이 나타나고 주로 항생제로 치료한다(그림 5-12).
- 연조직염(cellulitis): 봉와직염은 단독에 비해 좀 더 깊은 피부에서 발생하는데, 두 가지를 분명하게 구분하여 진단하기 어려운 경우도 종종 있다. 봉와직염도 연쇄상구균에 의해서 주로 감염이 되나 포도상구균에 의해서 감염되기도

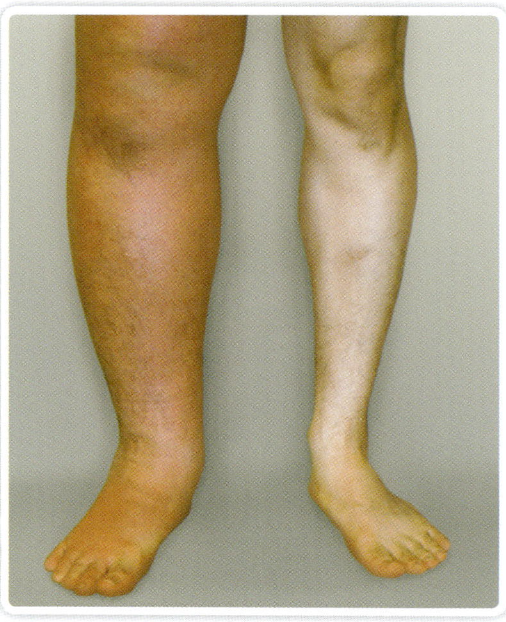

그림 5-12 피부 감염

한다. 단독과 마찬가지로 항생제로 주로 치료한다.

- 림프류(lymhocele): 림프류는 림프절이 제거된 부분에서 주머니처럼 림프가 모아진 형태를 말한다. 림프낭(lymphocyst)이라고도 하는데, 골반 주변에 부인과적 수술, 특히 암 수술로 림프절 절제술을 한 경우에 합병증으로 매우 흔하다. 일반적으로 부인과 암 수술 후 1~50% 정도 발생한다.
- 림프루(lymph fistula): 림프낭이 루가 된 것, 즉 림프관이 피부 표면으로 개방되어 림프가 나오는 것을 말한다.
- 유두증(papillomatosis): 상피세포, 결합조직 등에서 발생하는 양성 종양의 일종이다. 림프부종의 경우, 감염과 관련이 있으며 크기는 아주 작은 형태에서 손가락 만하게 크게 유두처럼 발생한다(그림 5-13).
- 발톱무좀, 무좀: 다리의 경우, 부종이 발생하게 되어 발가락 사이 공간이 적어지게 되고 피부가 진균감염이 되면서 무좀이 발생한다. 무좀이 발생되어 피부가 손상이 되면 이곳을 통해 피부 감염이 빈번하게 일어나기 때문에 림프계 능력이 저하되어 있는 경우에는 무좀에 걸리지 않도록 위생 관리를 철저히 하도록 해야 한다.

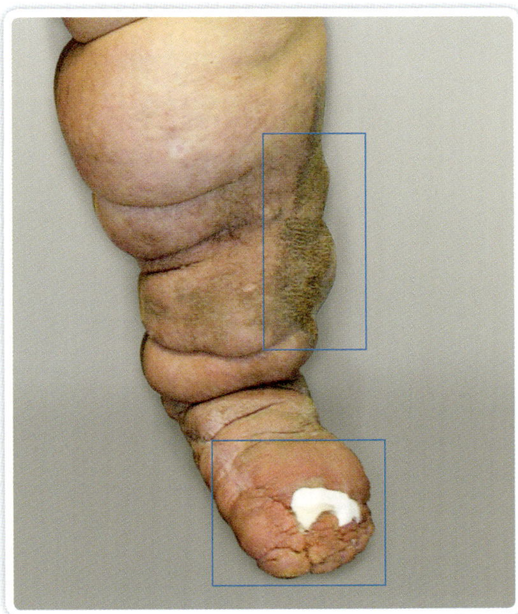

그림 5-13 유두증

(3) 암 치료 시 예방

림프부종이 생기거나 심해질 위험성이 있는 사람에게는 앞에서 언급했던 것처럼 많은 위험요소가 있다. 예를 들어 무언가에 피부를 찔린다든가(주사 또는 기타 혈액검사, 식물의 가시 등) 손상된 쪽을 압박하거나 무리를 주는 것(혈압 측정, 너무 꽉 끼는 옷, 무거운 물건을 드는 것)은 피해야 한다. 림프부종의 위험성이 있는 사람이 취해야 할 조치와 부종이 발생한 사람이 부종을 악화시키지 않고 감소시킬 수 있는 방법은 다음과 같다.

① 방사선 치료 시

암에 걸린 사람은 대부분 수술로 인해 모든 치료가 끝났다고 생각하는 경우가 많다. 하지만 실제로는 그렇지 않다. 그 이후에 화학요법, 방사선 치료, 호르몬 치료 등을 필요에 따라서 받게 된다. 보조 치료로 알려진 치료는 남아 있는 암세포가 신체 다른 부분으로 이동하는 하는 것을 막기 위해 또는 수술 후에 암세포를 없애기 위해 일반적으로 실시된다. 어떤 경우에는 보조 치료가 수술 전에 먼저 암 조직을 위축시키거나 전이를 막아 주기 위해 실시되기도 한다.

방사선 치료는 수술 전이나 후에 가장 흔하게 실시되는 치료 중 하나이다. 비록 대부분의 사람은 방사선 치료란 말에 몸을 움츠리기는 하지만, 방사선 치료에 대한 몇 가지 위로가 될 수 있는 긍정적인 부분도 있다. 방사선 치료는 어느 정도 참을만하고 부작용도 어느 정도 관리할 수 있다. 보통 6~8주 정도 실시되는데 중요한 작용은 존재하는 암세포에 조사되어 파괴할 수 있다는 것이다. 그러나 피로, 부종, 통증, 발적이나 변색을 일으킬 수 있고, 우리가 알고 있듯이 림프부종의 가능성을 증가시킨다(그림 5-14).

만약 방사선 치료를 받게 된다면 환자는 날마다 치료되는 부위를 잘 살펴보아야 하며, 발적이 있는 피부에 발라서 누그러뜨리거나 막을 수 있는 연고를 의사에게 추천해 달라고 해야 한다. 또한 햇빛에 노출되는 것도 세심하게 신경써서 피해야 하며, 염산으로 소독한 수영장, 뜨거운 욕탕, 뜨거운 물로 샤워하는 것도 피해야 한다.

위험 신호(팔과 다리 등이 무겁게 느껴지는 것, 피부 상태 변화 등)를 즉각 인식해서 주치의가 증상에 민감하게 관심을 갖도록 해야 한다.

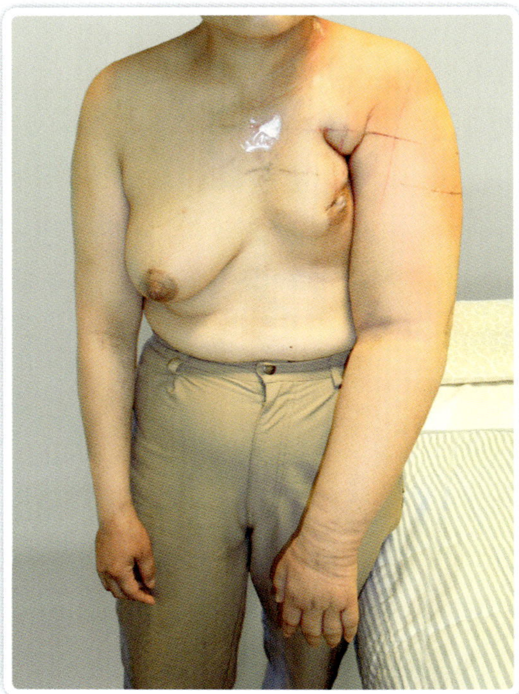

그림 5-14 방사선 치료 중 림프부종

② 화학요법 시

화학요법은 암 수술 후에 추천되는 전신성 약물치료이다. 한 가지 또는 그 이상의 매우 독성이 있는 약을 복용 또는 주입하는 것으로, 이 약은 암세포를 죽이므로 보통 수개월에서 수년 동안 치료를 지속하기도 한다. 화학요법의 약품은 먹거나 주사 또는 정맥을 통하여 몸 안으로 유입된다. 일부 화학요법은 잠시 병원에서 받기도 하지만 어떤 경우에는 하루나 며칠 동안 병원에서 머물러 있어야 되는 경우도 있다. 만약 환자가 주사나 정맥 내 주입으로 화학요법을 받는다면 손목에 분홍 팔목밴드를 껴서 의료진이 그 쪽으로 약을 주입하지 않는 것을 잊지 않도록 상기시키도록 한다.

반복적인 주사 또는 정맥 내 화학약물의 유입은 정맥에 손상을 줄 수 있고, 순환계에 좋지 않은 영향을 줄 수도 있다. 만약 의사나 간호사가 손상 받지 않은 건강한 쪽의 팔에 정맥주사를 맞는 것이 더 이상 불가능하다고 판단되면, 손상 받은 쪽으로 주사를 놓으려고 할 것이다. 이를 피하기 위해서 손상 받은 쪽으로 주사를 놓는다면, 다리에 주사를 놓도록 요구하거나 정맥 내로 유입되게 되어 있는 '히크만 카테터'라는 관을 큰 정맥에 삽입하거나, '케모포트'라는 중심 정맥관을 피부 아래에 삽입하여 장기간 약의 투여에 사용하는 경우도 있다.

골수 억제의 결과로 감염에 대한 저항력이 낮아지는 것은 화학요법과 함께 발생할 수 있는 다른 문제이다. 특히 림프부종이 발생될 수 있는 위험성이 있는 환자에게는 위험한 일이 될 수 있다. 피부발진, 건조증, 갈라짐(특히 겨드랑이 안쪽이나 근처 또는 살 등)은 화학요법을 받는 사람에게 나타나는 흔한 부작용이다. 신체가 외부환경에 저항하거나 싸울 능력이 없으므로 염증을 일으킬 수도 있고, 감염에 대한 위험을 감수해야 되기도 한다. 우리가 미리 언급했던 일반적인 예방조치를 잘 따르는 것뿐만 아니라 공공장소에서는 마스크 쓰기, 감기에 걸린 사람들과 접촉 피하기, 최근에 예방주사를 맞은 아이를 멀리하기, 신선한 과일과 채소는 그 안에 박테리아가 가득 들어 있을 수 있으므로 먹는 것을 피하기(삶은 채소나 캔에 들어 있는 것을 섭취하는 것이 좋음) 등이 중요하다. 또한 이것에 관해서는 자격 있는 영양사, 특히 암전문의사와 함께 일하는 사람에게 조언을 구하는 것도 좋은 생각이다. 영양사를 통해 필요한 영양소를 추천받는 것은 아주 큰 도움이 된다(음식이나 영양제 등). 그렇게 함으로써 환자의 영양 상태를 양호하게 유지하고, 면역계의 능력을 강화시켜 림프부종의 발생도 가능한 한 피하도록 한다.

③ 호르몬 치료 시

호르몬 치료 또한 림프부종과 관련된 많은 문제를 제공한다. 왜냐하면 어떤 유방암의 성장은 성호르몬인 에스트로겐의 분비와 관련되어 보이기 때문이다. 의사는 수술 후에 호르몬-억제제를 처방할 수 있다. 가장 잘 알려진 약으로는 타목시펜(놀바덱스)이다. 1966년에 비스테로이드성 항-에스트로겐으로 합성되었다. 어떤 연구에서는 이 약이 유방암의 재발을 예방하는 데 효과적이라고 말하기도 하였다. 그리고 혈중콜레스트롤과 골다공증의 위험성을 모두 감소시켜 주는 좋은 효과도 있지만 림프부종의 발생 위험성을 높일 수 있기 때문에 호르몬 치료를 받을 때는 림프부종에 대한 주의를 더욱 세밀히 기울여야 한다. 타목시펜은 수분정체(water retention)와 사람에 따라서는 체중 증가를 유발시킬 수 있다. 이런 종류의 수분정체는 고-나트륨 유형이거나, 일반적인 부종이지 림프부종처럼 고-단백질 부종은 아니다. 그러나 어떤 수분 정체이든지 순환계에 부담을 주기 때문에 만약 환자가 이 약을 먹어야 한다면, 환자는 철저하게 저-염분, 저-단백질식을 고수하고 일반적인 수분 정체를 누그러뜨릴 수 있는 다른 조치를 취해야 한다. 드물게 혈관의 염증과 정맥 내 혈괴(피딱지)의 형성이 타목시펜에 의한 치료로 나타날 수 있다. 만약 환자가 타목시펜을 복용하고 있고 림프부종이 있거나 걸릴 위험성이 있다면, 환자는 혈전색전성(혈괴와 관련된) 질환에 대한 증상에 주의를 기울여야 한다. 이것은 팔이나 다리의 부종, 통증, 발열, 갑자기 호흡이 가빠지는 것, 가슴 통증, 기침과 피가 섞인 가래 등의 증상을 가진다. 만약 이 증상 중에 어떤 것이라도 나타난다면, 즉시 의사에게 도움을 구해야 한다. 그 외 여러 가지 형태의 다른 호르몬 치료도 직 · 간접적으로 부종의 발생에 영향을 미칠 수 있기 때문에 주의를 기울일 필요가 있다.

(4) 암 치료 후 주의 사항

어떤 사람은 아무리 주의를 해도 림프부종에 걸리고, 다른 사람은 부종에 걸리지 않는지 분명히 규명한다는 것은 불가능하다. 이전에 언급했던 것처럼 암에 대한 치료를 받은 후에 바로 림프부종을 경험한 사람도 있고, 운이 아주 좋아 지금 당장은 림프부종에 걸리지 않은 사람도 있을 것이다. 그러나 명심해야 할 점은 수술과 방사선 치료를 받은 사람은 림프계가 손상되어 있다는 사실과 그로 인해 암에 대한 치료를 받지 않았을 때보다 림프부종에 걸릴 위험성이 아주 높다는 것이다. 그러므로 림프부종에 걸리지 않도록 노력하는 그 자체에 큰 의미가 있고, 이로 인해 부종이 생기지 않을 사람이 관리를 잘못해서 부종이 생기는 것을 최대한 막을 수 있고, 설사 분명히 생길 수 있는 사람이라도 상태를 악화시키지 않고 좋은 상태로 유지할 수 있다는 점에서 매우 중요하다고 할 수 있다. 치료사는 림프부종을 최대한 예방하는 방법에 대해 정확히 알고 이에 대한 세심한 관심을 기울여야 한다.

수술 후 림프부종이나 합병증에 대한 보호자와 환자의 교육은 매우 중요하다. 현재 유방암을 비롯한 여러 가지 형태의 암치료 후에 생길 수 있는 근육약화, 관절 움직임 제한, 신경 손상, 림프부종, 말초 신경염, 심장장애, 피로, 변비 등에 대한 교육을 수술 후 곧바로 실시하는 병원이 늘고 있다. 하지만 이런 제도가 되어 있는 병원은 극소수이며, 특히 자궁암이나 기타 암으로 인해 치료를 받은 환자에게도 교육이 절실히 필요하지만 대부분 교육 프로그램이 없다. 설사 병동이나 외래에서 교육을 하더라도 전문적이지 못한 경우가 많다. 그런 이유로 아쉽게도 우리나라에서 림프부종에 걸린 많은 환자는 림프부종의 위험성과 어떻게 증상이 나타나는지를 알지 못하고, 더욱이 그것을 예방하기 위한 주의사항에 대한 어떤 정보도 들어본 적도 없다고 이야기한다.

수술 후에 림프부종 교육이 중요하다는 것은 의심할 나위가 없다. 뿐만 아니라 수술 전에도 필수적이다. 환자가 림프부종에 대한 조기 증상과 징후를 인식하는 법을 배우는 것이 필요하며, 초기에 발견하여 적극적인 치료와 상태의 진행에 대해 예비적 조치가 중요하다는 것을 알아야 한다.

림프부종은 수술 후 어느 때에도 발생할 수 있다. 수술 직후에서부터 수십 년이 지난 후에도 발생할 수 있기 때문에, 예방에 대한 주의사항을 평생 잘 따르는 것이 중요하다. 처음 주의사항에 대해 교육을 받은 사람들은 그 많은 주의사항을 지키면서 어떻게 사느냐고 반문하는 사람들이 많다. 하지만 아무리 주의사항이 많다고 하지만 간략하게 축약한다면 상처가 나지 않도록 하며, 좋은 피부 상태가 되도록 관리하고, 영양식으로 잘 먹고, 충분히 운동하면서, 적절히 활동하는 것이라고 할 수 있다. 이것에 기초해서 임상에서 환자들에게 기본적으로 해 주어야 할 주의사항에 대해 구체적으로 몇 가지 언급하도록 하겠다.

① 감염과 손상을 피한다

이 말은 약간 애매모호하게 들릴 수도 있다. 하지만 분명히 알아야 할 사항이다. 절대 피부에 상처가 나지 않도록 해야 하는데 그 이유는 만약, 수술한 부위나 이미 부종이 있는 몸통의 피부가 손상되면 다른 곳보다 쉽게 감염이 될 수 있기 때문이다. 사람의 피부는 항상 박테리아로 덮여 있다. 피부가 긁히거나 찢기거나 베이거나 해서 상처를 입게 되면 박테리아가 안으로 들어가게 된다. 수술이나 방사선, 기타 림프기관이 이미 손상이 되어 있어 기능이 저하된 상태에서는 박테리아와 싸울 능력이 감소되어 쉽게 감염될 수 있다. 그러므로 피부가 상하지 않도록 해야 한다.

림프부종을 좀 더 효과적으로 예방하기 위해서는 작은 습관부터 변화시키는 법을 배우도록 한다. 예를 들면 부종의 가능성이 있는 곳은 벌레에 물리지 않도록 긴 소매 옷을 입는 다거나 해충퇴치약을 사용해야 한다. 정원 일을 하거나 가사일을 할 때 장갑과 긴소매를 입어야 한다. 손톱뿌리 부분에 있는 껍질(각피, cuticle)를 자르기보다는 로션으로 불린 다음에 부드럽게 밀어내도록 한다. 매니큐어를 칠해 주는 사람이 있으면 이 방식으로 각피를 제거하도록 분명히 이야기해 주어야 한다. 만약 혈액을 채취한다거나, 정맥주사를 맞는다거나, 근육주사를 맞는다면, 수술한 부위는 피하도록 한다. 또한 해당 부위에 침을 맞는 것도 피해야 한다. 애완동물에 긁히거나 피부를 찔리거나 베이는 것을 피하여야 한다. 그러기 위해서는 가능한 긁힐 수 있는 애완동물은 키우지 않는 것이 좋다. 이러한 원인으로 인해서 피부에 손상이 생겼다면 항생제 연고를 상처부위에 바른 다음 어떤 변화가 있는지 피부를 주시해야 한다.

처음에는 안전한 습관이 몸에 배도록 하는 데 신경을 써야 한다. 우리가 주의를 함에도 불구하고 감염될 수 있다. 감염이 여러 번 있었던 사람이면 감염의 증상에 대해 경험적으로 알고 있겠지만 한 번도 감염에 걸리지 않았던 사람은 증상에 대해 미리 숙지해 두는 것이 좋다. 일단 감염이 되면 감염 부위에 열이 나고 통증이 생기며, 피부색이 불그스레 해지며 부종이 평소보다 증가하면서 심한 경우에는 림프관과 혈관을 따라 붉은 반점 같은 것이 나기도 한다.

일단 감염이 되면 순식간에 퍼지고 몇 시간 내에 매우 심각한 상태가 될 수도 있다. 그러므로 증상이 생기면 항생제를 즉시 처방해 줄 수 있는 의사에게 진찰을 받아서 페니실린 계열의 항생제 등을 투여 받는 것이 좋다. 만약, 환자가 과거에 감염이 걸린 적이 있거나 의료혜택(care)이 제한적인 나라를 여행한다면 경구용 항생제를 가지고 다닐 것을 권한다.

② 수술 받은 쪽에 압박이 되지 않도록 한다

림프계가 손상되어 있는 부분이 조여지지 않도록 하는 것이 중요하다. 지속적이고 과도한 압력은 흉벽, 어깨, 수술쪽 팔 또는 아랫배, 샅, 다리 등에 부종을 일으킬 수 있다. 만약 병원에서 혈압을 측정하는 경우, 수술 받지 않는 쪽에서 혈압측정을 받아야 한다. 특히, 수술 또는 방사선 때문에 양 팔의 림프계가 손상되었다면, 주치의나 간호사에게 말을 하여 다리에서 혈압을 측정하도록 부탁한다.

액세서리나 시계는 수술 받지 않은 팔에 착용하도록 한다. 팔찌 또는 시계가 헐렁할지라도 만약 어딘가에 부딪히거나, 피부를 긁거나 상처를 낼 수 있다면 잠재적으로 문제를 일으킬 수 있다는 것이다. 액세서리가 피부를 압박하지 않도록 언제나 팔을 편안한 상태로 두고 수술한 쪽 어깨 위로 핸드백을 들고 다니지 않도록 하는 것도 염두에 두도록 한다.

③ 꽉 달라붙거나 조이는 옷을 피한다

만약 환자가 이전에 유방암 수술을 받았고 이미 림프부종에 걸린 상태라면 손목 커프와 꽉 끼는 소매는 주의해야 한다. 또한 기타 자궁암이나 다른 수술을 받은 상태에서도 이전에 좋아했던 옷을 쉽게 입을 수 없게 되었다면, 체중의 증가 또는 부종으로 인해 팔 또는 다리가 불필요하게 조이고 있다는 것이다.

유방암 환자에게 잘 맞는 브래지어가 중요하다. 많은 여성이 유방암 수술 후 브래지어 사용에 대해 이전보다 잘 착용하지 않게 되고 종종 꽉 조이지 않는 대안적인 내의를 선택해서 브래지어 대신에 입기도 하지만 아직까지 정서적으로 여성은 브래지어를 입어야 한다는 것이다. 그럼에도 잘못된 형태의 브래지어를 착용하는 것보다는 가능한 한 브래지어 착용을 권하지 않는다. 왜냐하면 수술 후 브래지어를 잘못 입게 되면 가슴 양옆으로 브래지어에 의해 압박이 되어 순환을 감소시킬 수 있기 때문이다. 꼭 브래지어 착용을 원하는 여성은 여유 있는 크기로 입는 것이 좋다. 특히, 겨드랑림프절 절제술을 받은 사람은 철심이 들어간 브래지어를 입어서는 안 된다. 국소적인 조임이 피부 손상이나 감염을 일으킬 수 있는 깊은 패임 자국을 유발시킬 수 있기 때문에 폭이 넓은 것을 선택하되, 가슴 위의 쇄골 부근의 압력을 피하기 위해 어깨 위에 덧댈 수 있도록 길이 조절이 가능한 끈이 부착된 브래지어를 입는 것이 중요하다.

만약 수술 후 '개의 귀' 모양으로 생긴 남아도는 조직이 겨드랑이 아래에 있다면, 가끔 한쪽 부분을 지지하고 덮어 줄 수 있는 끈이 달린 브래지어를 입는 것을 권한다(어떤 의사는 환자가 유방 재건술을 할 것이라고 결정하는 경우에 가쪽 몸통 벽에 있는 조직을 여분으로 남겨 놓는다. 그러나 이것이 종종 림프액이 모이는 집합지가 되기도 한다). 어떤 여성은 매우 편안하고 묶지 않아도 되기 때문에 스포츠 브래지어를 선호하기도 한다.

자궁암 등의 경우에는 상대적으로 유방암 이후의 환자보다 의복에 관한 것은 그다지 신경쓰지 않아도 된다. 하지만 높은 굽의 신발과 꽉 조이는 거들이나 코르셋 등은 순환을 저해시키는 요인이 될 수 있으므로 이러한 점을 고려해서 다소 헐렁한 바지나 치마를 입는 것이 좋다.

④ 격한 움직임은 피한다

명심해야 할 것은 지나친 근육 피로가 오지 않게 해야 한다는 것이다. 적절한 활동량과 운동량을 정확히 이야기한다는 것은 무리가 아닐 수 없다. 왜냐하면 사람마다 신체 능력과 구조가 다르고 건강 상태가 다르기 때문에 흑백을 가려서 이야기할 수는 없다. 하지만 운동을 하든 다른 신체 활동을 하든 지나치게 피로를 야기하는 정도로는 하지 말아야 한다. 목이나 가슴 주변의 암 치료를 받은 환자는 일상생활 활동에서도 환자가 들려고 하는 물건이 너무 무겁지는 않은지, 특히 팔이 아래로 떨어뜨려진 채로 무거운 여행가방 같은 것을 들고 다니지는 않는지 등을 유심히 살펴보아야 한다.

수술한 쪽 팔이나 다리로 저항에 대항하는 격한 반복적인 움직임(문지르기, 긁어내기, 밀고 당기기, 청소기 같은 것)은 피하는 것이 좋다. 가정이나 직장에서 이와 같은 동작을 하게 되는 경우에는 도와줄 수 있는 사람을 찾아서 도움을 청하도록 한다. 만약 환자가 다른 사람에게 반복적이거나 힘든 일 중 어느 정도 해주는 것에 대해 설득할 수 없거나, 다른 사람에게 돈을 주고 하도록 하는 데 경제적으로 가능하지 않아 부득이 하게 환자가 해야 한다면 몇 개의 간단한 주의사항을 따라야 한다. 만약 환자가 저탄력 붕대를 가지고 있다면, 일하기 전에 붕대를 감는 것도 도움이 되고, 청소를 하는 동안에도 감고 있는 것이 좋다. 이렇게 하면 일도 마음 편하게 끝낼 수 있고, 부은 곳의 액을 감소시키는 데 붕대가 효과적으로 작용하므로 이중으로 이득을 얻게 된다. 붕대를 감는 것 이외에 부종이 생길 수 있거나 부종이 이미 있는 곳의 상태를 악화시키지 않고 일을 할 수 있는 다른 방법은 다음과 같다.

- 부종이 일어날 우려가 적은 팔이나 다리 또는 부종이 없는 정상적인 쪽을 사용하도록 한다.
- 집 안의 허드렛일은 조금씩 나누어서 수시로 한다.
- 자주 휴식을 취하도록 한다.
- 마음을 온화하게 하고 자기 자신을 무리하지 않게 조절하도록 한다.
- 일의 우선순위를 정하고, 무엇이 가장 중요한지를 결정한다. 집 안 청소와 같은 일은 팔 또는 다리의 부종을 증가시킬 수 있는 위험성이 있다. 피로, 열, 과한 움직임은 모두 부종 유발 부위의 혈류량을 증가시켜, 손상된 림프계에 과부

하를 일으키고 결국 조직에 액을 증가시키게 한다.

이외에 세부적인 사항은 담당 주치의나 암재활 전문 치료사의 교육과 상담을 통해 숙지하도록 한다.

⑤ 면도는 전기면도기를 이용하도록 한다

수술한 쪽 팔이나 겨드랑이, 다리의 털을 깎기 위해서 전기면도기를 사용한다. 안전하게 보이는 전기면도기를 이용하여도 면도 후에 종종 베인 상처를 볼 수 있다. 그러므로 가능한 한 털을 제거하는 데는 세심한 신경을 쓰도록 하고, 일단 상처가 나면 빨리 상처 부위를 소독하여 이차적인 감염으로 인해 부종이 생기거나 증가하지 않도록 한다.

⑥ 열을 피하도록 한다

이미 부종이 있거나 수술, 방사선 치료 등으로 인해 림프부종이 생길 우려가 있는 곳에는 열을 가하지 않도록 한다. 일광욕, 햇빛화상 등은 림프관에 부담을 주기 때문에 가능한 한 햇빛을 피하도록 하고, 부득이하게 햇빛을 받게 된다면 수술한 쪽의 피부에 직접 조사되지 않도록 옷이나 양산 등으로 가리도록 해야 한다. 건강하게 보이기 위한 선탠도 피부를 건조하게 만들기 때문에 피부에는 무리가 된다. 뜨거운 욕조와 사우나도 하지 않도록 한다. 어떤 사람은 뜨거운 욕탕에 가면서 수술한 팔이나 부종이 있는 부분만을 물 밖으로 내놓으면 된다고 생각한다. 그러나 그렇게 한다고 해서 직접적으로 뜨거운 물에 넣지 않은 곳은 온도가 올라가지 않는 것은 아니다. 몸통을 포함해 욕탕 안에 담가 놓은 몸의 온도가 높아지면 자연히 부종 부위의 체온도 올라가게 된다.

⑦ 피부를 좋은 상태로 유지시킨다

언제나 환자 피부를 깨끗하고, 부드럽고, 촉촉하게 유지시킨다. 그러기 위해서는 몸을 씻을 때 피부를 건조시키지 않는 순한, 저알레르기성 비누로 씻는다. 씻은 후에는 구석구석까지 잘 말리도록 하는데, 만약 피부가 연약하다면 수건으로 팔을 문지르지 말고 톡톡 두드려서 말린다.

시중에 많이 나와 있는 도브(Dove), 뉴트로지나(Neutrogena), 아비노(Aveeno), 베이시스(Basis) 등과 같은 저자극성이고 보습 기능이 좋은 비누를 추천한다.

목욕을 하자마자 즉시 향이 없는 수분성 로션을 바른다. 로션은 산성도(pH)

가 낮고 알파 수산기를 포함하면서 오랫동안 피부의 촉촉함이 지속될 수 있는 것으로 한다. 땀이 많이 나 축축할 수 있는 곳인 겨드랑이, 팔꿈치, 유방 아래, 사타구니 쪽은 콘스타치 또는 파우더를 사용하여 건조함을 유지시키고, 짓무르지 않도록 해야 한다.

⑧ 이상적인 체중을 유지한다

환자는 이미 의료진이나 가족, 친구 등으로부터 체중에 신경을 써야 된다고 수 없이 들었을 수도 있다. 실질적으로 지방은 손상된 림프계에서 특히 문제가 될 수 있다. 지방은 조직 간 세포에 축적되며, 지방 주변에 존재하는 수많은 림프관을 압박하기도 하고, 체액이 조직 사이를 지나 림프관으로 가는 것도 더욱 어렵게 만들어 부종에 좋지 않은 영향을 미칠 수 있다. 1970년대에 미국의 한 연구센터에서 유방암으로 치료받은 272명을 추적 관찰한 적이 있다. 그중 림프부종이 생긴 사람들로부터 의미 있는 두 가지 요소를 발견하게 되었다. 첫째는 체중 증가였고, 둘째는 팔의 상처 또는 감염의 발생이었다. 그 후에도 여러 명의 연구자가 비만인 환자에게서 림프부종이 더욱 빈번하다고 보고하였다.

체중을 줄이거나 유지한다고 해서 반드시 부종이 생기지 않는다거나 부종이 감소된다고는 말할 수 없지만, 분명한 것은 체중이 늘면 부종이 생길 수 있는 요인이 증가되고 부종이 더욱 심해질 수 있다는 것이다. 참고로, 화학요법을 받았거나 타목시펜을 복용하고 있는 사람은 적정체중 유지 또는 체중 감량이 어려울 수 있으므로 전문적인 영양 상담을 받아보는 것이 좋다.

⑨ 이뇨제를 너무 오랫동안 복용하지 않도록 한다

부종 치료를 위해 의뢰받은 의사(특히 동네 의원 의사)는 흔히 이뇨제를 첫 번째 치료약으로 생각하지만, 림프부종 환자에게는 도움이 되지 않는다. 이뇨제의 장기간 사용은 림프부종과 관련된 문제를 실질적으로 더 심각하게 한다. 이뇨제를 복용하게 되면 체내의 수분을 배출시키면서 부종이 감소되는 것처럼 보이기도 하지만, 조직 사이에 남아 있는 단백질, 박테리아, 노폐물과 같은 것에는 어떤 작용도 하지 못한다. 이로 인해 조직 내에 축적된 단백질 등의 여러 가지 물질은 부종액을 몰리게 하여 더욱 붓게 만들고, 새롭게 모여지는 훨씬 많은 단백질 등이 조직 내에 쌓이는 것을 볼 수 있다. 이러한 과정이 반복되어 조직 내 단백질 집중치가 높아지면 피부는 단단해지면서 섬유화가 되고, 두꺼워져 이차적인 문제가 발생하는 결과를 낳을 수도 있다.

⑩ 체력에 맞는 규칙적인 운동을 한다

운동은 모든 재활 프로그램에 포함되어야 한다. 환자에게 어떤 운동과 스포츠가 좋은지 림프부종 전문 치료사에게 반드시 상담해야 한다. 림프관은 근육의 펌핑 작용뿐만 아니라 혈관의 펌핑 작용에 의해서도 영향을 받는다. 무리하지 않으면서 도움이 되는 운동량은 심박 수를 서서히 증가시킬 수 있는 움직임을 일주일에 3~4번, 30분 정도씩 시행하는 것이다. 운동을 시행하면서 명심해야 할 것은 최대 심박 수의 60~80% 이내로 유지하면서 무리하지 않는 것이다. 환자에게 해당되는 심박 수를 알아보기 위해서는 220에서 환자의 나이를 빼고 그 수를 60~80%로 곱하면 환자의 범위가 된다. 만약 팔이나 다리 등이 운동할 때 붓는 경향이 있다면, 심박 수를 60% 정도 미만의 수준으로 유지할 것을 권한다. 부종이 있는 사람은 운동하는 동안 부종 부위를 지지해 줄 수 있는 스타킹 또는 붕대를 착용하는 것이 중요하다.

운동을 할 때에는 근육에 무리를 주어 피로가 발생되지 않도록 해야 한다. 피로가 림프액을 증가시키고 부종을 심하게 할 수도 있다. 일반적으로 수영, 걷기, 자전거 타기는 림프부종이 있는 사람에게 권장되는 매우 좋은 운동이다. 하지만, 지나친 운동은 부종을 악화시키거나 발생시킬 수 있기 때문에 운동 전후 상태를 항상 잘 관찰하는 습관을 갖는 것이 좋다. 참고로 규칙적인 수영과 수중운동을 하는 사람이 있다면, 물속에서 낡은 림프부종용 압박 스타킹을 착용하고 운동하는 것이 좋다.

환자가 선택한 운동이 무엇이든 처음에는 운동량을 적게 하여 무리하지 않는 것이 중요하다. 그 다음 점차적으로 운동 수준을 높이는데, 체력과 부종 부위를 수시로 점검해 가면서 실시하는 것이 바람직하다.

⑪ 유방암 수술 후에는 가벼운 보형물을 선택한다

만약 환자가 유방 절제술을 받았고 보형물을 구입하려 하거나 이미 보형물을 착용하고 있다면 가능한 한 가벼운 것의 착용을 권한다. 무거운 보형물을 착용하게 되면 많은 압력이 가해지게 되고, 그것이 림프 순환을 방해할 수 있는 위험을 증가시킨다. 근래에는 피부 접착식으로 되어 있어 가슴에 밀착되는 보형물도 있다. 이런 류의 보형물이 여성에게 추천되는데, 주의할 것은 만약 접착식을 사용한다면 피부에 문제가 없는 제품을 구입해야 한다는 것이다. 피부에 접촉되는 보형물 면이 저자극성 면제품 등으로 만들어진 것이 시중에 많이 나와 있다.

⑫ 여행할 때 미리 계획을 세운다

이미 림프부종이 있는 사람은 물론이고 암 등으로 인해 수술이나 방사선 치료를 받았거나 심한 외상 등으로 림프부종에 걸릴 위험성 있는 사람은 여행 시 미리 계획을 세울 필요가 있고, 약간의 예방적 차원의 조치를 취해야 한다. 먼저 여행지를 선택할 때, 림프 흐름에 문제가 생길 수 있는 더운 지역인지 등을 고려해 보아야 한다. 날씨가 따뜻한 지역으로 여행을 하고 싶다면 가능한 한 시원한 계절을 선택해서 가는 것이 좋다. 더군다나 환자가 감염된 적이 있었다면, 림프부종 전문의사에게 항생제를 처방 받아 여행 시 가지고 다닐 것을 권한다.

환자가 자동차로 여행을 한다면 자주 휴식을 취하도록 하고, 종종 차 밖으로 나와 주위를 몇 바퀴 돌면서 부종이 있는 곳이 적절히 운동되게 하여야 한다. 차 안에 있을 때는 간단한 목, 어깨, 팔, 다리 운동을 하도록 한다. 그리고 규칙적으로 환자 배 안의 중심 림프관줄기를 자극할 수 있는 배호흡을 실시하도록 한다. 배호흡을 할 때는 등을 똑바로 편 채로 하여야 하는데, 이때 허리를 펴기 위해서 허리를 받쳐줄 수 있는 작은 등받침을 이용하는 것도 도움이 된다. 일반적으로 자동차 여행 시 차문을 닫는다 하더라도 창을 통해 팔이 햇빛에 노출되면 햇빛화상을 입을 수 있으므로 노출을 피하도록 한다.

환자가 비행기로 여행을 한다면, 비행기 안에 있을 때 객실의 압력 변화가 팔이나 다리를 붓게 할 수도 있다. 비행기 객실의 압력은 해발 1,500~2,400m의 압력과 비슷하다. 비행기 안에서는 몸에 작용하는 기압이 낮기 때문에 부종이 발생할 확률이 높다. 그렇기 때문에 많은 사람이 비행기로 여행하는 동안이나 바로 후에 부종이 생기거나 이전보다 증가했음을 인식한다. 이를 막기 위해 압박 스타킹을 가지고 있다면 착용하는 것이 도움이 될 수 있고 또는 저탄력 붕대를 감는 것도 도움이 된다. 만약 장거리 여행을 하거나 오랜 시간 동안 여행을 한다면 스타킹 위에 붕대를 감는 것이 좋다. 기내에서 그 외에 지켜야 할 사항은 자동차 여행을 할 때와 마찬가지이다. 간단한 손, 발, 목 등의 운동을 실시하고, 배호흡을 하면서 좋은 자세를 유지한다(비행기 승무원에게 허리를 받칠 수 있는 베개를 요청). 그리고 가능한 한 자주 일어나서 주위를 걷도록 한다. 주의할 것은 카페인, 술, 너무 많은 양의 물을 마시지 말아야 한다. 공항이나 그 이외의 장소에서 무거운 물건을 가지고 이동 시 바퀴가 있는 가방을 끌고 다니는 것이 좋고, 무겁게 하나로 짐을 꾸리는 것보다 가볍게 두 개로 짐을 꾸리도록 하는 것이 좋다. 공항에서 가능하면 짐수레를 이용하고, 운반원을 이용하는 것도 좋다. 숙소에 도착하면 붕대나 스타킹을 벗고 간단하게 샤워를 한 후에 팔이나 다리를 심장보다 높이 올려 놓고 20~30분 정도 운동하면서 쉬는 것이 좋다.

⑬ 영양식을 섭취한다

일반적으로 체중을 줄일 때 '다이어트'라는 말을 많이 쓰게 된다. 림프부종 환자에게는 다이어트라는 말보다 '좋은 식습관'이라고 이야기하는 것이 좋다. 다이어트라 하면 체중을 감소시키는 것이 목적이 되어서 체중이 감소되면 영양 상태에 상관없이 성공하였다고 생각하는 사람이 종종 있다. 하지만 실질적으로 우리 몸이 더 건강해진 것이 아니라 외관상 체중만 줄었을 뿐 신체 내 모든 기능은 저하되어 있기 때문에 오히려 다이어트를 하지 않았을 때보다도 건강상 더 좋지 않을 수 있다. 반면 식습관은 간단히 어떻게 먹는가를 말한다. 최적의 상태로 건강을 증진시키기 위해서는 환자뿐만 아니라 환자 가족의 식습관도 새롭게 바뀔 수 있도록 하는 것이 좋다.

식사와 면역계는 서로 밀접한 관련이 있다. 신체 내 빈약한 영양 공급은 면역 기능을 현저히 저하시킬 수 있다. 반면 영양식으로 아주 잘 짜인 식단은 면역계의 기능을 향상시킨다. 그러나 림프부종에서 체중을 적절한 상태로 유지시키면서 충분한 영양분을 공급해 줄 수 있는 구체적 식사 지침 또는 요인은 없다. 다만 일반적인 사람에게도 통용될 수 있는 건강한 좋은 식습관을 권한다. 신경써서 살펴보아야 할 몇 가지 중요한 식사 원리는 다음과 같다.

- 신선한 채소, 과일, 곡물, 콩류 등을 많이 먹는다. 우리 몸에 풍부한 섬유질, 비타민, 미네랄 등을 제공하며, 섬유질이 많은 식사는 대장암과 심장병을 예방하는 데 중요한 역할을 한다고 오랫동안 보고되어 왔다. 이 음식에 포함된 산

화방지제는 암을 예방하는 데 많은 도움이 된다.

- 두부, 두유와 같은 콩 제품에서 적절한 양의 단백질을 섭취한다. 식사에 씨앗, 땅콩, 호두, 생선을 포함하도록 한다. 육류와 가금류, 계란 등은 그다지 중요하지 않다. 림프부종이 조직 내 단백질 함량이 많은 부종이기 때문에 단백질 섭취를 줄이는 것이 부종을 감소시킬 수 있는 것처럼 보일지라도, 사실상 그렇지만은 않다. 단백질 섭취를 적게 하여도 부종이 있는 곳에 단백질 함량은 감소되지 않을 뿐더러 우리 몸에 필요한 결합조직을 약하게 하여 림프부종을 악화시킬 수 있다. 그러므로 풍부한 단백질을 섭취하는 것이 절대적으로 필요하다.
- 식사에 지방을 최소화하도록 한다. 지방이 많이 함유된 음식의 섭취는 대장암과 유방암을 더욱 유발시킬 수 있다. 영양사는 건강을 위해서 우리가 평소 먹는 포화지방 섭취 수준을 2/3까지 줄일 것을 권하고 있다. 그러나 명심할 것은 약간의 지방은 건강에 필수적이라는 것이다. 특히 생선에 있는 지방은 일반적인 음식에 포함되어 있던 지방을 제거하도록 도와 주며, 혈관 내 혈액에서 혈전형성이 되도록 하는 성향을 줄여주는 것으로 보여진다. 그러므로 적어도 일주일에 두 번 정도는 식단에 생선을 포함시킬 것을 권한다.
- 어디서든지 가능하다면 가공된 음식보다는 자연식의 음식을 먹는 것이 좋다. 예를 들어, 신선한 채소가 냉동 저장된 채소보다 좋고, 저장된 채소가 캔 안에 있는 채소보다 더 좋은 음식으로의 가치가 있다.
- 음식을 너무 짜게 먹지 않도록 하여 소금 섭취를 최소화한다. 소금은 체내에서 수분 정체를 유발하여 부종을 더욱 유발할 수 있으므로 가능한 한 음식을 짜게 먹지 않도록 하는 것이 좋다. 우리가 먹는 음식에는 적정량의 염분이 기본적으로 함유되어 있으므로 일부러 짜게 먹지 않아도 필요한 양의 염분은 충분히 흡수될 수 있다.
- 카페인과 알코올 섭취를 최소화한다. 과도한 섭취는 체액의 정체를 유발시킬 수 있다(지나친 카페인과 알코올 섭취는 몸으로부터 칼슘을 배출시켜 골다공증을 유발함).
- 수분 섭취를 증가시킨다. 과도하게 체액이 축척되어 있는 림프부종이 있는 사람에게는 이치에 맞지 않는 것처럼 보이지만 충분한 양의 물을 마시는 것은 반드시 필요하다. 부종 부위에서는 조직 사이에 단백질 축적이 많이 되어 있는데, 이 단백질은 주위의 수분을 끌어당기는 성향이 있다. 만약 환자가 물을 적

게 마신다면 부종이 있는 곳에서 물의 양을 줄어들게 하는 것이 아니라 오히려 그 부위에 있는 단백질이 몸의 다른 곳에서 필요한 물을 빼앗아 오게 만드는 것이 된다. 충분한 물을 섭취하는 것은 몸 안의 불순물을 제거하는 데 도움이 될 것이다. 일반적으로 적어도 하루에 작은 잔으로 8컵(1.5~2L 정도)은 마시는 것이 좋다.

⑭ 기타 주의 사항

일단 환자가 림프부종의 위험성이 있다고 생각되면, 현재의 생활방식을 바꾸어야 한다. 이미 림프부종에 걸린 사람과 같이 손상된 부분에 지나친 부담이나 압박을 해서는 안 되며 세심한 피부 관리를 해야 한다.

림프부종은 대부분 광범위하고 복잡한 수술이나 치료 후에 발생한다. 전형적으로 치료 후에 팔이나 다리의 무거움증이나 부종에 대해 불평하는 사람들은 이것을 피할 수 없는 수술의 부산물이라 이야기하고, 최상의 해결책은 그것과 함께 문제없이 살아가는 것이라고 한다. 의료진이 치료에 관련해서 생길 수 있는 모든 위험요소나 문제점을 환자나 보호자에게 알려주는 것과 효과적인 치료법에 대해 제시하는 것을 게을리 하였다면 그것은 무책임한 행동이 아닐 수 없다. 환자는 당연히 환자 또는 보호자로서 현재의 상태와 앞으로 일어날 수 있는 가능성에 대해 알 권리가 있다.

예방은 어떠한 치료보다 가장 우선 시 되어야 한다. 만약 환자가 진단적 목적에 의한 검사를 받았거나 수술 또는 방사선 치료를 받았거나, 사고를 당해서 림프부종에 대한 위험에 놓여 있다는 생각이 들면, 환자는 이 문제에 관해서 주치의와 상담을 해 보아야 한다. 그리고 환자는 림프부종에 관한 예방법이나 치료법 등의 배운 것에 대해서 거리낌 없이 전문가에게 이야기를 해 같이 공유하도록 하는 것이 좋다. 그 어느 누구도, 심지어 의사까지도, 모든 것을 다 알지는 못한다. 환자의 정보와 지식이 환자나 다른 환자를 위해 더 좋은 치료를 제공하게 된다면 그 의의는 크다고 할 수 있다.

(5) 엠엘디 적용

① 효과와 목적

유방암, 자궁암, 두경부암, 전립샘암 등으로 인해 림프부종이 발생하려고 하거나 부종이 발생한 부위는 수술 부위나 부종이 있는 부위가 더욱 손상되지 않도록 하고, 림프기관을 통해 림프 흐름이 정상적으로 정맥으로 잘 갈 수 있도록 해 주는 것이 중요하다. 부종 부위가 단단해지면 엠엘디를 약간 강하게 적용하기도 하는데, 이는 상처 조직에 고여 있는 조직 채널을 통해 림프액을 밀어내는 목적이나 섬유화된 조직을 부드럽게 만들려고 하는 경우이다. 그러나 마사지를 너무 강하게 적용하면 림프관에 손상을 줄 우려가 있고, 인접한 림프관에 과부하를 일으키며, 심지어 단백질이 많이 함유된 반흔조직이 더 심해질 수 있기 때문에 항상 주의해야 한다.

엠엘디를 적용하는 시기는 가능한 한 부종이 나타나는 초기부터 행해져야 한다. 증상이 심하지 않을 때에는 림프액을 흡수하는 림프관도 기능이 많이 남아 있고, 조직 사이의 조직 채널도 아직 많이 열려 있기 때문에 초기 엠엘디는 임상적으로 의미가 있다. 일반적으로 적용시간은 45~90분 정도가 되는데, 부종의 정도, 범위, 몸쪽부분 부종의 유무, 섬유화 유무 등과 환자와 치료사와의 관계 등에 따라 다르다.

순환이 증가되면 다른 모든 신체 부분에서의 순환도 영향을 받기 때문에, 이것이 림프의 흐름을 증가시키고 부종이 있는 쪽의 얕은림프관의 운동성도 증가시킨다. 이러한 작용은 지방부종이 있는 사람에게 더욱 필요하다. 지방부종은 특징적으로 다리에 지방조직의 침착과 부종을 볼 수 있다. 이 병은 대부분 여성에게서 호발되며, 대개 상체는 가냘프고 골반 아래 다리는 정상 크기의 몇 배 정도까지 커지는 것이 특징이다. 상처도 쉽게 나고 만지는 것에 대단히 민감해진다. 다리에 침착된 지방이 림프액의 흐름을 차단하기 때문에, 지방부종은 흔히 림프부종으로 진행된다. 지방부종으로 진단을 받으면, 지방부종이 있는 사람도 엠엘디로 상당히 통증을 경감시킬 수 있고, 부종도 감소시킬 수 있으며, 침착된 지방도 줄일 수 있기 때문에 지방부종에도 적극적으로 엠엘디를 적용하도록 해야 한다.

② 림프부종의 전문적 치료 방법

1930년대 보더 박사가 림프부종 치료를 개발할 때, 복합적 부종 감소 물리치료(Complex Decongestive Physiotherapy, CDP)라고 명명하였다. 여기에 여러 가지 형태의 치료가 복합적으로 실시되는데 피부 관리, 엠엘디, 치료적 운동, 압박법 등이 포함된다. 이후 복합적 부종 감소 치료(Complex Decongestive Therapy, CDT)라고 부르는 것이 더 합당하다고 하여 1990년대 말 암학회에서 공식적으로 그 명칭을 사용하게 되었다. 하지만 현재까지도 두 용어가 혼용되어 사용되고 있다.

복합적 부종 감소 치료는 다음과 같은 방법과 목적으로 실시된다.

- 환자의 피부를 깨끗이 닦고 윤활제를 바른다. 죽은 조직을 제거하고 상처가 있는 경우, 항생제 연고를 바른다.
- 엠엘디를 적용해 부은 곳에 있는 액이 몸의 연결 부위를 통해 건강한 림프관 쪽으로 가도록 한다.
- 섬유성(반흔성) 지역에 라텍스 조각으로 채워진 거즈 주머니를 댄 뒤, 저탄력 붕대로 감는다. 이는 조직압을 증가시키고, 반흔조직을 부드럽게 하며, 정체된 림프액이 감소하였다가 다시 차오르는 현상을 방지해 준다. 치료 기간 중 환자는 붕대를 감게 되고 치료 이후에는 붕대 또는 압박 스타킹을 신게 된다.
- 근육 수축과 관절 움직임, 근력 강화를 증진시킬 수 있는 개인별 프로그램을 만들어 근육 위축이 감소되도록 해 준다.

엠엘디를 시행할 때는 먼저 피부를 청결히 한 다음 윤활제를 바르지 않고 엠엘디를 적용한다. 윤활제가 마사지를 적용할 때, 가장 중요한 피부 신장을 원활하지 못하게 하기 때문이다. 하지만 환자의 피부 상태, 부종의 정도에 따라서 가끔은 수분 함량이 많은 오일이나 로션을 바르고 실시하기도 한다. 복합적 부종 감소 치료는 적게는 2주 정도에서 많게는 수개월 정도로 실시한다. 엠엘디를 중심으로 하는 복합적 부종 감소 치료의 장점은 비수술적인 것, 남아 있는 측부 림프관의 통로를 열어주는 것, 서서히 무리 없이 부은 곳의 정체된 림프액을 순환계로 흐르게 해 주는 것, 손상되거나 약해진 림프관을 자극하여 림프관의 운동성을 증가시키는 것, 상처가 있는 부분에서는 상처 치유를 돕고 상처가 최상의 상태로 회복될 수 있도록 하는 것, 감염 등의 발생을 줄여 주는 것과 환자의 의료비를 줄여줄 수 있는 것 등 많은 장점이 있다.

③ 엠엘디 적용 시간

엠엘디를 적용할 때는 부종이 없는 구역에서 시작해 차차 부종에 인접한 다른 부위로 이동하다가 최종적으로 부종 부위에 실시하게 되는데, 이는 부종이 있는 쪽에서 부종이 없는 방향으로 림프 흐름을 유도하는 것이다. 일반적으로 부종이 없는 몸통 쪽부터 엠엘디를 적용하여 부종 부위에 림프액이 흡수될 수 있는 환경을 만들어 준 후, 부종이 있는 팔에서 몸통 쪽으로 이동하면서 실시한다. 40분 정도 마사지를 적용하는데, 30분 정도는 부종이 흡수될 부분인 몸통을, 10분 정도는 부종이 있는 팔 부분을 시행한다. 부종 부위가 크거나 많아서 90분 이상 엠엘디를 하게 되는 경우에는 1시간 이상 몸통을 충분히 마사지를 해 주어 부종 부위에서의 림프액이 잘 흡수될 수 있게 해 주어야 한다. 참고적으로 엠엘디 적용 시, 가능한 한 부종 부위를 심장보다 높이 올려 놓고 행하는 것이 효과적이다.

(6) 기타 치료법

① 공기 압박기

공기 압박기(pneumatic pump)는 부종에 특히, 림프부종에 널리 이용되는 치료 중 하나이다. 1990년대 중반부터 발달된 연속적 공기 압박기는 압박공기가 연속적으로 신체의 먼쪽부분으로부터 몸쪽부분으로 부은 곳에 맞게 착용된 공기주머니를 채우면서 올라가게 되어 있다. 이전까지만 해도 많이 사용되던 공기 압박기 중 하나는 한 번에 부은 곳을 짜내는 식으로 된 단채널 공기 압박기였다. 아직까지 시중에 판매되고 있는데, 점차적으로 짜 올리는 다채널 공기 압박기보다 덜 효과적이며, 림프관에 손상을 줄 수 있기 때문에 많은 림프부종 전문가들은 권하지 않는 편이다. 하지만 어떤 방식이 좋은가에 대한 논란은 아직까지 있다.

연속적인 공기 압박에는 두 종류가 있다. 하나는 표준형 연속압박기기로 각 부분에 동일한 압력이 번갈아 적용되는 공기 압박기이며, 다른 하나는 연동형 압력압박기기로 압력 변화가 림프액이 림프관을 통해서 움직이는 정상적인 팔이나 다리에서의 압력 변화와 매우 유사한 특징을 가지고 있다. 연동형은 공기주머니와 압박기로 구성되어 있고, 공기주머니는 여러 구역으로 나누어져 있다. 그리고 각 공기호스가 공기주머니의 각 구역에 연결되어 공기가 주입되게 되어 있다. 일단 부은 곳을 공기주머니 안에 놓고 기계를 작동시키면, 연속적 연동형 공기 압박기는 공기 압박을 주어 팔이나 다리의 림프관을 부드럽게 마사지 해 주고 '짜' 주게 되어 많은 양의 림프액을 정상적인 쪽으로 보내주어 자연스럽게 조직액과 림프액을 흡수할 수 있다.

다리 부종인 경우에 누워서 사용하면 효과적이다. 팔 부종인 경우, 팔을 올려서 적용하면 최대 효과를 거둘 수 있다. 그러나 압박이 림프액을 감소시킬 수 있다 하더라도 단백질은 제거할 수 없다(림프부종은 체액뿐만 아니라 단백질, 지방분자 등이 축적되는 것을 특징으로 한다는 것을 명심해야 한다). 단백질이 조직에 남게 되면 섬유화되고, 림프액의 흐름을 차단하고 상처 같은(scarlike) 장애물을 만들게 된다. 만약 공기 압박기를 지속적으로 사용하게 되면 붓지 않는 쪽 팔, 다리 또는 어깨, 샅에 과도한 액과 섬유성 침전물이 쌓이게 된다. 즉, 부종액이 부은 곳에서 위로 올라갈 수는 있지만 공기 압박기가 끝나는 지역에 결국 조직액이 더욱 축적된다. 이렇게 되면, 정체되는 부근의 림프계의 기능 손상을 만들어 부종 부위가 더욱 확장될 수 있어 더 좋지 않은 상태가 될 수도 있다.

공기 압박기를 잘못 사용하게 되면 이전에 정상적이었던 고환, 몸통, 반대편 팔 또는 다리에 부종이 생기거나 반흔 조직의 형성, 치료 받은 체지가 긁히거나 통증이 생기기도 한다. 연구자는 연속적 공기 압박기가 단채널 공기 압박기보다 더 증상 호전을 보인다는 결론을 내렸다. 그러나 많은 합병증도 있음을 제시하고 있다.

림프부종 치료 전문가 사이에서는 가정에서 공기 압박기를 사용하는 것에 대한 논란이 많다. 왜냐하면 공기 압박기를 잘못 사용해서 림프계에 더 큰 손상을 줄 수 있기 때문이다. 대부분의 림프부종 치료 전문가는 공기 압박기를 가정에서 사용해서는 안 된다고 주장하고 있다.

불행하게도 의사와 치료사도 공기 압박기를 추천하는 사람들이 많다. 심지어 사용 방법에 대한 설명도 없이 공기 압박기 사용을 권한다. 어떠한 지도 없이 공기 압박기를 전달받은 사람들은 집에서 부종을 빨리 감소시키기 위해서 압력을 너무 높이 사용해 남아 있는 림프관마저 손상시키기도 한다. 그러므로 공기 압박기를 사용할 때는 림프 전문가의 조언과 지도를 반드시 받도록 해야 한다.

분명한 것은 공기 압박기 치료가 만병통치가 아니라는 것이다. 림프 전문가로부터 전문적인 적용법에 대한 교육을 제대로 받지 못해 오히려 상태가 악화되어 사용하다가 중단하는 사람도 많다. 장시간의 림프부종 치료에서 공기 압박기 하나만으로는 효과적이지 않기 때문에 반드시 엠엘디, 붕대법, 운동 등의 병행이 필요하다. 만약 부종 치료 센터나 전문 치료사가 없다면 공기 압박기가 가능한 대안이 될 수 있다. 그러한 경우에는 최대 효과를 거두기 위해 적절한 교육과 훈련을 받은 후에 사용하도록 한다. 교육은 가족이나 친구, 환자 스스로 받을 수 있으며, 그것에 따른 림프부종에 대한 전반적인 교육도 같이 받아야 한다.

공기 압박기를 절대 사용해서는 안 되는 상황은 다음과 같다.

- 일차성림프부종인 경우에는 성기 부위에 림프부종이 생길 수 있고, 피부에서 액이 새거나 정상 쪽에 부종이 생길 수 있기 때문에 추천하지 않는다.
- 혈관질환 또는 심한 혈관경화증, 선천성심장질환으로 인한 광범위한 부종, 팔과 다리의 변형, 부종이 있는 곳에 전이성 암이 있는 경우
- 변형, 회저(gangrene), 최근 피부 이식, 심부정맥혈전증(정맥에 혈괴) 또는 특히 봉와직염(cellulitis)이 있는 경우

최근 엠엘디의 원리에 따라서 붓지 않은 정상적인 림프기관 쪽을 먼저 압박을 통해 마사지를 하고, 그 후에 부종 부위를 자연스럽게 흡수시키는 공기 압박기가 시중에 많이 나와 있다. 이와 같은 형태의 공기 압박기가 가장 효과적이면서 이차적인 문제를 유발하지 않게 한다(그림 5-15).

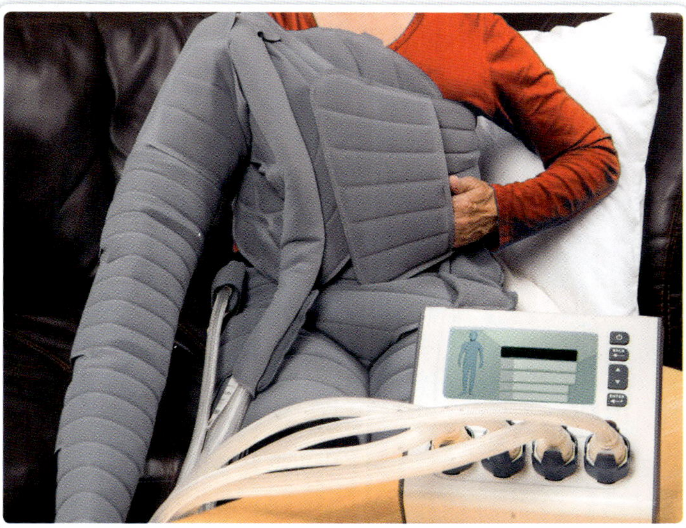

그림 5-15 엠엘디 원리에 의해 고안된 공기압박기

② 올림(거상)

림프부종으로 인해 고통 받아 왔던 사람들은 “단지 부은 팔이나 다리를 올려 놓는 것이 전부이다”라는 조언을 수없이 들어 봤을 것이다. 이 말은 다른 말로 “림프부종에 할 수 있는 것은 올림 이외에 더 이상 없다”라는 것이다. 올림이 림프부종이 있는 모든 사람에게 효과적인 것은 아니다. 상황에 따라서 올림에 대한 효과를 보이는 사람도 있고 그렇지 않은 사람도 있다. 일반적으로 부종이 있는 부위를 눌렀을 때 움푹 들어가는 상태라면 올림이 조직액의 심장 방향으로의 이동을 돕고 모세혈관의 여과를 감소시켜 부종이 감소될 수도 있다. 하지만 부종이 진행되어 2단계, 3단계인 림프부종 환자의 경우에는 피부의 섬유화로 부종 감소에 큰 효과를 보지 못한다.

일상생활에서 부종 부위 올림이 적절한 시기는 소파에서 쉴 수 있는 시간이 있을 때, 텔레비전을 보거나 잠자리에 들 때 등이다. 이때 부종 부위 아래에 베개나 쿠션을 받쳐 놓고 부종 부위를 올리도록 한다. 하지만 올림은 만성적인 부종 상태를 해결하기 위한 수단은 될 수 없다. 올림으로 인해 일시적인 부종 감소는 있을 수 있지만 다시 부은 곳이 아래로 떨어지는 자세를 취하게 되면 체액이 조직 안으로 되돌아간다. 그러므로 올림은 전반적인 부종 치료에서 단지 일부분이라는 것을 알아야 한다.

③ 약

림프부종이 있는 사람은 종종 다양한 종류의 약을 처방받는다. 가장 흔한 약으로는 이뇨제(diuretics), 항생제(antibiotic), 스테로이드 등이 있다. 그 외에 림프부종에 폭넓게 사용되지는 않지만 간혹 쓰여지는 다른 약도 있다.

약에 관한 한 림프부종이 있는 사람뿐만 아니라 관련된 모든 사람이 주의를 기울여야 한다. 의사와 약사에게 처방되는 약의 주효과, 부작용, 발생될 수 있는 위험성에 대해서 환자는 알아야 한다. 일단 약을 먹기 시작하면, 약에 대한 몸의 반응을 환자 스스로 점검하도록 한다. 그리고 의심되는 반응이 나타나게 되면 의사에게 즉시 보고하도록 한다. 종종 약이 효과적이지만 원하지 않는 부작용이 생긴다고 즉시 복용을 중단할 필요는 없다. 그런 경우에는 차라리 약의 용량을 줄이거나 다른 형태로 복용 약을 바꾸거나, 약의 부작용을 없애는 해독제 역할을 할 수 있는 약을 첨가해서 먹는 것도 좋은 방법일 수 있다. 그러나 결코 환자 스스로 조절해서는 안 되며 항상 의사와 먼저 상담을 하도록 한다.

이뇨제(diuretics)

신체는 다양한 필요에 따라 수분을 함유하고 있다. 수분 함량은 달마다 주기적으로 변하는 호르몬이나 날씨 변화와 같은 일시적 원인에서부터 울혈성 심장부전(congestive heart failure)인 심장 기능 장애와 같은 더 복잡한 상태에 따라 달라진다. 이같은 수분 정체는 일반적 부종으로 알려져 있다. 부풀음, 불편함, 일반 부종이 갖는 잠재적 위험을 경감시켜 주기 위해 의사는 수분 섭취를 줄이면서 저염 식사를 하도록 권한다. 이와 같은 조치에도 불구하고 여전히 증상이 남게 된다면 콩팥의 기능을 증가시켜 체내 물을 배출시키도록 촉진하는 약인 이뇨제를 주로 처방하게 된다.

체내 물의 배출을 촉진시키는 약이 림프부종으로 축적된 물을 효과적으로 없앨 수 있다는 생각은 논리적인 것처럼 보이지만, 특정 경우에만 사실로 통하는 말이다. 왜냐하면 림프부종은 과도한 체액뿐만 아니라 단백질의 축적과 연관되어 있기 때문이다. 이뇨제는 체액을 혈관으로 재흡수시키는 것을 촉진하기도 하지만 조직으로부터 단백질을 제거해 혈액 순환으로 되돌릴 수는 없다. 오직 정상적으로 작용하는 림프관이 그 일을 할 수 있다. 이뇨제는 림프부종을 치료하는 데 한계가 있는데, 림프부종이 있는 팔이나 다리 이외에 신체 모든 부분에서 불필요하게 체액을 제거하여 필요한 부분에서의 수분 부족을 만들 수도 있다.

만약 환자가 림프부종과 일반 부종을 동시에 가지고 있다면, 일반 부종을 감소시키기 위해 사용되는 이뇨제가 어떤 부작용이 있는지를 알고 복용하는 것이 중요하다. 부작용은 티아지드(Thiazide)로 알려진 이뇨제류와 관련이 있는데, 흔하게 처방되는 티아지드는 클로로티아지드[다이유릴(Diuril) 등 여러 상품명으로 판매중], 하이드로클로로티아지드[에시드릭스(Esidrix), 하이드로다이유릴(Hydrodiuril), 오레틱(Oretic) 등], 폴리티아지드(polythiazide) 등이 있다. 티아지드는 많은 칼륨을 체내에서 고갈시킨다. 이로 인한 미네랄 부족은 근육약화와 더불어 비정상적인 심장박동을 일으킬 수 있다. 그러므로 티아지드 이뇨제를 복용하기 전에 칼륨 수준을 검사하도록 해야 한다. 만약 칼륨이 낮다면 칼륨을 추가적으로 섭취하고 하루에 2,000mg까지 나트륨을 제한하도록 한다. 칼륨이 풍부한 식품은 바나나, 오렌지주스, 가자미류, 감자, 복숭아, 대추야자열매, 무화과 등이다.

■ 항생제

항생제는 미세조직을 파괴하고 성장을 억제하는 성분이 있으며, 그 자체가 림프부종에 효과적이지 않다. 그러나 림프부종으로 인한 이차적 문제를 해결하는 데 종종 필요한 경우도 있다. 항생제는 봉와직염의 초기 증상이나 다른 감염, 피부에서 림프액이 흘러내리고 있는 경우에 예방 목적으로 사용될 수 있다. 경구용 항생제로는 페니실린 또는 에리트로마이신(Erythromycin) 같은 것이 일반적으로 처방된다. 만약 환자가 이 약에 알레르기가 있다면, 똑같은 효과를 가진 다른 약이 처방되어야 한다. 항생제로 감염이 가라앉았다 하더라도 추가적인 감염이 바로 생기지 않게 하기 위해 예방 목적으로 수주에서 몇 달까지 약 복용을 지속하기도 한다.

봉와직염은 피부과적 응급 상태로 간주된다. 치료하지 않으면 림프관염 또는 림프절염으로 진행될 수 있으며, 경우에 따라서는 생명에 치명적일 수 있다. 만약 환자에게 봉와직염이 생기면 즉시 항생제를 복용하게 하는데, 가능하다면 정맥 내 주사를 통해 항생제가 투여되도록 하는 것이 좋다.

다른 종류의 약처럼 항생제는 부작용을 일으킬 수 있다. 가장 흔한 것은 소화장애와 진균감염이다. 만약 환자의 피부가 진균감염으로 진행될 가능성이 있다면, 플루코나졸[디프루칸(Diflucan)]과 같은 항진균 약을 처방하기도 한다.

■ 스테로이드

스테로이드는 부신에서 만들어지는 호르몬인 콜티손의 합성 상태이다. 사용 시 매우 주의 깊게 관찰해야 하는 강력한 약이다. 스테로이드는 면역계에 대한 억제 효과를 갖기도 하고 수분 정체와 정신적 우울증을 유발할 수 있다. 스테로이드는 염증을 줄이기 위해 일차적으로 사용하며, 림프부종 치료에 흔하게 처방하지는 않을지라도, 때때로 림프절이 팽창된 부종이 발생되거나 종양에 의해 림프의 흐름이 차단된 경우에 이용하기도 한다.

■ 벤조피론(benzpyrones)

큐마린이라고 불리는 벤조피론은 조직 사이의 정체된 단백질을 제거하는 데 도움을 주어 만성 림프부종을 호전시키는 것으로 알려져 있으며, 단백질 침착을 없애

주는 큰포식세포라고 불리는 면역세포를 자극한다. 큰포식세포에 의해서 단백질 침착이 체내에서 줄어들게 되면, 수분 정체가 덜하게 되면서 부종도 감소된다. 그러므로 조직에 도달되는 산소의 양과 영양분의 양이 증가되면서 원활한 세포의 대사작용이 일어나고 상처가 생기더라도 상처치유력이 부종 상태였을 때보다 증가하게 된다.

호주, 프랑스, 인도, 중국에서 임상적인 시도가 이루어지고 있다. 경구용과 외용용(topicla) 벤조피렌 모두 림프부종에 폭넓은 호전을 보이는 것으로 알려져 있는데, 압박 스타킹을 사용하지 않고도 부종의 감소, 움직임 증가, 통증 경감, 림프부종이 심하게 발전되는 정도를 감소시켜 준다.

림프부종 전문가인 케슬리 스미스 부부는 팔다리에 600차례의 벤조피렌를 사용하여 치료를 하였는데, 4주 치료기간 동안 평균 60~90%의 부종 감소를 보였다고 보고하였다. 이 약을 사용하는 의사는 복합적 부종 감소 치료를 시작하기 3개월 전에 경구복용할 것을 권한다.

벤조피렌의 안전한 용량이 얼마인지 확실히 밝혀져 있지는 않다. 적절한 용량을 복용하면 비교적 비독성(nontoxic)일 수 있고, 수개월 또는 수년 동안 복용했더라도 부작용을 호소한 환자(어린이 포함)는 설사 또는 구토와 같은 경한 소화위장 증상만을 보인다. 소화성 증상은 식사를 통하여 조절하거나 가벼운 약으로 쉽게 도움을 받을 수 있다. 그러나 벤조피렌을 너무 강하게 복용하면 심각한 부작용을 유발할 수 있는데, 간 손상과 심지어 죽음까지도 이를 수 있다. 1997년 호주에서는 암 치료 후에 로데마(Lodema)란 상품명으로 팔린 벤조를 복용하고 사망한 사람이 있어 벤조 유형의 상품 등록을 취소시켰다.

미국에서 림프부종을 치료하는 많은 전문가는 이 약의 안정성과 가치에 대해서 아직 의심을 가지고 있다. 미국 림프협회(NLN)와 유방암학회(NABCO)에서는 병원 이외에 다른 곳에서 벤조피렌을 절대 복용해서는 안 될 것을 권한다. 현재 미국에서는 정제로 된 알약, 분말, 연고, 크림 등 어떤 형태로든 FDA의 허가를 받아 정규처방을 할 수 있는 것은 아무것도 없다.

④ 수술

림프부종에 대한 수술은 치료의 최후 방법으로 생각될 수 있다. 일반적인 치료방법으로 처음부터 수술을 선택하지는 않는다. 림프부종이 수술적 접근으로 성공한다는 것은 많은 한계가 있다. 일반적으로 수술 후 합병증의 위험이 높기 때문에 림프부종에 대한 보존적 치료를 제대로 시행하지 못하거나 정보가 부족한 지역 또는 반드시 수술이 필요한 경우에만 한정적으로 실시된다.

미국과 유럽 등을 비롯한 여러 나라에서 초기 림프부종 환자의 림프관을 건강한 다른 곳의 혈관으로 연결해 새로운 림프관 길을 만들어 내는 문합술(연결술)을 실시해 성공적이었다고 보고한 적도 있다. 현재 우리나라에서는 새로운 림프관 통로를 만드는 미세수술과 피부밑의 굉장히 팽대해진 조직을 제거하는 절제술(debulking), 자가 림프절 이식술, 줄기세포 시술 등 다양한 방법이 시도되고 있다. 부종 부위의 팔이나 다리의 부종을 줄이기 위해 선택된 부분 지방(fat)을 제거하는 절차인 지방흡입술을 하기도 한다. 하지만, 이 모든 수술법의 효과에 대해서는 아직 논란이 많다.

레이저 수술은 림프부종에 관련된 피부 합병증을 치료하기 위해 사용될 수 있다. 종종 만성 림프부종이 있는 부분에 림프관종이라고 불리는 결절이 조직 아래 정체된 림프액의 축적 결과로 피부에 생길 수 있다. 이 부분에서 종종 출혈이 생기거나 배어나오거나 감염이 생기기도 하는데, 탄소 이산화탄소 레이저가 피부병변을 증발시켜서 결절을 성공적으로 치료하기도 하며, 특히 림프관을 봉합하는데 효과적일 수 있다. 레이저 치료는 국소 마취하에 실시할 수 있고 필요에 따라 여러 번 반복될 수도 있다.

2) 지방부종(lipedema)

(1) 발생과 특징

지방부종은 기립성 부종(orthostatic edema)을 동반하는 대칭적이면서 비균형적(disproportionate)인 지방 축적을 특징으로 한다. 하지만 손과 발은 지방부종의 진행으로 림프계가 손상되어 지방림프부종(lipolymphedema)으로 진행되기 전까지는 특별하게 부종이 나타나지 않는다. 이러한 특징은 단순 비만과 지방부종을 구별하는 중요한 임상 증상이 된다. 주로 다리에서 증상이 두드러지며 팔은 지방부종이 진행되는 후기 단계까지 증상이 나타나지 않는다.

지방부종 환자는 쉽게 멍이 들고 통증, 전신피로, 근력 감소와 신체 능력 저하를 보이며 주로 사춘기나 젊은 성인에게서 나타난다. 특히, 임신이나 폐경과 같은 호르몬 장애가 있는 시기에 더 증상이 심해지고, 50% 정도의 환자가 과체중이거나 비만인 여성에게서 나타난다. 지방부종은 상체보다 배와 엉덩이가 많이 큰 서양배형 비만으로 잘못 판단되는 경우가 많은데, 비만과는 달리 체중조절과 운동을 해도 큰 효과가 없다. 그렇기 때문에 비만과는 다른 형태의 관리와 중재가 필요하다. 발병률은 여성 중 0.06%에서 10% 정도로 추정되고, 림프부종을 전문으로 하는 센터에서 10~20%가 지방부종으로 내원해서 치료를 받을 정도로 발생 빈도가 매우 높다.

(2) 임상적 특징

주로 배, 엉덩이, 어깨 주변에 지방이 많이 쌓인다. 오랫동안 서 있거나 앉아 있는 자세와 같은 의존적인 자세와 따듯한 날씨에 증상이 더 심해지는 경향이 있다. 피부는 매우 부드럽고 눌러도 움푹 들어가지 않거나 약간 들어가는 정도로 비오목부종이거나 미세한 오목부종 증상을 보일 뿐이다. 지방부종의 증상이 진행되어 림프부종, 정맥 기능 부전 또는 정체성 피부염까지 발생하면 홍반, 궤양, 봉와직염, 피부 과색소

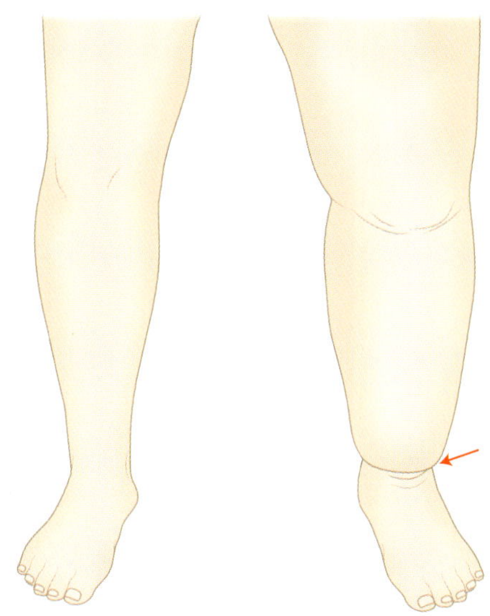

그림 5-16 다리 지방부종의 커프 사인
발은 정상적인 형태를 보이지만 발목 위로 바지를 입은 것처럼 피부에 커프가 생긴다.

침착, 피부 비대가 나타나기도 하고 커프 사인이 나타난다(그림 5-16). 이뇨제나 체중조절 프로그램, 운동, 압박법, 비만대사수술(bariatric surgery) 등에 별다른 체중 감소는 보이지 않는다.

(3) 지방부종의 진행 단계

지방부종은 진행성 질환이다. 제대로 관리나 치료가 되지 않으면 지속적으로 진행되며 많은 사람들이 비만이라 잘못 생각해 비만 관리와 치료를 하게 되는 경우가 많다. 그러므로 정확한 지방부종의 판별과 중재 개입이 전문적으로 매우 중요하다. 임상적으로 지방부종은 다음의 단계로 구분하게 된다(그림 5-17).

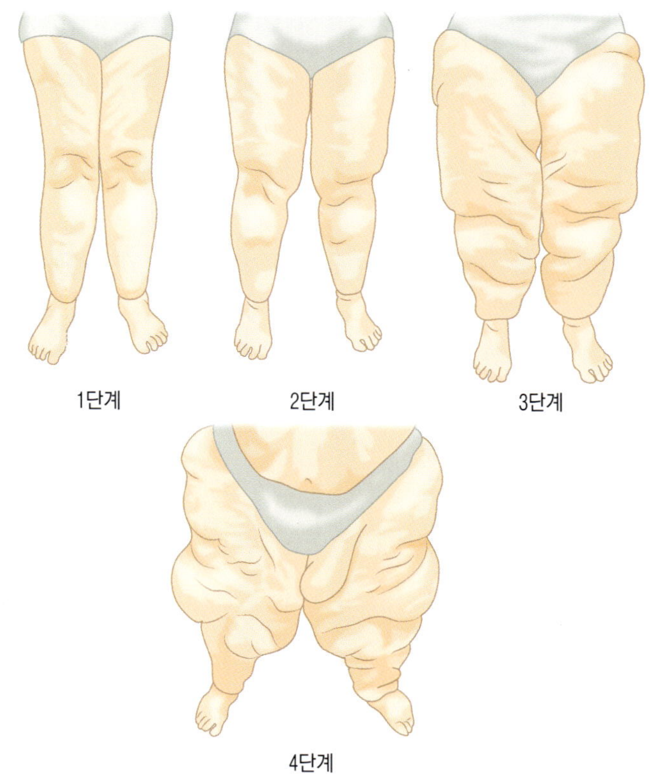

그림 5-17 지방부종의 4단계

- 1단계: 피하가 비대해져 있지만 피부는 정상적인 표면과 질감을 갖는다.
- 2단계: 특별히 일정한 형태가 없는 큰 덩어리 형태로 조직이 커지며, 지방의 울퉁불퉁한 형태를 보이면서 피부도 매끄럽지 않다.
- 3단계: 피하가 큰 결절(nodules)과 비대를 보이며 점점 단단해진다. 넙다리와 무릎주변으로 지방이 두드러지게 나타난다.
- 4단계: 림프부종이 이차적으로 발생한 지방부종이 된다(지방림프부종).

지방부종은 크게 다섯 가지 유형(그림 5-18)으로 지방부종의 발생 부위에 따라 나뉘기도 하지만 복합적으로 나타나기도 한다.

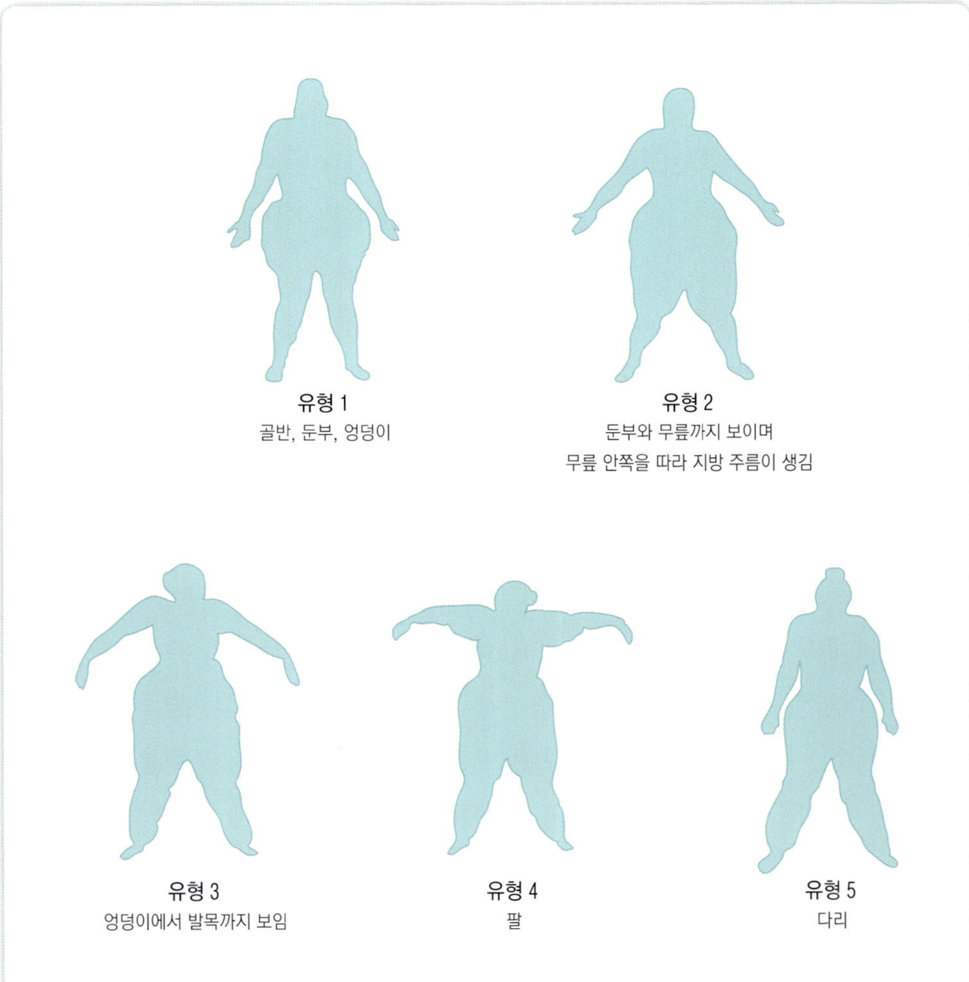

그림 5-18 전형적인 지방부종의 다섯 가지 유형

표 5-1 지방부종, 림프부종, 비만의 특징

구분	지방부종	림프부종	비만
성별	대부분 여성	남성, 여성 모두	남성, 여성 모두
통증 유무	있음	대부분 없음	없음
좌우 호발 부위	양쪽	보통 한쪽, 만약 양쪽일 때는 비대칭적	양쪽
발부위 증상	없음(지방림프부종으로 진행 시 침범됨)	있음	대게 나타나지 않으나, 때로 보이기도 함
피부 변화	없음	있음(진행 시)	없음
부종	비함요이거나 약간 함요를 보임	1, 2단계는 함요를 보이나 3단계에는 비함요	없음
스테머 사인	음성	1단계는 음성이나 2단계 이상은 대부분 양성이 나타남	음성
증상 부위	대부분 엉덩이, 둔부, 다리나 팔, 어깨 주변에도 나타나기도 함	어느 부위든 나타날 수 있음	전신

임상적으로 비슷한 양상을 보이기도 하는 지방부종, 림프부종 그리고 비만은 반드시 구별되어야 한다. 각각에 대한 특징은 표 5-1과 같다.

(4) 치료

일반적으로 다음과 같은 방법으로 치료가 이루어진다.

① 복합적 부종 감소 물리치료

지방부종 자체는 효과가 특별하게 나타나지 않지만, 이차적으로 발생되는 부종을 완화하고 치료하는 데는 매우 효과적이다. 복합적 부종 감소 물리치료의 구성 요소별 치료의 의미는 다음과 같다.

- **엠엘디**

엠엘디는 림프 순환을 증가시켜 조직의 생태를 정상적으로 만들어 주며, 이로 인해 피부의 섬유화, 경화, 통증 등을 개선시킬 수 있고 부종을 예방 및 감소시켜 줄 수 있다.

■ **압박법**

압박이 지방을 줄이지는 못하지만 조직 압력을 높여서 부종을 예방시킬 수 있다. 부종이 지속적으로 나타나게 되면 림프관 운동성이 점차적으로 악화되어 림프 기능 부전으로 진행될 수 있기 때문에 부종의 예방과 치료는 지방부종 환자에게 꼭 필요하다. 1단계의 경우도 가능한 한 원통형의 압박 2단계 정도의 압박 스타킹을 신는 것을 권하며, 지방부종이 2단계 정도로 진행되면 압박 2단계의 팬티형을 권하고, 경우에 따라서는 무릎 아래에 압박 스타킹을 덧대어 신는 것도 가능하다.

■ **운동**

운동과 물리치료 같은 보존적 치료는 지방부종 환자에게 매우 중요한 치료 요소이다. 수시로 발목 펌프 운동을 하게 해서 림프와 정맥혈액 순환을 증가시켜 무릎 아래 정체와 부종에 대한 예방 및 치료를 해 주어야 한다. 무리하지 않은 지속적인 운동이 체중 감량을 돕기도 하고 비만 예방과 감소에도 도움을 주어 지방부종의 상태를 호전시킬 수 있다. 림프 순환과 혈액 순환을 증가시킬 수 있는 낮은 강도의 요가, 필라테스, 수영, 수중운동, 배호흡, 신장 등의 다양한 형태가 가능하며, 다만 발목과 무릎에 과도한 압력이 가해지면서 중력 방향으로 다리를 떨어뜨리는 의존적 자세(dependent position)를 가능한 많이 하지 않는 것이 좋다. 운동 시 다리에 압박치료를 병행하면 정맥과 림프 순환이 더 촉진되기 때문에 가능한 한 압박법을 함께 적용하는 것이 좋다.

■ **피부관리**

지방부종이 진행되면서 피부 구조물이 약해지고 부종이 증가하기 때문에 피부 손상도 쉽다. 피부 손상이 발생되지 않도록 피부를 잘 보호하는 것이 중요하고 주기적으로 보습제를 발라서 정상적인 피부 기능이 이루어질 수 있도록 해야 한다.

② 식이 조절과 신체 활동

일반적으로 비만의 경우는 식이 조절에서 열량 제한에 초점을 맞추어 식단을 구성하지만, 지방부종의 경우는 영양소의 균형 있는 공급에 더 초점을 맞춘다. 물론, 50% 이상의 지방부종 환자의 경우, 비만을 동반하기 때문에 때론 열량 제한도 필요한 부분이다. 일정한 열량을 섭취한다면 가능한 한 동일 열량에 혈당지수가 낮은 것을 선택하도록 한다. 예를 들어 쌀밥은 혈당지수가 65이고, 보리밥은

43이다. 또한, 적절한 단백질의 풍부한 음식을 섭취하는 것은 매우 중요하다. 이때 염두에 두어야 할 것은 동물성 단백질을 섭취할 때는 지방이 많이 포함된 부분은 가능한 한 제거하거나 삼가는 것이 좋고, 식물성 단백질을 많이 섭취하는 것을 권한다. 그 외 섬유질이 풍부한 음식과 1.5L 정도의 충분한 수분 섭취 등도 매우 중요하다.

③ 수술

1990년대 초 지방흡입술 초기에는 지방 흡입 시 용액을 피하에 주입하지 않고 시행하는 건식 기술을 주로 시행했는데, 이때에는 혈관과 림프관의 손상, 부종 등의 합병증이 많았다. 점차적으로 기술이 발달하면서 국소 마취제인 리도카인과 혈관 수축용 약품인 에피네프린을 섞은 혼합 약물을 사용하는 튜메슨트 마취법(Tumescent anesthesia)을 사용하면서 출혈의 위험도 감소되었고, 통증도 조절하는 방식으로 발달하였다. 2000년대에 들어서는 물을 이용한 지방흡입술(Water jet-assisted liposuction, WAL)이 독일에서 시작되어 미국, 유럽 등에서 다양하게 사용하고 있다. 부채꼴 모양의 물을 분사하면서 지방세포와 나머지 조직을 분리하고, 튜메슨트 혼합물을 따라서 동시에 지방흡입을 시행하기 때문에 조직이 지나치게 팽창되지 않고도 지방흡입을 원활하게 할 수 있다. 현재는 지방흡입술과 지방절제술을 병행해서 하는 시술도 시행하는데, 시술 후 엠엘디와 압박법 적용이 매우 중요하다.

④ 정신적 지지, 행동 수정 교육

지방부종은 만성으로 진행될 수 있는 질환이고 비만으로 간주되기 쉬워 의료진으로부터 간과되기 쉬운 질병이다. 지방부종이 호전되고 좋은 상태를 유지하기 위해서는 환자 스스로 이 병에 대해 잘 이해하는 것이 중요하고, 식이, 운동, 치료 등이 꾸준히 관리되고 지켜질 수 있도록 교육이 이루어져야 하고, 주변 지인이나 의료진의 적극적인 관심과 협조, 환자 스스로 지켜야 할 것 등에 대해 습관적으로 잘 지켜질 수 있도록 행동 수정을 도와주는 것이 매우 중요하다.

3) 정맥부종

(1) 원인

직업여성이 많아지면서 여성 대부분이 가지고 있는 문제 중의 하나다. 오래 앉아 있거나 서 있으면 다리의 정맥혈관 내에 있는 정맥판막의 기능이 급격히 감소되거나 심지어 아예 기능을 상실하게 되어, 혈관 정수압과 조직으로의 여과가 빠르게 증가하게 되는 만성 정맥 기능 부전(chronic venous insufficiency, CVI)이다. 물론 초기에는 혈관으로의 노폐물 재흡수가 원활하지 않지만 림프관을 통한 림프의무물질의 정맥각으로의 이동은 거의 정상적인 상태라고 할 수 있다. 그러므로 정맥 기능 부전이 있다 하더라도 외부적으로 아무런 증상이 나타나지 않고 림프관을 통한 보상이 되고 있다고 생각할 수 있다. 시간이 지남에 따라 혈관에서 조직으로의 유입이 증가되면서 어느 시점에 이르게 되면, 늘어난 림프의무물질을 운반하기 위해 최대한 열심히 일을 하고 있었던 림프관의 능력이 한계에 도달하면서 결국 림프관의 기능도 정상 이하로 떨어진다. 이때부터는 부종이 눈에 띄게 되는데, 이를 정맥부종(phlebedema)이라고 하며, 다리는 아침에는 가늘지만 저녁에는 두꺼워진다(그림 5-19). 정맥부종이 지속되면 정맥혈관에 더욱 무리가 가면서 혈관이 늘어나는 정맥류와 같은 증상이 나타나고 부종도 더욱 심해진다. 기능 부전이 지속되면 다음과 같은 증상이 나타난다.

- 정맥부종
- 종아리(특히, 발목)에 오목부종 발생
- 정맥류
- 통증, 무거움, 팽창감, 다리 경련 발생
- 다리 올림 시 증상 완화
- 정맥 궤양

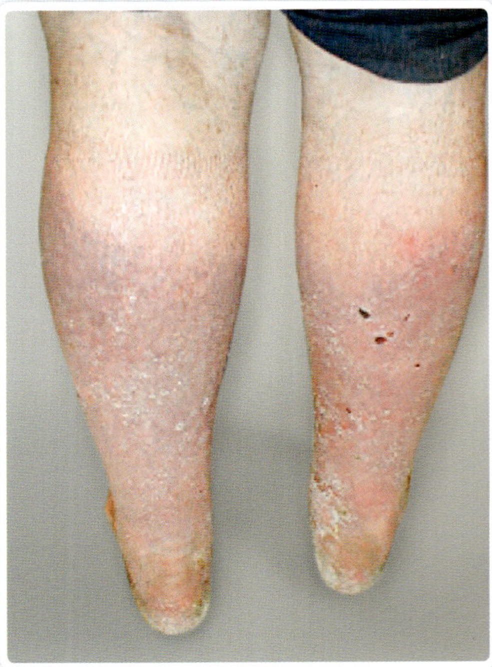

그림 5-19 정맥부종

장시간 의존적 자세를 취하는 낮 동안에 증상이 지속적으로 심해져 저녁에는 심한 부종, 통증, 무거움 등이 나타나고, 이러한 상황이 반복되면 다리에 정맥류가 나타나기 시작한다. 심하면 피부에 피부염, 피부 건조, 비늘 탈락, 가려움증이 나타나고, 피부색도 어두운 형태로 변하게 된다. 정맥 기능 부전이 오래되면 부종이 딱딱해지는 경화가 발생되고, 발목 주변에 특히, 안쪽 복사 부분이나 외상을 쉽게 받을 수 있는 앞쪽 정강부위에 궤양이 잘 발생한다.

(2) 엠엘디 적용 목적

이상이 생긴 혈관 상태를 근본적으로 치료할 수는 없다. 그러나 엠엘디를 통해 림프의 운동성을 자극함으로써 림프관의 운반 능력을 100% 이용할 수 있다. 그로 인해서 조직 사이에 쌓인 부종물질(노폐물)이 원활히 제거될 수 있다. 정맥의 구조적 변화를 유발시키는 나쁜 생활 습관, 운동 부족, 무분별한 다이어트로 인한 혈관 약화 등을 근본적으로 개선하지 않으면 정맥성 기능 부전은 악화되고, 엠엘디를 이용해 부종을 일시적으로 감소시켜 준다고 해도 부종은 다시 발생한다.

염증성 정맥 질환이 있어서 림프관에 염증이 발생하면서, 림프관의 긴장으로 인한 기능 저하, 단단해지는 섬유화로 인한 흐름의 차단이 수반된다. 이렇게 되면 림프관의 최대 운반 능력이 더 이상 발휘될 수 없기 때문에 엠엘디 적용을 통한 림프 순환 촉진이 더욱 필요하다.

정맥의 흐름이 원활하지 않은 것이 문제가 되어 엠엘디를 적용하는 경우, 엠엘디를 시작하기 전에 가능한 혈액 정체로 인한 혈전의 유무를 점검해서 엠엘디를 통해 혈전이 이동될 위험성을 가능한 한 배제해야 한다. 이것은 엠엘디뿐만 아니라 모든 치료 프로그램 적용 시 절대적으로 주의해야 할 사항이다. 손상된 다리의 정맥혈관에서는 혈전이 건강한 혈관보다도 더욱 잘 생성될 수 있고, 해당 부분은 매우 압력에 민감하고 붉게 된다. 혈관의 이러한 문제가 너무 심하면 혈관전문의를 만나볼 것을 권해야 한다.

(3) 일반적 치료 지침

가벼운 혈관 문제와 부종 치료를 위해 엠엘디를 적용할 때, 적용 시간은 한쪽 다리에 30분 정도로 한다. 기본적으로 림프 정체로 인한 림프기관의 기능 저하가 아니기 때문에 정상적인 엠엘디 방법을 적용하면 된다. 물론 간단하게 목에 대한 엠엘디를 시행한 후에 적용하는 것이 좋다. 가벼운 정맥성 기능 부전인 경우, 초기에는 일주일에

3회 정도 시행한다. 증상의 지속적인 감소가 이루어지면 장기간 치료를 시작하는데, 이때는 일주일에 한 번 정도를 권한다. 덧붙여, 엠엘디 적용 후 적절한 붕대를 이용한 압박이 중요하다. 또한 다리를 올리도록 하고, 발의 움직임을 유발할 수 있는 간단한 운동을 하는 것이 매우 중요하다. 환자에게 일상생활에서 어떤 생활습관을 가져야 하는지 교육시켜 주는 것도 중요한데, 너무 꽉 끼는 옷을 삼가도록 하고 가정이나 일터에서 다리를 구부리거나 꼬고 앉는 것을 피하도록 한다. 적절한 압력의 스타킹, 즉 상태에 따라서 무릎 아래까지 오는 것부터 넙다리까지 오는 밴드형 스타킹까지 알맞게 신도록 해 준다. 오래 앉거나 서 있어야 하는 직업을 가진 사람은 주기적으로 걷는 것이 매우 중요하다는 것을 명심하도록 교육시켜야 한다. 수영과 자전거 타기는 훌륭한 운동이다. 직접적인 직사광선 또는 사우나 같은 고온에 노출된 후에는 냉수 샤워와 같은 적절한 냉적용도 도움이 되기 때문에 치료 시 참조해서 엠엘디와 병행하는 것이 좋다.

4) 콩팥부종(renal edema)

콩팥의 급성 사구체신염, 콩팥증후군 등으로 콩팥의 기능의 저하 또는 기능 소실로 콩팥의 기능을 제대로 하지 못해 다량의 단백질이 소변으로 배출되어 저단백질혈장, 고혈압 및 정맥압의 항진, 나트륨의 정체 등으로 부종이 발생된다. 다른 형태의 부종은 중력 의존성인 경우가 많아 중력 방향으로 신체를 떨어뜨린 상태에서 오래 있게 되면 부종이 그 부위에 심해지는 것이 특징이다. 콩팥부종은 안면, 그중 피부가 얇은 안검부에 부종이 많이 발생하는 것이 특징이다(그림 5-20).

5) 기아부종(hunger edema)

영양부족 상태가 되거나 부적절한 식이습관(diet)으로 인해 영양분이 충분히 섭취되지 않은 상태에 발생한다. 양적 · 질적으로 모두 영양이 부족한 상태가 지속되면서 혈중 단백질 특히 삼투압 작용에 기여하는 알부민의 혈중 단백질 농도가 감소하여 조직으로 혈중 수분이 정상보다 많이 빠져나가고, 반대로 조직 내 수분의 모세혈관으로의 재흡수가 잘 이루어지지 않아 부종이 발생한다. 단백질을 포함한 영양분 섭취가 우선적으로 중요하다.

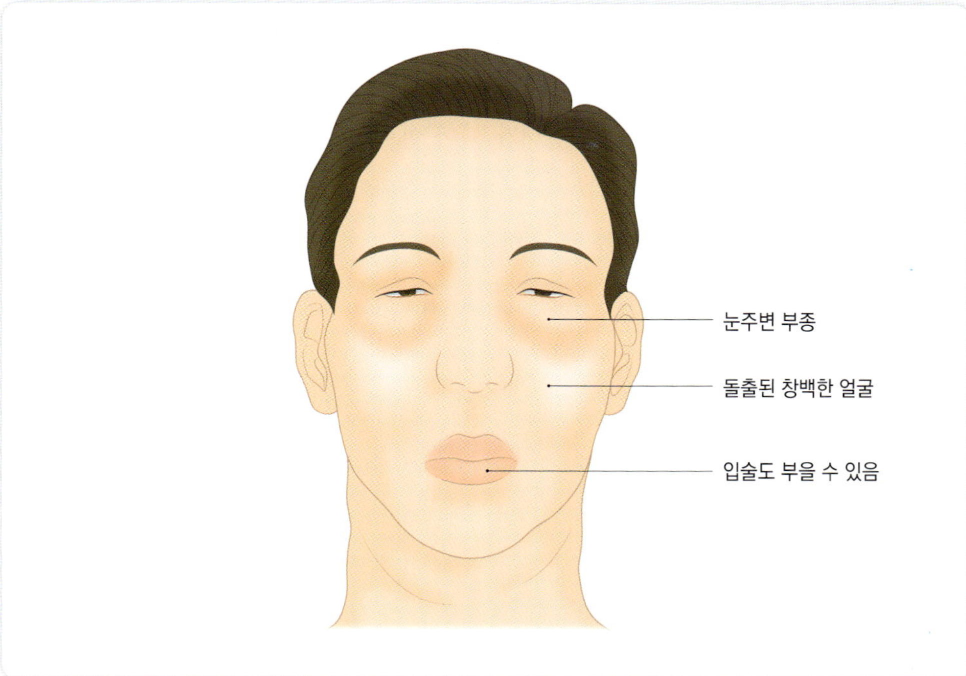

그림 5-20 콩팥부종의 얼굴 특징

6) 단백소실성 장병증(protein losing enteropathy)

단백소실성 장병증은 장을 통해서 단백질이 정상보다 많이 빠져나가서 다양한 증상을 일으키는 질환이다. 일반적으로 장을 통해 체내 알부민이 2~15% 정도 소실되는데 그보다 훨씬 더 많은 60%까지 단백질의 소실이 일어나면서 전신부종이 나타난다. 주로 소아 연령에서 발생되는데 구토, 설사, 체중 감소, 복통, 오심 등의 증상이 동반되는 경우가 많다. 장에서 단백질의 소실로 인해 혈중 단백질 농도가 적어지면서 부종이 특히 많이 일어날 수 있는데, 간에서의 단백질 합성과 창자에서의 소실 정도에 따라서 증상이 약하게 나타날 수도 심할 수도 있다. 식이요법이 중요하며 저지방, 고단백, 중간사슬지방산(Medium Chain Triglyceride, MCT) 중심의 식단이 중요하다. 특히, 중간사슬지방산은 창자에서 림프관으로 바로 흡수되는 과정을 거치지 않고 바로 장벽으로 흡수되어 림프관을 통한 유출이 적으므로 이러한 점을 고려한 식이가 중요하다.

7) 심장성부종(cardiac edema)

일반적으로 대정맥에서 오른심방으로 혈액이 유입되는데 오른심부전으로 인해 정맥 혈액이 원활히 들어가지 못하는 상태가 되어 이로 인한 정맥압의 상승이 발생한다. 정맥압의 상승은 모세혈관의 압력을 증가시켜 혈관에서의 여과를 증가시키게 되므로 부종이 발생한다. 오른심부전으로 인해 폐정맥압의 상승을 유발시켜 허파에 부종이 발생하기도 한다. 중력에 영향을 많이 받게 되어 다리에 부종이 발생한다.

8) 복합적 부종

지방정맥부종(lipophlebedema), 지방림프부종(lipolymphedema), 지방림프정맥부종(lipolymphophlebedema), 정맥림프부종(phlebolymphedema) 등이 있다. 지방부종이 있는 경우, 지방세포의 비정상적 비대로 혈액과 림프 순환이 저하된다. 지방부종 초기에는 증상이 심하지 않으나, 지속적으로 정맥 순환이 저하되면서 모세혈관으로의 여과가 증가하고 재흡수가 감소하게 되면 지방부종으로 인해 정맥부종까지 유발되어 결국 지방정맥부종이 발생한다. 또한, 지속적인 지방부종으로 인해 림프기능에 저하나 소실을 유발하게 되면 지방림프부종이 발생한다. 지방부종으로 인해 정맥, 림프관의 기능이 모두 저하 또는 소실되면 지방림프정맥부종 상태가 되어 상태가 더욱 좋지 않게 된다. 대표적인 역동성 부종인 정맥부종의 경우도 심해지면 지속적으로 림프기능의 저하를 유발시켜 정맥림프부종이 된다.

일반적으로 림프역동성 부종으로 인해 림프정체성 부종이 발생하게 되면 부종을 유발시키는 원인과 조직액의 림프로의 흡수가 원활하지 않는 상태가 되기 때문에 상태가 단독원인 경우보다 좋지 않다. 그러므로 림프역동성 부종의 경우에는 치료계획을 세워야 한다.

CHAPTER

06

적응증과 금기증

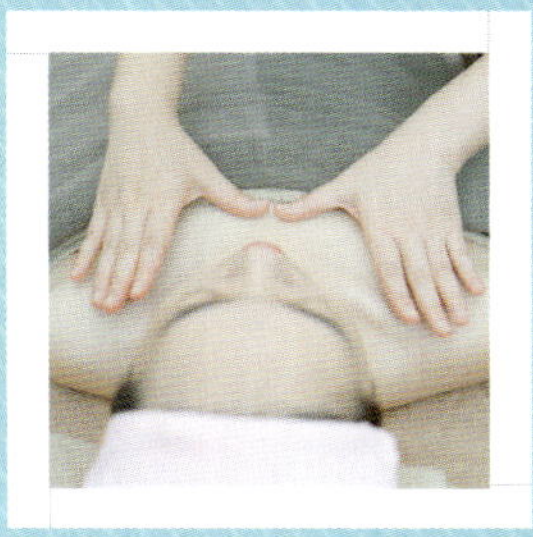

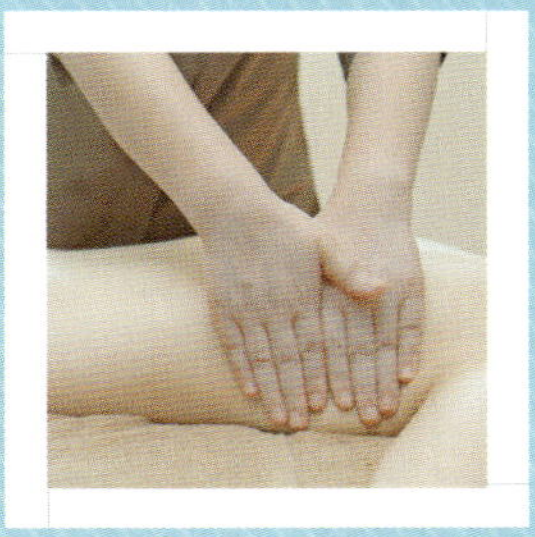

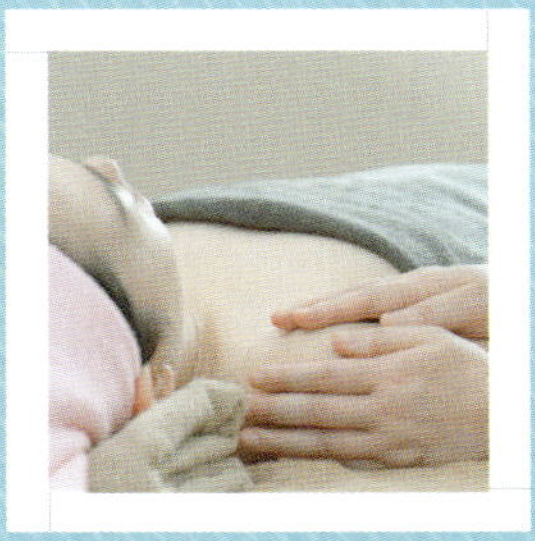

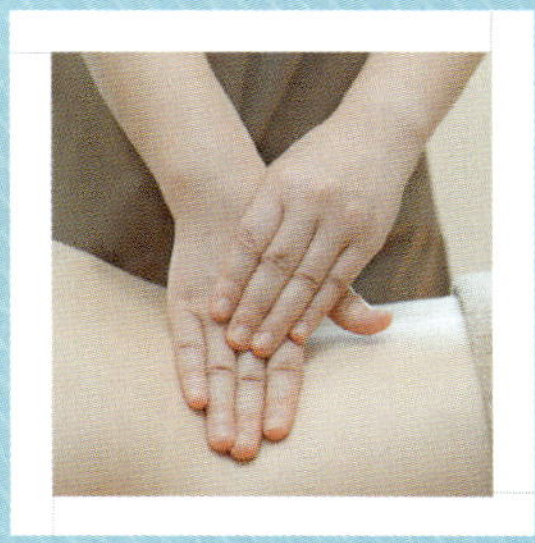

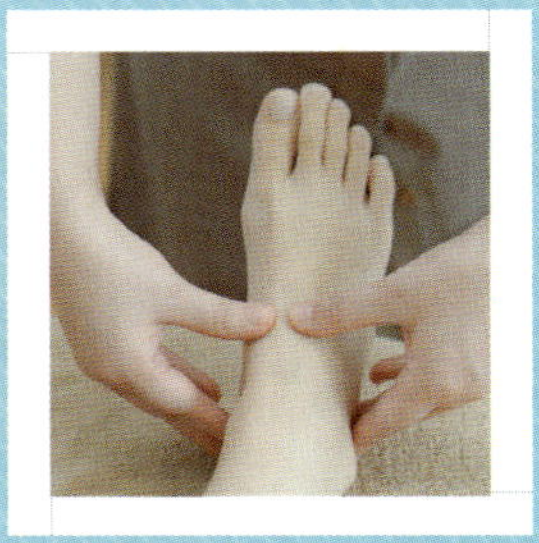

1 엠엘디 적응증

엠엘디의 적용을 이론적으로 뒷받침해 줄 수 있는 과학적인 연구가 모두 이루어진 것은 아니지만, 임상에서 엠엘디는 광범위하게 적용되고 있다. 과학적으로 규명되어야 할 엠엘디 적용의 예는 수없이 많다. 효과를 인정 받아 가장 많이 사용되고 있는 적응증은 다음과 같다.

1) 혈관 · 심장 · 림프 관련

부종은 세포바깥공간에 생기는 비정상적인 액의 축적이다. 모든 부종이 엠엘디의 좋은 적응증은 아니고, 적용한다고 해도 같은 방식으로 반응하지 않는다.

- 림프정체성(고단백)부종 또는 림프부종[lymphostatic(high-protein) edema or lymphedema]: 림프계가 정상적으로 작용하지 않는 경우다. 일종의 기계적 불충분이라고 할 수 있다. 림프정체성부종은 엠엘디의 가장 중요한 적응증 중 하나이다.
- 림프역동성부종(lymphodynamic edema): 림프정체성부종과는 반대로 림프관의 기능은 여전히 '역동적'으로 움직이고 있지만, 결합조직에서 과도하게 축적된 액을 제거할 수 없는 상태를 말한다. 정체된 액은 림프계의 수송 능력(transport capacity)이 초과되었으며, 기능적으로 불충분(insufficiency) 상태가 된 것을 보여준다. 이 경우, 대부분은 부종의 원인이 먼저 치료되어야 한다.
- 만성 정맥성 기능 부전(Chronic Venous Insufficiency, CVI): 초기 상태의 정맥성 질환인 정맥류, 혈전 후 다리부종, 피부염에서 심지어 정맥성 궤양과 같은 후기 만성 합병증에 이르기까지 거의 모든 상태에서 엠엘디를 통해 잘 흡수시킬 수 있다. 그러나 항상 명심해야 할 것은 급성 맥관염(phlebitis)은 절대 엠엘디를 적용해서는 안 되는 금기에 해당된다는 것이다.
- 동맥성 궤양, 다른 유형의 궤양(즉, 당뇨병성 궤양)
- 동맥성 고혈압
- 동맥염, 간헐적 파행(간헐적 절뚝거림)
- 레이노드병(Raynaud's disease)

2) 치과 관련

- 치통
- 발치 후 통증, 부종, 염증, 혈종, 상처 등
- 교정 치료
- 뿌리관(근관, root canal), 교정 수술
- 잇몸병
- 치아뿌리막염

3) 피부 관련

- 여드름
- 주사
- 만성 · 알레르기성 습진: 초기 단계에서는 염증 또는 알레르기 반응을 예방하기 위해 피함
- 입 주위 피부염(즉, 콜티손 치료 후)
- 기미
- 색소 침착 부위

4) 피부 미용 관련

- 홍색증(모세혈관확장증 또는 안면홍조)
- 조직 하수(늘어짐)
- 주름
- 대머리, 탈모
- 비만증, 셀룰라이트

5) 전신 · 대사성 관련

- 스트레스
- 피로
- 만성통증
- 만성피로증후군

- 자율신경 기능장애
- 수면장애
- 코골이
- 중독 치료: 단식, 다이어트, 금연, 다른 의존 물질 중단 시
- 독성 화학 물질 중독
- 시차
- 숙취
- 콜레스테롤, 요산 등에 대한 대사 효과(metabolic effects)

6) 노인 관련

엠엘디는 고령자에게는 아주 좋은 기술이다. 왜냐하면 엠엘디는 몸의 조직 재생, 산화, 딥 클렌징(deep cleansing)을 아주 효과적으로 촉진시킬 수 있기 때문이다. 또한 면역계를 자극하고, 스트레스를 완화시키는 효과도 있다.

금기증만 주의 깊게 생각한다면, 엠엘디는 부드러움과 무해성 때문에 노인에게 여러 면에서 적용될 수 있다. 처음 서너 번의 관리 동안 고객의 반응을 잘 관찰하는 것이 중요하다.

7) 부인 관련

- 생리, 피임약, 임신 등으로 생기는 유방 통증 또는 부은 유방
- 섬유낭종성 유선증
- 생리: 생리후증후군, 통증성 또는 출혈성 생리
- 임신
  - 튼살(배, 가슴), 임신선
  - 부은 다리, 정맥류
  - 모유 수유: 가슴 통증, 산욕기 갈라짐, 흉터 예방 또는 치료, 감염 예방
- 폐경: 홍조, 과민함 등
- 불임

8) 간 · 위장 관련

- 만성변비
- 만성위염, 위장염, 스트레스성 궤양, 작은창자큰창자염, 만성큰창자염
- 과민성큰창자증후군
- 궤양성 큰창자염, 크론병
- 곁주머니증, 곁주머니염
- 만성충수염
- 만성췌장 기능 부전, 만성췌장염
- 흡수 불량, 셀리악병
- 치질, 항문 가려움증, 치열
- 만성간염, 만성담낭염, 쓸개관염

9) 감염성 질병 관련

소아나 노인에게 사용할 수 있다. 염증 반응 또는 열의 발생을 피하기 위해 처음에는 짧은 횟수로 관리를 하는 것이 좋다.

- 만성편도선염, 후두염, 인두염, 코염, 귓병, 이관염
- 만성이마굴염
- 만성위턱굴염
- 비카타르
- 에이즈(AIDS)

10) 신경 관련

- 두통
- 편두통
- 현기증
- 뇌혈관사고(뇌졸중), 편마비, 만성허혈성증후군
- 뇌진탕
- 척수 손상
- 뇌성마비

- 안면신경통, 늑간신경통, 대상포진
- 삼차신경통
- 안면마비
- 파킨슨병, 무도장애
- 다발성경화증
- 말초신경장애 · 뇌신경장애
- 근육병, 근이영양증
- 소아마비
- 간질
- 기억력장애

11) 눈 관련

- 시력 감소
- 암점(scotoma)
- 만성누낭염, 눈꺼풀염
- 만성녹내장
- 백내장
- 만성눈꺼풀부종
- 망막박리
- 황반병성
- 망막색소변성증

12) 정형외과 관련

- 외상
- 혈종
- 삠(염좌)
- 탈구, 아탈구
- 인대와 연골 질환
- 골절
- 골절 후 또는 삠 후 증상(통증, 불편함 등)

- 목 통증, 교통사고 후 목 통증
- 허리통증
- 궁둥신경통

13) 이비인후과 관련

- 귀울림(이명)
- 어지럼증
- 청력 소실, 이경화증
- 메니에르병
- 미로염
- 무타액증
- 쇼그렌증후군(Sjogren's syndrome)

14) 호흡기, 알레르기 관련

- 만성기관지염, 만성폐기종성 기관지염
- 기관지 천식
- 폐기종
- 규폐증(진폐증)
- 낭성 섬유증
- 고초열

15) 류머티스 관련

급성염증이 사라지는 양상을 보인 후에 엠엘디는 많은 류머티스성 질환의 부종을 효과적으로 감소시킬 수 있다.

- 관절증(목, 어깨, 엉덩관절, 무릎), 다관절증성 변형
- 강직성 척추염
- 통풍, 가성 통풍
- 건선성 관절염
- 알레르기성 관절병, 내분비성 관절병, 당뇨병성 관절병 등

- 전신홍반성 루프스
- 강피증
- 섬유근육통
- 뼈엉성
- 반사교감신경이영양증
- 결합조직염(활액낭염, 건염, 건초염 등)
- 근염, 근섬유막염, 다발성근염, 피부근염
- 테니스 엘보우(tennis elbow, 가쪽 상과염)
- 듀피트렌스 구축(Dupuytren's contracture)
- 경성사경

16) 운동 관련

- 운동 경기 준비: 운동 경기 전후에 근육의 상태를 개선시키기 위해 적용(즉, 노폐물과 젖산 제거를 도움)
- 근경련
- 스포츠 외상: 부종, 혈종에 적용, 출혈이 멈추는 것을 확인하고 적용
- 외상성 부종: 근육 파열, 염좌성 관절과 인대, 관절 탈구, 반월판연골과 인대 손상 후 부종, 건염, 건막염, 골절(석고 고정 전 · 중 · 후)
- 근육통
- 흉터, 섬유증

17) 수술 관련

- 수술 전: 수술을 위해 조직을 준비하고, 수술 후 부종을 예방하기 위해 림프가 흘러가는 길을 비워 준다.
- 수술 후
  - 흉터와 섬유증 감소 또는 예방: 감염 예방 효과, 켈로이드의 형성 감소 또는 예방
  - 주요 림프절 제거와 관련된 수술(유방암 수술 후, 전립샘 수술 후, 자궁경부암 수술 후, 난소 적출술 후, 콩팥 제거술 후, 종양 제거)
- 팔다리 절단
- 보형물 삽입술

- 피부 이식
- 화상
- 입 수술, 안면 수술, 얼굴 리프팅(lifting), 귀 리프팅
- 정맥 제거술, 맥관염 또는 혈전 후 수술

18) 비뇨기, 콩팥 관련

- 만성방광염
- 만성전립샘염
- 양성전립샘비대증
- 음경 손상
- 외성기 부종
- 음낭수종

2 엠엘디 금기증

1) 절대적 금기증

(1) 악성종양

고객에게 현재 치료를 받지 않은 혹은 깨끗이 제거하지 못한 종양이 있다면 엠엘디는 절대적 금기증이다. 악성 종양은 림프계 내에서 악성으로 성장하는 것을 비롯해서 다양한 종류의 백혈병뿐만 아니라 암종(carcinoma)과 육종(sarcoma)이라고 진단된 것을 포함한다. 암이 퍼지는 전이의 가능성이 있느냐 없느냐 하는 것은 종양의 종류, 몸의 상태에 따라 다르다. 그렇기 때문에 의료기관에서는 의사와 상의 후 엠엘디를 적용하기도 하지만, 일반적으로 완전히 치료 받지 않은 상태라면 하지 않는 것이 좋다. 특히, 다음과 같은 악성 종양이 그 예가 될 수 있다.

- 악성 흑색종: 암세포가 모세림프관을 파괴시킬 수 있으며, 이로 인해 암세포가 림프관 안으로 유입될 수 있다. 엠엘디로 인해 일반적으로 전이되는 속도보다 더 빨리 암세포를 퍼지게 할 수도 있다.

(2) 급성염증

급성염증(acute inflammation)은 감염 질환의 진행 과정에서 몸 전체에 퍼질 수도 있다. 전신에 염증이 있는 경우에는 발열, 삼출물을 동반한 점막 부종, 편도선염 또는 콩팥의 염증과 같은 염증성 질환의 특징적인 증상을 일으킨다. 그러나 염증은 매우 국소적으로 제한될 수도 있다. 이 경우에 신체는 유출림프관을 경직, 폐쇄시켜 염증이 다른 곳으로 퍼지지 않도록 자신을 방어한다. 이같은 상황에서 엠엘디를 시행하면 림프관의 경직성을 깨뜨려 체내의 감염을 일으키는 독소, 바이러스, 세균 등의 움직임을 촉진할 위험이 있다. 그러나 얼굴 등 부분적인 국소 염증의 경우에는 감염된 림프 배출 부위를 제외한 부위에서 행해질 수 있다. 열이 내리거나 통증과 같은 국소 염증 증상이 줄어든다면, 그 후에는 엠엘디를 시작할 수 있다.

만약 고객이 진행성 결핵을 가지고 있다면 어떤 방식의 엠엘디도 시행해서는 안 된다. 결핵 억제 치료로 증상이 호전되었거나 치료가 진행 중인 경우에는 상황에 따라 시행될 수도 있다. 그러나 비활동성 결핵균이 여러 림프절에 잠재하고 있을 수 있기 때문에, 세심한 주의를 필요로 한다. 그러므로 치료를 받으러 온 고객의 림프절이 팽창되어 있으면 최근에 결핵이 발생했는지 확인해야 하며, 치료를 끝낸 상태라 하더라도 일시적으로 진행을 멈춘 것일 수 있기 때문에 그 부분에는 엠엘디를 하지 않는 것이 좋다.

마찬가지로 톡소플라즈마증(toxoplasmosis)이나 급성 알레르기 반응의 경우에도 적용해서는 안 된다. 알레르기 반응 시 엠엘디를 적용할 경우, 알레르기 반응으로 인해 발생하는 히스타민(histamine)이 몸 전체로 퍼져 알레르기가 더욱 심해질 수 있기 때문이다.

(3) 단독

단독(erysipelas)은 피하조직의 연쇄상구균감염(streptococcal infection)에 의해서 발생되는데, 피부가 연약해서 자주 빨갛게 일어나는 사람에게 또는 습진, 피부염, 피부의 찰과상 후에 속발증으로 주로 생긴다. 피부가 지나치게 건조하거나 순환이 원활하게 되지 않아서 전신적 또는 국소적으로 부종이 생기는 사람은 피부의 산성막이 파괴되기 때문에, 피부에 어떤 손상이 없어도 문제를 일으키는 병원균이 피부 안으로 들어올 수 있다. 특히, 부종이 있는 피부의 조직은 자극이나 외부적 침입에 저항할 힘이 매우 약하기 때문에 단독 증상이 쉽게 올 수 있다. 단독은 오한을 동반한 열,

알아두기

톡소플라즈마증이란?

원래 동물의 기생충인 톡소포자충에 의해 감염되는 병으로 개, 고양이, 돼지, 소, 말, 양, 산양, 쥐, 원숭이, 토끼, 마못(marmot) 등의 포유류와 닭, 비둘기, 참새 등의 조류에서 발견된다. 가축의 숙주역(숙주가 되는 생물종의 범위)은 넓기 때문에 특히 많은 경우에는 약 50%의 가축에 기생한 예가 있다. 기본적으로 어린 동물에서 발생하며 발열, 식욕 부진, 호흡 곤란, 설사, 경련, 기립 불능 등이 주증세이다. 성수(다 자란 짐승)에서는 불현성 감염이 많다. 사람에 대한 감염원으로는 개나 고양이 등 애완동물, 돼지, 소, 말 등의 가축이 주요한 것으로 보인다. 병든 동물의 분비물이나 배출물로부터 경구 감염(입을 통해 감염)되거나 돼지, 소, 양 등의 식육으로부터 감염되는 일도 있다.

보통 감염되어도 무증세로 경과하고, 발생해도 가볍게 지나는 불현성 감염(임상적 증상이 없는 감염)이 6~20%이다. 그러나 가장 문제가 되는 것은 임신 중의 모체가 감염된 후 원충이 태반을 통해 태아에게 이행하여 감염시키는 것인데, 이것을 선천성 톡소플라즈마증이라고 하며, 주로 중추신경계가 침해되어 수두증, 소두증, 지능장애, 맥락망막염, 척수액 이상 등이 나타난다.

진단은 척수액, 혈액, 림프절 등으로부터 충체 증명, 각종 혈청학적 시험, 피부 반응 등에 의하여 행한다. 치료는 확실한 것이 없고 항말라리아제, 설파제 등이 사용된다. 예방을 위해서는 폐렴이나 설사 등을 일으켜 톡소플라즈마 곤디(toxoplasma gondii: 톡소플라즈마증을 유발시키는 원충 이름)의 감염이 우려되는 애완동물이나 가축과의 접촉을 피하고, 돼지나 소 등의 고기는 완전히 굽거나 끓인 것을 먹는다. 또 톡소플라즈마 곤디는 물에 약하므로 손이나 식기 등을 잘 씻는 등의 주의가 필요하다.

국소 발열, 부종, 심한 통증을 동반한다.

일단 단독 증상이 발생하면 림프관 벽의 섬유화, 폐쇄 또는 판막 기능 부전(valvular insufficiency)과 같은 림프관 손상을 일으킨다. 피부 치료 전과 도중에 단독 증상을 항상 점검해 보아야 하며, 아주 약하게라도 피부의 발열, 붉은 반점, 통증 등이 유발되면 일단 치료를 멈추고, 병원에 가서 항생제를 처방 받아 복용할 것을 권해야 한다. 엠엘디는 이에 대한 치료가 최소 48시간 정도 진행되어야 할 수 있으며, 완전히 상태가 회복되는 시기(보통 1~2주)까지는 하지 않는 것이 좋다.

(4) 혈전증

혈전증(thrombosis)이 있으면 어떤 종류의 마사지도 절대 해서는 안 된다. 특히, 다리에 갑작스런 부종이 생기면서 양쪽이 아닌 한쪽 다리에 통증과 푸른색을 띤 피부 변색을 보인다면 혈전증을 의심할 수 있으므로, 엠엘디뿐만 아니라 기기 치료 등 자극을 주는 모든 종류의 치료는 금기다. 우선은 정확한 의학적 진단을 받은 후에 실시하는 것이 좋다.

(5) 심장 기능 부전

심장과 관련된 부종은 진피층 내의 단백질이 많지 않은 저단백질 부종(low-protein edema)이다. 심장 기능이 좋지 않아 펌프 작용이 감소하면 정맥 내의 압력이 증가한다. 정맥의 혈압이 높아지면서 모세혈관에서의 재흡수 또한 제한되어 다이나믹 부종(dynamic edema)이 나타난다. 심장 근처의 터미너스(정맥각) 부근의 림프액이 높아진 정맥압으로 인해 원활하게 유입하지 못하면서 터미너스에서부터 림프의 정체가 진행되고, 이로 인해 역류성 정체(reflux congestion)가 발생하여 진피 내의 조직액 흡수가 원활히 되지 않는다. 이 상태가 되면 다이나믹 부종과 림프정체성부종이 중복되면서 부종은 더욱 심해진다.

이로 인해 심장 기능 부전으로 인한 부종 환자에게 엠엘디를 적용하게 되면, 터미너스로의 림프 유입이 활발해지면서 정맥 내에 압력을 증가시켜 심장과 순환계에 더 심한 장애를 초래하게 되므로 심장 기능 부전이 점점 악화된다. 그러므로 엠엘디는 적절한 심장 치료를 먼저 선행한 후에 실시해야 하며, 치료실에서도 이에 대한 점검을 반드시 미리 해야 한다.

2) 상대적 금기증

(1) 치료된 암

암 병력이 있었으나 치료된 경우, 엠엘디는 별다른 문제가 되지 않는다. 하지만 항상 고객의 몸 상태를 점검하는 것이 좋으며, 엠엘디를 적용하는 기간 동안 평상시에 느끼지 못했던 증상이 나타나면 즉시 병원에 가서 진찰 받을 것을 권해야 한다. 일반적으로 암의 전이가 있다고 하더라도 암 치료 부위 이외에 필요에 따라서 적용될 수도 있다. 또한 암으로 생존률이 매우 낮아졌다고 하더라도 부종, 통증 등을 완화시킴으로써 환자의 심리적 안정감, 신체 기능 증진 등의 완화 치료(palliative treatment)의 목적으로 담당 의사와 상의하에 실시되기도 한다.

(2) 모반

고객의 피부에 양성 피부 질환이 있다는 것은 전암 상태(precancerous conditions), 즉 암의 전조 증상을 의미하는 것이다. 대표적인 예로 모반(nevus)이 있는데 보통은 피부에 심한 색소 침착이 생기고 털이 바깥으로 보인다. 특히 햇볕에 노출된 신체 부위에서 발견되는데 주로 사춘기 이후에 생긴다. 모반은 멜라닌 세포가 악성화된 흑색종이 되기도 하는데, 증상의 진행으로 염증 또는 출혈이 생기게 되면 우선 정확한 검사를 하도록 권하는 것이 좋다. 흑색종이 진행되면 주변의 림프절이 팽대해진다. 모반이 있다면 시술자는 국소 부위의 자극을 최소화하기 위해서 모반 주위에서 엄지를 이용한 원 그리기 동작을 피해야 한다.

(3) 만성염증

만일 저절로 또는 약물 치료의 도움으로 급성염증이 치유되었다면, 즉 발열과 체온 상승과 같은 염증의 국소 증상이 사라졌다면 엠엘디를 시행할 수 있다. 만일 항생제 치료를 시행한다면 복용량과 치료 기간에 대한 정확한 기준이 요구된다. 염증이 생긴지 얼마 안된 고객에게는 초기에 엠엘디를 짧게 적용하고 서서히 피부의 상태를 점검해 가면서 시간을 늘리는 것이 좋다.

(4) 갑상샘 기능장애

이와 같은 질병을 가지고 있는 고객은 최적의 마사지 압력을 이용한 엠엘디 적용 시 불편함을 느끼면서 눈에 띄게 혈관이 강하게 돌출되는 피부 반응을 나타낼 수 있다. 특히 갑상샘 기능항진증(hyperthyroidism)의 경우, 엠엘디 시행 전에 반드시 약물 치료를 선행해 기능 항진이 안정되어야 한다. 처음에는 고객이 편안하게 느끼는 정도에서 후두-터미너스 기술을 시행하다가 나중에 약한 압력을 이용한 프로펀더스-터미너스 기술을 짧게 시도해 본다. 물론, 압력은 정상적인 경우보다 약하게 적용해야 하며, 적용 시간은 천천히 늘리도록 한다. 갑상샘 기능저하증에도 같은 원리로 적용하는 것이 좋다.

(5) 기관지 천식

기관지 천식(bronchial asthma)의 경우에 미주신경의 긴장성이 증가하게 된다. 엠엘디는 교감신경 완화로 인해 미주신경 긴장을 촉진시키기 때문에 천식 증상을 유발할 수 있다. 그러므로 피부 치료는 천식 발작이 없는 시기에 시행해야 하며, 복장뼈 위를 자극하는 기술은 피해야 한다.

(6) 저긴장증과 자율신경장애(자율신경 긴장이상)

저긴장성 혈압을 가지고 있는 고객은 엠엘디의 이완 효과로 인해 혈압이 더 내려갈 위험이 있다. 그러므로 처음에는 짧은 시간을 적용하면서 고객의 상태를 점검해 보다가 점차 적용 시간을 늘려나간다. 적용 후에는 우선적으로 충분한 휴식을 취하도록 한다.

(7) 육아종

아래턱뼈 주위의 엠엘디 적용은 이전에 존재하던 육아종(granulomas)을 악화시킬 수 있다. 치아 발치 후에도 남아 있는 골염이 엠엘디 시행으로 더욱 악화될 수 있다. 만일 엠엘디를 상대적 금기증에 속해 있는 질병에 시행한다면, 응급 처치에 필요한 모든 장비를 이전에 미리 준비해야 한다.

3 문제성 피부와 엠엘디

1) 피부 노화

(1) 원인

노화란 나이가 들면서 점진적으로 일어나는 퇴행성 변화로, 기능적 · 구조적 변화가 일어나고 외부 환경에 대해 반응 능력이 떨어지는 현상을 의미한다. 피부 노화도 노화 요인에 따라 크게 생리적 노화(true aging, intrinsic aging)와 외적 노화(extrinsic aging) 두 가지로 나눌 수 있다.

① 생리적 노화

환경 변화에 무관한 현상이며 피부의 구조와 생리적 기능이 나이가 들면서 계속적인 감퇴를 일으키는 현상이다.

② 외적 노화(광노화, 화학적 노화)

자외선에 대한 지속적인 노출, 즉 외부 환경에 기인하는 것이며, 특히 피부의 표피에서 진피에 이르기까지 피부조직학적 변화를 일으킨다.

(2) 엠엘디 적용 목적

피부 노화는 영양 섭취 불균형으로 야기되는 피부세포의 영양 결핍이 수반되며, 노폐물의 흡수도 원활하지 않게 된다. 엠엘디를 통해 피부 문제를 유발시키는 피부 노폐물의 제거와 교감신경 저하를 유도하여, 혈압을 높이지 않으면서 모세혈관을 통한 적절한 영양 공급이 되도록 한다.

(3) 엠엘디 적용 방법

얼굴과 목 부분의 노화를 위한 관리를 할 때는 기본 목기술을 적용한 뒤, 얼굴기술을 적용하면 된다. 피부 노화는 순환이 저하되는 경우가 많기 때문에 순환을 증가시켜 줄 수 있는 여러 방법을 병행하는 것이 좋다.

2) 여드름 피부

(1) 원인

여드름은 털기름샘(모피지선)의 각질 비후로 인한 만성 질환으로 좌창이라고 하며, 피지 분비가 많은 부위인 얼굴, 목, 가슴에 주로 발생하는 비염증성 또는 염증성 피부 질환이다. 면포(피지덩어리)는 모공이 피지, 각질세포, 박테리아로 구성되어 있는 기름 덩어리에 의해 막히기 때문에 생긴다. 특히 여드름은 탈락된 각질세포가 하나씩 떨어져서 쉽게 배출되지 않고 서로 끈끈하게 붙어서 덩어리를 이루는 것, 즉 모공 입구의 폐쇄로 인해 피지 배출이 되지 않아 발생된다. 다양한 원인에 의해 피지가 많이 생기고 여드름균이 증식하면 염증성으로 진행될 수 있으며, 여러 형태의 피부 병변이 나타난다. 여드름은 유전적 소인이 강하며 그 밖에도 남성호르몬의 분비, 심리적 불안정으로 인한 자율신경계(그림 6-1)와 호르몬 분비장애, 소화장애, 잘못된 식습관 등의 여러 가지 원인이 있다.

(2) 엠엘디 적용 목적

① 림프계를 통한 독소 제거

염증을 유발시키는 지방산을 원활히 없애 주어야 한다.

② 악화인자인 스트레스 관리

스트레스를 받게 되면 시상하부의 자율신경중추(그림 6-1)가 흥분하게 되고, 이러한 흥분이 뇌하수체 자극을 일으켜 부신겉질자극호르몬(Adrenocorticotropic hormone, ACTH) 분비를 촉진시킨다. 이는 부신겉질을 자극하여 테스토스테론(testosterone)이라는 남성호르몬 분비를 증가시키고, 따라서 기름샘 증가로 인한 피지 분비가 촉진되어 과각화 현상이 일어나면서 모공이 더욱 막히게 되므로 여드름 악화가 가속화된다. 그러므로 자율신경중추의 흥분성을 감소시켜 줄 수 있는 스트레스 관리 엠엘디도 수반되어야 한다.

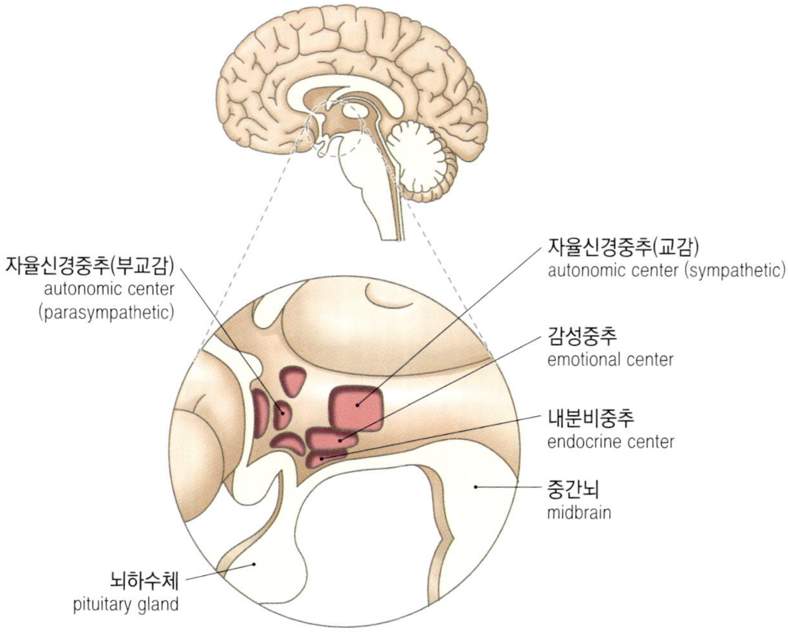

그림 6-1 자율신경중추. 자율신경계의 중추는 시상하부에 있다.

③ 여드름을 악화시키는 압력과 마찰 금지

일반적인 여드름 관리 시 적용되는 반복적이고 다소 높은 압력과 마찰은 잠재적으로 숨어 있는 여드름 씨를 자극하여 더 빨리 성숙시키거나, 약해져 있는 난포벽을 파괴해서 백혈구에 의한 염증 작용을 가속화시키므로 결과적으로 특정 부위에 여드름이 악화될 수 있다. 그러므로 관리 시(특히, 제품 도포 시) 지나친 마사지 등의 자극은 피하고, 진피층에 존재하는 여러 불필요한 노폐물의 안전한 제거를 촉진하면서도 여드름 씨를 자극하지 않는 엠엘디를 적용해 주는 것이 좋다.

④ 화농성 여드름 관리 시 적용

난포벽이 파열되어 백혈구가 단단한 여드름 덩어리를 공격하여 조직 손상과 염증을 유발하면 가려움증(itching), 붉음(redness), 부종(swelling), 통증(soreness), 타는 듯한 느낌(burning sensation, 작열감) 등의 증상이 나타난다. 엠엘디를 적용하여 가려움을 유발하는 물질의 흡수를 돕고 부종을 감소시켜 줌으로써 조직

치유력을 향상시키고, 통증 유발 물질을 원활하게 제거해 통증을 완화시켜 주는 것이 좋다.

⑤ 여드름 후 흉터

여드름 씨가 형성되면 체내 백혈구가 여드름 씨를 이물질로 인식하게 되어 백혈구의 식균 작용이 이루어진다. 이 과정에서 유해산소가 발생되고 난포벽과 진피층의 콜라겐 파괴가 진행되는데 이것이 정상적으로 복구되지 않으면 움푹 들어가는 함몰된 흉터가 남게 되고(그림 6-2), 지나치게 섬유아세포가 증가되어 콜라겐이 과하게 생성되면 돌출된 흉터(keloid, hypertropia)가 남게 되는 것이다(그림 6-3). 백혈구의 식균 작용과 염증을 줄여 주는 것이 흉터 치유의 관건이기 때문에 여드름 씨 형성을 억제해 주는 피지 조절, 각질 정리, 박테리아 성장 억제 및 염증 진정을 위한 관리와 함께 상처가 원활히 회복될 수 있는 진피층 환경을 엠엘디를 통해 조성해 주어야 한다.

(3) 엠엘디 적용 방법

살균과 모낭 속의 독소 배출을 위해 아로마 오일을 이용하여 클렌징을 한 후, 각질을 제거하여 제품의 흡수를 도와 주고, 원활한 피부 재생과 피지 분비가 되도록 한 후 진정 팩을 시행한다. 그 다음 엠엘디를 시행하여 온몸의 피로를 풀어 주면서 여드름 부근에 축적되어 있는 독소를 배출시키고 치유를 촉진하여, 진정되고 이완된 피부와 함께 상쾌한 기분으로 일상생활로 돌아갈 수 있도록 해 준다. 단, 적용 중간에 항염

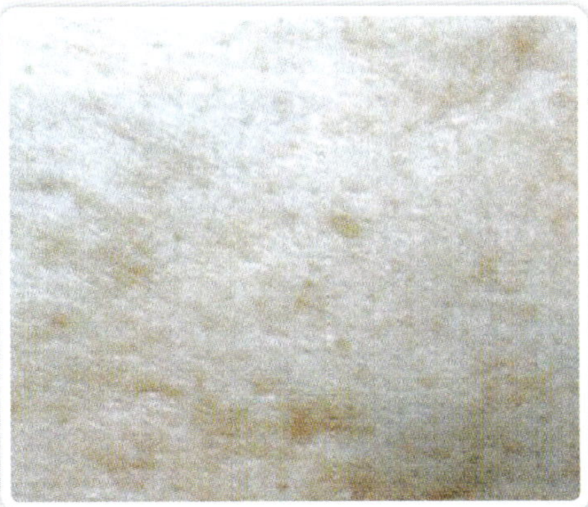

그림 6-2 함몰된 흉터

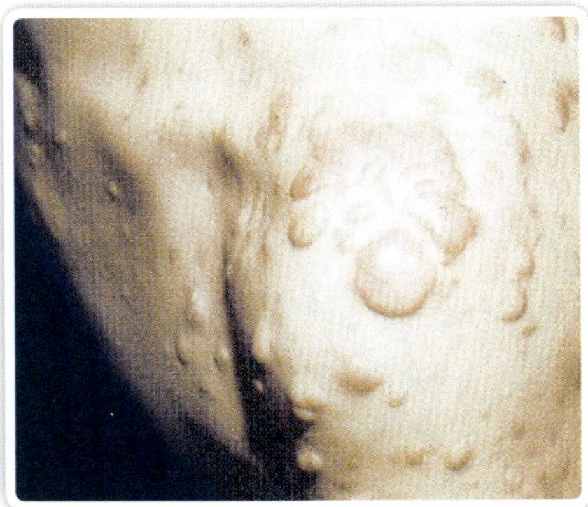

그림 6-3 돌출된 흉터

증 성분이 있는 제품의 도포도 추가될 수 있다.

3) 색소 침착

(1) 원인

피부의 색은 인종, 개인, 신체 부위에 따라 차이를 보인다. 피부색의 차이는 멜라닌(melanin)의 양적 차이 외에도 멜라닌세포(melanocyte, 멜라닌 형성세포)가 멜라노솜(melanosome)을 만드는 활성과 표피로 이행한 멜라노솜의 수, 성숙도, 존재 양식의 차이에 의해서 생겨난다. 멜라닌이 가깝게 존재하면서 양이 많을수록 갈색 또는 흑갈색조를 띠게 되며, 진피층에 존재할수록 청색조를 띠게 된다. 멜라닌은 검은색을 띠는 유멜라닌(eumelanin)과 황색에서 적색을 띠는 페오멜라닌(pheomelanin) 두 종류로 나눈다. 자외선이 피부에 닿게 되면 우리 피부는 몸을 보호하기 위해서 멜라닌을 증가시키게 되는데, 이렇게 되면 갑작스럽게 증가한 색소가 분해되지 않고 피부조직 내에 침착되어 피부색에 이상이 나타나게 된다(그림 6-4).

색소 침착의 원인은 다음과 같다.

- 피부의 기능 저하로 인한 과색소 침착
- 갑상샘 기능장애
- 부신겉질 기능의 약화
- 난소의 기능 저하로 인한 간 기능 부전으로 기미 유발
- 호르몬이나 식품, 의약품

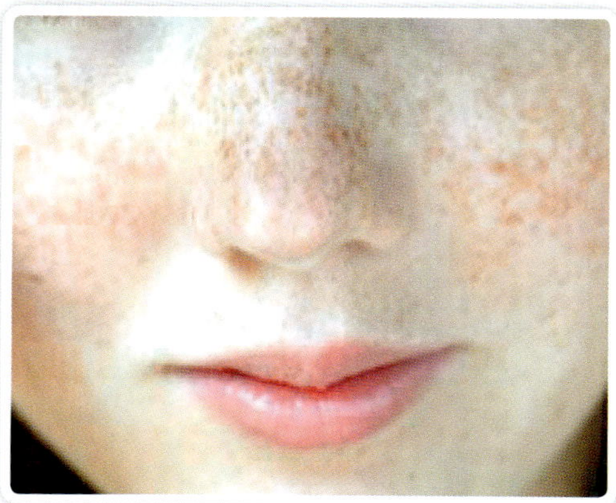

그림 6-4 색소 침착

(2) 엠엘디 적용 목적

기미, 주근깨, 반점 등에 레이저를 조사하여 피부 온도를 높임으로써 단백질의 변성으로 인한 세포의 괴사를 유도하게 되는데, 이때 레이저 조사로 인한 국소부종과 변성된 단백질, 노폐물 등의 제거를 목적으로 엠엘디를 시행한다. 미백 제품을 사용하는 경우는 제품의 원활한 흡수를 도와 효과를 증대시킬 수 있다. 박피를 통해 각질 탈락을 유도하는 경우에도 엠엘디가 반드시 수반되어야 한다. 이는 정상적인 피부 세포의 생성을 촉진시키며, 혈관 확장과 함께 생성되는 부종을 신속히 제거해 피부 재생에 탁월한 효과를 줄 수 있다.

(3) 엠엘디 적용 방법

피부색소 침착의 경우는 그 원인이 상당히 다양하기 때문에, 근본적인 원인을 정확히 분석하여 관리 후, 색소 침착을 유도시켰던 원인에 다시 노출되지 않도록 하는 교육 및 예방에 중점을 두어야 한다. 레이저나 박피를 시술 받았거나 제품을 사용한 환자의 경우, 기본 목 적용을 5~10회 정도 시행하고, 문제 피부에 엠엘디를 적용하도록 한다. 특히 눈 주변에 기미, 주근깨 등이 많이 자리 잡고 있는 경우는 앞귓바퀴림프절과 턱밑림프절로 집중 배출시키도록 한다.

4) 주름

(1) 원인

피부 탄력에 영향을 주는 단백질인 콜라겐이 변질되어 단단하게 굳어져 있는 상태를 일반적으로 주름이라고 한다(그림 6-5). 또한 관절의 움직임이나 근육의 수축, 이완이 반복될 때도 주름이 생기며, 얼굴에서는 감정 상태를 나타낼 때 많이 사용하게 되는 표정근의 표정 운동에 의한 주름이 많이 생기게 된다. 피부가 중력에 저항하는 힘이 적어지면서 아래 방향으로 처지는 주름도 많이 발생되는데, 특히 노화로 인한 눈 아래의 주름이 대표적이라 할 수 있다.

(2) 엠엘디 적용 목적

진피층의 원활한 노폐물 배출이 단백질 생성을 주도하는 섬유아세포의 활동성을 증가시켜 콜라겐섬유가 잘 합성되고, 여러 관리 방법을 통해 변형되고 변질된 콜라겐이 분해되어 림프계를 통해 쉽게 제거될 수 있도록 해 준다. 또한 불필요한 림프의무물질이 진피층 내에서 새로운 수분, 영양분 섭취를 방해하지 않도록 제거해 준다. 콜

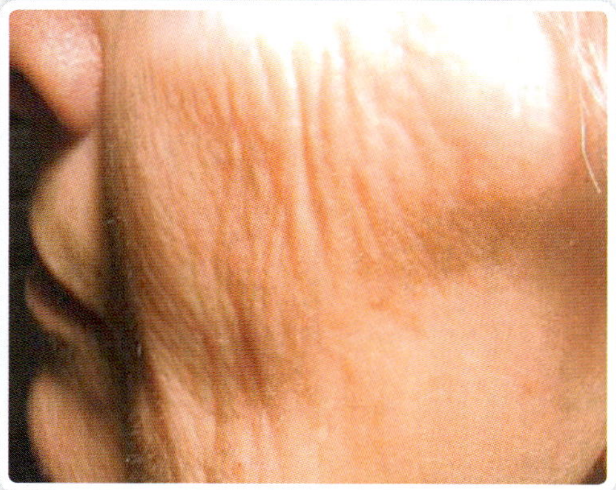

그림 6-5 피부 주름

라겐의 합성과 배열에 도움이 되는 제품 도포 시 더욱 효과적이다.

(3) 엠엘디 적용 방법

보습과 영양을 위한 제품 도포 30분 전에 엠엘디를 적용하여 제품이 원활하게 진피층으로 흡수되게 해 준다. 제품 사용 후에도 목 부분에 대한 엠엘디를 최소 15분 정도 시술하여 제품 사용으로 인한 불필요한 노폐물 축적이 생기지 않도록 하는 것이 좋다.

5) 모세혈관 확장 피부

(1) 원인

표피 가까이에 있는 모세혈관 혹은 세동맥이 약화되거나 확장 또는 파열된 피부를 말한다. 코와 뺨 부위가 항상 붉으며, 매우 얇고 금방이라도 부서질 것 같이 보이는 핑크빛의 민감한 피부이다(그림 6-6). 유전적 요인 때문에 선천적으로 혈관이 약한 사람은 청소년기에 이르면 눈으로 감지할 수 있을 정도로 나타나게 된다. 모세혈관 확장 현상은 노화에 따라 점점 더 심해진다. 내적 요인은 자율신경의 이상으로 인한 성호르몬, 갑상샘호르몬 등 호르몬의 불균형, 스테로이드 내복, 부신겉질호르몬제인 콜티손 연고의 장기간 사용, 교감신경과 부교감신경의 반복적이고 지나친 활성, 비타민 부족 등이 있다. 외적 요인은 온도의 급격한 변화, 방사선 조사, 수술 후의 외상, 과도한 사우나, 유해 가스가 많은 오염된 대기, 강한 햇빛, 담배, 자극적인 음식, 지나친 자극을 가하는 피부 관리 등이 있다.

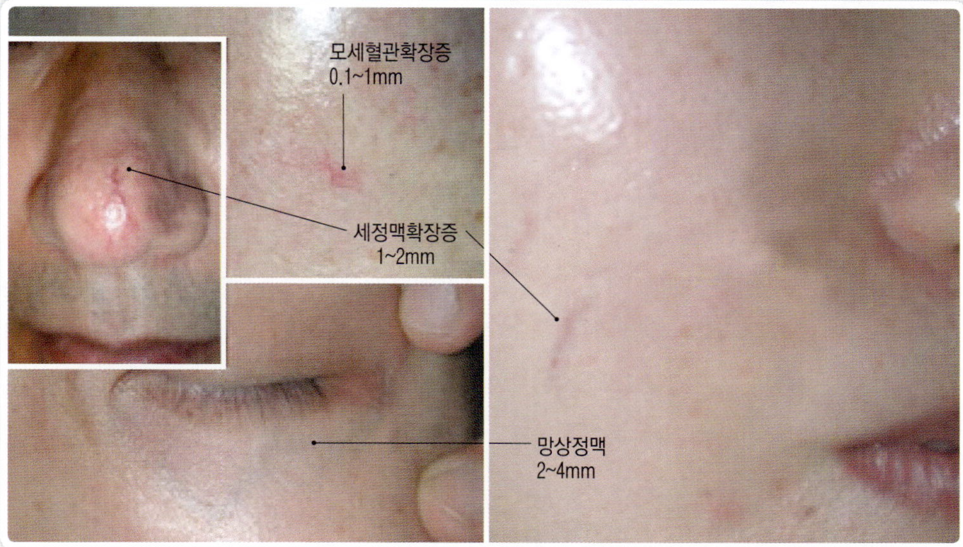

그림 6-6 모세혈관 확장 피부

(2) 엠엘디 적용 목적

모세혈관이 확장되거나 손상된 경우에는 혈관 주변에 부종이 유발된다. 부종이 유발되면 피부까지의 확산거리가 길어져 원활한 영양, 산소 공급이 되지 않으므로 피부가 더욱 약해진다. 따라서 엠엘디를 통해 부종을 완화시켜 혈관의 반사적 긴장성이 향상되고 혈관운동이 촉진되어 혈관의 탄력성이 회복되도록 해 주어야 한다.

(3) 엠엘디 적용 방법

가능한 피부에 자극을 주지 않는 것이 좋으며, 마사지 또한 매우 부드럽게 행해야 한다. 경찰법, 지압, 고타법, 유날법 등의 동작은 절대로 피해야 한다. 햇빛에 심하게 노출되거나 피부에 갑작스런 온도 변화를 주는 것도 피하는 것이 좋다. 코 주변으로 심한 비류(rhinophyme)가 있는 경우는 과도한 피부 염증, 농포 등이 수반되므로 박테리아를 살균하는 항생제를 부분적으로 적용하는 것도 도움이 된다. 레이저나 전기응고법, 박피 등을 시술한 후에는 피부가 지나치게 민감해져 있지 않는 한 바로 엠엘디를 시행하도록 한다. 기본적으로 목 적용 후, 얼굴 관리에 들어가는 것이 좋으나 증상이 심한 경우에는 목 부분의 관리만 집중적으로 시행한다.

6) 알레르기성 피부

(1) 원인

알레르기란 특정 물질이 일부 사람에게 국한된, 정상적이 아닌 병적인 민감 반응을 일으키는 피부 증상을 말한다. 알레르기는 어떤 점에서는 본질적으로 면역 반응과 동일한 기전에 의해 일어나지만, 일반적으로 반응 결과가 숙주에게 유리하게 작용하는 경우를 면역이라 하며, 해롭게 또는 부적절하게 작용하는 경우를 알레르기 또는 민감(과민) 반응이라고 한다. 항원이 침입하여 체내에 항체가 형성되는 데 걸리는 기간(감작 기간)은 항원의 종류에 따라 다양하다. 이러한 이유로 수개월, 수년간 그 물질에 접촉해도 반응이 나타나지 않다가, 상당 기간이 경과한 후에 갑자기 항체가 생겨 알레르기 반응을 일으키는 경우도 종종 있다.

일반적인 알레르기의 원인은 다음과 같다(그림 6-7).

- 유전적으로 알레르기 체질이고 민감성 성향을 가진 사람
- 신체가 건강한 사람보다는 허약한 사람
- 유행성 감기 등 질병의 잠복 기간과 대수술 후 회복 기간 등 건강 상태가 좋지 않은 시기
- 피로가 누적되어 자율신경계가 불안정할 때
- 내분비기능이 불안정한 시기인 사춘기와 갱년기
- 생리적으로 남성보다 여성
- 만성변비 등 소화기장애
- 계절적으로 봄과 가을
- 전염병 감염 시(면역력 저하에 기인함)

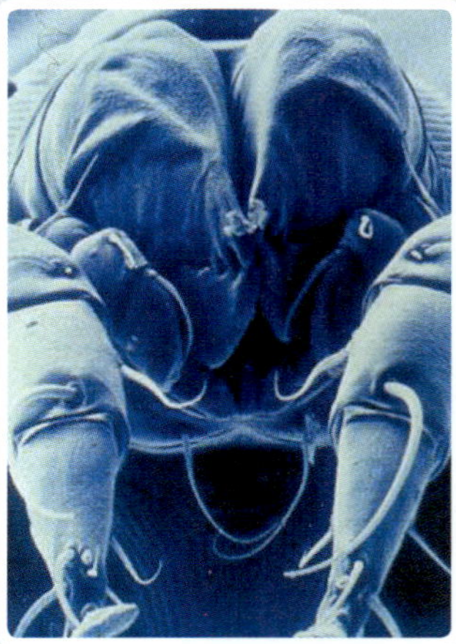

그림 6-7 알레르기의 대표적 원인 중 하나인 진드기

(2) 엠엘디 적용 목적

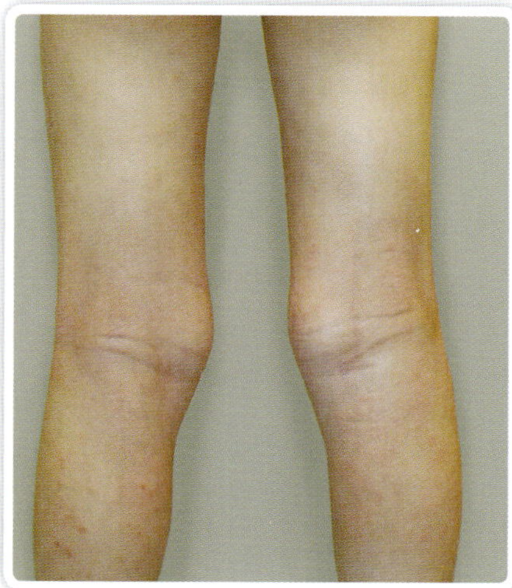

그림 6-8 알레르기 피부

알레르기는 경한 경우에는 피부에 열이 느껴지며 붉어지는 발진과 홍반이 발생하는 정도에서 멈추지만, 증상이 심하게 되면 피부가 부풀어 오르면서 부종이 발생하고 작은 수포 같은 것이 생기고 터지게 된다(그림 6-8). 터진 것은 피부에 습진을 유발시키고 노란 괴사 딱지(가피)를 형성하며 비늘 모양(인설)의 건성 습진을 만든다. 엠엘디는 기본적으로 알레르기가 진행되는 경우보다는 어느 정도 안정이 된 상태에서 순환 촉진과 부종의 완화, 수포 형성의 억제와 피부 재생력의 촉진 등을 목적으로 적용하게 된다.

(3) 엠엘디 적용 방법

알레르기 반응은 피부질환이므로, 증상이 심한 경우에는 전문의의 적절한 의학적 치료가 필요하다. 의학적 치료와 함께 엠엘디를 적용하도록 하며, 알레르기가 심하게 진행되는 경우에는 절대 피부에 자극이 되지 않도록 해야 한다. 엠엘디는 알레르기가 유발되는 부위 주변의 림프기관을 중심으로, 반드시 피부 상태를 주의 깊게 점검하면서 시행하도록 해야 한다.

7) 눈 주위 부종

(1) 원인

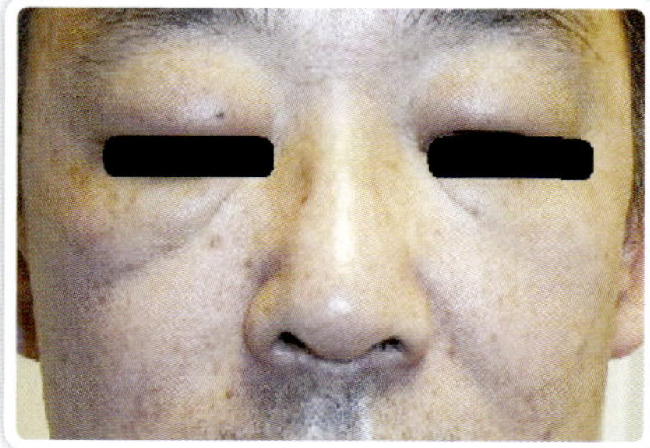

그림 6-9 눈 주위 부종

정상적인 상태에서 수면 후 얼굴, 특히 눈 주변이 붓는 것은 그다지 특이한 사항은 아니다. 일반적으로 신체의 다른 기관에 문제가 없는 경우에는 다음의 원인에 의해 눈 주위 부종이 발생할 수 있다(그림 6-9).

① 림프관 배출 문제

혈관과 림프 순환은 자체 능력만으로는 완벽하지 않다. 주변의 기타 근육 움직임이 순환에 지대한 영향을 미치게 되는데, 수면 시에는 순환이 최소 대사량만큼만 이루어지기 때문에 부종액이 많이 형성되는 것은 아니다. 하지만 부분적으로 림프 기능이 저하되거나 림프관이 압박을 받게 되면, 흡수가 원활하지 않게 되면서 부종이 발생하기도 한다.

② 수면 습관

엎드려 자게 되면 중력 방향(아래)으로 수분이 몰리는 경향이 있기 때문에 기상 후 얼굴, 특히 피부가 약한 눈 주변으로 부종이 많이 생긴다.

③ 식습관

취침 전 음식을 섭취하면 소변이나 땀을 통한 배출이 적기 때문에, 조직 사이에 수분의 정체가 심해져 얼굴, 손 등이 붓게 된다.

(2) 엠엘디 적용 목적

부종을 신속히 제거해 눈의 피로감을 줄이고, 축적되는 피로물질과 단백질 등을 원활히 제거해 준다. 부종이 반복되면 눈꺼풀의 두께가 점차 두꺼워지기 때문에, 부종이 있을 때마다 적극적인 엠엘디를 통해서 부종을 제거해 주는 것이 좋다.

(3) 엠엘디 적용 방법

눈에 대한 엠엘디를 시행하기 전에 우선 부종이 있는 눈 부근을 손이나 기구를 이용하여 가볍게 압박하고, 눈을 꼭 감았다 풀었다 하는 눈둘레근운동을 적극적으로 15~20회 정도 시행하도록 한다. 그 다음 기본 목의 배출을 촉진하고 눈 주변을 관리하게 되는데, 눈은 앞귓바퀴림프절로 흡수되는 경로를 적극적으로 해 주는 것이 좋다. 특히, 안면과 머리 그리고 목 부분의 림프액이 모이게 되는 프로펀더스(profundus)에서 림프액의 최종 종착지인 정맥각 부분이 터미너스(terminus)로 경부림프절에 적용되는 엠엘디를 자주 시행하는 것이 중요하다.

4 성형 수술 후 엠엘디 적용

1) 쌍꺼풀 수술

(1) 일반적 절차

쌍꺼풀 수술은 선천적으로 쌍꺼풀이 없거나 한쪽에만 있는 사람을 대상으로, 여성뿐만 아니라 남성에게도 많이 시행되고 있다. 눈꺼풀의 지방층이 두꺼운 사람은 지방 제거를 동시에 시행하게 되면 약 10% 정도 눈이 커지는 효과가 있어, 성형 전문의가 가장 많이 시술하는 미용 수술 중의 하나다.

(2) 수술 후 문제점

수술 직후에는 부종으로 인해서 눈을 뜨기 어려운 경우가 있을 수 있는데, 이것은 시간이 지나면서 점차적으로 좋아지게 된다(그림 6-10).

수술 후 양쪽의 쌍꺼풀 크기가 다른 경우도 종종 생길 수 있는데, 부종의 양상이 양쪽 얼굴에서 다르기 때문이다. 시간이 경과하면 호전되어 동일한 모습을 갖는 경우가 많다.

(3) 엠엘디 적용 목적

경우에 따라 다르지만, 수술 시 피부와 근육까지 절개하는 경우가 많기 때문에 이로 인해서 모세혈관 출혈, 조직 손상 등이 발생한다. 또한 조직액의 축적이 많아짐에 따라 피부의 확산거리가 멀어져 원활한 상처 치유를 방해하기 때문에 빨리 조직액을 흡수시켜 부종을 완화하는 것이 좋다. 엠엘디를 적용하게 되면 림프관을 통한 부종

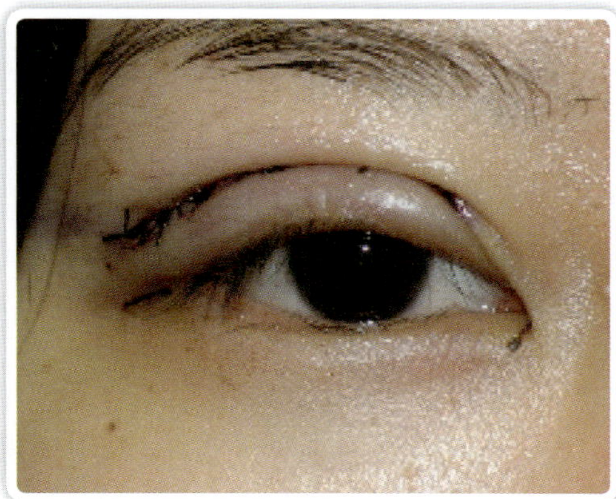

그림 6-10 쌍꺼풀 수술

액의 흡수가 촉진되고, 수술 후 남는 조직 내의 죽은 세포, 노폐물 제거가 빨라지고, 피부에 원활한 영양과 수분 공급이 가능하기 때문에 아주 아름다운 수술 결과를 가져올 수 있게 된다.

(4) 엠엘디 적용 방법

수술 후 바로 정상 생활로 돌아갈 수 있으나, 쌍꺼풀이 완전히 자리 잡기까지는 약 6개월 정도의 상당히 긴 시간이 소요된다. 그렇기 때문에 수술 후 통증이 생기면 바로 약을 처방 받아 통증을 경감시키고, 붓기가 가라앉고 상처가 아물기를 수동적으로 기다리지 말고, 빨리 부종이 완화되고 상처가 치유될 수 있도록 즉시 엠엘디를 해 주는 것이 좋다.

수술 직후에는 목 주변에서 시작해서 수술 부위 아래 부분인 눈두덩 부위까지 순서에 따라서 적용해 준 뒤, 수술 부위에 직접 손을 대지 말고 바로 눈썹 부분으로 이동하는 것이 좋다. 첫 주는 매일, 둘째 주부터 한 달 정도까지는 클리닉 또는 관리실에서 일주일에 2~3회쯤 20~30분씩 관리를 받으며, 자가 엠엘디 방법도 습득하여 평상시에 자주 반복하도록 교육하는 것이 좋다.

일상생활에서는 수술 후 2~3일 동안 누워 있을 때 불편하지 않은 범위 내에서 베개를 약간 높게 하여 정체된 부종액이 자연스럽게 혈관과 림프관을 통해 이동할 수 있도록 하는 것이 좋다. 그리고 눈 주위에 얼음찜질과 엠엘디를 적용해서 붓기를 효과적으로 가라앉힐 수 있다. 이때 얼음찜질을 5~10분 정도 해 준 다음 엠엘디를 적용하는 것이 좋다.

2) 안면윤곽성형술

(1) 일반적 절차

대개 전신 마취하에 수술이 시행된다. 광대뼈축소술의 경우에 관자 부위와 입안, 사각턱축소술의 경우에는 입안의 절개로 수술을 시행하게 된다(그림 6-11). 그 외 무턱, 주걱턱, 비대칭턱 수술 또한 입안의 절개만으로 수술을 시행한다. 안면윤곽성형술은 대부분 안에서 직접적으로 적용하기 때문에 겉에 남는 흉터는 없다. 광대뼈축소술은 관자 부위와 입안의 절개를 통해 튀어나온 광대뼈의 일정 부위를 안쪽으로 밀어 넣은 뒤 고정한다. 입안 절개는 녹는 실로, 관자 부위의 절개는 클립을 사용하여 봉합한다. 수술 후 일반적으로 가벼운 압박 드레싱을 하게 되며, 혈종을 방지하기 위해

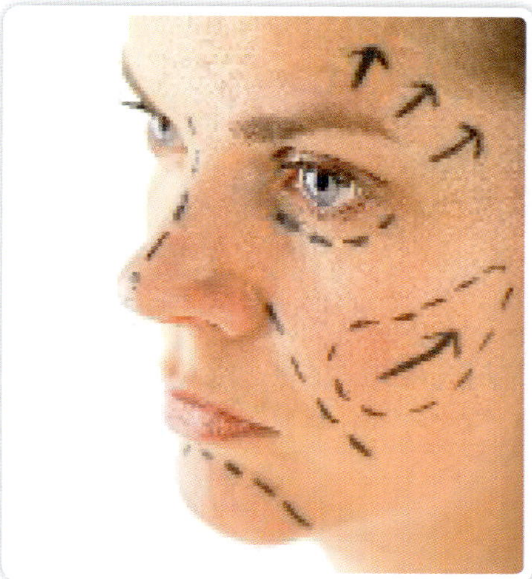

그림 6-11 안면윤곽성형술

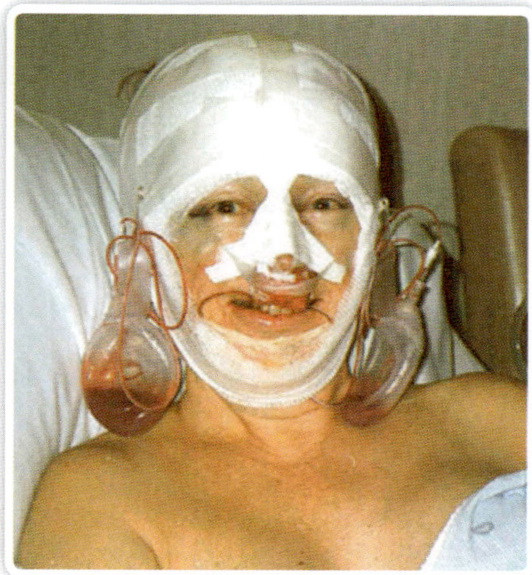

그림 6-12 수술로 인한 혈종과 일반부종

수술로 인한 삼출물이 원활하게 체외로 배출될 수 있도록 드레인(drain)을 삽입하는 경우도 있다.

(2) 수술 후 문제점

수술로 인한 혈종의 발생과 이로 인한 부종이 문제가 된다(그림 6-12).

(3) 엠엘디 적용 목적

두경부의 림프 흐름은 턱뼈각 아래 부분, 즉 흉쇄유돌근이 시작되는 지점인 프로펀더스 지역에서 얕은 · 깊은림프액이 대부분 집결되는 형태다. 안면윤곽성형술을 받은 사람은 이 부분에서 림프 정체가 상당히 가중된다. 그렇기 때문에 이곳에 림프가 정체되지 않도록 해 주는 것이 원활한 부종 완화의 첫 번째 지름길이 되고, 수술로 인한 통증 유발 물질을 제거해 통증을 감소시켜 주어야 한다.

(4) 엠엘디 적용 방법

수술 후 며칠 동안은 붓는 현상을 줄이기 위해 수면을 취할 때 머리를 높게 하는 것이 좋다. 입술의 붓기나 얼굴의 부종은 1~2주에 걸쳐 서서히 감소되므로 수술 직후 바로 목 부분의 엠엘디(short neck)를 적용해 주는 것이 좋고, 2주 정도는 매일 20~40분 정도 지속적으로 실시해 주는 것이 좋다.

안면윤곽성형술은 대부분 입안의 절개를 통해 시행하므로 수술 후 일정 기간은 연한 음식을 섭취하는 것이 좋고, 음식을 섭취한 후에는 가글과 가벼운 얼굴운동을 병행하는 것이 상처 치유에 중요하다.

안면윤곽성형술을 시행하면 초기에는 부종 때문에 만족하지 못할 수도 있지만, 시간이 지나면 매우 만족하게 된다. 부종은 수주에 걸쳐 호전되고, 대개 수술 후 1개월이면 80%의 부종이 사라진다. 하지만 엠엘디를 초기부터 적용하면 부종과 통증을 조기에 크게 경감시킬 수 있기 때문에, 수술 직후 엠엘디 적용은 필수다.

3) 유방성형술

(1) 일반적 절차

현재 시행하는 유방확대술은 유방 밑의 큰가슴근(pectralis major muscle)이라는 근육 밑에 여러 형태의 삽입물을 넣는 것으로, 둥그런 모양(round type)의 삽입물도 있고 유방 모양과 닮은 형태(contour type)의 삽입물도 있다. 중요한 것은 대상자의 어깨 넓이와 기존 가슴의 모양, 가슴의 크기, 취향 등 여러 요소를 고려하여 삽입물을 선택해야 한다(그림 6-13). 보형물이 들어가서 놓이게 되는 위치도 근육의 뒤쪽인 경우와 근육의 앞쪽에 놓이는 경우 두 가지가 있다. 수술 절개 부위는 유방과 가슴이 만나는 유방 아래 부위, 유륜 주위 그리고 겨드랑이 부위 등 상태와 조건에 따라 다양하다.

(2) 수술 후 문제점

수술 후 생길 수 있는 후유증 중 가장 흔한 것은 이물질 삽입으로 인한 삽입물 주위

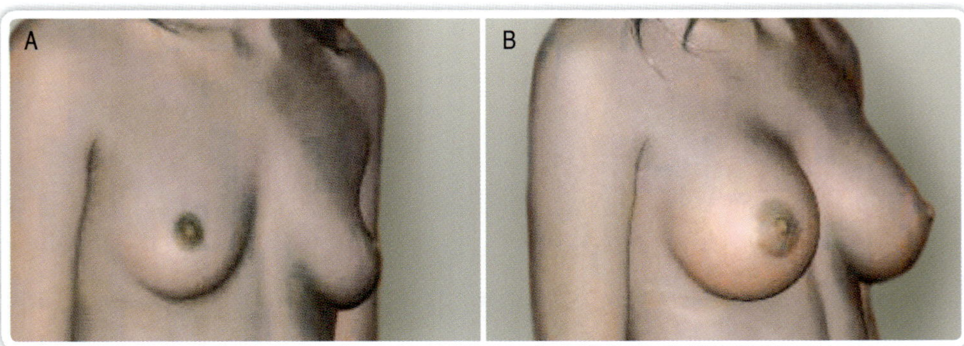

그림 6-13 유방성형술 전과 후. A: 전, B: 후

조직(capsule)의 구축(contracture)인데, 이러한 후유증은 전문가에 의한 마사지를 꾸준히 받으면 거의 발생하지 않는다. 그 외에도 혈종의 형성이나 감염 또는 삽입물의 파손, 유두의 감각 변화도 있을 수 있으나, 일반적으로 시간이 지나면 아무 지장이 없다.

(3) 엠엘디 적용 목적

수술 후 출혈로 인한 혈종이 발생하고 수술 주변이 단단하게 오므라드는 현상이 일어나게 된다. 혈종의 제거를 통해 삽입물이 제대로 자리 잡고 상처가 치유되어 빨리 정상적인 상태로 회복될 수 있도록 엠엘디를 적용한다.

(4) 엠엘디 적용 방법

유방성형술의 경우에는 가슴 주변의 림프기관의 손상이 그다지 많지 않기 때문에, 유방암 수술로 인한 유방 손실이 있는 경우에도 필요에 따라서 문제없이 실시될 수 있다. 수술 후 바로 목 주변의 림프절 엠엘디부터 시작하도록 하며 어깨, 승모근 등의 관리도 반드시 수반한다. 성형외과 의사와 상의하여 상처의 회복 정도에 따라서 엠엘디를 부드럽고 정확하게 터미너스와 겨드랑이 방향으로 밀어 넣어 주도록 한다.

4) 지방흡입술

(1) 일반적 절차

지방흡입술의 대상이 되는 신체 부위는 배, 허리, 엉덩이, 허벅지, 종아리, 겨드랑이, 목 정도이다(그림 6-14). 이들 부위는 영어로 국소지방침착부위(Localized Fat Deposition, LFD)라고 불리는데, 지방의 특성이 다른 부위의 지방과 전혀 달라서 다이어트나 운동 등의 노력에도 불구하고 잘 줄어들지 않는다.

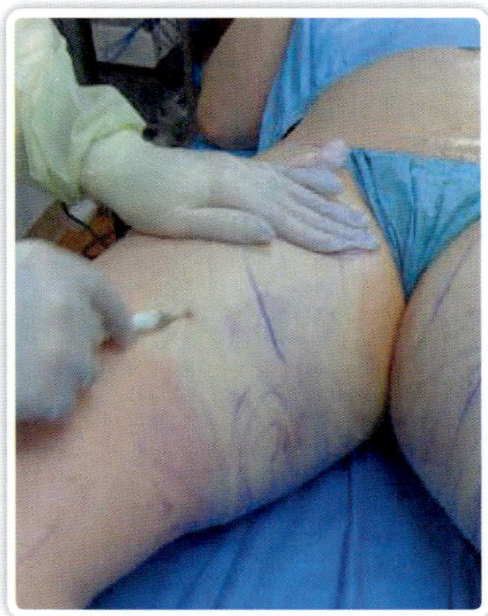

그림 6-14 지방흡입술

지방흡입술은 지방세포의 숫자를 줄여 주고, 줄어든 지방세포의 수는 사춘기 이후에는 다시 증가하지 않기 때문에 수술 전과 같은 음식 섭취, 운동 등의 노력을 계속하여 지방세포의 양적 팽창만 막아준다면 수술로 얻은 결과가 계속 유지될 수 있다는 것이 장점이다. 일반적인 지방흡입술의 방법은 약 5mm 정도의 피부 절개 3~5곳으로 가느다란 흡입관을 삽입한 후, 음압을 걸고 지방조직을 빨아내어 지방이 많이 축적된 부위를 날씬하게 해 주는 것이다.

(2) 수술 후 문제점

수술 후 실밥을 제거할 때까지는 5~7일의 기간이 필요하며, 이 기간 동안 3~4회 정도의 통원 치료를 하게 된다. 수술 후 수술 부위의 모습을 단면으로 상상해 본다면, 벌집 모양(honeycomb appearance)의 빈 공간이 생겨 있는 상태이고, 이 빈 공간만큼이 압축되어 외형(contour)이 줄어들게 된다. 빈 공간이 압축되는 것은 수술 후 2~3일 뿐이고, 이 기간이 경과되면 빈 공간 사이에 섬유성 상처 조직(fibrous scar tissue)이 약 3개월에 걸쳐 서서히 증가하여 다시 팽창한다. 이 살이 정상적인 양으로 줄어들기까지, 즉 이론상 약 9개월의 긴 시간 동안은 수술의 효과가 없는 것처럼 보인다는 것을 이해하는 것이 중요하다. 회복 과정을 좀 더 단축시키기 위해서 약 3개월동안 고탄력 특수 압박 스타킹이나 압력 보조 의류의 착용을 권하기도 한다.

(3) 엠엘디 적용 목적

지방흡입술 시 진피, 피하층의 조직 손상이 동반되는데, 이때 많은 조직 파편과 분비물, 노폐물이 흡입술이 시행된 공간에 들어차게 된다. 이것이 원활히 흡수되어 그 공간에 자리를 잡고 매끄러운 피부조직이 되게 하기 위해 엠엘디를 적용해 주어야 한다.

(4) 엠엘디 적용 방법

지방 제거 후 조직이 원활하게 자리 잡기 위해 목 주변의 림프기관을 집중적으로 관리한다. 흡입술 후 상처가 크지 않기 때문에 잔여물과 노폐물이 지방흡입술을 시행한 주변 조직으로 원활하게 흡수될 수 있도록 시술 후 가능한 한 빨리 적용하는 것이 좋다. 초기에는 일주일에 3회 이상 하는 것이 좋으며, 2~4주 이상이 경과되면 시행 횟수를 1~2회 정도로 줄이고, 3~6개월 이상을 시행하는 것이 최대의 효과를 거둘 수 있다.

5 질환별 엠엘디 적용

1) 편두통, 두피 통증

(1) 원인

두통이나 머리 부분 통증의 원인은 상당히 많다. 근육이 단단히 뭉치는 경우는 그림 6-15와 같은 여러 가지 이유로 인한 반사적 근육 수축이 대부분이다. 그중에서도 대부분의 현대인, 특히 전문직 분야에서 일을 하고 있는 직장 여성의 경우, 정서적인 긴장 상태가 자주 유발되면서 소화 불량, 변비, 불면증, 빈번한 두통을 호소하는 경우가 많다. 이런 상태가 일시적이면 그다지 문제가 되지 않지만, 반복되면 반사적 긴장으로 인한 근육 수축이 만성화되면서 혈액의 흐름을 차단시키고, 근육과 피부에서 원활한 혈액과 노폐물 제거를 불가능하게 만든다. 이는 이차적인 통증과 그로 인한 움직임 제한으로 증상을 더욱 악화시키는 결과를 낳으며, 이를 개선하지 않으면 정신적 · 심리적인 변화뿐만 아니라 외형적인 변화, 즉 얼굴의 형태 변화까지 초래하게 된다.

(2) 엠엘디 적용 목적

정서적 긴장으로 유발된 근육의 긴장이 만성화되면, 이완을 유도하고 싶어도 원활하

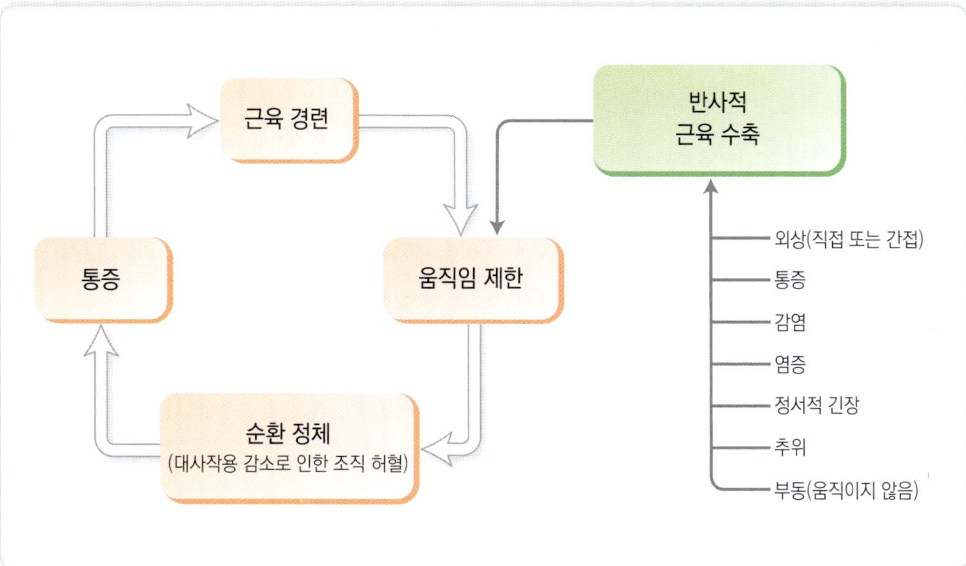

그림 6-15 여러 가지 원인에 의한 근육 긴장과 통증

게 되지 않는다. 즉, 뭉쳐져 있는 근육에 항상 힘이 들어가 있는 상태임을 본인이 알아도 힘을 뺄 수 없는 상태가 되는 것이다. 인위적으로 힘을 뺀다는 느낌을 어느새 뇌에서도 망각해 버려, 동작을 보여 주며 따라해 보라고 해도 이완이 잘 안 되는 경우가 많다. 그렇기 때문에 이완 시 동작을 다시 인식시켜 주기 위해, 컴퓨터 모니터를 통해 수축하고 있을 때와 이완하고 있을 때의 상태를 보면서 연습하도록 하는 바이오피드백(biofeedback)도 시행되고 있다. 그만큼 인위적인 이완이 어렵다는 것인데, 이것은 교감신경이 만성적으로 항진되어 있기 때문인 경우가 많다. 그러므로 엠엘디를 통해 교감신경의 기능을 저하시켜 근육이완을 유도시킴으로써, 원활한 혈액순환과 림프 순환을 촉진해 다시 정상적인 생체 환경이 될 수 있도록 하는 것이 중요하다.

(3) 엠엘디 적용 방법

엠엘디는 목, 머리, 입안 내, 특히 물렁입천장의 배출을 유도하는 목뼈 부위와 두개부(두피와 목덜미)에 반드시 시행하는 것이 좋다. 고객들은 종종 만성변비로 고통 받는 경우가 많다. 따라서 복부에 대한 엠엘디 적용도 빠뜨리지 않도록 한다. 처음에는 일주일에 3회 40분간 엠엘디를 적용하다가 증상의 호전과 함께 점차 횟수를 줄여도 된다.

일반적으로 관리실에 오는 사람은 복합적인 문제를 가지고 있는 주부, 직장 여성이 많다. 그러므로 고객이 가지고 있는 피부 · 비만 문제를 해결해 주고(물론 경락 등의 강한 마사지도 가능함), 최종적으로 정신적 이완을 도와줄 수 있는 아로마와 함께 엠엘디를 적용하면 최상의 관리가 될 수 있다.

얼굴 관리를 위해 온 고객이라면 목 관리를 전체적으로 해 주고 편안하게 엎드린 상태에서의 등 관리를 통한 엠엘디로 마무리하도록 한다. 비만 관리를 위해 온 고객이 이러한 문제를 동반한 경우에는 목 관리를 짧게 하고, 가슴과 복부 관리를 차례로 해 주면 근육 이완과 함께 원활한 분해 지방의 흡수를 도울 수 있다.

마무리로 항상 두통과 근육 긴장 등으로 인한 순환 저하가 있는 고객에게 가정이나 관리실에서 실행할 수 있는 상태를 호전시키기에 적절한 자세를 교육해 주도록 한다.

2) 셀룰라이트

(1) 원인

셀룰라이트는 비만인 여성에게만 생기는 것이 아니라 일반적으로 대부분의 여성이 엉덩이, 허벅지 등에 많이 가지고 있는 피부 질환의 한 형태다. 흔히 오렌지 껍질 피부(orange-peel skin)로 알려져 있다. 전신에서 보이는 경우는 드물고 특정 부위에서, 보통 여성에서만 보인다. 전형적으로 넙다리의 바깥 부분, 엉덩이, 어깨 주변, 하복부에 많이 나타난다. 넙다리에서 지방세포가 비정상적으로 변형되어 발생하는 지방부종이 발목까지 쭉 내려갈 수도 있다. 어깨 부분에 셀룰라이트가 있는 여성은 경우에 따라서 팔목까지 내려가기도 한다. 하지만 손과 발에는 발생하지 않기 때문에 매끈하게 남는다.

조직학적으로 말하면, 지방의 축적이라기보다는 오히려 병적으로 변형된 지방조직이라고 할 수 있다. 지방조직의 양은 비교적 정상이다. 하지만 경우에 따라서 신진대사의 기능 저하에 의해 지방세포 내에 지방이 과도하게 축적된 경우 발생할 수 있다. 지방세포는 최대 약 10배까지 팽창되기도 한다. 일반적으로 지방세포 주변의 섬유가 증식되고 두터워져 진피층 상부로 밀려 올라가, 진피층 내 결합조직 압력을 상승시킨다. 그 정도가 되면, 지방조직 주변의 세망섬유가 콜라겐섬유로 변하고 결국 아주 단단한 섬유경화성 결합조직이 된다. 셀룰라이트가 있는 부분에서는 혈액 순환이 원활하지 않아 모세혈관 이전의 세동맥이 확장되어 있고, 구불구불 구부러져 있으며, 탄력을 잃고 딱딱해져 있기 때문에 혈액을 운반하는 수송 능력이 매우 감소되어 있다.

셀룰라이트가 지속되면 결국 진피층 내 결합조직 압이 상승하게 되고, 그로 인해 수집림프관의 기능이 퇴화되면서 위축되어 주저앉고 만다. 이렇게 되면 림프정체성 기능 부전(lymphostatic insufficiency)이 발생하여, 혈액 순환과 림프 순환이 모두 원활하지 않아 노폐물의 축적이 가속화되는 악순환이 반복된다. 이러한 구조적 변화와 함께 다른 한편으로는 모세혈관 내피세포를 손상시켜 모세혈관의 투과성을 상승시키고, 여과량을 늘려 조직 사이로 많은 양의 혈액이 유출되게 한다. 커리(Curri, 1992)는 지방부종의 형태에서 나타나는 셀룰라이트의 진행 단계를 다음과 같이 분류하였다.

① 1단계

- 전모세혈관 조임근의 이상으로 모세혈관 투과성이 증가하여 부종이 증가됨
- 피부의 특별한 변화는 보이지 않음
- 지방세포의 변형이 시작됨

② 2단계

- 부종의 증가와 지방세포의 비대, 콜라겐섬유의 증식으로 순환이 저하됨
- 외형상 피부 변화는 없으나 피부 압박 시 피부색이 창백해지고 혈액 순환 저하로 체온이 저하됨

③ 3단계

- 지방세포 비대와 콜라겐 섬유가 비대해진 지방세포 덩어리를 둘러싸면서 미세결절(micornodule)을 만듦
- 오렌지 껍질 피부 형태로 변하고 패드를 넣은 것 같은 형태를 가지고, 촉진 시 작은 결절이 만져지고 통증을 호소하기도 하며, 피부 온도 저하와 피부색이 창백해짐
- 미세결절이 피부 위로 돌출되고 혈액 순환 저하로 정맥 혈관이 확장됨

④ 4단계

- 피부 경화가 진행되어 피부가 단단해 지고 거대결절(macronodule)이 만져짐
- 촉진 시 피부가 더 예민해져 통증이 발생되고 피부 경화, 순환 저하, 정맥류 발생 등을 보임

임상 검사 방법인 핀치테스트(Pinch test, Nurnberger-Muller scale)를 통해 진행 단계 및 정도를 쉽고 간단하게 분류할 수 있다.

가. 0단계: 피부 상태는 정상이고, 피부를 집었을 때 주름은 잡히지만 별다른 변화가 없음
나. 1단계: 피부를 집었을 때 움푹 피부가 들어가는 곳이 보임
다. 2단계: 서 있는 상태에서 오렌지 껍질 형태의 피부 상태가 보임
라. 3단계: 셀룰라이트가 육안으로 뚜렷하게 보임

(2) 엠엘디 적용 목적

셀룰라이트는 근본적으로 조직액의 정체, 결합조직의 약화, 지방 축적, 혈관과 림프

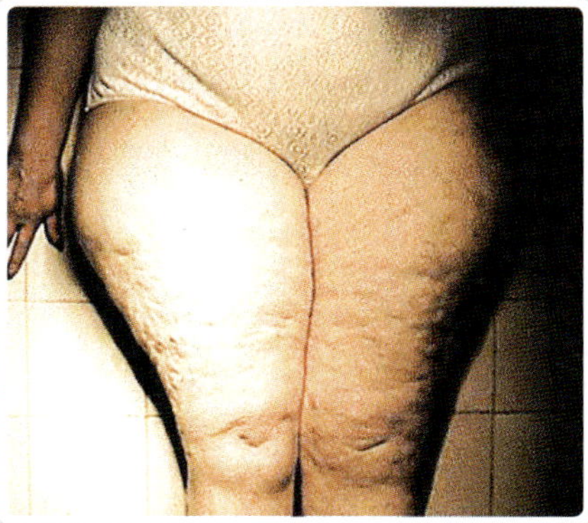

그림 6-16 셀룰라이트(지방부종)

순환의 장애 등에 의해 나타나므로 이에 초점을 맞추어 관리해야 한다. 엠엘디를 통해 진피층 내 조직액을 원활하게 배출시켜 압력을 줄여줌으로써 더 이상 혈관과 림프관의 손상이 진행되지 않게 해 주며, 피하지방에 형태적 변화를 주기 위한 피부 관리 시 발생되는 부종을 완화시키고, 원활한 분해산물의 흡수를 촉진하여 셀룰라이트 제거에 도움을 주도록 한다. 가정에서의 관리는 반드시 적절한 식이 요법과 운동을 병행해야 한다. 가볍게 적용되는 엠엘디의 압력은 셀룰라이트(지방부종, 그림 6-16)로 발생되는 통증도 효과적으로 제거해 줄 수 있다.

(3) 엠엘디 적용 방법

순환을 증가시켜 주는 관리 이전에 엠엘디를 통한 조직액의 흡수로 인해 상승된 진피층의 압력을 줄여 준다. 그 후, 뭉쳐 있는 셀룰라이트 분해 및 혈액 순환 증진을 위한 다소 강한 마사지, 적외선램프, 팩 등의 온열 장비를 적용하여 분해와 노폐물 배출을 촉진시킨다. 그 다음 다시 진정 관리와 함께 엠엘디로 마무리하도록 하는데, 마

알아두기

셀룰라이트

셀룰라이트는 원래 'edematosclerotic dermopanniculopathy' 또는 'cellulite'로 표기한다. 'cellulite'는 프랑스식 표기다. 호너(Hogner)가 1891년에 '덩어리성 지방 침착(lumpy fat deposits)'이라고 정의내렸고, 1920년 이래 유럽에서는 이 용어를 일반적으로 썼으나 사실 정확하지 않다. 'cellulitis'란 용어는 세포의 염증 상태(inflammatory stage)를 의미하기 때문이다. A군 베타 용혈성 연쇄상구균(group A betahemolytic streptococci)에 의해 급성으로 유발되며, 진피결합조직(dermal connective) 또는 피부조직(cellular tissue)에 전반적으로 염증 상태가 퍼지고, 전신성 열을 동반하는 경우가 많다. 또한 림프관염(lymphangitis), 균혈증(bacteremia)과 패혈증(septicemia)을 수반할 수 있다. 그러나 미용계에서는 이 'cellulitis'를 매우 다른 의미로 사용하고 있다. 이 용어보다는 비나지(Binazzi)가 제창한 '지방층염(panniculitis)', '부종경화성 지방층염(edematosclerotic panniculitis)', '지방경화증(liposclerosis)'을 사용하거나, 광범위하게 사용되고 있지는 않지만 정확하게 '부종섬유경화성 피부지방병(edemato-fibro-sclerotic dermopanniculopathy)'이라고 하는 것이 바람직하다.

무리하기 전에 가볍게 붕대 등으로 20분 정도 랩핑(wrapping)하고 근육운동을 하게 되면 흡수가 훨씬 빨라져 더욱 좋은 효과를 거둘 수 있다. 특히 마사지를 적용하는 경우에는 림프와 혈액 순환을 증가시켜 주는 아로마 또는 지방 분해를 촉진시켜 주는 지방 분해 제품을 같이 사용하면 더욱 효과를 높일 수 있다.

3) 비만

(1) 원인

지방세포에 지방이 지나치게 축적되면서 비만이 된다. 비만 관리에 있어서 가장 중요한 것은 음식 섭취를 줄이고 적절한 영양을 공급할 수 있는 식습관으로 바꾸는 것이다. 비타민이 풍부한 음식이 저장된 지방을 개선시키는 데 필요하다. 강도 높은 신체적 활동으로 에너지 소비를 높여 저장된 지방이 분해되어 에너지 형태로 소모될 수 있도록 해야 한다. 운동 등의 신체 활동이 이루어져야만 조직의 탄력성이 개선되면서 아름답고 정상적인 체형이 되기 때문에, 반드시 비만 완화를 위한 운동 프로그램이 포함되어야 한다.

(2) 엠엘디 적용 목적

비만 관리에는 생활습관의 변화, 운동 등이 반드시 수반되어야 하며, 필요에 따라서는 식욕을 억제시키는 약물, 지방흡입술 등의 수술을 의료진의 조언과 함께 적용할 수 있다. 엠엘디는 비만 관리 시 근육운동에 따르는 저주파, 중주파 등의 전기 관리로 인한 에너지 소모, 피로물질의 축적 등을 원활히 해결해 줄 수 있으며, 다이어트로 인한 지방의 에너지 전환과 강한 압력으로 적용되는 마사지 등으로 생기게 되는 대사산물의 수송을 증가시키고, 조직의 탄력성(긴장도)을 개선시킴으로써 성공에 이르는 길을 단축하고 보다 좋은 결과가 나올 수 있도록 해 준다.

(3) 엠엘디 적용 방법

관리실에서 적용되는 모든 비만 관리 프로그램 후에는 엠엘디를 통해 마무리를 한다. 전신 관리에 시간의 제약이 있을 경우 목, 몸통 부분의 주요 림프절, 림프관 부분을 중점적으로 해도 효과가 좋으며, 20~30분 정도 적용한다. 가정에서 운동 프로그램과 병행하는 경우는 운동 후 약간 뜨거운 물로 샤워를 하고 편안하게 휴식을 취하는 시간을 갖도록 하는데, 이때 자가 엠엘디 방법을 사용해서 운동으로 생긴 대사산물의 배출을 돕고 피로를 줄여 주는 것이 좋다.

4) 수술, 상처, 켈로이드로 인한 국소 부종

(1) 원인

어떤 이유로 피부가 손상되었든지 인간의 피부는 왕성한 재생력으로 손상 이전의 상태로 되돌아가려고 한다. 피부조직의 특성에 따라서 또는 상처의 정도에 따라서 손상된 피부조직이 메워지는 정도는 각기 다르다. 수술이나 피부의 손상 후 흉터의 형성은 결합조직이 담당한다. 피부가 손상되면 상처로 섬유아세포가 들어가서 섬유세포, 콜라겐섬유 그리고 바탕질을 형성한다. 초기에는 가용성 콜라겐이었던 것이 불가용성 콜라겐으로 서서히 변하게 된다. 만약 흉터 형성이 지나치게 많이 일어나게 되면 원래의 주변 조직 수준보다 위로 돌출되는 형태, 즉 켈로이드(keloid)를 갖게 된다(그림 6-17).

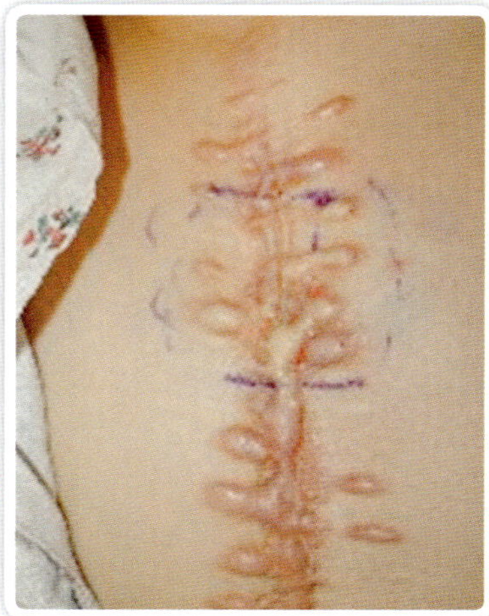

그림 6-17 켈로이드

(2) 엠엘디 적용 목적

엠엘디를 상처 조직에 부드럽게 적용하면 상처 치유를 앞당길 수 있을 뿐만 아니라 켈로이드 형성도 훨씬 덜해진다. 기본 원리에 따라 전신 엠엘디를 적용하면 흉터를 보기 좋은 형태로 재구성할 수 있다.

(3) 엠엘디 적용 방법

엠엘디는 가능한 한 조기에 적용하는 것이 좋지만, 초기에는 상처 부분이 아주 약하기 때문에 상처에서 먼 방향부터 행해져야 한다. 그런 다음 점차 상처가 회복되는 것을 잘 관찰하면서 상처 주변까지 엠엘디를 부드럽게 적용하도록 한다. 엠엘디는 상처의 축(길이 방향)을 따라 행해야 새로 생기는 조직을 최대로 부드럽게 해 줄 수 있다.

켈로이드를 없애기 위한 목적으로 하이알루로니다아제를 함유한 연고를 사용할 수 있다. 적용 시간은 상처 또는 흉터의 크기, 단단한 정도에 따라 30~45분까지 다양하다.

5) 화상으로 인한 흉터

(1) 원인

화상은 피부 손상 정도에 따라 세 가지로 구분한다(그림 6-18).

① 1도 화상: 피부의 표피층만 손상되는 경우로 피부의 색깔이 붉게 변한다(예: 일광욕 후 피부가 붉게 되면서 통증을 느끼는 경우).

② 2도 화상: 피부의 진피층까지 손상되는 경우로 수포를 형성하고 통증이 심하다(예: 뜨거운 물, 불 등에 의한 화상).

③ 3도 화상: 피부 및 피부밑조직까지 손상되는 경우로 피부는 건조하고 색깔은 회색, 갈색 혹은 검은색이 되며 신경조직의 파괴로 화상 부위에서 감각 기능이 소실되기도 한다(예: 화염에 의한 화상).

(2) 엠엘디 적용 목적

화상인 경우에 예후를 안다는 것은 매우 어려운 일이다. 왜냐하면 유해한 물질(noxae)이 얼마나 깊이 침투하였는지를 모르기 때문이다. 엠엘디는 흉터를 더욱 부드럽고 유동적으로 만들어 탁월한 미용적 결과를 보여 준다. 얼마 되지 않은 화상 부분에 마사지를 하면 수포 형성이 줄어든다.

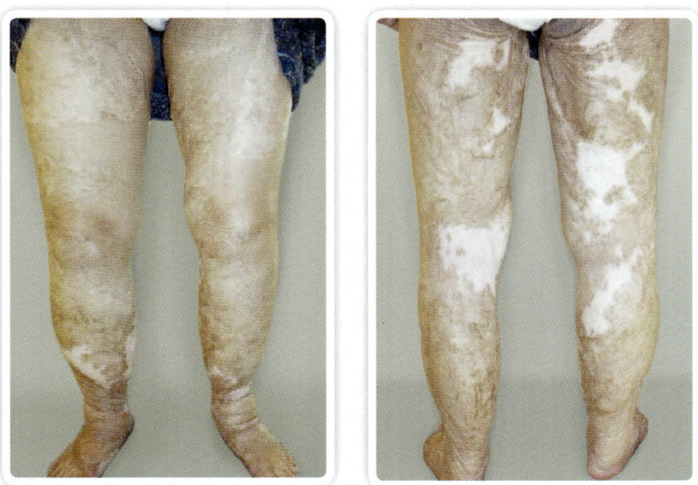

그림 6-18 화상으로 인한 흉터

(3) 엠엘디 적용 방법

얼마 되지 않은 화상의 경우 가능한 한 빨리 치료가 시작되어야 한다. 마사지는 말초에서 상처까지 행한다. 덧붙여 냉 붕대(cooling bandages)가 적용되어야 한다.

오래된 화상으로 인한 흉터의 마사지는 상처에서부터 시작해 건강한 부위 방향으로 행한다. 이때 림프가 흐르는 방향을 명심해야 한다.

6) 정형외과적 수술

(1) 원인

교통사고, 산업 재해 등으로 인한 피부의 손상, 골절 등의 외상 치료, 무릎이나 엉덩관절 등의 인공관절 전치환술로 인한 정형외과적 수술로 발생하는 부종과 상처에 적용한다(그림 6-19).

(2) 엠엘디 적용 목적

정형외과적 수술 후 엠엘디의 적용은 많은 의미를 지닌다. 수술로 인해 생기는 국소 부종과 혈종이 흡수되기 때문에 이로 인해 발생할 수 있는 통증을 탁월하게 줄이며, 관절가동범위의 회복에도 많은 도움이 된다. 또한, 심하게 손상된 림프관이 직접적인 엠엘디를 이용한 상처 치료에 의해 재생된다. 통증을 유발하는 불량한 침상 자세의 오랜 유지로 인해 생긴 근육의 긴장(특히 퇴행성 엉덩관절 질환)도 엠엘디로 인해

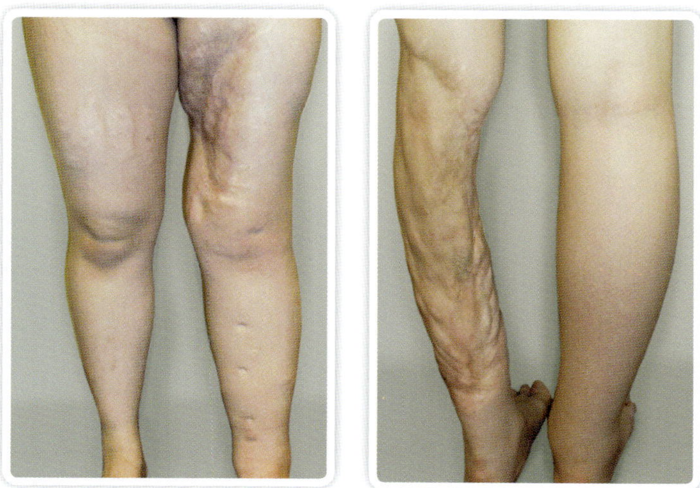

그림 6-19 정형외과적 수술

탁월하게 감소될 수 있다. 이 경우는 능동 그리고 수동 움직임 운동의 병행이 절대적으로 필요하다. 정형외과적 수술 후의 이러한 움직임은 수술 부위의 회복을 촉진시킨다.

(3) 엠엘디 적용 방법

수술 후 곧바로 목 부분과 수술 주변의 정상적인 림프관을 자극하도록 하며, 환자 스스로 림프절이 많이 모여 있는 겨드랑, 샅 등에 수시로 자가 엠엘디를 하도록 교육시키는 것이 좋다. 초기에는 부종의 진행을 막기 위해 냉치료와 병행하는 것이 좋으며, 부종이 안정되면 순환을 증가시키는 온습포나 적외선 등을 같이 적용하는 것도 회복에 많은 도움이 된다.

7) 혈종

(1) 원인

외상력(traumatic force)은 혈관을 파괴시켜 그것이 포함하는 내용물, 즉 혈액 성분을 인접한 조직 속으로 나오게 한다. 외상의 결과로 파괴된 혈관 주변의 조직은 적혈구, 혈소판을 포함한 많은 혈액 성분으로 가득 차게 되며, 육안으로 보았을 때 피멍이 든 것으로 보인다(그림 6-20).

입자가 크지 않은 것은 손상되거나 파괴된 조직으로부터 혈관을 통해 제거될 수 있지만, 큰 입자는 림프의무물질이 되어 림프관에 의해서 흡수 또는 이동하게 된다. 그러나 외상이 발생하게 되면 통증이 생기기 때문에, 림프관의 경직성 수축이 유발

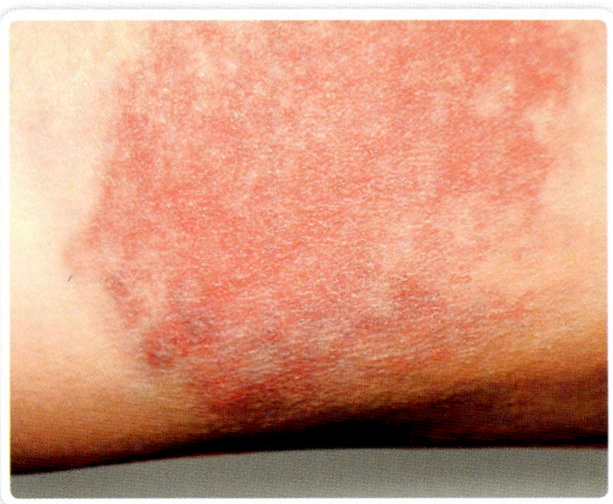

그림 6-20 혈종

되어 움직임이 어려워지므로 림프관으로의 흡수가 원활히 되지 않는다.

혈관이 손상되는 외상이 발생하면, 주변 혈관벽의 투과성이 히스타민, 프로스타글란딘, 키닌, 단백질이 풍부한 삼출물과 같은 다양한 물질에 의해 변화된다. 큰포식세포는 혈종을 파괴하기 위해서 부지런히 활동하지만, 큰포식세포에 의해 분해되는 양에 한계가 있으므로 혈종의 양이 많아지면 인위적인 치료가 필요하다. 이러한 상태에서 치료를 하지 않는다면 혈종은 조직화되어 손상된 조직에 결합조직체를 만들게 되므로 치유 후에도 단단해진다.

(2) 엠엘디 적용 목적

혈관과 조직 손상으로 인한 노폐물의 축적은 적절한 엠엘디로 막을 수 있다. 하지만 모든 혈종이 엠엘디에 의해서 제거될 수 있는 것은 아니다. 특히 큰 혈종은 스스로를 캡슐로 보호하는 경향이 있기 때문에 병원에서 주사기를 이용해서 인위적으로 배출시켜야 한다. 그러나 이 경우에도 엠엘디는 남아 있는 혈종으로 인한 부종을 더 빠르게 배출시켜 주는 데 효과적이고, 통증으로 인한 림프관의 운동성을 정상으로 회복시켜 주기 때문에 적극적으로 시행할 필요가 있다.

(3) 엠엘디 적용 방법

손상 초기에는 적절한 냉치료와 안정, 압박(붕대법)으로 인해 혈관으로부터 유출되는 혈종의 양을 줄이는 것이 좋으며, 몸통에 가까운 림프절부터 적극적인 엠엘디를 시행하도록 한다. 부종이 안정화되고 줄어들기 시작하면 외상이 있었던 부분까지 엠엘디를 적용해 주변 림프관의 운동성을 촉진시키도록 한다. 통증과 부종이 어느 정도 가라앉는 시기가 되면 약간의 관절운동, 압박, 온열 적용(예: 열탕, 찜질팩, 적외선 등)을 엠엘디와 같이 병행하는 것이 좋다.

8) 안면신경마비

(1) 원인

안면신경마비(그림 6-21)는 추위에 오랫동안 노출되었거나, 찬 방바닥에 얼굴을 대고 잤거나, 장거리 여행 시 창문을 열어 놓고 바람을 쐬었거나, 냉방에서 잠을 오래 잤거나, 과로, 피로, 불면증, 뇌종양 등의 원인이 있을 때 일어날 수 있다. 그 밖에도 뇌졸중, 얼굴이나 두개부 수술 후에나 머리뼈 골절과 같은 외상, 중이염, 귀밑샘염, 유양돌기염으로 인해 일어날 수 있다. 주 증상은 다음과 같다.

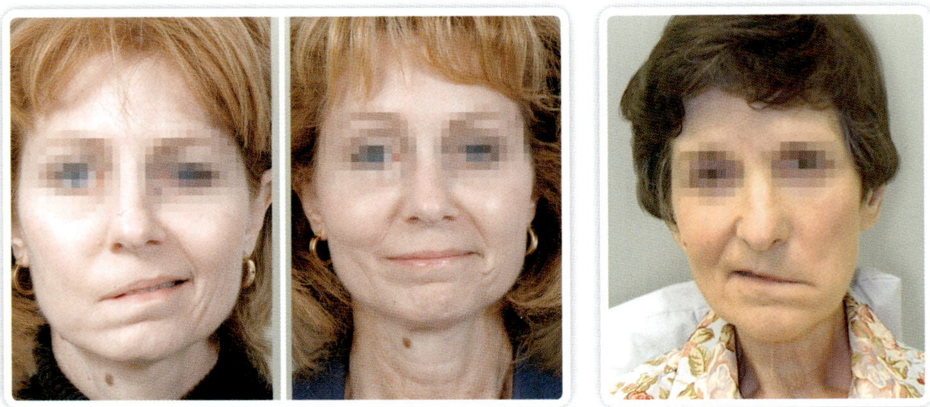

그림 6-21 안면신경마비

① 마비 측 얼굴 근육(눈꺼풀, 눈썹, 입술 가장자리)이 늘어진다.

② 이마에 주름을 잡을 수 없다.

③ 음식물을 씹으면 입의 한쪽 구석에서 음식이 새어 나온다.

④ 눈을 감을 때 손상 측의 눈동자가 위로 올라간다.

⑤ 말하기, 음료수 마시기, 휘파람 불기가 어렵다.

(2) 엠엘디 적용 목적

뇌의 손상으로 인해 안면신경이 손상 또는 압박되는 경우에는 뇌에서 강력하게 림프의무물질을 배출시켜야 한다. 마비된 얼굴은 잘 움직일 수 없기 때문에 근육 움직임에 의한 혈액 순환이나 림프관을 통한 노폐물 제거가 정상적인 때보다 원활히 되지 않는다. 이로 인해 가벼운 부종이 동반되며 얼굴의 피부가 푸석푸석해지거나 건조해지는 등의 문제가 수반되므로 적극적인 림프의무물질의 제거가 필요하다.

(3) 엠엘디 적용 방법

안면신경마비가 있는 경우는 먼저 목과 머리에 대한 엠엘디를 적극적으로 해서 안면신경관 부위로 강하게 배출되도록 해야 한다. 또한 입안(구강)과 뺨에서의 엠엘디 적용을 추가한다. 적절하게 엠엘디를 시행하기 전에 약하게 적외선이나 찜질팩을 적용하는 것도 도움이 되며, 눈을 꽉 감았다가 크게 뜨거나 '아, 에, 이, 오, 우'라고 크게 발음하는 운동도 지속적으로 같이 하는 것이 좋다.

9) 주기성 특발성 부종

(1) 원인

주기성 특발성 부종은 흔히 여성에게 발생하는 일반적인 부종을 말하며, 주기적으로 생겼다 없어졌다 하는 특성을 가진다. 이 부종의 정확한 원인은 잘 알려져 있지 않다. 이러한 부종을 가진 여성의 모세혈관은 단백질에 더욱 투과적이기 때문에 조직액 속의 단백질 농도가 높아져 있다. 그렇기 때문에 림프관도 아주 바쁘게 단백질을 포함한 림프의무물질을 운반하는 상태다.

주기성 특발성 부종은 특정 가족에 흔하게 나타나기도 한다. 이 부종의 특징은 보통 초경 때부터 시작되고 폐경되면 나타나지 않는다. 생리전증후군(Premens-trual Syndrome, PMS)과 증상이 비슷하기는 하지만 사실상 아무런 관계도 없다.

주기성 특발성 부종은 황체형성호르몬 수치에 의해 영향을 받는다. 증상이 있는 여성은 2주 동안은 상태가 좋고 2주 동안은 상태가 나쁘다. 초기에 머리통증과 눈두덩이가 붓는 증상을 호소하고, 그 다음 팔과 손가락으로 퍼져 마침내 다리와 허리까지 부종이 번진다. 체중의 변동 폭도 크기 때문에 증상이 심할 때는 전에 입었던 옷이 맞지 않는 정도까지 된다. 정상적으로 갈증을 느껴 수분을 섭취하더라도 배출되는 소변량이 전보다 감소하고, 가슴에 통증을 느끼기도 하지만 주기성 유방 통증과 상관있는 것은 아니다. 스트레스로 인한 교감신경긴장증이 유발되면 부종이 더욱 증가한다.

(2) 엠엘디 적용 목적

정확한 원인은 밝혀지지 않았지만, 부종이 유발되면서 이 자체가 정신적인 스트레스를 유발시킬 수 있으므로 부종을 완화시켜 주는 것이 좋다. 특히 혈관의 투과성이 증가되어 단백질의 유출량도 많아지기 때문에, 반드시 엠엘디를 통해 림프관 운동성을 촉진시켜 단백질의 적절한 제거가 이루어지게 해야 한다. 생리전증후군일 때 나타나는 여러 가지 우울증, 정신장애, 스트레스로 인한 교감신경의 긴장성 증가로 모세혈관으로의 투과성이 증가되고, 림프관으로의 흡수가 저하되기 때문에 엠엘디를 통해서 이를 완화시켜 줄 필요가 있다.

(3) 엠엘디 적용 방법

이뇨제와 같은 약물 치료는 이 증상에는 권하지 않는다. 왜냐하면 단백질이 많이 함유된 부종은 일시적으로 이뇨제와 같은 것으로 수분을 제거시켜 준다 하더라도 오히려 전보다 더 빨리 증가하고 단백질에 의한 섬유증 또한 촉진되기 때문이다. 따라서 이뇨제는 금기증이다. 부종 관리가 시작되는 때는 엠엘디를 일주일에 3~5회 정도 해야 하며, 압박 스타킹, 압박 붕대 등의 압박물을 착용하는 것도 절대적으로 필요하다. 오랜 기간 동안 부종 관리를 하는 경우는 일주일에 한 번의 엠엘디만으로도 충분하다.

주기성 부종이 있는 경우의 엠엘디는 전신 관리로 이루어져야 한다. 유선 조직에 존재하는 세포 구조가 주기적으로 손상되며, 엠엘디 전문가의 경험에 의하면 이러한 가슴은 악성 퇴행화 현상(암)이 일어날 수도 있다. 이에 대한 예방적 조치로 엠엘디가 필요함이 입증되었다.

10) 습관성 변비

(1) 원인

기질적인 원인을 제외한 변비의 원인은 다양하지만, 대부분 단순한 기능적 이상인 경우가 많다. 대변을 참는 습관, 운동 부족, 스트레스, 불규칙한 생활, 섬유질이 부족한 식사, 무리한 다이어트, 관장 좌약 하제의 습관적 사용이 배변 행위의 리듬을 깨뜨리기 때문에 결국 변비라는 지독한 증상으로 발전한다.

대변보는 횟수가 일주일에 2회 이하인 것, 대변의 무게가 하루 30~35g 이하인 것, 배변 4회 중 1회 이상에서 딱딱하고 굵은 변이 나오는 것, 배변 4회 중 1회 이상에서 과도한 힘이 필요한 것, 배변 4회 중 1회 이상에서 배변 후 변이 남아 있는 듯한 느낌이 드는 것, 이 다섯 가지 사항 중 두 가지 이상이 3개월 이상 지속되는 경우를 일반적으로 변비라고 한다.

변비는 만병의 근원이다. 하지만 배변이 잘 되지 않는 심각한 변비를 가지고 있는 대부분의 여성이 관리실에 와서 정작 괴로워하는 것은 오로지 얼굴을 뒤덮고 있는 여드름과 기미일 뿐이다. 이것만을 신경 쓰고 관리하게 된다면 좋은 임상 결과를 얻지 못하기 때문에 변비에 대한 문제를 적절하게 해결해 주어야 한다.

일단 변비가 생기면 해로운 물질을 체외로 내보내는 신진대사가 제대로 이루어지지 않는다. 혈액 순환이 잘 되지 않으면서 체내의 독성이 그대로 피부에 남아 부스럼이나 여드름, 기미, 노화 등의 장애를 일으키므로 아름다움을 해치고, 머리통증, 식욕 부진, 복부 불쾌감, 불면증, 허리통증, 치질, 비만, 대장암이 생길 수 있다. 그 외 배설되어야 할 독소가 체내에 머물면서 혈액 순환 장애를 유발하고 동맥경화증과 같은 순환기 질환 등을 일으킬 수도 있다. 그러므로 미용적인 문제만을 해결하려고 하지 않아야 한다.

(2) 엠엘디 적용 목적

엠엘디는 장의 전반적인 근육 긴장 조절뿐만 아니라 근육조직 신장과 창자의 연동운동 증진에 그 목적이 있다. 특히 스트레스나 불안 등으로 인해서 생기는 경련성 변비인 경우에는 마음을 진정시키고 신체를 이완시키는 작용을 하여 배변을 돕는다.

(3) 엠엘디 적용 방법

장기에 대한 엠엘디를 적용할 때, 심복부 림프 흐름 촉진 기법은 창자의 경련성이 어느 정도 안정된 후에 실시하도록 한다. 주로 복부 주변의 큰 수출림프관의 정체를 풀어 주는 방법을 적용하는 것이 좋다. 목과 주변의 림프 흡수를 도와주어야 하며, 식이 요법, 적절한 운동과 병행하는 것이 좋다.

CHAPTER

07

엠엘디와 다른 치료 병행하기

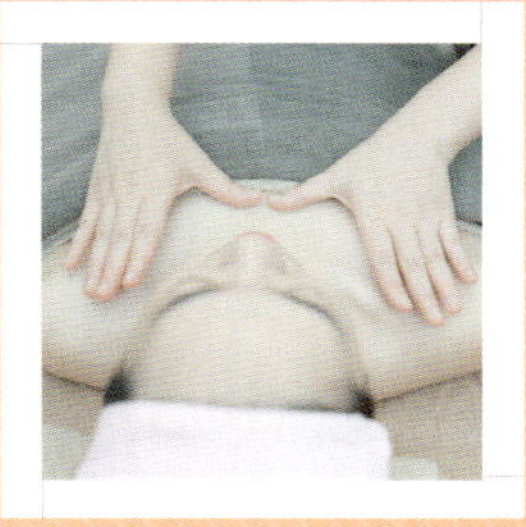
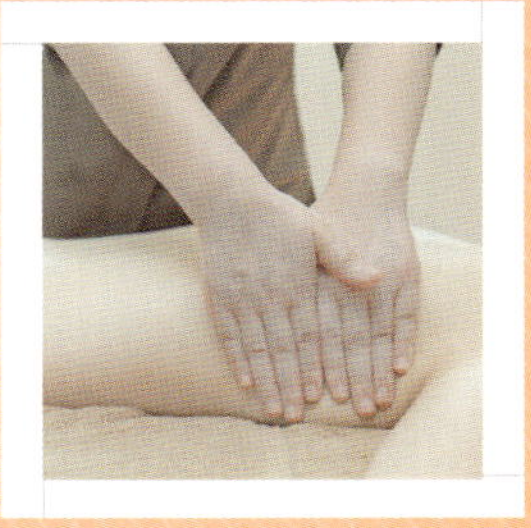

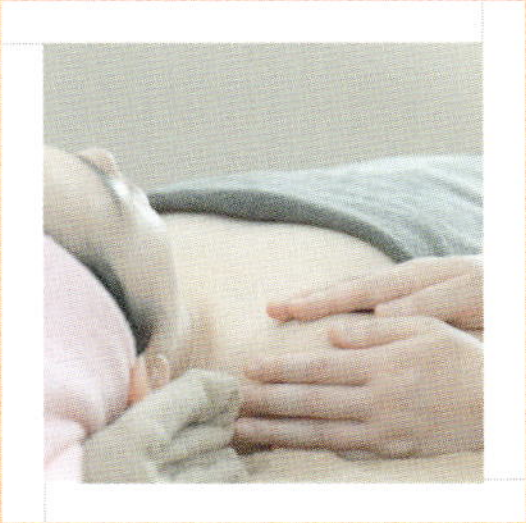
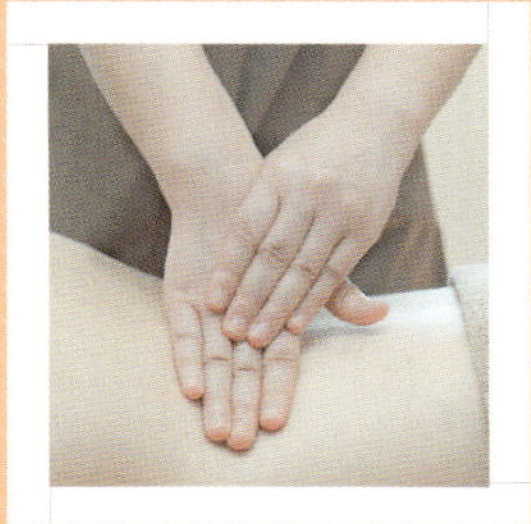
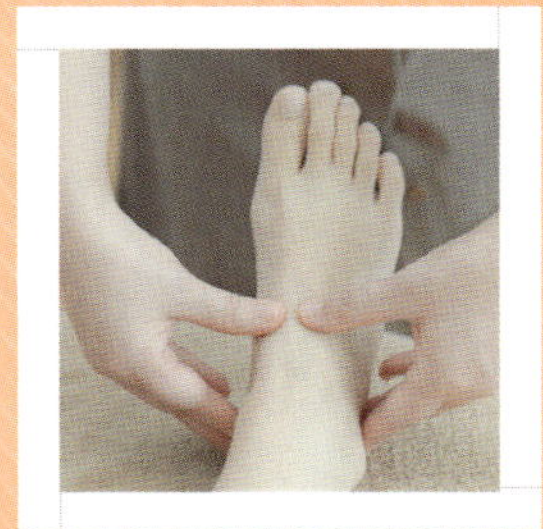

엠엘디를 다른 치료 방법과 병행할 때, 주의를 기울이는 것이 매우 중요하다. 특히, 다른 치료 방법의 임상적인 효과와 나타나는 반응에 대해서 자세하게 알아야 한다. 엠엘디와 다른 치료 방법은 효과를 나타내는 기전에서 차이가 있기 때문에 병행했을 때 덜 효과적인 결과를 낳을 수도 있고, 반대로 아주 훌륭한 결과를 낳을 수도 있다. 따라서 적용하는 치료 방법에 대한 몸의 생리적 반응을 이해하는 것이 중요하다. 또한 엠엘디는 정상적인 림프 기능이 있는 경우에는 혈액 순환을 증진시키는 방법과 함께 실시할 수 있지만, 림프 기능이 저하되거나 손상된 경우의 혈액 순환을 증가시키는 치료는 매우 조심해야 한다.

1 열

정맥에서 심장으로의 혈액 순환에 문제가 있거나 림프 흐름에 장애가 있는 경우, 혈액 순환 증진 방법을 통해 모세혈관 압력을 올리는 것은 모세혈관 속 혈액을 조직으로 더욱 유출시켜 불필요한 조직액의 축적을 유발하기 때문에 좋지 않다. 다시 말해, 혈액 성분 안에 있는 영양분과 산소뿐만 아니라 수분(물) 역시 조직 안으로 필요 이상으로 유입되므로 조직액이 과도하게 증가된다.

만일 손으로 피부를 촉진했을 때 피부조직이 부드럽고 촉감이 스펀지 같다면, 가능한 한 혈액 순환보다 림프 순환만 증진시키는 것이 좋다. 피부에 적용되는 압력이 강한 마사지, 진흙 팩(mud packs), 열 또는 냉 적용을 위한 팩, 적외선과 같은 순환 촉진 치료는 가능한 한 삼가는 것이 좋고, 부득이하게 필요하다면 적용 후 피부를 잘 관찰하여 많은 양의 조직액이 축적되지 않았는지 살펴보고 반드시 엠엘디와 혈액 순환을 통해 과하게 축적된 조직액을 림프계를 통해 처리해 주는 것이 좋다.

촉진 시 피부나 근육조직이 긴장되고 단단하게 느껴진다면, 먼저 순환을 촉진시킬 수 있는 치료를 해 주는 것이 좋다. 근육이 긴장되거나 단단해져 있거나 피부가 단단해진 상태에서는 오히려 림프 순환보다는 혈액 순환에 문제가 있을 가능성이 높으므로 혈액 순환을 시켜줄 수 있는 여러 가지 열 치료, 수기 방법을 적용하고 최적의 효과를 위해서 가능하면 엠엘디를 시행하는 것이 바람직하다.

혈액 순환의 증가는 모세혈관에서 조직으로의 여과 작용 또한 증가시킨다. 그러므로 조직액의 정상적인 상태를 유지하기 위한 모든 혈액 순환 증진 치료 후에는 엠엘디를 적용하여야 한다. 특히, 엠엘디를 미용 목적으로 사용하여 여드름, 기미, 피부 재생 등의 다양한 처치와 함께 시행된다면 더욱 혈액 순환을 통해 불필요한 노폐물이 조직에 쌓이지 않도록 하는 것이 중요하다. 나이나 조직의 상태와 관계 없이 균형을 이루는 조치는 최적의 결과를 만드는 데 핵심이 된다.

만성적으로 림프 기능이 좋지 않아 노폐물 배출이 원활하지 않은 피부는 건강한 조직보다 훨씬 더 강하게 열 자극에 반응하여 피부 충혈 반응이 두드러진다. 노폐물이 많은 부종조직은 정상 조직보다 대사 요구량이 더 많기 때문에 모세혈관이 더욱 길게 배열되어 있는데, 이로 인해 충혈 반응이 더욱 드러나는 것이다. 충혈을 유도하는 방법은 평상시에 림프관의 기능이 정상적인 경우에만 적용하도록 한다. 특히, 다리에 정맥류가 심한 고객에게 열을 적용하는 것은 오히려 좋지 않은 반응이 나타날 수 있기 때문에 각별히 조심해야 한다. 또한 유방암, 자궁경부암, 전립샘암, 난소암, 인후두암 등 주요 림프절이 많이 있는 곳이 손상된 경우라면 더욱 열의 적용을 주의해야 한다. 이러한 문제를 가지고 있는 환자가 오십견이나 근섬유통과 같은 다른 문제를 치료하기 위한 목적이라면 표면열치료보다는 심부열치료나 레이저를 이용하여 조직을 이완시키고 순환을 증진시킨 후 관절운동, 도수 치료 등을 시행하고, 마무리는 역시 엠엘디를 통해 통증완화와 치료 촉진을 해 주는 것이 매우 중요하다.

2 냉치료

냉치료는 외력 등에 의한 충격으로 피부나 근육의 혈관이 손상되어 혈관으로부터 혈액이 유출되고 있거나 지혈되었다 하더라도 손상으로 인한 과도한 혈관 확장으로 인해 혈종과 부종이 조직 내 발생하게 되는 경우 반드시 필요하다. 또한, 급성으로 힘줄(tendon)과 관절에 손상이 생긴 경우, 피부가 햇빛 화상을 입은 경우, 피부 염증이 생긴 경우, 피부 발열이 있는 경우에도 냉치료는 꼭 적용되어야 한다. 냉 적용으로 혈관 수축을 유도해 조직액의 과도한 축적을 막아 통증 및 부종 발생을 최소화하여 회복을 도울 수 있기 때문에 적절한 시기에 잘 적용하는 것이 중요하다. 일반적으로 15분 내외로 적용하는 것이 좋으며, 그 이상 적용하게 되면 반사적 혈관 확장을 유도해 열을 적용했을 때와 비슷한 효과를 거둘 수 있기 때문에 목적에 맞게 시간을 잘 지키는 것이 좋다. 냉을 적용했을 때 림프계 측면에서 본다면 냉 적용으로 인해 림프관 운동성이 감소되어 조직액의 수송 능력이 정상적으로 떨어질 수밖에 없다. 그러므로 급성기 조직 손상에서 나타나는 문제를 해결하기 위해서는 적용해야 하지만 이러한 점을 염두에 두고 지나치지 않도록 해야 한다. 냉 적용 후 피부 온도가 상승하게 되면 림프관의 운동성도 좋아져 다시 조직액의 이동을 활발히 도울 수 있다. 이때 주요 림프절 부분을 중심으로 엠엘디와 가벼운 관절운동을 해 주면 더욱 효과적으로 통증과 부종 완화 등을 유발할 수 있다.

3 마사지

종종 엠엘디를 마사지의 일종이라고 말하기도 하는데 이것은 잘못된 말이다. 엠엘디는 마사지의 한 형태가 아니다. 마사지는 손이나 기타 신체 부위, 다른 도구 등을 이용하여 순환 증진, 긴장 완화, 통증 감소, 조직 이완 등을 목적으로 문지르고, 두드리고, 주무르는 등의 형태로 적용되는 것이다. 마사지의 목적이 어떤 것이냐에 따라서, 그리고 고객의 피부와 근육, 몸의 상태에 따라서 스웨덴식 마사지, 경락, 지압, 결합조직 마사지, 발반사와 같은 여러 형태의 마사지가 병행될 수 있다. 마사지와 엠엘디를 모두 적용하려 했을 때 적용 순서를 고려하는 것이 좋은데, 정해진 시간에 최대 효과를 거두기 위해서는 다른 마사지를 적용하기 전에 엠엘디를 시행하는 것보다는 마사지 후에 적용하여 효과를 높이는 것이 좋다. 피부 표면에 있는 림프관은 외부 자극에 매우 민감하여 강한 자극에 움직임이 더 증가하는 것이 아니고 평활근 수축으로 경직되어 림프관 운동성이 감소한다. 그러므로 두 가지 마사지와 엠엘디가 적용되어야 한다면 순환 증진, 조직 이완 등을 목적으로 마사지를 시행하고, 이때 마사지의 효과로 나타난 혈관의 여과 증진, 림프관 운동성의 회복을 통한 림프 순환 증진을 위해서 엠엘디를 시행하면 좋다.

4 전기 자극 치료, 초음파

정상적인 림프관에서 역동 전류(diadynamic currents) 같은 전기 자극은 림프관 운동성을 증가시킬 수가 있어 혈종(피가 뭉친 부분) 완화에 효과적일 수 있다. 초음파와 고전압 맥동전류 같은 자극은 단백질 복합체를 분해시킴으로써 섬유화되어 딱딱해진 피부를 누그러뜨리는 데 확실히 도움이 되기 때문에, 이러한 기기 사용 후에 엠엘디를 적용하여 기기 사용의 효과를 극대화하는 것이 좋다. 전기를 이용한 치료나 관리가 필요할 때에는 전기적 자극이 너무 강하지 않도록 하는 것이 좋으며, 부득이 하게 치료나 관리의 목적에 따라서 어느 정도 강한 자극이 필요한 경우에는 강한 자극으로 인해 림프관 운동성이 일시적으로 감소될 수 있다는 것을 감안하고 실시하는 것이 중요하다. 초음파의 경우는 심부조직 온도를 40℃ 이상으로 올릴 수 있기 때문에 림프부종으로 인해 섬유화가 진행되거나 진행된 경우에 사용하면 섬유화를 다소 완화시킬 수 있다는 보고가 있다.

5 스파 또는 월풀

모세혈관은 체온의 변화에 영향을 받는다. 외부 온도가 내려가면 혈관의 순환계는 '중심화' 반응을 나타내게 된다. 즉, 중요한 장기를 보호하고 일정한 체온을 유지하기 위해 혈액이 안쪽(심부)으로 몰린다는 것이다. 반대로 외부 온도가 상승되면, 혈액은 피부 방향인 말초 부위로 이동한다. 그래서 표층에 분포되어 있는 혈관은 더 많은 혈액을 공급받게 되며, 모세혈관 안에 있는 혈액의 유출(여과) 또한 증가한다. 시술자는 어느 부분의 순환을 증가시킬 것인지 먼저 결정한 후 적절하게 해당 부위의 온도를 상승 또는 하강시켜야 할 것이다. 피부의 혈액 순환을 증가시키는 목적이라면 피부 온도를 상승시켜야 하기 때문에 실내 온도도 약간 높은 것이 좋으며, 동시에 피부에 적절한 자극이 될 수 있는 스파 또는 월풀(whirlpool) 등을 온도를 맞추어 적용하면 좋은 결과를 기대할 수 있다. 하지만 온도 상승은 항상 부종을 유발하기 때문에, 림프관의 기능이 좋지 않아서 평상시에 자주 붓는 사람은 오히려 림프의무물질을 더욱 축적시키는 결과가 되므로, 온도 조절은 신중하게 해야 한다. 이런 문제가 있는 경우는 온도 상승을 통한 혈액 순환 증진보다는 압박을 동반한 운동을 통해 혈액 순환 증진 또는 피부 온도 상승을 위한 치료 후 적절한 엠엘디가 시행될 수 있도록 해야 한다.

6 약

일반적으로 조직액의 과도한 축적으로 인한 부종을 치료하기 위해서 사용되는 약은 이뇨제이다. 이뇨제는 일반적인 부종이 있는 경우에 진단명과 부종의 원인에 따라서 의사의 처방하에 사용되며, 림프계의 기능이 정상적인 경우에 효과가 있다. 림프계의 기능이 손상된 암환자의 경우, 일시적인 부종 완화를 보일 수는 있지만 조직 내 단백질의 제거가 원활하지 않아 오히려 피부를 더욱 섬유화시킬 수도 있고, 장기간 사용하게 되면 콩팥 기능 문제도 유발할 수 있기 때문에 사용에 대한 주의가 필요하다.

림프계의 기능에 문제가 있는 림프부종인 경우에 부종 감소를 위해 빈번히 사용되는 벤조피론 또는 쿠마린(coumarin) 성분의 약은 큰포식세포의 단백질 분해 작용을 증진시켜 림프부종에 도움이 된다 하여 이전에 많이 사용되기도 하였다. 하지만 이 같은 약물은 효과를 거두기 위해서 비교적 오랜 기간 동안 복용해야만 하기 때문에, 림프 순환의 저하로 단백질 흡수가 원활하지 않아 진피층이 두꺼워진 환자의 효과적인 치료를 위한 사용에는 계속 논란이 되고 있다. 특히, 간 독성으로 사망하는 경우가 발생하여 현재 미국이나 캐나다에서는 사용하고 있지 않다.

특히 다리에 만성적인 부종이 있는 사람의 피부 산성막은 온전하지 않다. 이 말은 피부의 보호 기능이 손상 받았음을 의미하며, 진균 또는 다른 원인에 의한 피부 감염의 위험이 매우 높다는 것을 의미한다. 그러므로 적절한 피부 관리, 치료 그리고 위생이 특히 부종 부위에서 중요하다. 시술자는 pH(수소 이온 농도) 중성 또는 산성화 작용 클렌저(acidically-reacting cleansers) 그리고 피부 보호 제품을 적절히 사용하면서 엠엘디를 적용해야 한다. 이때 너무 많은 양을 피부에 도포하여 피부에서 시술자의 손이 미끄러지지 않도록 해야 한다. 이뇨제나 벤조피렌에 대한 내용은 부종에 좀 더 상세히 기술하였다.

7 이온도입법

이온도입법(iontophoresis)은 전류를 이용해서 주성분(active substances)의 특정 약물이나 물질을 조직 안으로 스며들게 한다. 직류 자극은 순환을 증가시키며, 결합조직 내의 모세혈관 투과성을 높이므로 부종이 발생하게 된다. 엠엘디는 침윤물을 정상적인 림프계를 통하여 제거하므로 이온도입법에 상응하는 작용을 한다. 그러므로 이온도입법을 적용해야 하는 경우에는 직류를 이용한 성분의 투입 후 반드시 엠엘디를 시행하여 주성분이 원활히 잘 흡수되고, 전기적 특성으로 인해 부종이 가라앉을 수 있도록 해 주는 것이 좋다.

8 호흡운동

림프액의 가슴안 유입은 가로막 호흡에 의해서 촉진된다. 복부 또는 팔, 다리에 림프 정체가 생겨 부종이 유발된 경우 또는 만성 정맥 기능 부전, 당뇨, 정맥 순환 호흡운동(breathing exercises)을 시행하는 것이 좋다. 가로막을 이용한 심호흡을 5~6회 반복한 후에는 과호흡증후군(hyperventilation)을 피하기 위해서 같은 횟수의 얕은 호흡을 해야만 한다. 배호흡은 가슴안에 음압(negative pressure)을 일으키며, 가슴안으로 림프 유입을 증진시킨다. 엠엘디는 호흡운동 전 · 후에 모두 해 주는 것이 더욱 효과가 있다. 호흡운동은 운동에 대한 설명에서 좀 더 자세히 다루도록 한다.

9 식이 요법

몸이 자주 붓는 사람은 전문화된 식이 조절(diet)에 의해서 부종을 많이 감소시킬 수 있다. 그중에서도 가장 염두에 두어야 할 것은 소금 섭취를 줄이는 것이다. 지나친 염분 흡수는 체내 수분이 배출되지 못하도록 수분을 정체시키기 때문에 쉽게 부종을 유발할 수 있다. 그러므로 자주 붓는 사람은 일단 염분 섭취를 줄이는 습관을 갖도록 한다.

많은 다이어트 전문가가 저단백 식사(low-protein diet)의 좋은 점에 대해 주장한다. 하지만 단백질을 식단에서 지나치게 줄이게 되면 혈액 안의 기본 단백질 농도가 떨어지는 저단백혈증(hypoproteinemia)을 일으킬 수 있다. 저단백혈증이 되면 상대적으로 조직 내 단백질 농도보다 적어져 혈액 안 혈장 성분의 90%를 차지하고 있는 수분이 지나치게 조직 사이로 유출되어 부종을 유발시킬 수 있기 때문에 상당한 주의를 요한다. 다이어트는 정상적인 운동, 적절한 영양분 섭취와 함께 해야 하며, 피부와 창자의 노폐물 배출을 위해서 엠엘디를 병행하는 것이 좋다.

10 스트레스 관리

스트레스(stress)는 위험을 인식하고, 반응하는 자연스러운 과정이다. 그러나 현대인은 너무 많은 스트레스를 받고 있으며, 이로 인해 수많은 질병이 발생하고 있다. 일반적으로 흥분하거나 스트레스를 받게 되면 아드레날린이라는 물질이 많이 분비되고, 혈압이 상승되며 땀이 많이 나는 증상을 보인다. 스트레스로 인해 생기는 감정을 회피한다거나 사회적으로 받아들여질 수 없는 것까지 있는 그대로 다 표현하는 것과 같은 반응은 좋은 해결책이 아니다. 사회에서 용인하는 방법을 통해서 스트레스를 적절하게 해소해야 하며, 엠엘디는 그중 하나가 될 수 있다. 엠엘디의 교감신경 완화 효과는 스트레스를 낮춘다. 스트레스 감소 치료는 스파 센터(spa center)에서 행하면 더욱 좋다. 왜냐하면 일상적인 치료에서 벗어나는 자체가 치료 효과에 중요한 요소이기 때문이다. 치료는 스트레스를 받지 않는 환경에서 시행하는 것이 좋고, 긴장을 완화시킬 수 있는 아로마나 색채, 음악 등과 같이 적용하면 최상의 효과를 얻을 수 있다.

11 공기 압박기

많은 치료실에서는 순환을 돕기 위해 공기압을 이용한 기계를 사용하고 있다. 그러나 반드시 알아두어야 할 것은 기기를 사용하기 전에 기능적인 림프 흐름을 도와 주는 엠엘디가 선행되어야 한다는 것이다. 만일 이것이 이루어지지 않은 상태에서 무리하게 기계를 이용해서 신체를 압박하게 되면 노폐물이 한쪽에서 원활히 흡수되지 않아 림프기관에 무리를 줄 수 있고, 또한 림프관이 손상되는 위험한 경우가 발생되므로 너무 강한 압력으로 적용하는 것은 바람직하지 않다. 그러므로 공기 압박기를 사용하기 전에 반드시 엠엘디를 먼저 해 주도록 한다. 공기 압박기의 이상적인 적용 압력은 45~50mmHg 이내로, 림프관의 손상 없이 원활한 노폐물의 배출을 유도할 수 있는 정도다. 엠엘디를 공기 압박기 사용 전에 실시하지 못하는 경우라면 공기 압박기 사용 후에라도 공기 압박기의 효과로 인해 몸쪽에 정체된 조직액의 흡수를 원활하게 하기 위해서 엠엘디를 시행해 주도록 한다. 림프절이나 림프관의 손상이 있는 림프부종 환자의 경우, 반복적이고 강한 공기 압박이 외성기 부종, 몸쪽 부종을 유발할 수도 있기 때문에 특히 주의해야 한다.

12 압박 스타킹

압박 스타킹은 정상인의 경우 혈액과 림프 순환을 증가시키며 부종을 예방하는 목적으로 사용할 수 있고, 만성 정맥 기능 부전, 림프부종, 지방부종 등 질병으로 인한 경우도 여러 가지 형태의 압박 스타킹을 상태에 따라 적용할 수 있다. 압박 스타킹은 탄력 붕대는 아니며, 면제품으로 탄력성 있게 꽉 끼게 만든 옷의 일종이라고 할 수 있다.

압박 스타킹은 예방 목적으로 착용하는 경우를 제외하고 부종이 가능한 한 최대한 감소된 후에 정확한 사이즈를 측정하여 맞는 스타킹을 신도록 해야 한다. 왜냐하면 그 자체가 부종을 감소시키지 않기 때문이다.

압박 스타킹 제품은 크기, 스타일, 색, 압박 정도가 다양하기 때문에 착용 목적에 따라서 대부분의 환자가 사용할 수 있지만, 착용되는 부위의 형태가 불규칙적이거나 일반적인 형태를 가지지 못한다면 맞춤형 압박 스타킹을 신도록 해야 한다.

압박 스타킹은 면, 나일론, 라텍스, 폴리에스터, 라이크라 등 다양한 재질로 만들어져 있는데 피부가 건강한 상태라면 착용 목적에 따라 어떤 것이라도 사용될 수 있지만, 피부에 알레르기 반응이 나타나는 사람은 피부 자극이 적은 면 소재의 압박 스타킹을 사용하는 것이 좋다. 정맥, 림프 순환 문제 등이 있는 사람도 가능한 한 피부 자극이 적은 것을 권한다. 압박 스타킹은 부위에 따라서 발이 주로 많이 부을 때 착용하는 토캡(toe cap), 발목형, 무릎 아래형, 넙다리 높이의 밴드형, 양쪽 다리와 엉덩이까지 적용할 수 있는 팬티형, 임산부 팬티형, 주로 한쪽 다리를 감싸는 한 쪽 다리 팬티형 등 다양하게 있다. 팔의 경우도 손부종을 위한 장갑형, 손 제외 팔형, 손등 포함 팔형, 어깨 거는 팔형 등 다양하게 있다(그림 7-1).

압박 스타킹은 일반 스타킹과 압박이 다르기 때문에 착용이 매우 어려운 경우도 있고, 날씨가 더울 때는 피부 온도 상승으로 불편감을 줄 수도 있으며, 다른 사람에게 노출된 형태로 신게 될 때는 미용적으로 불편하여 착용을 꺼리게 만들기도 한다. 또한, 다리에서 넙다리까지 가는 밴드형은 자주 흘러내리는 단점도 있다. 착용을 방해하는 여러 가지 요인이 있기 때문에 착용 목적을 정확히 인지시켜 치료 목적에 따라서 지속적으로 착용될 수 있도록 해야 한다. 제품에 따라서는 신고 벗기 편할 수 있도록 지퍼나 벨크로를 사용하여 만든 제품도 있다(그림 7-2).

압박 스타킹은 크게 두 가지 형태로 만들어진다. 둥글게 원통형으로 짠 방식(circular knitted garment)은 회전방식으로 만들어 일반적으로 얇고 외관상으로 보기에도 좋아

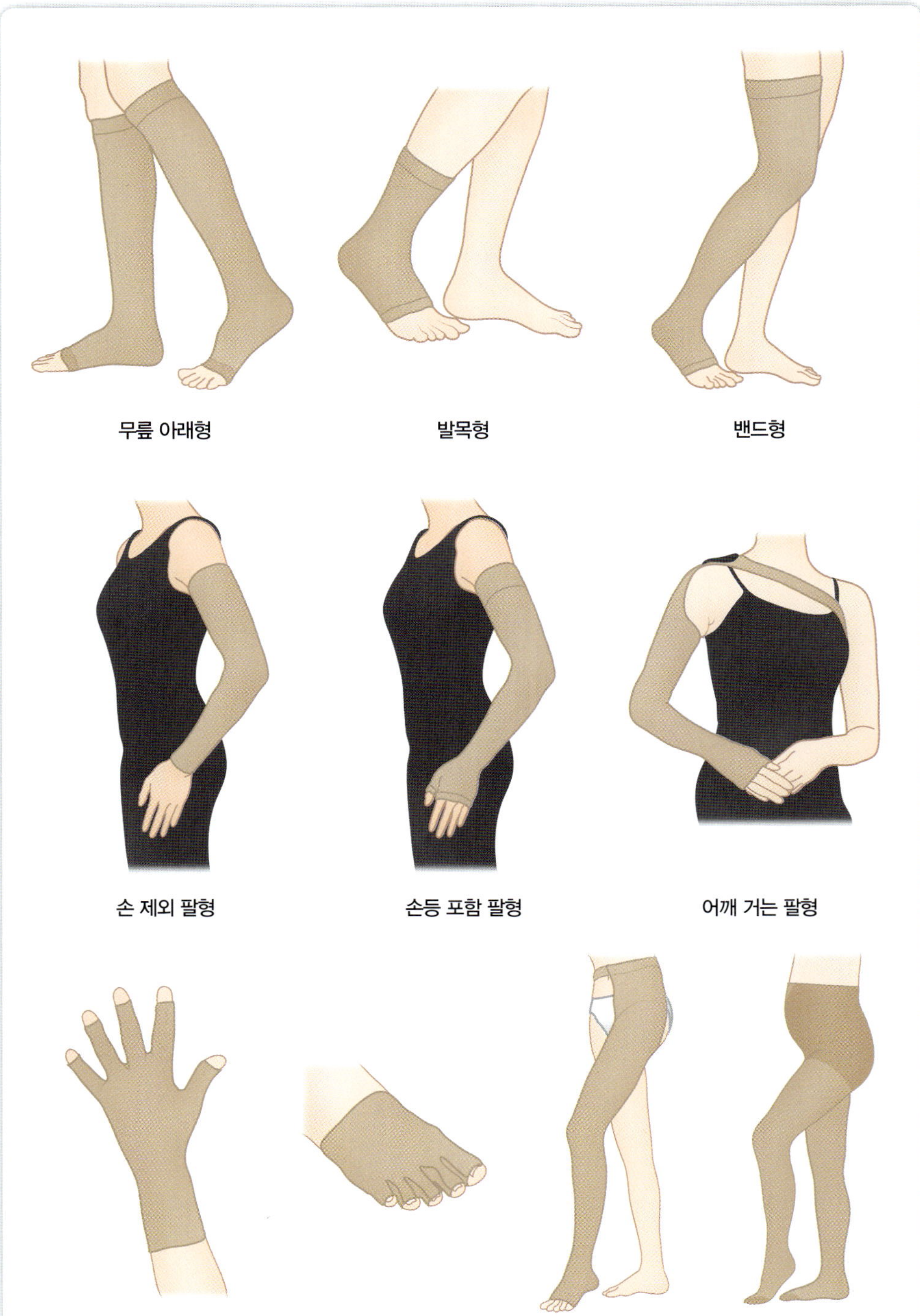

그림 7-1 부위에 따른 압박 스타킹의 종류

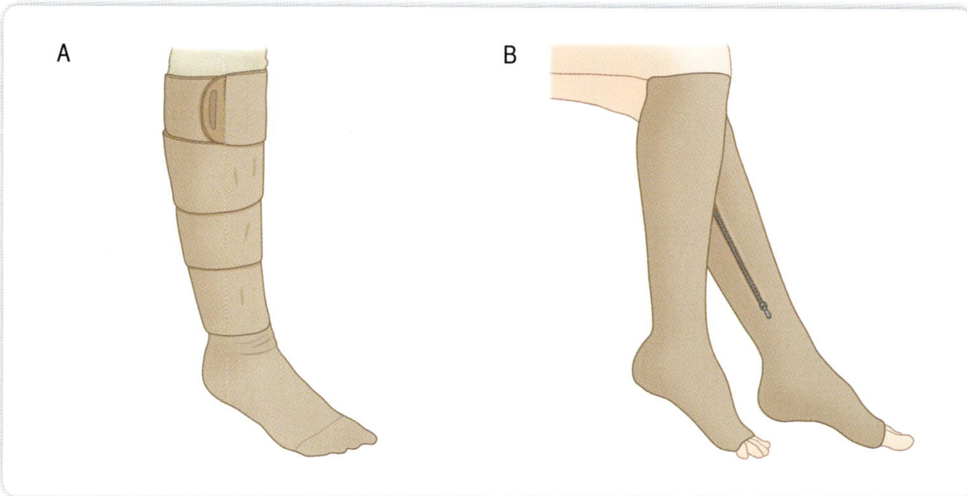

그림 7-2 착용 방법에 따른 압박 스타킹의 종류. A: 벨크로형, B: 지퍼형

부종이 심하지 않고 팔다리 모양이 정상인 경우에 적합하다. 또 다른 형태는 납작하게 이음새를 가진 형태(flat-knitted garment)의 스타킹인데, 원통형 방식보다 섬유가 두껍고 강하다. 증상이 심하거나 림프부종의 경우는 다른 형태의 질환보다 강한 압박이 필요하므로 이음새를 가진 형태가 더 선호된다(그림 7-3).

적절한 압력에 잘 맞는 스타킹 착용은 아무리 강조해도 지나치지 않는다. 팔의 경우는 20~30mmHg 정도 착용하는 것이 좋고, 다리의 경우는 20~50mmHg 정도의 압박

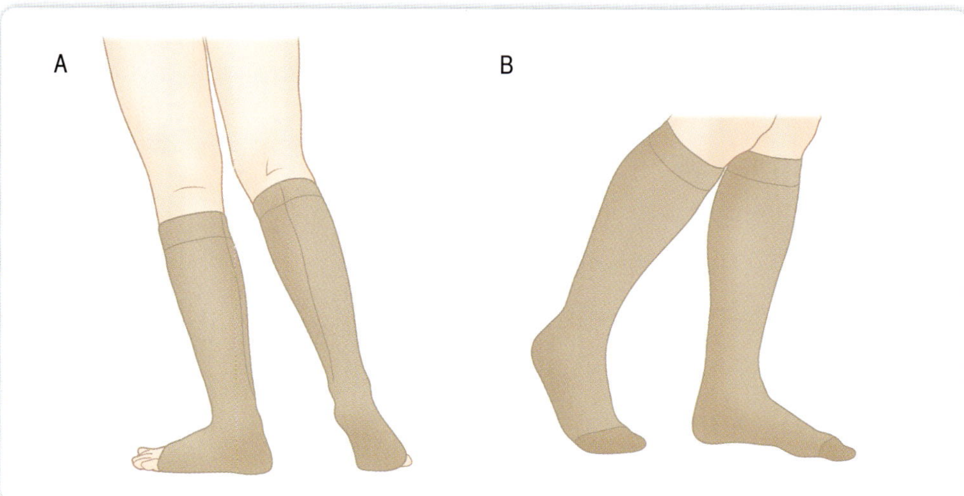

그림 7-3 압박 스타킹의 형태. A: 납작하게 짠 방식, B: 둥글게 짠 방식

스타킹을 신는다. 목적에 따라서 압력, 재질, 유형 등이 다양하게 선택된다(표 7-1). 스타킹을 착용할 때는 전체적으로 착용 부위를 깨끗이 하고, 필요 시 보습로션을 도포하고 상처를 치료하고, 피부를 잘 건조시킨 후에 착용하는 것이 가장 좋은 방법이다.

표 7-1 압력 등급에 따른 적응증

압박압력	등급*	적응증
< 25mmHg	1	• 경한 부종 또는 정맥류, 혈전 예방, 임산부
25~35mmHg	2	• 중증도 부종 또는 정맥류 • 위팔 림프부종
35~45mmHg	3	• 심부정맥 혈전증 • 만성 정맥 기능 부전 • 다리 림프부종
45mmHg ~	4	• 심한 림프부종

*압박 등급은 제조사마다 다르므로 실제 압박 압력을 확인하고 처방해야 한다.

일반적으로 압박 스타킹의 압력은 발목이나 손 같은 먼쪽에서 가장 높은 압력이 나오게 되고, 점차적으로 몸쪽으로 갈수록 압박이 적어져 넙다리나 위팔로 가면 20~40% 정도의 압력이 나올 수 있도록 해야 한다(그림 7-4). 만약 잘못된 형태의 압박 스타킹을 착용하게 되면 먼쪽보다 몸쪽에 압박이 더 강하게 되어 지혈대 효과로 인해 혈액과 림프 순환이 오히려 제대로 안 되어 증상을 악화시킬 수 있기 때문에 스타킹을 착용 후 잘 살펴봐야 한다.

압박 스타킹을 처방한 후 환자와 보호자에게 올바른 착용 방법과 치료 방법을 교육해야 한다. 몸의 유연성이

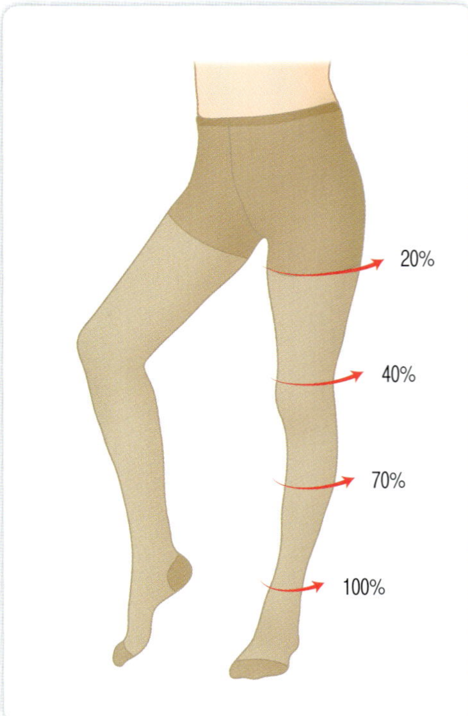

그림 7-4 압박 스타킹의 압력 분포

떨어지거나 근력이 약한 사람은 착용이 매우 어려울 수 있기 때문에 착용을 도와 주는 보조도구(그림 7-5) 사용을 알려 주어야 한다. 압력이 높기 때문에 잘못하면 손톱이 손상될 수 있으며, 미끄러짐을 막아 주기 위해 고무장갑을 끼고 착용하는 것이 좋다.

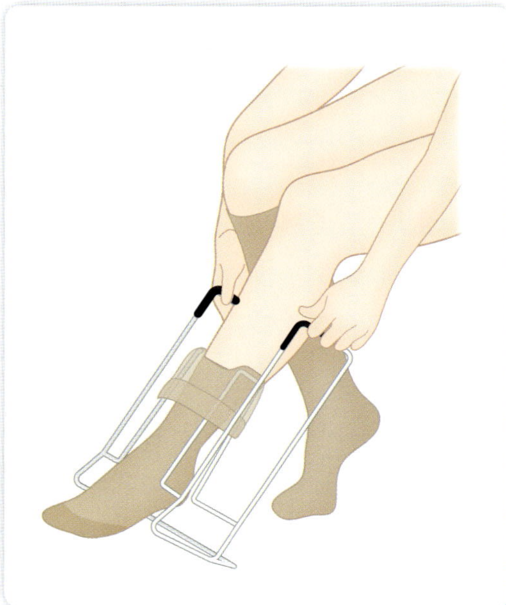

그림 7-5 압박 스타킹 착용 보조도구

압박 스타킹은 잠잘 때나 목욕할 때를 제외하고 활동하는 시간 동안에는 가능한 오랜 시간 착용하는 것이 좋다. 압박력이 떨어지기 때문에 두 벌을 가지고 있다가 한 벌은 착용하고, 다른 한 벌은 세탁하면서 압박력의 감소에 따라서 3~6개월마다 교체할 수 있도록 해야 한다. 대부분 고가이기 때문에 세탁 시 제조사의 설명서를 따라 세탁해서 손상되지 않도록 하는 것이 중요하다. 일반적으로 손빨래나 세탁기를 약하게 작동시키고 섬유유연제를 사용하지 않는 것이 좋고, 세제도 피부에 자극적이지 않은 것이 좋다. 건조 시에도 탄력성이 있기 때문에 햇빛에 말리거나 건조기로 말리지 않고, 통풍이 잘되는 곳에서 말리도록 한다.

압박 스타킹을 사용하는 데 중요한 개념은 지속적이어야 한다는 것이다. 특히 혈액, 림프 순환 장애가 있는 사람은 증상이 가라앉게 되면 스타킹을 그만 신어도 괜찮다고 생각한다. 압박 스타킹을 매일 신지 않으면 부종 부위가 다시 부을 수 있고, 즉시 붓지 않는다 하더라도 수주에서 몇 달 후에라도 부을 수 있기 때문에 지속적으로 착용하는 것이 중요하다. 또한 림프부종의 경우에는 압박 붕대를 주로 하게 되는데, 압박 붕대를 착용하는데 번거롭고 시간도 많이 소요되어 압박 붕대를 대체하는 형태로 압박 스타킹을 신는 환자가 종종 있다. 환자에게 반드시 주지시켜야 할 사항은 압박 스타킹은 부종 감소의 목적이 아니라 부종 감소를 유지하고, 정맥과 림프 순환을 증가시켜 체액 축적을 예방하는 것이 목적이라는 점이다.

13 압박 붕대

1) 적용

부종이 있는 조직에 압박을 가하는 것은 다양한 부종 치료의 한 면이다.

붕대는 부종이 있는 팔 또는 다리 주위를 감싸는 데 림프 기능에 문제가 있는 림프정체성 부종인 경우는 탄력이 적은 저탄력 붕대를 사용한다. 저탄력 붕대는 스포츠 붕대와 비슷하지만 신축성이 거의 없으므로 이 붕대를 스포츠 붕대로 대치해서는 안 된다.

압박 붕대는 부종이 있는 부위에 외부적 압박을 가해 피부와 그 아래에 있는 혈관과 림프관을 받쳐주게 된다. 부종이 어떤 부위에 지속적으로 있을 때, 조직은 탄력성을 잃게 되고 부종이 치료에 의해 감소된다 하더라도 경우에 따라서는 처음 상태로 만들 수 없는 경우가 많다. 특히 이런 경우에는 스타킹이나 붕대가 피부 조직의 탄력성을 보조해 줄 수 있기 때문에 부종이 쉽게 발생되지 않게 막아 준다.

일반적인 손상이나 일시적 부종인 경우에는 직접 붕대를 적용해도 되지만 림프부종과 같은 만성적인 상태에서는 일반적으로 피부에 자극이 덜하고 위생적인 목적을 위해서 면 재질로 되어 있는 붕대를 먼저 적용하게 된다. 대부분 손가락과 발가락에서 하얀 거즈 형태의 붕대를 감는 것으로 시작하며, 그 외 피부에는 붕대가 직접적으로 닿지 않도록 면으로 먼저 감싼 후 그 위에 솜이나 스펀지 등의 패딩을 하고, 각기 다른 크기와 형태의 붕대를 부위별로 감도록 한다. 사용되는 붕대의 사이즈와 개수는 부종의 크기와 얼마만큼의 압박으로 효과적으로 감느냐에 따라 다르다. 적어도 팔에는 3개, 다리에는 5개 정도가 필요하다. 붕대는 잡아 당겨 감지 않고, 팽팽할 정도만 당긴 상태를 유지하며, 먼쪽에서 몸쪽으로 동일한 압력으로 감아올리면서 압박의 정도는 붕대의 감은 겹 수를 가지고 조절하도록 한다. 압박이 부종 전체에 적용되더라도 부위에 따라 압박은 다양하다. 기본적으로 손과 발쪽으로 갈수록 압력이 높아져야 하고 몸통으로 갈수록 적어져야 한다.

2) 효과

붕대를 적용하면 나타나는 여러 가지 임상적 · 생리적 효과가 있다.

첫째, 근육이 수축되어 피부 쪽으로 압력을 만들 때, 붕대가 피부에 대해 외부적으로 약간 단단한 정도로 지지하게 된다. 이는 근육과 피부 사이의 조직 채널, 혈관, 림프관을 기계적으로 짜주는 효과로 조직액, 혈액, 림프액을 심장 방향으로 이동하게 만들어 준다.

둘째, 붕대의 외부적인 압력은 정맥혈관과 림프관의 직경을 감소시켜 혈액과 림프 순환을 원활하게 하고(그림 7-6), 정맥혈관 내 판막을 더 가깝게 만들어 역류를 방지하고 원활한 흐름을 돕는다(그림 7-7).

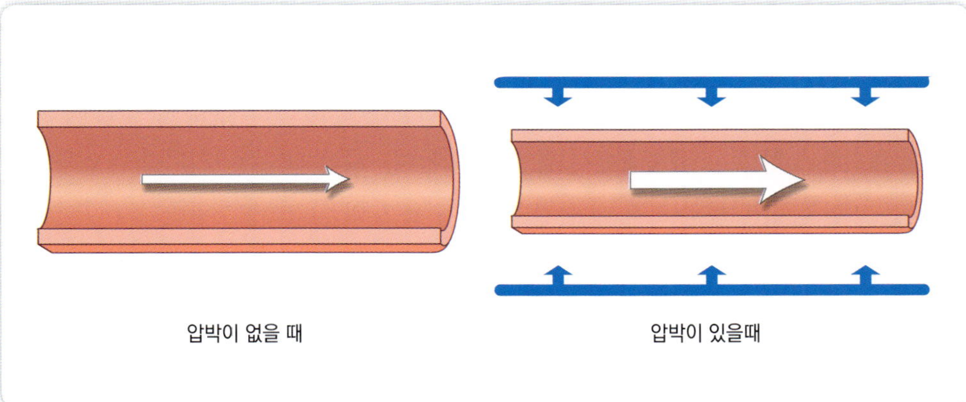

그림 7-6 압박 적용 유 · 무에 따른 혈액과 림프의 이동

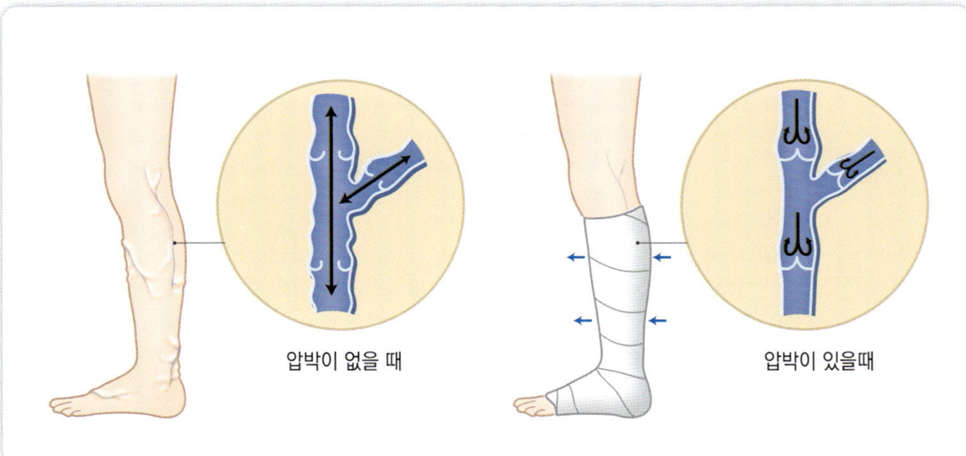

그림 7-7 압박 적용 유 · 무에 따른 정맥혈관에서의 혈액 이동. A: 혈관 내경도 넓어지고 판막이 제 기능을 하지 못해 혈액 역류가 잘 발생됨 B: 압박으로 혈관 내경도 줄어들면서 판막의 기능이 잘 되어 혈액 역류가 감소됨

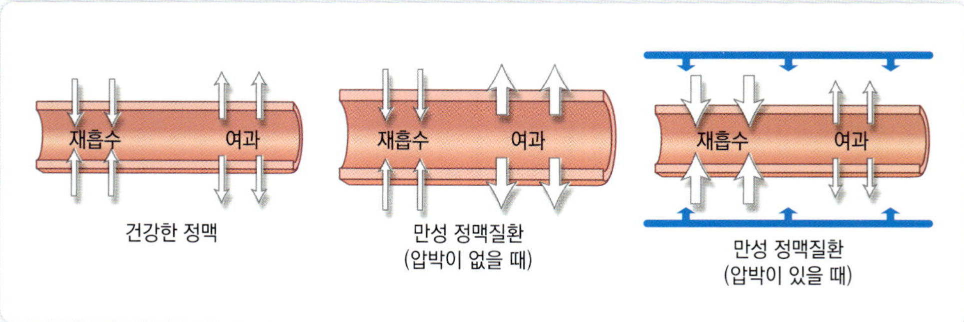

그림 7-8 만성 정맥질환이 있을 때, 압박 유 · 무에 따른 재흡수와 여과량

셋째, 전체적인 조직 압력을 증가시켜 모세혈관과 모세림프관에서 더욱 조직액을 잘 흡수하게 하며, 모세혈관에서 혈압에 의해 여과되어 나오는 것을 덜 나오게 막아주는 역할과 수분 등의 조직 내 물질의 재흡수를 도와준다(그림 7-8).

넷째, 부종의 외형을 호전시키고 유지하게 한다. 부종이 심한 경우에 신체 외형의 변화가 생기는데, 그러한 변화에 맞게 지속적으로 압박의 정도를 유지하여 형태의 변화가 발생하지 않게 하며, 비정상적인 형태를 정상적인 형태로 만들어 준다.

3) 스포츠 탄력 붕대

스포츠 탄력 붕대는 고-신전 탄력 붕대이다. 일반적으로 외부 손상이 있어서 움직임을 만들게 되면 통증, 부종 등이 심해지기 때문에 움직임을 제한하고 관절의 안정성

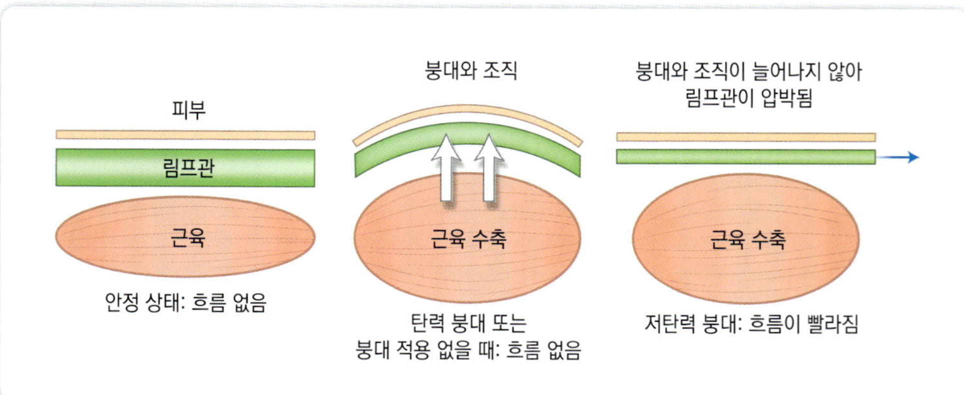

그림 7-9 저탄력 붕대와 탄력 붕대의 작용

을 만들기 위해 주로 사용한다. 하지만 혈관이나 림프관의 기능 저하나 손상이 발생하는 경우에는 치료에 크게 효과적이지 않다. 정적인 상태로 움직이지 않고 있을 때, 탄력 붕대의 지속적 압박이 림프관에 림프액이 채워질 수 없게 해서 조직액이 림프관을 통해 이동되는 것을 제한한다. 동적인 상태로 움직임이 만들어지게 되면서 근육이 수축하게 될 때는 너무 신축성이 있어 근육에 대하여 충분히 단단하게 지지를 하지 못한다. 그래서 조직 채널과 림프관, 혈관을 통한 조직액의 이동에 효과적이지 않다(그림 7-9).

알아두기

붕대의 특성

	안정 시	활동 시
저탄력 붕대	압박 약함	압박 강함
고탄력 붕대	압박 강함	압박 약함

4) 원리와 지침

압박 붕대를 적용할 때에는 기본적으로 명심해야 할 주의사항이 있으며, 좀 더 효과적이기 위한 기술이 필요하다. 그러므로 중요한 원리와 지침을 잘 숙지하는 것이 중요하다. 다음은 붕대를 성공적으로 적용할 수 있는 몇 가지 지침이다.

- 팔에 부종이 있는 경우에는 손과 팔꿈치 아래 쪽에 압력이 최대로 가해져야 하고, 다리에 부종이 있는 경우에는 발과 무릎 아래 쪽에 압력이 최대로 가해지도록 해야 하는데, 몸통 쪽, 위로 올라갈수록 점차 압력을 줄여야 한다. 압력은 감을 때 붕대를 잡아 당겨 만드는 것이 아니다. 손이나 발과 같이 압력이 높아야 하는 곳은 붕대의 감은 겹 수를 많게 해서 압력을 높이고, 위로 올라갈수록 점차적으로 겹 수를 적게 해서 혈액과 림프 순환에 문제가 발생하지 않도록 해야 한다. 압박을 조절할 수 있는 또 다른 방법은 붕대의 크기이다. 같은 겹 수라도 붕대의 크기가 작을수록 압박이 크고 크기가 클수록 압박이 적어진다. 그러므로 손이나 발 쪽으로 갈수록 작은 크기의 붕대로 감고 위로 올라갈수록 넓은 크기의 붕대로 감는 것이 좋다.
- 붕대의 크기는 위치와 크기에 따라 다양하다(붕대는 6, 8, 10, 12cm의 크기로 판

매된다. 5cm=2inch). 일반적으로 손가락은 1inch 거즈 붕대로 감으며 붕대는 부종의 크기, 형태, 환자의 인내심에 따라 다양하게 사용한다.

- 적절한 패딩이 피부와 뼈 돌출부를 보호하고 전체적으로 팔에 압력 분포를 골고루 해주기 위해 필요하다. 또한 마찰을 막고 약한 부위를 보호한다. 폼 패딩을 부종 부위의 형태를 만들기 위해 적용할 수 있다. 다른 밀도의 폼을 작은 조각으로 잘라서 주머니에 넣어 섬유증 또는 경화증이 있는 부위에 올려 놓아 사용할 수 있다.
- 경험이 많은 림프부종 치료사에 의해 고안된 다양한 형태의 패드를 사용할 수 있다. 예를 들면 '나뭇가지'를 나란히 엮어 놓은 듯한 형태로 부드럽게 만들어져 림프가 흐르는 방향으로 흐름을 도와 주고 섬유증을 개선시킬 수 있도록 고안된 형태로 만들어진 것을 사용하기도 한다.

5) 적용 시기

붕대를 감을 때, 붕대 감는 법과 림프마사지에 대해 특별히 교육받은 치료사의 지도를 받기 전까지는 혼자서 붕대를 감아서는 안 된다. 만약 부정확하게 감았다면, 잘못된 부위에 액이 집중될 수 있고, 오히려 붕대에 의해 액의 흐름을 막을 수 있다.

대부분의 치료사는 집중적으로 치료하는 시기에는 하루에 23시간 이상, 오직 샤워하거나 치료받는 시간을 제외하고 감고 있을 것을 권할 것이다. 치료가 끝나고 압박 붕대를 구입하면, 서서히 붕대의 사용을 감소시킬 수 있다.

어떤 치료사는 운동하거나 신체적 활동을 할 때 뿐만 아니라 잠을 잘 때도 붕대를 감을 것을 권한다. 붕대의 적용 시간은 가능한 한 많은 시간이 되도록 하는 것이 좋으며, 특히 림프부종을 위한 운동을 시행할 때는 더욱 효과적이다.

림프부종 치료를 성공적으로 마친 후에, 어떤 환자는 운동할 때 또는 부종이 증가되었을 때 등 부종의 크기를 줄이고자 할 때만 붕대를 사용한다. 많은 사람들은 부종이 심해질 수 있는 고위험 상태에 있다거나 부종이 커지는 여름, 비행기 여행 등과 같은 때에 주로 붕대를 감는다.

어떤 환자는 부종 부위를 올려 놓는 것이 효과적이라고 느끼기 때문에 잠을 잘 때는 붕대나 스타킹을 하지 않는 것이 좋다고 말한다. 그러나 실질적으로 잠자는 동안에는 근육 활동이 감소하고 근육 수축의 영향으로 림프관의 활동이 감소되기 때문에 이때 붕대가 가장 도움이 될 수 있다. 덧붙여 수면 시에는 더욱 림프액이 차오를 수 있고, 실질적으로 림프계를 통한 림프액의 이동이 현저하게 감소하는 것을 볼 수 있다.

실험을 해 보는 것도 좋은 생각이다. 실험을 통해 무슨 일이 부종에 도움이 되고, 어떤 생활방식이 현실적인지를 살펴본다. 분명히 붕대를 착용할수록 더 좋은 결과가 나타날 것이다. 그러나 알아야 할 것은 현실적으로 많은 사람들이 하루에 23시간 동안 붕대를 감고 있을 수 없거나 그렇게 하지 않는다는 것이다. 그러나 분명한 것은 붕대를 감고나면 좋아져 있는 자신을 발견할 것이다. 많은 사람들은 아주 조금 또는 어느 정도 부종이 감소된 것을 보고도 부종 부위가 완전히 빠지지 않았을지라도 행복해 한다. 그러므로 가능한 한 많은 시간을 착용하여 이에 상응하는 결과를 얻도록 한다. 많은 사람들이 팔이나 다리의 부종을 감소시킬 수 있는 것을 단순히 안다는 것만으로도 만족해한다. 그러나 모든 사람들이 처한 상황이 다르기 때문에 어떤 것이 자신을 위해 좋은가 알아볼 필요가 있다.

6) 주의 사항

부종이 있으면서도 붕대를 추천하지 않는 경우는 다음과 같다.

- 부종 부위에 진행 중인 감염이 있는 경우, 감염이 조절이 될 때까지 붕대 감는 것을 일시적으로 중단해야 한다. 만약 개방 창상이 있다면 그것을 적절하게 덮고 그 위에 저탄력 붕대를 감는 것이 중요하다. 이것은 의학적인 감독을 받아야 하며, 상처 회복에 붕대가 실질적으로 도움이 될 수 있다.
- 순환계, 신경, 혈관 기능 부전 문제가 있는 경우이다.
- 통증을 느끼는 경우, 착용하지 않는다. 붕대가 심한 통증이나 저린 감각 같은 것을 유발시켜서는 안 된다. 만약 통증이 발생하면 담당 치료사나 의사와 상담을 할 때까지 붕대를 중단해야 한다. 그러나 붕대를 벗기 전에 림프 흡수 운동을 간단하게 시도해 보고 운동을 할 때 통증이나 저린 감각이 감소되는지 그렇지 않은지를 살펴보도록 한다.
- 암이 재발한 경우, 주치의와 상담하기 전까지는 붕대를 중단하는 것이 가장 좋다. 일반적으로 암이 진행 중인 경우에는 마사지 방법이나 붕대를 하지 않을 것을 권한다. 왜냐하면 이론적으로 붕대 사용 시 림프액을 이동시키기도 하지만, 이를 통해 암세포를 다른 곳으로 이동시킬 수 있기 때문이다. 하지만 이에 대한 견해도 주장하는 사람에 따라 다르며, 유명한 림프학자 중엔 이를 통해 암이 퍼지지는 않

는다고 하는 사람도 있다. 그러므로 상황에 따라 담당 치료사와 의사에게 상담하는 것이 바람직하다.

7) 관리법

적절한 붕대 관리는 중요하다. 관리를 통해 좋은 상태를 유지하고 적절한 압박을 가할 수 있다.

① 모든 붕대는 더운 날씨에는 2~3일에 한 번씩, 그렇지 않으면 최소 1주일에 한 번씩 세탁해야 한다.

② 붕대는 차거나 미지근한 물에서 중성 액체세제를 사용해 세탁한다. 분말 비누는 붕대에 엉겨 붙을 수 있다.

③ 세탁기에서 붕대를 세탁하는 경우에는 속옷 세탁망을 사용해야 한다. 그렇지 않으면 서로 얽히고 늘어나서 망가질 수 있다.

④ 가능한 한 붕대는 편평한 면에서 말리거나 샤워대에 걸어 널도록 하며, 드라이기나 햇빛에 말리는 것은 피한다. 붕대에 고탄력 성분이 있어 열을 가하면 탄력성이 줄어들기 때문이다.

⑤ 다림질 또는 붕대를 자르는 것은 피한다.

⑥ 붕대는 팔이나 다리에서 풀어 놓거나 세탁 후 마르게 되면 곧바로 말아 놓아야 한다.

⑦ 붕대를 고정시키기 위해 클립을 사용하면 붕대에 구멍을 만들므로 사용하지 않도록 해야 하며, 붕대를 온전하게 유지시키기 위해 '듀라포' 같은 실크 테이프를 사용한다.

이와 같은 간단한 관리법이 붕대의 질을 좋은 상태로 유지시키고, 엠엘디 효과를 더욱 좋게 한다는 것을 명심해야 한다.

14 운동

1) 필요성

운동이 좋다는 것은 누구에게 물어보아도 잘 아는 당연한 사실이다. 그러나 환자에게 운동을 얼마나 자주 하는가?라고 질문을 해 보면 아마 대부분의 사람은 운동을 하고 있지 않을 것이다. 환자가 적절한 운동을 규칙적으로 하고 있지 않는다면 의욕을 가지고 운동을 시작하도록 동기부여와 기회를 만들도록 해야 한다. 유방암에 관한 연구에서 일주일에 4시간 정도 운동한 여성이 운동을 하지 않는 여성보다 유방암에 걸릴 확률이 37% 적으며, 유방암 재발 위험성을 감소시키는 데도 운동이 도움된다고 하였다.

규칙적으로 운동을 한 여성은 일반적으로 체지방이 낮은 비율로 분포한다. 체지방은 에스트로겐 생산을 촉진하고, 유방암에 대한 고위험에 놓이게 한다. 비만은 또한 림프부종이 걸릴 위험성도 높아지게 한다. 수많은 연구에서 유방암에 관한 '긍정적인 운동 효과'를 언급했을지라도, 림프부종을 줄이는 데 무슨 종류의 운동이 좋은가에 대한 내용은 아주 적다. 그 의미는 불행하게도 림프부종이 전문가에 의해서 과학적이고 체계적으로 많이 연구되지는 않고 있다는 것이다. 그러나 지침에 대한 연구나 시도가 적었을지라도 운동이 효과적이라는 것은 알고 있다. 그러므로 림프부종을 위한 모든 치료와 재활 프로그램에서 부종 감소 치료법에 운동을 포함시켜야 한다.

운동 프로그램을 시작하기 전, 몇 가지 주의할 점이 있다. 운동을 적절하게 하지 않거나 지속적으로 하지 않는다면, 운동이 실질적으로 유해할 수 있다는 것이다. 대부분 임상에서 유방암이나 자궁암 등으로 인한 의학적 치료가 끝난 후, 초기에 조심스럽게 팔이나 다리 등의 신체를 사용하다가 나중에는 일반인과 똑같은 강도의 운동을 하거나 노동을 한 후 부종이 발생하는 경우가 많다. 몇몇 암 담당 전문의는 림프기관의 손상으로 기능이 비가역적으로 떨어진 상태임에도 불구하고 적극적으로 운동을 해도 좋다고 하거나 사우나, 목욕 등을 권해 부종이 발생되지 않을 상태에서 오히려 부종이 발생되게 만들게 하기도 한다. 그러므로 림프부종에 걸릴 가능성이 있거나, 이미 림프부종이 발생한 환자는 평생 주의 깊게 몸을 살피면서 자신에게 맞는 운동 프로그램에 따라서 치료 전문가의 도움을 받아 운동하여야 한다.

2) 부종을 위한 운동 지침

(1) 림프 흡수 촉진운동

운동성 증가와 함께 림프액이 흡수되는 경로를 따라서 림프액이 기능을 잘 할 수 있도록 고안된 운동이다. 정체되어 있는 부종액이 원활히 흡수되기 위해 림프 흐름을 고려하여 정상적인 림프 흡수가 이루어진 곳을 먼저 운동한 후, 부종이 있는 곳을 운동하는 형태로 시행된다. 주로 림프액이 최종적으로 흡수되는 목 운동부터 시작하며, 그 다음 어깨, 몸통, 부종 부위의 팔 또는 다리 순으로 시행한다. 혈액 순환 증진을 목적으로 운동을 할 때는 주로 근육 수축이 유발되는 형태로 운동을 하고, 림프 흡수를 촉진하는 운동은 림프절이 많이 모여 있는 관절의 움직임이 많이 이루어질 수 있도록 하는 것이 좋다.

(2) 폄과 유연성 강화운동

관절이 원활하게 움직여질 수 있도록 운동성을 증가시킨다. 유연성은 정상 움직임 각도를 말하고, 반면에 폄은 근육과 다른 연부조직을 늘리는 것을 말한다. 유방암 수술 후, 여성들은 가슴 부위에 수술로 인한 단축이 생기거나 어깨 움직임에 제한이 생길 수 있다. 이는 팔에서 정상 림프 또는 정맥 흡수를 차단할 수 있다. 그러므로 유방암 수술 환자는 수술 직후부터 수술 주변 관절과 조직의 관절운동과 폄운동을 조심스럽게 바로 시작해야 한다. 또한 다리의 경우, 발등 굽힘이 제한되는 경우가 발생할 수 있기 때문에 지속적으로 발목의 관절운동과 폄운동이 시행될 수 있도록 해야 한다.

(3) 근력강화운동

근육의 수행 능력과 지구력을 증가시키기 위해 근력을 기르는 것을 말한다. 근육이 강하면 강할수록 근소모나 피로 없이 더 잘 움직일 수 있을 뿐만 아니라 기초대사 능력이 증가되어 비만하지 않게 되기 때문에 근력운동을 통해 근육을 키우는 것은 매우 중요하다. 비만과 암의 발생에는 매우 높은 상관관계가 있으므로 암의 발생 또는 재발을 예방하는 차원에서도 반드시 근력강화운동을 해야 한다. 근력강화운동은 운동 강도와 시간을 점진적으로 증가시키면서 하도록 한다. 운동 후 부종 상태를 반드시 점검하도록 하여 운동의 정도를 증가시켜야 할지, 줄여야 할지를 결정해야 한다. 강한 형태의 저항운동이나 근력증강운동을 할 때에는 근육펌프의 효율을 증가시키고 모세혈관에서의 여과를 감소시키면서 재흡수를 증가시킬 수 있도록 압박을 적용하는 것이 바람직하다.

(4) 유산소운동

유산소운동은 체중을 줄이거나 적정 체중을 유지하는 데 도움이 된다. 또한 림프 순환을 도와줄 수 있다. 비만, 부종이 심한 환자, 고령 환자의 경우에는 유산소운동을 꺼려하는 경향이 많다. 하지만 유산소운동을 통해 심폐 능력 향상 및 혈액과 림프 순환 증진, 불필요한 에너지의 소모 등을 이루어질 수 있게 하여, 조직액의 정체가 이루어지지 않도록 하는 것이 매우 중요하다. 치료사는 환자가 능동적으로 운동에 참여할 수 있는 프로그램을 제시해 줄 수 있어야 하고 수시로 상태를 점검하도록 한다.

3) 목적

운동을 해야 하는 중요한 목적과 이유는 다양하다. 순환계의 관점에서 본다면 운동을 통한 뼈대근육의 수축과 이완이 혈액 이동에 추진력이 없는 정맥 순환에 제2의 심장의 역할을 하여 정맥에 혈액의 정체로 인한 혈관 내 압력의 증가를 감소시키고, 이로 인해 모세혈관에서의 여과를 감소시켜 부종을 예방하고 재흡수를 증가시켜 부종을 완화시킨다. 뿐만 아니라 정맥 순환이 잘 안되어서 발생하는 정맥류나 만성 정맥기능 부전, 혈전 등을 예방할 뿐만 아니라 구조적으로 정맥혈관과 림프관이 좋은 상태를 유지할 수 있도록 해 준다.

림프계가 국소적으로 손상되거나 저하된 림프부종을 치료하기 위한 운동의 중요한 목적은 림프액을 이동시키고 부종을 감소시키는 것이다. 림프부종을 위한 구체적인 운동 목적은 다음과 같다.

① 부종이 있는 부위에서 쉽게 흡수될 수 있는 인접 정상 쪽으로 림프액이 이동할 수 있게 근육을 수축 · 이완시킨다. 먼저 강조할 것은 몸통 쪽부터 운동을 해서 비워지도록 해야 한다는 것이다. 몸통이 비워진 후에 팔이나 다리 등에서 축적된 림프액을 흡수시키도록 하는 운동이 효과적이다.

② 어깨뼈 부위(날개뼈, 어깨, 쇄골, 상완)와 척추의 운동성을 증가시킨다. 특히, 유방암 치료를 받은 사람의 경우 더욱 중요하다. 유방암 수술 후 흔한 문제는 팔의 운동성과 근력 감소이며, 특히 어깨뼈 부위에서 이러한 현상이 두드러진다고 하였다. 운동을 통해 어깨 주변 관절운동성을 유지 및 증가시켜 주는 것이 중요하다. 관절운동성이 이루어지지 않으면 정상적인 움직임이 어려워져 이차적인 관절 손상과 근육의 불균형이 이루어진다. 그러므로 운동성을 정상적으로 유지할 수 있도

록 해야 한다.

③ 근력 증가와 근긴장도 완화가 이루어진다. 유방암 수술 후 팔의 근력 감소가 생길 수 있다. 가장 흔한 근력 약화는 불용성, 통증, 자세의 불균형, 팔을 사용하는 것에 대한 두려움에 의해서 생기는 경우가 많다. 근력 손실은 생각보다 빨리 진행될 수도 있다. 근력강화운동은 정체된 조직액과 림프를 처리하기 위해 인접한 림프계를 무리하게 활동하지 않으면서 능동적으로 림프액이 흡수될 수 있게 해 준다. 유방 절제술 환자의 경우, 무의식적으로 수술한 쪽을 보호하려는 경향이 있어서 자연스럽게 근육을 이용하여 관절을 움직이려 하지 않는다. 가슴 쪽 상처가 아물면서 어깨를 몸통 앞쪽으로 끌어당기기 때문에 주변 근육을 강화시키고, 움직임을 만들어 근긴장도를 완화시킬 수 있도록 해야 한다. 근력의 불균형이나 근육 단축 등이 발생하는 경우에는 부적절한 자세를 만들 수 있다. 그러므로 이를 예방하고 상태를 개선시켜 상부 몸통의 근육 균형을 회복하는 것이 중요하다.

④ 신체 인식도와 행복감(well -being)을 개선시킨다. 정기적인 유산소운동은 엔도르핀 호르몬 분비를 촉진시킨다. 엔도르핀은 기분 좋은 감정과 행복감과 관련이 있으며 강력한 진통효과가 있다. 그러므로 규칙적인 유산소운동을 통해 엔도르핀 분비를 촉진시키고, 이로 인한 심리적 · 정신적 안정과 행복감을 가질 수 있도록 해야 한다.

⑤ 붕대나 압박 스타킹을 가지고 있다면 운동하는 동안 착용해야 한다. 특히 붕대는 운동 수행 시 피부에 저항하는 압력을 증가시킨다. 이 압력은 근육 수축과 함께 맞물려 림프액의 이동을 촉진시킨다.

4) 주의 사항

저탄력 붕대를 탄력 붕대(ace wraps)로 대치시키지 않도록 한다. 일반적인 형태에서 운동을 할 때도 혈액과 림프 순환을 목적으로 한다면 저탄력 붕대가 더 효과적이지만, 림프부종이 있는 경우에는 더욱더 탄력 붕대가 아닌 저탄력 붕대를 사용해야 한다. 운동의 강도, 주기, 기간에 대한 결정은 환자의 운동 능력과도 관계가 있지만 운동 중이나 후에 부종이 있는 부분이 어떻게 반응하는지에 따라서 결정하는 것이 좋다. 운동으로 인해 이전보다 더 부종이 눈에 띄게 증가한다면 전체적인 운동 강도와 양을 줄여야 하고, 운동과 함께 또는 운동 후 만약 이전보다 더 부었다면 다소 운동을 줄여야 하고 더욱 천천히 해야 한다.

만약 환자가 과하게 운동을 한 후, 다소 더 붓는다 하더라도 크게 문제가 되지 않는다. 부종 부위가 안정이 될 수 있도록 심장보다 약간 높이 올려 놓은 상태에서 30분 정도 쉬게 하면 부종은 감소된다. 환자의 신체적 활동이 많은 날이면 운동을 다소 줄일 수 있도록 권하고 피로하거나 피곤하게 느껴지는 날에는 너무 무리하지 말고 운동량을 조절하도록 한다. 운동 프로그램은 너무 경직되게 실시되지 않도록 하며, 융통성 있고 지속적으로 시행되도록 한다.

5) 원칙

치료사가 운동 프로그램을 설계할 때 다음의 기본 원칙을 고려할 수 있도록 한다.

- 운동 프로그램을 시작할 때, 가능하면 팔이나 다리에 압박을 가해 줄 수 있는 것을 사용한다.
- 반복은 적게 하고 매우 천천히 시작하여 다음날 부종 부위가 어떤 식으로 반응하는지 살펴본다.
- 점차적으로 반복 횟수를 늘린다.
- 부드럽게 호흡 패턴을 확실히 유지하도록 한다. 호흡을 멈추려고 하는 성향을 극복해야 한다. 배 근육을 이완하고 호흡이 배로 될 수 있게 한다.
- 가능한 한 부종액이 이동될 수 있게 모든 조직 채널이 열리는 적절한 자세를 이용한다. 좋은 자세는 좋은 호흡 패턴을 촉진시키기도 한다. 좋은 자세란 엉덩이에 약간 힘이 들어가게 하고, 가슴을 위로 올리고, 어깨를 이완하며, 머리를 곧게 편 자세를 말한다.
- 절대 통증이 일어나서는 안 된다. 운동하는 동안에 통증, 불편함, 두려움 등 여러 부정적인 상황이 발생하지 않도록 한다.

운동을 중단해야 하는 경우는 다음과 같다.

- 열을 수반한 질병이 있을 때
- 가슴에 통증을 느낄 때
- 갑자기 호흡이 짧아지거나 심한 피로를 느낄 때
- 빈번하게 다리 통증 또는 쥐가 날 때
- 운동하는 동안에 갑작스런 구토 증상이 발생할 때

- 초점이 흐려지거나 혼미해 질 때
- 최근 안정 시에도 가라앉지 않는 허리, 목의 통증이 있었을 때
- 심장박동이 불규칙 할 때

6) 부종완화에 좋은 호흡운동법

다양한 형태의 운동 방법이 있고 이를 실행하는 데 있어서 중요한 것 중에 하나가 호흡이다. 그중 순환에 도움이 되는 것은 가로막호흡이라고 불리는 배호흡이다. 배호흡은 다리에서 올라온 혈액, 림프액 등의 액을 효과적으로 심장 방향으로 이동시키기 때문에 일반적인 운동 프로그램의 전이나 중간, 마무리에 넣어 효과적인 운동이 될 수 있도록 하는 것이 좋다.

운동을 할 때 호흡을 하고 안 하고는 선택할 수 있는 사항은 아니다. 그러나 어떻게 호흡하는가는 선택할 수 있다. 배의 근육을 사용하는 방식의 호흡은 배안의 혈관과 림프관에 부드럽고 지속적인 펌핑 작용을 만들어줌으로써 혈액과 림프, 그중 특히 림프 흐름을 촉진시키는 방법을 알 수 있다는 의미이다. 배근육을 이용해 숨을 들이 마실 때, 가로막이 아래로 수축하면서 가슴안 쪽은 음압이 생성되고, 허파의 아래 엽까지 공기로 채워진다. 가로막이 하방으로 움직일수록 배안을 밀어내고 허파에 여분의 공기를 더욱 축적하기 위해 배를 바깥 방향으로 풍선처럼 확장시키게 된다. 반대로 내쉴 때, 가로막이 위쪽으로 둥근 우산 형태로 이완하면서 허파에 있는 공기가 바깥으로 빠져나가게 되고, 이때 복압이 증가하면서 배안을 지나는 큰 림프관, 림프절 등에 압박을 가해 심장 근처에 있는 터미너스로 림프액이 원활히 이동될 수 있도록 해 준다. 즉, 숨을 들이 마실 때 배가 풍선처럼 부풀어 오르도록 하고, 내쉴 때 다시 배가 안쪽으로 납작하게 들어가는 형태를 만들게 되면 순환, 특히 림프 순환을 촉진시킬 수 있다.

(1) 배호흡 교육법

먼저 호흡하는 데 집중하게 한다. 실제로 환자 스스로 현재 호흡을 어떻게 하고 있는지를 인식하게 한다. 호흡은 필수적인 것이지만, 대부분 환자들은 호흡 패턴을 알지 못한다.

앉은 자세에서 호흡에 최대한 집중할 수 있도록 우선 바닥에 양 발을 나란히 편안하게 놓고 등을 반듯하게 세우도록 한다. 다음 배 위에 손을 가볍게 얹어 놓으라고

지시한다. 환자는 자신의 배가 호흡에 따라서 팽창해지는지 납작해지는지 인식하도록 한다. 환자에게 눈을 감으라고 하면 호흡에 더욱 집중할 수 있으므로 호흡 패턴을 잘 인식할 수 있다. 숨을 들이 마실 때 환자의 배가 손을 밀어내면서 팽창하는지를 느낄 수 있다면, 이미 그 환자는 가로막으로 호흡을 하고 있는 것이다. 만약 손이 그대로이고 배가 호흡과 함께 움직이지 않는다면 배호흡이 아닌 가슴안을 이용한 가슴호흡을 하고 있는 것이다.

다음 단계는 배호흡 연습을 시작하는 것이다. 여전히 의자에 똑바로 앉은 자세를 유지한다. 먼저 코로 깊게 숨을 들이쉰 다음 입을 통하여 완전히 내쉬면서 배를 납작하게 하여 최대로 남은 공기까지 짜 뱉어내도록 한다. 허파를 완전히 비우고 허파의 바닥에 있는 잔여 공기까지 제거하게 되면 자동적으로 가로막호흡으로 유도가 된다. 특히 환자가 코를 통하여 숨을 들이마실 때, 배가 얼마나 팽창되는지 신경 써서 살펴보도록 한다. 연속적으로 시행할 때 공기가 입을 통하여 나가고, 이때 배가 확실히 납작하게 되는지 점검하면서 지나치게 크게 들이 마시고 내쉬는 형태의 호흡을 하지 않아도 된다는 것을 알려주도록 한다. 만약 배호흡법을 환자가 잘 이해하지 못한다면 연상법을 이용하는 것도 도움이 된다. 배 안에 고무풍선이 있다고 연상하게 하고 숨을 들이 마실 때 배 안에서 풍선이 팽창되는 모습을 상상하게 하고 숨을 내쉴 때는 공기가 빠지는 것을 상상하도록 한다.

(2) 도움말

- 오직 4회 또는 5회 정도로 연습을 시작한다. 그리고 천천히 연습시간을 1분까지 또는 좀 더 길게 증가시킨다. 연습은 하루에 3~4번씩 하도록 한다.
- 초기에 환자는 침대나 바닥에 누워서 배호흡을 연습하는 것이 다른 자세에서 하는 것보다 도움이 될 수 있다. 누운자세로 배호흡을 하는 경우에는 무릎을 구부리고 편안하게 발을 벌리고 하는 것이 좋다.
- 만약 환자가 가벼운 두통, 현기증 또는 불안감을 느낀다면 너무 깊이 또는 빨리 호흡하고 있는 것이다. 이때는 잠시 호흡을 멈추고 증상이 사라질 때까지 정상호흡으로 돌아가도록 한다.
- 연습하면 할수록 점차적으로 환자는 자신의 호흡을 인식하게 된다. 배호흡 패턴이 점점 더 자연스럽게 되면 하루 종일 배호흡이 자동적으로 되고 있다는 것을 환자 스스로 알게 된다. 배호흡은 단순하지만 하루 종일 림프계를 자극할 수 있는 효과적인 방법이라는 것을 꼭 주지시키도록 한다.

(3) 효과를 증대시키는 배호흡법

총 9회를 최대한 깊이 들이 마시고 내쉬는데, 효과를 증대시키기 위해 호흡과 맞추어 배에 압박을 가해 주는 것이 좋다. 자세는 무릎을 구부리거나 무릎 밑에 받침을 두어 배의 긴장이 완화되게 하는 것이 좋다. 숨을 들이 마실 때에 배가 나오도록 하고 숨을 내쉴 때 배가 가능한 한 많이 들어가도록 하는데, 이때 본인 또는 타인에 의해 압박을 가한다(그림 7-10).

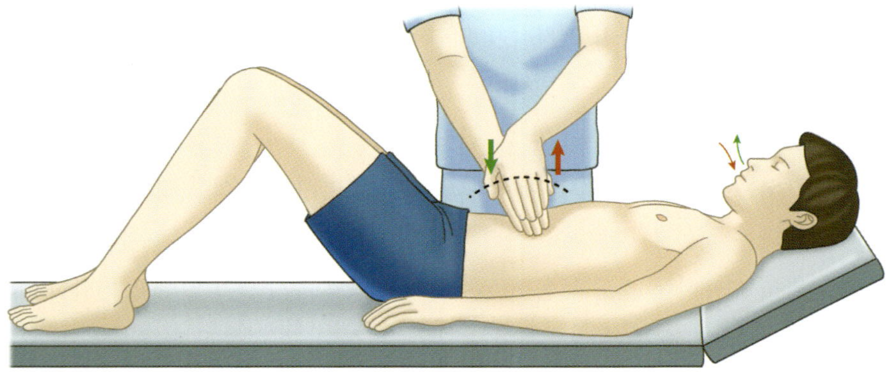

그림 7-10 배호흡 자세

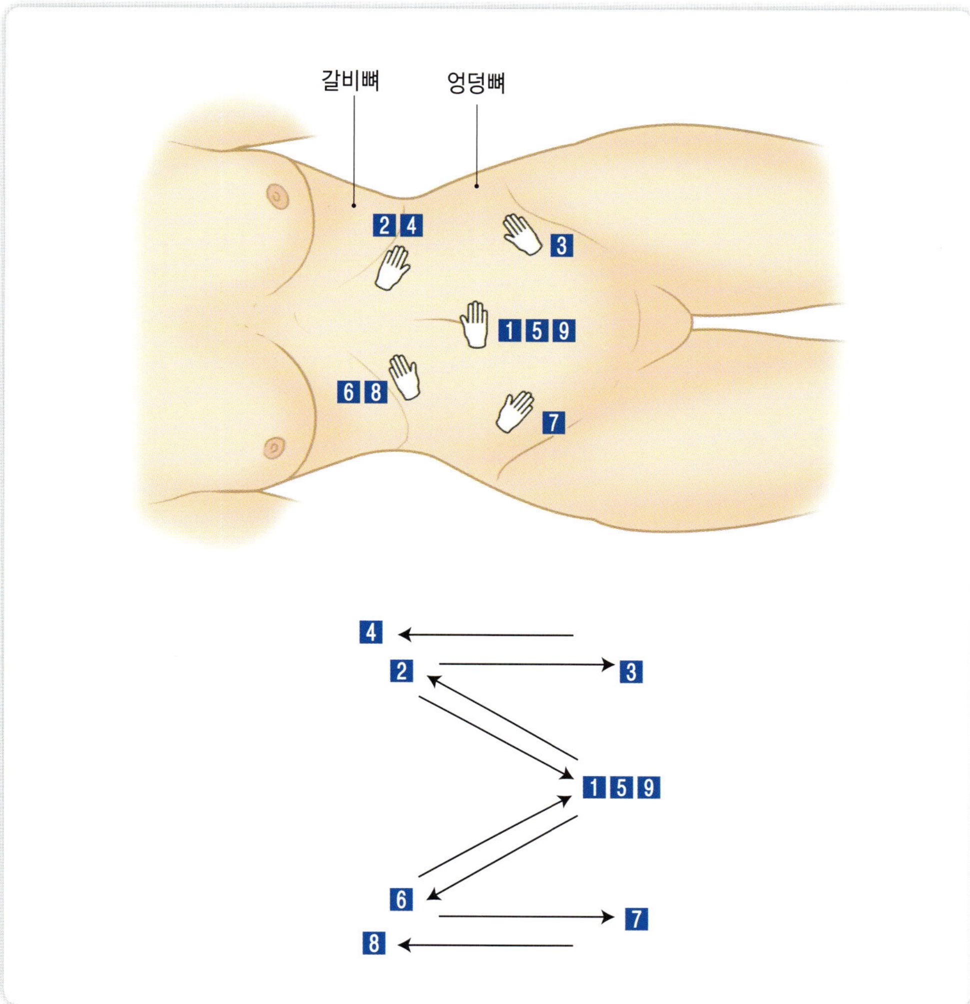

그림 7-11 배호흡 시 보조 압박의 위치와 순서. 1 배꼽 → 2 왼쪽 갈비뼈 제일 하단부 바로 아래 → 3 왼쪽 골반 바로 위 → 4 왼쪽 갈비뼈 제일 하단부 바로 아래 → 5 배꼽 → 6 오른쪽 갈비뼈 제일 하단부 바로 아래 → 7 오른쪽 골반 바로 위 → 8 오른쪽 갈비뼈 제일 하단부 바로 아래 → 9 배꼽

CHAPTER

08

효과를 높이는 방법

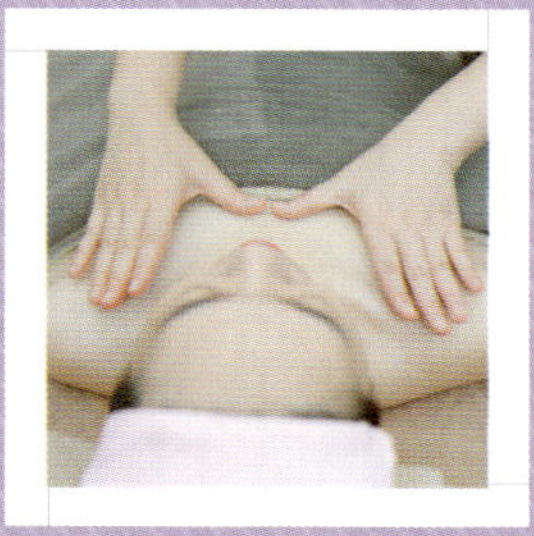
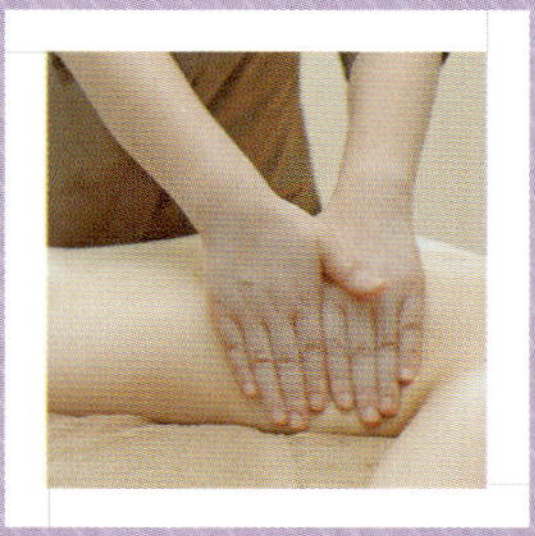

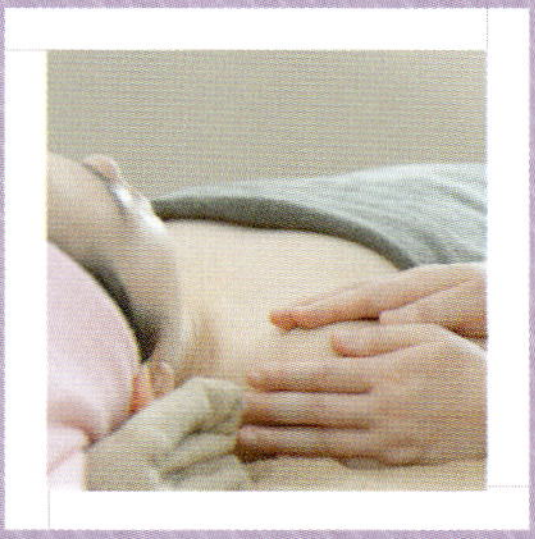
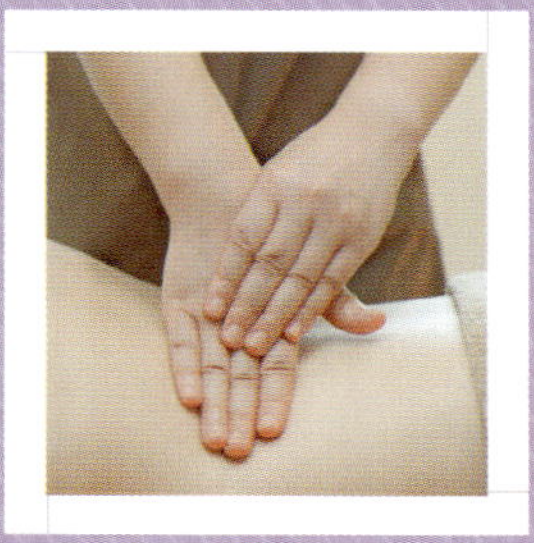
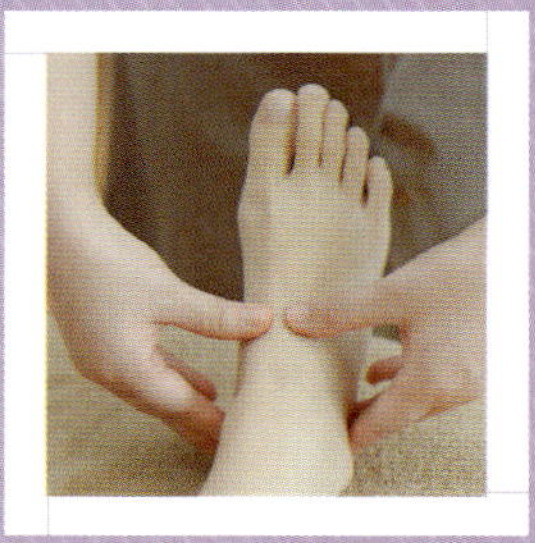

1 주의사항

- 시술 전 손의 청결에 주의하며, 항균 비누나 로션을 이용하는 것이 좋다.
- 고객의 피부도 청결하게 클렌징된 상태가 좋다.
- 고객이 최대한 이완되는 것이 중요하므로 편한 자세를 취하도록 해 준다.
- 시행 중 고객의 근육이 수축되지 않게 한다.
- 일정한 속도를 유지하여 자극이 고객에게 지속적으로 가해질 수 있게 한다.
- 근육에 압력이 가해지지 않을 정도로 가볍게, 리듬감 있게 적용한다.
- 피부의 신장은 최대로, 림프 흐름의 방향을 고려해서 실시한다.
- 지나치게 미끄럽게 하는 크림이나 오일은 사용하지 않는다(아주 건조한 경우에만 일부 사용한다).
- 집중적으로 치료하는 경우는 고객에게 수분을 충분히 섭취하도록 한다.
- 대화는 하지 않는 것이 좋으며 필요시에는 가볍게 하도록 한다.

2 준비사항

1) 환경

조명은 밝지 않게 하고, 따뜻한 실내 온도를 유지한다. 소음을 없애고 조용한 음악을 준비하며, 침대는 촉감이 편안하며 부드러운 것으로 한다.

2) 윤활제

대부분 피부에 있는 림프관은 진피층에서 피부밑조직에 걸쳐서 위치해 있기 때문에 시술자는 피부밑조직 위에서 고객의 피부를 움직이도록 해야 한다. 그러므로 윤활제를 사용하지 않은 건조한 피부 위에서 시행하는 것을 원칙으로 한다. 만일 적용 부위가 매우 건조하다면 피부 위의 마찰을 감소시키기 위해서 약간의 오일을 사용할 수 있다. 아로마 또는 특정 목적을 위한 피부 제품을 이용해서 엠엘디를 시행하고자 하는 경우에는 피부 신장을 방해하지 않을 정도로 도포 후 적용하면 된다.

3) 엠엘디 적용 후 안정

조용한 치료실 환경은 중요하다. 왜냐하면 고객을 충분히 이완할 수 있게 만들기 때문이다. 고객은 엠엘디를 받고 15~30분 동안 휴식을 취해야 한다. 적용 기술은 유출 림프관(efferent pathways) 배출에 효율적인 보더의 기본 기법을 원칙으로 하는 것이 좋다.

4) 적용 시간

어떤 목적을 위한 치료를 하느냐에 달려 있다. 기본적으로 터미너스(정맥각)를 기준으로 몸통 부위를 배출시키고자 하는 쪽 림프관이 비게 된다면, 그 다음은 실질적인 치료 부위에 집중할 수 있다. 적용 시간은 처음에는 너무 길지 않고 짧게 적용하며, 고객의 전체적인 상태에 따라 서서히 늘리도록 하는 것이 좋다. 언제나 엠엘디 적용 후 어떤 반응이 나타나는지 자세히 관찰해 보아야 한다. 고객에게 어떤 만성적인 질환이나 저혈압이 있으면, 특히 초기에는 가능한 한 짧게 적용하도록 한다. 만일 특별히 좋지 않은 반응을 보이지 않는다면, 시술자는 적용 시간을 1시간 정도까지 연장시킬 수 있다. 전신 치료나 집중 치료가 필요해 시간이 오랫동안 소요된다면 두 번 정도로 나누어서 적용하는 것도 좋은 방법이다.

5) 적용 후 고객의 반응

(1) 명현 반응

고객이 수일 동안 몇 번의 치료를 받은 후에 해독 반응(detoxification reactions)을 경험할 수 있는데, 이는 몸에 있는 독소의 정도에 따라서 다르게 나타난다. 이를 사전에 알려 줄지, 알려 주지 말아야 할지는 엠엘디를 적용하면서 자신의 경험과 판단에 따라서 결정하도록 한다.

명현 반응(healing crisis)은 가능한 한 빨리 사라져야 한다. 수주 또는 몇 개월 동안 지속되어서는 안 된다. 엠엘디 후 고객이 경험할 수 있는 현상은 다음과 같다.

- 일반적으로 짧은 명현 반응 후에 훨씬 더 좋은 기분을 느낀다.
- 명현 반응은 일반적으로 좋아지는 기간에 나타날 수 있다.
- 한 번 또는 수회 나타날 수 있다. 고객이 정기적으로 알레르기가 있는 음식을 먹거나 독소가 몸에 들어가는 어떤 행위를 하지 않는 한 규칙적인 명현 반응은 나타

나지 않는다.

- 급성 증상 또는 열이 해독 반응의 신호로 나타날 수 있다. 만약 열이 발생하거나 급성 증상(열, 발적, 통증)이 나타나면 치료를 하지 말고 의사의 점검을 받도록 한다.
- 명현 반응을 일반적인 치료 방법으로 치료하는 것은 어려운 일이다. 고객은 '완전히 녹초가 되었다'라고 느끼는 순간 더 나아지는 것을 확인할 수 있을 것이다.
- 간의 기능을 좋아지게 하는 처치를 하면 도움이 될 수도 있다.
- 명현 반응을 막기 위해서 처음 엠엘디를 적용할 때는 비교적 짧게 적용하는 것도 좋다.

(2) 일반적 반응

엠엘디를 적용한 후에 나타날 수 있는 반응은 다음과 같다.

- 몸이 깨끗해지고, 가벼워지며, 개운한 느낌을 가질 수 있다.
- 정신이 맑아지는 기분이 든다.
- 다른 주관적 반응에는 게을러짐, 구역질, 근육통, 통증, 피로 등이 있다. 이러한 증상이 지속되지 않는다면 독소가 빠져나가는 것을 의미한다.
- 소변: 소변을 더 자주 또는 더 많은 양을 보게 될 수도 있다. 엠엘디 치료 초기에는 소변의 농도가 진해지기도 하나, 시간이 지나고 독소의 농도가 줄면서 소변도 점차 맑아진다. 소변에서 아주 강한 냄새가 날 수도 있다.
- 수면: 고객은 쾌적한 느낌의 피곤함과 수면을 경험할 수 있다. 고객이 매우 상쾌하고 명료한 기분을 느낀 후에, 잠재해 있던 쇠약함 때문에 잠시 피곤해질 수도 있다. 수일 동안의 이러한 수면 후에는 전보다 훨씬 더 기분 좋은 느낌을 갖게 되고, 이전의 쇠약함에서 벗어나게 된다. 반대로 어떤 사람들은 잠자는 것을 원치 않게 되기도 한다. 그들은 활력이 매우 넘치는 느낌 때문에 늦게까지 깨어 있고, 아침에도 피곤하지 않은 경험을 하게 된다.

(3) 어떤 고객은 다음의 경험을 할 수도 있다

- 기억력 향상
- 감각 향상: 미각, 후각, 시력 등이 있다.
- 생활 리듬: 삶이 더욱 유동적이고 조화롭게 느껴지기도 한다.
- 원기 회복: 어떤 고객은 더 젊어지는 느낌을 갖는다.
- 관절 상태 개선: 긴장도가 감소하면서 관절의 상태가 좀 더 좋아지는 것을 느낀다.

- 에너지 수준 향상: 정체된 독소나 단백질이 비워지기 때문에 수회 엠엘디를 한 후에 전보다 에너지가 더 많아짐을 느낀다.
- 감정: 고객이 치료를 받는 동안 울거나, 한숨을 쉬거나, 하품을 많이 할 수도 있다. 이러한 시술을 좋아하지 않거나 받아들이지 않으려고 하는 사람도 분명히 있다는 것을 명심해야 한다. 하지만 일반적인 엠엘디의 부드러운 적용은 감정적인 이완을 자극할 수 있다.
- 고객에 따라 엠엘디 중에 또는 엠엘디 후에 아무것도 느끼지 못하기도 한다. 또는 다음날 효과를 느끼기도 한다. 어떤 고객은 그들의 상태를 지적해 주지 않으면 변화에 무감각하기도 하다. 고객이 변화를 잘 느낄 수 있도록 몸의 반응에 집중하게 해 줄 필요가 있다.

6) 마케팅

절대 엠엘디를 고객에게 '마사지'라고 하지 않도록 한다. '마사지'라는 표현은 그리스어의 'massein'이란 말에서 유래된 말로 '주무르는 것'이라는 뜻이다. 사전적인 의미에서도 마사지는 '문지르고, 주무르는 등의 유사한 기술로 몸을 다루는 행위 또는 기술'이다. 그러므로 '드레나지(drainage) 시술' 또는 '독소 배출 시술'이라는 표현이 좋다.

대부분의 고객은 시술자가 '마사지'를 받게 될 것이라고 말한다면, 근육이나 근막에 아주 강한 압력을 적용하는 시술을 기대하게 된다. 그러니 반드시 엠엘디를 '드레나지 시술' 또는 '독소 배출 시술'이라고 말하도록 한다.

또한 고객을 교육시킬 필요가 있다. 이미 마사지를 받아본 경험이 있는 고객에게는 이전에 받던 시술과 분명히 다른 효과와 방법이 있다는 것을 알려 주도록 한다. 사전에 엠엘디에 대한 과정 등에 대해 설명을 해 줄 필요가 있다.

7) 엠엘디 적용 기술을 향상시키는 방법

- 연습: 치료사 스스로의 기술에 대한 능력을 점검하고 수시로 다듬도록 한다.
- 엠엘디를 배울 때 적었던 노트, 해부학 책, 다른 관련 자료를 자주 보도록 한다.
- 다른 전문가에게 치료를 받아 보도록 한다.
- 스터디 그룹 활동을 한다. 엠엘디 코스를 배운 사람 간에 정기적인 모임을 만들어 서로 점검받도록 해야 한다.

- 복습 과정(review courses)을 수강하도록 한다.
- 자신의 느낌과 능력을 믿는 것이 가장 중요하다.

3 주요사항

엠엘디를 이용하여 림프액과 조직액의 흐름을 촉진하지만 동시에 조직으로의 유입은 증가시키지 않도록 해야 한다. 엠엘디의 기본적 손동작은 림프계와 조직의 생리적 상태에 따라서 달라진다. 효과적으로 엠엘디를 실시하기 위해서는 다음 원칙을 잘 숙지해야 한다.

① 움직이는 리듬과 주기(rhythm and frequency of movements)

② 손 압력(hand pressure)

③ 흐름 방향(direction of flow)

④ 손동작(hand techniques)

⑤ 움직임 지속 시간(duration of movements)

⑥ 움직임 연속성(sequence of movement)

⑦ 치료 기간(duration of a treatment)

⑧ 1회 적용 시간(duration of a session)

1) 움직이는 리듬과 주기

이전에 설명한 것처럼 결합조직의 젤리 같은 물질은 점진적으로 액화될 수 있도록 해야 한다. 조직의 '요변성'의 특징을 명심하고 정확한 시점과 방향으로 손을 움직이도록 한다.

① 리듬: 각 손동작은 1초에서 5초 정도의 소요 시간이 걸리는 리듬으로 해야 한다. 적용하는 피부는 사람마다 다르고 동일인이라고 하더라도 신체 부위별로 피부의 상태가 다르기 때문에, 충분하게 피부의 상태를 손으로 느끼면서 림프 수축 주기에 맞추어 실시하는 것이 좋다.

② 주기: 최대 효과를 얻기 위해 한 구역(same area)에서 5~7회 이상 반복하는 것이 좋다.

2) 손 압력

엠엘디는 모세혈관의 생리적 특성에 따라 행해져야 한다. 그 의미는 손에 의해서 만들어지는 압력은 혈관으로의 조직액 재흡수를 촉진시키는 정도만 되어야 한다는 것이다. 림프관이 손상되는 경우는 45mmHg 이상의 압력을 줄 때이다. 너무 과한 압력을 가하게 되면 모세림프관 주변을 둘러싸고 있는 정박필라멘트가 손상되고, 혈관의 여과가 증가해 부종을 유발시킬 수 있다. 또한 림프관 경련(lymphangiospasm)을 유발시켜 오히려 림프관 안에서 림프액의 흐름을 방해할 수도 있다. 하지만 피부의 진피층이 섬유화로 단단해진 경우에는 국소적으로 강한 압력을 피부에 적용시키는 방법을 기술과 병행할 수 있다.

피부에서 수 밀리미터 아래에 위치해 있는 모세림프관, 수집림프관에 효과적인 엠엘디를 적용하기 위한 가장 이상적인 압력은 30~35mmHg 정도이다. 일반적으로 실시하는 스웨덴식 마사지, 경락 마사지의 강한 압력으로 적용하는 마사지 방법과 엠엘디 시 이용되는 손의 접촉면은 많은 차이가 있다(그림 8-1).

압력의 적용은 초승달을 생각하면 쉽게 이해할 수 있다. 그림처럼 서서히 압력을 증가시켜 최대 신장을 유발시키고 서서히 압력을 감소시켜 신장된 피부가 원래 위치로 갈 수 있도록 해야 한다. 대개 손끝 방향으로 신장(stretch)하고 림프가 흐르는 방향으로 이완(release)한 후 완전히 압력을 제거하는 압력 제로 단계(zero phase)를 만들면 된다(그림 8-2).

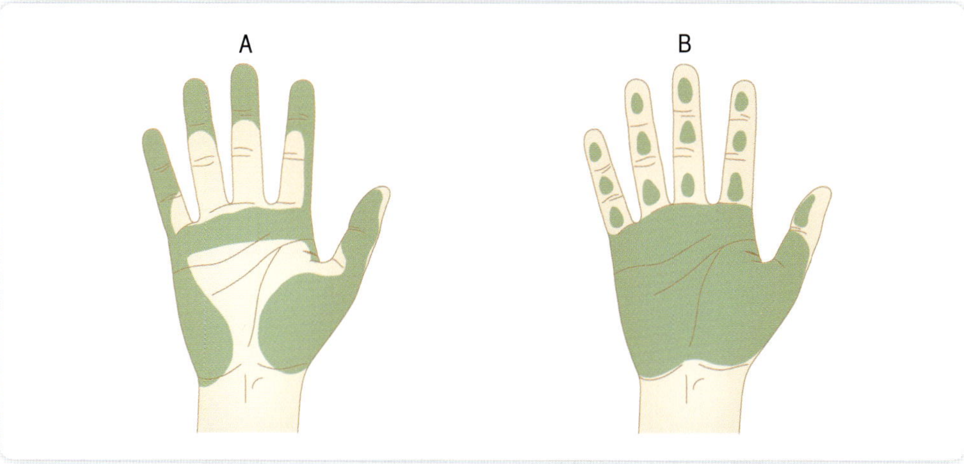

그림 8-1 마사지와 엠엘디 시 이용되는 손의 접촉면. A: 일반 마사지, B: 엠엘디

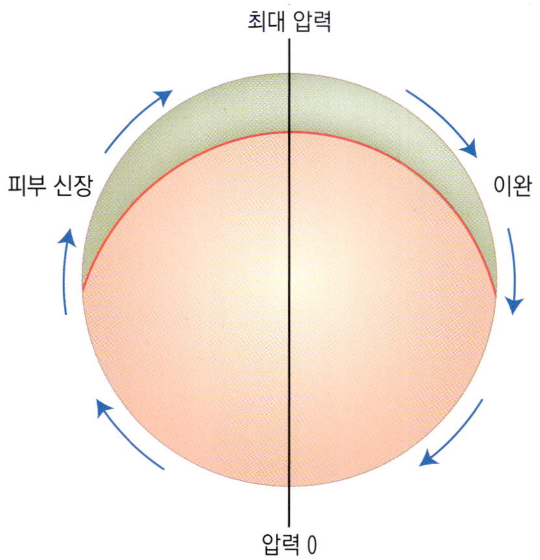

그림 8-2 압력 적용 원칙

3) 흐름 방향

일반적으로 모든 림프 흐름의 방향은 주변 림프절 쪽이지만 최종적인 림프의 이동 방향은 심장이다. 림프경계와 림프문합을 정확히 알고, 어느 방향으로 림프 흐름을 촉진해야 할지를 반드시 고려하면서 엠엘디를 실시해야 한다. 만약 수술, 외상, 방사선 등으로 손상을 받아 부종이 생겼다면 엠엘디 진행 방향은 림프관이 손상 받지 않은 쪽으로 한다. 림프가 흐르는 방향으로 엠엘디를 적용하지만, 특히 최대의 피부 신장은 림프관의 직각 또는 사선 방향으로 이루어질 수 있도록 해야 하며(그림 8-3), 피부 신장이 만들어질 수 있도록 해야 한다(그림 8-4).

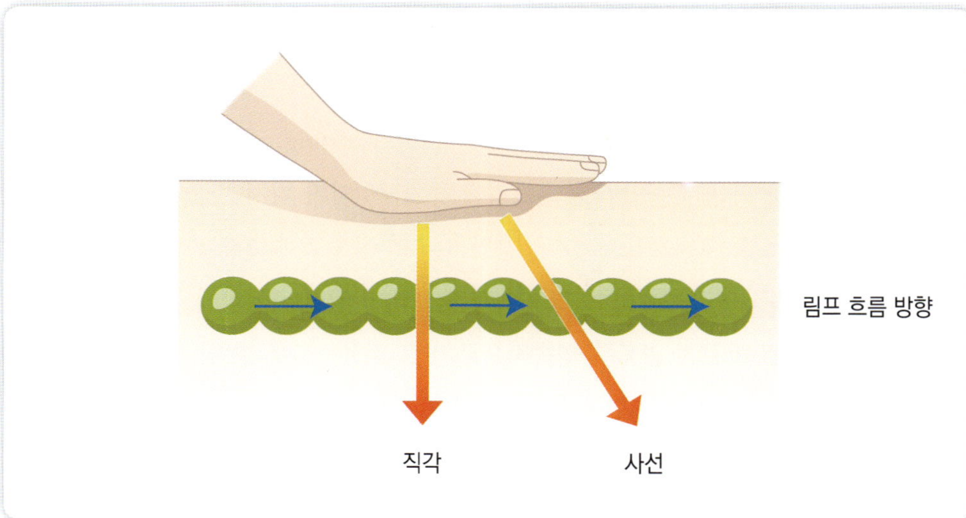

그림 8-3 피부 신장 방향

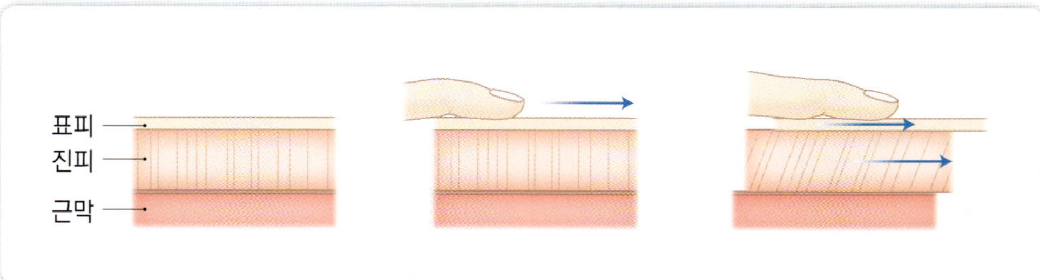

그림 8-4 피부 신장 적용 부위

4) 손동작

항상 손과 손목에서의 느낌을 감지하고 손동작을 정확하게 수시로 점검하도록 한다.

5) 움직임 지속 시간

적용기에는 적어도 1초 이상의 시간이 소요되어야 한다. 충분한 효과를 거두기 위한 적용 시간은 조직액의 유동성에 따라 달라진다. 손동작은 한 부위에 5~7회 정도 반복적으로 시행되어야 한다.

6) 움직임 연속성

모든 손동작은 직접적인 시술이 행해져 효과를 기대할 수 있는 적용기(working phase)와 다시 초기 시술 자세로 돌아오는 준비기(resting phase)로 나눌 수 있다. 엠엘디 적용 시 가해지는 압력은 부드럽게 증가되었다가 다시 감소하게, 원형과 나선형의 움직임으로 적용하도록 한다. 분당 5~7회 정도로 수축하는 림판지온의 리듬에 맞추어 연속적으로 시행하며, 조직액과 림프액이 엠엘디에 의해 몸쪽으로 이동한 후, 다시 거꾸로 흐르지 않도록 연속적으로 바로 적용하도록 한다. 일반적으로 몸쪽에서 먼쪽으로 진행한 다음 먼쪽에서 몸쪽으로 진행한다.

7) 치료 기간

엠엘디 치료 기간은 최소 2주를 기본으로 하며, 초기에는 가능한 한 주당 3~5회 이상 정하는 것이 좋다. 이후에는 고객의 상태에 따라서 주당 횟수를 줄이고 한 달 이상, 6개월 정도를 지속할 수 있다.

8) 1회 적용 시간

얼굴과 같이 한 부분에 실시하는 경우에는 최소 20~30분 정도를, 여러 부분을 하는 경우에는 한 시간 이상을 적용한다. 이때 시간이 너무 길어진다고 판단되면 경우에 따라서 두 명의 테라피스트가 동시에 적용할 수도 있다.

4 적용 원리

림프액은 최종적으로 심장 안으로 들어가게 되는데, 제일 먼저 들어가는 유입구인 정맥각이 위치한 곳 주변부터 엠엘디를 시행한다. 그렇게 함으로써 정체된 곳에서 보내온 림프액이 잘 흡수될 수 있는 환경이 만들어진다. 정체된 곳에 집중되어 있는 림프액이 원활히 흡수되기 위해서는 심장에서 가까운 곳부터 정체된 곳인 말초 방향으로 엠엘디가 시행되어야 한다는 것이다. 이것을 '역순 방식'이라고 한다.

5 엠엘디의 일반적인 효과

① 손상되지 않은 림프관이 있는 구역의 림프 운동성을 증가시켜 부종액을 조직으로부터 제거해 낸다. 예를 들면 붓지 않은 몸통과 가까운 림프절에 먼저 적용함으로써, 정체된 곳에 있는 림프액이 쉽게 유입될 수 있는 환경을 만들어 주는 '흡입 효과'가 있다.

② 림프관에 존재하는 근육(민무늬근)에 영향을 미친다. 가벼운 자극은 수집림프관의 수축을 증가시킨다. 림프관 안팎에는 자극에 민감한 수용기가 자리 잡고 있어서, 안쪽에 림프액이 가득 차거나 바깥쪽에서 엠엘디와 같은 외부적인 자극이 주어지면 수용기가 활동하게 된다.

③ 정맥 안에 있는 혈액이 원활히 심장으로 돌아가도록 돕는다.

④ 가볍고 부드럽게 적용되는 엠엘디로 인해 심리적인 안정과 신체적인 이완을 통해 진정 효과가 이루어진다.

⑤ 엠엘디를 통한 기계적인 자극이 척수에 있는 통증 조절 구역을 자극해서 통증이 덜하도록 돕는다.

6 엠엘디의 실제 적용 시 고려사항

엠엘디는 모든 종류의 감각수용기(통각, 촉각, 압박 등)를 자극하며, 수많은 조절기전을 통해 다양한 효과를 가져다주고, 최적의 조직액 배출을 유도한다. 좋은 결과를 위해서는 압력의 올바른 강도뿐만 아니라 적용 방식도 아주 중요하다.

엠엘디를 적용하게 되면 각 조직의 특성에 따라 다양하게 흡수된다. 물과 단백질의 함량에 따라 조직은 때로는 부드럽고, 때로는 느슨하고, 때로는 단단하다. 그렇기 때문에 고객과 피부조직의 상태에 따른 기술과 압력의 다양한 적용은 매우 중요하다. 엠엘디 적용 시 최대의 압력은 고객이 통증을 느끼지 않고 피부에 발열이 나타나지 않는 범위다.

엠엘디를 피부에 적용할 때는 적용 부위가 충분히 이완되도록 지나친 자극을 주어서는 안 된다. 엠엘디와 다른 마사지의 중요한 차이점 중 하나는 엠엘디가 아주 적은 압력을 가한다는 것이다. 압력은 고객에게 편안함과 즐거움을 주는 정도여야 한다. 또한 마사지 압력은 각 고객의 민감도와 치료 부위 조직의 상태에 따라 적용하여야 한다. 만약 수분이 많은 조직이거나 부종이 있는 조직이라면 압력을 낮추어 적용하고, 중간에 피부가 붉어지는 것은 엠엘디 압력이 너무 높다는 것을 의미하므로 다시 압력을 조절하는 것이 좋다.

엠엘디를 근육뼈대계 적용하는 데는 두 가지 중요한 장점이 있다. 첫째, 근육에 존재하는 과도한 긴장이 엠엘디의 이완 효과로 감소되고, 둘째, 과산증(hyperacidity)으로 인한 근육의 대사성 문제가 있는 경우, 엠엘디가 림프관을 통해 피로 물질의 주범인 젖산을 배출하는 작용을 하여 근육 긴장의 정상화를 유도한다는 것이다.

대부분의 소화기계 질환은 소화기계의 기능적 장애가 원인이다. 엠엘디는 각각의 소화기관의 운동성을 조절하는 일을 한다. 소화기계에 엠엘디를 적용하게 되면 림프관의 운동성이 증가되면서 소화기 주변의 이물질, 특히 지방의 수송 능력이 증가된다. 이곳에서의 림프 흐름이 증가하면 전체적인 면역계의 기능이 향상된다.

림프기관의 만성적인 기능 저하 또는 부전으로 유발된 림프부종뿐만 아니라 피부 결합조직도 엠엘디에 다소 느리게 반응한다. 이것은 엠엘디를 이용한 치료 시간이 엠엘디의 효과에 영향을 주는 기본적인 다른 요소임을 의미한다. 적용되는 기술의 각각의 속도와 지속 시간은 배출되어야 하는 체액의 양과 점성도에 따라 다르다. 이렇듯 조직에서의 반응이 느리기 때문에, 천천히 적용되는 엠엘디가 더 좋은 결과를 보장할 수 있는 것이다.

부종이 있는 조직에서 수분의 배출은 나이와 부종의 정도에 따라 다양하다. 결합조직의 초미세구조 손상은 되돌리지 못할 수도 있다. 하지만 지속적인 치료를 시행한다면 정상에 가깝게 회복될 수도 있다. 이는 조직이 얼마나 오랫동안 심하게 자극을 받았는가에 달려 있다. 정상 상태로의 복구 지연을 히스테레시스(hysteresis, 이력현상)라고 한다.

조직액이 많이 모여 있는 곳에서 엠엘디를 통한 배출 후 완전하게 정상적인 피부 상태가 되지 않은 한, 조직액이 다시 들어차는 역류(reflux)가 생길 수 있다. 이것을 막기 위해서 붕대 또는 스타킹 등의 압박법을 이용하여 조직이 외부 지지(external support)가 되도록 해야 한다.

CHAPTER

09

기본 손동작

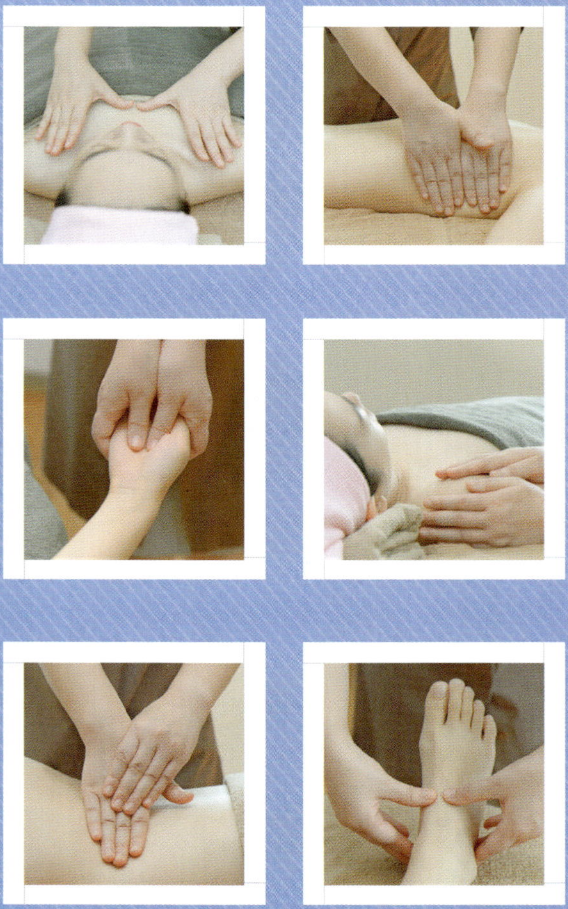

1 고정 원 그리기(stationary circle)

① 적용 부위: 주로 림프절이 모여 있는 곳에 행하며 그 외 목과 얼굴에 적용한다.

② 적용 방법: 손가락 또는 손 전체를 이용해 피부에 원을 그리면서 신장되도록 한다.

③ 적용: 손의 바닥면 중간 정도에 피부가 접촉되게 하여 손끝 방향으로 신장한 후, 림프가 흐르는 방향으로 서서히 이완시킨다.

④ 응용 동작: 한 곳에서 실시하거나 이동하면서 실시한다. 양손을 동시에 적용하기와 번갈아 적용하기가 가능하다.

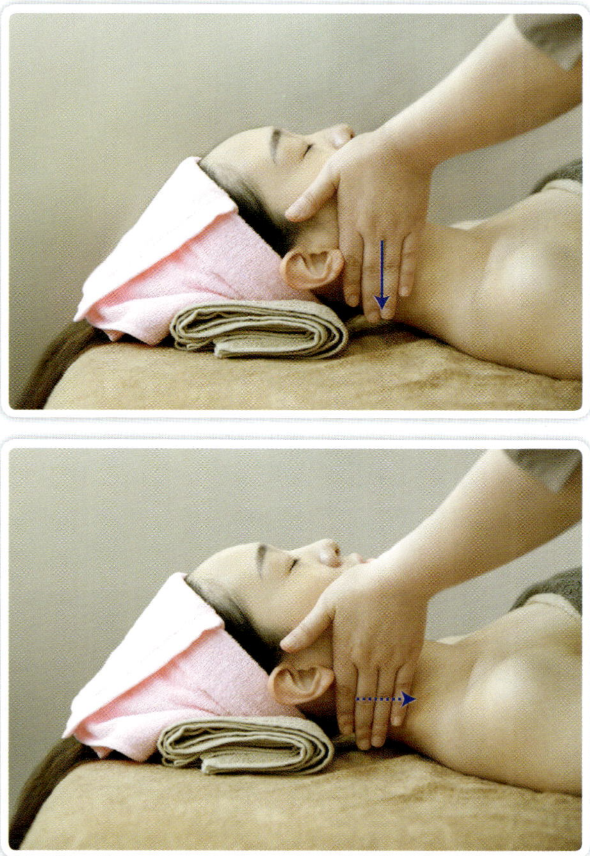

그림 9-1 고정 원 그리기

→ 실선은 피부에 압력이 서서히 증가됨 ····▸ 점선은 피부에 압력이 서서히 감소됨

2 펌프(pump)

① 적용 부위: 주로 팔이나 다리 등에 적용한다.

② 적용 방법: 손바닥 전체로 원형을 만들어 피부를 신장시킨다.

③ 적용: 손을 바닥 쪽으로 구부린다(그림 9-2). 이때 엄지손가락은 나머지 손을 마주 보는 자세를 취하도록 한다. 손을 등 쪽으로 펴면서 엄지손가락과 나머지 손가락 끝 부분으로 신장을 하고, 바로 림프의 진행 방향으로 손바닥 전체를 이용하여 신장하도록 한다(그림 9-3). 신장 후 피부가 원래의 자리로 갈 수 있도록 압력을 서서히 줄여 위로 늘어났던 피부가 손바닥 아래로 갈 수 있도록 한다. 이때 주의할 것은 손가락 끝으로 피부를 잡아서는 안 된다는 것이다. 손바닥 전체에 압력이 골고루 분포되게 하여 피부를 신장시키도록 한다.

④ 응용 동작: 한 곳에서 실시하거나 이동하면서 실시한다. 양손을 동시에 적용하기와 번갈아 적용하기가 가능하다.

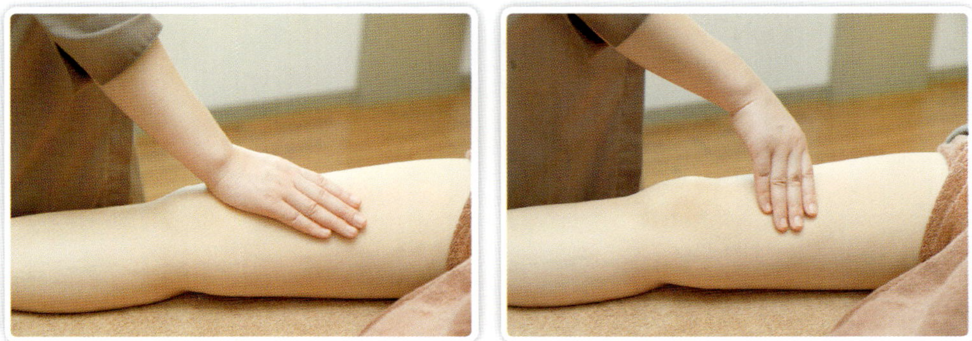

그림 9-2 펌프 시작 동작

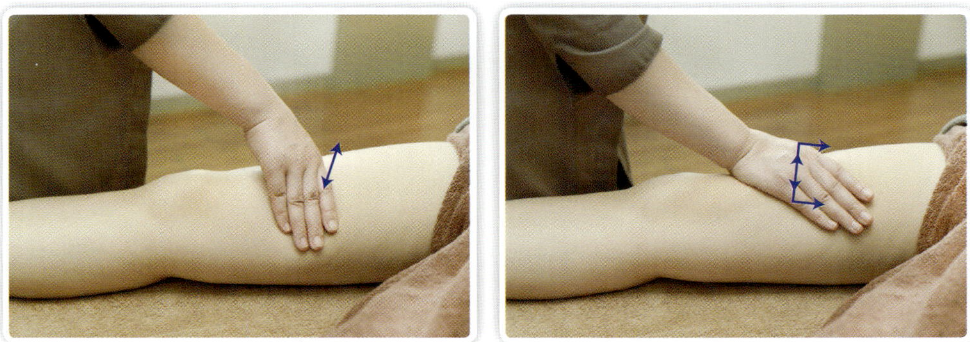

그림 9-3 펌프 마무리 동작

3 스쿠프(scoop)

① 적용 부위: 주로 팔이나 다리 등에 적용한다.

② 적용 방법: 손바닥으로 나선형의 움직임을 만들어 피부를 신장시킨다. 손가락의 바닥 면이 아니고, 손바닥 면으로 피부 접촉이 만들어 져야 한다.

③ 적용: 손바닥을 피부에 접촉시키고 손끝 방향으로 피부를 신장시킨 다음(그림 9-4) 림프의 진행 방향으로 위로 비틀어 준다(그림 9-5). 동작이 끝나면 서서히 피부를 이완시킨다. 이때 엄지손가락이 피부에 접촉되게 하면서 축의 역할을 해 주는 것이 좋다.

④ 응용 동작: 한 손으로 적용하기와 양손을 번갈아서 적용하기가 가능하다.

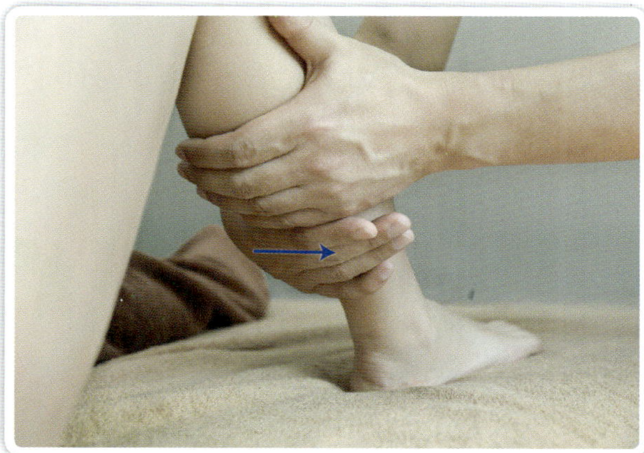

그림 9-4 스쿠프 시작 동작

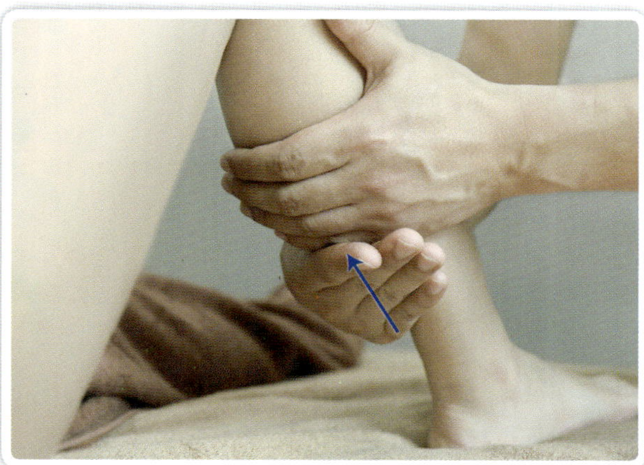

그림 9-5 스쿠프 마무리 동작

4 로터리(rotary)

① 적용 부위: 주로 몸통에 적용한다.

② 적용 방법: 주로 손가락이 아닌 손바닥을 이용하여 손끝 방향으로 신장하고 자뼈 쪽으로 비튼 다음 천천히 이완한다.

③ 적용: (a) 엄지손가락을 손바닥 쪽에서 가능한 한 멀리 이동시키고, 나머지 손가락은 펴도록 한다. (b) 손바닥이 주요 접촉 부위가 되며 앞으로 전진시켜 피부가 최대로 신장되게 한 후, (c) 새끼손가락 쪽으로 피부를 비튼 다음 (d) 서서히 피부를 이완시킨 후 (e) 엄지손가락을 모은다. (f) 다음 자세는 엄지손가락이 축이 되게 한 후 손가락 끝을 살짝 피부에 접촉시키면서 미끄러지듯 앞으로 나아간 후, (g) 처음 시작 자세처럼 엄지손가락을 손바닥 쪽에서 가능한 한 멀리 이동시킨 다음 동작을 다시 시작한다.

④ 응용 동작: 한 손으로 적용하기와 양손을 번갈아서 적용하기가 가능하다.

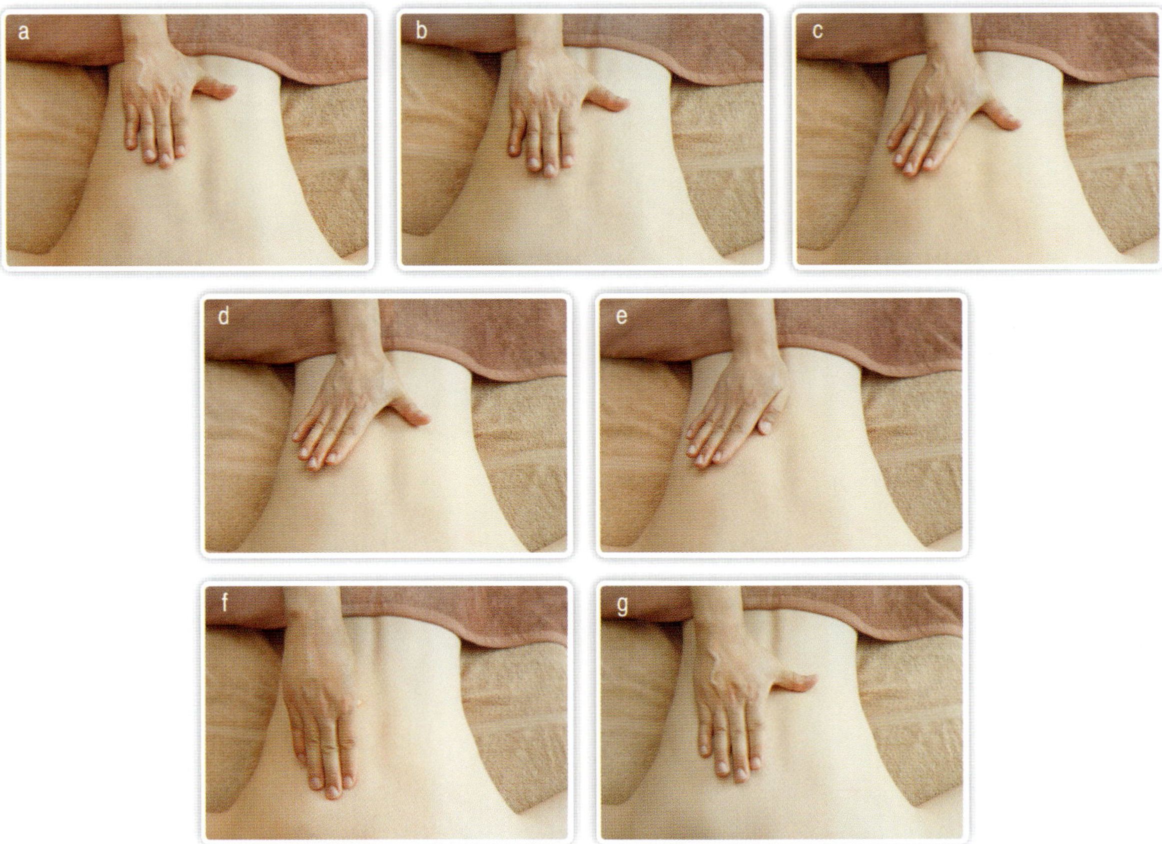

그림 9-6 로터리 동작

5 엄지원그리기(thumb circle)

① 적용 부위: 얼굴, 몸통, 손, 발의 국소 부위에 적용한다.

② 적용 방법: 엄지손가락을 이용하여 직각으로 신장한 후 비튼 다음 이완한다.

③ 적용: 엄지손가락의 끝부분으로 피부를 신장한 후 새끼손가락 방향으로 살짝 비튼 후 (45°) 피부를 서서히 이완시킨다(90°).

④ 응용 동작: 한 손으로 적용하기와 양손을 번갈아서 적용하기가 가능하다.

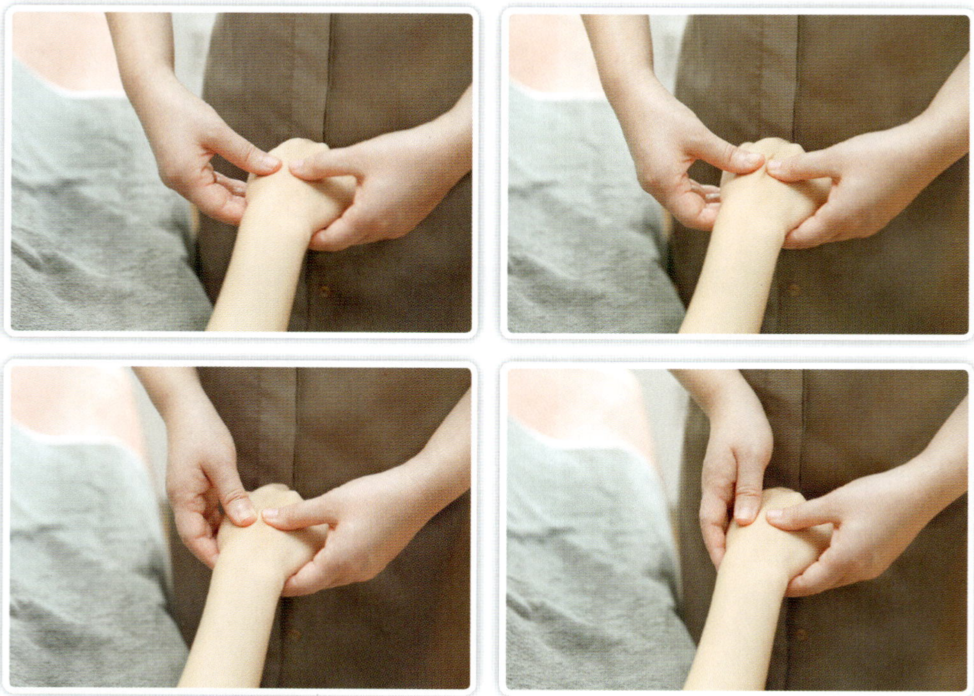

그림 9-7 엄지원그리기

CHAPTER

10

신체 각 부분의 엠엘디 적용

1. 목

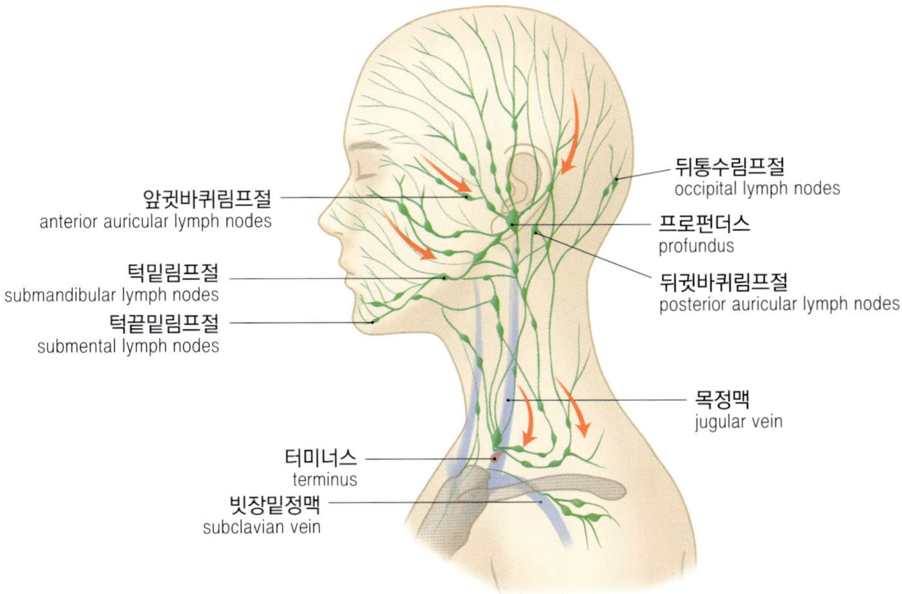

그림 10-1 목림프절

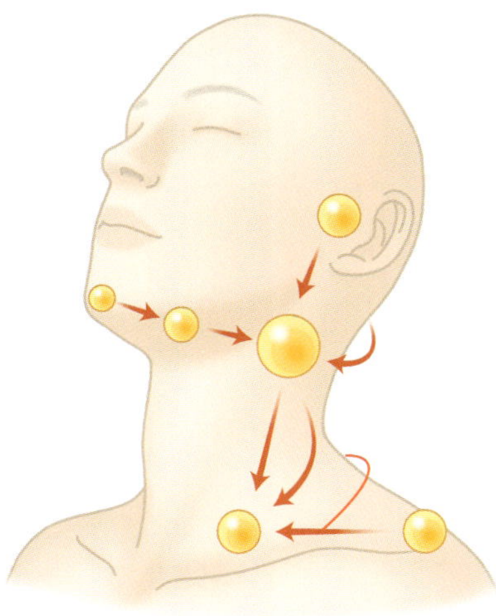

그림 10-2 목의 림프 흐름

자세: 고객은 바로 누운 자세, 테라피스트는 고객의 오른편에 서서 실시한다.

1 쓰다듬기 effleurage

복장뼈에서 겨드랑이까지 엄지손가락을 이용하여 5회 정도로 나누어 쓰다듬는다.
마지막 쓰다듬기는 빗장뼈를 따라서 실시한다(1회).

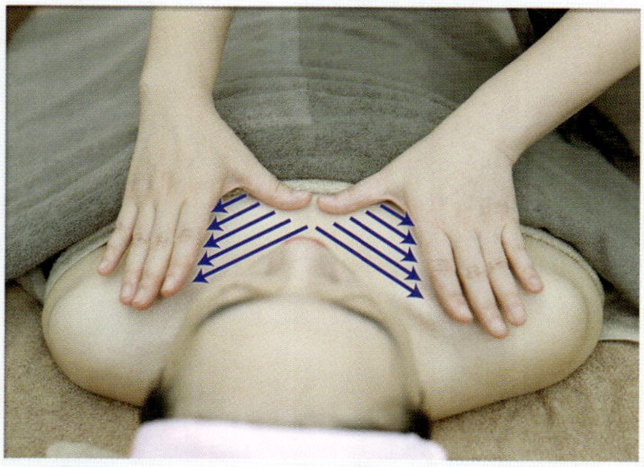

(a) 쓰다듬기 1
복장뼈와 유두 사이를 잇는 선과 복장뼈가 만나는 지점에서 가볍게 겨드랑이 방향으로 쓰다듬는다.

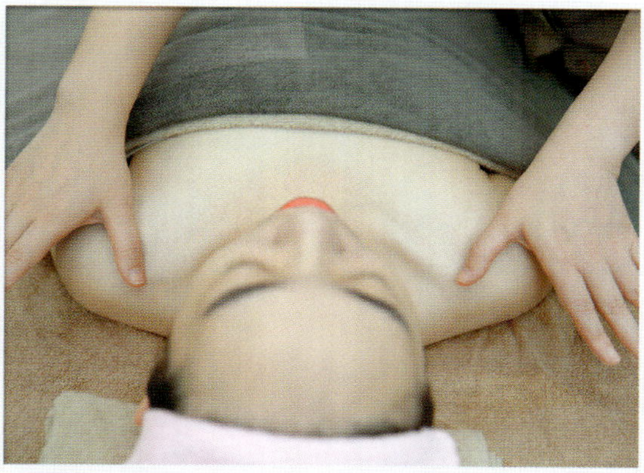

(b) 쓰다듬기 2
점차적으로 빗장뼈 방향으로 이동한다.

2 목림프절cervical lymph nodes

프로펀더스, 중간, 터미너스 위에서 5회씩 고정원그리기를 실시한다(3세트).

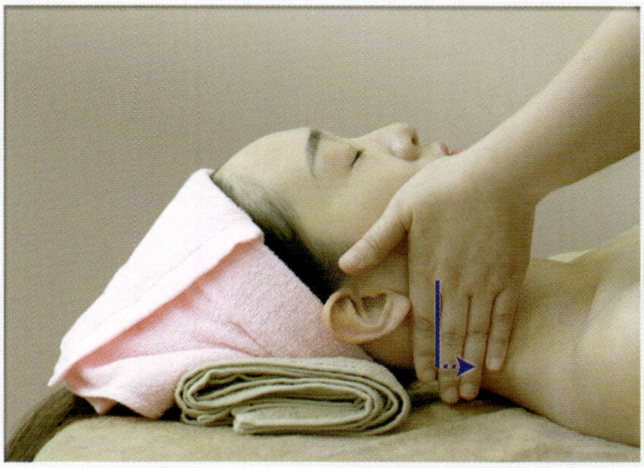

(a) 프로펀더스
프로펀더스에 가볍게 손을 올려 놓고 손가락 끝 방향으로 폄(push)한 후 터미너스 방향으로 이완한다(release).

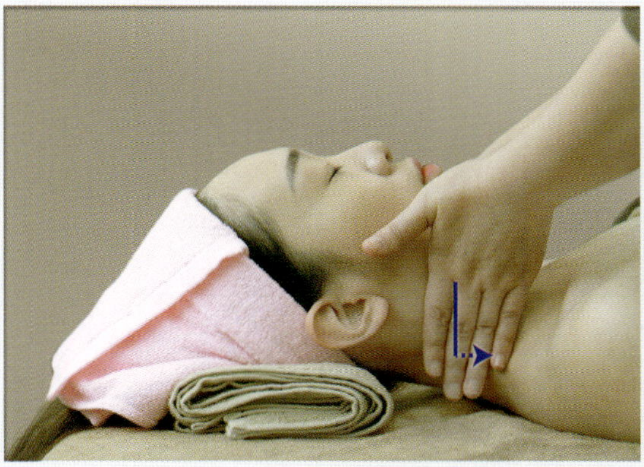

(b) 중간
목 부위의 중간으로 내려와서 이전 동작과 동일하게 적용한다.

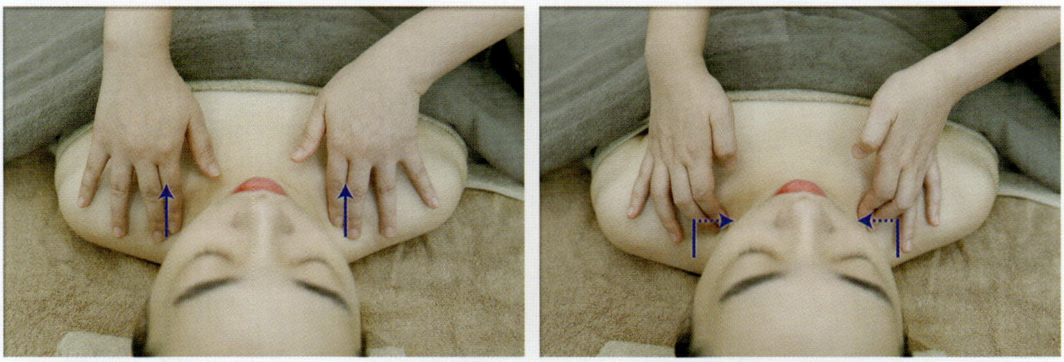

(c) 터미너스
빗장뼈 위 목정맥 바깥쪽에 둘째, 셋째손가락의 지문부를 이용해서 아래 방향으로 폄하고 정중앙으로 이완한다.

3 후두 occiput

머리뼈의 바닥 부분에 있는 후두 아래에서 시작하여 뒷덜미 중간, 터미너스에서 5회씩 고정원그리기를 실시한다(3세트).

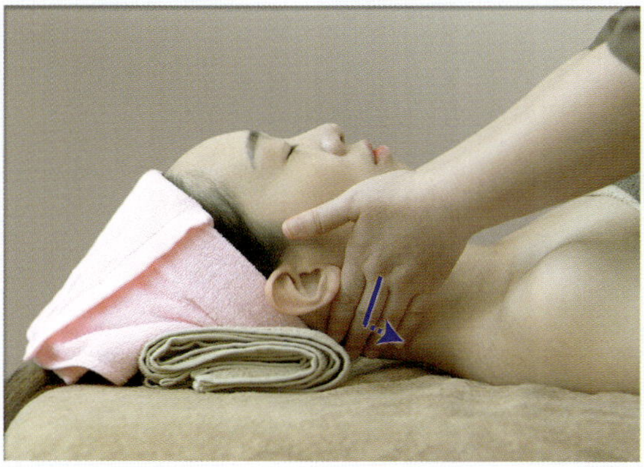

(a) 후두 아랫 목
후두 바로 아래에 양손을 가볍게 올려 놓고 손가락 끝 방향으로 펴하고 터미너스 방향으로 이완한다.

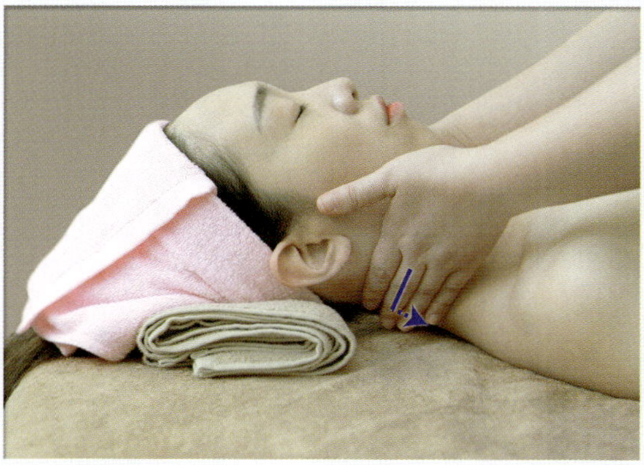

(b) 후두 중간 목
목덜미 중간으로 내려와서 이전의 동작과 동일하게 적용한다.

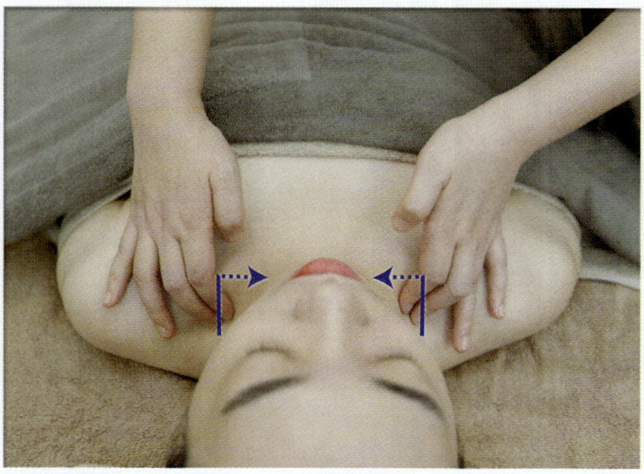

(c) 터미너스
빗장뼈 위 목정맥 바깥쪽에 둘째, 셋째손가락을 이용해서 아래 방향으로 펴하고 정중앙으로 이완한다.

4 아래 턱 mandible

턱의 끝 부분에서 아래턱각까지 3위치에서 5회씩 고정원그리기를 실시한다.
그다음 프로펀더스, 중간, 터미너스를 실시한다(3세트).

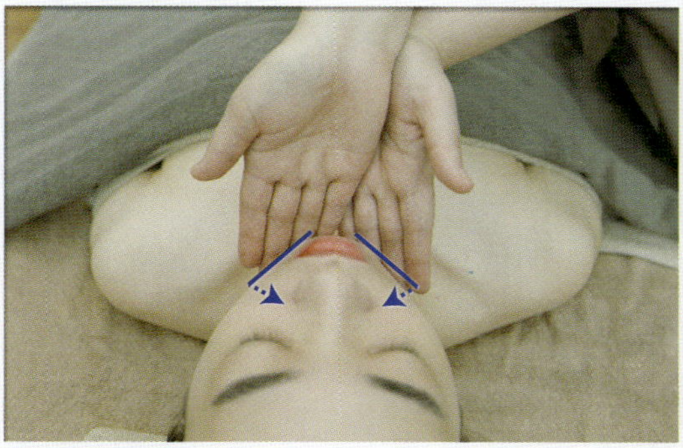
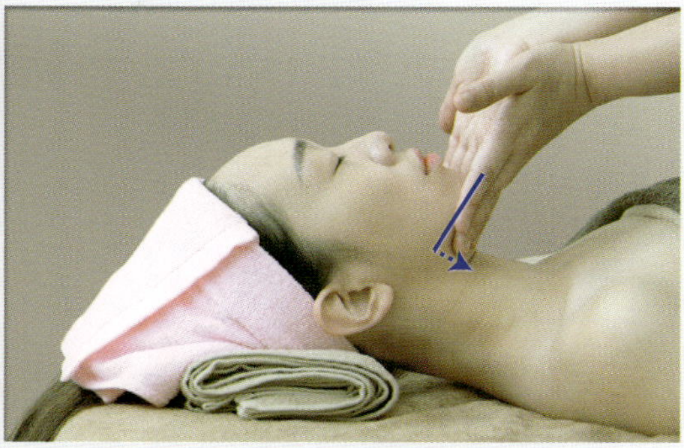

(a) 턱 중앙
셋째, 넷째손가락의 패드(pad)를 턱 바로 아래 부분에 대고 귀 방향으로 펴하고 새끼손가락 방향으로 이완한다.

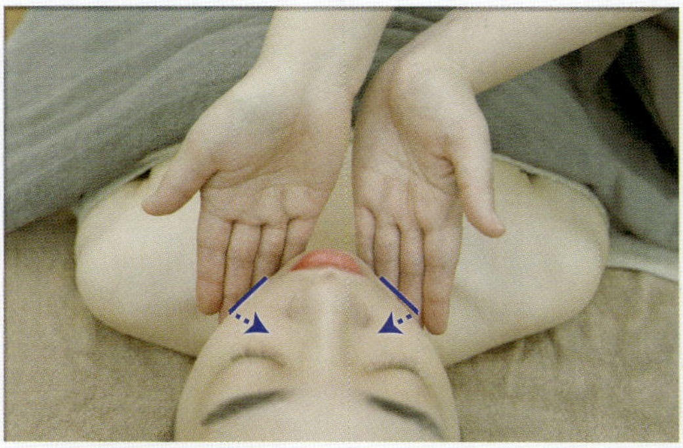
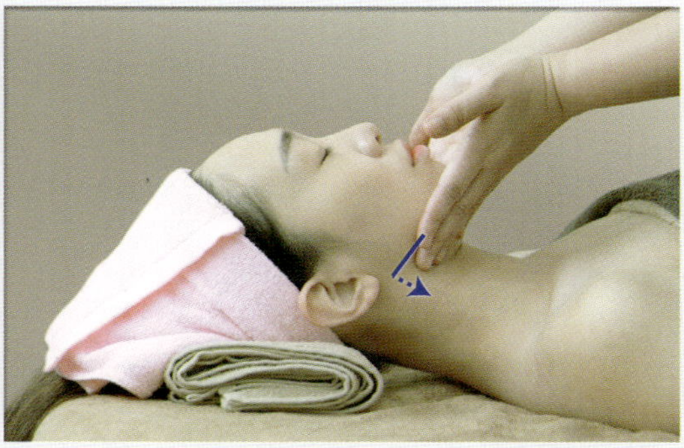

(b) 턱 중앙과 아래턱각 사이
턱과 아래턱 중간 지점 바로 아래에서 턱 중앙과 동일하게 적용한다.

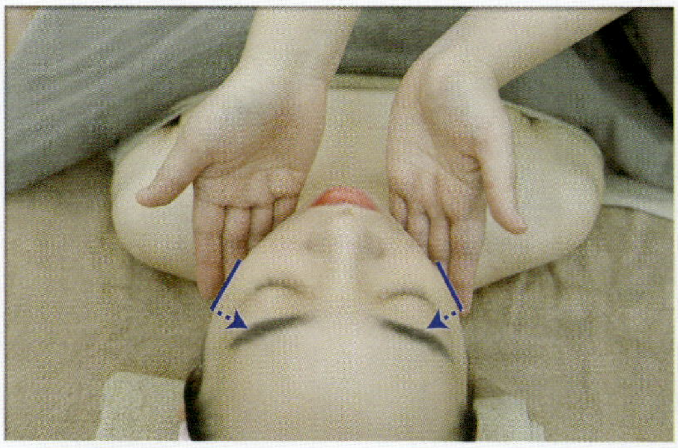
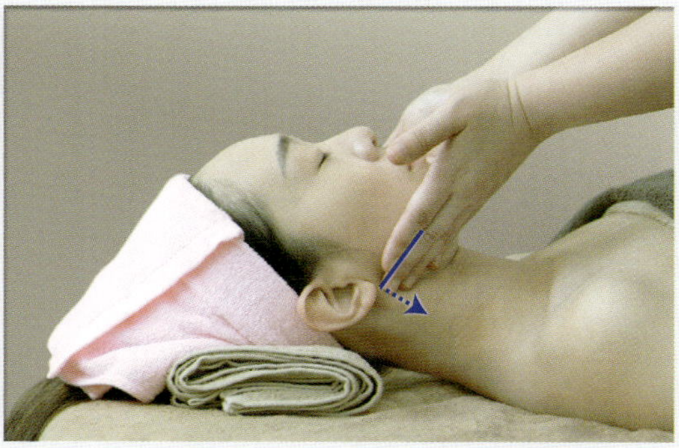

(c) 아래턱각
아래턱각 바로 아래에서 동일하게 적용한다.

Tip 새끼손가락 두덩 쪽을 약간 겹치게 해서 V자 모양을 만들어 적용하되, 손바닥을 세워서 가능한 한 피부와 수평이 되게 한다.

5 포크 기법 fork technique

둘째손가락을 귀의 앞쪽(귀밑샘 위치)에 놓고, 다른 손가락은 귀의 뒤쪽에 놓은 다음 5회씩 고정원그리기를 실시한다.
그다음 프로펀더스, 중간, 터미너스를 실시한다(3세트).

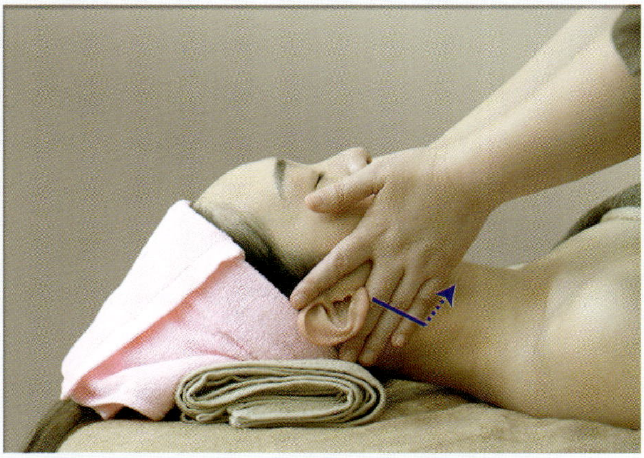

둘째, 셋째손가락을 벌리고 귀를 감싼 다음 터미너스 방향으로 고정원그리기를 하고 앞쪽으로 서서히 이완한다.

Tip 프로펀더스에서 고정원그리기를 할 때와 같이 손을 대고 둘째손가락만 귀 앞쪽에 놓고 실시한다.

6 어깨/등세모근shoulder/trapezius

어깨 앞쪽 볼(ball) 위에 손바닥을 올려 놓고 앞으로 펌하고 안쪽으로 이완하는 5회 고정원그리기를 실시한다.

그다음 등세모근 바깥쪽과 안쪽 부위에 네 손가락을 올려 놓고 어깨 부위와 동일한 방향으로 5회씩 고정원그리기를 실시한다. 마지막은 터미너스에서 실시한다(3세트).

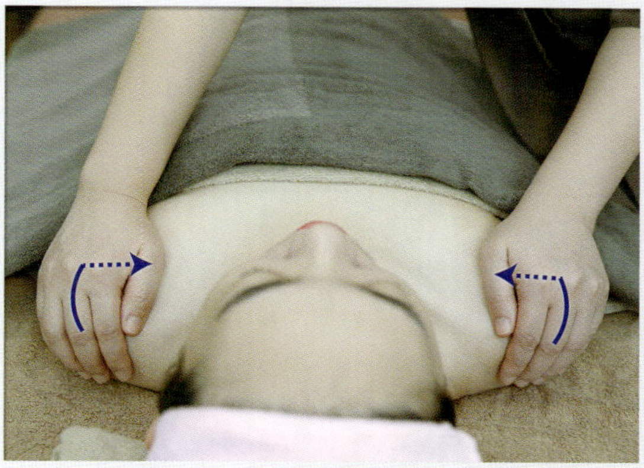

(a) 어깨
어깨의 볼 부분을 가볍게 감싼다. 앞쪽과 안쪽 방향으로 고정원그리기를 실시한다.

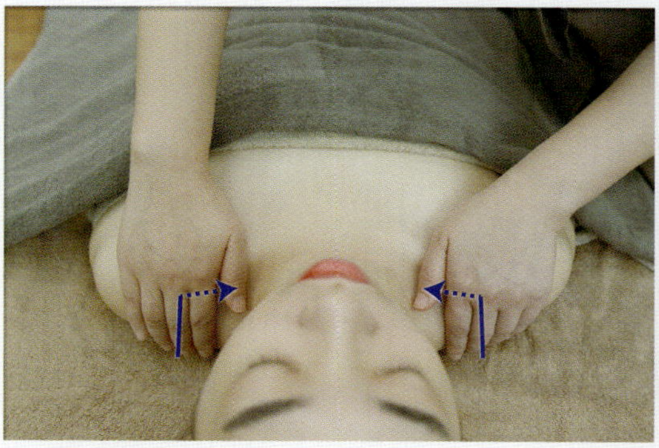

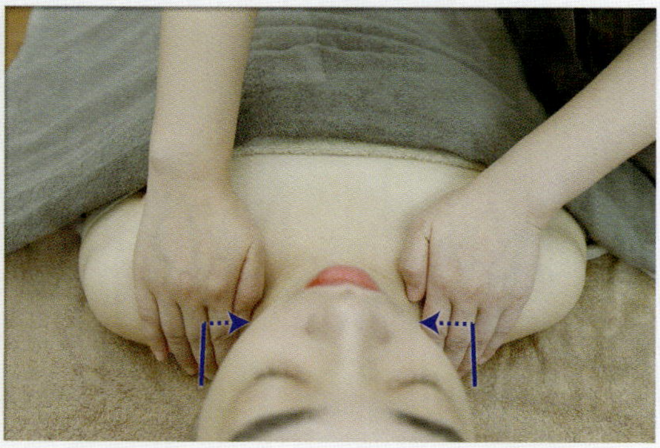

(b) 등세모근
등세모근의 상부 섬유 뒷면을 손가락으로 가볍게 감싼 후 터미너스 부분으로 고정원그리기를 실시한다. 바깥쪽과 안쪽 부위에서 시행한다.

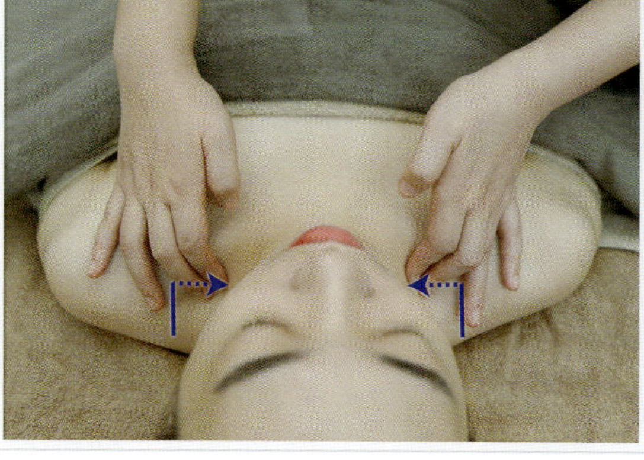

(c) 터미너스
빗장뼈 위 목정맥 바깥쪽에 둘째, 셋째손가락을 이용해서 아래 방향으로 펌하고 정중앙으로 이완한다.

7 어깨/어깨봉우리 shoulders/acromion

어깨 앞쪽 볼에서 시작하여 어깨봉우리 위(빗장뼈 위), 그다음 터미너스에서 5회씩 고정원그리기를 실시한다(3세트).

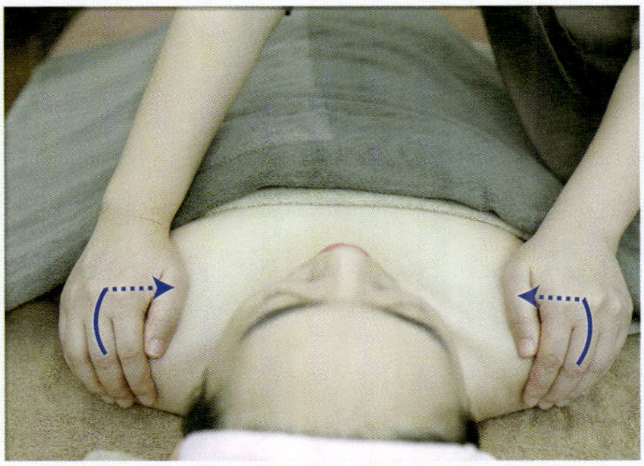

(a) 어깨
어깨의 볼 부분을 가볍게 감싼다. 앞쪽과 안쪽 방향으로 고정원그리기를 실시한다.

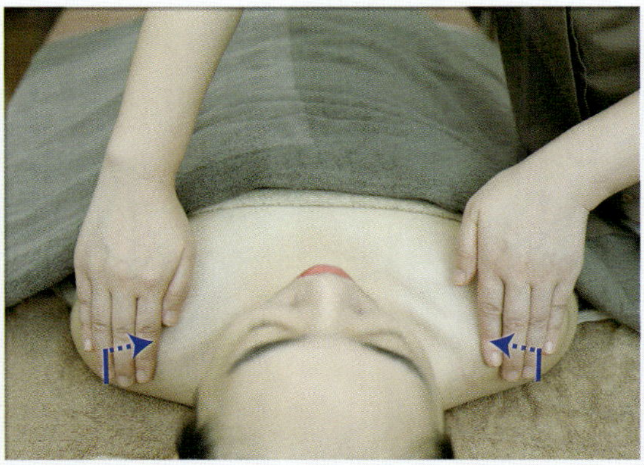

(b) 어깨봉우리
어깨봉우리 위에 손가락을 이용하여 앞쪽과 안쪽 방향으로 고정원그리기를 실시한다.

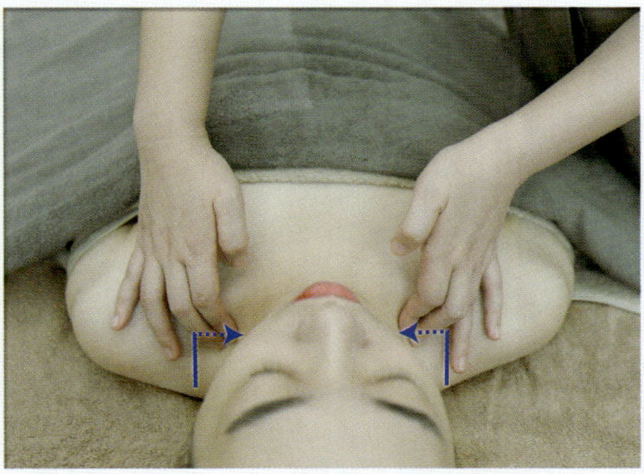

(c) 터미너스
빗장뼈 위 목정맥 바깥쪽에 둘째, 셋째손가락을 이용해서 아래 방향으로 펌하고 정중앙으로 이완한다.

8 목림프절cervical lymph nodes

프로펀더스, 중간, 터미너스에서 2번과 동일한 요령으로 5회 고정원그리기를 실시한다(1회).

9 마무리 쓰다듬기final effleurage

간단히 빗장뼈를 따라 겨드랑이 방향으로 엄지손가락 또는 손가락을 이용한 쓰다듬기로 마무리한다(1회).

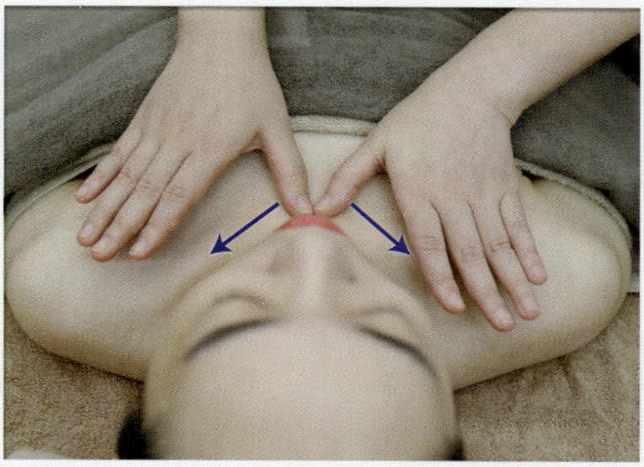

(a) 시작 위치
복장뼈와 빗장뼈가 만나는 지점에서 시작한다.

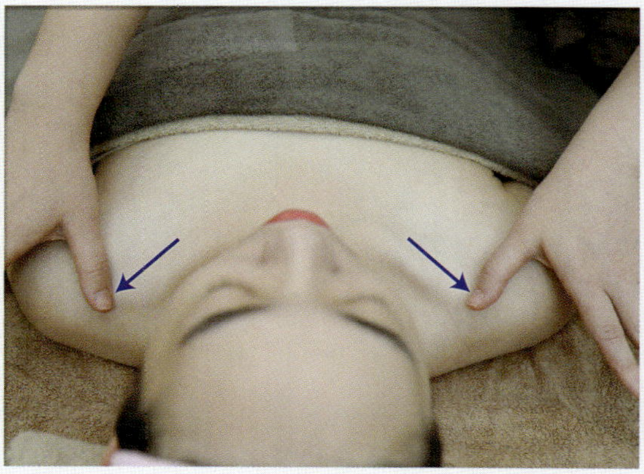

(b) 마무리 위치
겨드랑이 방향으로 가볍게 쓰다듬는다.

2. 얼굴

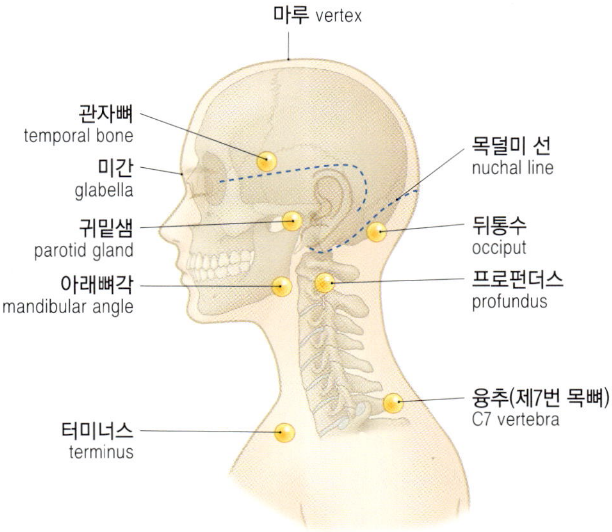

그림 10-3 머리목부위 엠엘디를 위한 주요 부위

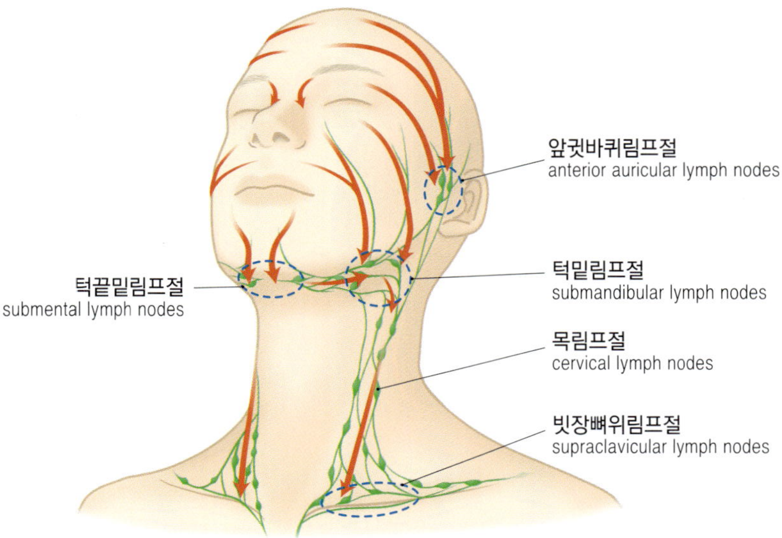

그림 10-4 얼굴 림프 흐름

자세: 고객은 바로 누운 자세, 테라피스트는 고객의 머리 뒤에서 실시한다.

1 쓰다듬기effleurage

엄지손가락 또는 나머지 손가락을 이용하여 아랫입술 아래, 윗입술 위, 코와 볼, 그리고 이마에서 측면으로 쓰다듬는다(1세트).

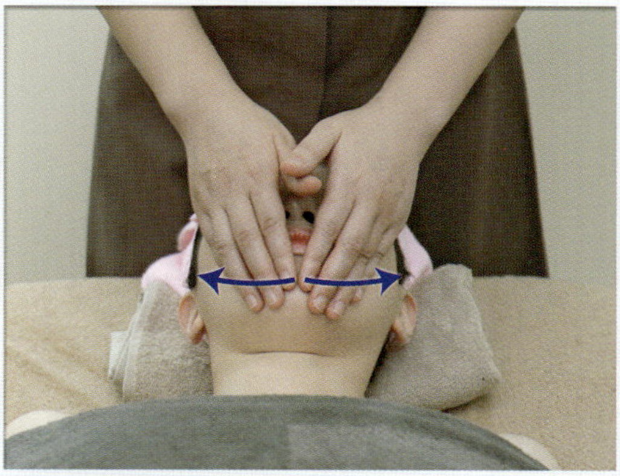

(a) 아랫입술
손가락을 아랫입술 아래에 대고 프로펀더스 방향으로 가볍게 쓰다듬는다.

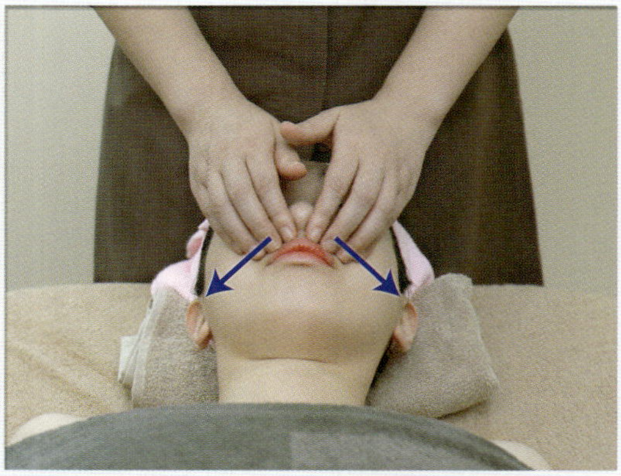

(b) 윗입술
손가락 끝을 코와 윗입술 사이에 대고 측면으로 쓰다듬는다.

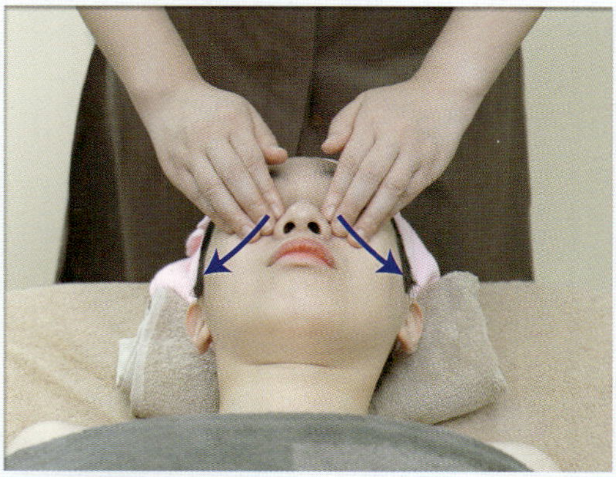

(c) 코 위에서 볼
콧등에서 시작해서 볼을 거쳐 프로펀더스 방향으로 쓰다듬는다.

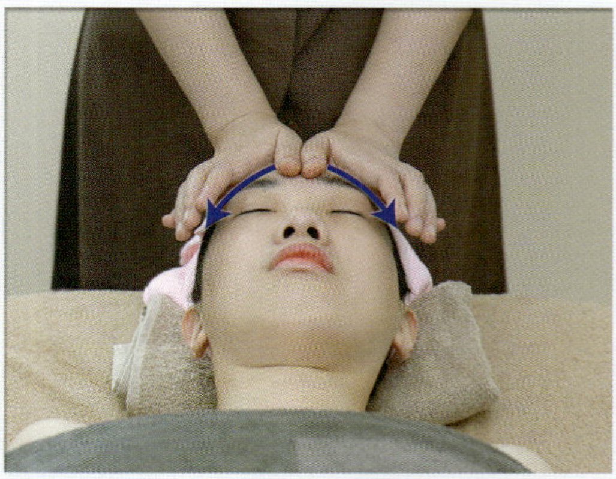

(d) 이마
이마에서 측면으로 쓰다듬는다.

Tip 얼굴에서의 고정원그리기는 터미너스 방향으로 펌하고 새끼손가락 쪽으로 힘을 빼는 동작으로 실시한다.

2 아래턱 mandible

아랫입술 아래 중간 선에서 시작해서 아래턱각 방향으로 3위치에서 5회씩 고정원그리기를 실시하며 내려간다(3세트).

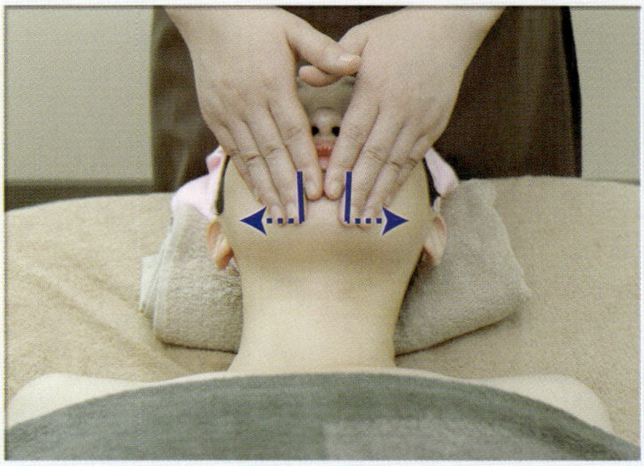

(a) 아랫입술 1
양손가락의 패드를 아랫입술 아래에 대고 가볍게 터미너스 방향으로 고정원그리기를 실시한다.

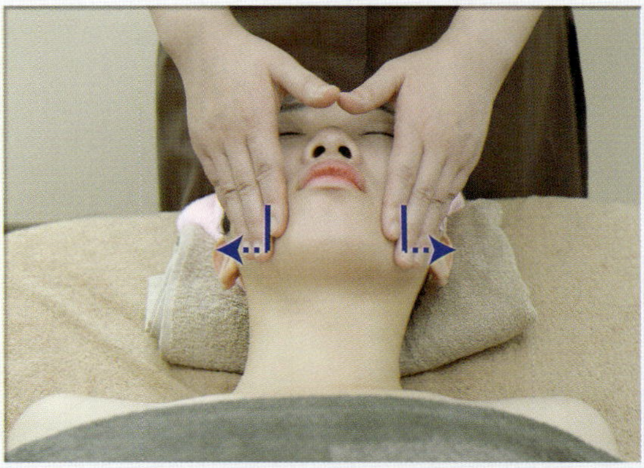

(b) 아래턱 중간
턱과 아래턱각의 중간 부분에서 터미너스 방향으로 고정원그리기를 실시한다.

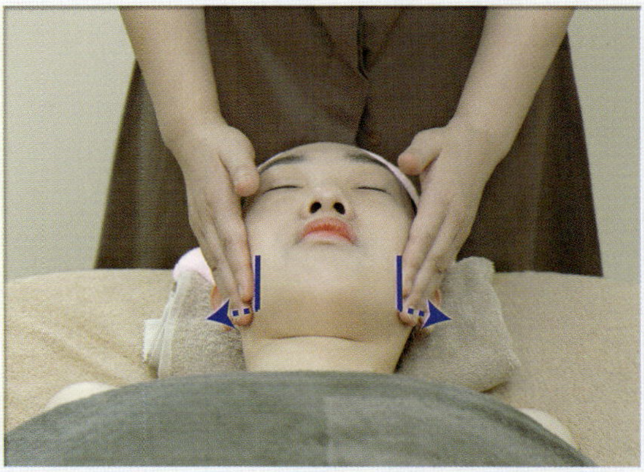

(c) 아래턱각
아래턱각에서 고정원그리기를 실시한다.

3 윗입술

윗입술 위 중간 선, 구각(corners of mouth), 아래턱각에서 각각 5회씩 고정원그리기를 실시한다(3세트).

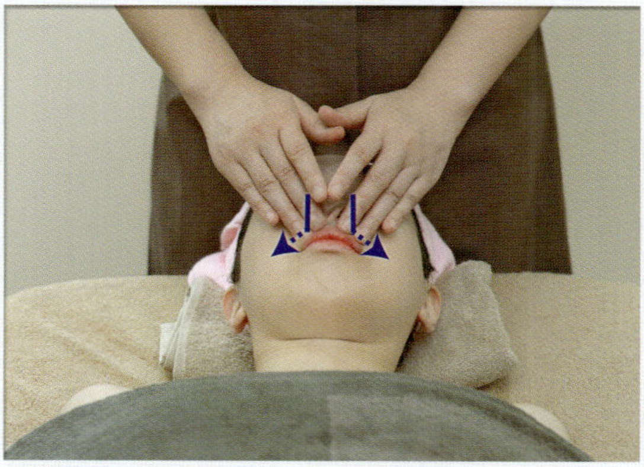

(a) 입술 위
셋째, 넷째손가락의 패드(pad)를 윗입술과 코 사이에 두고 고정원그리기를 실시한다.

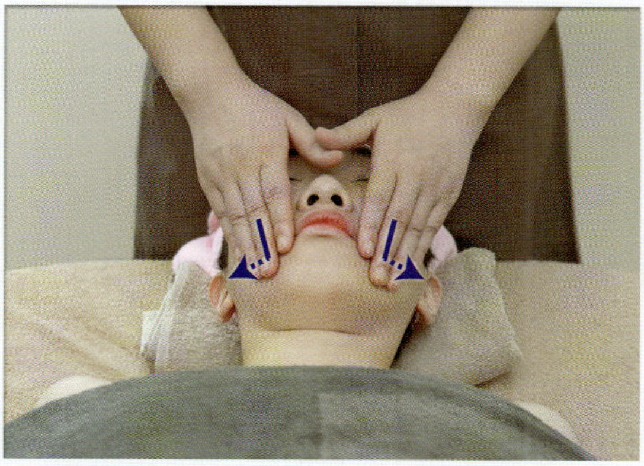

(b) 입술 양끝
입술의 양끝(구각)에서 고정원그리기를 실시한다.

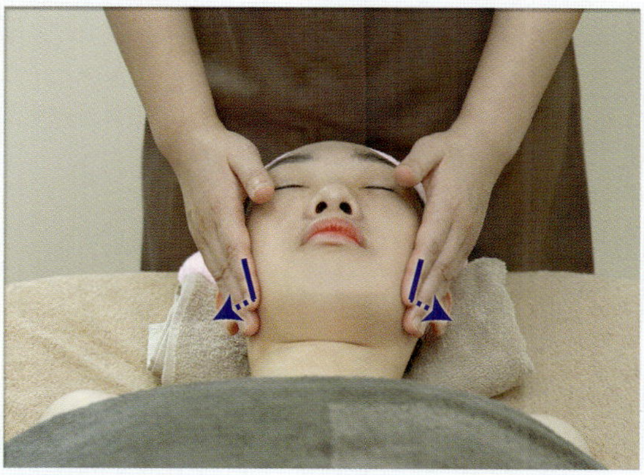

(c) 아래턱각
아래턱각에서 고정원그리기를 실시한다.

4 프로펀더스, 중간, 터미너스

손가락을 목과 평행하게 한 다음 프로펀더스, 중간에서 5회씩 고정원그리기를 하고 터미너스에서 둘째손가락을 이용하여 고정원그리기로 마무리한다(1회).

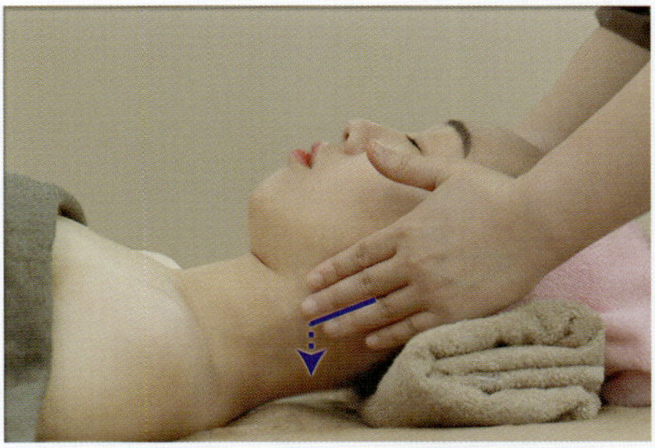

(a) 프로펀더스
귀를 가리지 않고 목과 평형이 되게 프로펀더스에 손가락의 패드를 대고, 손가락 끝 방향에서 테이블 방향으로 고정원그리기를 실시한다.

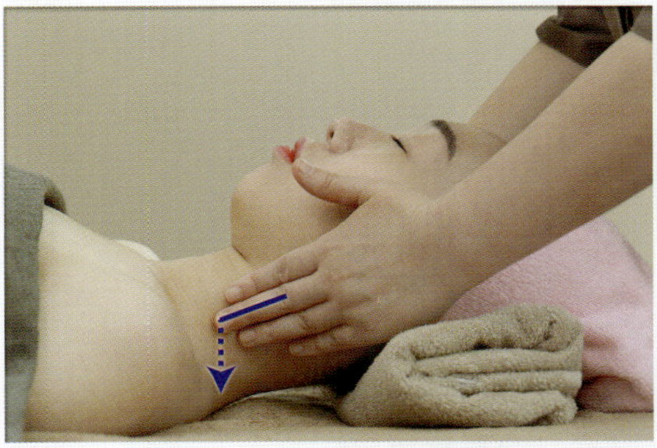

(b) 중간
목 측면의 중앙으로 그대로 내려와 이전과 동일한 요령으로 고정원그리기를 실시한다.

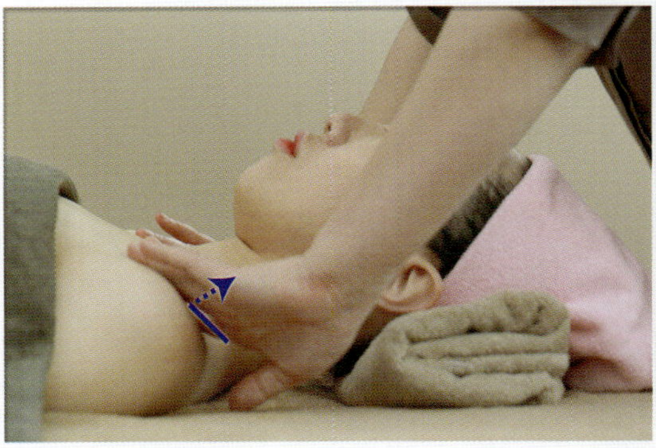

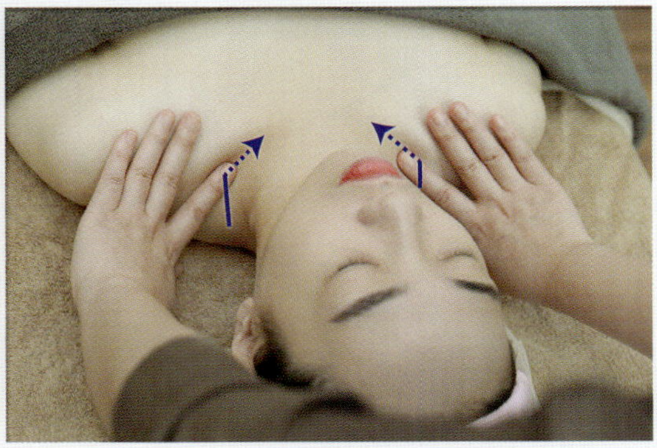

(c) 터미너스
둘째손가락을 터미너스에 올려 놓고 고정원그리기를 실시한다.

Tip 터미너스에서 둘째손가락을 빗장뼈와 평행하게 둔 후, 손끝 방향으로 밀고 손목을 이용하여 위로 비틀고 천천히 이완한다(push-twist-release).

5 코 nose

① 콧대 먼쪽 끝 부분에서 시작하여 측면으로 내려가면서 셋째나 둘째손가락을 이용하여 3위치에서 5회씩 고정원그리기를 각각 실시한다(3세트).

② ①과 동일한 요령으로 코의 중간 부분에서 시작해서 측면으로 이동하면서 실시한다(3세트).

③ ①과 동일한 코의 뿌리 부분에서 시작해서 측면으로 이동하면서 실시한다(3세트).

④ 코의 뿌리 부분에서 콧구멍 쪽으로 내려가면서 코의 측면(3위치)을 셋째나 둘째손가락을 이용하여 고정원그리기를 실시한다(1세트).

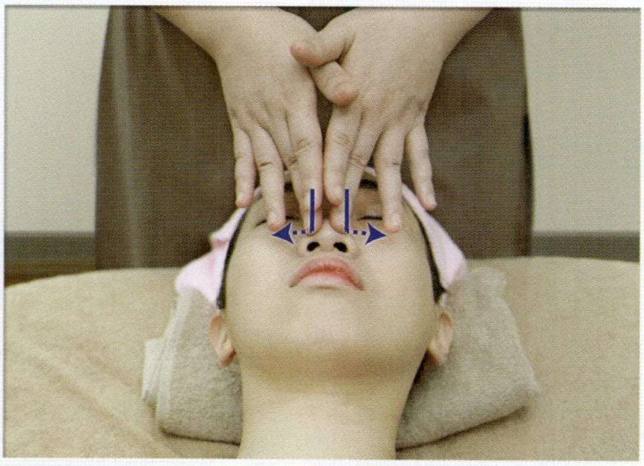

(a) 코 끝 1
콧대 먼쪽 끝 부분에 셋째손가락의 패드를 이용하여 고정원그리기를 실시한다.

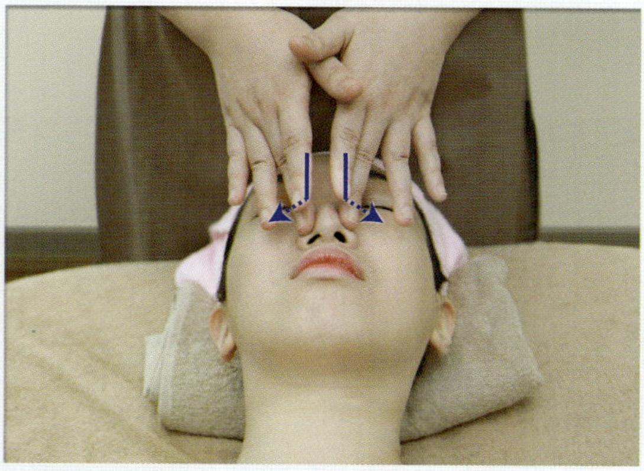

(b) 코 끝 2
코의 측면(중간 지점)으로 이동하여 고정원그리기를 실시한다.

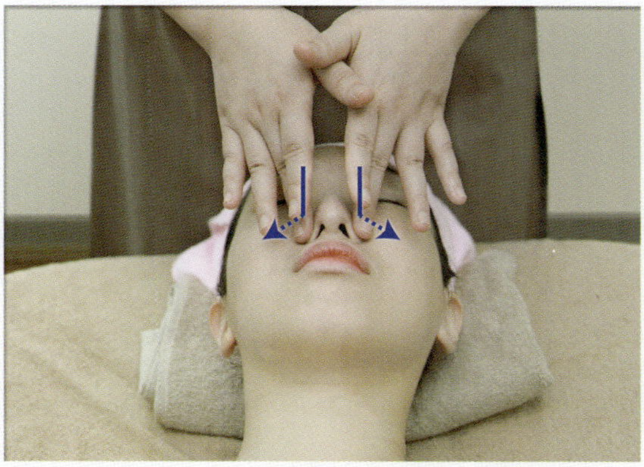

(c) 코 끝 3
코의 측면 끝 부분에서 고정원그리기를 실시한다.

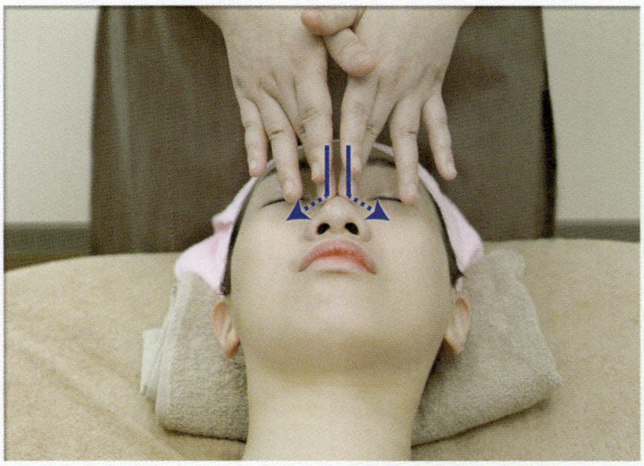

(d) 코 중간 1
코의 중간 부분 콧대에서 동일한 요령으로 고정원그리기를 실시한다.

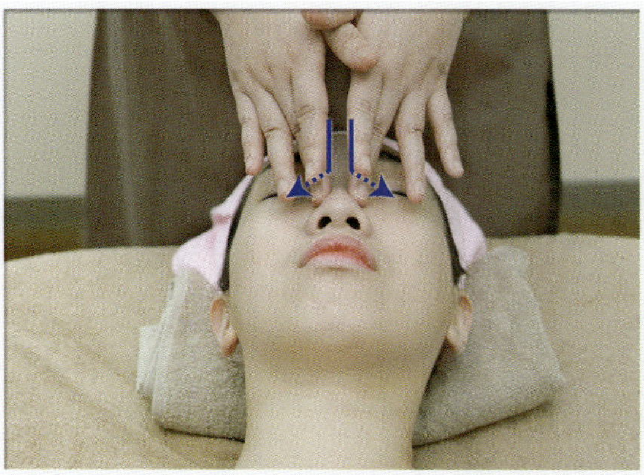

(e) 코 중간 2
코의 측면으로 이동하여 고정원그리기를 실시한다.

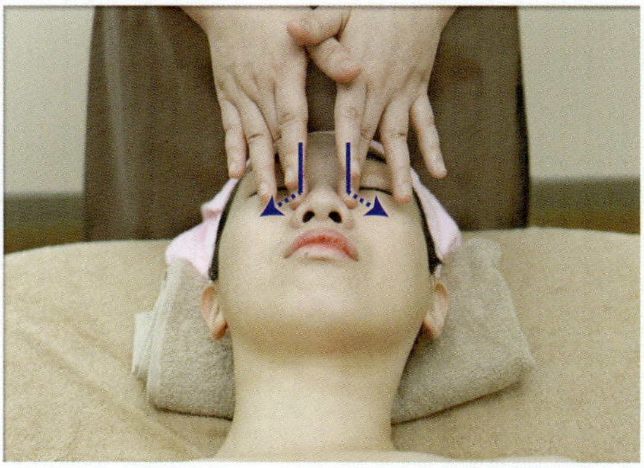

(f) 코 중간 3

코의 중간 부분 가장 측면에서 고정원그리기를 실시한다.

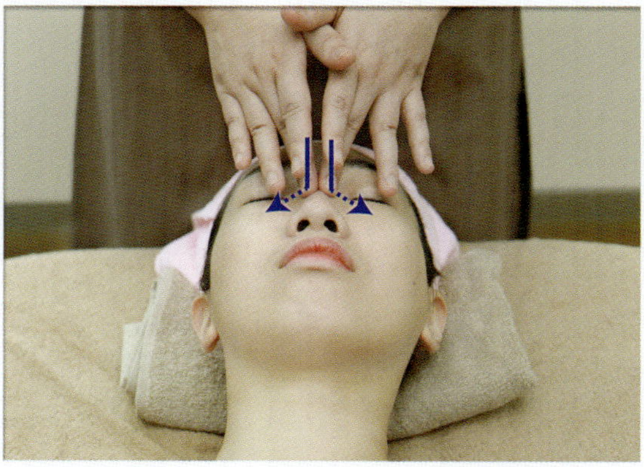

(g) 코 뿌리 1

코의 뿌리 부분에서 고정원그리기를 실시한다.

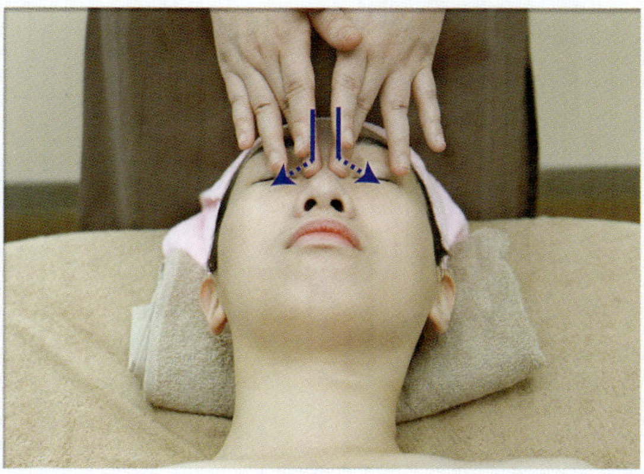

(h) 코 뿌리 2

측면으로 이동하여 고정원그리기를 실시한다.

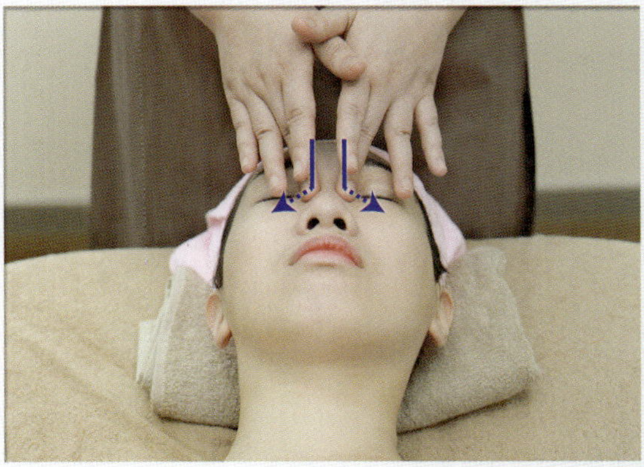

(i) 코 뿌리 3
코의 뿌리 가장 측면에서 고정원그리기를 실시한다.

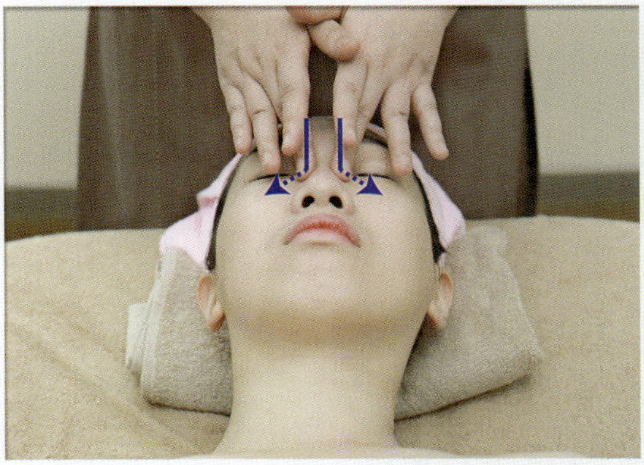

(j) 코 마무리 동작 1
코의 뿌리 가장 측면에서 고정원그리기를 실시한다.

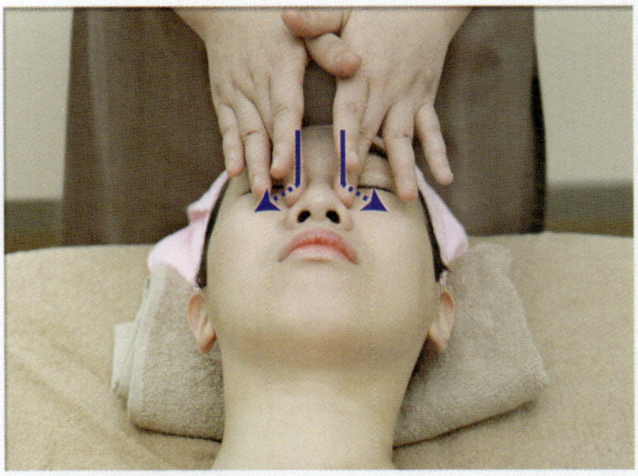

(k) 코 마무리 동작 2
코의 중간 부분 가장 측면에서 고정원그리기를 실시한다.

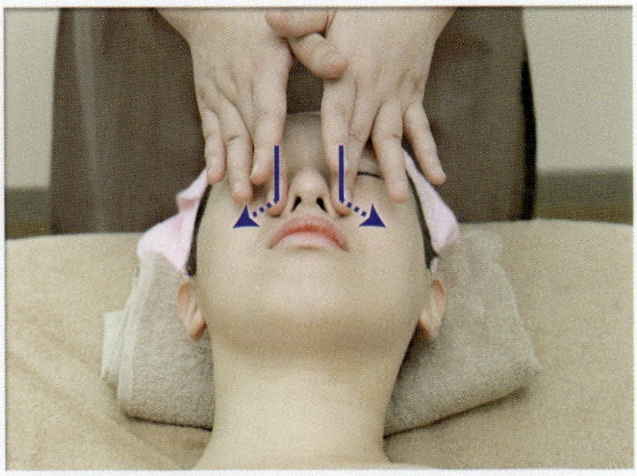

(l) 코 마무리 동작 3
코의 먼쪽 끝부분의 측면 끝 부분에서 고정원그리기를 실시한다.

6 긴 여행 The long journey

눈 아래(볼), 구각, 턱 끝 부분에서 5회씩 고정원그리기를 실시한 후 턱 아래 부분에서 프로펀더스 방향으로 5위치에서 나선형 그리기를 실시한다(3세트).

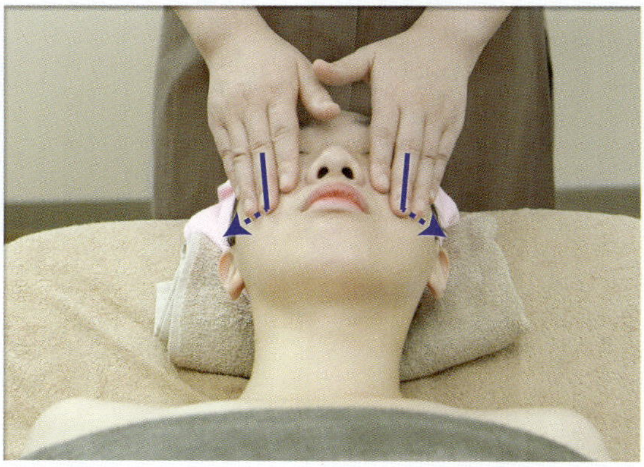

(a) 눈 아래
눈 아래 볼 부분에 손바닥을 가볍게 대고 고정원그리기를 실시한다.

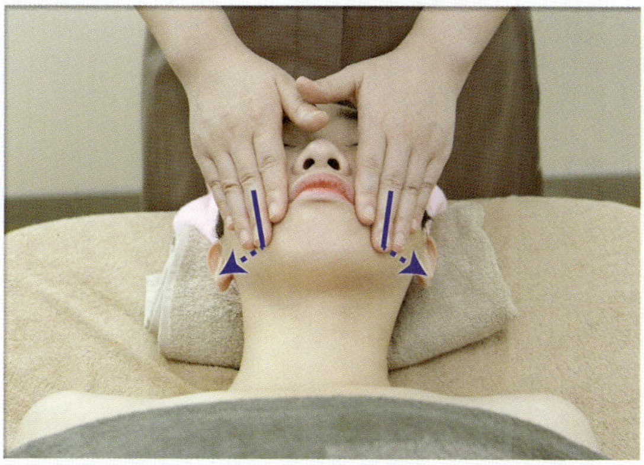

(b) 입술 양끝
입술의 양끝(구각)에 양손을 이용하여 고정원그리기를 실시한다.

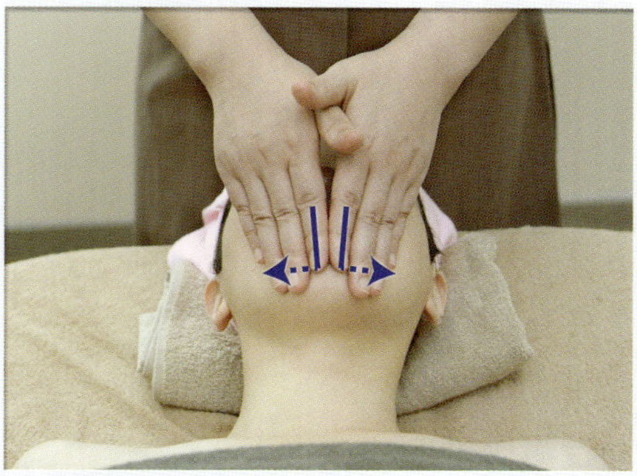

(c) 아랫입술
손가락을 아랫입술 아래에 대고 프로펀더스 방향으로 가볍게 쓰다듬는다.

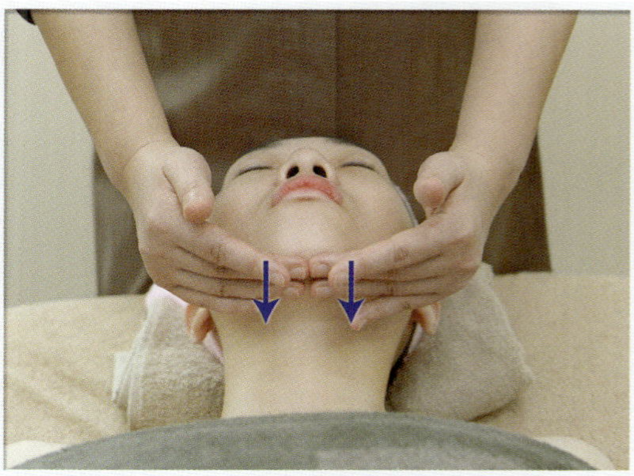

(d) 턱 아래 나선형 고정원그리기 1
턱 바로 아래 부분에 손 끝을 마주 보게 손가락을 대고 새끼손가락 방향으로 펌시킨다.

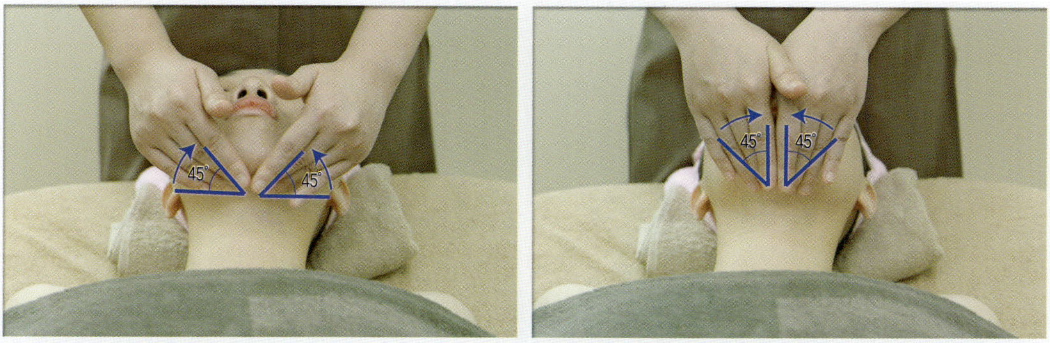

(e) 턱 아래 나선형 고정원그리기 2

이전 동작에서 그대로 손을 떼지 않고 45°로 손목을 비튼(twist) 다음 손목을 90° 세우면서 이완한다.

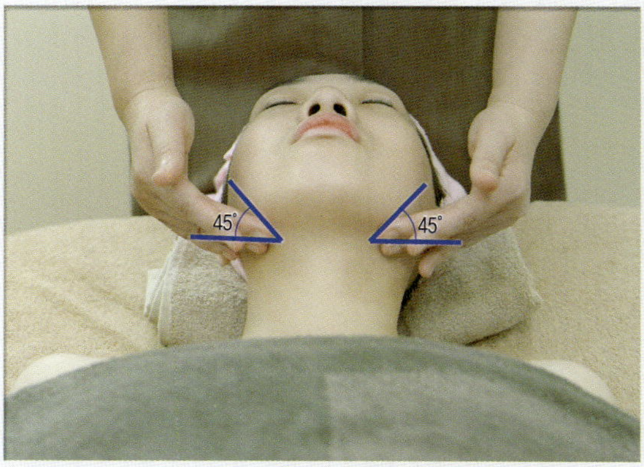

(f) 아래턱각

나선형 고정원그리기 1, 2를 아래 턱각까지 5회 실시한다.

7 눈 eyes

① 아랫 눈두덩에 손가락 하나 또는 두 개를 이용하여 다른 곳에 적용하는 압력의 반(15mmHg) 정도로 안쪽에서 가쪽으로 3위치에서 5회씩 고정원그리기를 실시한다(3세트).

② 코의 뿌리 부분에서 둘째손가락을 이용하여 이마 방향으로 끌어당긴다(3세트).

③ 눈썹의 안쪽에서 가쪽으로 엄지손가락과 둘째손가락을 이용하여 가볍게 5위치에서 짜 내려간다(3 세트).

④ 코의 뿌리 부분에서 엄지손가락을 이용하여 머리 방향으로 끌어당긴 다음, 미간을 엄지손가락으로 누르지 않고 손을 안쪽으로 회전(세배하듯이)하면서 눈썹 위를 측면으로 가볍게 누른다(3세트).

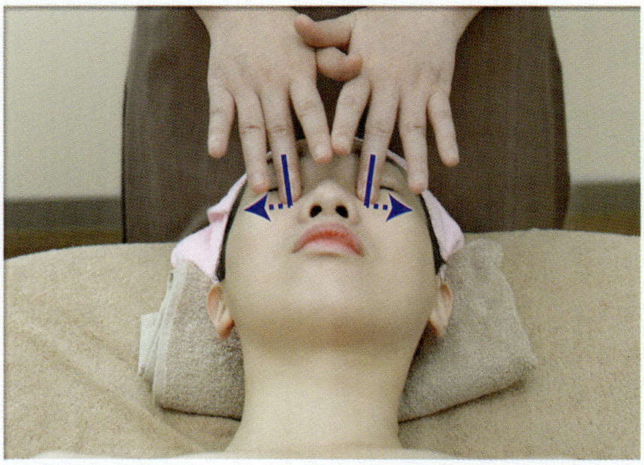

(a) 아랫 눈두덩 안쪽
아랫 눈두덩 가장 안쪽에 셋째손가락을 이용하여 패드를 가볍게 대고 고정원그리기를 실시한다.

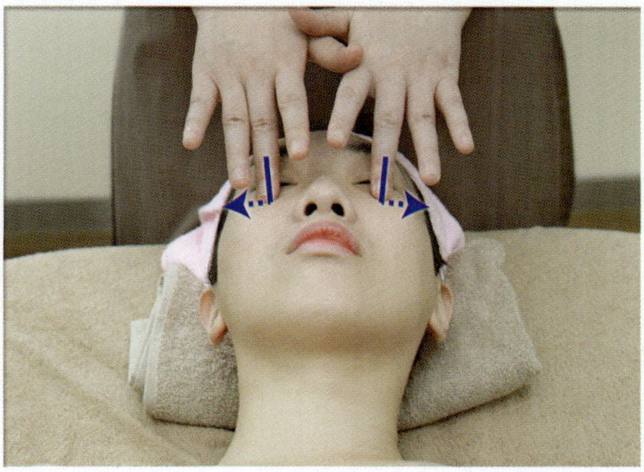

(b) 아랫 눈두덩 중간
아랫 눈두덩 안쪽에서 가쪽으로 이동(중간 지점)하여 이전과 같은 요령으로 고정원그리기를 실시한다.

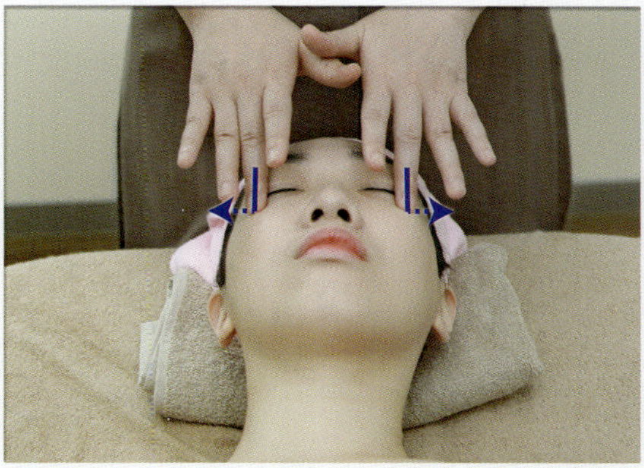

(c) 아랫 눈두덩 가쪽

아랫 눈두덩 가장 가쪽으로 이동하여 고정원그리기를 실시한다.

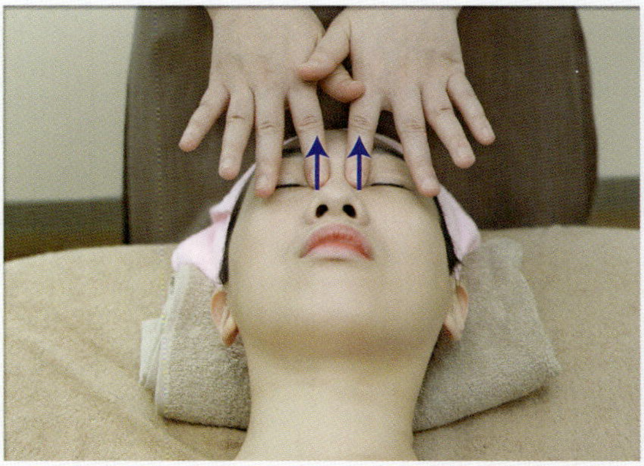

(d) 눈의 ②번 동작

둘째손가락의 패드를 이용하여 가볍게 이마 방향으로 끌어 올린다(폄).

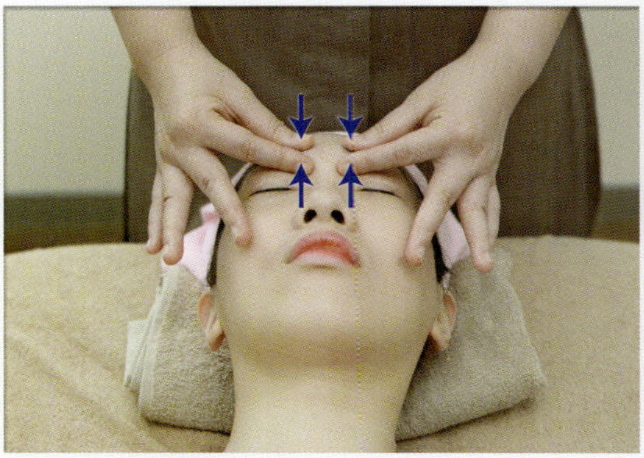

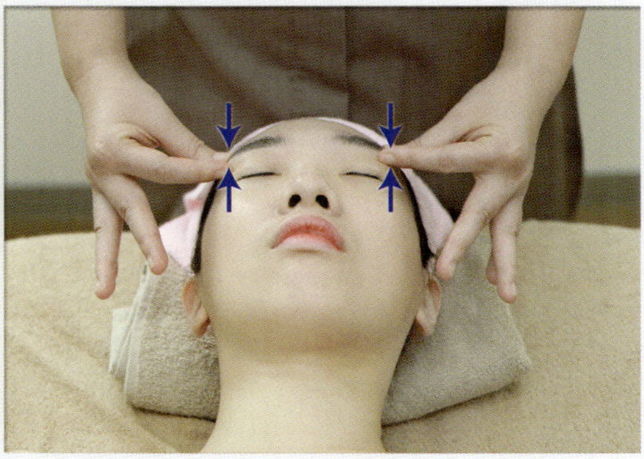

(e) 눈의 ③번 동작

눈썹 안쪽에서 손가락의 패드를 이용하여 가볍게 짜듯 눌러 주면서 점차적으로 눈썹의 가쪽으로 5회에 걸쳐 이동한다.

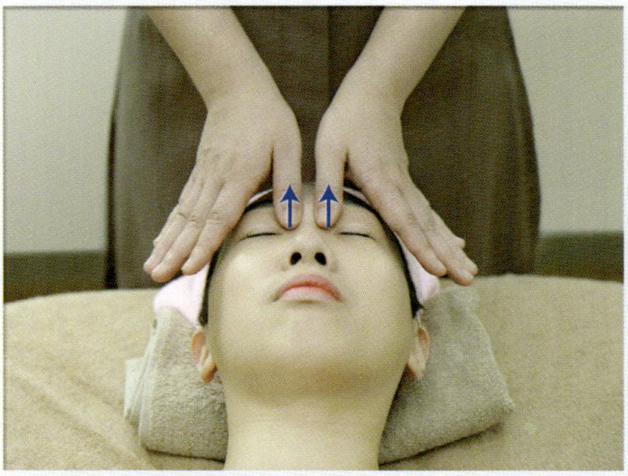

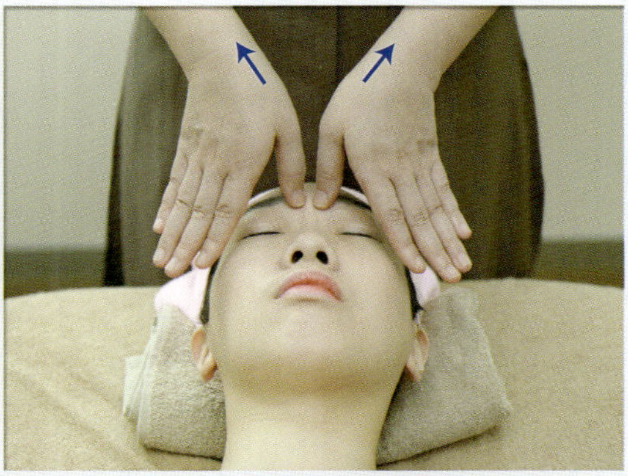

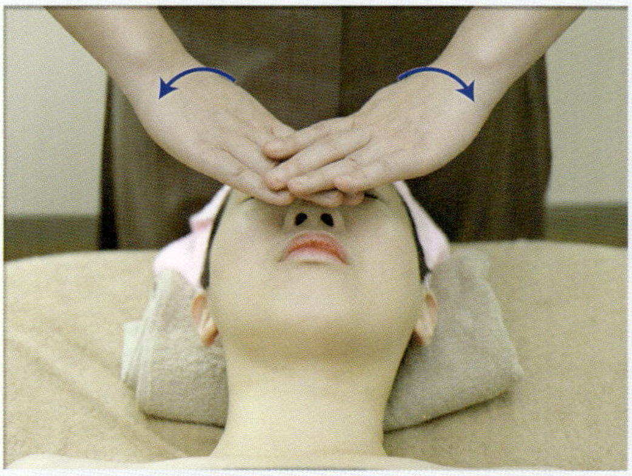

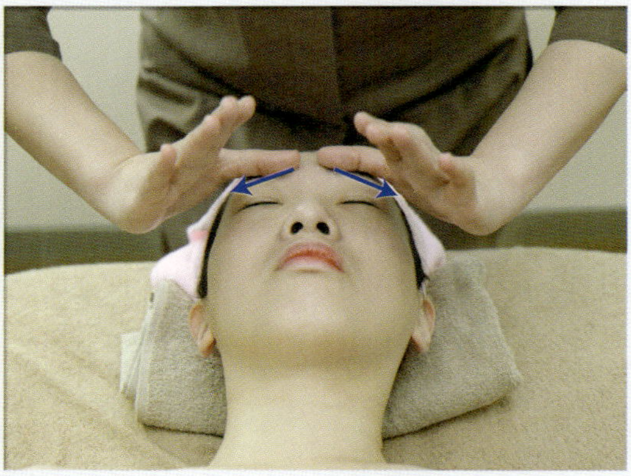

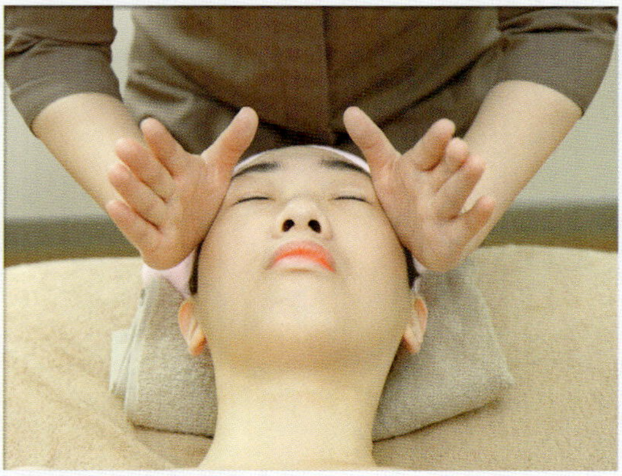

(f) 눈의 ④번 동작

엄지손가락을 코의 뿌리 부분에서 가볍게 폄한다. 그다음 손목을 이용하여 엄지손가락이 얼굴에 직각이 되게 한 후, 엄지손가락의 측면을 이용하여 눈썹을 눌러준다.

8 눈썹 eyebrows

눈썹 사이에서 둘째손가락을 이용하여 5회 고정원그리기를 실시한 다음 눈썹 중간, 눈썹 가쪽에서 손가락을 이용하여 5회 고정원그리기를 실시한다(3세트).

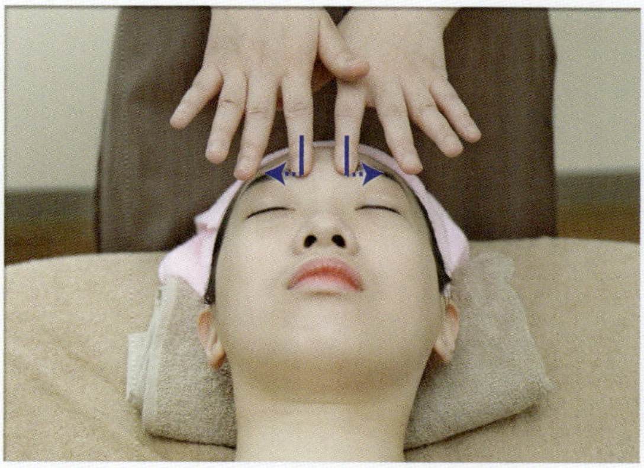

(a) 미간
둘째손가락을 이용한 고정원그리기를 실시한다.

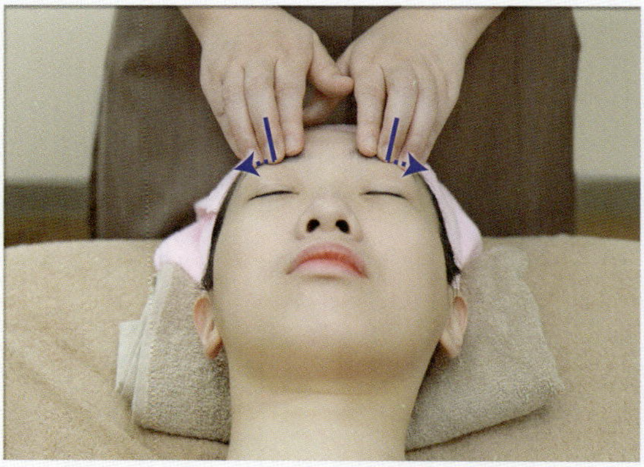

(b) 눈썹 중간
눈썹 중간에서 손가락을 약간 구부려 손가락 끝을 이용한 고정원그리기를 실시한다.

(c) 눈썹 가장자리
눈썹의 가장 가쪽에서 (b)와 동일하게 고정원그리기를 실시한다.

9 이마 forehead

이마의 중간에서 관자뼈(관자놀이) 쪽으로 이동하면서 3위치에서 5회 고정원그리기를 실시한다(3세트).

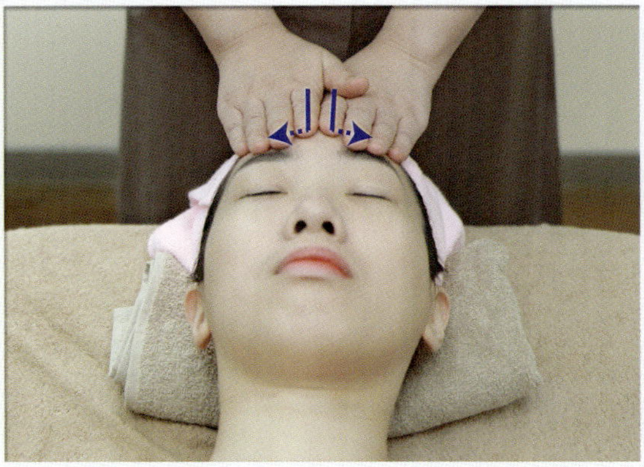

(a) 이마 1
이마 중간에 손가락을 이용하여 가볍게 고정원그리기를 실시한다.

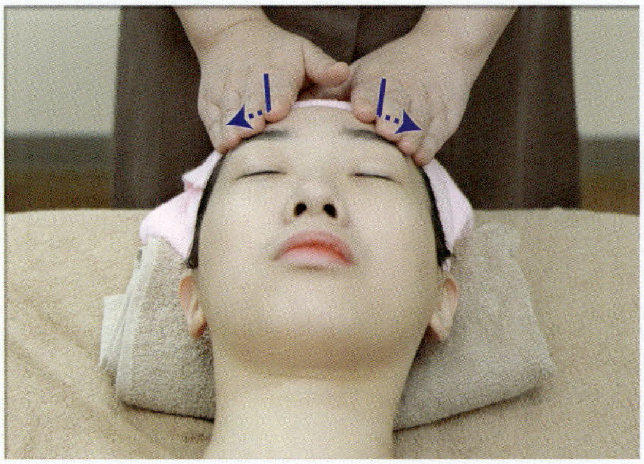

(b) 이마 2
측면으로 이동하여 이전과 동일하게 고정원그리기를 실시한다.

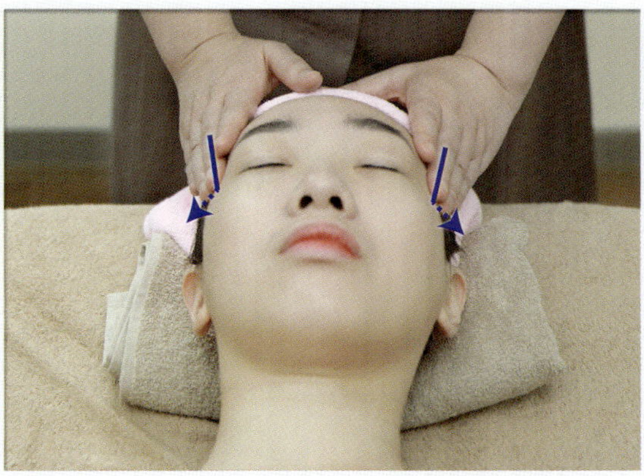

(c) 이마 3
이마의 가장 측면(관자놀이)에서 고정원그리기를 실시한다.

10 머리 측면sides of head

귀의 앞쪽 2의치에서 5회 고정원그리기 실시한 후 프로펀더스에서 마무리한다(3세트).

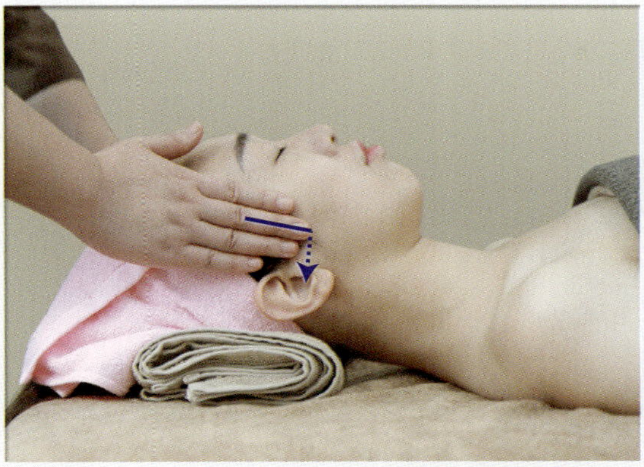

(a) 머리 측면 1
머리의 측면(귀의 중간)에서 손가락을 이용하여 손가락 끝 방향에서 새끼손가락 방향으로 고정원그리기를 실시한다.

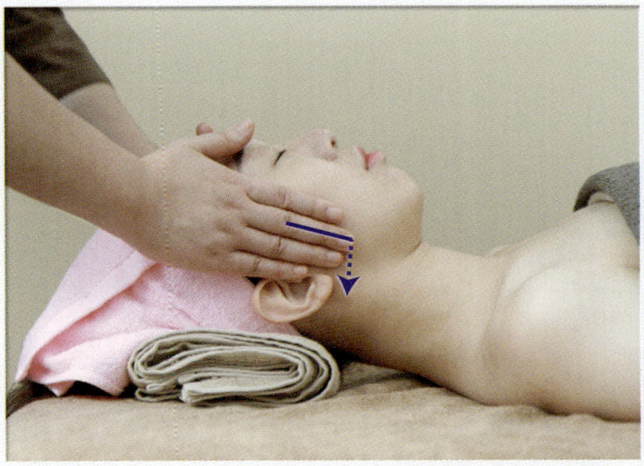

(b) 머리 측면 2
이전의 지점에서 머리 측면의 약간 하방(귓불 앞)으로 와서 고정원그리기를 실시한다.

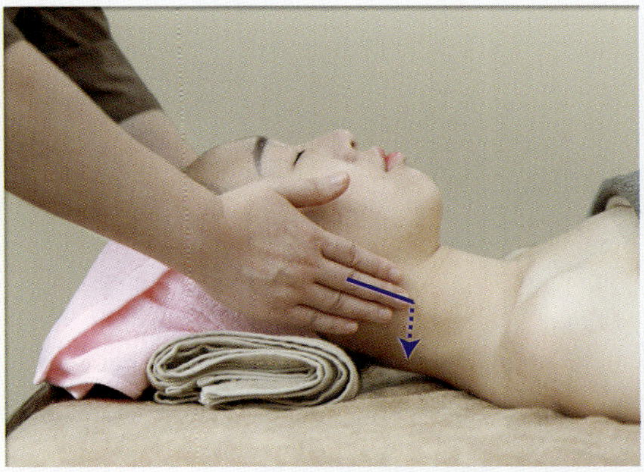

(c) 프로펀더스
프로펀더스에 손가락의 패드를 대고 손가락 끝 방향에서 테이블 방향으로 고정원그리기를 실시한다(5회).

11 프로펀더스, 중간, 터미너스

손가락을 목과 평행하게 한 다음 프로펀더스, 중간에서 5회씩 고정원그리기를 하고 터미너스에서 둘째손가락을 이용하여 고정원그리기로 마무리한다(3회).

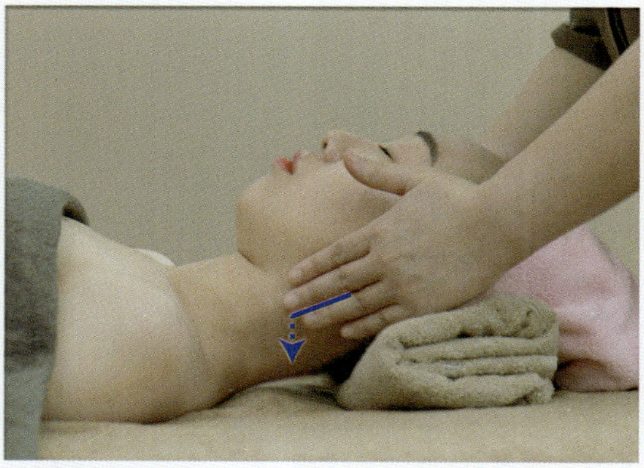

(a) 프로펀더스
프로펀더스에서 고정원그리기를 실시한다(5회).

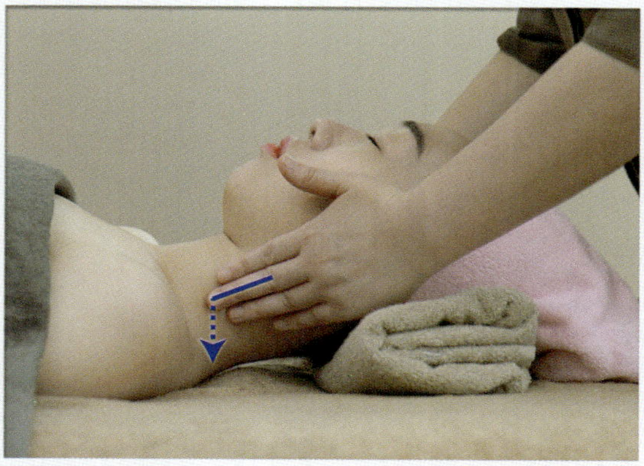

(b) 중간(목 측면)
목 측면의 중앙으로 그대로 내려와 고정원그리기를 실시한다.

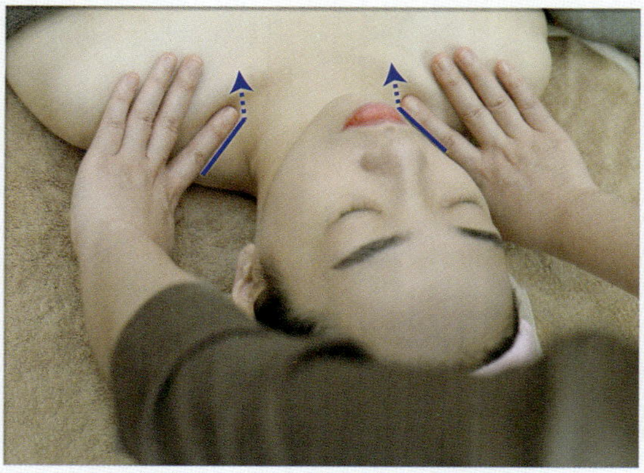

(c) 터미너스
터미너스에서 둘째손가락을 이용하여 고정원그리기를 실시한다.

12 쓰다듬기

① 엄지손가락의 바닥 부분으로(손가락 아래 돌출 부분) 미간에서 관자까지 쓰다듬는다(3세트).

② 관자까지 동일한 요령으로 반복한 다음, 손을 안쪽으로 1/4 정도 돌려 엄지손가락이 눈 아래에 오게 한 다음, 엄지손가락과 바닥 부분으로 양볼을 따라서 측면으로 가볍게 쓰다듬는다(3세트).

③ 손을 컵 모양으로 만들어 얼굴 위에 조심스럽게 올려 놓은 다음 손을 엎침시키면서 가볍게 측면으로 쓰다듬는다(3세트).

④ 턱에서 아래턱각 방향으로 엄지손가락과 둘째손가락을 이용하여 가볍게 쓰다듬는다(3세트).

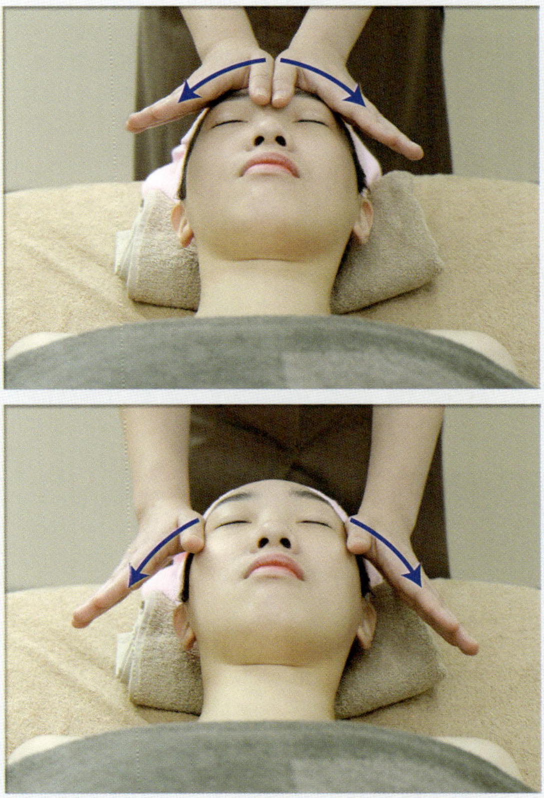

(a) 쓰다듬기 1
엄지손가락 측면으로 이마 중간에서 관자까지 쓰다듬는다.

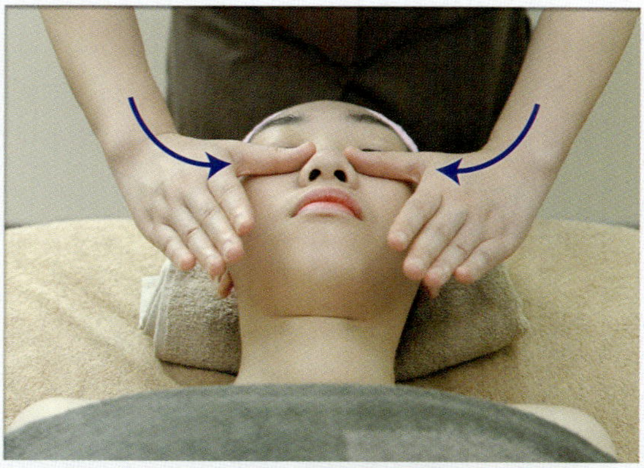

(b-1) 쓰다듬기 2-1

쓰다듬기 1을 시행한 후 바로 이어서 엄지손가락을 눈 아래로 이동시킨다.

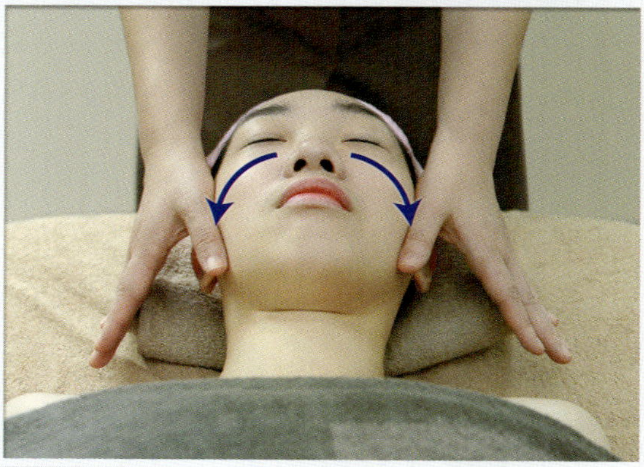

(b-2) 쓰다듬기 2-2

눈 아래에서 프로펀더스 방향으로 가볍게 쓰다듬는다.

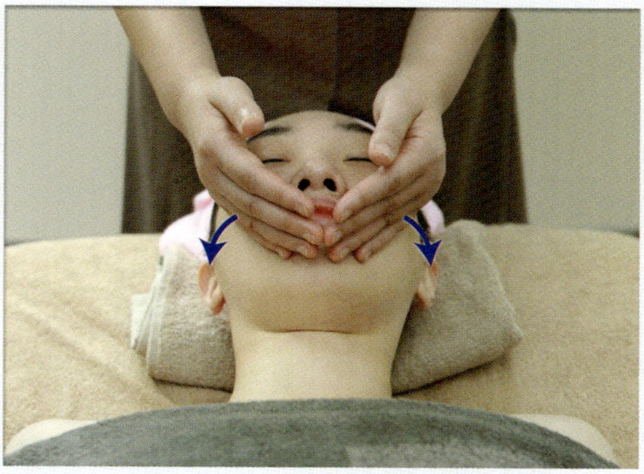

(c) 쓰다듬기 3

손을 컵 모양으로(눈, 코, 입을 가리지 않게 얼굴에 수직으로) 만들어 측면으로 손바닥을 이용하여 쓸어내린다.

3. 팔

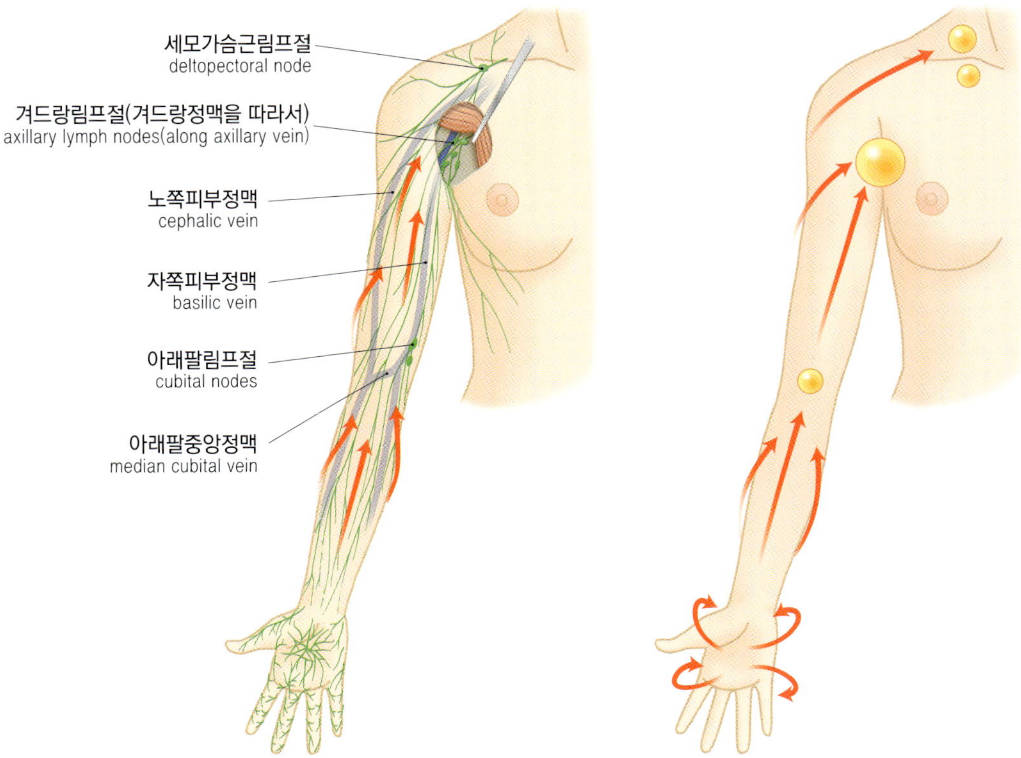

그림 10-5 팔림프절

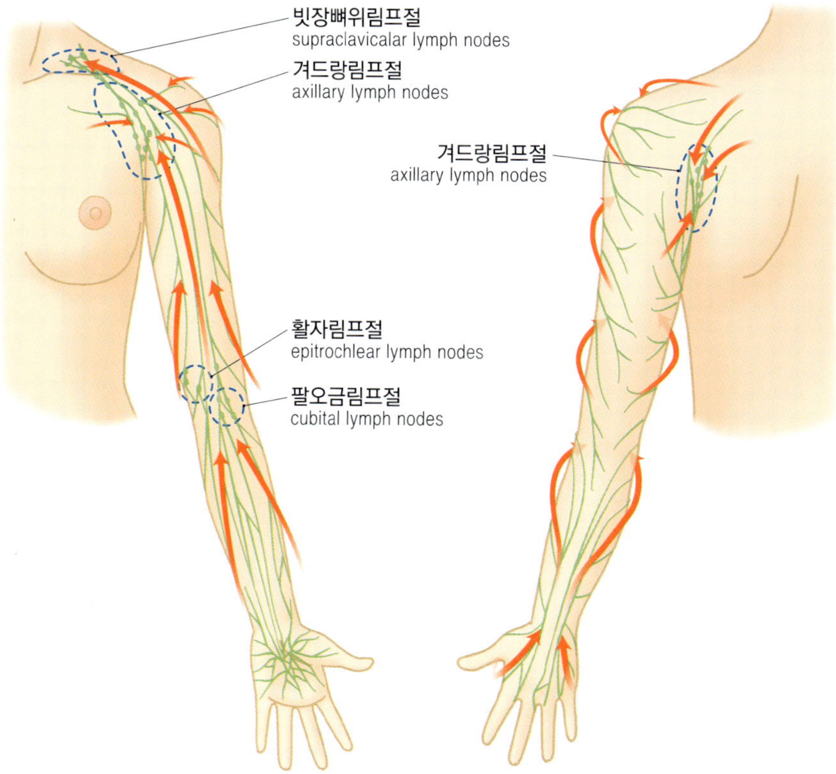

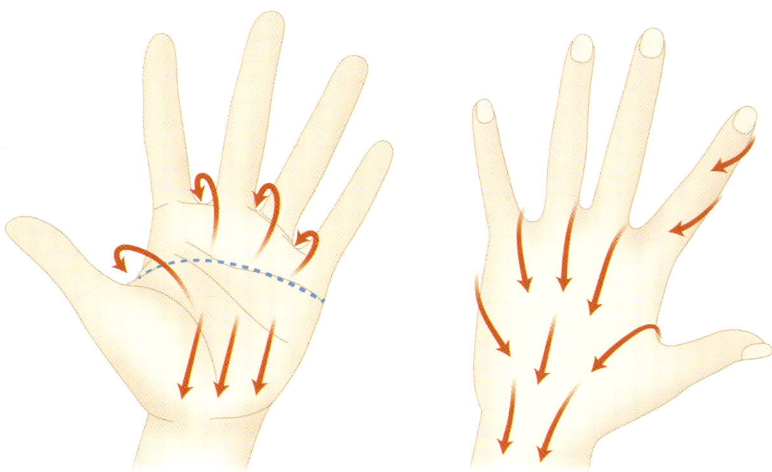

그림 10-6 팔과 손의 림프 흐름

자세: 고객은 바로 누운 자세, 테라피스트는 고객의 오른편에 서서 실시한다.

1 쓰다듬기 effleurage

손부터 어깨까지 겨드랑이 방향으로 가볍게 쓸어 올린다(1회).

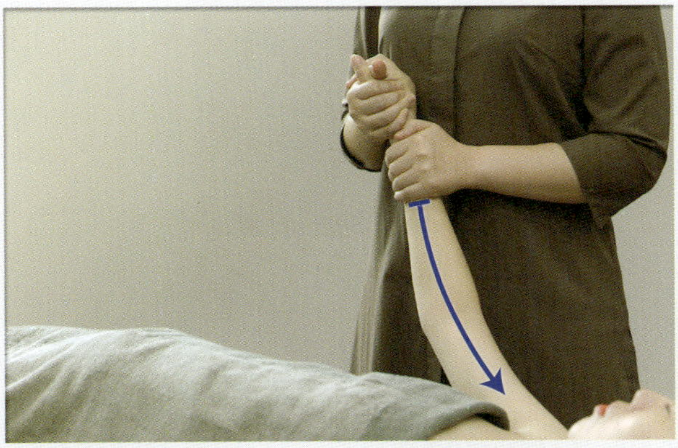

(a) 쓰다듬기 시작

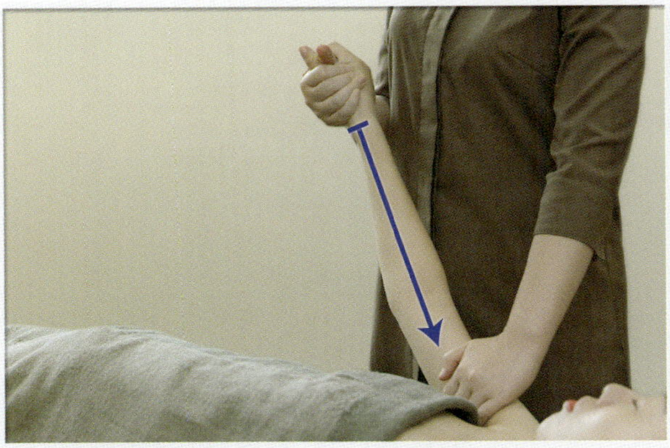

(b) 쓰다듬기 마무리

2 위팔 스쿠프 upper arm

팔꿈치 바로 위 위팔 삼두근에서 시작하되 시술자와 가까운 손부터 시작하여 6회에 걸쳐 왼쪽 · 오른쪽 번갈아 가면서 스쿠프를 적용한다(3세트).

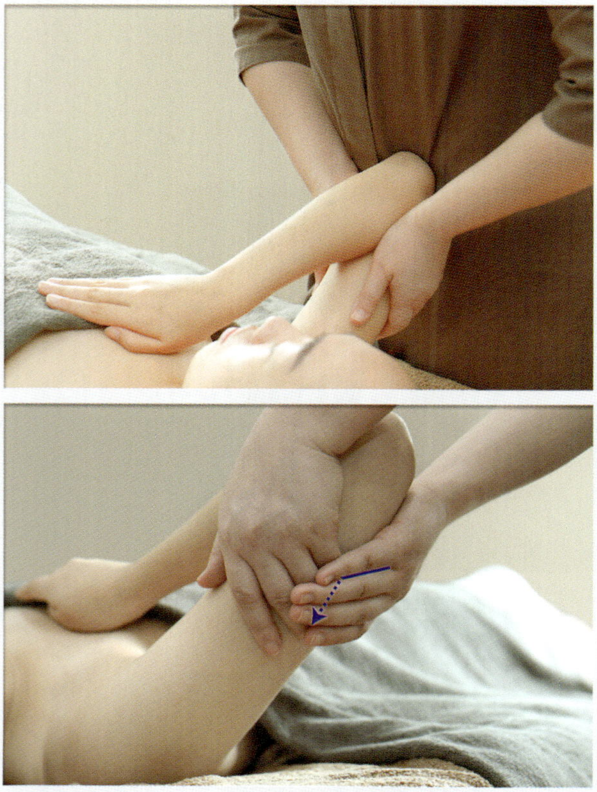

(a) 위팔 삼두 스쿠프

시술자의 오른쪽 손부터 올라가기 시작한다. 어깨까지 6회에 걸쳐 올라간다.

Tip 손은 고객의 위팔 먼쪽에 두고 머리 쪽에 있는 손은 고객의 위팔 몸쪽에 둔다. 시작은 아래 쪽에 있는 손부터 시작하되 다른 손의 손등을 타고 올라가는 식으로 손바닥을 이용한 말아올리기를 적용하도록 한다.

3 어깨세모근 deltoid muscle

삼각형의 양면(앞뒤)에 양손바닥을 접촉시킨 상태에서 시작한다. 일명 손 씻기(hand washing) 동작이라고도 하며, 6회에 걸쳐 실시한다(3세트).

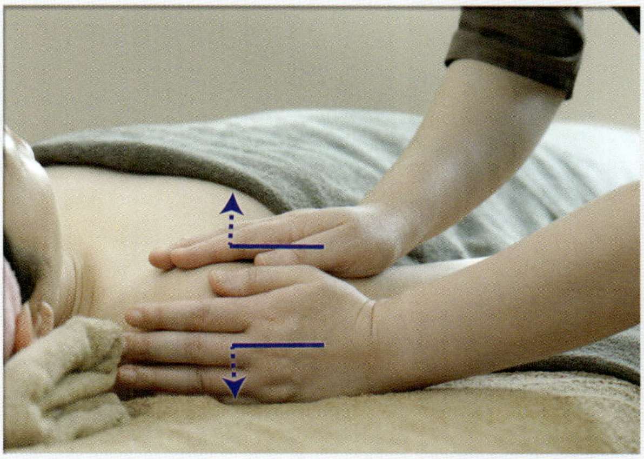

(a) 손 씻기 동작(시작)
몸쪽 위쪽으로 밀었다가 겨드랑이 방향으로 이완한다. 손바닥 바닥면에서 시작한다. 마지막은 손가락 끝 바닥면으로 실시한다.

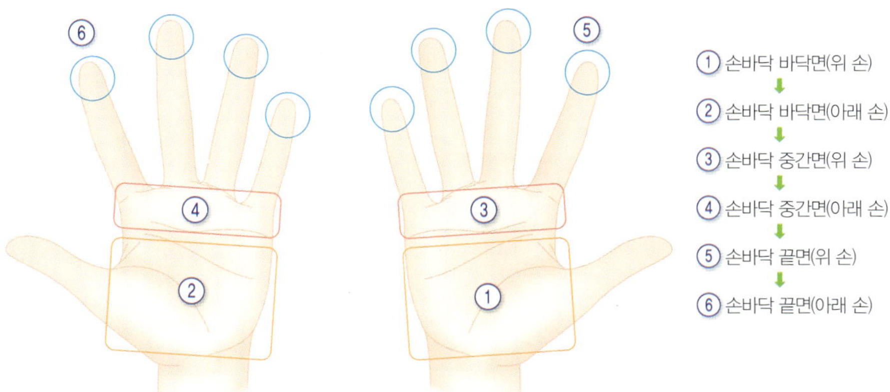

그림 10-7 교대로 원그리기 시 손바닥 접촉면과 시행 순서

4 위팔림프절 upper arm nodes

5회 고정원그리기를 실시한다. 위팔림프절 위에 8개 손가락을 편평하게 하고 5회씩 고정원그리기를 실시하는데, 겨드랑이까지 몸쪽 방향으로 이동하면서 3위치에서 실시한다(3세트).

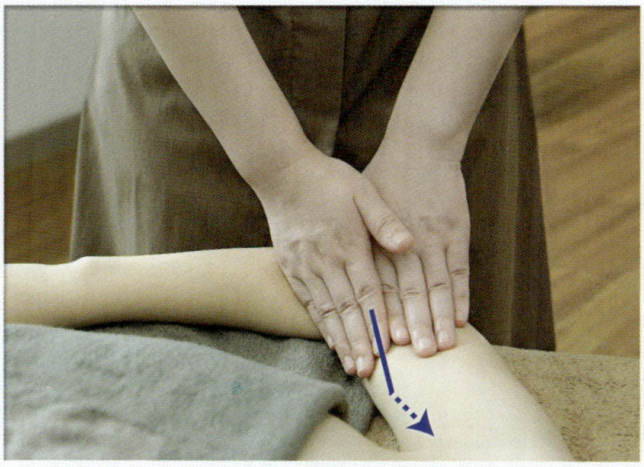

(a) 위팔림프절(시작)
위팔 중간 안쪽의 첫 번째 위치에서, 손끝 방향으로 밀고 겨드랑이 방향으로 이완한다.

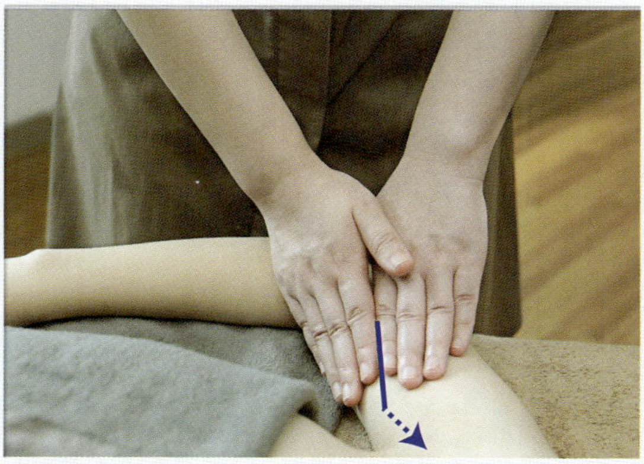

(b) 위팔림프절(중간)
두 번째 위치에서도 첫 번째와 동일한 방법으로 적용한다.

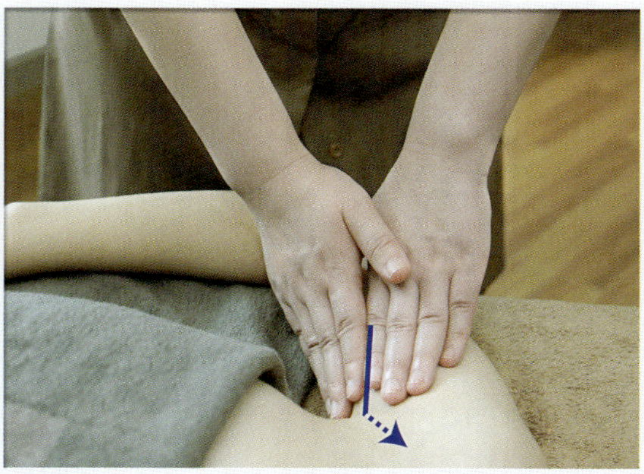

(c) 위팔림프절(마무리)
세 번째 위치(겨드랑이)에서도 동일하게 적용한다.

5 펌프 pump

아래 손으로 팔을 잡고 위 손으로 팔꿈치에서 어깨세모근까지 위팔 뒤쪽을 따라 5회에 걸쳐 펌프 동작을 한다(3세트).

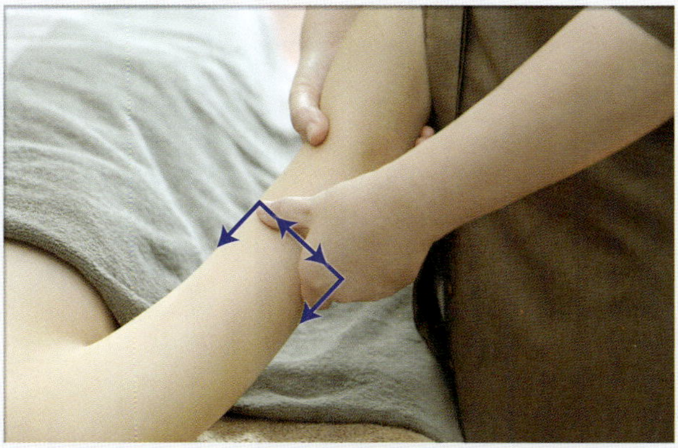

(a) 시작 위치

팔꿈치 바로 위 위팔세갈래근 부위에서 펌프동작을 시작한다.

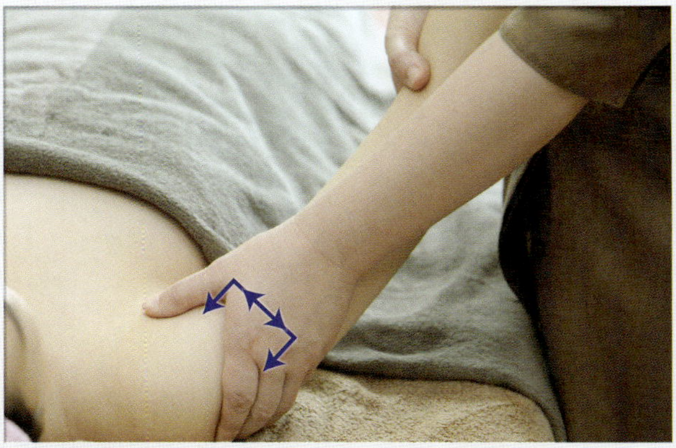

(b) 마무리 위치

어깨세모근까지 펌프동작을 시행한다.

6 팔꿈치 elbow

아래 손은 팔을 붙잡고, 위 손은 동작을 실시한다.

① **엄지원그리기:** 가쪽과 주변으로 두 선을 만들어 실시한다(각 5회씩 3세트).

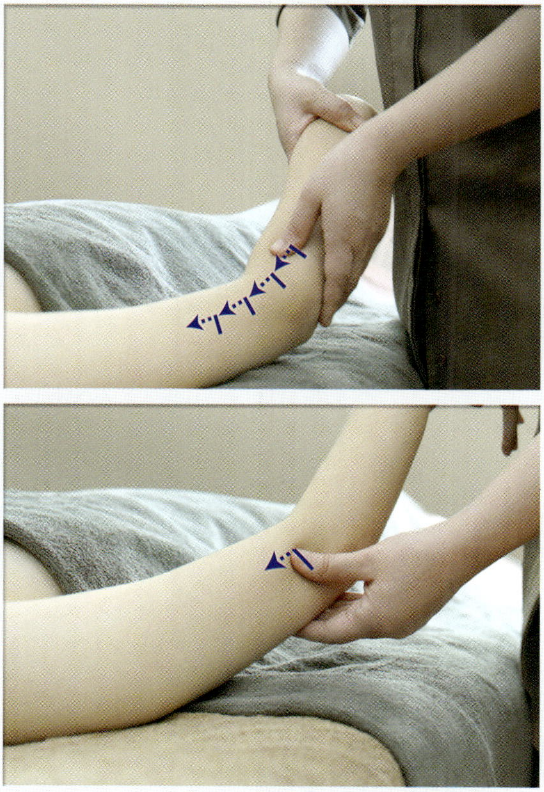

(a) 위관절융기와 안쪽 선 원그리기
위관절융기와 안쪽 선을 따라서 팔꿈치 바로 아래에서 시작한다. 팔꿈치 바로 위까지 연속적으로 5회에 걸쳐서 실시한다.

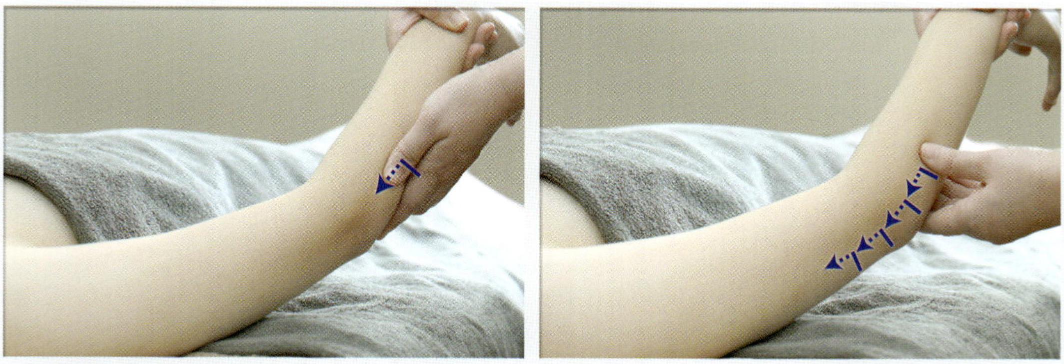

(b) 위관절융기와 가쪽 선 그리기
가쪽 상과 가쪽 선을 따라서 팔꿈치 바로 아래에서 실시한다. 팔꿈치 바로 위까지 연속적으로 5회에 걸쳐 실시한다.

② **팔 뒤침시키기:** 팔꿈치의 접히는 부분(crease), 즉 팔꿈치오금(antecubital fossa), 안쪽에서 가쪽으로 5회 엄지손가락으로 나선형 동작으로 엄지원그리기를 실시한다(3세트).

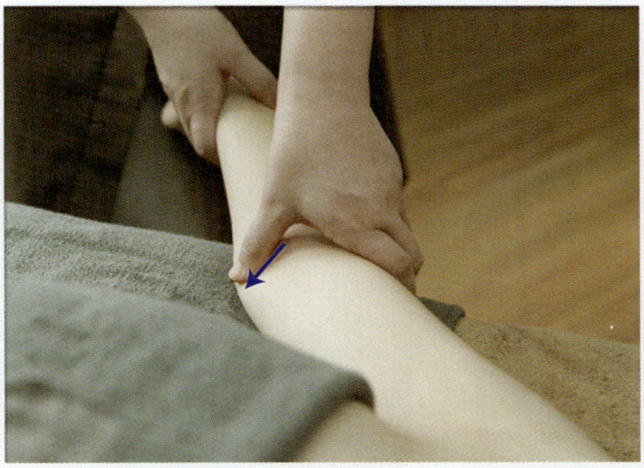

(a) 팔꿈치 주름 엄지원그리기 1

엄지손가락을 이용하여 안쪽으로 피부를 밀어 폄시킨다.

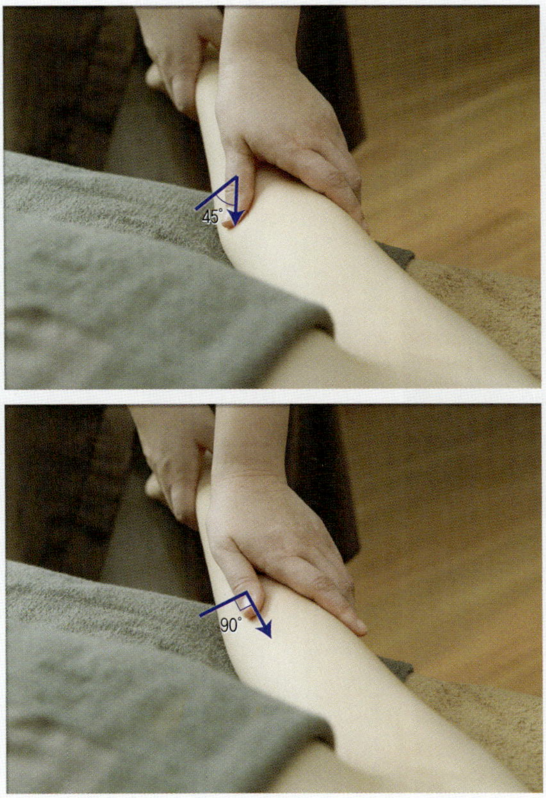

(b) 팔꿈치 주름 엄지원그리기 2

손목을 펴면서 피부를 약 45° 정도 폄시키고 90° 돌리면서 이완한다.

7 아래 팔 forearm

아래 손은 잡고 있고, 위 손은 스쿠프를 5회씩 실시한다. 이때 손은 뒤침 동작을 취한다(3세트). 그다음 팔을 엎침(pronation)시키고 동일하게 적용한다(3세트).

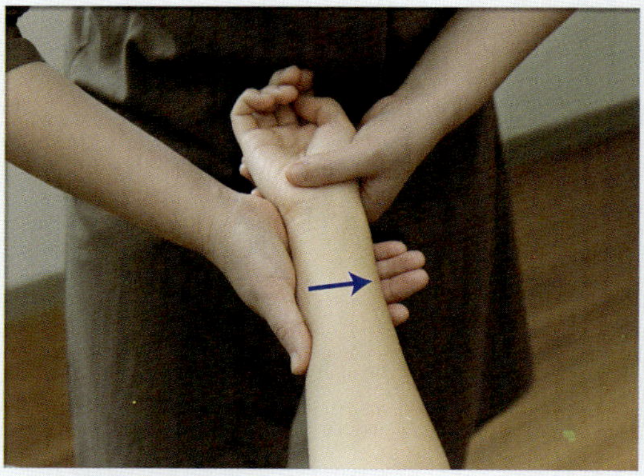

(a) 아래 팔 스쿠프(배측) 1
고객의 팔과 직각 방향으로 손바닥을 이용하여 밀면서 피부를 폄시킨다.

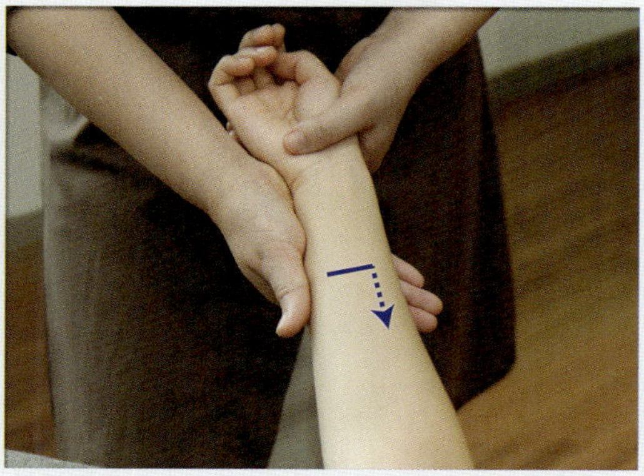

(b) 아래 팔 스쿠프(배측) 2
폄시킨 피부를 겨드랑이 방향으로 그대로 위로 올린다.

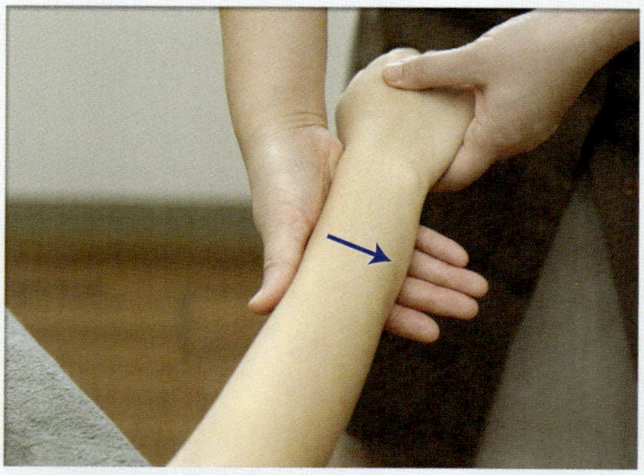

(c) 아래 팔 스쿠프(복측) 1
이전과 동일하게 직각 방향으로 폄시킨다.

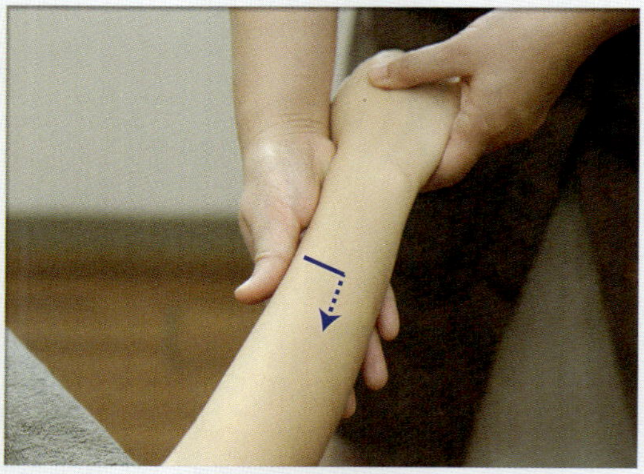

(d) 아래 팔 스쿠프(복측) 2
그대로 위로 올린다. 이때 손바닥이 피부 위에서 미끄러지지 않도록 한다.

Tip 말아올리기는 시술자의 어느 손으로 하든 상관없다.

8 손목 wrist

손목 위에서 가상의 3라인을 잡아서 엄지고정원그리기를 6회에 걸쳐 교대로 실시한다(3세트).

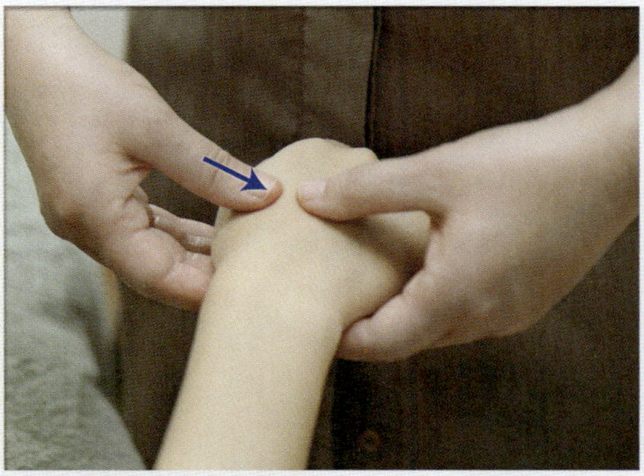

(a) 손목 엄지원그리기 1

손목의 바로 아래에서 위로 엄지손가락을 이용한 원그리기를 실시한다. 고객의 엄지손가락쪽부터 시행한다.

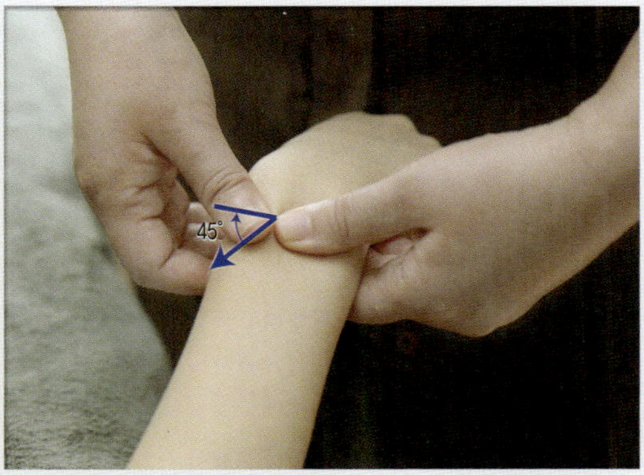

(b) 손목 엄지원그리기 2

손목의 중간에서 두 번째 선을 동일하게 원그리기를 실시한다.

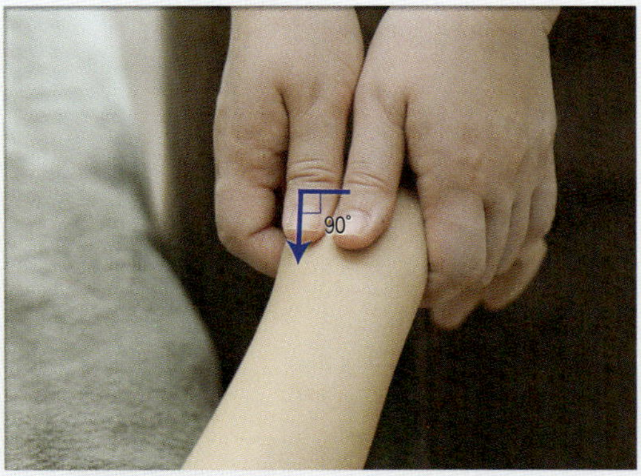

(c) 손목 엄지원그리기 3

엄지손가락이 미끄러지지 않도록 하면서 마지막 선까지 실시한다.

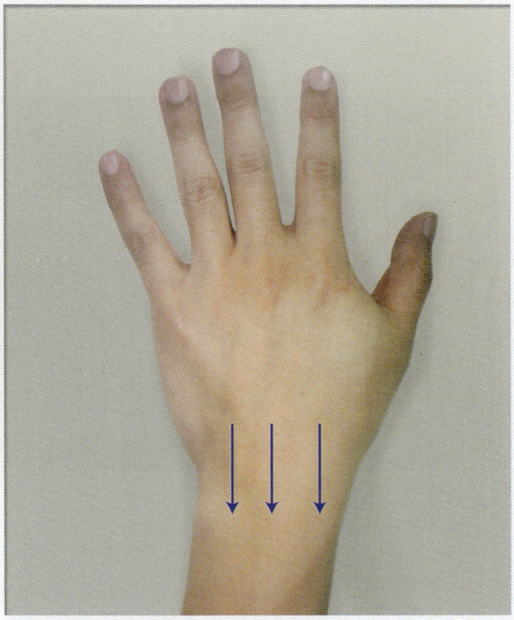

(d) 손목 위 가상의 3라인

엄지손가락쪽부터 1, 2, 3 라인

9 손등 back of hand

중수지절관절에서 손목까지 손의 배측 위에서 엄지고정원그리기를 6회에 걸쳐 교대로 실시한다. 중수지절관절 사이를 중첩해서 이동하면서 실시한다(3세트).
새끼손가락 방향의 선부터 시작하여 각 라인을 동일하게 반복 실시한다.

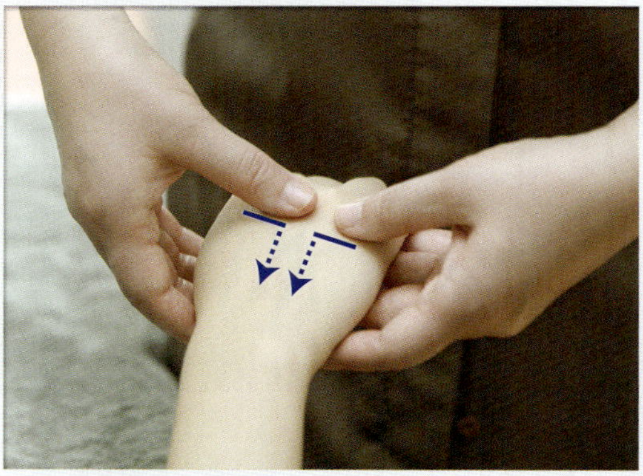

(a) 손등 엄지원그리기 1
첫 번째 선에서 교대로 원그리기를 실시한다. 한손은 넷째, 다섯째 손허리뼈 사이, 다른 손은 셋째, 넷째 손허리뼈 사이에 적용한다.

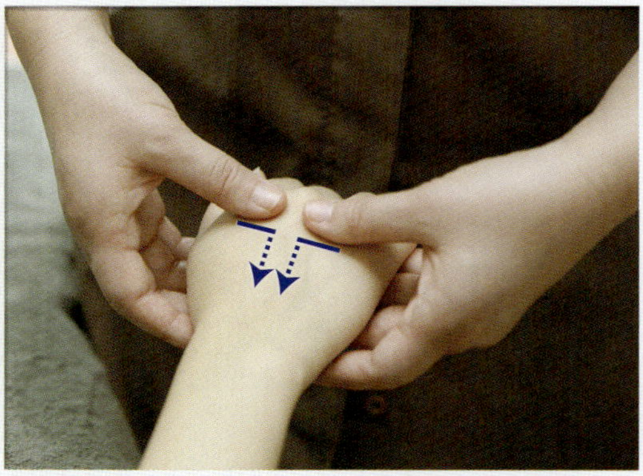

(b) 손등 엄지원그리기 2
두 번째 선에서 교대로 원그리기를 실시한다. 한 손은 셋째, 넷째 손허리뼈 사이, 다른 손은 둘째, 셋째 손허리뼈 사이에 적용한다.

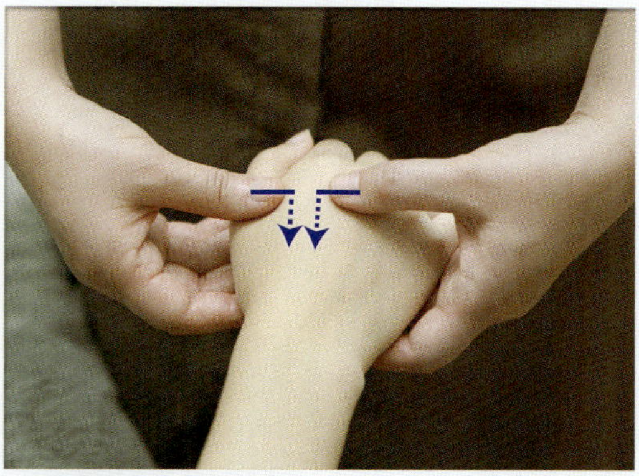

(c) 손등 엄지원그리기 3
세 번째 선에서 교대로 원그리기를 실시한다. 둘째, 셋째 손허리뼈 사이, 다른 손은 엄지와 둘째 손허리뼈 사이에 적용한다.

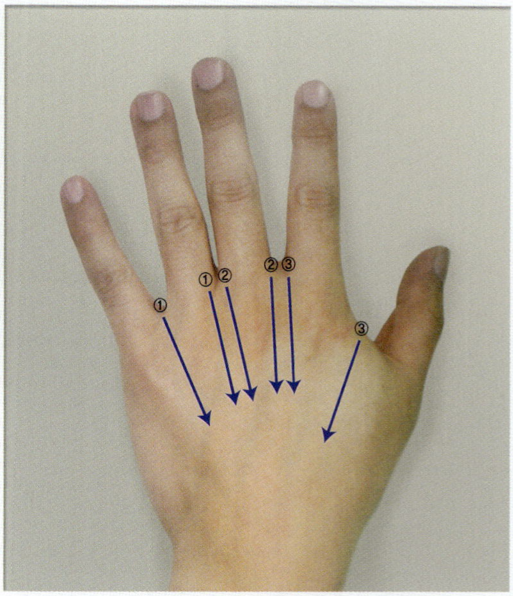

(d) 손등 위 가상의 3라인

10 엄지손가락 thumb

둘째손가락으로는 손가락을 지지하고 엄지고정원그리기로 이동하면서 3회 실시한 후, 네 손가락과 엄지둔덕(thenar eminence)을 이용하여 누르기를 2회 실시한다(3세트).

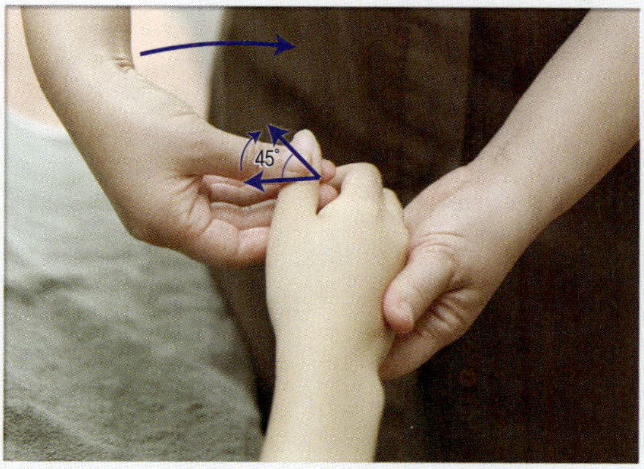

(a) 엄지손가락 적용 1
엄지손가락을 손가락과 직각 방향으로 폄한 후, 45° 비튼다.

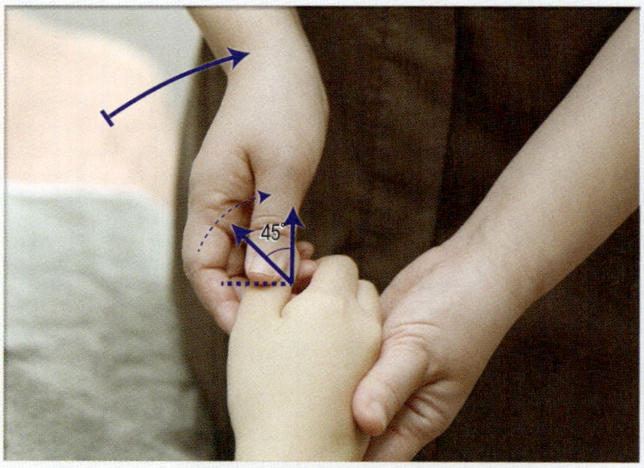

(b) 엄지손가락 적용 2
90°까지 회전하면서 엄지손가락이 고객의 손가락과 나란히 되도록 한다.

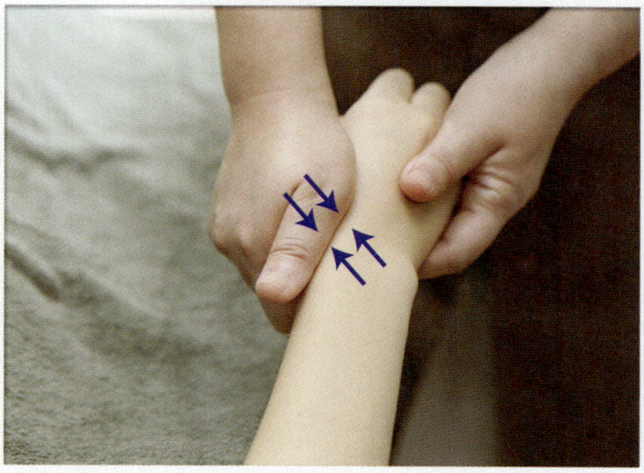

(c) 엄지손가락 적용 3
네 손가락과 엄지둔덕을 이용하여 누르기를 2회 실시한다.

11 동시에 두 손가락 적용treat 2 fingers

둘째손가락으로는 손가락을 지지하면서, 번갈아 가며 엄지고정원그리기를 6회에 걸쳐 실시한다 (3세트).

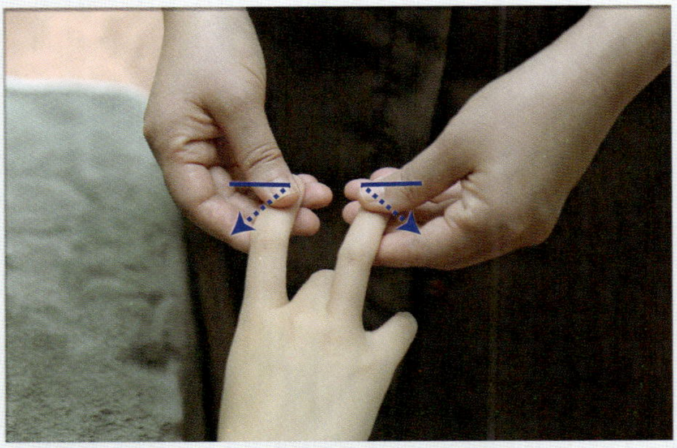

(a) 손가락 적용 1
둘째, 넷째손가락에서 번갈아 가며 실시한다.

(b) 손가락 적용 2
셋째, 새끼손가락에서 번갈아 가며 실시한다.

12 손바닥 적용

엄지손가락으로 번갈아서 6회에 걸쳐 원그리기를 실시한다(3세트), 그다음 동시에 엄지고정원그리기를 5회에 걸쳐 위로 이동하면서 실시한다(3세트).

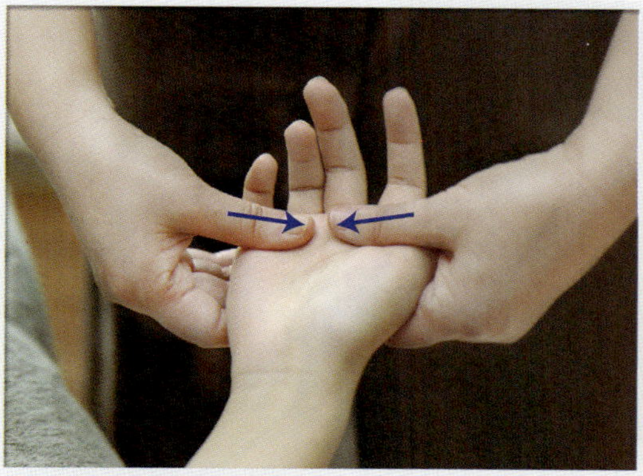

(a) 손바닥 번갈아 원그리기 1
엄지손가락이 서로 마주 보게 한 후 한 손씩 원그리기를 실시한다(시작 동작).

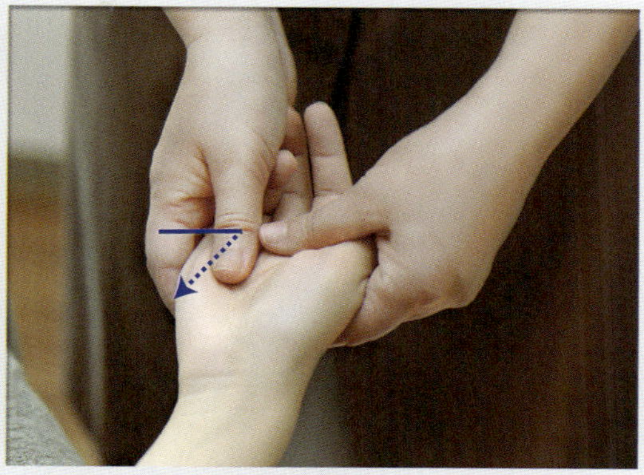

(b) 손바닥 번갈아 원그리기 2
손목 방향으로 올라가면서 한 라인에서만 원그리기를 실시한다.

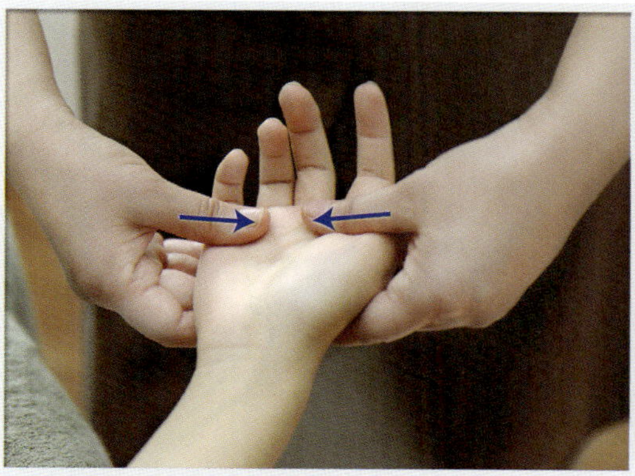

(c) 손바닥 동시 원그리기 1
엄지손가락으로 동시에 원그리기를 실시한다.

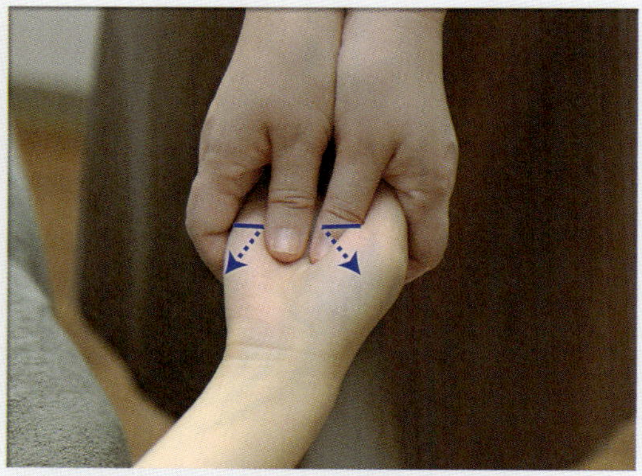

(d) 손바닥 동시 원그리기 2
손목 쪽으로 동시 원그리기를 하면서 올라간다.

13 마무리 쓰다듬기

손에서 어깨세모근까지 실시한다(1회).

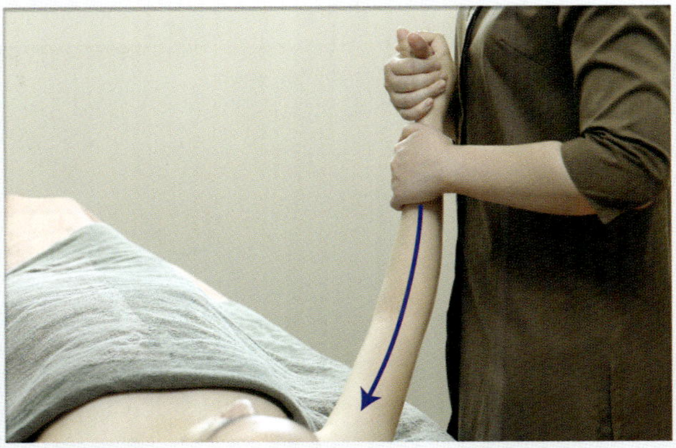

(a) 마무리 1
한 손으로 고객의 손을 가볍게 잡는다.

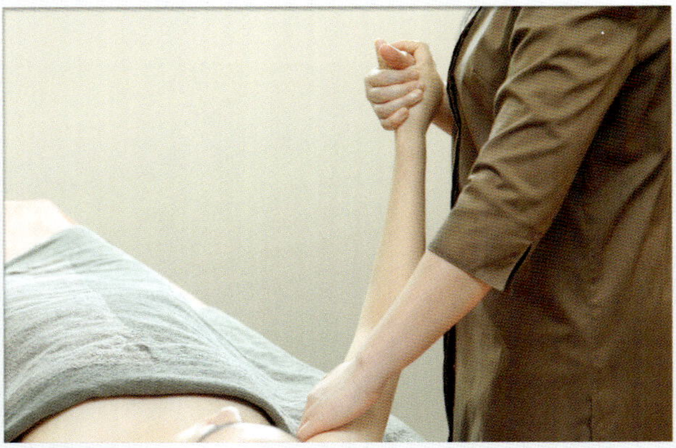

(b) 마무리 2
겨드랑이 방향으로 가볍게 쓸어 올린다.

4. 다리

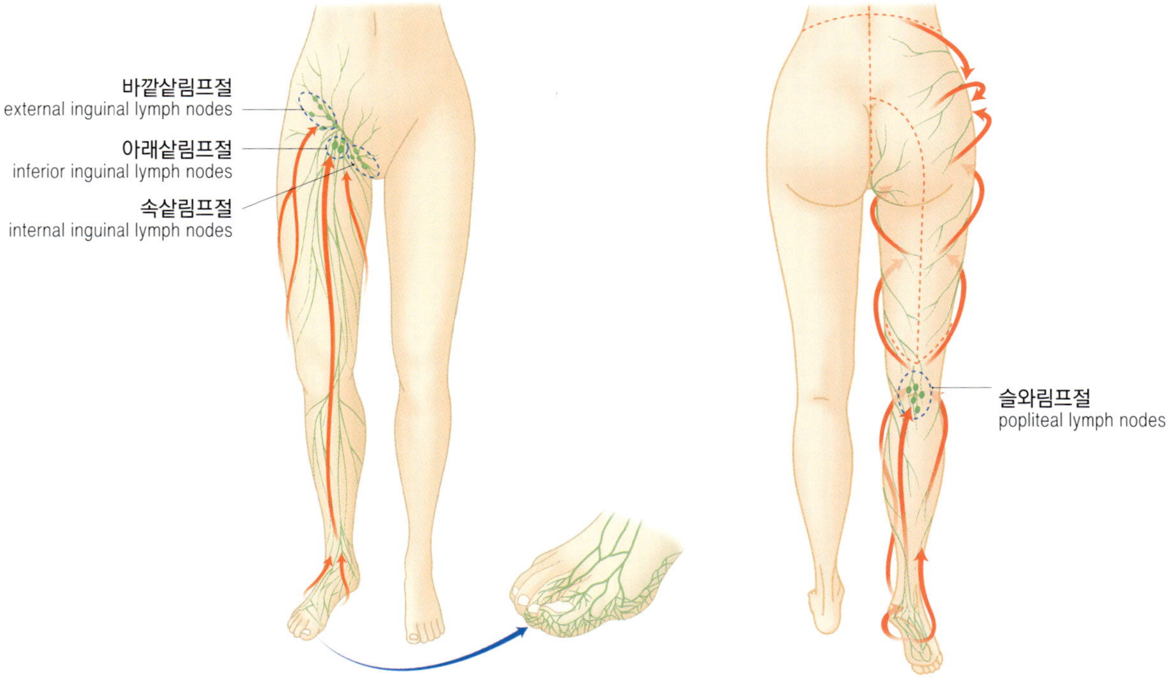

그림 10-8 다리림프절

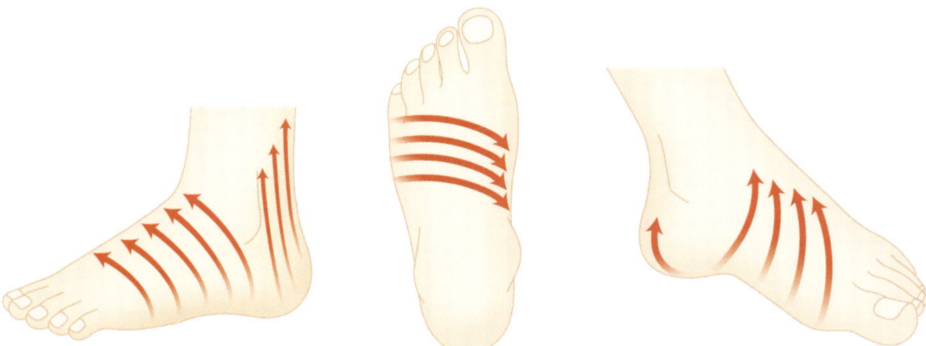

그림 10-9 발의 림프 흐름

자세: 고객은 바로 누운 자세, 고객의 오른편에 서서 실시한다.

1 길게 쓰다듬기effleurage

다리의 샅 부분까지 전체적으로 실시한다(1회).

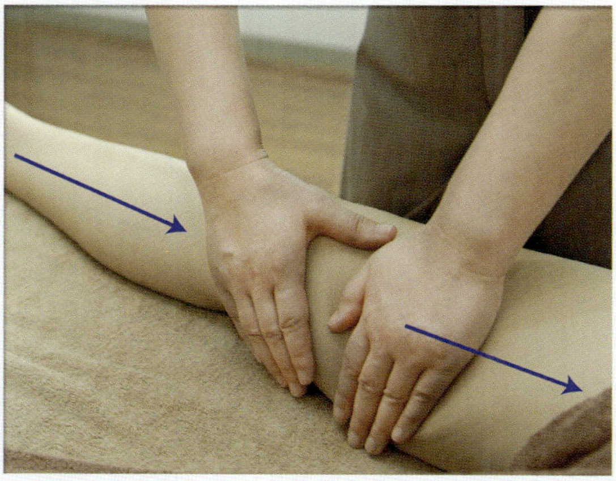

(a) 쓰다듬기
다리의 앞쪽을 림프관이 진행하는 방향을 따라서 위로 쓰다듬는다. 샅까지 쓰다듬는 동작을 실시한다.

2 넙다리 앞쪽면 anterior thigh

넙다리의 앞쪽면 위에서 펌프 동작을 6회에 걸쳐 교대로 적용한다(3세트).

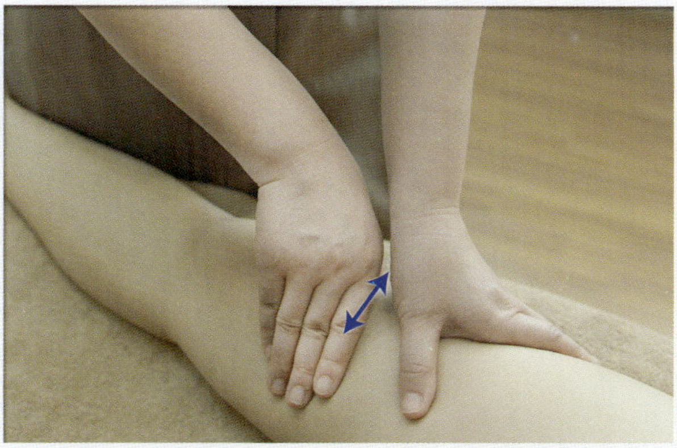

(a) 넙다리 앞쪽면 펌프 1

넙다리 앞쪽면에 양손을 이용한 펌프 동작을 번갈아 가면서 실시한다. 무릎 위에서 시작하며, 아래 손부터 시작한다.

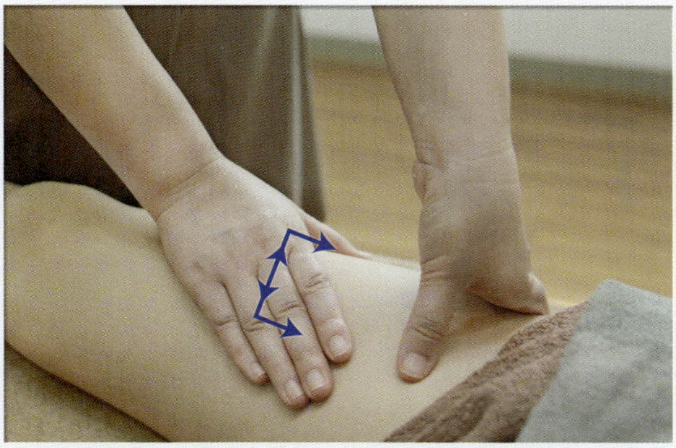

(b) 넙다리 앞쪽면 펌프 2

샅 부위까지 6회에 걸쳐 올라간다.

Tip 양손을 서로 건너뛰는 식으로 하지 말고 샅 쪽으로 펴진 피부만 원위치로 가게 해서 진행한다.

3 넙다리 thigh

넙다리 위 먼쪽에서 몸쪽으로 적용한다(각 6회).

① **넙다리 안쪽(모음근 위):** 아래 손은 펌프 그리고 위 손은 손가락으로 밀기 동작을 실시한다(3세트).

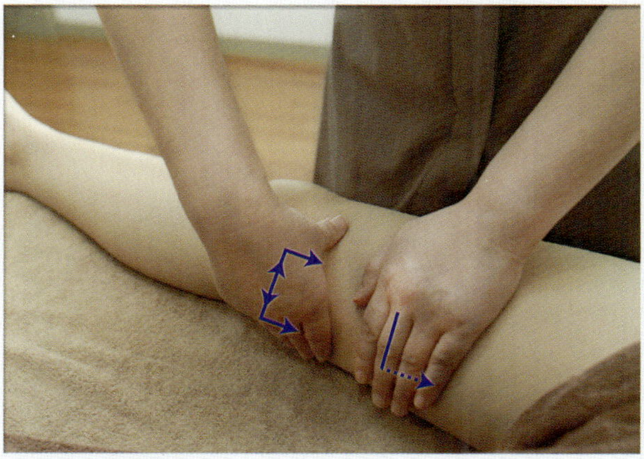

(a) 넙다리 안쪽 펌프-밀기 1
넙다리 안쪽에 아래 손은 펌프 동작을, 위 손은 손끝 방향으로 밀고 샅 방향으로 이완하는 고정원그리기를 실시한다.

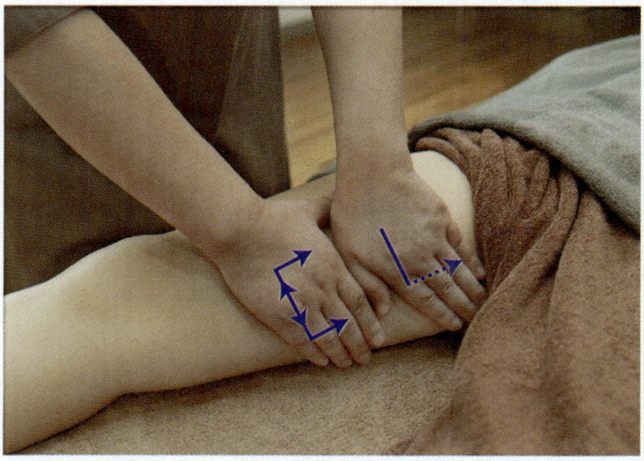

(b) 넙다리 안쪽 펌프-밀기 2
6회에 걸쳐 펌프와 고정원을 이용한 밀기 동작으로 샅까지 시행하도록 한다.

② **넙다리 앞쪽면:** 아래 손은 펌프, 그리고 위 손은 밀기로 로터리, 비슷한 동작을 실시한다(3세트).

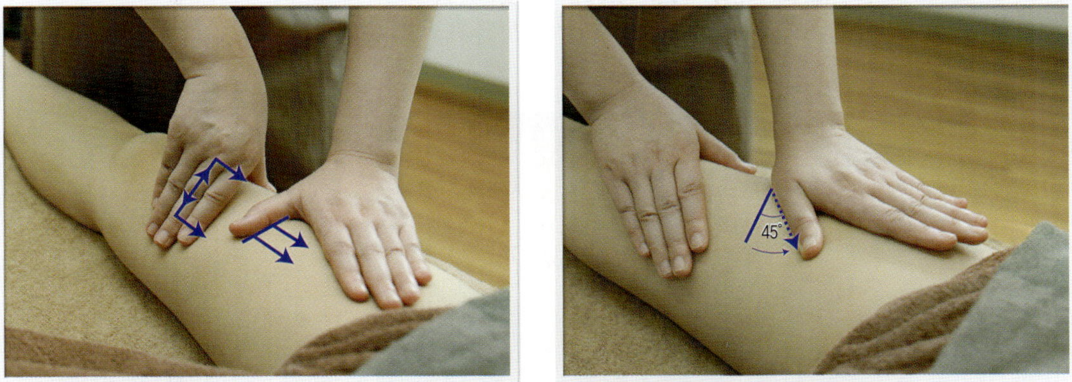

(a) 넙다리 앞쪽면 펌프-밀기 1
넙다리 앞쪽면에 아래 손은 펌프 동작을, 위 손은 엄지를 이용한 로터리 동작을 살 방향으로 한다.

(b) 넙다리 앞쪽면 펌프-밀기 2
6회에 걸쳐 샅까지 펌프와 엄지손가락 로터리 동작을 실시한다.

Tip 엄지손가락을 이용한 로터리 동작을 할 때에는 엄지가쪽, 엄지두덩을 주로 이용하며 손바닥까지 이용하여도 좋다. 항상 엄지손가락을 제외한 네 손가락 끝은 샅을 향하게 해서 그 방향으로 밀면서 피부를 펴하도록 한다.

③ 넙다리 가쪽면은 (b)와 같다(3세트).

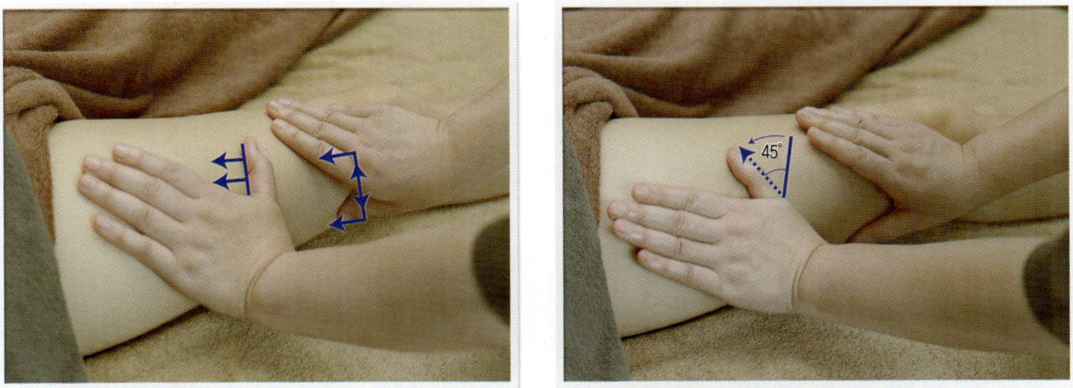

(a) 대피가쪽 펌프-밀기 1
넙다리 가쪽면에서 실시하며 아래 손은 펌프 동작을, 위 손은 넙다리 앞쪽면과 같이 엄지손가락을 이용한 로터리 동작을 실시한다.

(b) 대피가쪽 펌프-밀기 2
6회에 걸쳐 위 방향으로 펌프와 엄지손가락 로터리 동작을 이용해서 올라간다.

4 샅림프절 inguinal lymph nodes

① 8개 손가락을 편평하게 펴고 5회씩 고정원그리기를 실시한다. 사선 방향으로 위로 올라가는데, 손가락 끝 방향으로 압력을 주고 머리 방향으로 이완한다. 넙다리 안쪽 중간에서 시작하여 3위치에서 적용한다(3세트).

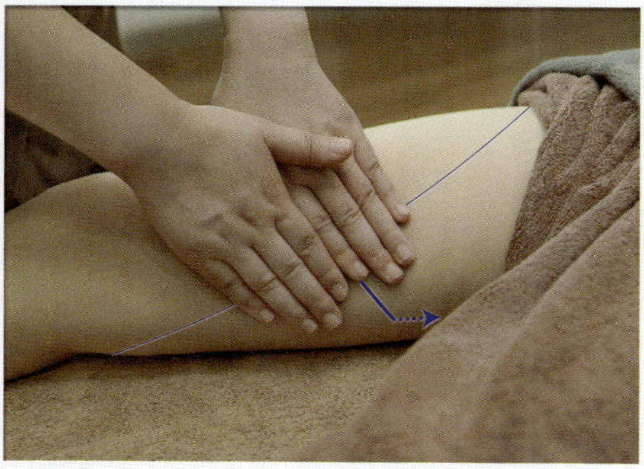

(a) 샅림프절 1
양손가락을 이용하는데 처음 위치는 넙다리의 중간 정도에서 시작한다. 손가락 끝을 사선 방향으로 놓고 시작한다.

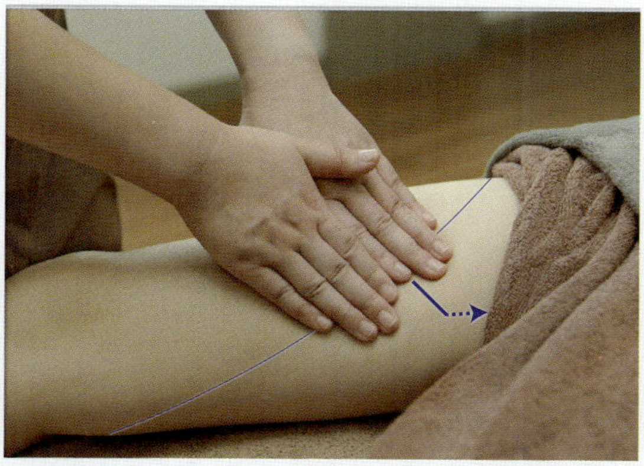

(b) 샅림프절 2
두 번째 위치는 처음 시작 위치에서 사선 방향으로 위로 약간 올라간 위치에서 적용한다. 손가락 끝 방향에서 살으로 이완하는 고정원그리기를 실시한다.

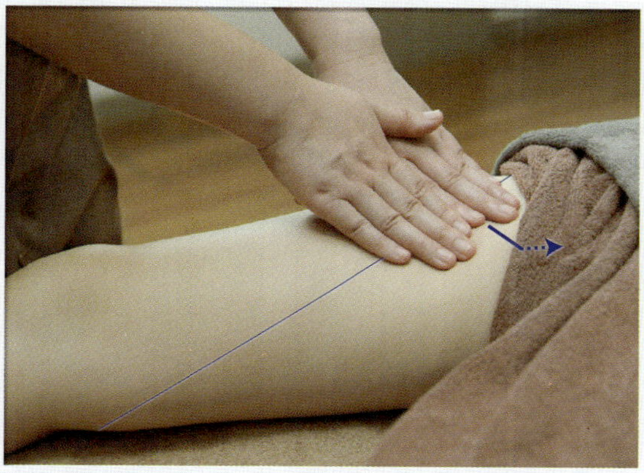

(c) 샅림프절 3
마지막 위치는 사선을 따라 가쪽으로 좀 더 이동한 위치에서 적용한다. 이전과 동일한 방법으로 실시한다.

② 샅림프절 적용 후 연속 원그리기를 실시한다.
위로 올릴 때 압력이 들어가게 원그리기를 하면서 3회에 걸쳐 무릎까지 내려온다.
고정원그리기와 같으나 나선형의 동작을 만드는 것은 아니다(1세트).

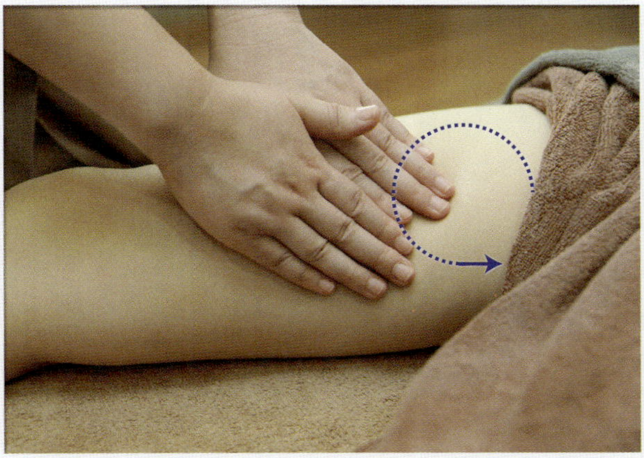

(a) 넙다리 안쪽 원그리기(시작)
세 번째 양손 고정원그리기가 끝나면 가쪽에서 안쪽으로 크게 원을 그리면서 세 번에 걸쳐 무릎 안쪽까지 내려가도록 한다(동작은 원을 그리고 넙다리 안쪽의 실선 부분만 압력을 가한다).

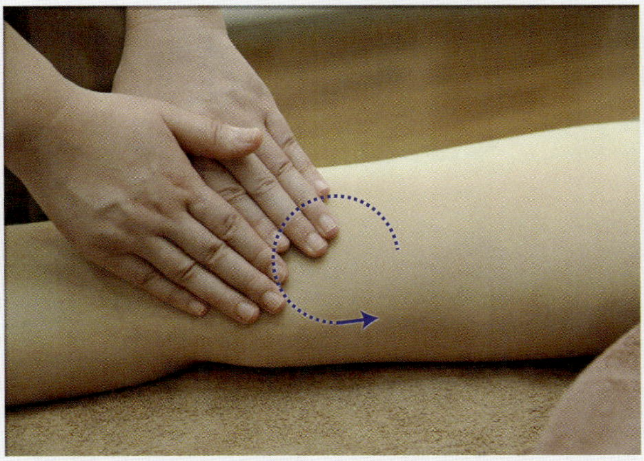

(b) 넙다리 안쪽 원그리기(마무리)
무릎 안쪽에서 마지막 원그리기를 실시한다.

5 무릎 knee

① **펌프-밀기:** '콜리플라워'를 따라서 엄지손가락을 이용하여 6회 번갈아 원그리기를 실시한다. 손가락은 안쪽넓은근 아래에 두고 엄지손가락과 같이 90° 방향으로 틀어 준다. 다른 손은 엄지손가락만을 이용해서 밀기 동작을 실시한다(3세트).

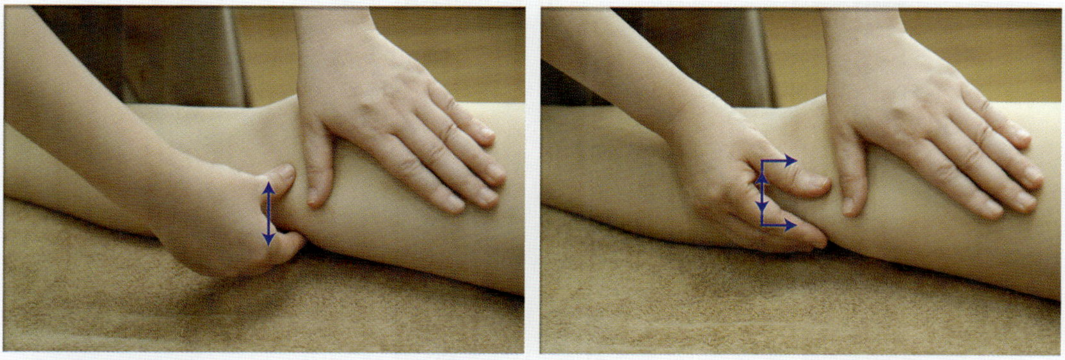

(a) 무릎 안쪽 펌프-밀기 1
넙다리 안쪽(안쪽넓은근)을 따라서 아래 손은 펌프 동작을 실시하며, 손가락을 모두 이용한다.

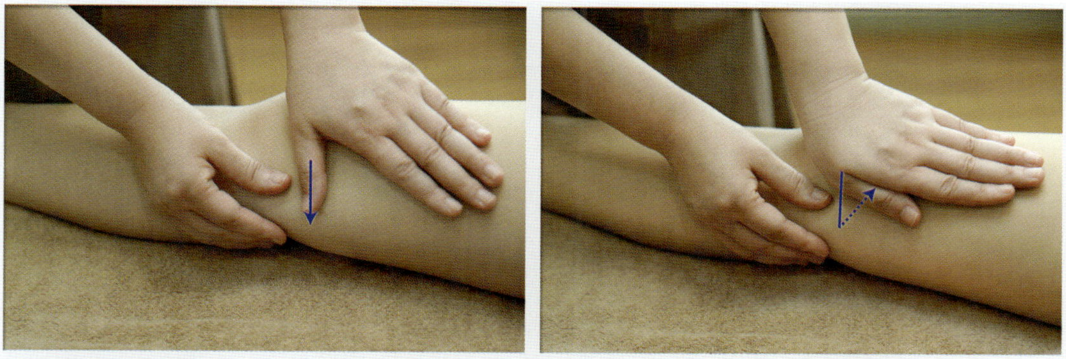

(b) 무릎 안쪽 펌프-밀기 2
위 손은 엄지손가락을 이용한 원그리기(밀기) 동작을 실시한다. 펌프와 밀기를 6회에 걸쳐 실시하고, 넙다리 안쪽을 따라서 조밀하게 실시한다.

② **스쿠프:** 오금부에서 손가락 8개를 편평하게 펴고 동시에 5회 실시한다(3세트).

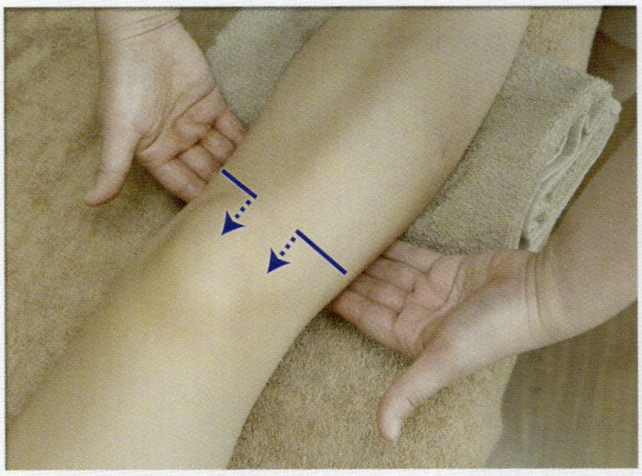

(a) 오금부(시작)
오금부에 양손가락 끝을 서로 마주 보게 한 후 오금 바로 밑에서 위로 손가락 끝으로 밀고, 그대로 위로 말아서 올리는 기법을 적용한다.

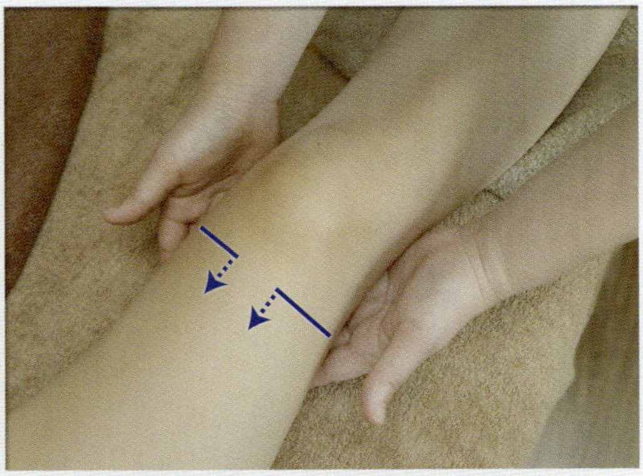

(b) 오금부(마무리)
오금 바로 윗부분까지 5회에 걸쳐서 양손을 동시에 적용하는 스쿠프 동작을 실시한다.

③ **무릎뼈:** 오금부에서 손가락을 떼고 무릎뼈 주변으로 양쪽으로 엄지원그리기를 실시한다(3세트).

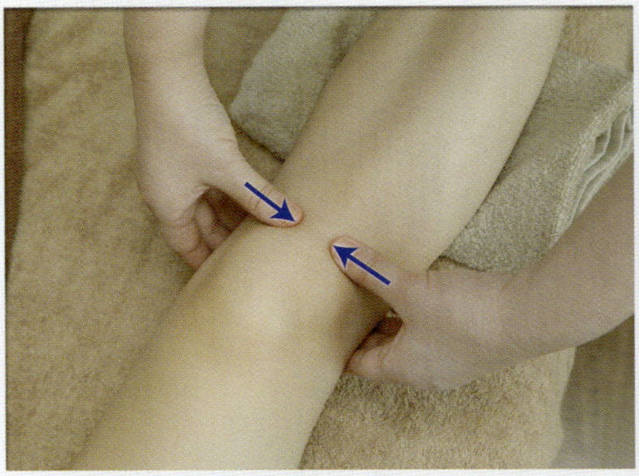

(a) 무릎뼈 주변 엄지고정원그리기 1
무릎뼈 주변을 따라서 양손 동시 엄지고정원그리기를 적용하면서 올라간다.

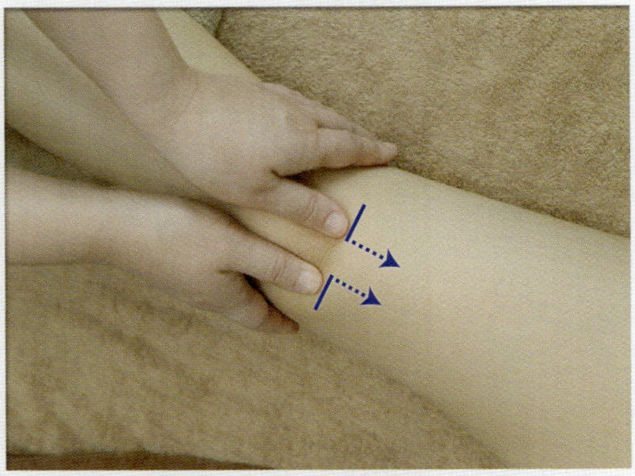

(b) 무릎뼈 주변 엄지고정원그리기 2
무릎뼈 전체를 5회에 걸쳐 이동하며 실시하도록 한다.

④ **펌프 기법(5):** 아래 손은 무릎에 펌프 동작을 실시하고 위 손은 무릎 뒤를 지지한다.

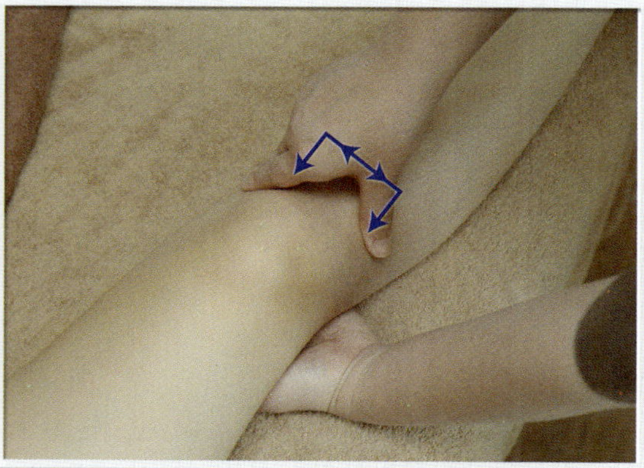

(a) 무릎 펌프
왼손은 무릎을 받쳐 무릎이 약간 구부러지게 하고 오른손으로 무릎뼈 아래에서부터 펌프 동작을 실시한다. 무릎 위까지 펌프 동작을 이동하며 실시한다.

⑤ **페스안세리너스(pes anserinus, 거위 발):** 엄지고정원그리기 6회를 실시한다(3세트).

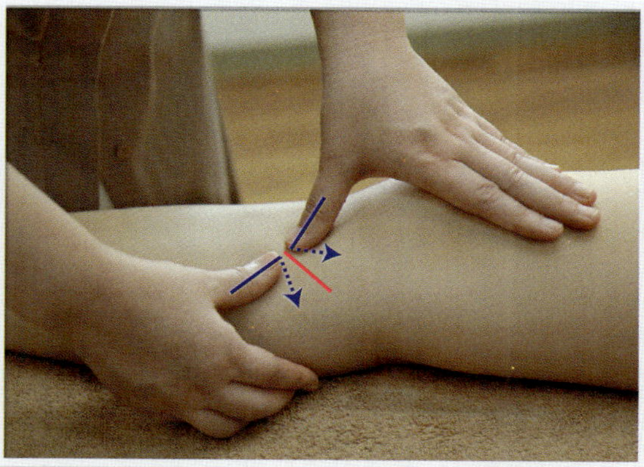

(a) 거위 발 엄지고정원그리기 1
페스안세리너스 부분에 사선 방향으로 엄지고정원그리기를 양손 번갈아 가면서 실시한다.

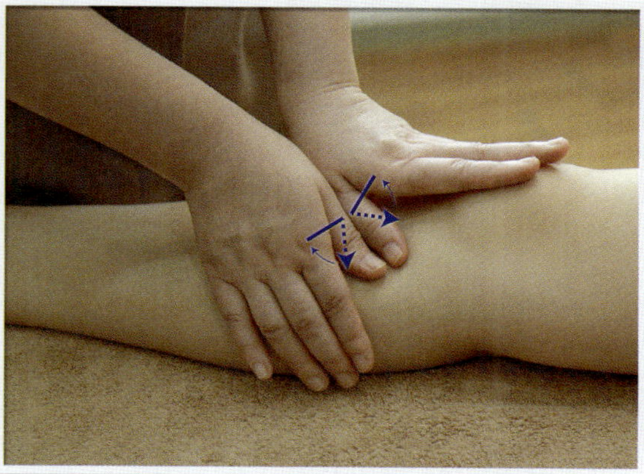

(b) 거위 발 엄지고정원그리기 2
6회에 걸쳐 원그리기를 조밀하게 하면서 내려간다.

6 종아리, 무릎 구부리기lower leg, with knee flexed

① **펌프, 스쿠프 기법 적용:** 왼쪽(아래) 손은 정강이에 놓고 펌프 동작을, 다른 (위)손은 종아리 쪽에서 스쿠프 동작을 6회에 걸쳐 번갈아서 실시한다(3세트).

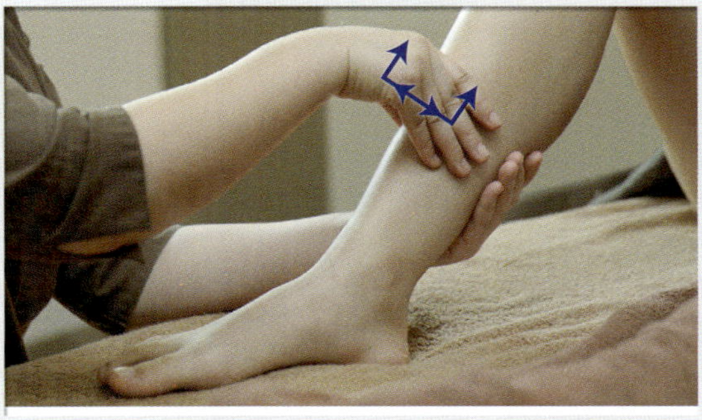

(a) 종아리 펌프-스쿠프 1
위 손의 펌프 동작을 시작하는 모습이다.

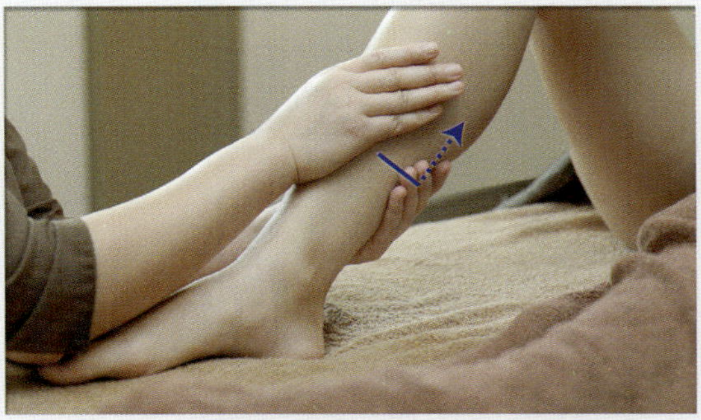

(b) 종아리 펌프-스쿠프 2
펌프 동작을 마치면 곧바로 아래 손은 종아리 부분에서 손가락 끝 방향으로 폄한 후, 위 방향으로 다시 폄시키는 스쿠프 동작을 실시한다.

② **번갈아서 스쿠프 기법:** 엄지손가락을 정강뼈에 평행하게 해서 오금부까지 올라가는데, 이때 양손을 번갈아서 스쿠프를 6회에 걸쳐 실시한다(3세트).

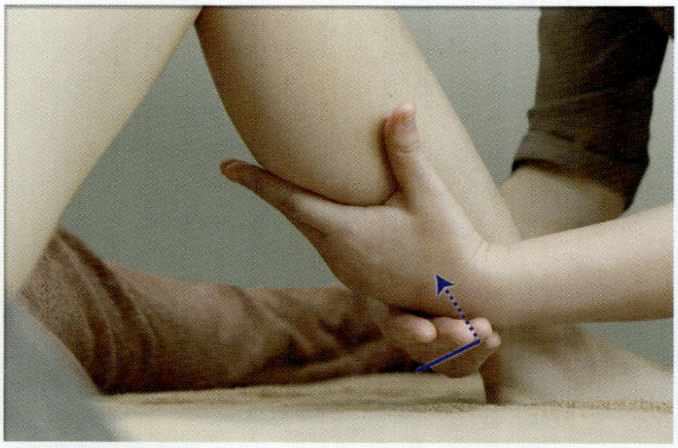

(a) 종아리 스쿠프 1
양손을 종아리 부분에 나란히 대고 번갈아 가면서 스쿠프를 시행하는데, 아래 손부터 실시한다.

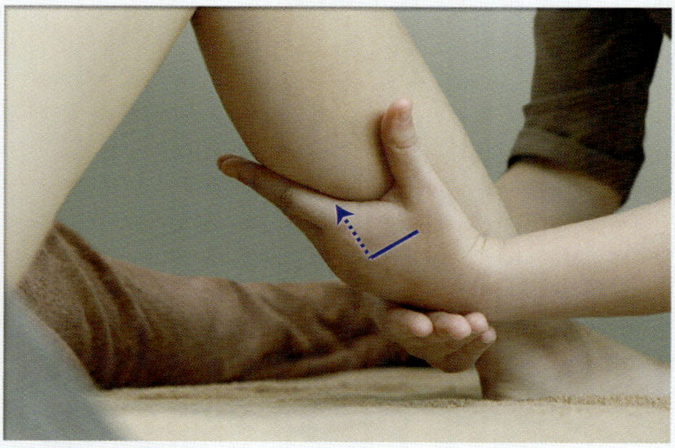

(b) 종아리 스쿠프 2
아래 손과 위 손을 적용한 후, 두 번째와 세 번째 스쿠프 동작을 실시한다.

7 아킬레스힘줄 achilles tendon

다리를 다시 펴고 아킬레스힘줄 양쪽으로, 네 손가락을 이용하여 나선형의 동작을 동시에 5회 실시한다(3세트).

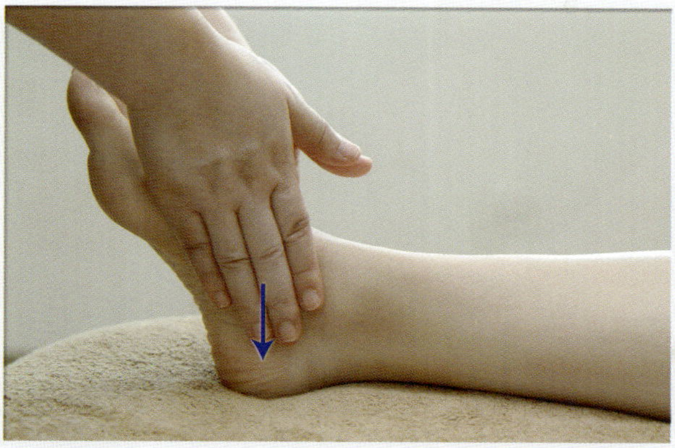

■ **손끝 밀기**

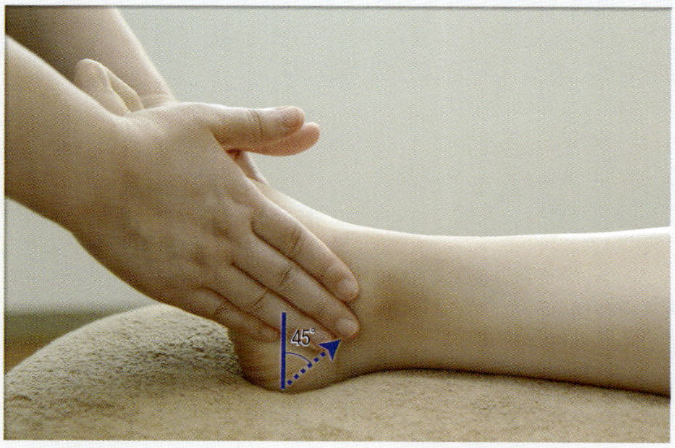

■ **45° twist**

양쪽 복사뼈 뒤, 아킬레스힘줄 주변으로 손끝 바닥면을 나란히 대고 윗방향으로 고정원그리기를 실시한다. 손끝 방향으로 밀어서 45° 방향으로 비틀고 살 방향으로 이완한다. 5회에 걸쳐 양손을 동시에 적용하면서 올라간다.

8 발목ankle

3라인에서 실시하며, 측면에서 시작하여 6회씩 번갈아서 엄지고정원그리기를 한다.
각 라인에서 동일하게 실시한다(3세트).

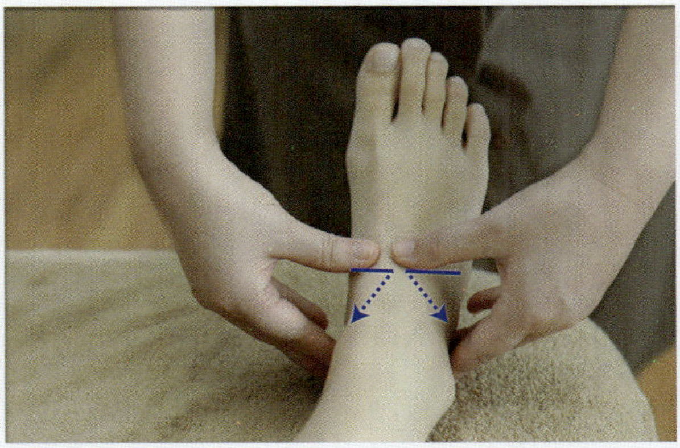

(a) 발목
안쪽, 가운데, 가쪽 라인을 임의로 만들어 엄지고정원그리기를 번갈아 적용하며, 안쪽 선에서 시작한다. 발목 주름을 기준으로 약간 아래에서 위로 엄지를 이용한 원그리기를 번갈아 적용한다.

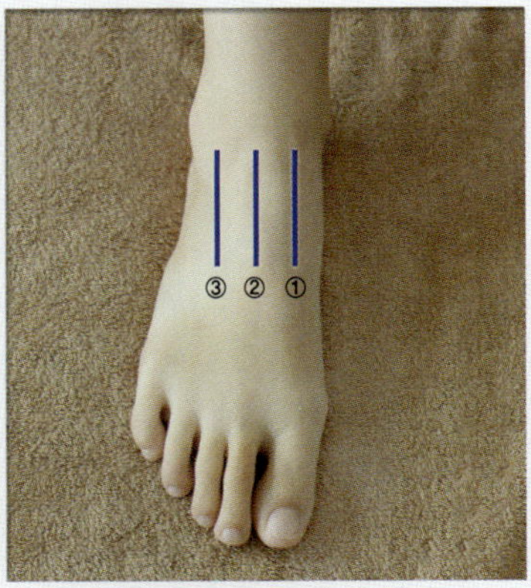

(b) 발목 위 가상의 3라인

9 발등dorsum of the foot

3라인에서 실시하며 측면에서 시작하여 6회에 걸쳐 번갈아서 엄지를 이용한 원그리기를 실시한다.
각 라인에서 동일하게 실시한다(3세트).

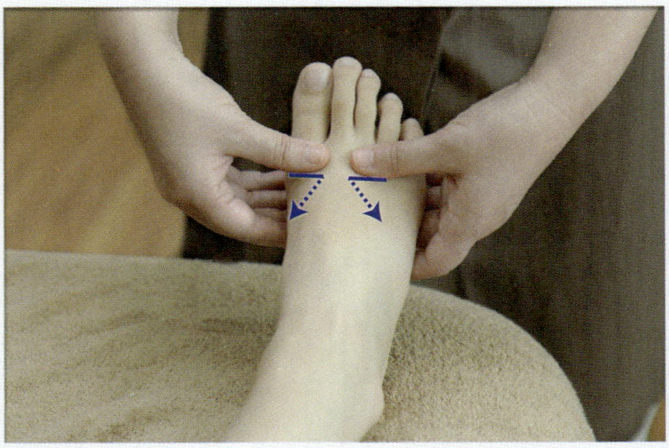

(a) 발등
발등 가쪽, 가운데, 안쪽으로 이동하면서 적용하며, 가쪽에서 시작한다. 손등에서와 유사하게 발허리뼈 사이에서 엄지고정원그리기를 6회에 걸쳐 3세트 실시한다.

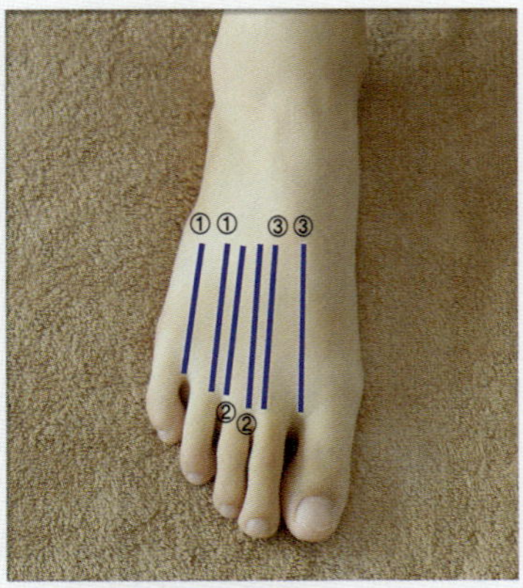

(b) 발등 위 가상의 3라인

10 림프 바다 lymph sea

부종-기법, 림프 바다(lymph sea) 위에서, 한 위치에서 동시 엄지원그리기를 5회씩 3세트 실시한다.

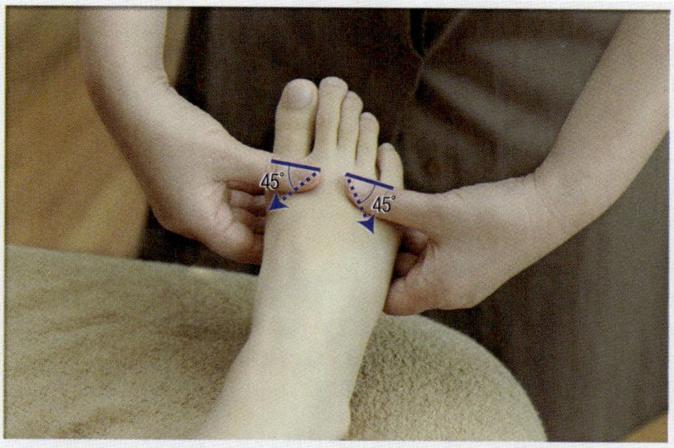

(a) 시작 위치

발허리뼈 끝 부분 발등이 림프 바다라고 불리는 곳인데 양 손을 이용해서 동시 엄지원그리기를 제자리에서 시작한다. 5회 실시한다.

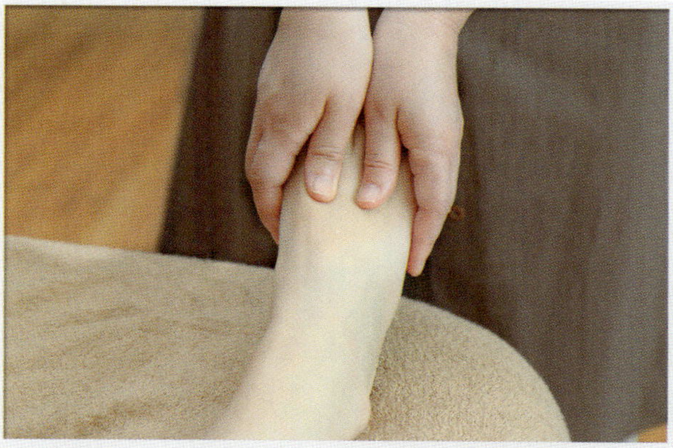

(b) 마지막 위치

11 가로 활 transverse arch

손가락을 발바닥쪽 아래에 두고 양손으로 누르는 동작을 하여 가로활을 만들어 준다(3세트).

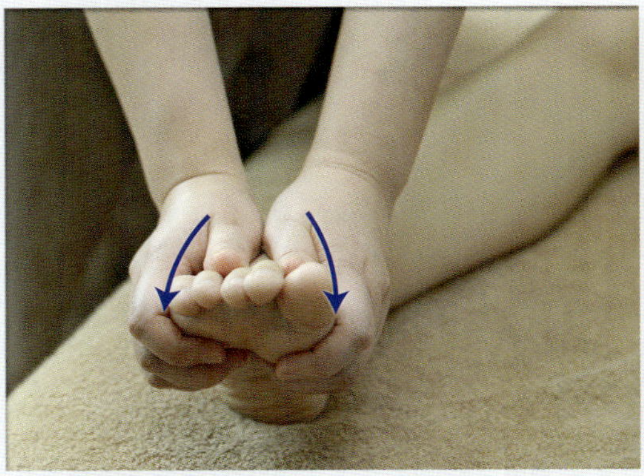

(a) 가로활 만들기(시작)
발바닥을 양손가락으로 받치고 가로활을 세 번 만들어 준다.

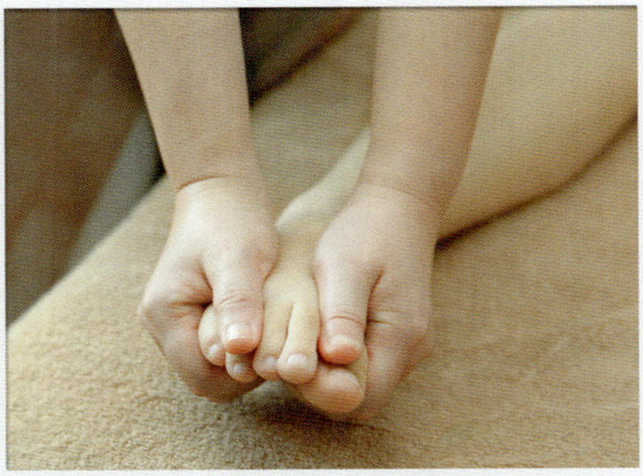

(b) 가로활 만들기(마무리)
양손가락 끝이 축이 되어 사과를 쪼개듯이 가볍게 발등을 폄시킨다.

12 마무리 쓰다듬기 final effleurage

발에서 샅까지 1회 실시한다.

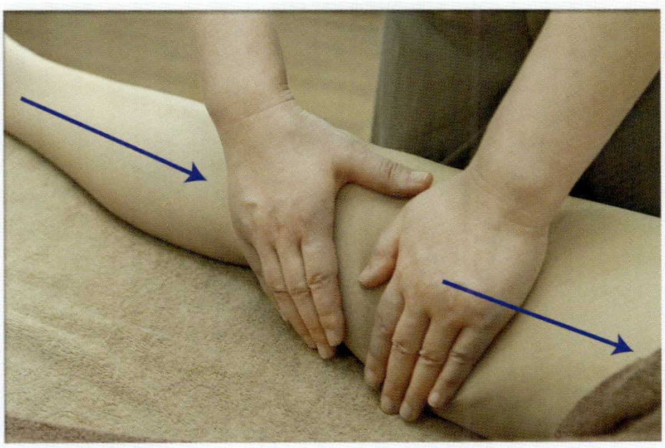

- **길게 쓰다듬기**
발등에서 위로 가볍게 마무리 쓰다듬기를 한다. 샅까지 충분히 올라오도록 한다.

5. 등

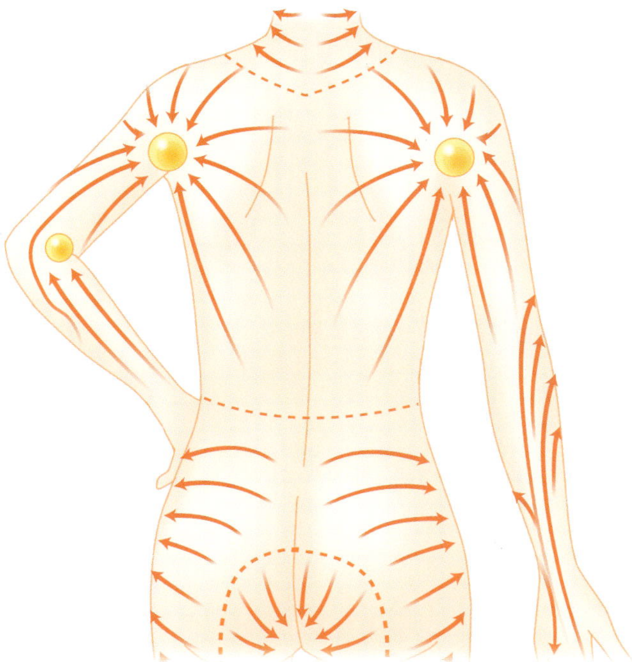

그림 10-10 등의 림프 흐름

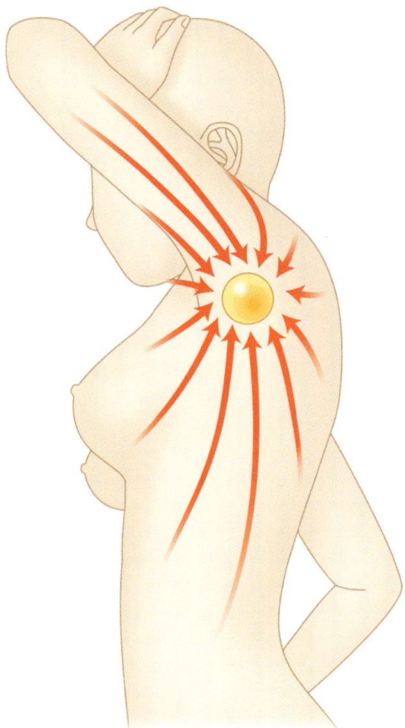

그림 10-11 몸통 측면의 림프 흐름

자세: 고객은 엎드린 자세, 고객의 왼편에 서서 실시한다.

1 동시 로터리로 쓰다듬기 effleurage with parallel rotary

몸통 상부(날개뼈) 위에서 머리 방향으로 3회 실시한다(1회). 몸통 중간 위에서 머리 방향으로 5회 실시한다(1회). 허리 위에서 머리 방향으로 7회 실시한다(1회).

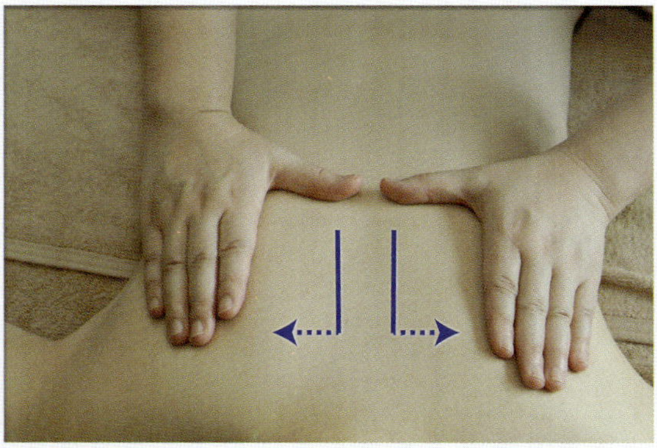

(a) 몸통 상부 로터리
몸통 상부에서 양손을 이용한 동시 로터리 동작을 3회 이동하며 터미너스 방향으로 실시한다.

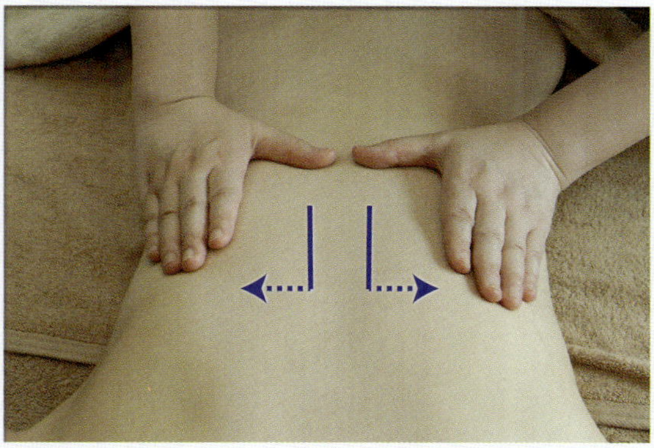

(b) 몸통 중부 로터리
몸통 중부에서 동일한 요령으로, 로터리 동작을 5회 터미너스 방향으로 실시한다.

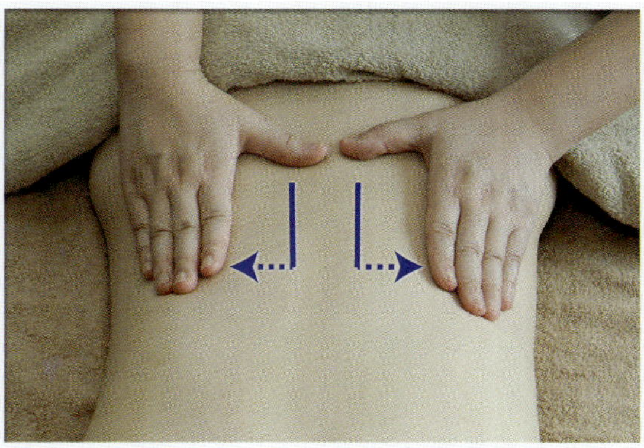

(c) 몸통 하부 로터리
몸통 하부에서 척추 주변을 따라서 양손을 이용한 로터리 동작을 7회 이동하며 실시하고, 터미너스 근처(등세모근 상부 섬유)에서 로터리 동작을 마무리하도록 한다.

2 등 가쪽lateral side of back

오른쪽 몸통 부위의 날개뼈극 림프경계와 수평림프경계 사이를 3부분으로 나누어 측면 방향으로 교대로 로터리 동작을 적용한다. 겨드랑이 바로 아래 부분의 척추에서 시작하여 측면 쪽으로 내려간다. 허리 부분까지 오게 되면 다시 어깨 방향으로 올라가도록 한다(상부, 중간, 하부 다시 하부, 중간, 상부 3세트). 처음 시작은 머리쪽 손부터 척추에 엄지손가락을 놓고 손바닥 위주로 밀고-비틀고-이완하기로 시작한다.

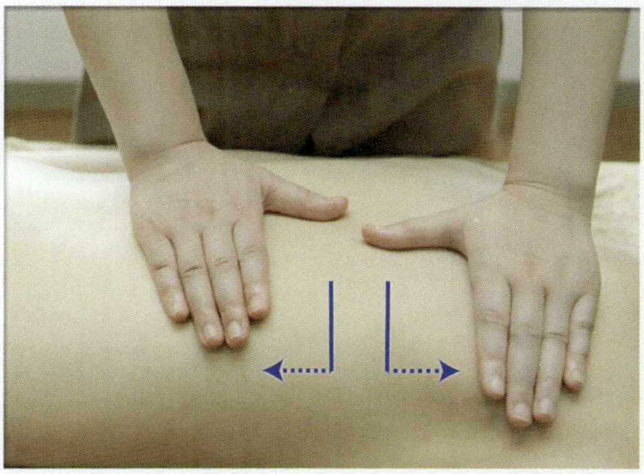

(a) 상부 로터리
한쪽 등 전면을 상부, 중간, 하부로 나누어서 상부에서부터 몸통 측면으로 교대로 로터리 동작을 실시한다.

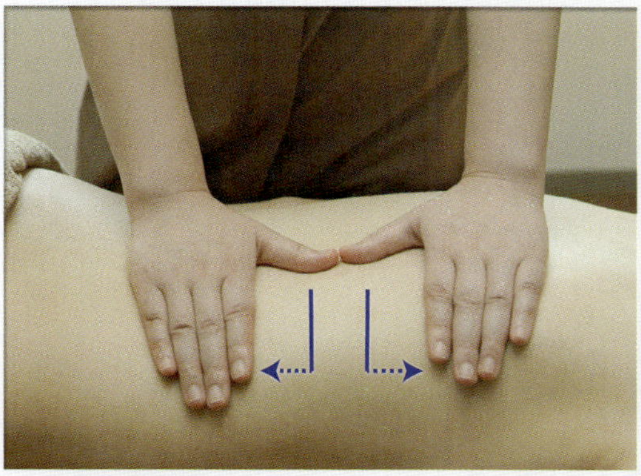

(b) 중간 로터리
몸통 중간에서 이전과 동일하게 측면 방향으로 로터리 동작을 실시한다.

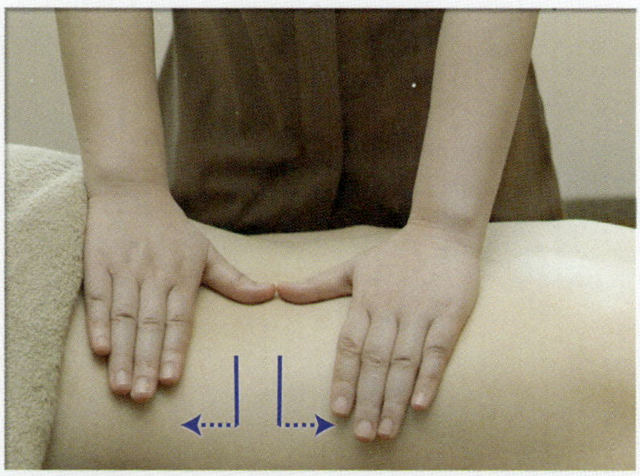

(c) 하부 로터리
몸통 하부에서 교대로 로터리 동작을 실시한다.

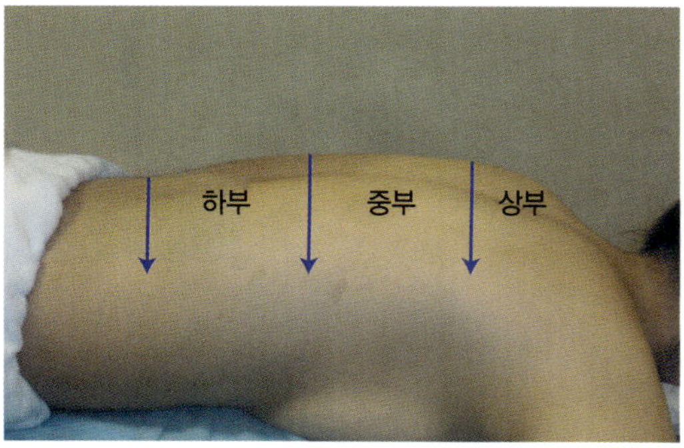

그림 10-12 등의 로터리 적용 부분

3 등 측면side of back

몸통 측면 하부에서 시작해 양손을 동시에 손끝 방향으로 밀고 겨드랑이 방향으로 이완하는 고정원그리기를 실시한다(3세트). 하부-중간-상부 순서로 실시한다.

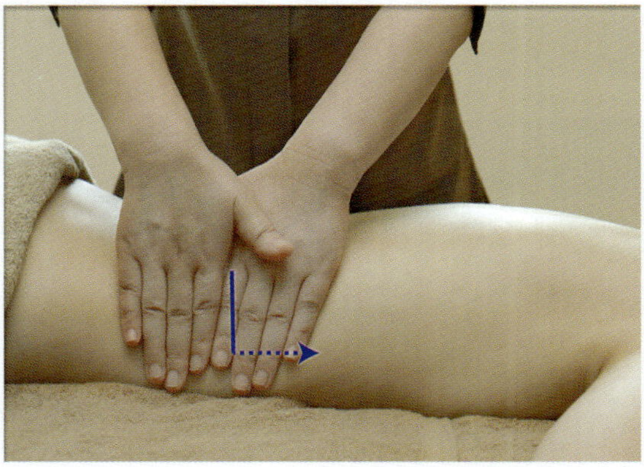

(a) 몸통 하부
몸통 하부의 측면에서 양손가락을 이용하여 동시에 테이블 방향으로 폄한 후 겨드랑이 방향으로 이완하는 큰 고정원그리기를 실시한다.

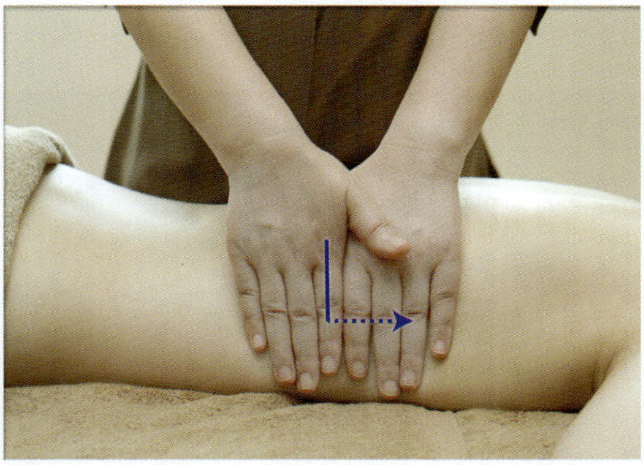

(b) 몸통 중간
몸통 중간 측면에 고정원그리기를 실시한다.

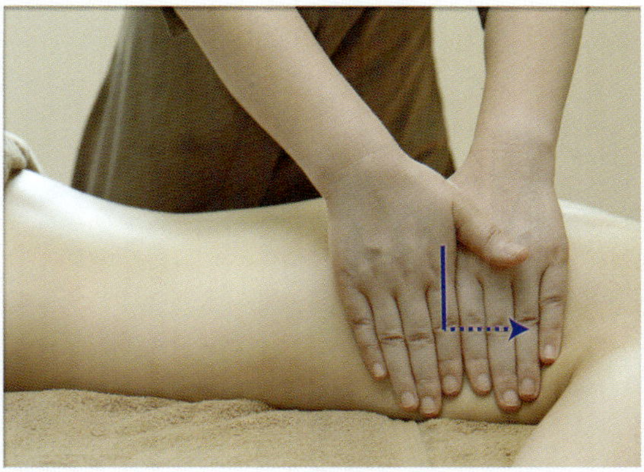

(c) 몸통 상부 마무리
몸통 상부 측면에 동일한 요령으로 고정원그리기를 실시한다.

4 위팔 upper arm

위팔 위에 양손을 이용하여 고정원그리기를 실시한다. 어깨세모근의 두 위치에서 시술자 방향으로 당긴다. 그리고 세 번째 위치에서는 터미너스와 겨드랑이 방향으로 각각 밀듯이 고정원그리기를 실시한다(3세트).

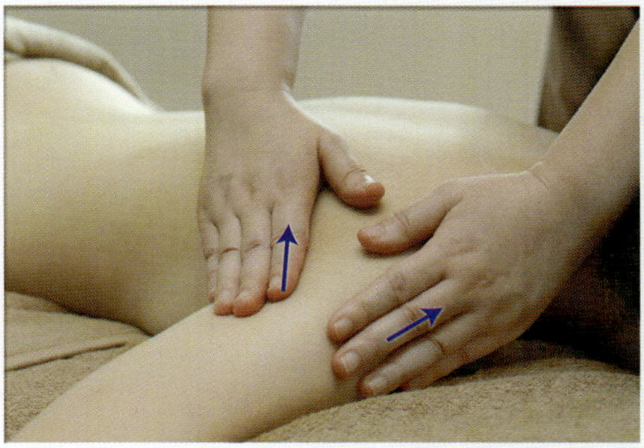

(a) 어깨세모근 시작 위치
어깨세모근의 정지 부분에 양손을 가볍게 대고 시술자 방향으로 당기는 동작을 실시한다.

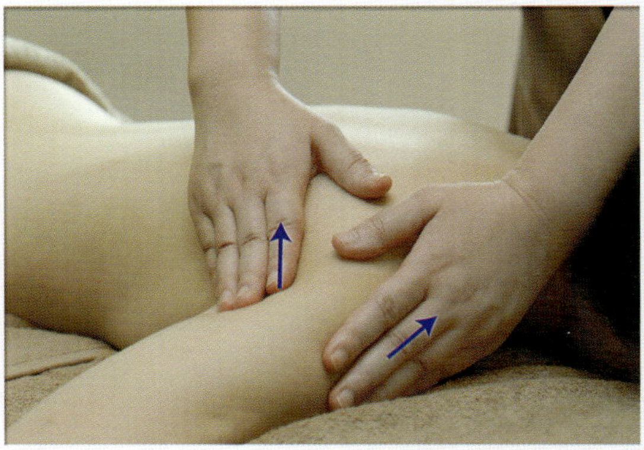

(b) 어깨세모근 중간
어깨세모근의 중간 정도, 즉 약간 상방으로 이동한 후 동일한 요령으로 시술자 방향으로 당기는 동작을 실시한다.

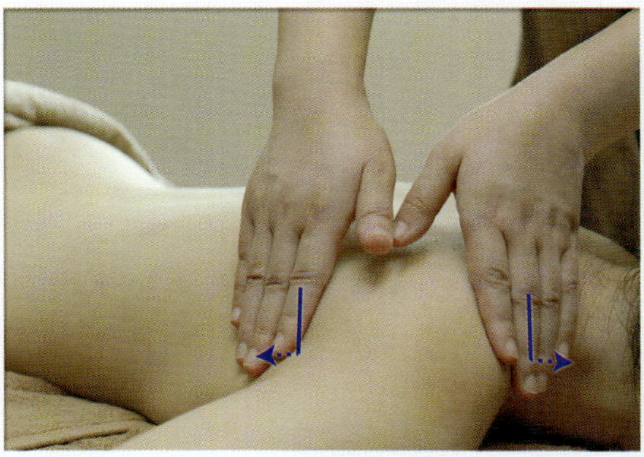

(c) 어깨세모근 마무리
상방으로 이동하여 어깨세모근의 기시 부분까지 오게 되면 아래 손은 겨드랑이 방향으로, 위쪽 손은 터미너스 방향으로 밀면서 고정원그리기를 실시한다.

Tip 세번 째 위치는 상부 등세모근에 한 손, 다른 손은 겨드랑이 근처에서 사선 방향으로 손을 위치한다.

5 갈비뼈사이intercostal space

갈비뼈사이에 엄지를 제외한 8개 손가락 바닥면을 대고 몸통 쪽으로 작은 계란형의 고정원그리기를 실시한다. 몸통 측면의 갈비뼈사이를 다 적용하도록 해야 하며 중간, 그다음 등에서 동일하게 적용한다(측면에서 척추 방향으로, 위에서 다시 아래로 3세트).

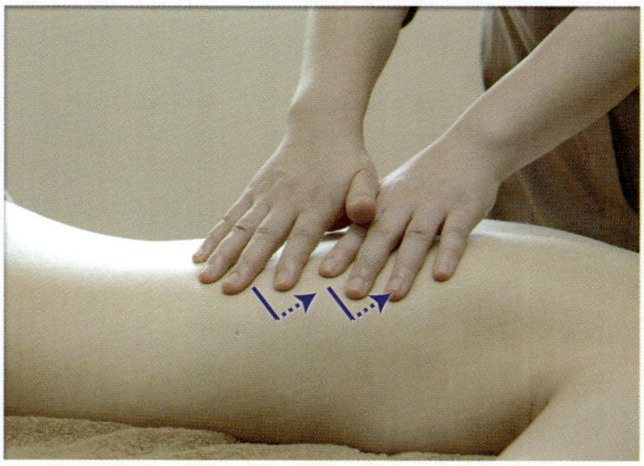

(a) 갈비뼈사이 시작
고객의 머리 쪽에서서 갈비뼈사이에 손가락의 패드를 양손 나란하게 옆으로 대고 척추 방향으로 고정원그리기를 실시한다. 시작은 몸통 측면에서 실시한다.

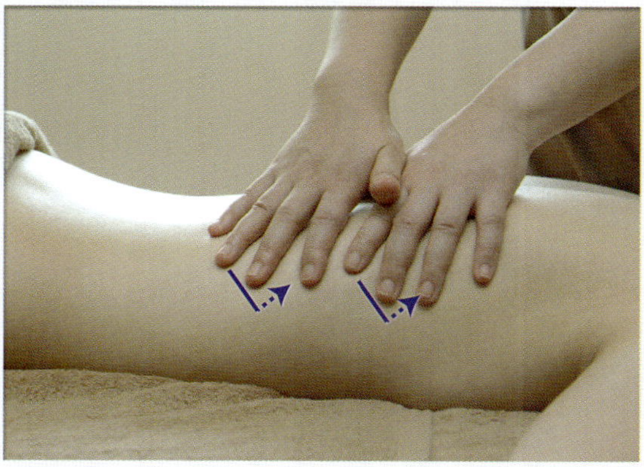

(b) 갈비뼈사이 중간
척추 방향으로 손을 이동한 후 동일한 요령으로 고정원그리기를 적용한다.

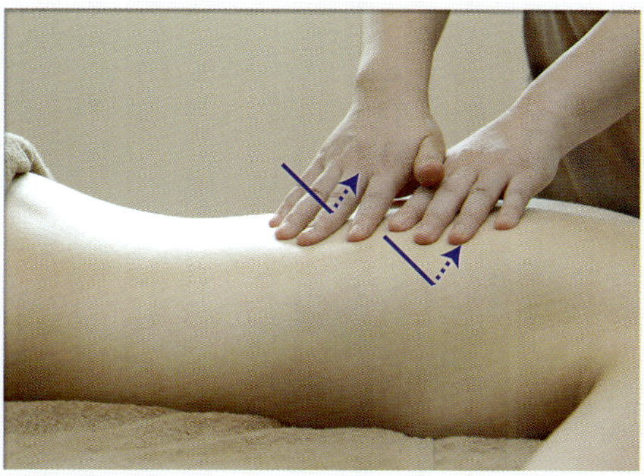

(c) 갈비뼈사이 끝
한 번 더 척추 방향으로 손을 이동한 후 동일하게 고정원그리기를 적용한다.

시술자의 위치 변경: 고객의 오른편으로 위치를 바꾼다.

6 오른쪽 등세모근 right trapezius

양손 엄지고정원그리기를 실시한다(3세트). 손가락은 등세모근을 받치기만 하고 동작을 취하지는 않는다.

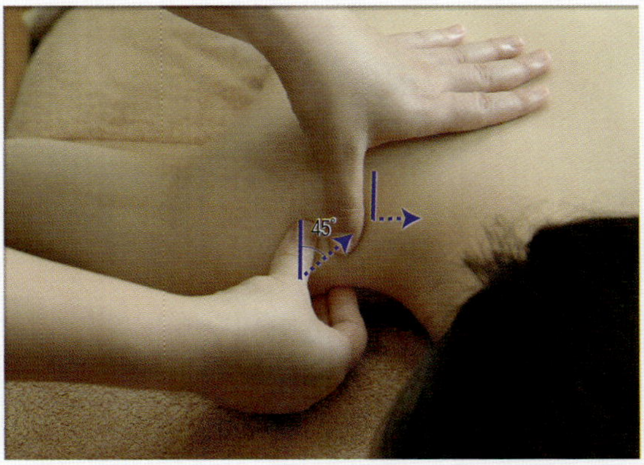

(a) 등세모근 시작 위치
등세모근을 가볍게 손가락을 이용하여 받친 후, 양 엄지고정원그리기 교대로 척추 방향으로 원그리기를 실시한다.

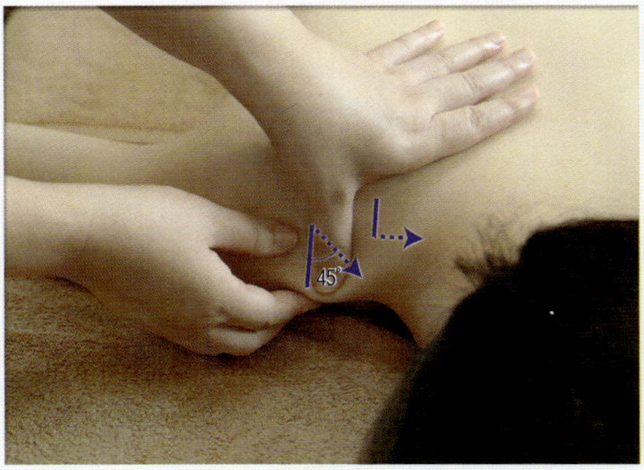

(b) 등세모근 마무리
척추 부근의 등세모근에서 마무리 원그리기를 실시한다.

Tip 받치는 손을 뒤에, 다른 손은 앞에 두고 뒤에서부터 시작한다.

7 2~5번까지 절차 반복

시술자의 위치 변경: 고객의 왼편으로 위치를 바꾼다.

8 왼쪽 등세모근 left trapezius

양손 엄지고정원그리기를 한다(3세트). 손가락은 등세모근을 받치기만 하고 동작을 취하지 않는다. 6번 동작과 동일한 요령으로 실시한다.

9 등 back

척추 전체 양옆에서 위로 올라가면서 양손을 동시에, 그리고 번갈아가면서 교대로 로터리 동작을 적용한다. 수차례 반복한다.

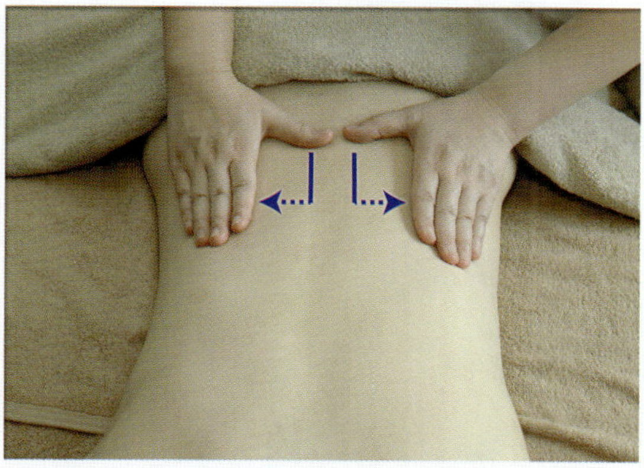

■ 동시 로터리 쓰다듬기 (1)

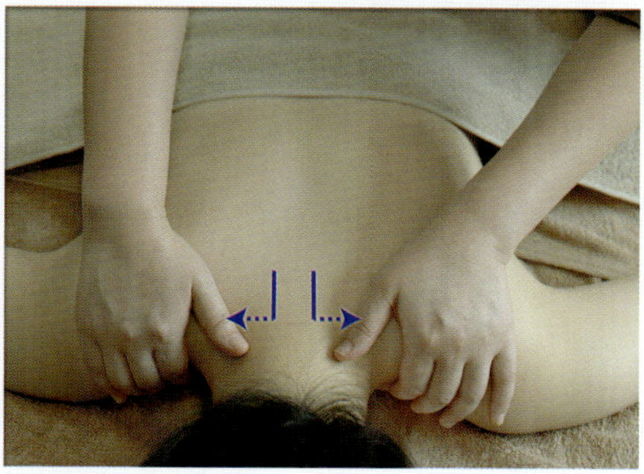

■ 동시 로터리 쓰다듬기 (2)

양손을 이용하여 몸통 하부에서 상부 방향으로 로터리 동작을 동시에, 그리고/또는 번갈아서 수차례 시행한다.

10 삼각형 triangle

[1] 엄지 펴고 원그리기 flat thumb circles

① 동시 엄지원그리기: 양쪽 삼각형의 한쪽 선에 양손을 이용하여 동시에 엄지고정원그리기를 5회 적용한다(3세트).

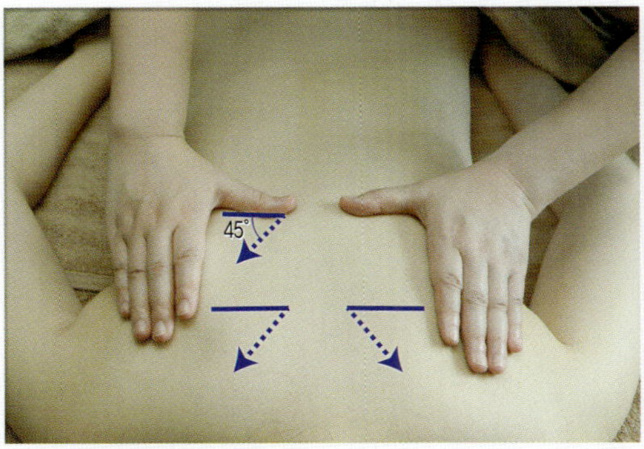

(a) 동시 엄지원그리기
양손을 이용한 동시 로터리를 날개뼈의 하각(inferior angle) 부분에서 시작하여 날개뼈의 상각(superior angle)까지 동시 엄지원그리기 동작을 실시한다.

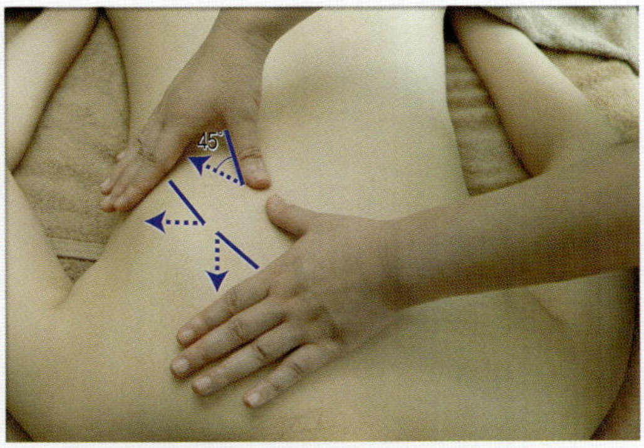

(b) 오른쪽면 교대로 엄지원그리기
삼각형의 안쪽면 하단에서 삼각형의 빗면 방향으로 엄지손가락을 이용해서 교대로 엄지원그리기를 실시한다. 삼각형의 빗면까지 수평으로 이동하도록 한다.

② 오른쪽 면에서 교대로(6회에 걸쳐): 3개의 선에 적용한다(3세트). 부채꼴 모양은 아니다.

③ 왼쪽 면에서 교대로(6회에 걸쳐): 3개의 선에 적용한다(3세트).

(c) 왼쪽면 교대로 방향으로 엄지원그리기
안쪽면 중간에서 빗면 방향으로 엄지원그리기를 실시한다.

[2] 고정원그리기

삼각형에서 손가락 8개를 펴고 각 5회씩 적용한다.
오른쪽 면에서 시계 방향으로 적용한다(3위치에서 3세트).
왼쪽 면에서 반시계 방향으로 적용한다(3위치에서 3세트).

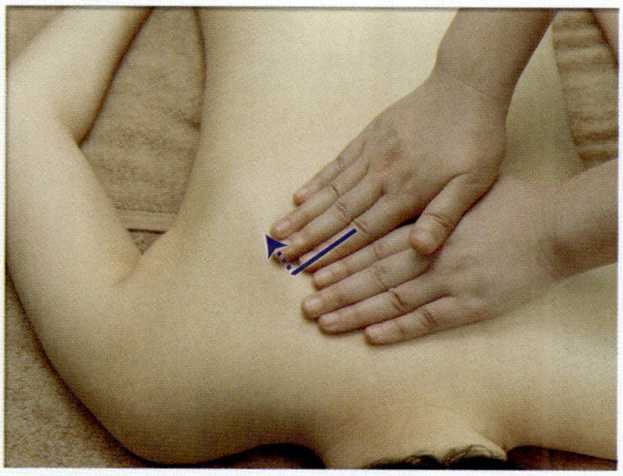

(a) 양손 오른쪽 삼각형 고정원그리기(상부)
삼각형의 빗면에 양손을 나란히 한 후 겨드랑이 방향으로 고정원그리기를 실시한다. 빗면의 상부에서 실시한다.

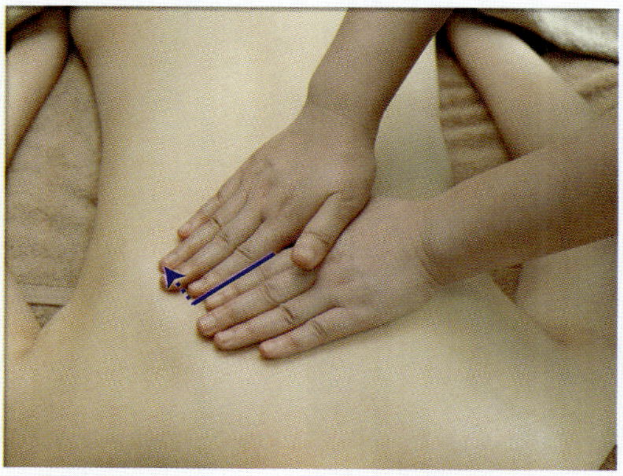

(b) 양손 오른쪽 삼각형 고정원그리기(중부)
빗면의 중간에서 실시한다.

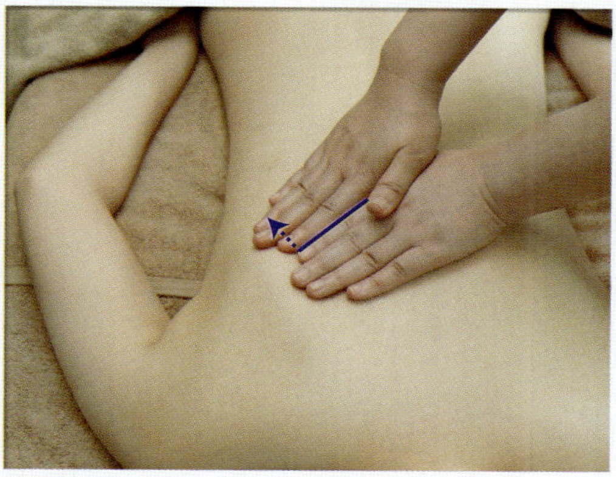

(c) 양손 오른쪽 삼각형 고정원그리기(하부)
빗면의 하단에서 실시한다.

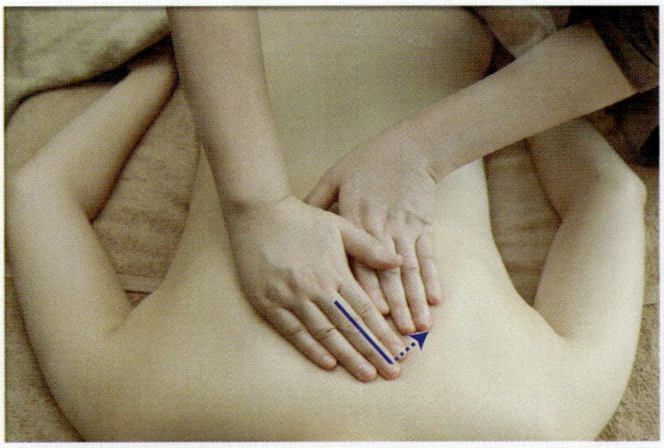
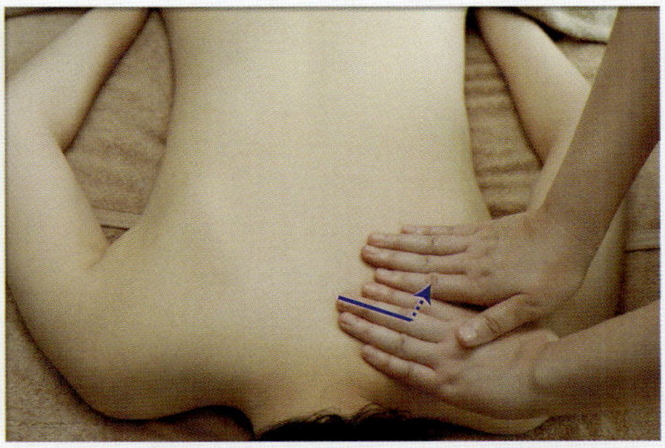

(d) 양손 왼쪽 삼각형 고정원그리기(상부) 대체 가능 동작

삼각형의 빗면에 양손을 나란히 한 후 겨드랑이 방향으로 고정원그리기를 실시하며, 빗면의 상부에서 실시한다.

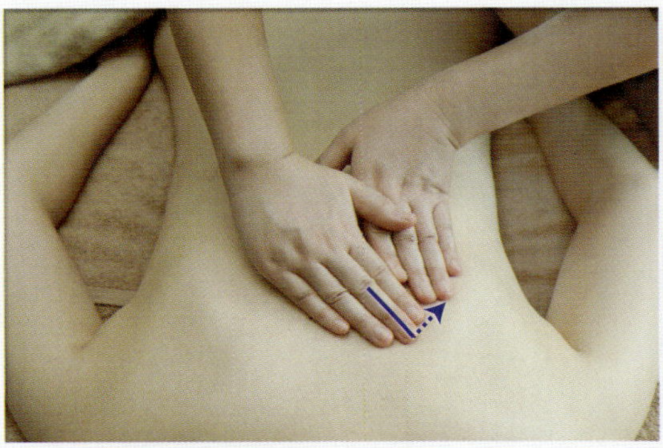
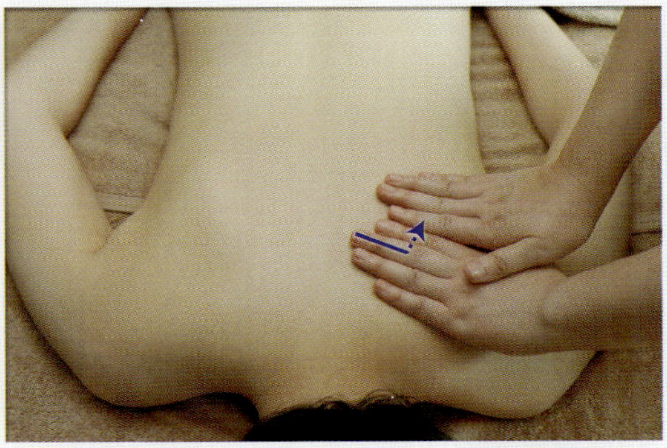

(e) 양손 왼쪽 삼각형 고정원그리기(중부) 대체 가능 동작

빗면의 중간에서 실시한다.

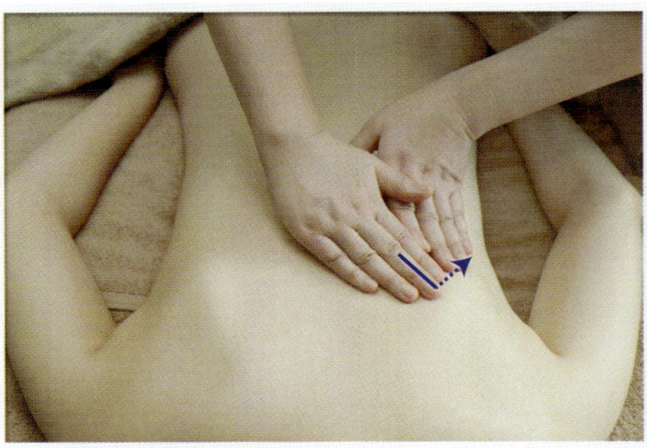
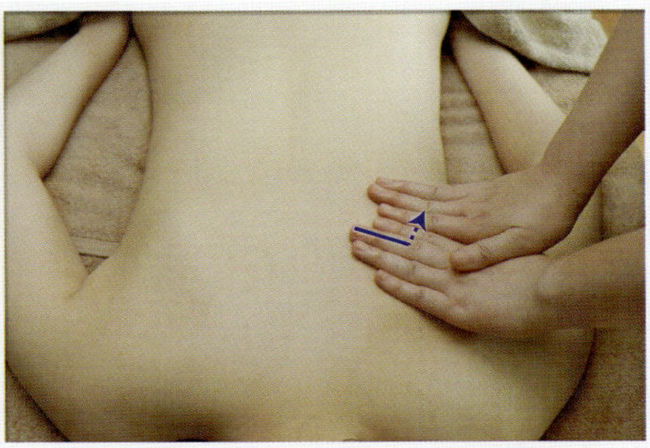

(f) 양손 왼쪽 삼각형 고정원그리기(하부) 대체 가능 동작

빗면의 하단에서 실시한다.

Tip 손은 극돌기와 날개뼈 안쪽면 사이에 위치한다.

11 병정soldiers

1개의 선에 8개 손가락의 바닥면을 이용하여 5회씩 고정원그리기를 하고, 아래로 내려갔다가 다시 올라오면서 척추 양쪽 전체에 적용한다.

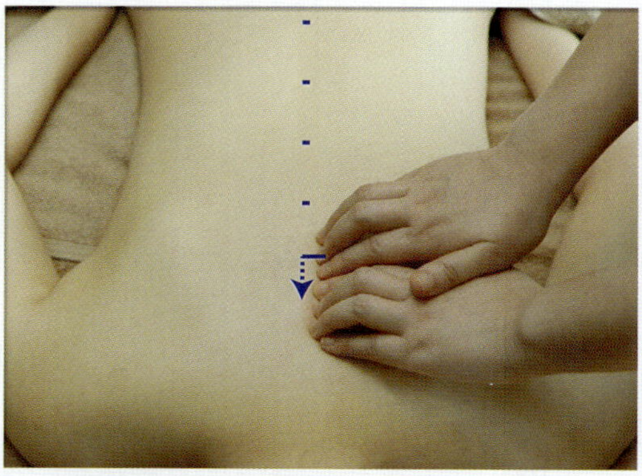

(a) 몸통 상부
척추 바로 옆에 손가락의 패드를 나란히 배열시킨 후 척추 방향으로 밀어 넣고 터미너스 방향으로 이완한다.

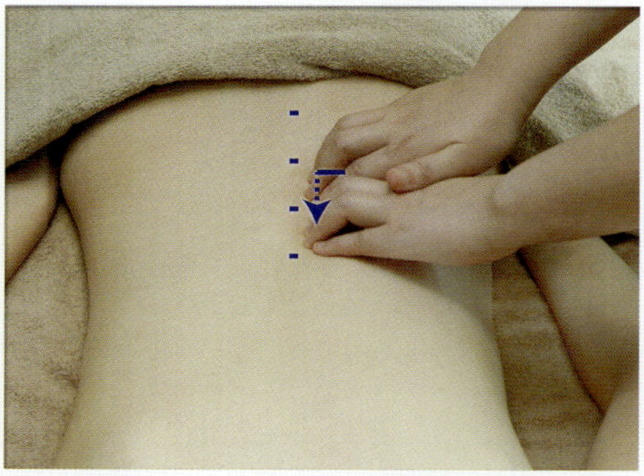

(b) 몸통 하부
하방으로 내려오면서 동일하게 실시한다.

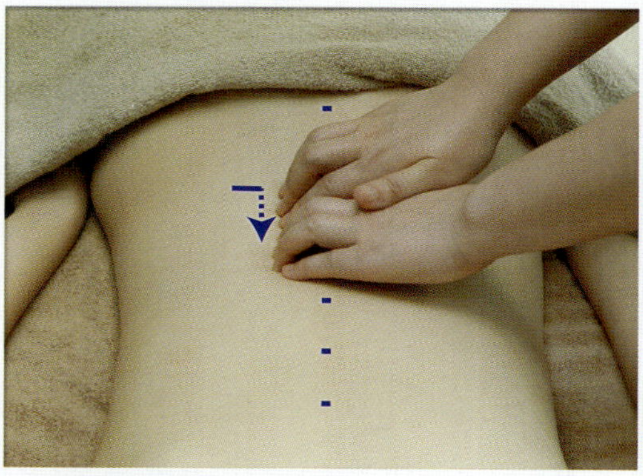

(c) 몸통 하부
허리 부분까지 내려와 반대 부분도 동일하게 적용한다.

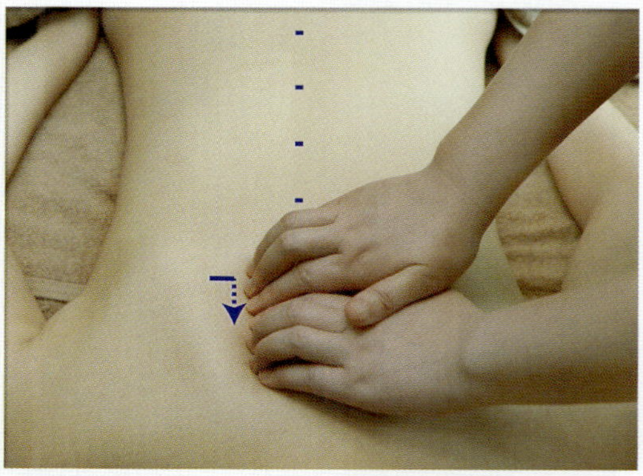

(d) 반대편 척추 주변
반대 부분의 척추 주변에서는 몸통 상방으로 올라가면서 척추 방향으로 밀어 넣고 터미너스 방향으로 이완한다.

12 진동과 마무리 쓰다듬기 vibration and final effleurage

1회 실시

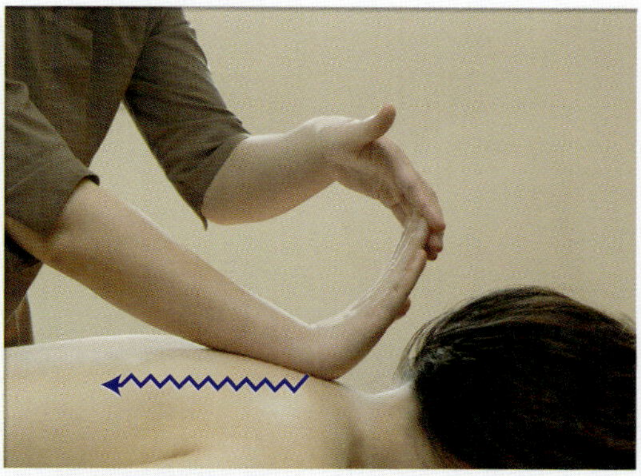

(a) 몸통 진동 시작

손목을 뒤로 젖힌 다음 몸통 상부에서 하부로 내려오면서 진동을 가한다.

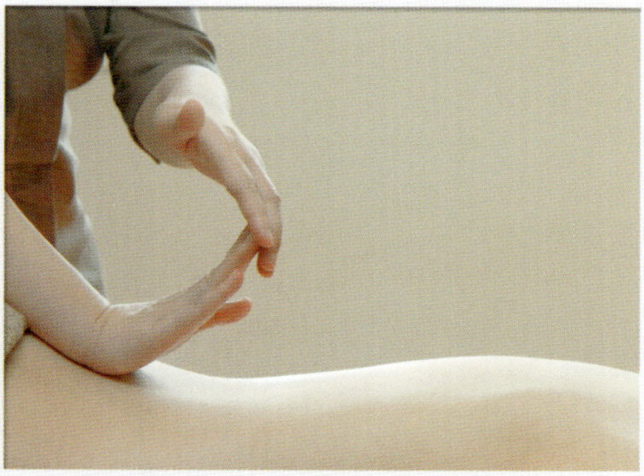

(b) 몸통 진동 마무리

허리 부분에 내려올 때까지 지속적인 진동을 주도록 한다.

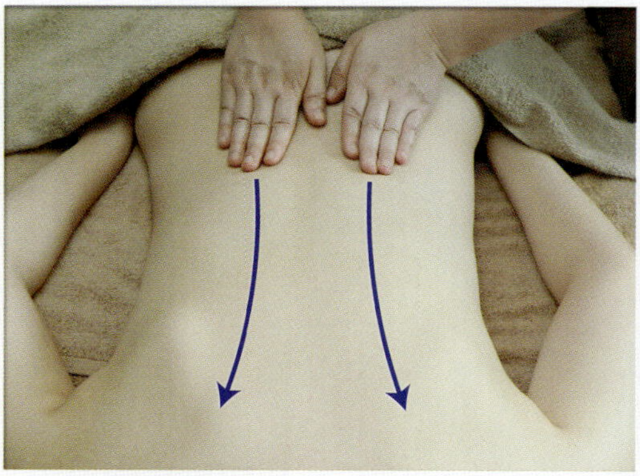

(c) 쓰다듬기 시작

진동이 끝난 몸통 하부에서 양손바닥을 이용하여 터미너스 방향으로 올라가면서 쓰다듬기 동작을 실시한다.

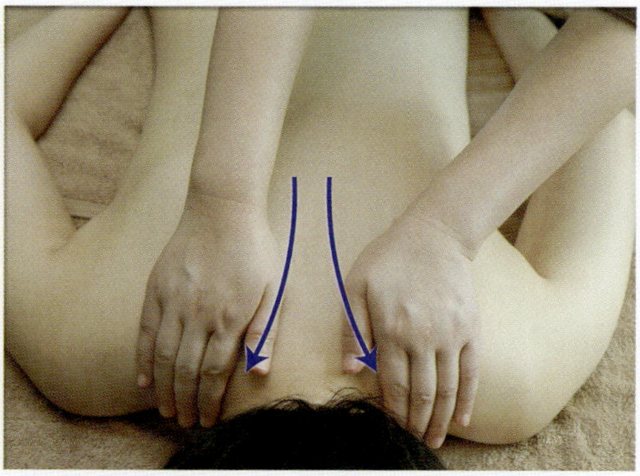

(d) 쓰다듬기 마무리

몸통 상부까지 올라와 터미너스로 빠지면서 마무리한다.

6. 두피와 목덜미

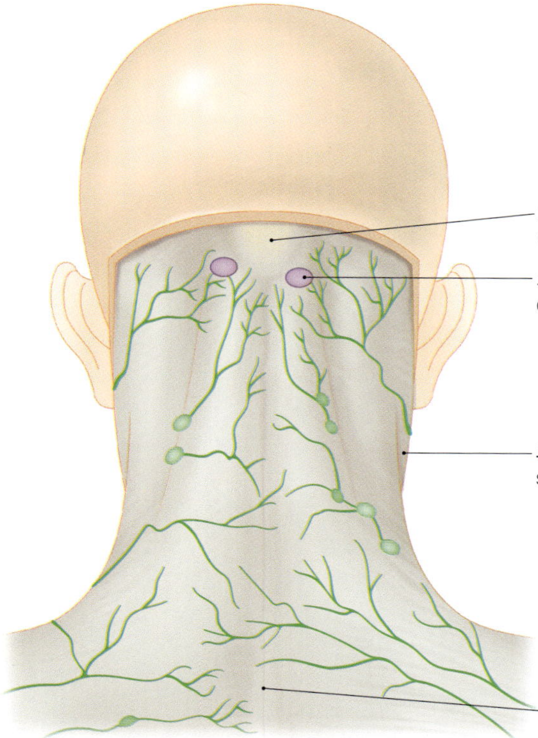

그림 10-13 두피와 목덜미림프절

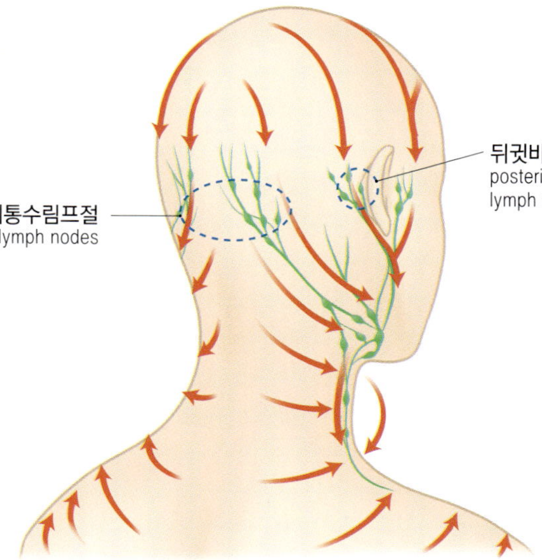

그림 10-14 두피와 목덜미의 림프 흐름

자세: 고객은 엎드린 자세, 고객의 왼편에 서서 실시한다.

1 쓰다듬기effleurage

등뼈 중간에서 목뼈까지 양손을 평행하게 유지하며 로터리 동작을 적용한다(3세트).

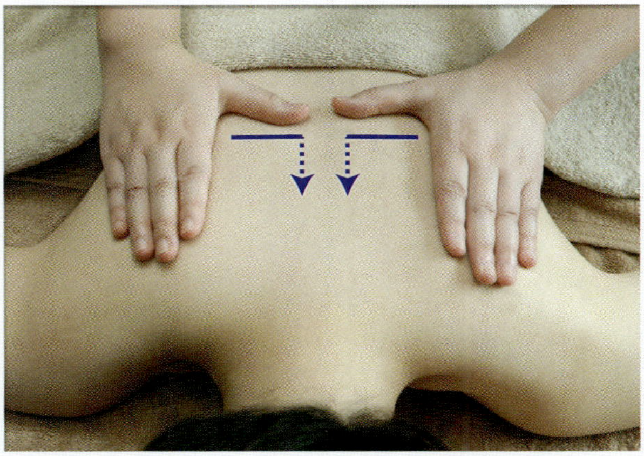

양손을 이용한 로터리 동작으로 동시에 머리 방향으로 5회에 걸쳐 올라간다.

2 프로펀더스, 중간, 터미너스 profundus, middle and terminus

프로펀더스, 중간, 터미너스에서 각 5회 실시한다(3세트).

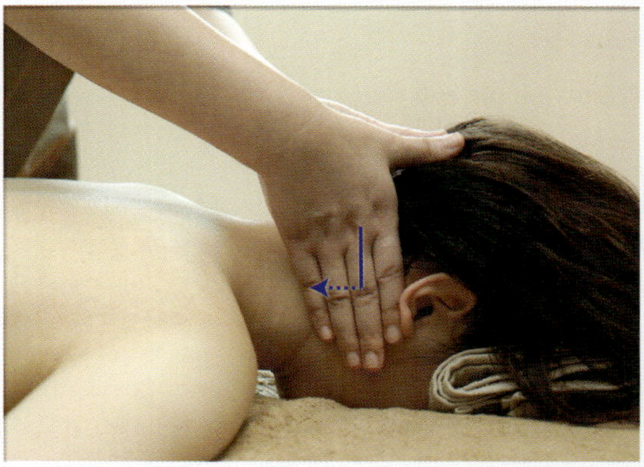

(a) 프로펀더스
프로펀더스에서 손가락 끝 방향으로 폄한 후 터미너스 방향으로 이완한다.

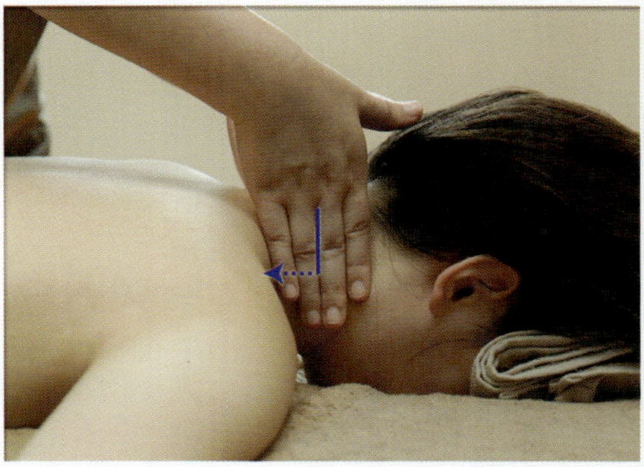

(b) 중간(목 측면)
목 측면으로 내려와 이전과 동일하게 고정원그리기를 실시한다.

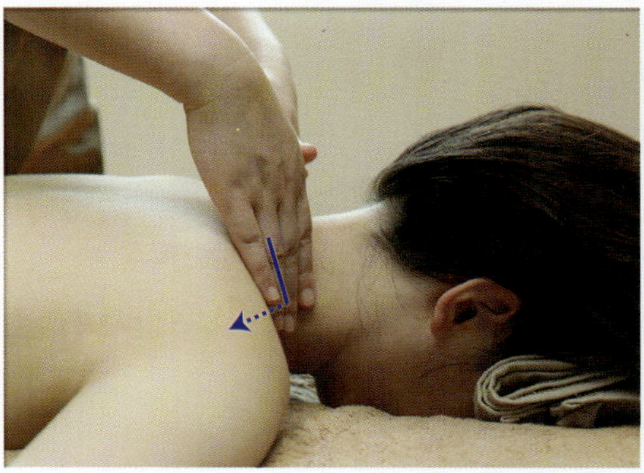

(c) 터미너스
등세모근 상부 섬유 가장 안쪽에 손을 대고 터미너스 방향으로 폄하고 새끼손가락 방향으로 이완한다.

시술자의 위치 변경: 고객의 머리 쪽으로 이동한다.

3 후두, 중간, 터미너스occiput, middle and terminus

후두, 중간, 터미너스에서 각 5회 실시한다(3세트).

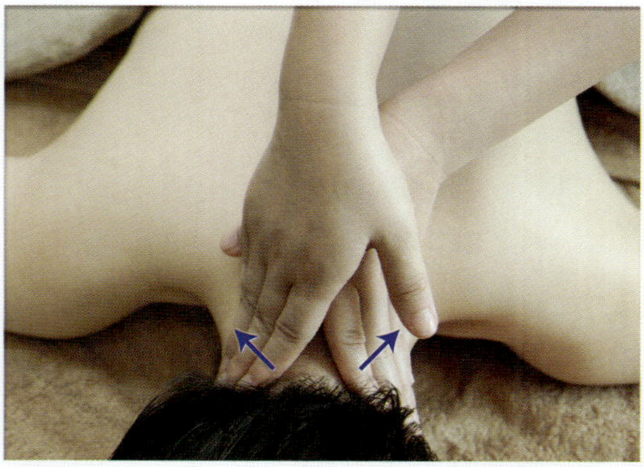

(a) 후두(목 상부)

양쪽 손바닥을 V자 형태로 만들어 뒷목 상부에 두고 척추에서 멀어지게 터미너스 방향(사선)으로 잡아당기면서 펴하고 이완한다.

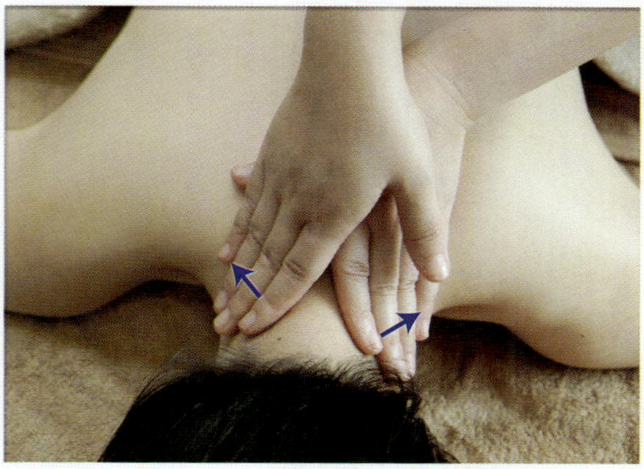

(b) 중간

약간 하방으로 내려와 목 뒤 중간 지점에서 이전 동작과 동일한 요령으로 실시한다.

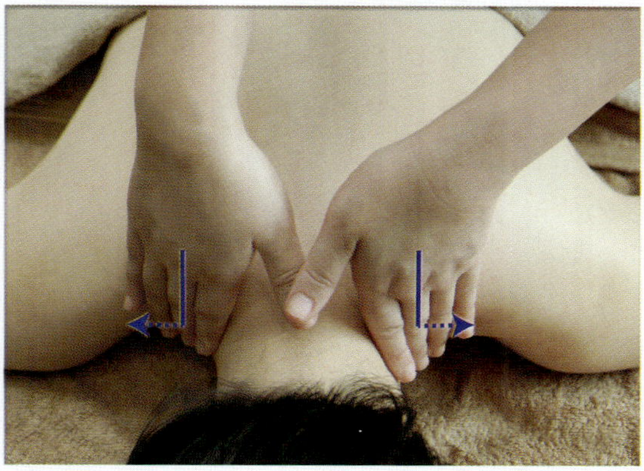

(c) 터미너스

등세모근 상부 섬유 가장 안쪽에 손을 대고 터미너스 방향으로 신장하고 새끼손가락 방향으로 이완한다.

4 목덜미 선nuchal line

목덜미 선을 따라 머리의 중간 부분에서 귀 쪽으로 3위치에서 각 5회씩 손끝 방향으로 폄한 후, 새끼손가락 쪽으로 이완한다(3세트). 같은 방식으로 머리 뒷부분 전체를 실시한다(3라인에서 각 3위치에서 적용).

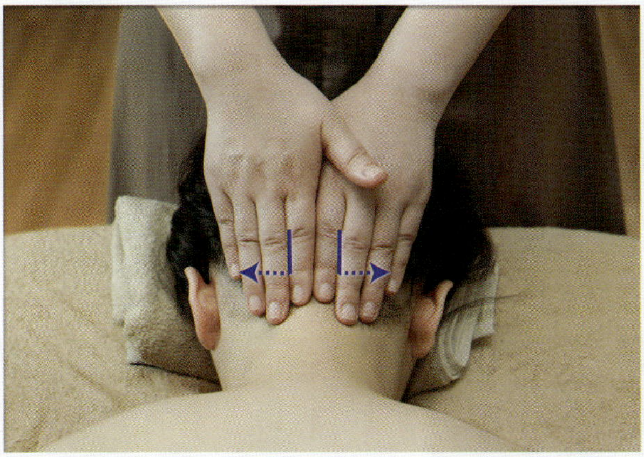

(a) 고정원그리기 시작
목덜미 선 양손가락을 나란히 올려 놓고 손끝 방향에서 프로펀더스 방향으로 고정원그리기를 실시한다(첫 번째 라인).

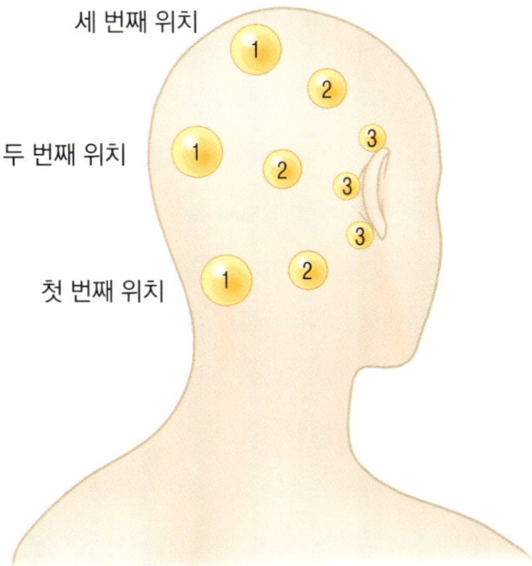

그림 10-15 머리 고정원그리기 순서

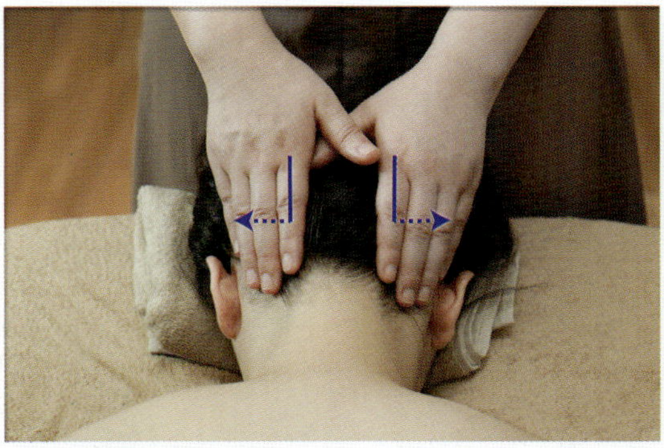

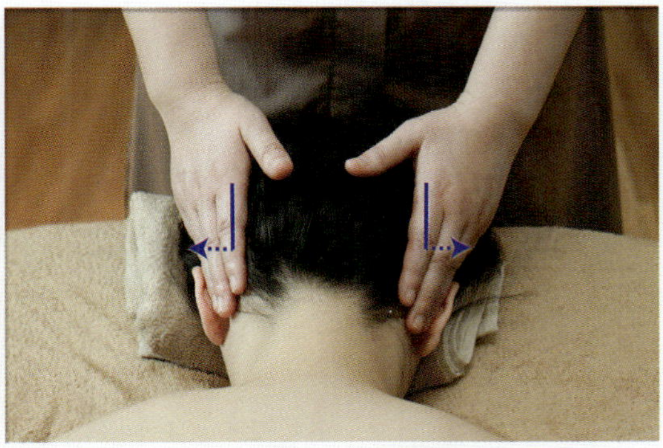

(b) 고정원그리기 끝

목덜미 선을 따라 측면으로 이동하면서 유양돌기 부분까지 2위치에서 고정원그리기를 실시한다(첫 번째 라인).

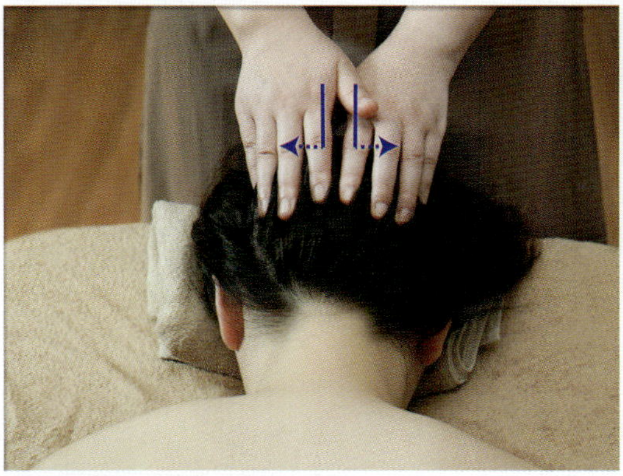

(c) 뒷머리 중간 시작

뒷머리 중간 부분으로 올라가서 이전과 동일한 방식으로 고정원그리기를 실시한다(두 번째 라인).

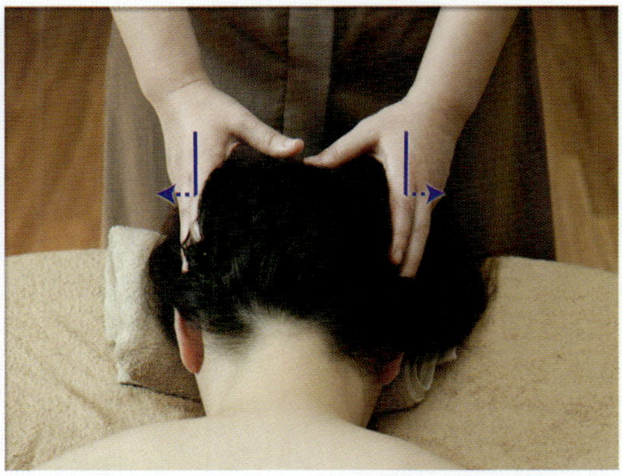

(d) 뒷머리 중간 끝

측면으로 이동하면서 2위치에서 고정원그리기를 실시한다(두 번째 라인).

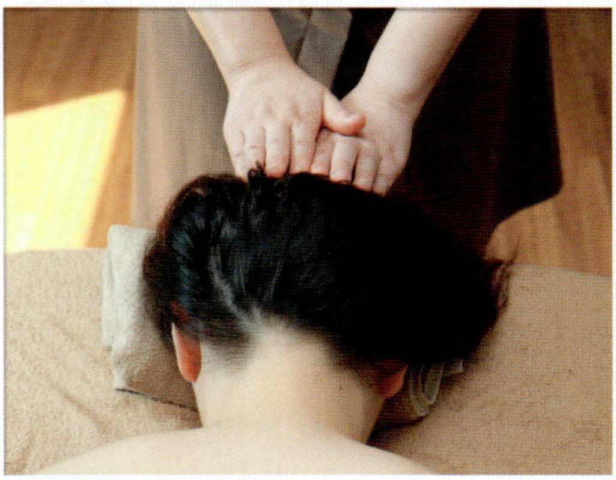

(e) 뒷머리 두정 시작

두정 부분에서 고정원그리기를 실시한다(세 번째 라인).

(f) 뒷머리 두정 끝

측면으로 이동하면서 이전과 같이 고정원그리기를 실시한다(세 번째 라인).

5 머리 측면side of head

코 부분에서 적용했던 방법과 유사하게 머리의 측면을 따라 4번 목덜미 선 각 라인의 세번 째 위치에서 실시하면서 뒤통수까지 내려온다(세번 째에서 한 라인으로 3세트).

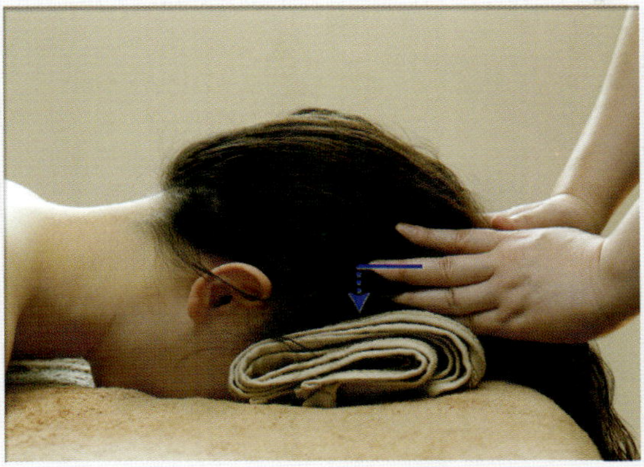

(a) 머리 측면
귀 바로 뒤 머리의 측면을 따라 내려오면서 고정원그리기를 실시한다(3위치).

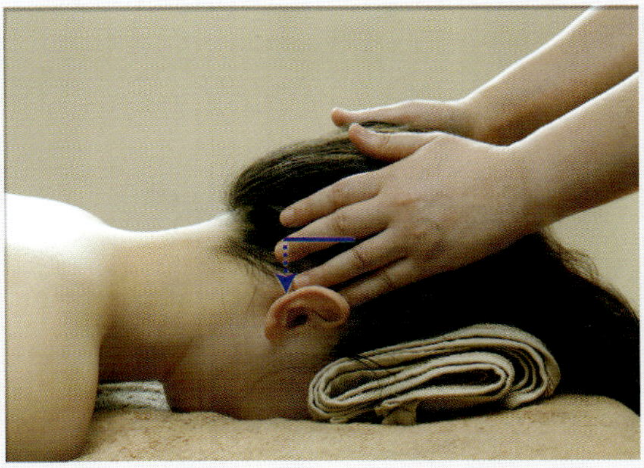

(b) 머리 측면
마지막 위치

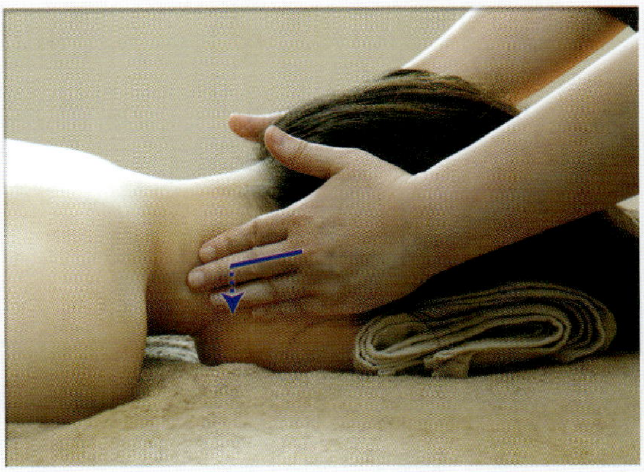

(c) 머리 측면
머리 측면의 3위치에서 실시한 후, 목의 측면으로 내려와 고정원그리기를 실시한다.

그다음(손가락을 목과 나란히 정렬시킨다) 목의 측면 중간에서 고정원그리기를 실시하고 터미너스에서는 손을 뒤침시킨 후 고정원그리기를 실시한다(3세트).

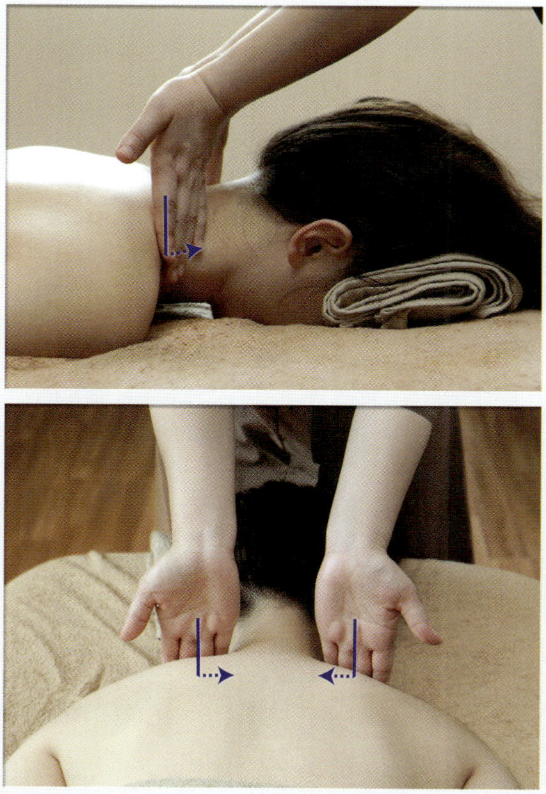

(d) 터미너스 1
터미너스에 손바닥을 가볍게 올려놓은 후 테이블 방향으로 펴한 후 새끼손가락 방향으로 이완한다.

6 어깨세모근, 어깨deltoid, shoulders

어깨세모근과 어깨 위에서 엄지손가락이 터미너스에 올 때까지 펌프 동작을 5회에 걸쳐 적용한다(3세트).

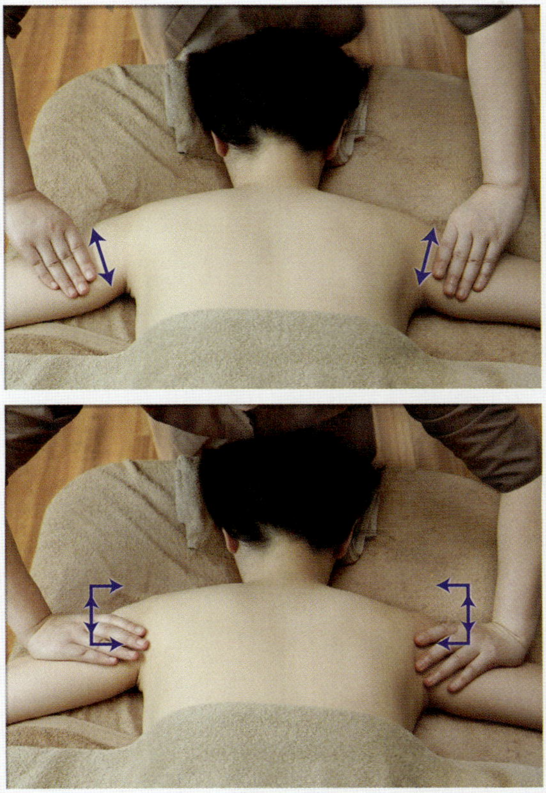

(a) 어깨세모근에서 펌프 시작

어깨세모근의 종지(insertion) 부분에서 터미너스 방향으로 펌프 동작을 시작한다(상방 그림).

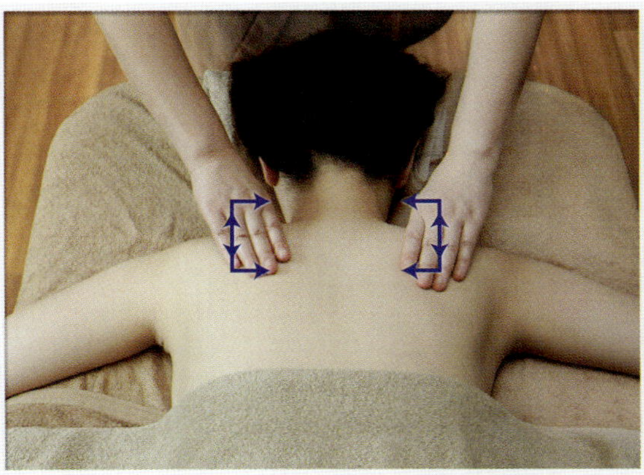

(b) 터미너스에서 펌프

마지막 동작은 엄지손가락이 터미너스에 오도록 한다.

시술자의 위치 변경: 다시 고객의 왼편에 선다.

7 후두에서 터미너스로 내려가기 occiput down to terminus

이 기술은 손동작이 토끼의 뛰는 모습과 비슷하여 일명 '토끼' 기술(Rabbit technique)이라고 한다. 뒷덜미 위에서 펌프-밀기(6)를 적용하는데 후두에서 시작하여 터미너스로 내려온다(3세트).

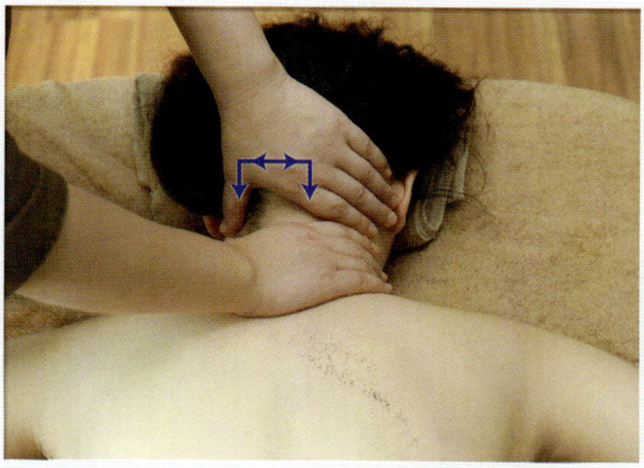

(a) 목 뒷덜미 위 1
위쪽 손부터 터미너스 방향으로 펌프 동작을 실시한다.

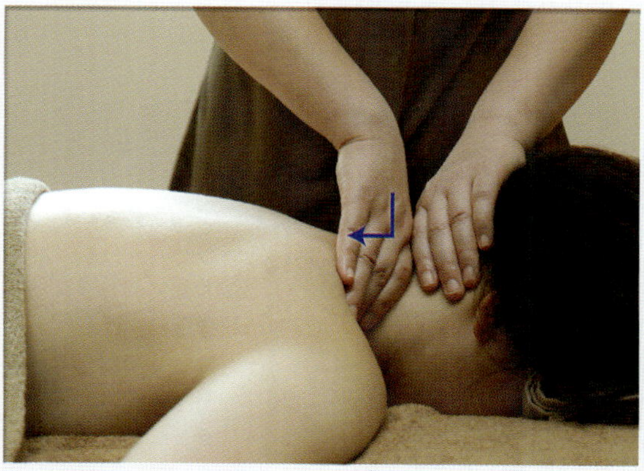

(b) 목 뒷덜미 위 2
펌프 동작이 끝나면 아래 손으로 최대로 손목을 굽히면서 밀기 동작을 실시한다.

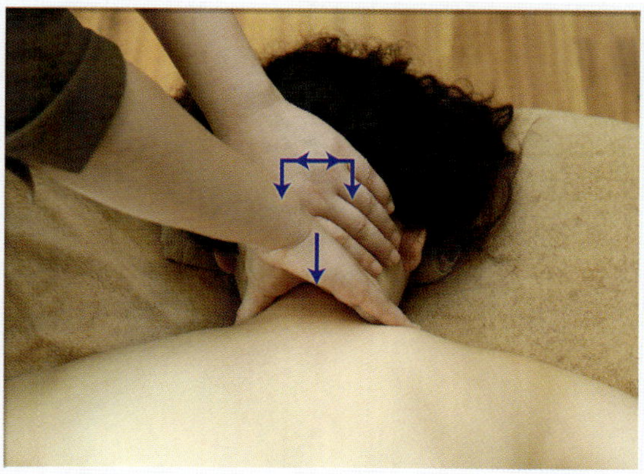

(c) 목 뒷덜미 하단
목뼈 하단에서 마지막 밀기 동작으로 동작을 마무리한다.

8 등 상부 upper back

몸통 상부에서 동시에, 5회에 걸쳐 척추 옆에서 적용한다(3세트).

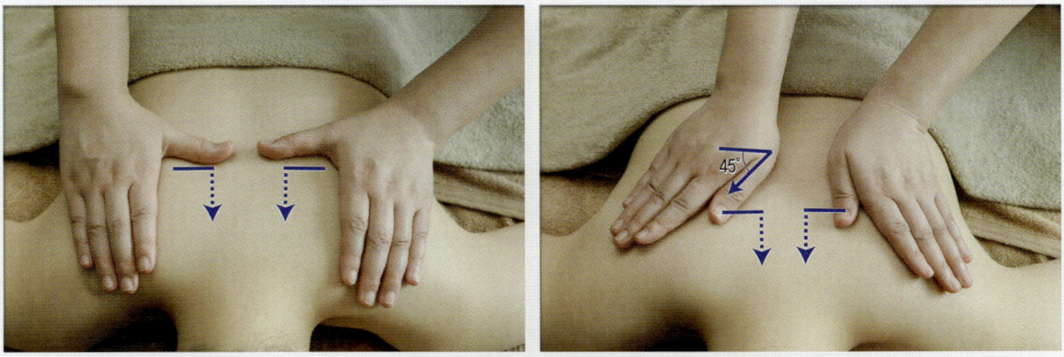

(a) 몸통 상부 엄지원그리기
몸통 상부에서 엄지손가락을 편평하게 한 후 척추를 따라서 머리 방향으로 원그리기를 하면서 올라간다.

그다음 오른쪽 터미너스를 향해 교대로 엄지원그리기를 실시한다(3세트).

그다음 왼쪽 터미너스를 향해 교대로 엄지원그리기를 실시한다(3세트).

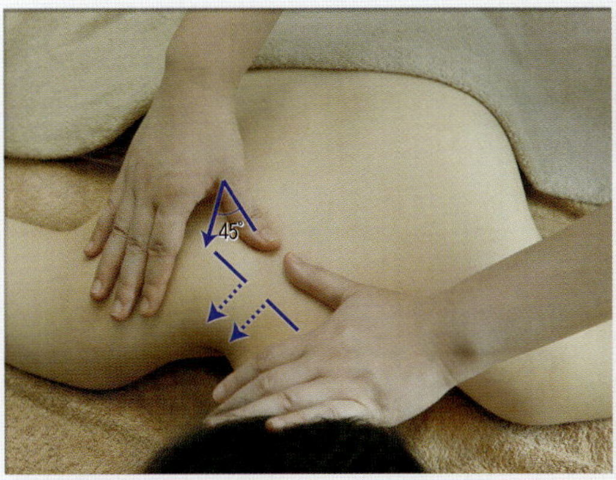

(b) 터미너스 방향 엄지원그리기(오른쪽)
몸통 상부에서 터미너스 방향으로 교대로 엄지손가락을 이용한 원그리기를 실시한다. 최대한 터미너스에서 근처까지 와서 마무리 동작을 실시한다.

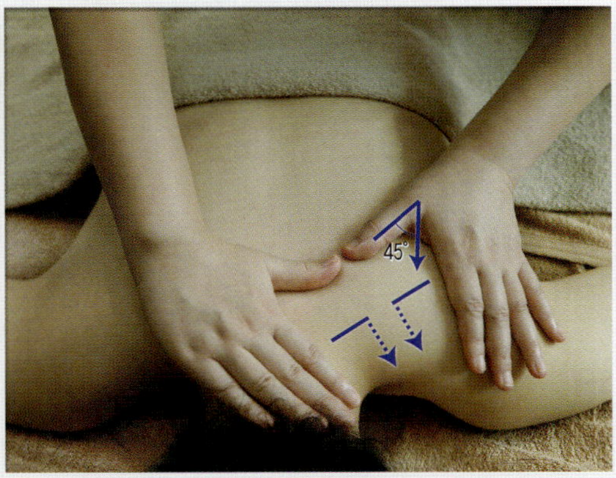

(c) 터미너스 방향 엄지원그리기(왼쪽)
반대편도 동일한 요령으로 터미너스 방향으로 엄지원그리기를 실시한다. 최대한 터미너스 근처까지 와서 마무리 동작을 실시한다.

9 병정 기술 soldiers

한 라인에 8개 손가락 끝을 이용하여 5회씩 고정원그리기를 실시한다.
등뼈 상부의 양측면과 목뼈에서 척추 방향으로 펌하고 터미너스 방향으로 이완한다(3세트).

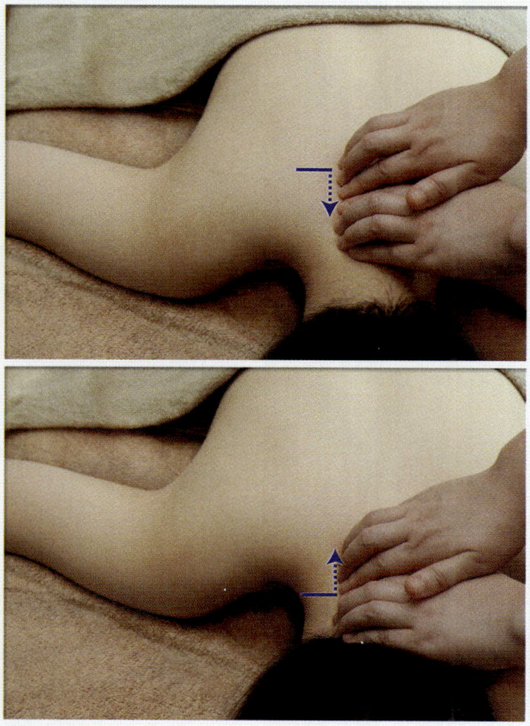

(a) 등뼈 상부 병정
등뼈 상부와 목뼈 주변에 손가락 끝을 나란히 배열시키고 척추 방향으로 가볍게 밀어 넣고 터미너스 방향으로 이완한다.

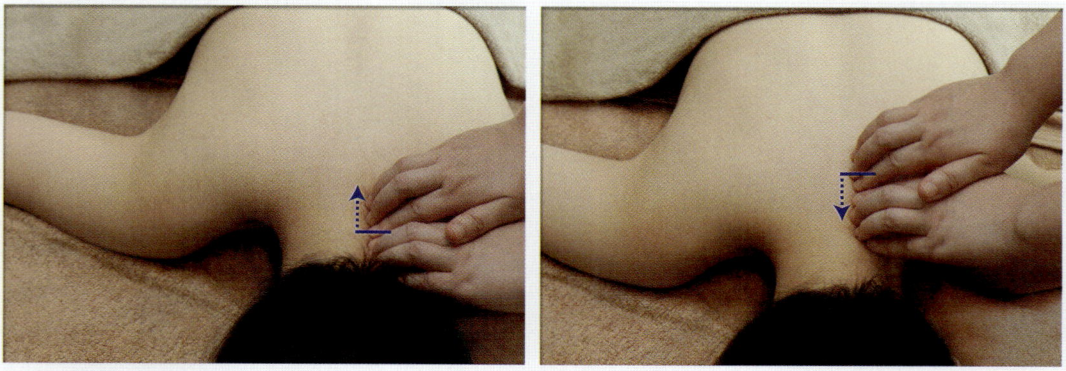

(b) 등뼈 상부 병정 반대편
반대 부분의 척추 주변에서 척추 방향으로 밀어 넣는 동작을 실시한다.

10 진동과 마무리 쓰다듬기vibration and final effleurage

진동과 마지막 쓰다듬기는 척추와 터미너스 방향으로 1회 적용한다.

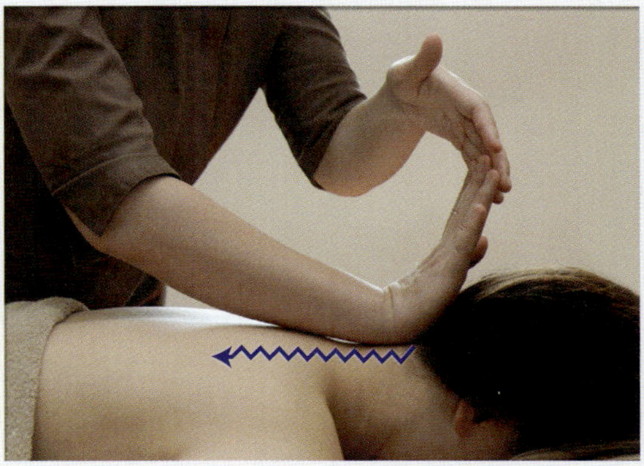

(a) 목뼈 상부에서 시작
손에 힘을 뺀 상태로 손목을 젖힌 다음 가볍게 목뼈 상부에서 등뼈까지 진동을 주면서 내려오도록 한다(동작 1).

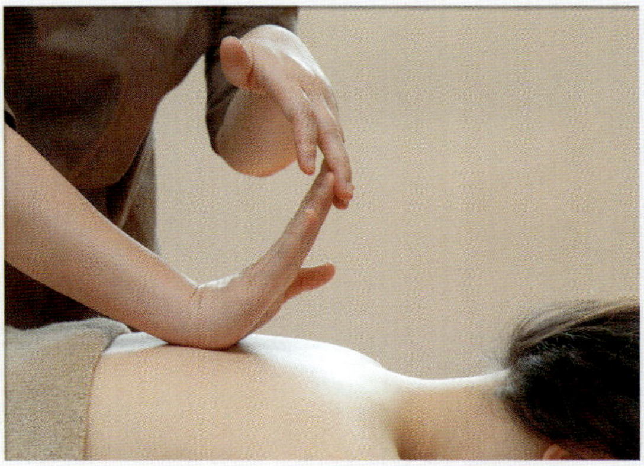

(b) 등뼈에서 마무리
등뼈까지 진동을 주면서 내려와 마무리한다(동작 2).

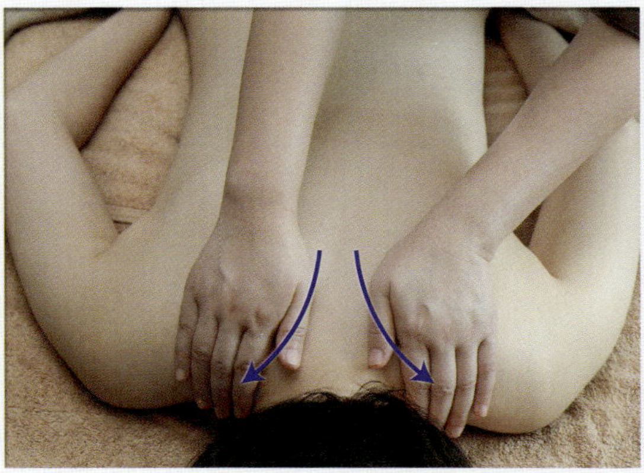

(c) 쓰다듬기
등뼈 상부에서 손바닥을 이용하여 터미너스 방향으로 쓰다듬기를 한다.

7. 엉덩이

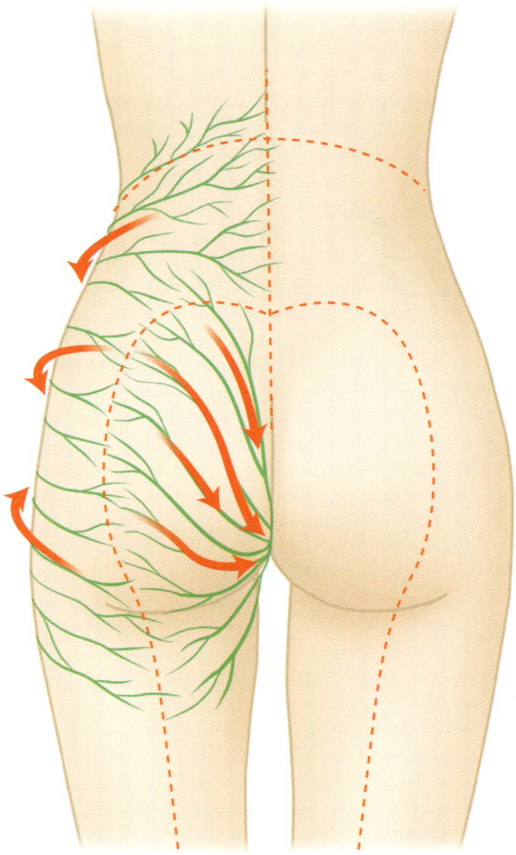

그림 10-16 엉덩이의 림프 흐름

자세: 고객은 엎드린 자세, 고객의 왼편에 서서 실시한다.

1 쓰다듬기 effleurage

엉치뼈에서 허리뼈를 따라 허리를 동시에 올라가면서 5회에 걸쳐 로터리 동작을 실시한다(3세트).

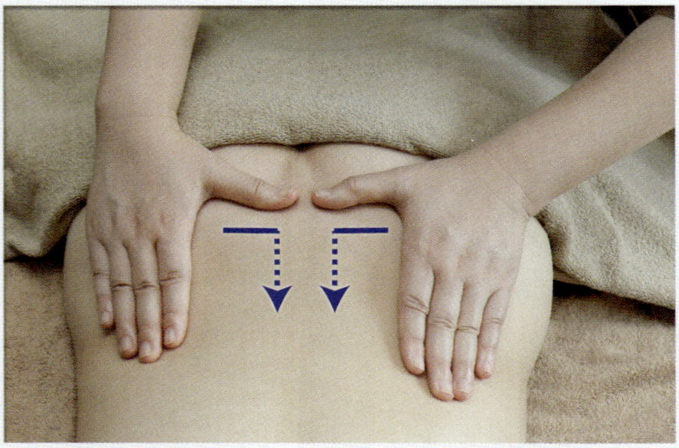

쓰다듬기(시작)
엉치뼈와 허리뼈가 이어지는 부분에서 양손을 이용한 동시 로터리 동작을 상방으로 실시한다. 허리와 등뼈가 이어지는 부분까지 진행하도록 한다.

2 교대 로터리 alternating rotary

오른쪽 엉덩이부 위 중간-라인에서 시작해서(안쪽에서 가쪽으로) 몸쪽에서 먼쪽으로 3라인을 적용하고 다시 몸쪽으로 올라간다(3세트).

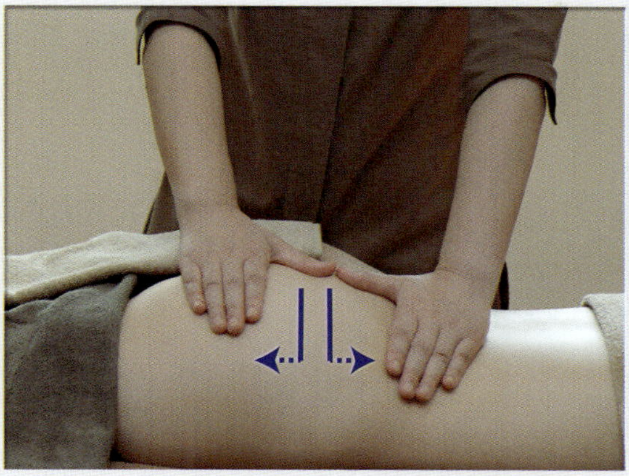

(a) 엉덩이부 로터리 1
엉덩뼈능선을 경계로 엉덩이부 상부의 척추부터 시작하여 엉덩이부의 측면으로 양손을 번갈아 내려오면서 로터리 동작을 실시한다. 양손을 충분히 벌려 로터리를 번갈아 적용하도록 하며 엉덩이부 측면까지 실시한다.

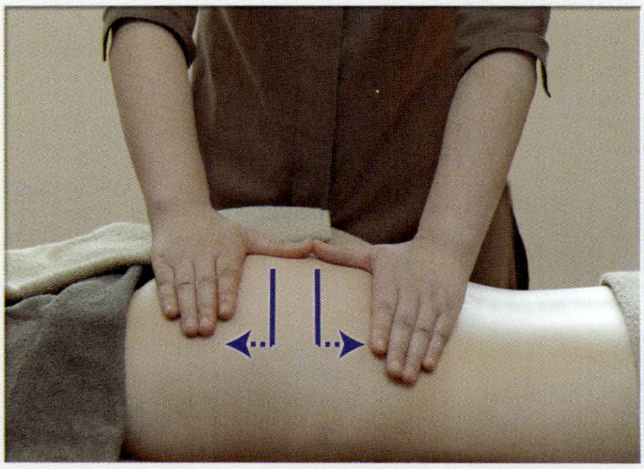

(b) 엉덩이부 로터리 2
약간 하방으로 내려와 엉덩이부 가운데서 실시하는데, 이전과 동일한 요령으로 측면을 향해 로터리 동작을 실시한다.

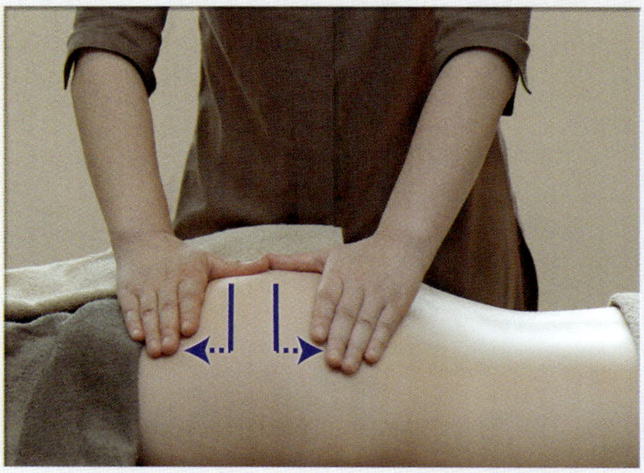

(c) 엉덩이부 로터리 3
측면까지 로터리 동작을 양손 교대로 실시한다. 세 번째 엉덩이부 선(gluteal line)까지 와서 실시하도록 한다.

3 엉덩뼈능선iliac crest

3위치에서 실시하는데 엉덩뼈능선을 따라 올라갔다가 다시 내려온다(가쪽, 중간, 안쪽 다시 안쪽, 중간, 가쪽). 압력은 샅림프절로 적용하고 머리 방향으로 마무리한다(3세트).

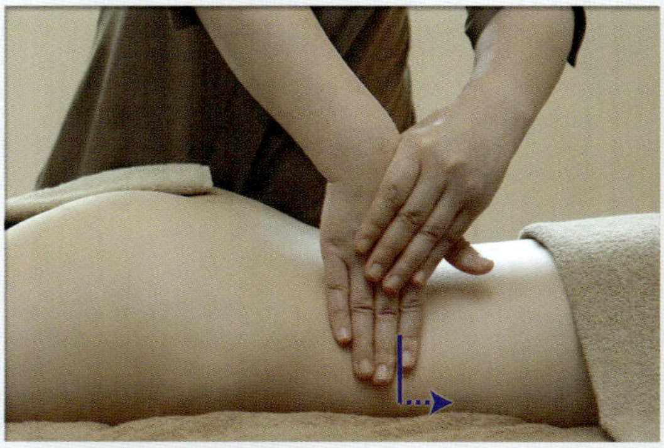

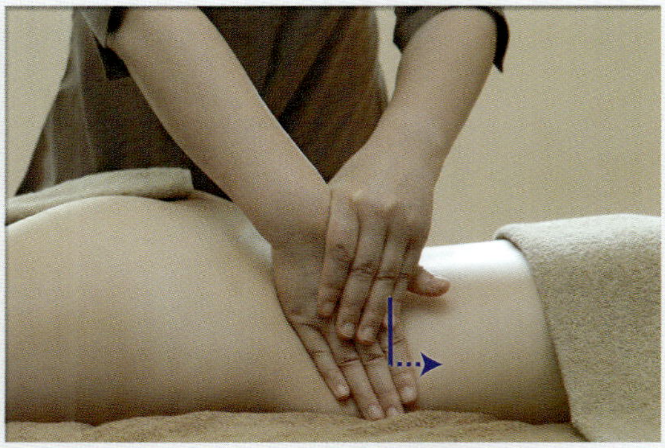

(a) 엉덩뼈능선 고정원그리기 1

첫 번째 위치인 엉덩뼈능선의 가쪽에 손을 포갠 후, 아래 손에 힘을 뺀 상태로 위에 놓은 손이 주도하여 손끝 방향으로 폄하고 머리 방향으로 이완한다.

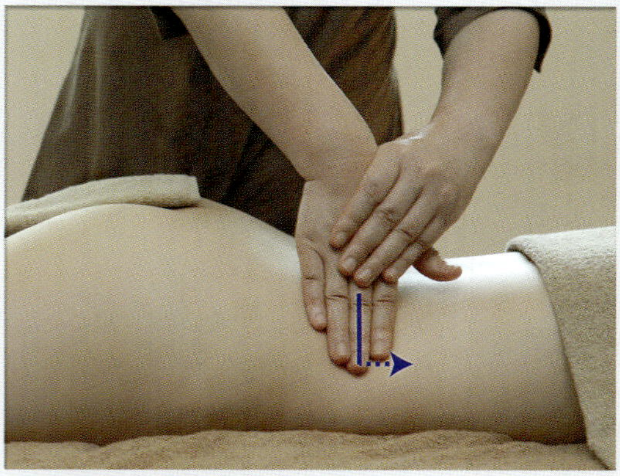

(b) 엉덩뼈능선 고정원그리기 2

두 번째 위치는 허리와 척추 중간 정도의 측면이고 이전과 동일한 요령으로 실시한다.

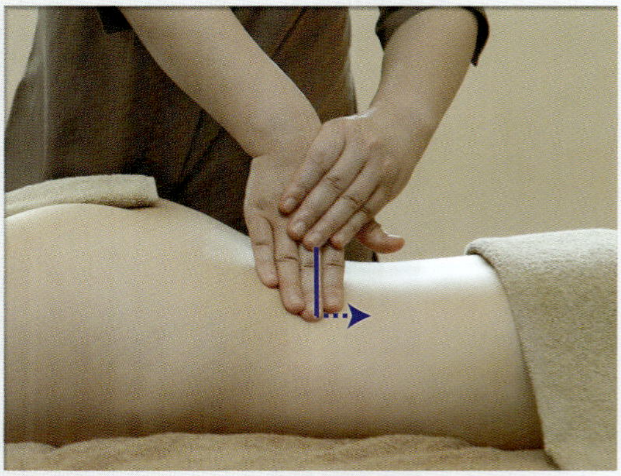

(c) 엉덩뼈능선 고정원그리기 3

세 번째는 척추 방향으로 조금 더 이동하여 안쪽에서 이전과 동일하게 실시한다.

4 세 번 반원그리기 three semi-circles

엉치뼈에서 엉덩이부 위로 방사형의 3개 선을 만들고 8개 손가락을 이용한 고정원그리기를 실시한다. 가장 바깥에서 5회씩 원을 그리면서 시작하여 위, 중간, 아래를 거쳐 다시 중간 위치로 되돌아간다.

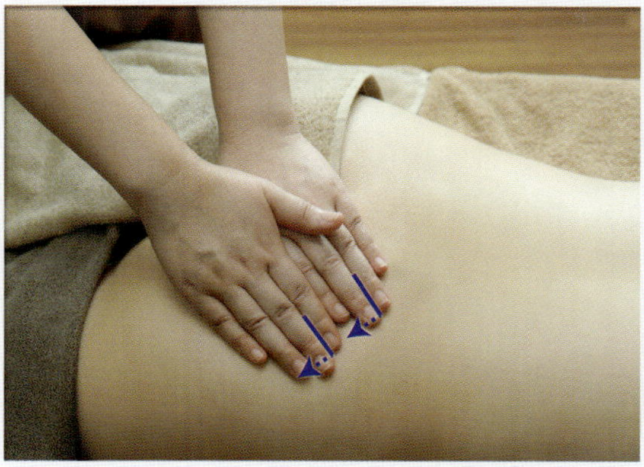

(a) 첫 번째 선 반원그리기 1
고객의 무릎 쪽에서서 양손을 나란하게 펼친 후, 가장 바깥 엉덩이부 선에서 살 방향으로 밀고 발쪽으로 반원형 고정원그리기를 실시한다.

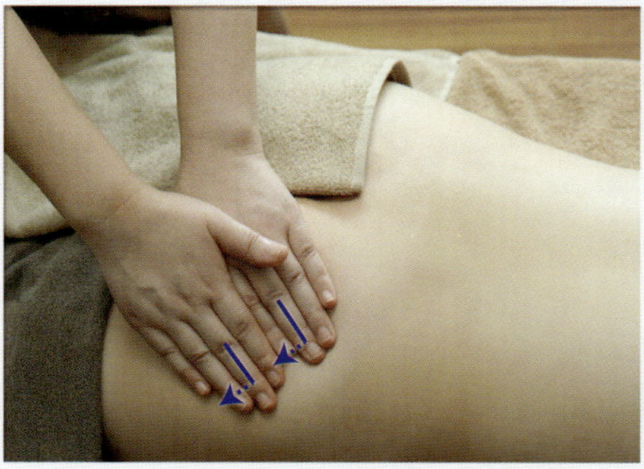

(b) 첫 번째 선 반원그리기 2
두 번째 반원도 동일한 요령으로 실시하되 하방으로 약간 이동하여 실시한다.

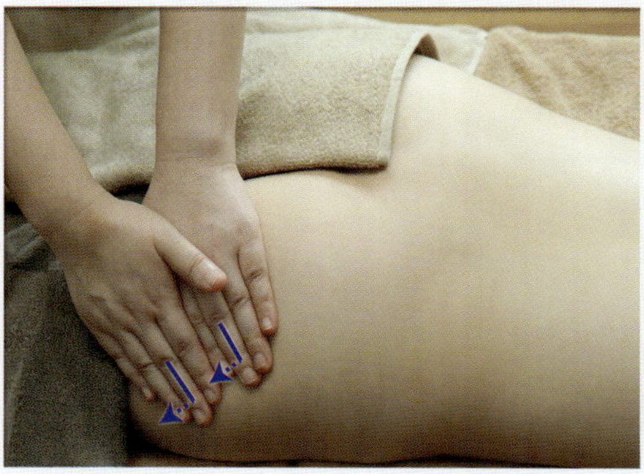

(c) 첫 번째 선 반원그리기 3
세 번째 반원은 좀 더 하방으로 내려와 동일하게 실시한다.

샅 방향으로 압력을 가하고 발 방향으로 이완한다(3세트).
중간 선으로 이동하여 반복한다(3세트).

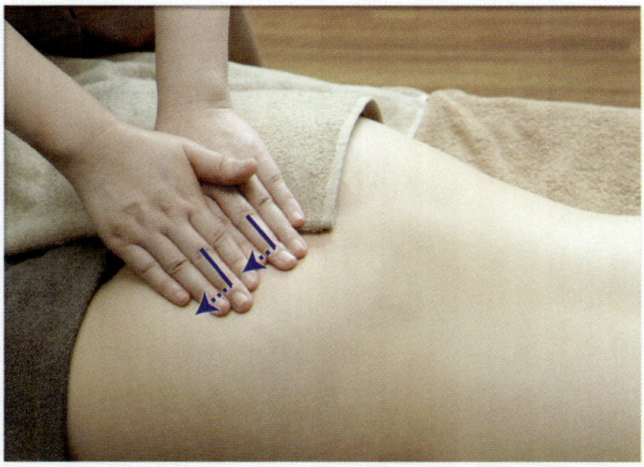

(d) 중간 선 반원그리기 1
중간 선 안쪽에 양손을 가볍게 올려놓고 손가락 끝 방향에서 터미너스 방향으로 고정원그리기를 실시한다.

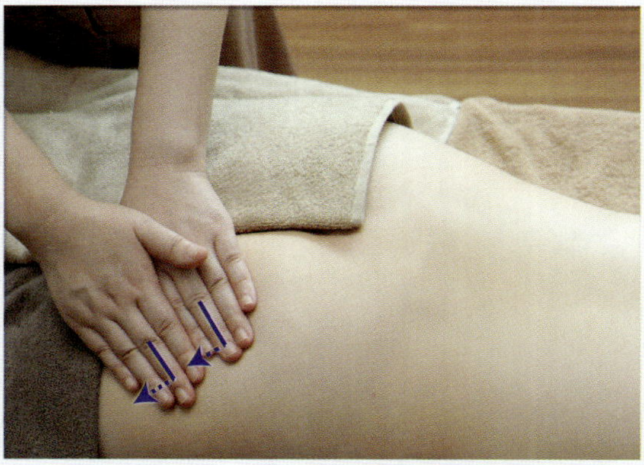

(e) 중간 선 반원그리기 2
중간 선에서 약간 하방으로 이동한 후 고정원그리기를 동일하게 실시한다.

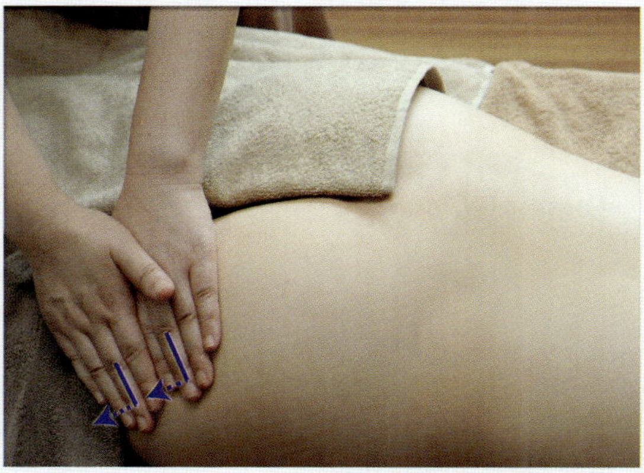

(f) 중간 선 반원그리기 3
중간 선에서 엉덩이부 선까지 손이 가도록 하며 샅 방향으로 고정원그리기를 실시한다.

안쪽 선으로 이동하여 반복한다(3세트).

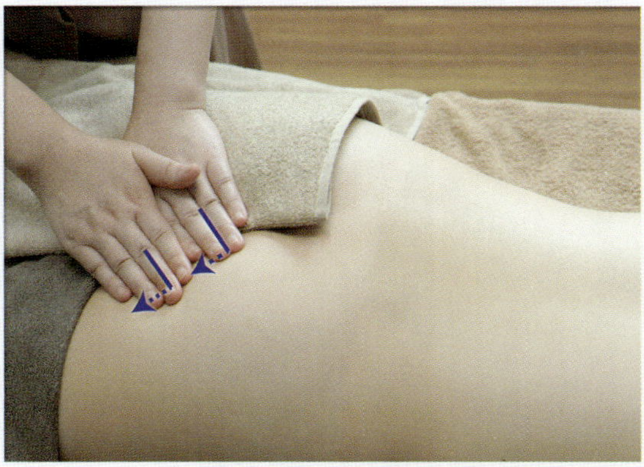

(g) 안쪽 고정원그리기 1
안쪽 선에서 첫 번째 반원은 엉덩이부 가장 안쪽에서 시작하며, 살 방향으로 고정원그리기를 실시한다.

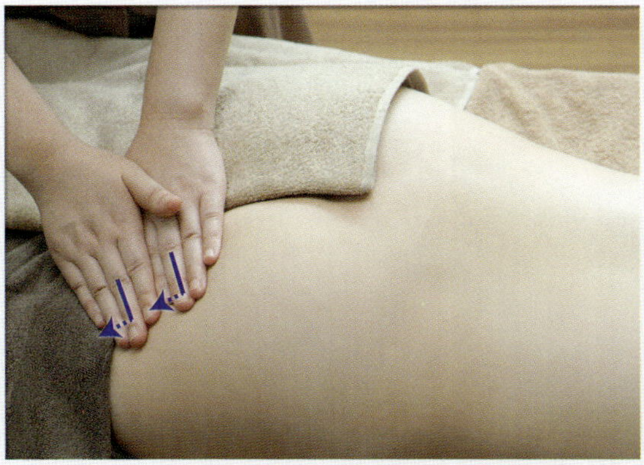

(h) 안쪽 고정원그리기 2, 3
두 번째, 세번째 반원은 안쪽 선에서 약간 하방으로 이동 후에 실시하도록 한다. 마지막 위치는 엉덩이부 선까지 손이 가도록 해서 실시한다(좁은 부분이어서 세번 째는 생략할 수도 있다).

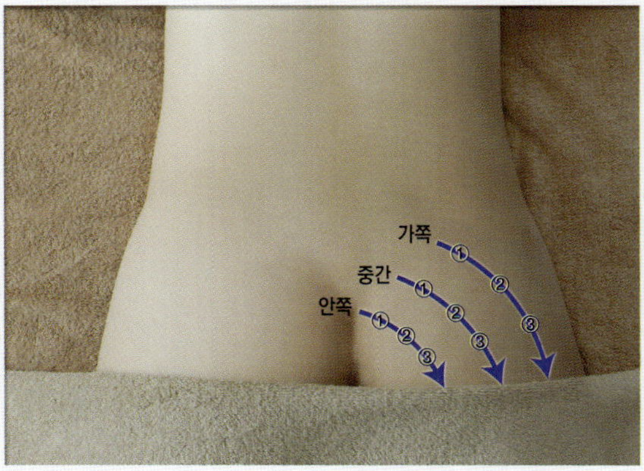

(i) 반원그리기 3위치

5 병정soldiers

8개 손가락의 지문 부위(패드)를 이용하여 허리뼈와 엉치뼈로 내려갔다가 다시 올라오면서 고정원 그리기를 실시한다. 2 또는 3위치에서 실시하며 압력은 척추 방향으로 적용한다(3세트).

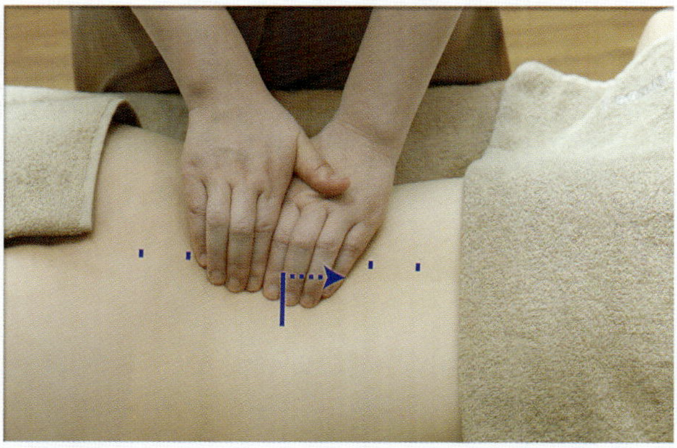

(a) 병정 1
허리뼈의 바로 옆에서 실시하도록 하며, 손가락의 패드를 이용해서 양손을 동시에 척추 방향으로 밀어 넣고 터미너스 방향으로 이완한다.

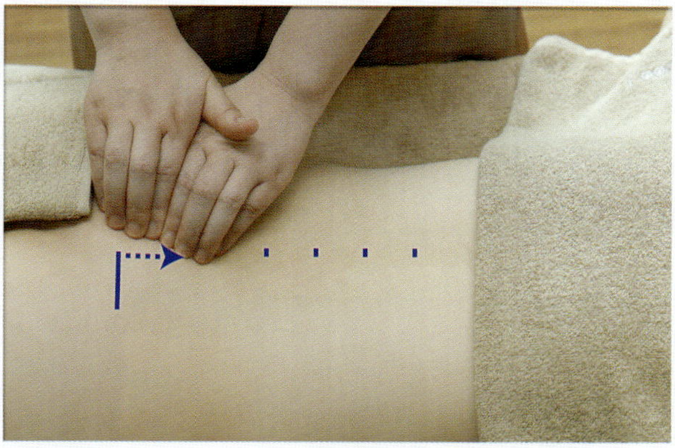

(b) 병정 2
엉치뼈 방향으로 이동하면서 이전과 동일하게 손가락의 패드를 이용해서 척추 방향으로 실시하도록 한다.

6 허리네모근 quadratus lumborum

허리네모근 위 3위치에서 고정원그리기를 실시한다. 12번째 갈비뼈와 엉덩뼈능선 사이에서 적용하도록 한다. 테이블 방향으로 피부를 약간 폄시킨 다음 근육 쪽으로 약간 강한 압력을 가하도록 한다(3세트).

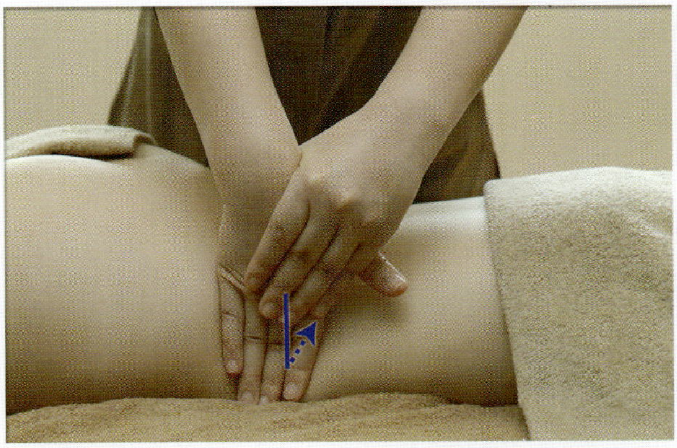

(a) 허리네모근 1

엉덩뼈능선과 갈비사이에 손을 포개어 놓고, 아래 손에 힘을 빼고 위 손이 주도하여 테이블 방향으로 폄한 다음, 허리네모근 쪽으로 누른 후 힘을 빼는 동작을 한 곳에서 실시한다.

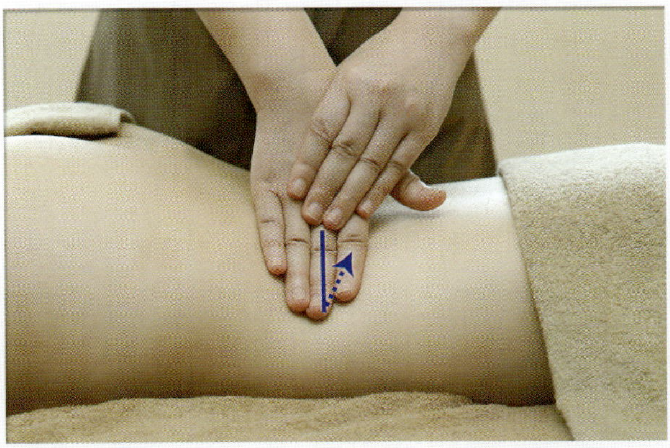

(b) 허리네모근 2, 3

두 번째 위치는 약간 척추 방향으로 이동하여 동일하게 실시한다. 세 번째 위치도 척추 방향으로 좀 더 이동하여 실시한다(생략 가능).

시술자의 위치 변경: 고객의 오른편으로 위치를 바꾼다.

7 왼쪽 엉덩이부 left buttock

2~6번까지 왼쪽 엉덩이부에서 반복한다.

8 엉치뼈 삼각 sacral triangle

① 엄지손가락 펴고 원그리기 적용

삼각형의 양면에서 동시에 적용한다. 1위치에서 실시한다(3세트).

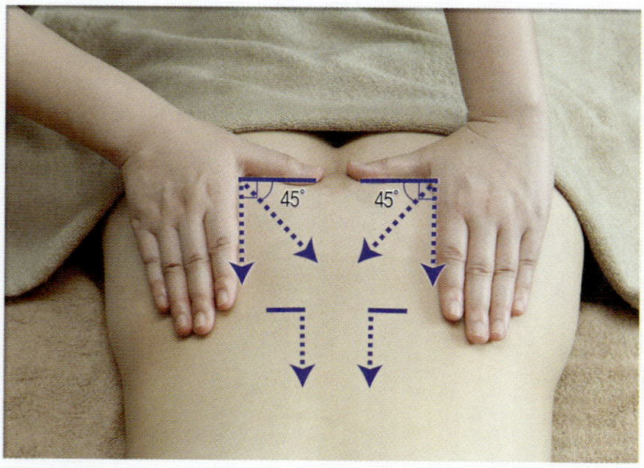

(a) 엉치뼈 삼각 동시 엄지고정원그리기
엄지손가락의 바닥면을 이용하여 꼬리뼈에서 허리뼈 방향으로 양손을 이용한 원그리기를 동시에 적용한다.

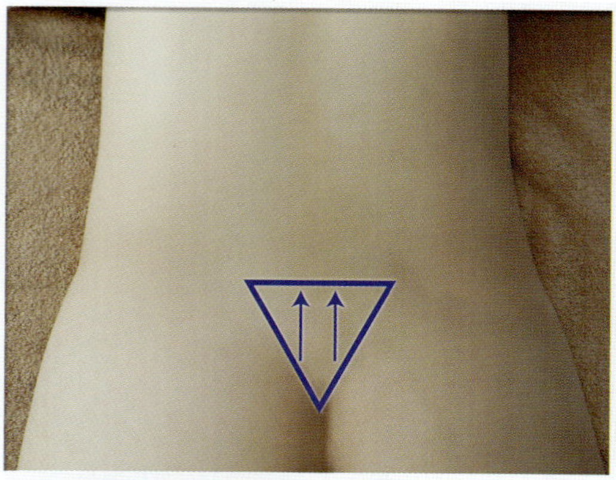

■ 엉치뼈 삼각 동시 엄지고정원그리기 위치

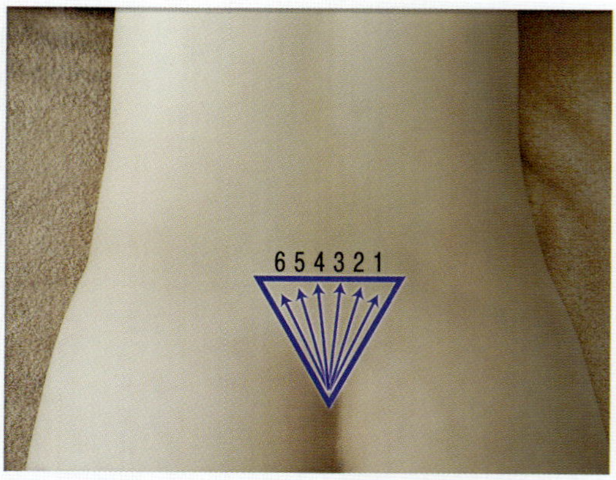

■ 삼각형 교대 엄지고정원그리기

② 오른쪽 삼각형

3라인을 부채꼴 모양으로 번갈아 가면서 엄지고정원그리기를 적용한다. 각 라인을 반복한다(3세트).

③ 왼쪽 삼각형

3라인을 부채꼴 모양으로 번갈아 가면서 엄지고정원그리기를 적용한다. 각 라인을 반복한다(3세트).

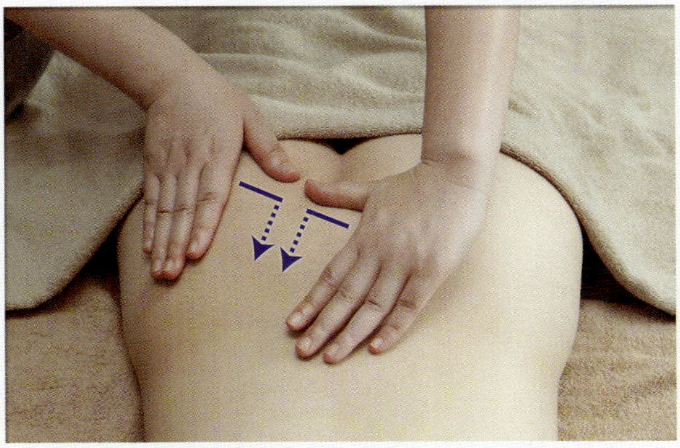

(b) 오른쪽 삼각형 고정원그리기

엉치뼈를 반으로 나누어 만들어지는 두 개의 삼각형 중 오른쪽 삼각형에 엄지고정원그리기를 번갈아 가면서 실시한다. 엉치뼈의 꼭대기(apex)에서 시작한다. 엉치뼈의 꼭대기에서 시작된 원그리기를 엉치뼈의 바닥 부분(base)까지 시행하도록 한다.

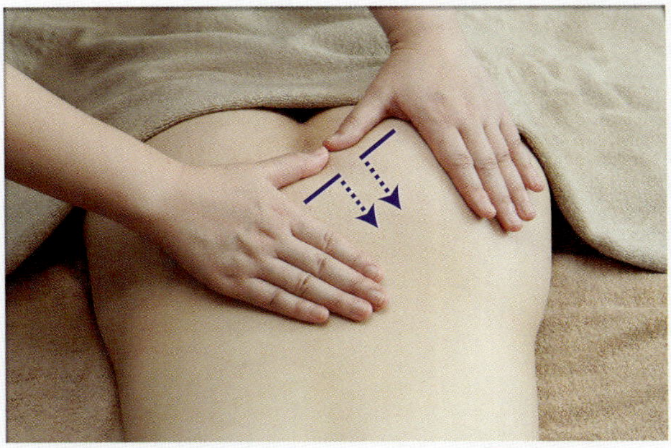

(c) 왼쪽 삼각형 고정원그리기

자리를 이동하지 않고 반대편(왼쪽) 삼각형에서도 엄지고정원그리기를 번갈아서 실시한다.

9 손가락 펴고 고정원그리기: 삼각형에서 적용

오른쪽 한 장소에서 시계 방향으로(3세트), 왼쪽 한 장소에서 반시계 방향으로(3세트) 적용한다.

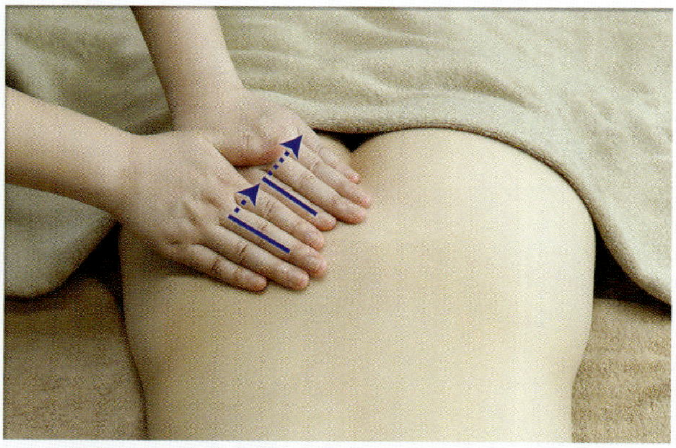

(a) 오른쪽 엉치뼈 바깥면 고정원그리기

엉치뼈의 바깥면에 양손가락을 나란히 배열시킨 후 살 방향으로 고정원그리기를 실시한다.

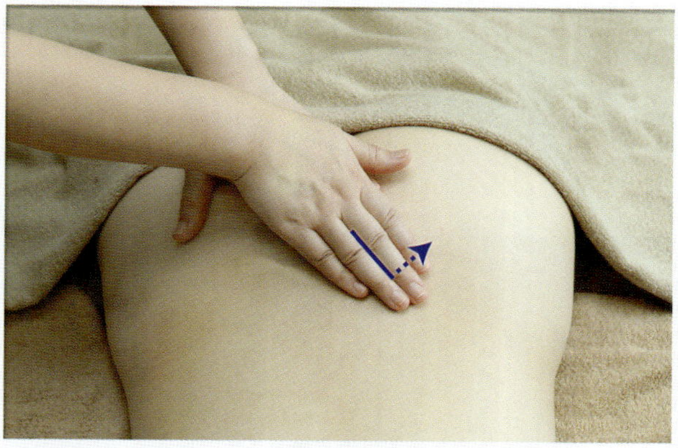

(b) 왼쪽 엉치뼈 바깥 면 고정원그리기

반대편도 동일하게 샅 방향으로 고정원그리기를 실시한다.

10 진동과 마무리 쓰다듬기 vibration and final effleurage

1회

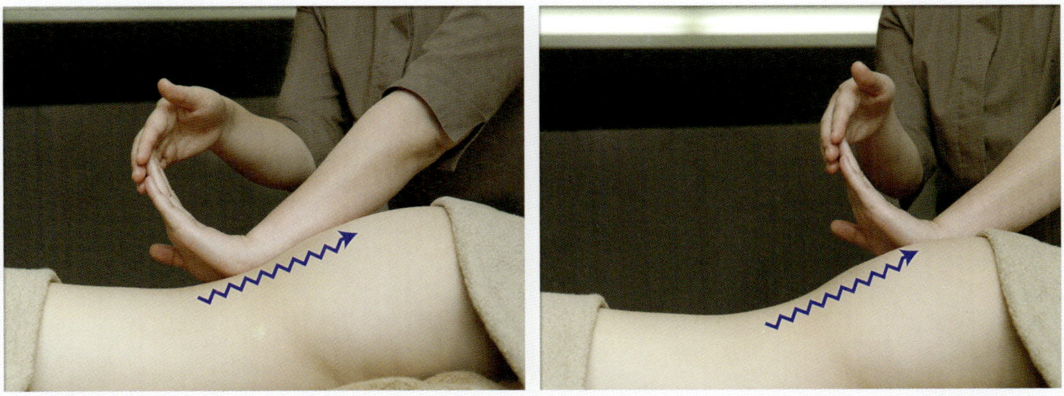

(a) 마무리 1

마지막으로 손목을 뒤로 젖힌 채 허리와 엉치뼈 부분을 따라서 진동을 주면서 내려온다.

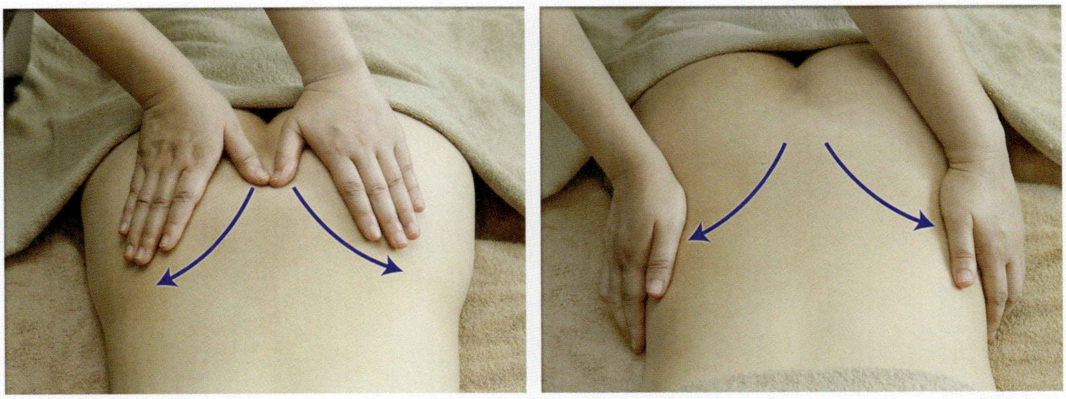

(b) 마무리 2

엉치뼈와 꼬리뼈가 만나는 지점에서 엉덩뼈능선을 따라 쓰다듬기하며 마무리한다.

8. 가슴

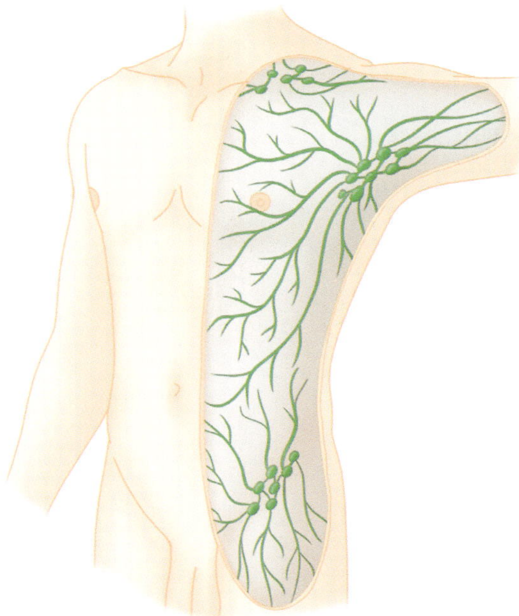

그림 10-17 가슴림프절

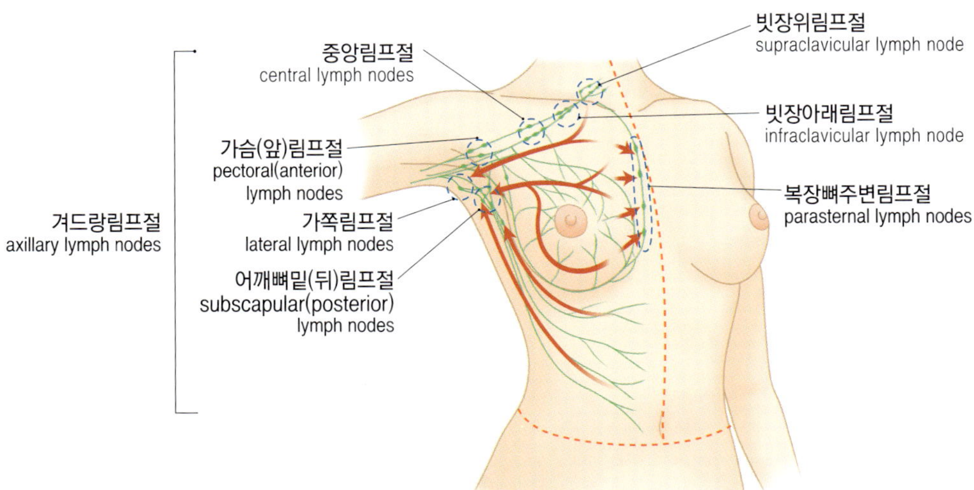

그림 10-18 가슴 엠엘디 적용 방향

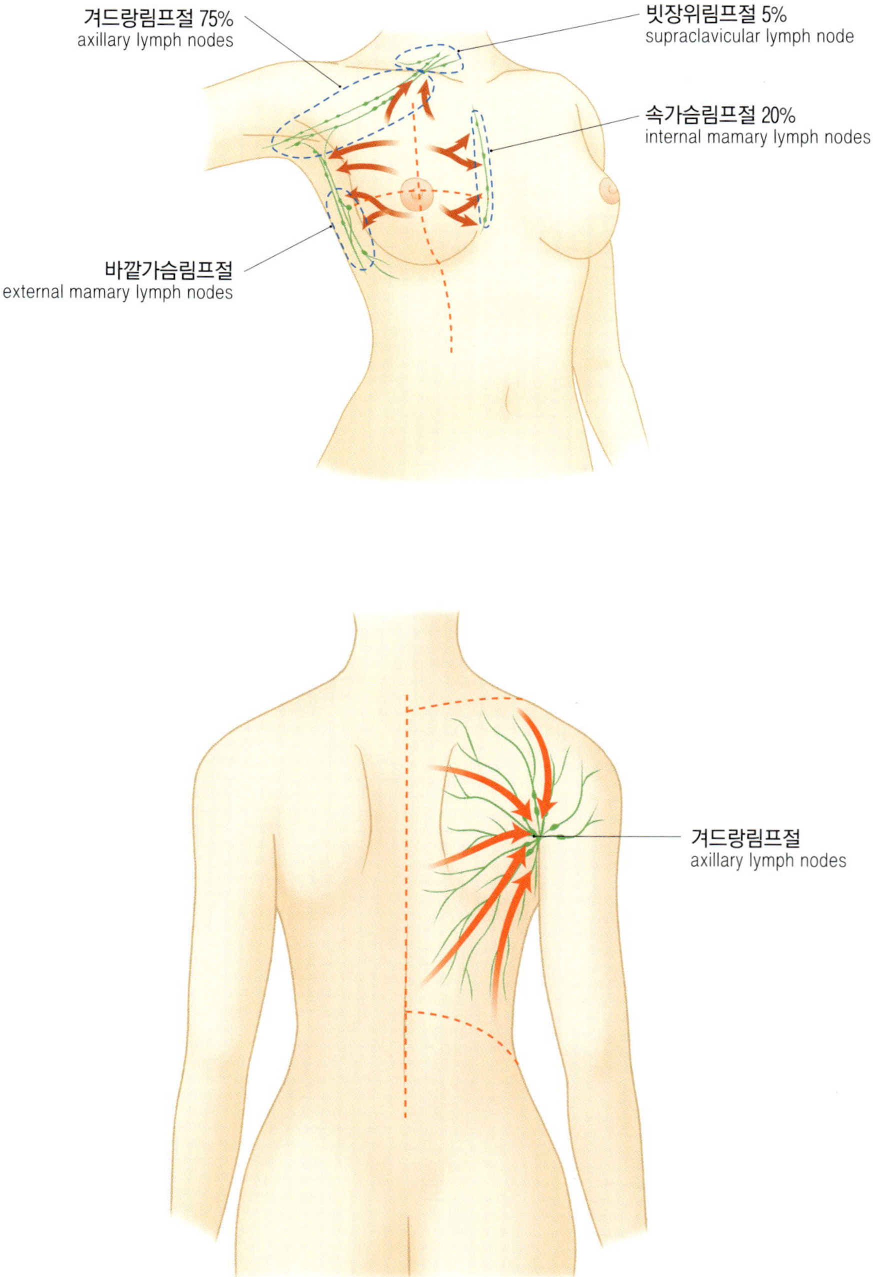

그림 10-18 가슴 엠엘디 적용 방향(계속)

자세: 고객은 바로 누운 자세, 고객의 오른편에 서서 실시한다.

1 쓰다듬기 effleurage

복장뼈에서 양 겨드랑이 방향으로 평행하게 동시에 로터리를 적용한다(3세트).

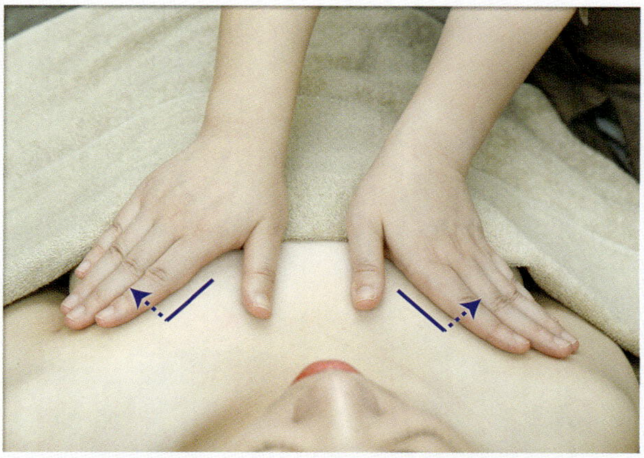

■ **동시 로터리 시작**

복장뼈에서 시작해서 양쪽 겨드랑이 방향으로 동시에 밀고-비틀고-이완하는 로터리 동작을 실시한다. 겨드랑이 앞면 또는 어깨까지 로터리 동작을 실시한다.

Tip 이 동작은 엄지손가락을 이용한 로터리라고도 한다. 밀기-비틀기-이완-엄지 붙이기-손목들기 후 다시 동작을 반복한다.

왼쪽 가슴 적용

2 가슴 측면lateral side of breast

① 동시 고정원그리기(parallel stationary circles)

왼쪽 가슴의 측면 위에 8개 손가락을 나란히 적용하여 한 장소에서 겨드랑이 방향으로 고정원그리기를 실시한다. 필요하다면 한손은 가슴을 지지하고 다른 손으로 고정원그리기를 실시한다(3세트).

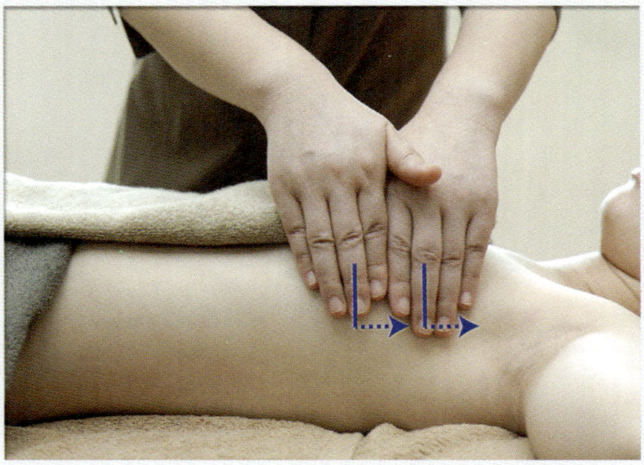

▪ **가슴 측면 동시 고정원그리기**

가슴의 측면을 가볍게 쥐듯이 잡고 테이블 방향으로 밀고 겨드랑이 방향으로 이완하는 양손을 이용한 고정원그리기를 실시한다.

② 교대 로터리(alternating rotary)

같은 장소에 8개 손가락을 이용하여 번갈아 가면서 로터리 동작을 실시한다. 아래에 있는 손부터 시작한다(3세트).

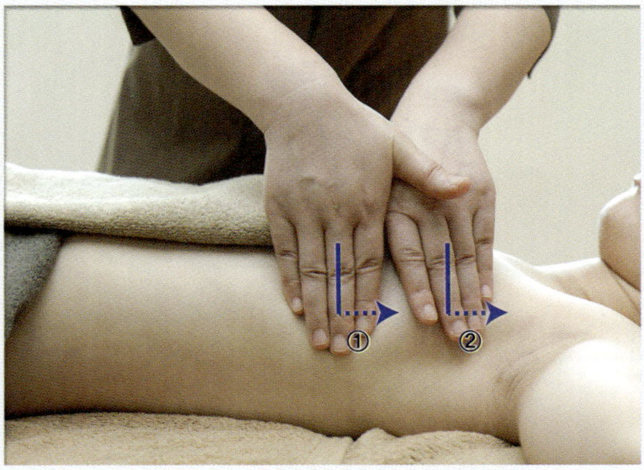

▪ **가슴 측면 번갈아 고정원그리기**

①번과 동일한 위치에 손을 두고 양손을 번갈아 가면서 겨드랑이 방향으로 고정원그리기를 실시한다.

3 가슴 breast

가슴 아래에 있는 아래 손은 펌프 동작을 적용하고(안쪽에서 유두 방향으로) 유두 위에 있는 위쪽 손의 엄지손가락을 이용하여 로터리와 비슷한 동작을 실시한다(유두에서 겨드랑이 방향으로 3세트).

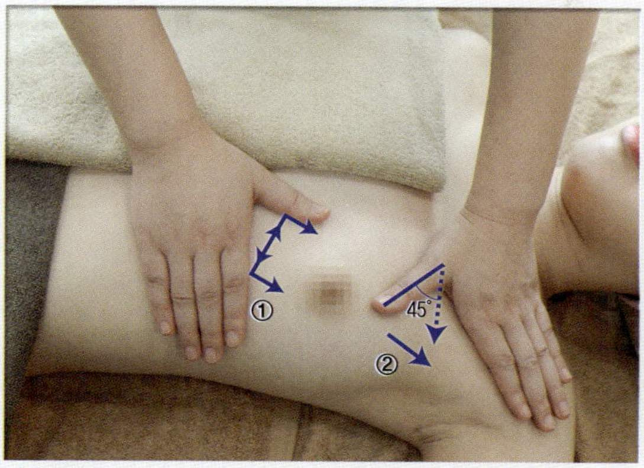

(a) 펌프-로터리 1
위 손은 빗장뼈 아래 유두 위에 엄지손가락을 놓고, 아래 손은 가슴 안쪽 하단에 올려놓는다. 위 손은 엄지손가락을 이용해 겨드랑이 방향으로 로터리-비슷한 동작을 하고 아래 손은 유두 방향으로 펌프 동작을 실시한다. 시작은 아래 손부터 한다.

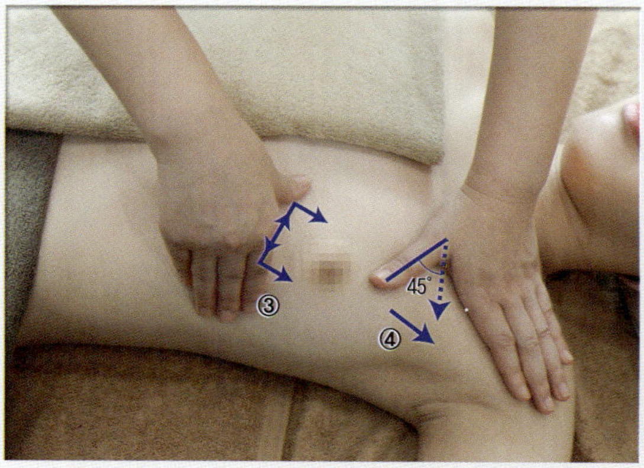

(b) 펌프-로터리 2
아래 손을 이용해 유두에 좀 더 가깝게 펌프 동작을 실시하고 위쪽 손은 로터리-비슷한 동작으로 겨드랑이 근처 쪽으로 좀 더 진행한다.

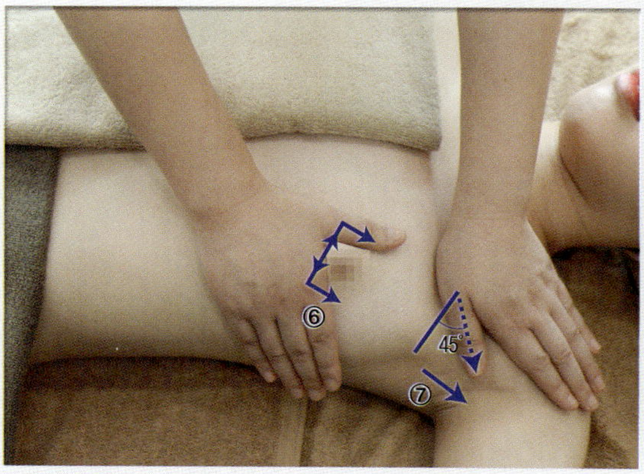

(c) 펌프-로터리 3
마지막 자세, 위 손이 겨드랑이에 있고, 아래 손 엄지손가락과 둘째손가락 사이에 유두가 놓여 있도록 진행한다.

4 가슴 아래 가슴우리 rib cage below the breast

가슴 아래 가슴우리의 중앙에서 측면으로 한 라인을 정해서 내려간다. 윗 손 먼저 시작한다(3세트).

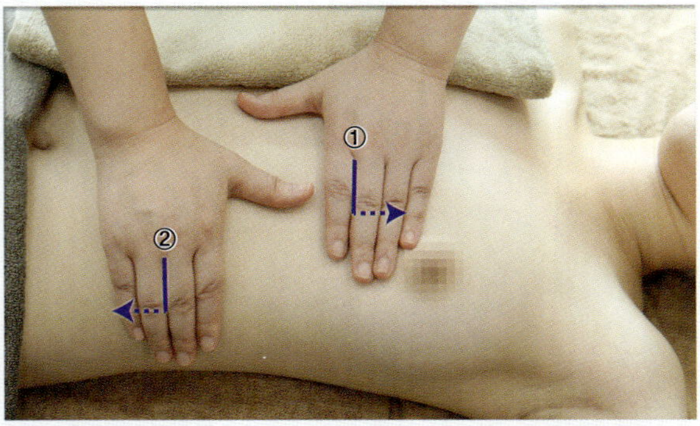

(a) 가슴벽 로터리 1

가슴 아래 가슴벽의 갈비뼈 부분에 적용하는데 하방 쪽에 있는 손은 약간 더 측면으로 내려가고, 윗 손은 복장뼈에 가깝게 놓고 교대로 측면 로터리 동작을 실시한다.

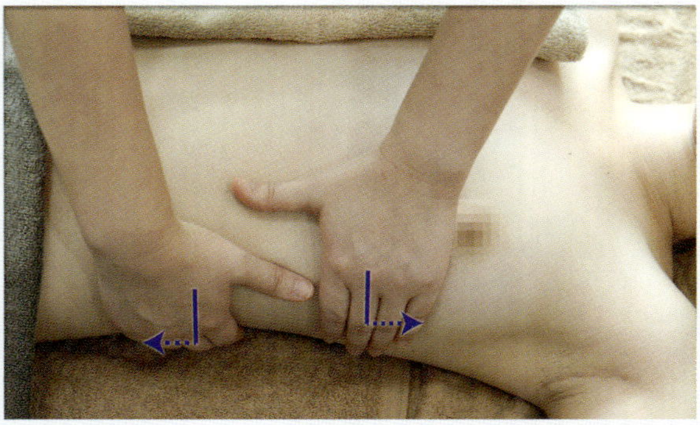

(b) 가슴벽 로터리 2

몸통의 가쪽까지 로터리 동작을 실시한다.

Tip 처음 할 때는 손바닥으로 밀고-비트는 동작으로 시작하고 다음은 정식 로터리 동작을 한다.

5 갈비사이 intercostal space

8개 손가락을 편 상태로 가슴안 방향(척추 방향)으로 작은 계란형의 고정원그리기를 적용한다. 측면에서 위로, 다시 아래로 실시한다. 가슴은 피하도록 한다(3세트).

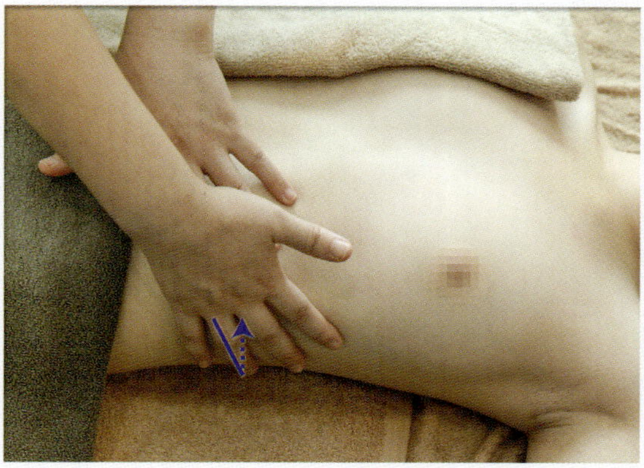

(a) 갈비사이 1
첫 번째 갈비사이 공간은 8개의 손가락을 각 갈비사이에 놓고 갈비사이로 살짝 힘을 주고 시술자 방향으로 펌하는 동작을 실시한다. 가장 가쪽에서 실시한다.

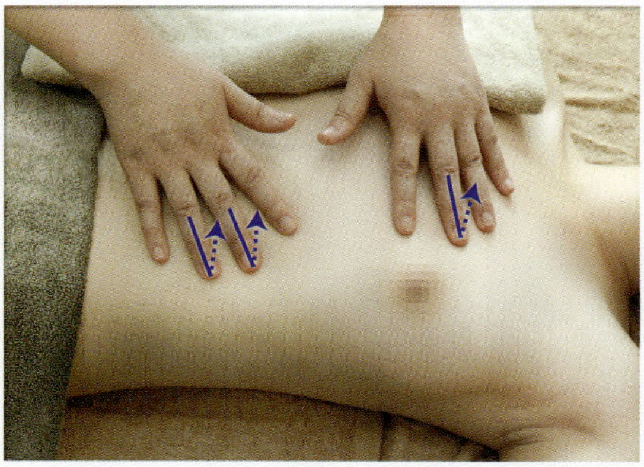

(b) 갈비사이 2
두 번째로 유두 안쪽 갈비사이에 손가락을 놓고 갈비사이에서 복장뼈 방향으로 동작을 실시한다.

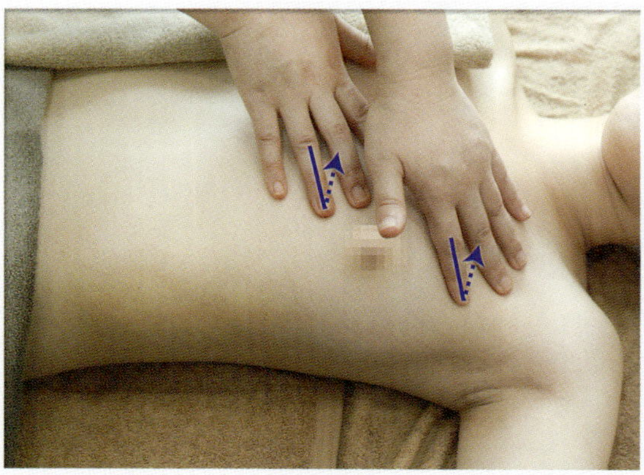

(c) 갈비사이 3
윗 방향으로 이동하면서 갈비사이에 동일하게 적용한다.

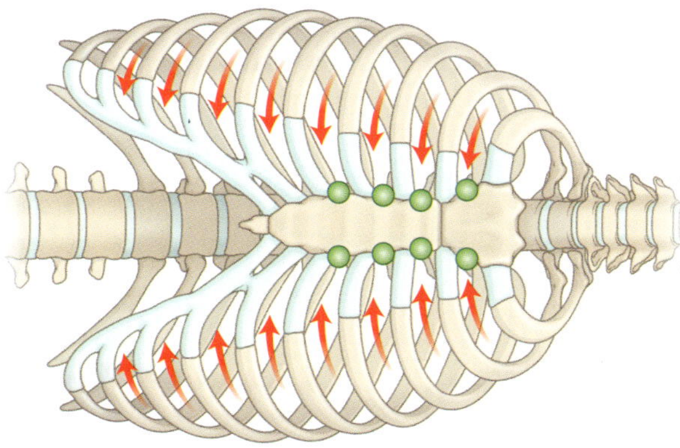

그림 10-19 갈비사이 엠엘디 적용 위치

6 복장뼈 sternum

복장뼈의 갈비뼈 시작 부위에 8개 손가락을 대고 가볍게 복장뼈 방향으로 압력을 적용한다. 3위치에서 실시하고 먼쪽에서 시작한다(3세트).

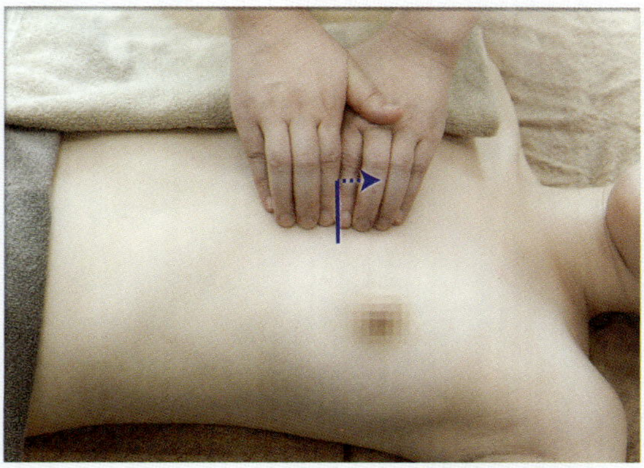

(a) 갈비사이 1

복장뼈와 갈비뼈가 이어지는 관절 부분의 갈비사이에 손가락을 나란히 배열시킨 후, 복장뼈 방향으로 가볍게 밀어 넣고 터미너스 방향으로 이완한다.

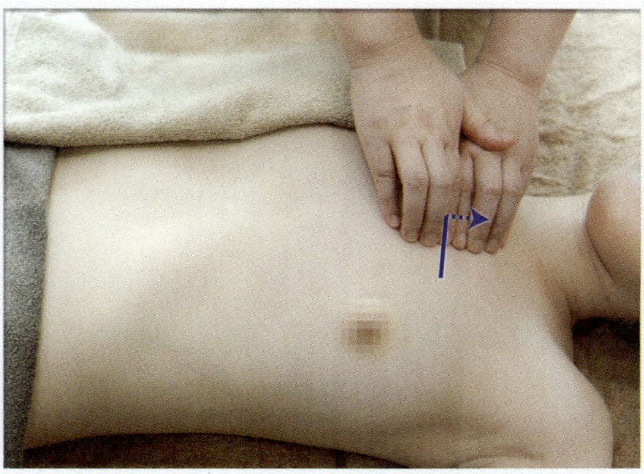

(b) 갈비사이 2

위로 올라가면서 동일하게 실시한다.

7 가슴 가쪽 lateral side of the chest

허리부터 겨드랑이까지 3위치에서 측면으로 올라가면서 8개 손가락을 이용하여 큰 고정원 그리기를 실시한다(3세트).

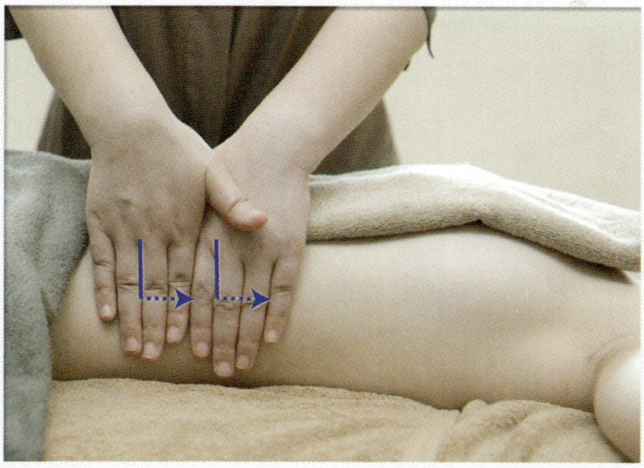

(a) 몸통 가쪽 양손 고정원그리기 1
몸통의 가쪽에 양손을 나란하게 위치한 후 테이블 방향으로 밀고 겨드랑이 방향으로 이완한다.

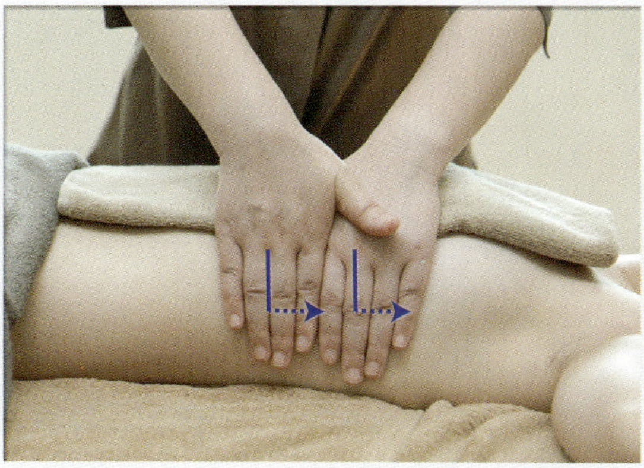

(b) 몸통 가쪽 양손 고정원그리기 2
점점 겨드랑이 방향으로 이동하면서 고정원그리기를 실시한다.

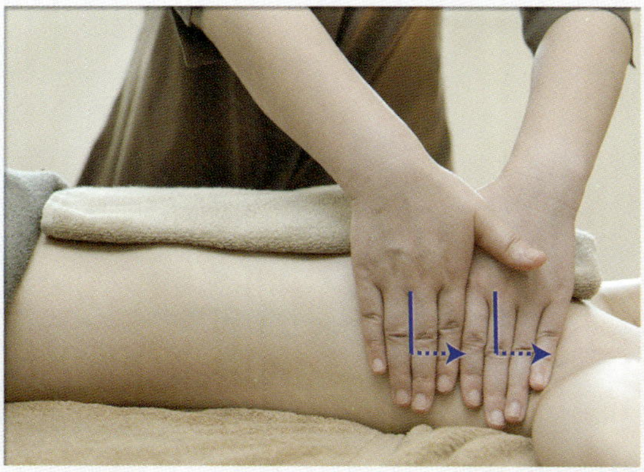

(c) 몸통 가쪽 양손 고정원그리기 3
마지막 고정원그리기는 겨드랑이에서 실시한다.

시술자의 위치 변경: 고객의 왼쪽으로 위치를 바꾼다.

8 오른쪽 가슴 위에 2~7번까지 반복(3세트)

9 하부 갈비뼈와 가슴 아래 lower ribcage and below the breast

가슴우리 하부 정중앙에서 시작해서 측면으로 이동하며 동시 로터리를 실시한다(4회). 4까지 센 다음 측면에서 겨드랑이 방향으로 올라가며 손가락을 펴고 3에서 4회에 걸쳐 위로 원그리기를 실시한다(3세트).

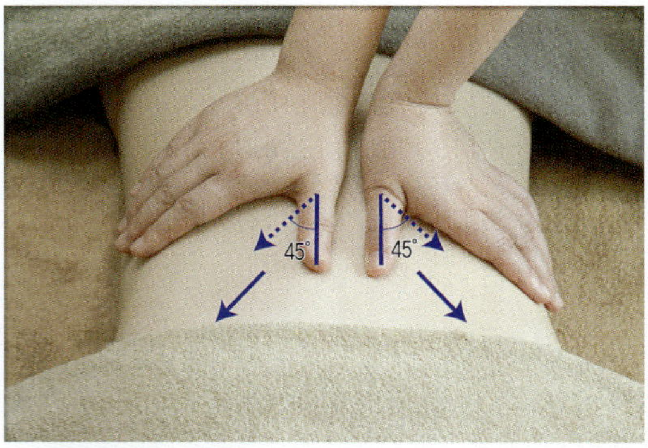

(a) 가슴우리 하부 동시 로터리(시작)
가슴우리 하부에서 양손을 이용한 동시 로터리 동작을 가쪽으로 실시한다(4회). 이동하며 실시한다.

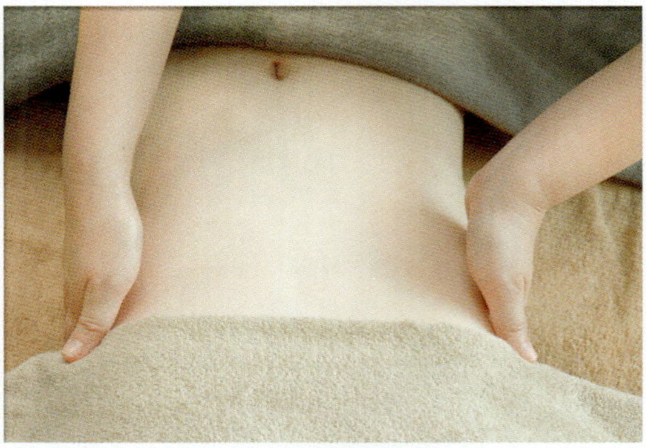

(b) 가슴우리 하부 동시 로터리(마무리)
몸통 가쪽까지 로터리를 적용한다.

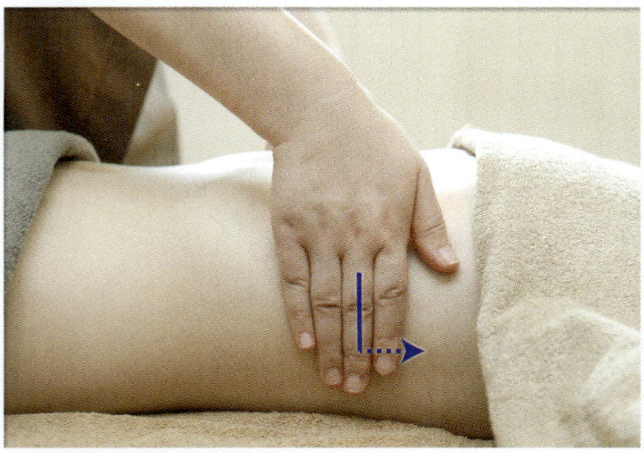

(c) 가슴우리 가쪽 고정원그리기(시작)
납작하게 손을 편 다음 테이블 방향으로 밀고 겨드랑이 방향으로 이완하는 원그리기를 실시한다.

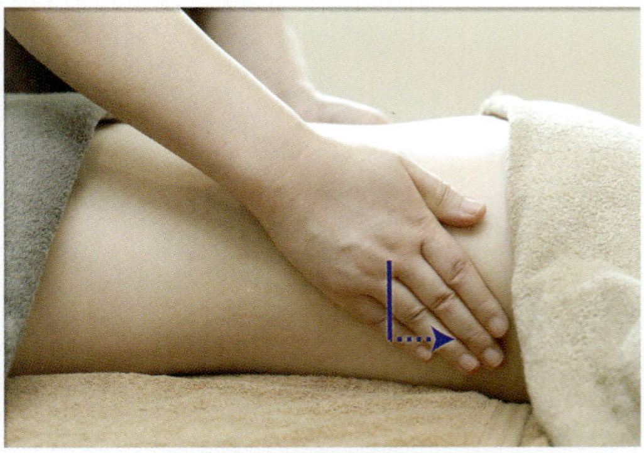

(d) 가슴우리 가쪽 고정원그리기(마무리)
겨드랑이까지 동작이 이어지도록 한다.

10 마지막 쓰다듬기 final effleurage

가슴 상부를 가볍게 쓰다듬는다(1회).

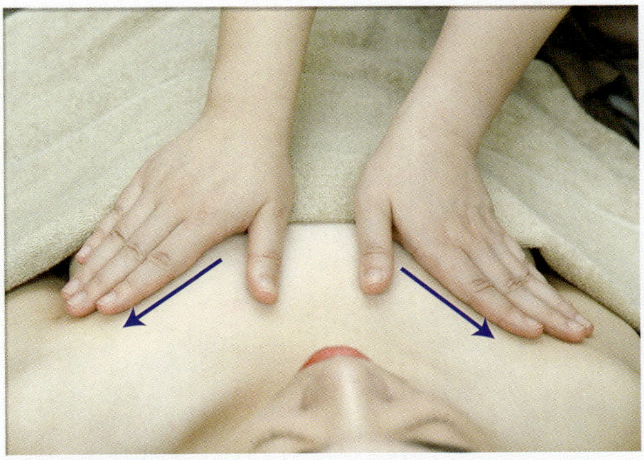

▪ **가슴 마지막 쓰다듬기**
가슴에서 겨드랑이 방향으로 가볍게 쓰다듬는다.

9. 배

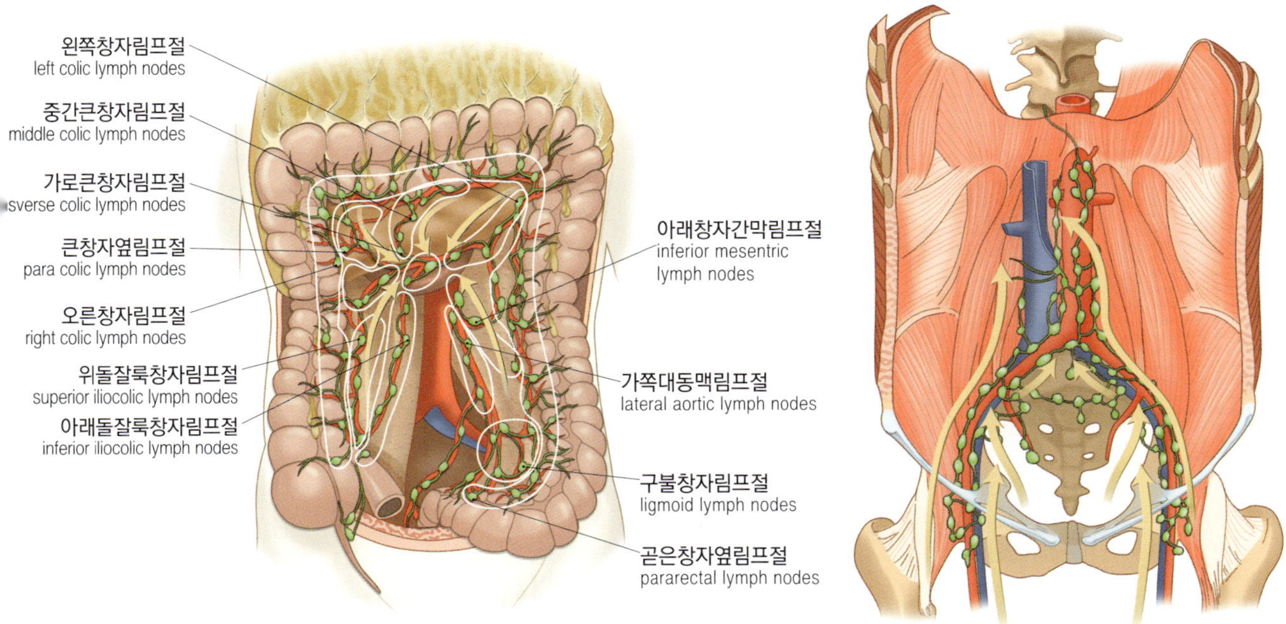

그림 10-20 배림프절

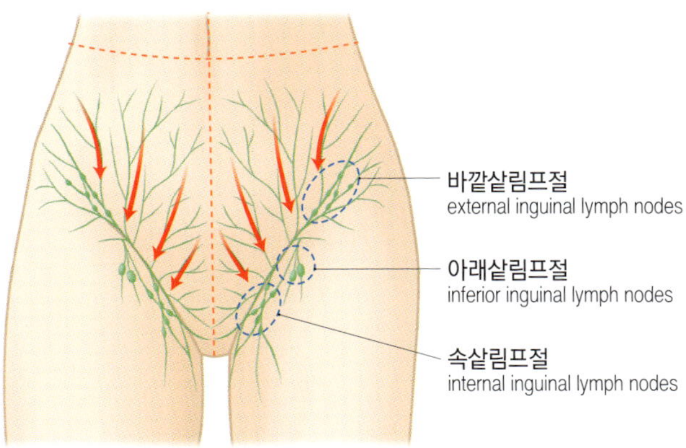

그림 10-21 아랫배 림프 흐름

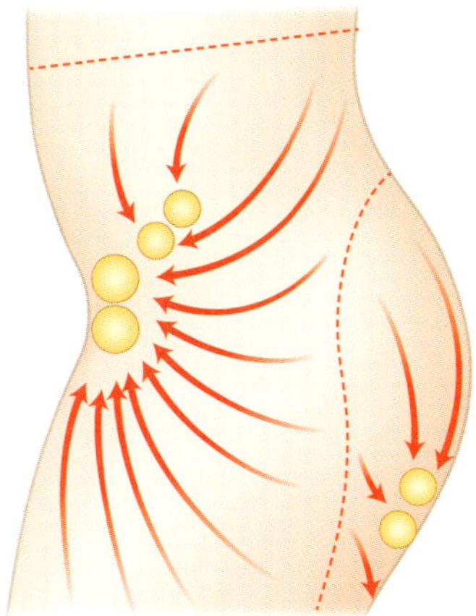

그림 10-22 아랫배 측면의 림프 흐름

자세: 고객은 바로 누운 자세, 고객의 오른편에 서서 실시한다.

1 쓰다듬기 effleurage

① 동시 로터리 기법: 두덩뼈에서 복장뼈까지 5회 로터리로 올라간다(3세트).

② 명치(solar plexus) 위에서 한손으로 시계 방향에서 손바닥으로 쓰다듬는다(3세트).

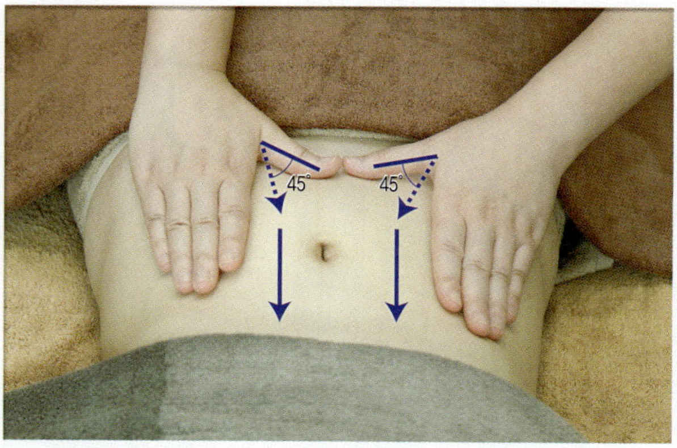

(a) 배 동시 로터리

두덩뼈에서 시작해서 복장뼈 방향으로 양손으로 동시에 로터리 동작을 취하면서 올라간다.

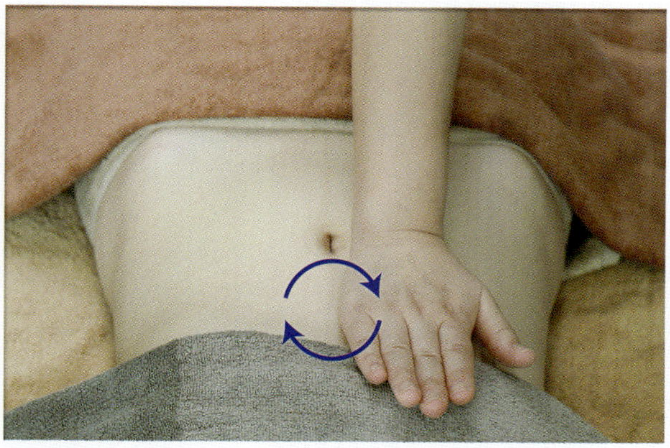

(b) 윗배 쓰다듬기

배꼽 윗배(명치)부분을 시계 방향으로 3세트 원을 그리면서 쓰다듬는다.

2 내리창자 위 쓰다듬기

손가락을 펴고 교대로 약간 강한 압력(firm pressure)을 두덩뼈 방향으로 적용한다(3세트).

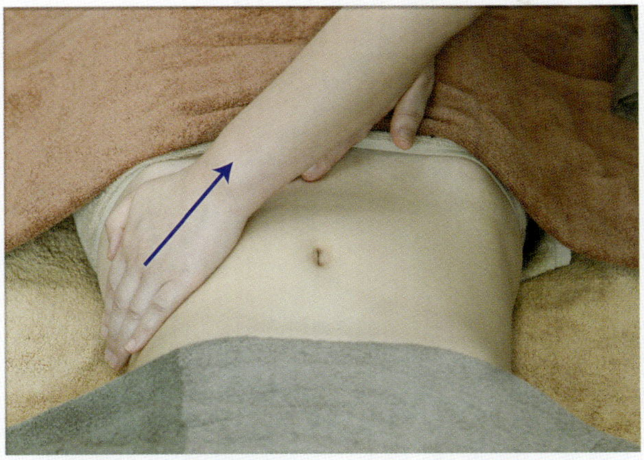

■ **두덩뼈 방향으로 쓰다듬기**
엉덩뼈능선에서 두덩뼈 방향으로 내림창자를 따라서, 양손가락에 약간 힘을 준 채로 번갈아 가면서 쓰다듬는다.

Tip 골반 안쪽으로 시행하되 두덩뼈 방향으로 사선으로 쓰다듬기를 하되 두덩뼈 위 부분은 방광이 있으므로 압력을 주지 않아야 한다.

3 큰창자colon

양손을 이용하여 하행, 상행, 가로창자를 삼각형 패턴으로 쓰다듬는다(오른손은 그대로, 왼손은 그 위로 점프, 3세트).

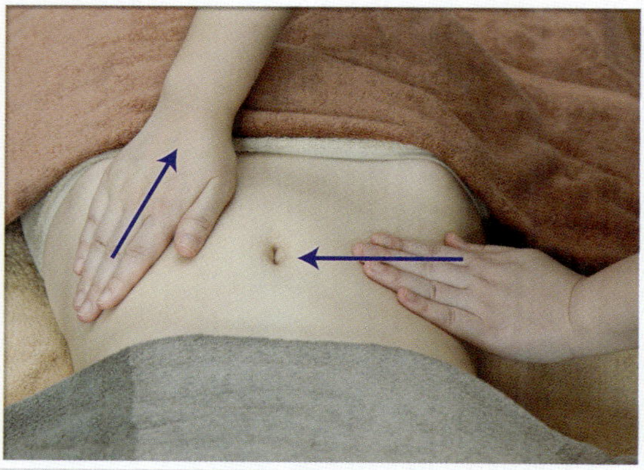

(a) 삼각형 패턴 1
배꼽을 기준으로 오른손은 내림창자가 시작되는 부분에, 왼손은 가로창자가 시작되는 부분에 놓고 동시에 오른손은 두덩뼈 방향으로, 왼손은 배꼽 방향으로 쓰다듬는 동작을 취하면서 이동한다.

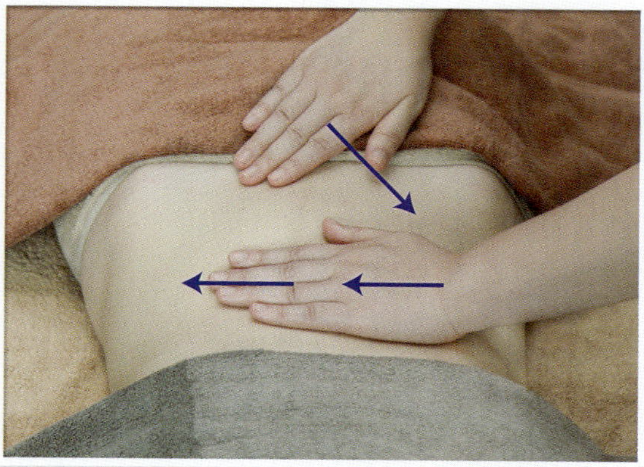

(b) 삼각형 패턴 2
배꼽과 두덩뼈까지 이동을 한 모습이며 연속적으로 오른손은 왼손이 처음에 있던 방향으로 이동한다.

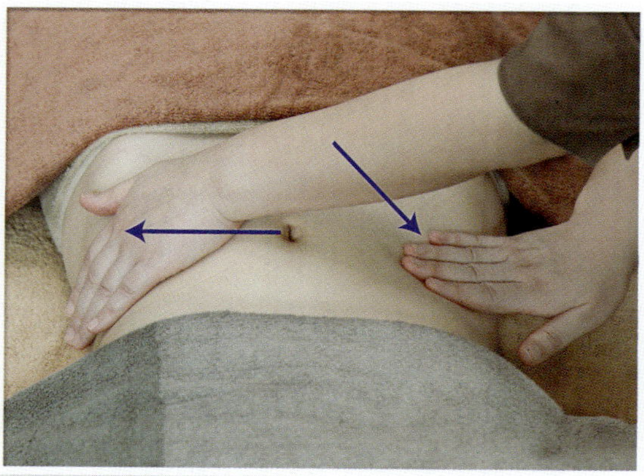

(c) 삼각형 패턴 3
왼손이 처음 오른손이 놓였던, 내림창자가 시작되는 곳으로 이동한 모습이다. 연속적으로 오른손은 배꼽을 향하여 이동하고 다시 왼손은 두덩뼈 방향으로 이동하면서 쓰다듬는 동작을 취한다.

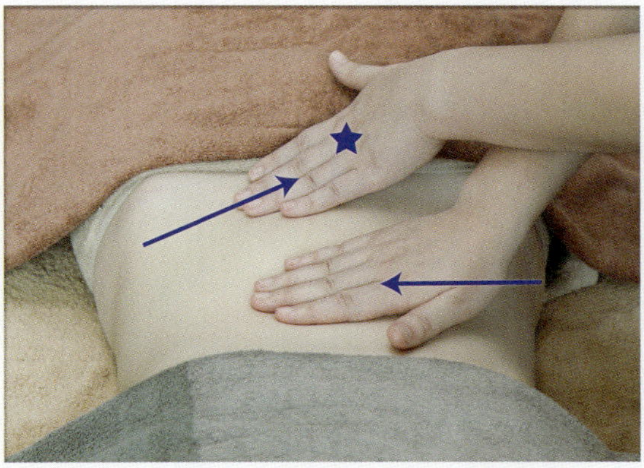

(d) 삼각형 패턴 4
왼손이 두덩뼈 위로 오고 오른손이 배꼽 위로 오게 되면 팔이 X자 형태로 되는데 이때 왼손(★)을 들어서 오른손 아래로 넣는다.

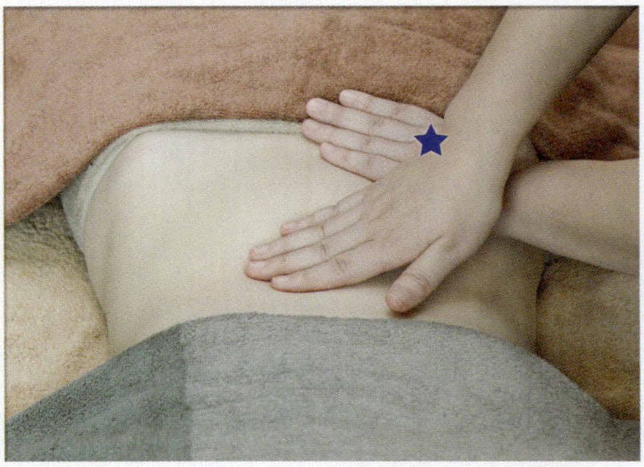

(e) 삼각형 패턴 5
두덩뼈 위에 있던 왼손을 오른손의 아래로 이동시킨다.

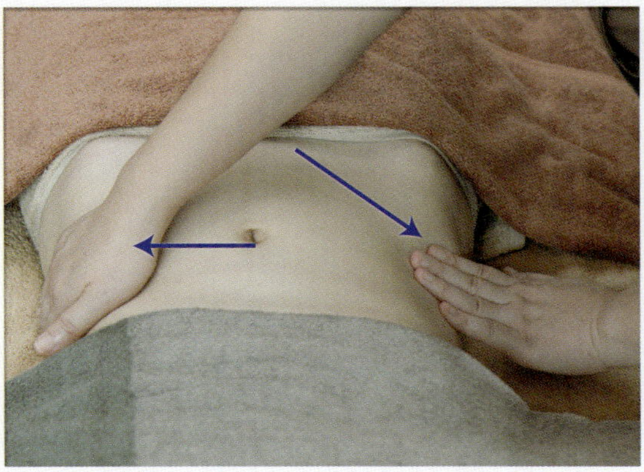

(f) 삼각형 패턴 6
배꼽 위에 있던 오른손은 처음 위치인 내림창자가 시작되는 부분으로 다시 이동하고, 왼손은 가로창자가 시작되는 부분으로 이동하면서 쓰다듬는 동작을 실시한다.

Tip 방광이 있는 부분은 압력이 적용되지 않도록 살짝 힘을 빼도록 한다.

4 결장(피부에서만 적용)skin treatment only on colon

손을 포개어 대고 내림창자 위에서부터 3위치에서 고정원그리기를 실시한다(당긴다). 올림 그리고 가로창자에서도 고정원그리기를 실시한다(민다). 언제나 손가락을 결장과 평행하게 유지시키도록 한다. 내림창자에서는 두덩뼈 방향으로 피부를 당기고 올림창자와 가로창자에서는 밀어 올리도록 한다(3세트).

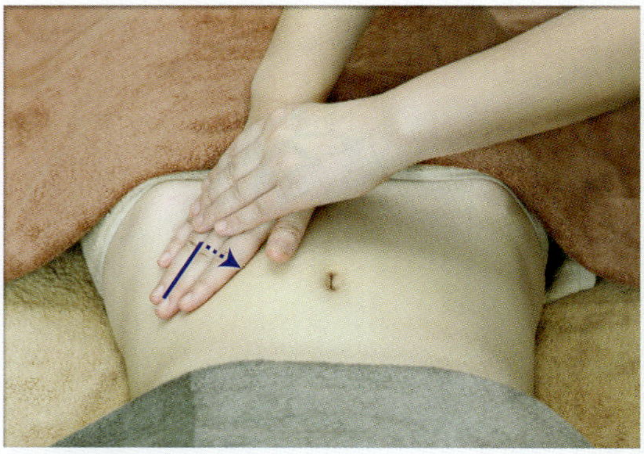
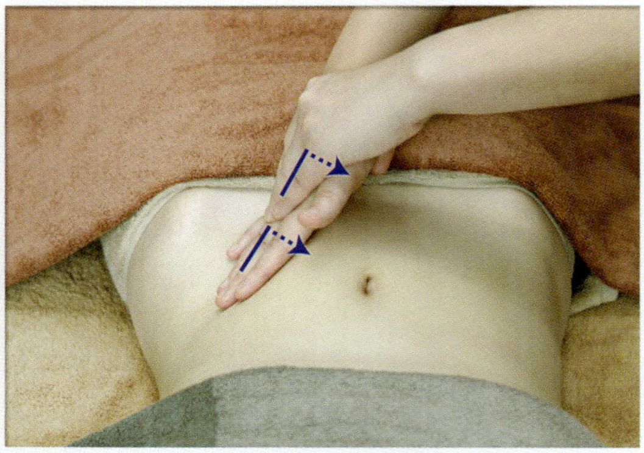

(a) 내림창자

내림창자가 있는 곳에 양손을 가볍게 포개어 두덩뼈 방향으로 가볍게 피부를 폄한 후 배꼽 방향으로 이완한다.

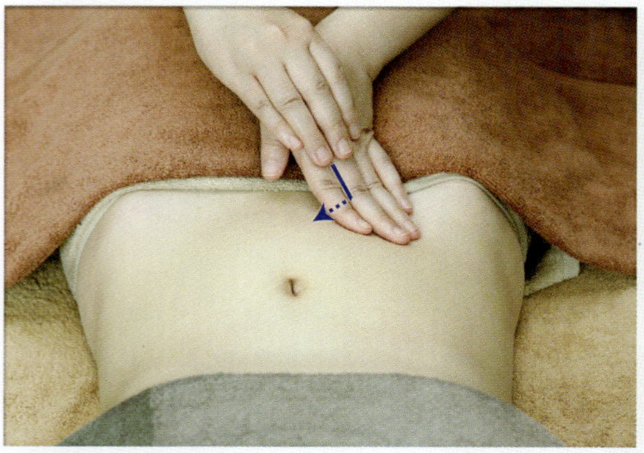
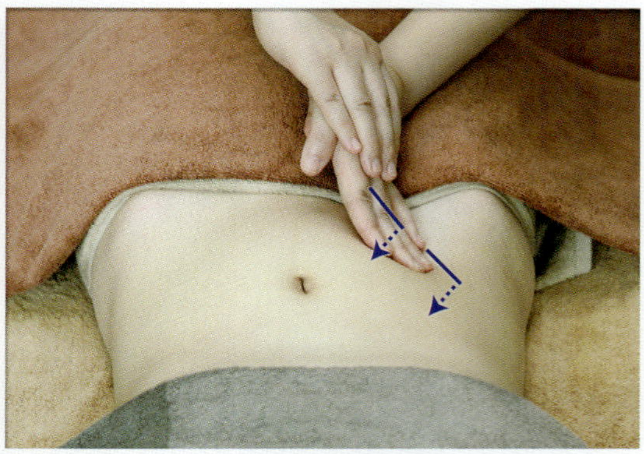

(b) 올림창자

두덩뼈까지 내려오면 손가락 끝 방향을 바꾸어서 올림창자 방향으로 위치하게 한 후 손가락 끝 방향으로 폄한 후 배꼽 방향으로 이완한다.

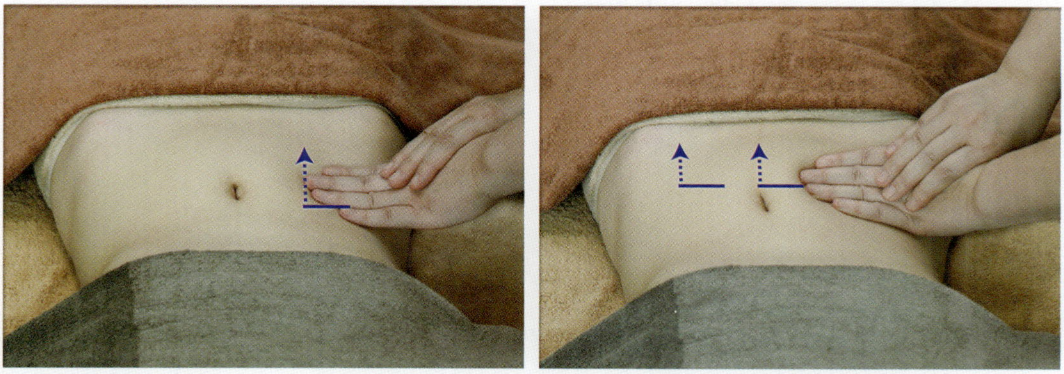

(c) 가로창자

방향을 바꾸어서 손가락 끝이 가로창자가 향하는 방향으로 오게 한 후, 배꼽을 가로지르면서 가로창자를 따라서 손끝에서 하방으로 이완한다.

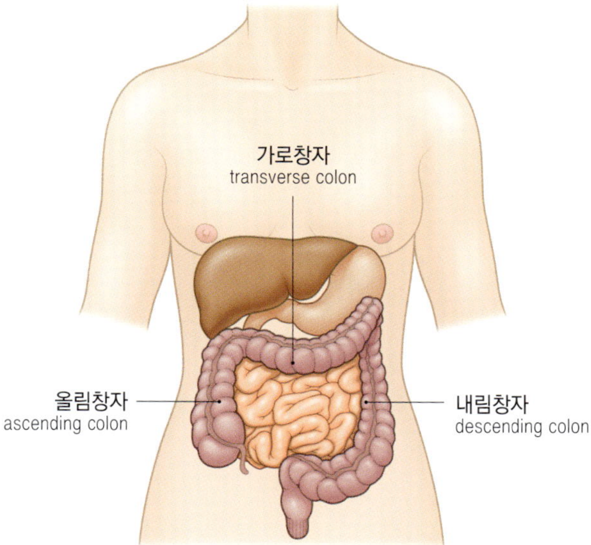

그림 10-23 결장의 각 부분 명칭

5 체중 감량 기법weight reduction

배꼽 아래 아랫배 위에서 교대로 로터리 동작을 실시한다. 앞뒤로, 필요 시 좌우로도 적용하도록 한다. 이 동작은 수차례 반복한다.

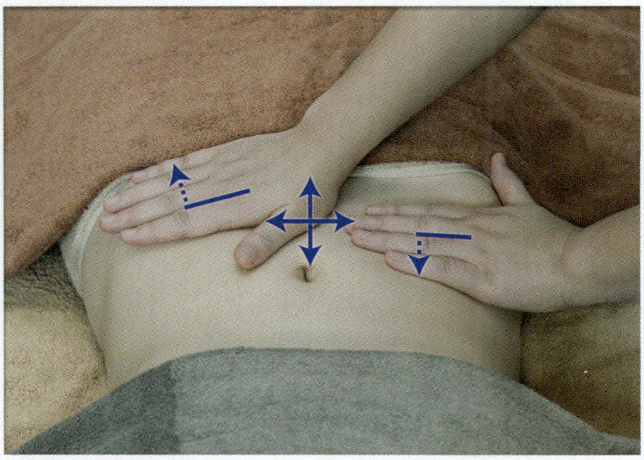

앞뒤/좌우 로터리
양손 로터리 동작을 이용하여 배 앞쪽면을 앞뒤/좌우로 이동하면서 수차례 반복한다.

Tip 아랫배는 배꼽 아래에서 두덩뼈 쪽으로 역삼각형의 형태를 취하고 있으므로 배꼽 아래는 뒤쪽에 왼손을 그리고 앞쪽에는 오른손을 놓고 로터리를 적용하는 것이 효율적이다.

6 배림프절 abdominal lymph nodes

두덩뼈 상부 배곧은근 한 부분에 4개 손가락 패드를 올려 놓는다. 이때 고객의 눈을 바라보면서 피부를 발쪽으로 가볍게 밀었다가, 깊게 누르고 유미조 방향으로 마무리한다(3~5회). 반대편도 배곧은근 부분에서 수차례 반복한다(3~5회).

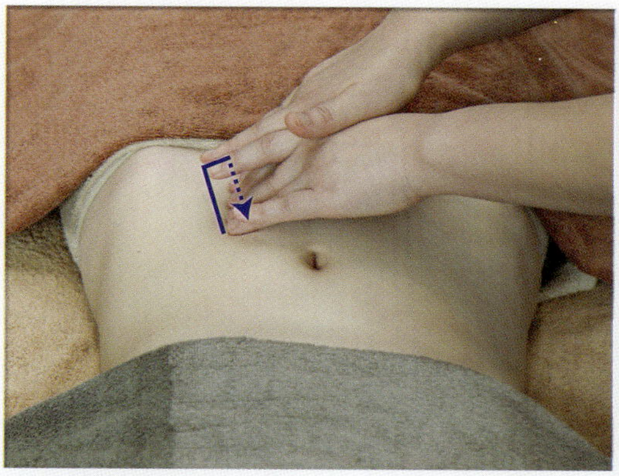

(a) 왼쪽배림프절

배꼽 아래부분의 배곧은근 가쪽면에 손가락의 패드를 나란히 배열시킨 후 시행한다.

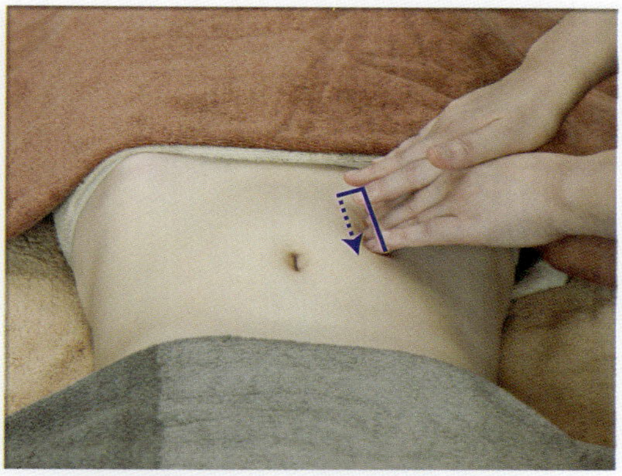

(b) 오른쪽배림프절

반대편 가쪽 배곧은근 주변의 림프절도 동일한 요령으로 실시한다.

Tip 부위가 좁은 경우 8개의 손가락을 다 이용하지 않고 양손 셋째, 넷째손가락을 나란하게 한 후 적용한다.

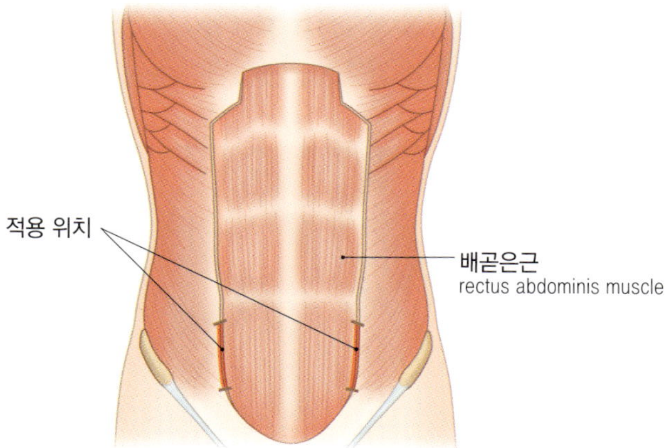

그림 10-24 배곧은근과 배림프절 적용 위치

7 호흡과 마무리 쓰다듬기 final effleurage with breathing

시술자가 두덩뼈에서 복장뼈 방향으로 세 번에 걸쳐 로터리 동작을 취할 때 고객은 숨을 들이마신다. 그다음, 고객이 숨을 내쉴 때, 엄지손가락으로 갈비활(costal arches) 하방으로 평행하게 쓰다듬고 이어서 두덩뼈까지 엉덩뼈능선과 샅고랑인대를 따라 손가락으로 쓸어내린다(3세트).

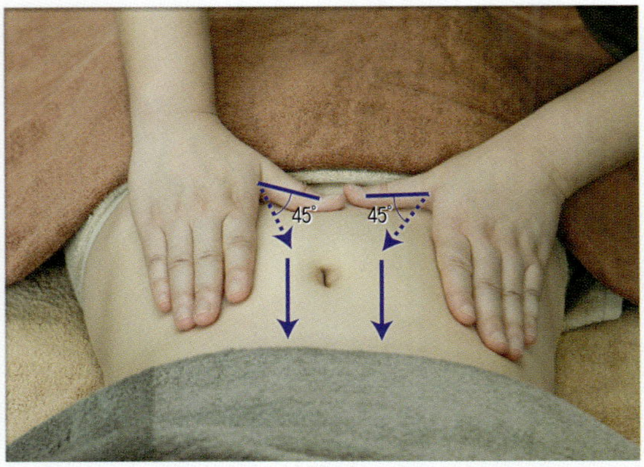

(a) 마무리 로터리
두덩뼈에서 동시에 양손 로터리 동작을 복장뼈 방향으로 3회에 걸쳐 실시하는데, 이때 고객에게 크게 숨을 들이 마시면서 배가 위로 돌출되도록 요구한다.

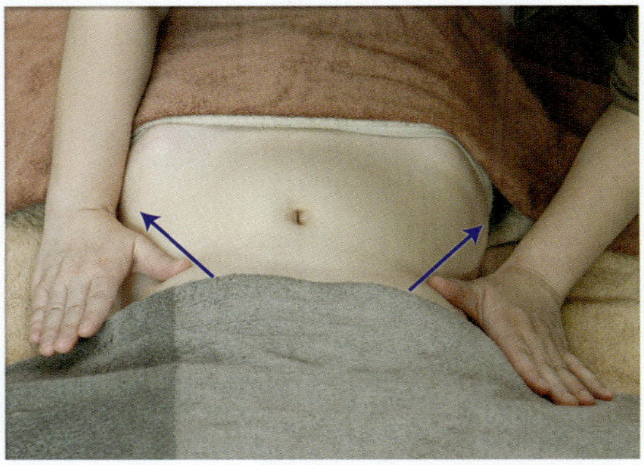

(b) 쓰다듬기 1
세 번째 로터리 동작이 복장뼈 부근에서 끝나게 되면, 고객에게 숨을 깊이 내쉬라 하고 갈비활을 따라서 엄손가락과 손바닥을 이용해 쓰다듬기를 한다.

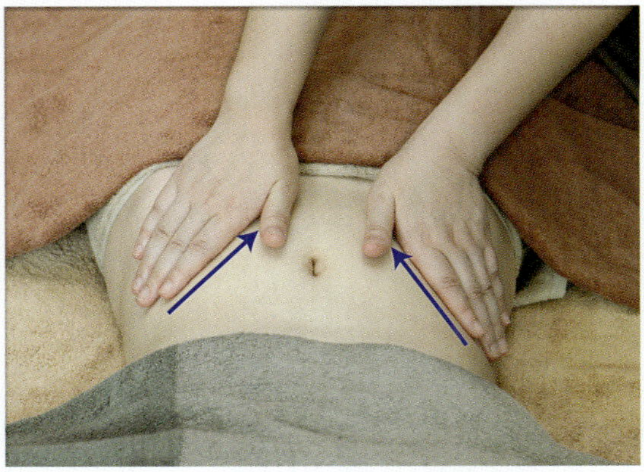

(c) 쓰다듬기 2
갈비활을 따라와 엉덩뼈능선 부분까지 이르게 되면 엉덩뼈능선에서 두덩뼈 방향으로 손가락을 이용해서 연속해서 쓰다듬는다.

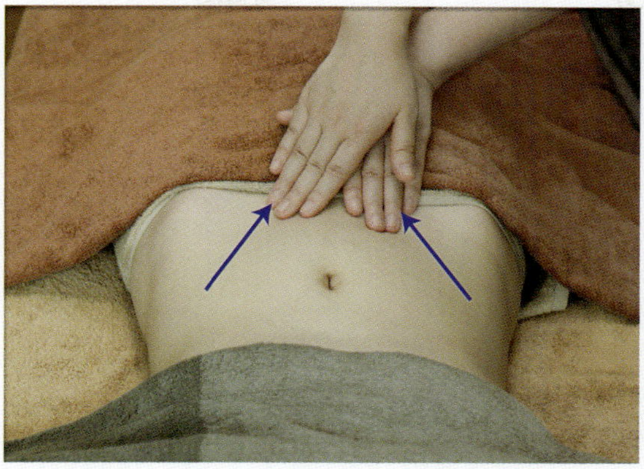

(d) 쓰다듬기 3
두덩뼈가 있는 곳까지 내려온 모습

각 부분별 엠엘디 적용 방법은 Dr. Vodder 스쿨에서 최근 제시하는 방법이며, 교육목적으로 이해를 돕고자 하였습니다.

참조: Wittlinger H, Wittlinger D, Wittlinger A, et al.: Dr. Vodder's Manual Lymph drainage—a practical guide—. New York: Thieme, 2018

CHAPTER

11

림프 손상 시 엠엘디 실기

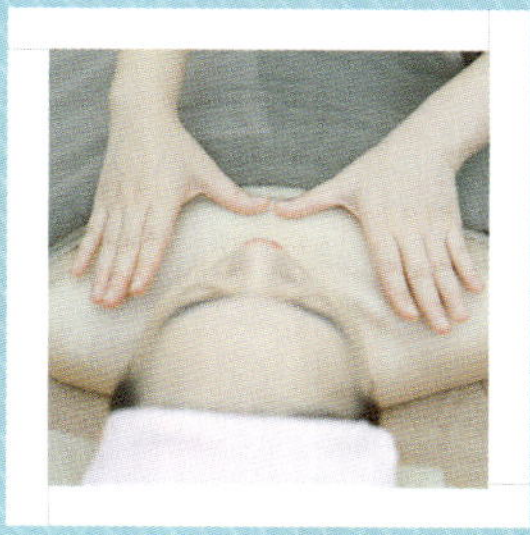
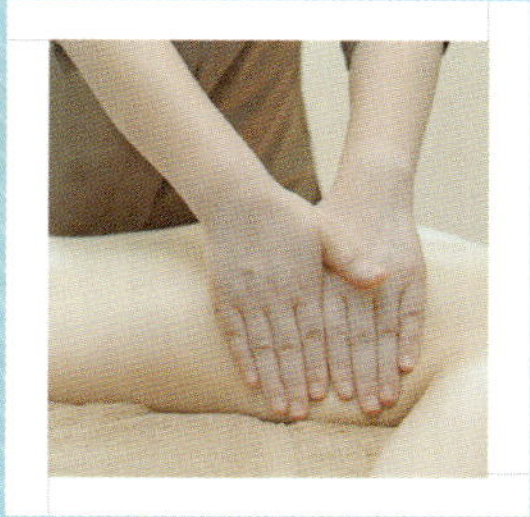

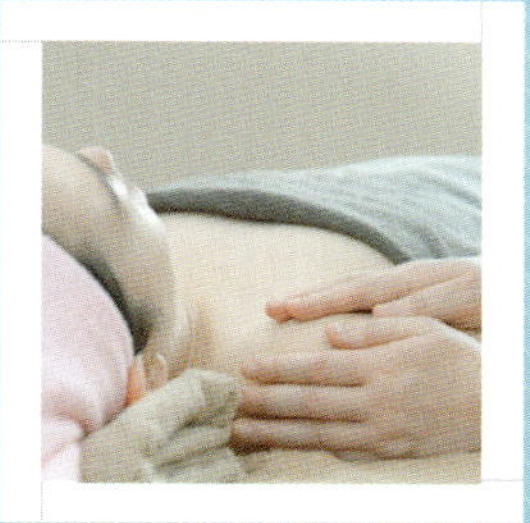
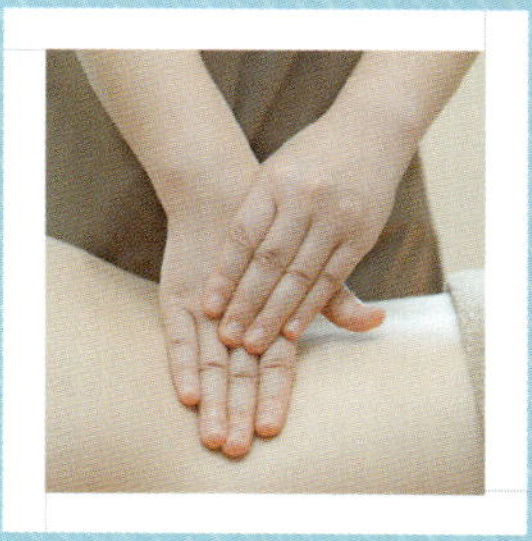
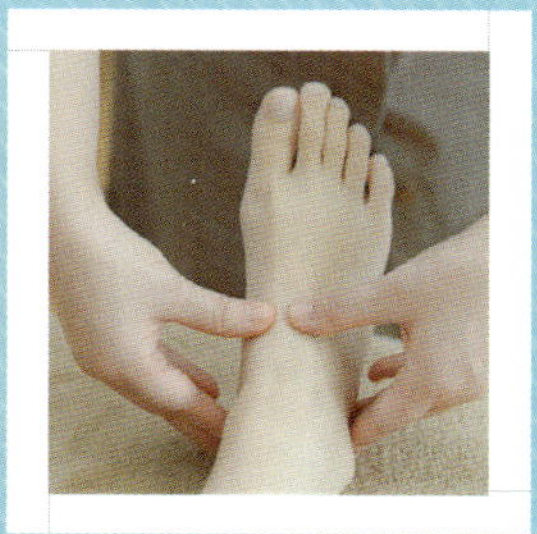

1 얼굴부종(반)

선천적, 후천적으로 빗장뼈 위의 중심부에 있는 림프기관의 기능 저하로 인해 얼굴의 반이 붓는 증상이 나타날 수 있다. 림프기관의 기능 저하 또는 소실이기 때문에 엠엘디 적용은 동일한 형태로 이루어진다. 주로 같은 쪽으로 앞쪽 겨드랑림프절과 뒤쪽의 겨드랑림프절로 림프 흐름을 유도하는 방식으로 치료가 이루어진다. 45° 정도 목부와 날개뼈 주변을 편안하게 올리게 한 후 시행하는 것이 효과적이다.

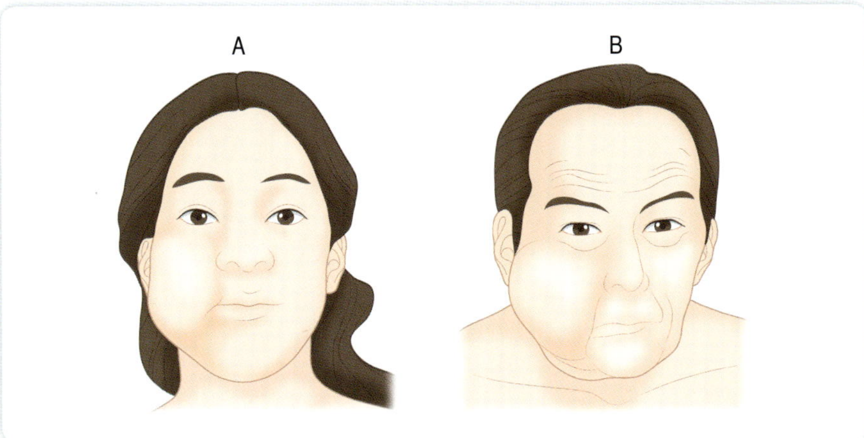

그림 11-1 얼굴부종. A: 오른쪽 일차성 얼굴부종, B: 오른쪽 이차성 얼굴부종

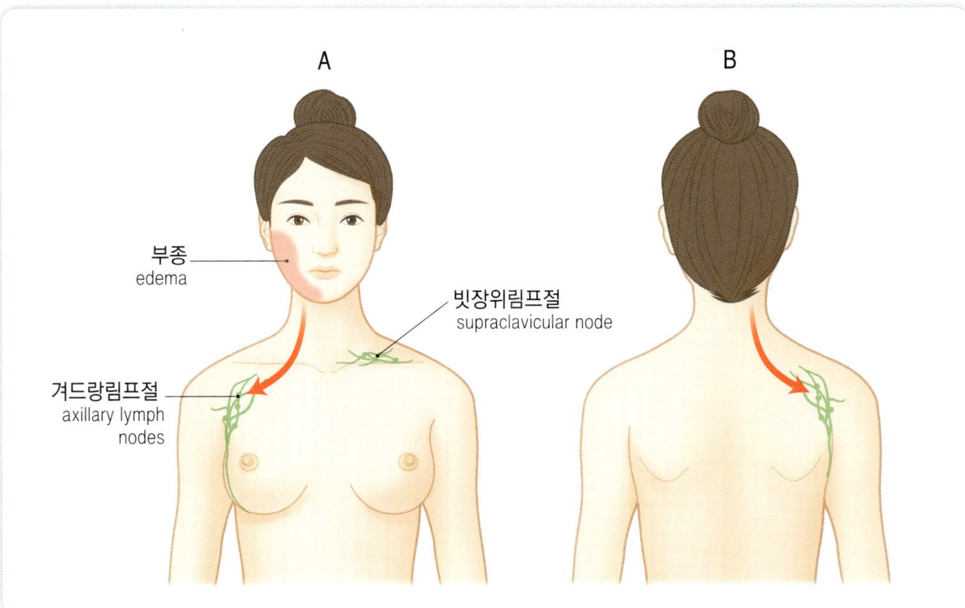

그림 11-2 이차적 우회로. A: 앞면은 같은 쪽 앞 겨드랑림프절 방향, B: 뒷면은 같은 쪽 뒤 겨드랑림프절 방향

2 얼굴 양측 림프부종

빗장뼈 위 주요 림프기관의 손상으로 얼굴 양쪽에 부종이 나타날 수 있으며, 일차성인 경우보다 이차성인 경우가 더 많다. 인후두의 수술이나 방사선 치료 등으로 인해 자주 발생한다. 엠엘디 시 림프 흐름은 같은 쪽 앞, 뒤의 겨드랑림프절 방향으로 하는 것이 좋다.

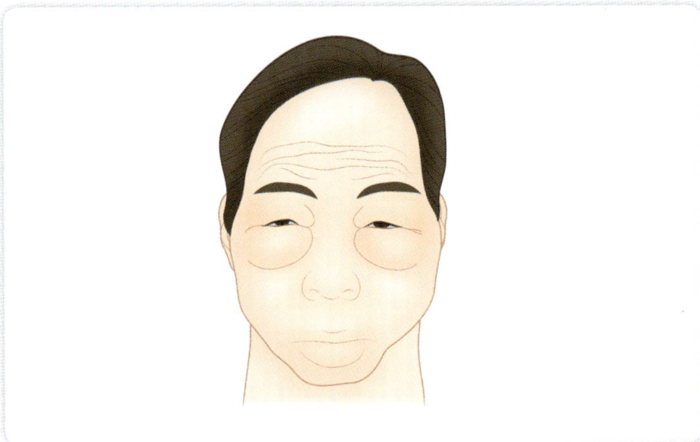

그림 11-3 후두(larynx)암에 대한 방사선, 수술로 인한 이차성 얼굴부종

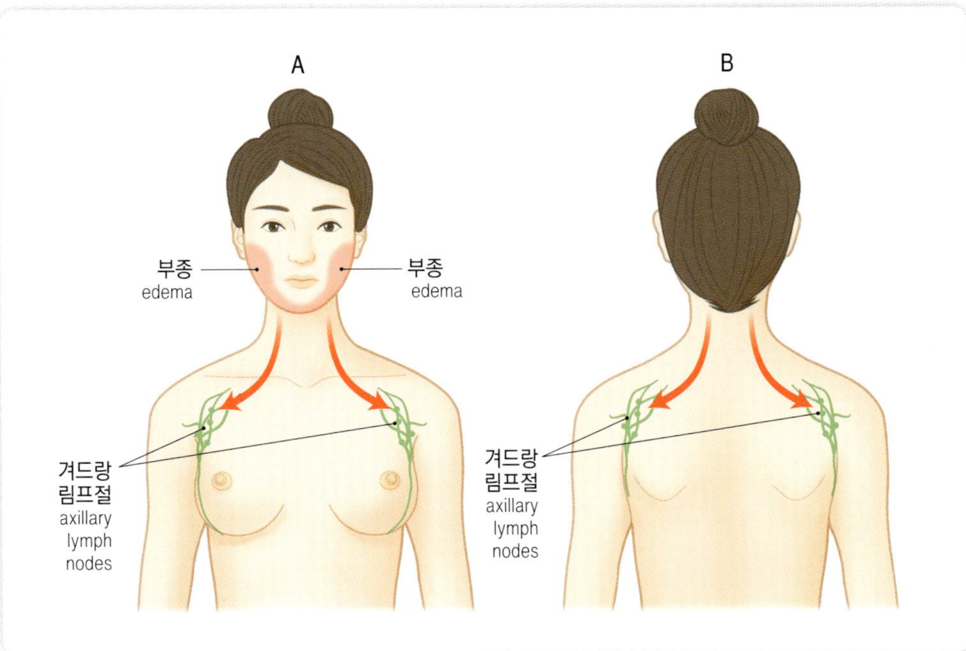

그림 11-4 이차적 우회로. A: 앞면은 양측 앞 겨드랑림프절 방향, B: 뒷면은 양측 뒤 겨드랑림프절 방향

3 가슴부 및 젖가슴 그리고 팔의 림프부종

유방암으로 인해 겨드랑림프절이 손상되는 경우에 같은 쪽 몸통, 팔까지 부종이 발생할 수 있다. 수술이나 방사선 치료 등으로 겨드랑림프절의 손상이 발생하므로 이 방향으로의 림프 흡수가 어렵게 되면 부종이 나타나는데, 가슴 부분에서 부종이 나타나면 같은 쪽 빗장뼈 위 터미너스 방향, 반대편 겨드랑이 방향, 심부의 가슴뼈림프절 방향 그리고 같은 쪽의 샅림프절 방향으로 엠엘디가 시행된다(그림 11-5~7). 팔이 붓는 경우에도 겨드랑림프절로는 흡수가 잘 되지 않으므로 가슴과 동일하게 주변 림프절 방향으로 엠엘디를 시행하는 것이 좋다. 앞뒤에서 모두 가능하며, 엠엘디는 가능한 한 일찍 시행하는 것이 좋다. 시간이 지날수록 림프관의 퇴행화가 먼 쪽으로 진행되기 때문이다.

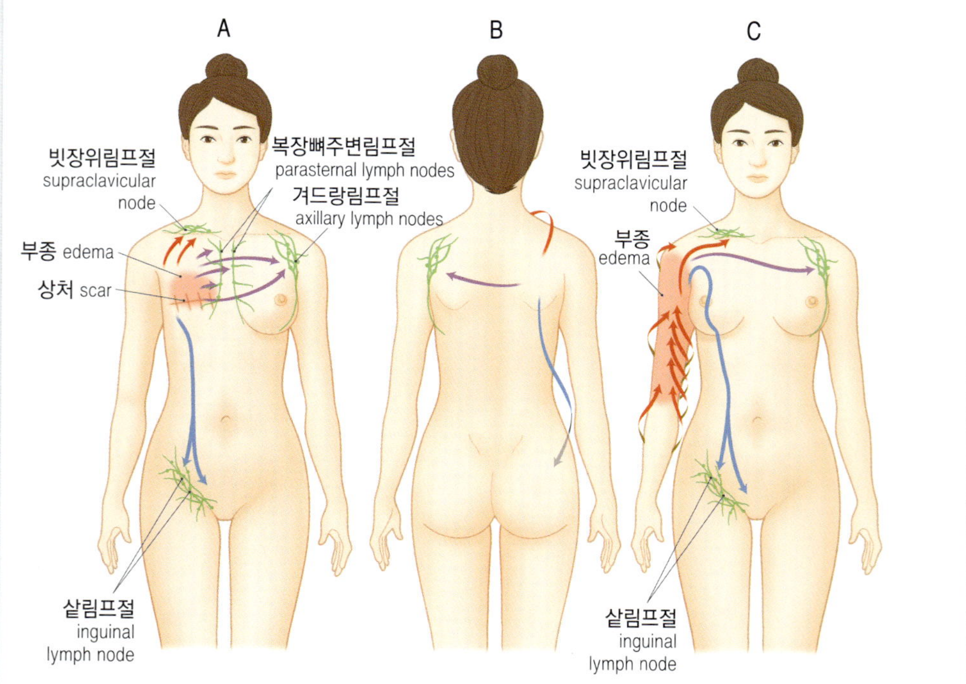

그림 11-5 유방암 후 부종. A, B: 가슴, 가슴 림프부종의 이차적 우회로, C. 위팔 부종의 이차적 우회로

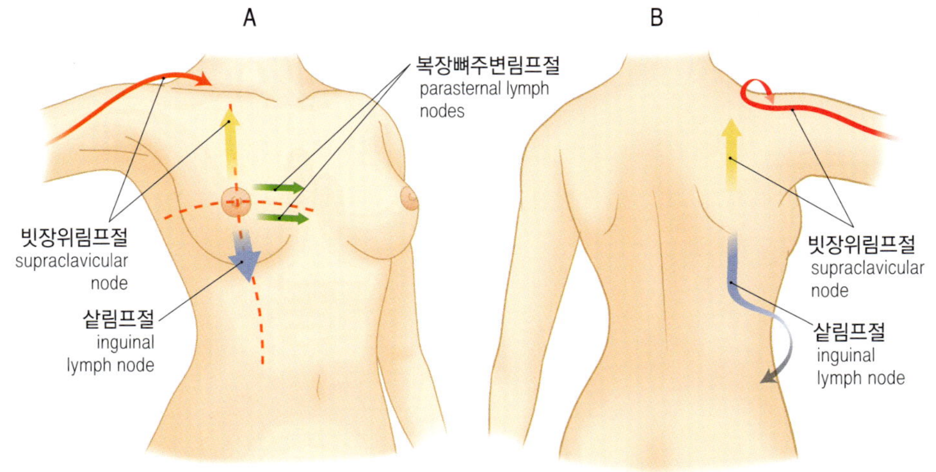

그림 11-6 위팔 림프부종의 이차적 우회로. A: 앞면은 빗장뼈 위, 복장뼈, 같은 쪽의 샅림프절 방향, B: 뒷면은 빗장뼈위, 앞면으로 돌아서 샅림프절 방향

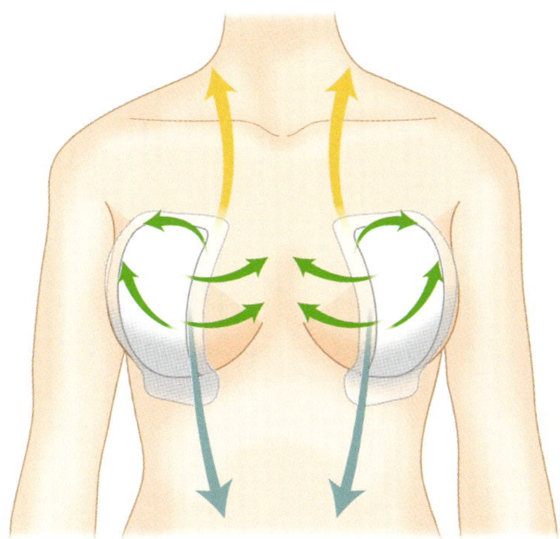

그림 11-7 양측 유방 수술 후 림프부종의 이차적 우회로

4 편측 다리, 외음부, 아랫배의 림프부종

주로 자궁내막, 자궁목부암, 난소, 질, 외음부, 방광, 직장, 고환, 전립샘 및 흑색종으로 인해서 다리 림프부종이 발생한다(그림 11-8). 샅이나 골반의 림프절 손상을 유발시키는 수술이나 방사선 치료 후 하복부, 다리, 외음부, 엉덩이로 부종이 나타날 수 있다. 편측 다리의 부종인 경우, 같은 쪽의 겨드랑림프절과 반대편의 샅림프절로 엠엘디 방향을 설정하면 된다(그림 11-9).

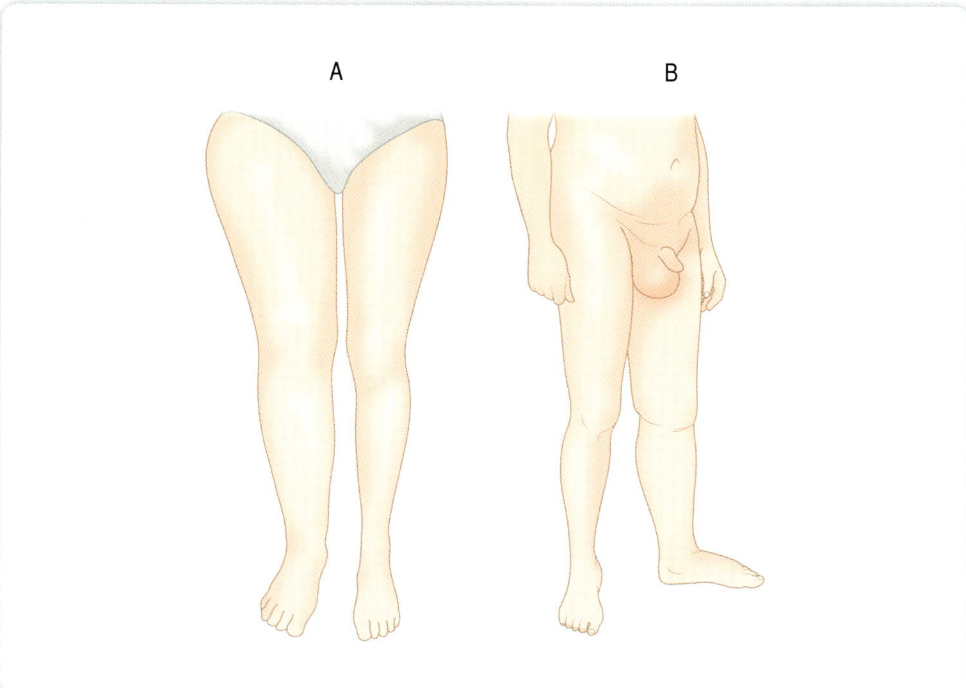

그림 11-8 **다리 림프부종.** **A:** 림프절 절제 후 발생된 오른쪽 다리의 이차성 림프부종, **B:** 전립샘암으로 인한 방사선, 수술로 인한 배, 외성기, 왼쪽 다리의 이차성 림프부종

1) 외음부 부종

외음부에 집중적으로 림프부종이 발생된 경우, 엠엘디 방향은 양측 겨드랑이 방향이 될 수 있다. 일반적으로 외음부가 붓는 경우에는 아랫배가 같이 붓는 경우가 많다. 전체적으로 양측 겨드랑이와 상방 몸통 쪽으로 림프 흐름을 만들어 주변 부종 완화에 도움이 된다(그림 11-10).

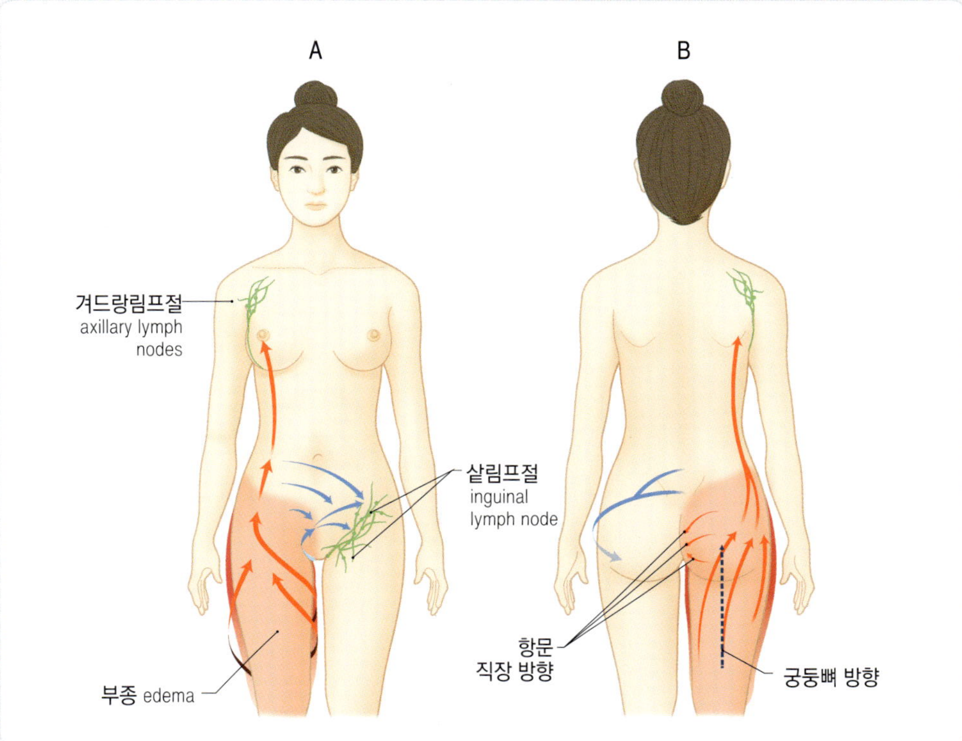

그림 11-9 오른쪽 아랫배, 엉덩이부, 외성기 다리 림프부종의 이차적 우회로. A: 앞면은 같은 쪽 겨드랑이와 반대편 샅림프절 방향, B: 뒷면은 항문직장 방향과 궁둥뼈에서 같은 쪽 겨드랑림프절 방향

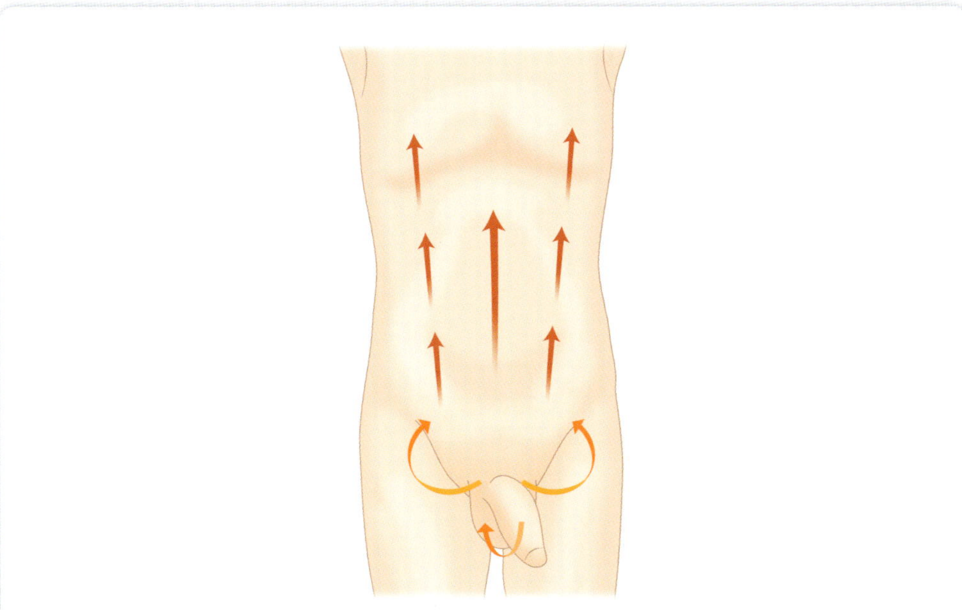

그림 11-10 이차성 외성기 부종의 이차적 우회로 양측 겨드랑이 방향과 후방의 항문직장 방향

2) 양측성 다리 림프부종

양측성 다리 림프부종인 경우, 주요 림프 흐름은 양측 겨드랑이 부분이 된다. 양측 샅림프절이나 골반림프절의 손상으로 부종이 발생하게 된다(그림 11-11). 앞에서는 허벅지 안쪽에서 바깥 방향으로 보내어 겨드랑이 방향으로 엠엘디를 시행하고, 뒤에서는 허벅지 윗방향에서 엉덩이 바깥 방향으로 보낸 후, 겨드랑림프절 방향으로 보내면 된다. 또한 볼기에서 항문 근처에 천장관절 림프 흐름을 이용하여 림프 흡수를 도와 주는 것도 도움이 된다(그림 11-12).

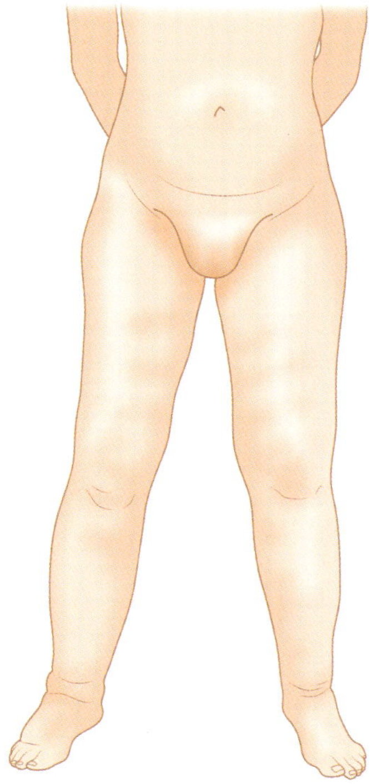

그림 11-11 자궁암으로 인한 방사선, 수술로 인한 이차성 양측 다리 림프부종

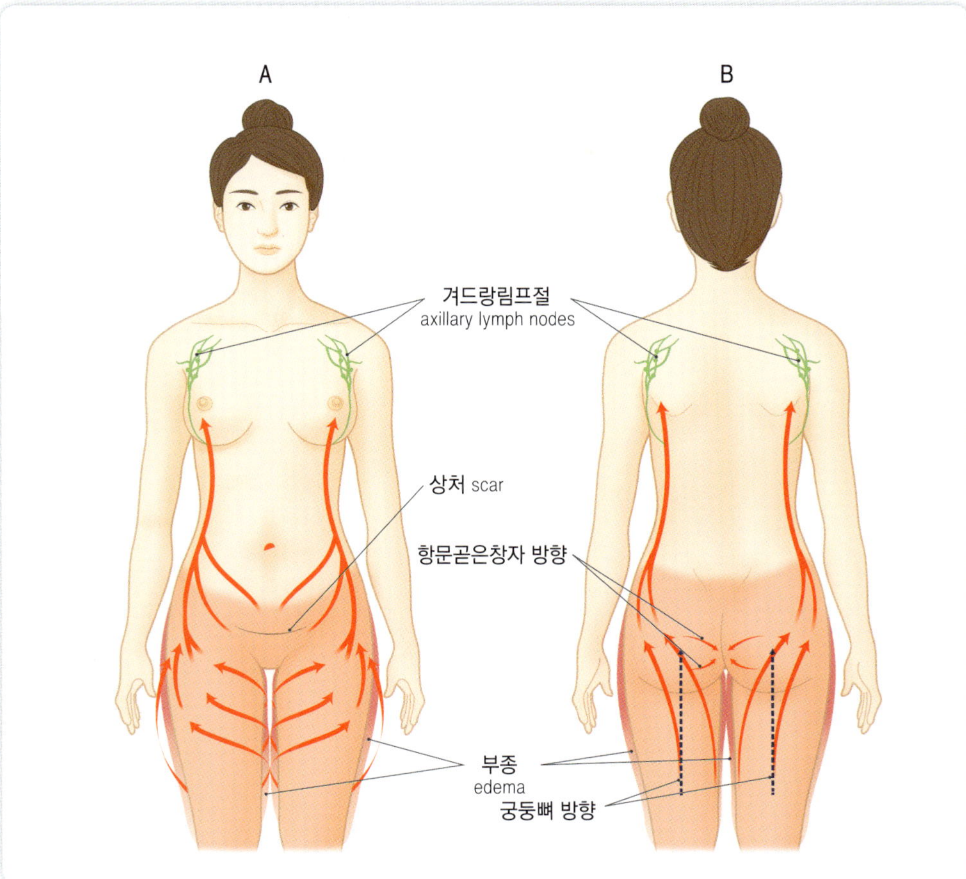

그림 11-12 이차성 양측 다리부종의 이차적 우회로. A: 앞면은 바깥에서 양측 겨드랑림프절 방향, B: 뒷면은 궁둥뼈 방향에서 양측 겨드랑림프절 방향과 항문직장 방향

CHAPTER

12
붕대법 실기

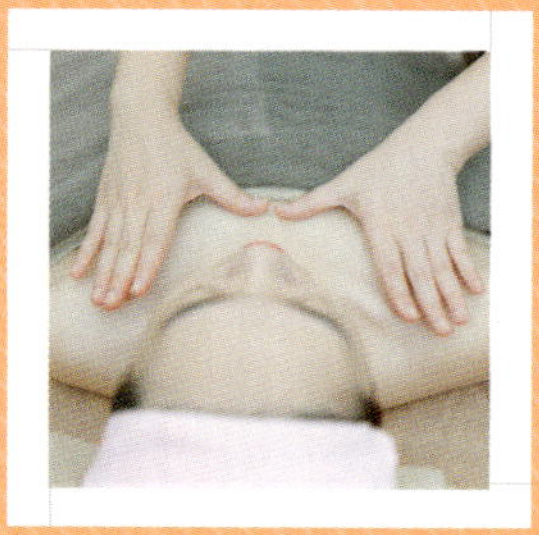
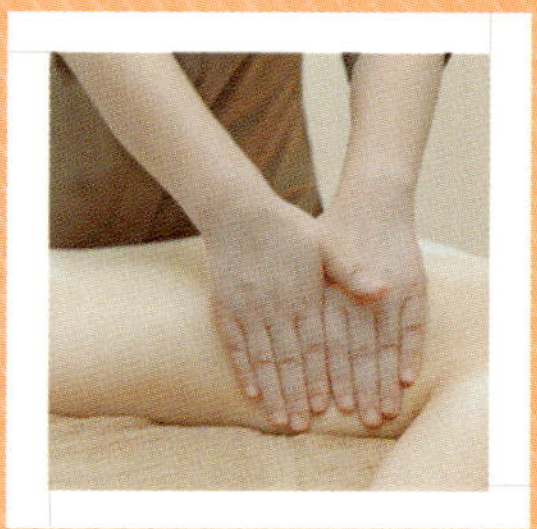

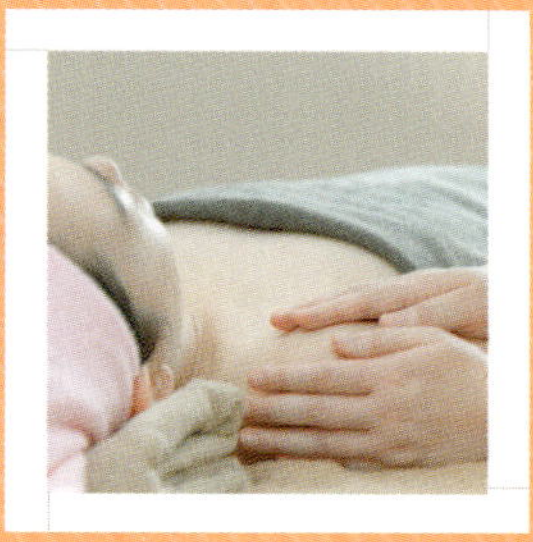
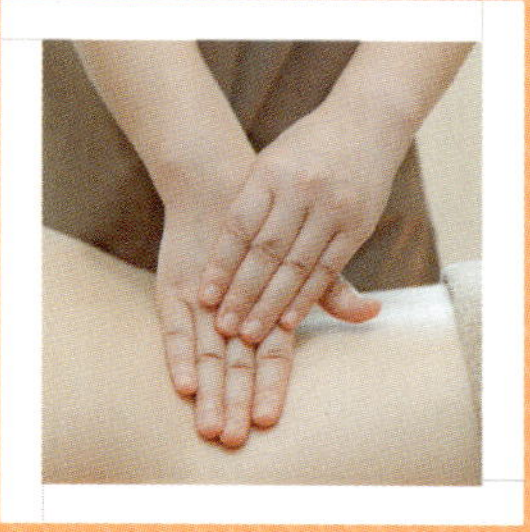
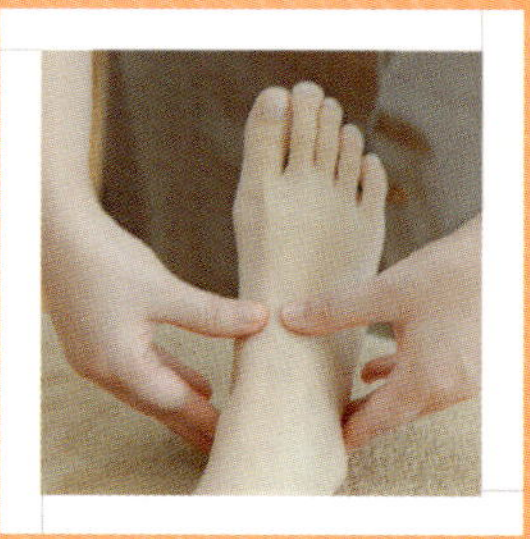

1 점검사항

붕대법을 적용하기에 앞서, 붕대법에 대해 금기증이 있는 경우는 배제해야 한다. 금기증 중에 가장 중요한 것은 진행된 동맥 폐색성 질환(advanced arterial occlusive disease)이다. 발목-팔 혈압지수(ankle-brachial index)가 0.5~0.6 사이의 1 이하(정상은 1 또는 그 이상)이면 일반적으로 압박치료는 적용하지 않는다. 그러므로 붕대나 스타킹을 적용하기 전에 다음과 같은 사항을 미리 숙지하고 점검하는 것이 좋다.

- 붕대를 포함한 모든 종류의 압박법은 말초에서 맥박이 촉지되어야 한다.
- 맥박이 촉지가 안 되는 경우에는 도플러나 혈압 측정 커프를 이용하여 발목-팔 혈압지수를 알아보도록 한다.
- 다리 혈압이 100mmHg 이상인 경우에는 어떠한 종류의 압박법도 제한이 없다.
- 다리 혈압이 70~100mmHg 사이인 경우에는 저탄력 붕대 또는 무탄력 붕대를 아주 작은 압력을 가해 적용할 수 있다.
- 다리 혈압이 70mmHg 이하인 경우에는 압박을 권하지 않는다.

다음의 임상 증상이 있는 경우에는 압박 적용을 제한하며, 적용 시에는 매우 조심스럽게 적용한다.

- 대상부전 심부전증(decompensated cardiac insufficiency)인 경우: 큰 정맥류(large varicose vein)에서 정맥 혈류량이 유입되면서 심장에 부담을 준다.
- 패혈성 정맥염(septicphlebitis)과 같은 염증
- 급성 전격성 심부정맥염(blue phlebitis)이 있는 경우: 압박이 측부 순환을 제한할 수 있다.
- 팔다리에서 감각장애가 있는 경우: 피부 괴사의 발생 위험이 있다.
- 붕대 재질을 몸에서 받아들이지 않는 경우: 다른 재질로 대체한다.
- 보상성 말초 동맥 폐색성 질환(compensated peripheral arterial occlusive disease)의 경우: 아주 작은 압력의 무탄력 재질 붕대를 이용하여 적용할 수 있다.
- 진행성 전신 경화증(sclerosis)과 피부 위축이 있는 경우
- 카포시 육종(Kaposi's sarcoma), 혈관내육종(hemangiosarcoma), 악성 흑생종(malignant melanoma) 등의 악성 종양이 있는 경우

항상 염두에 두어야 할 중요한 원리 중에 하나는 치료적으로 압박법이 적용되는 경우, 환자가 움직일 수 있어야 한다는 것이다. 만약 환자가 움직일 수 없다면, 압박은 부적절한 처치가 될 수 있다.

환자가 가장 범하기 쉬운 실수는 붕대를 너무 헐겁게 적용한다는 것이다. 그러므로 붕대를 감아야 하는 책임을 환자에게 전가시키지 않아야 하며, 치료 전문가에 의해서 붕대가 적용되거나 점검되어야 한다.

2 적용 자세

붕대를 적용할 때는 환자가 편해야 하지만 적용하는 치료사도 원하는 형태로 잘 감겨질 수 있도록 해야 한다. 그러기 때문에 환자가 바로 누운 자세를 취하는 경우, 적용되는 쪽을 심장보다 높게 하여 붕대를 감는 것이 좋다. 발에서 발목으로 붕대를 감을 때는 발을 가능한 90°로 유지하여 보행 시 붕대가 발목에서 겹쳐져 압박이 집중되지 않도록 해야 한다. 무릎을 감을 때는 무릎을 약간 구부린 채 감아야 환자가 일상생활을 편하게 할 수 있다. 만약 환자가 바로 눕거나 앉거나 서는 동작이 원활하지 않는 경우에는 상황에 맞게 가능한 동작에서 감도록 하는데, 관절 부분을 감을 때는 앞의 사항을 염두에 두도록 한다.

3 준비 및 고려사항

팔다리에 붕대를 감기 전에 준비를 해야 할 사항은 피부를 청결히 하는 것부터이다. 수술용 알코올, 액상 비누, 소독약은 흔하게 사용되는 제품이다. 피부의 딱딱한 부분을 제거하고 피부질환이나 궤양이 있는 경우에는 제대로 해당 부위를 치료하고 주변 모든 피부를 깨끗하게 한 후 적용하도록 해야 한다. 발가락 사이처럼 무좀이 흔하게 생길 수 있는 곳은 붕대를 감게 되면 거의 외부와의 연결이 차단이 되어 무좀이 잘 번질 수 있기 때문에 무좀에 대한 치료와 처치에 특별한 관심을 기울여야 한다. 샅이나 겨드랑이까지 붕대를 감는 경우에도 습해서 쉽게 짓무를 수 있기 때문에 감기 전 상태를 잘 점검하고 주기적으로 상태를 점검하도록 한다.

발등 앞쪽, 돌출되어 있는 아킬레스힘줄 주변 또는 팔꿈치 안쪽 등은 솜, 스펀지, 실리콘이나 라텍스 재질의 판 등으로 압력을 보강하거나 피부가 보호될 수 있도록 미리 염두에 두어야 한다.

매우 민감하거나 털이 많이 난 피부에서는 접착성 재질의 붕대를 적용하여 피부표면을 보호할 수 있다. 그러나 이런 종류의 붕대를 적용하기에 앞서, 보호성 거즈 붕대나 원통형의 튜브 붕대 등을 이용하여 직접적으로 접착성 재질이 피부에 닿지 않게 하여 피부를 먼저 보호하도록 한다. 접촉에 민감한 피부인지 아닌지는 환자가 반창고에 민감한 알레르기 반응을 보인 적이 있는지를 확인하면 알 수 있다.

1) 기본 적용 방법

붕대를 적용하기에 앞서, 발목 부분의 움직임이 충분히 이루어질 수 있어야 한다는 것을 염두에 두어야 한다. 그러기 위해서는 두 가지 방법이 있는데, 붕대의 감은 겹수를 적게 하거나 같은 재질의 얇게 만들어진 붕대를 사용하는 것이다. 붕대 적용은 환자의 운동성, 통증 유무, 피부 상태 등을 점검하여 최대로 효과적인 방법을 적용하도록 한다.

기본적으로 붕대를 적용할 때는 붕대를 미리 약간 잡아 당겨 예비 신장(pre-stretching) 상태로 감아야 하고, 단단히 조여서 붕대 골(groove)이 없도록 감아야 한다.

라플라스의 법칙(Laplace's law)에 따르면 탄력 붕대의 예비 신장은 압박 효과(이완 시 압력과 활동 시 압력)를 만들어 내는데 가장 중요한 역할을 한다. 붕대의 신장 정도에 대한 의견은 분분하다. 가로(transverse) 방향으로 신장하는 것을 고려하지 않고도 대략 1 N/cm와 10 N/cm 사이의 신장력이 제시되고 있다.

압박이 적용되는 곳의 둘레가 압력에 영향을 미친다. 30% 정도의 예비 신장으로, 둘레가 26cm의 발목에 적용되는 압력은 등급 1 정도의 압력 스타킹에 해당된다. 반면에 같은 예비 신장력으로 19cm 직경의 발목에 적용하게 되면 등급 2 정도로 압력이 더 많이 나오는 것을 볼 수 있다. 이런 점으로 볼 때, 논리적으로 적은 둘레에서 가해지는 붕대의 예비 신장은 그보다 큰 둘레에 적용되는 예비 신장보다 적어야 한다는 것이 추론될 수 있다. 이 점이 붕대를 감는 데 가장 어려운 점이 된다. 정상적인 다리 둘레는 샅쪽(몸쪽)으로 갈수록 증가하게 되기 때문에 언제나 같은 정도의 예비 신장이 적용되면 적절한 압력 분배가 이루어질 수 있다. 이와 같은 방식으로 적용되어야 압력이 몸쪽으로 갈수록 적어져 정체가 도는 것을 막을 수 있다. 전형적인 팔과 다리의 형태를 가지고 있지 않다면 중간에 압력을 증감시켜 줄 수 있는 패드를 이용하거나 예비 신장력을 조절하여 감아야 하는데, 이는 많은 임상적 경험이 요구된다.

2) 조이는 골 예방하기

조이는 골은 붕대의 가장자리에 의해서 많이 발생이 되는 길고, 좁은 표면의 눌림 자국을 말한다(그림 12-1). 이러한 자국이 생기게 되면 피부 표면의 혈액과 림프가 그 아래 진피 밑으로 흘러가는 것을 막게 되고, 연속적으로 기계적인 말초 정체와 혈관 움직임의 반작용이 부종의 형태로 일어나게 된다. 정맥을 꽉 조이게 해서 정맥 혈류가 심장 쪽으로의 이동하는 것을 방해하는 거들, 조이는 속옷 등의 조이는 옷과 치료를 위해 적절한 압박을 만드는 붕대나 스타킹 등 또한 잘 구분해서 적용해야 특정 부분이 조이는 문제가 발생하지 않게 할 수 있다.

조이는 골을 만들지 않기 위해서는 다음 두 가지 사항을 아는 것이 중요하다.

첫째, 골은 무탄력 또는 저탄력 붕대를 적용할 때 가장자리 부분에서 발생한다. 가장자리 부분은 붕대와 접촉면의 경계 부분에서 붕대를 잡아 당겨 감기 때문에 조이게 된다. 특히, 잡고 있는 붕대가 피부 표면으로부터 멀리 떨어져 있는 경우에는

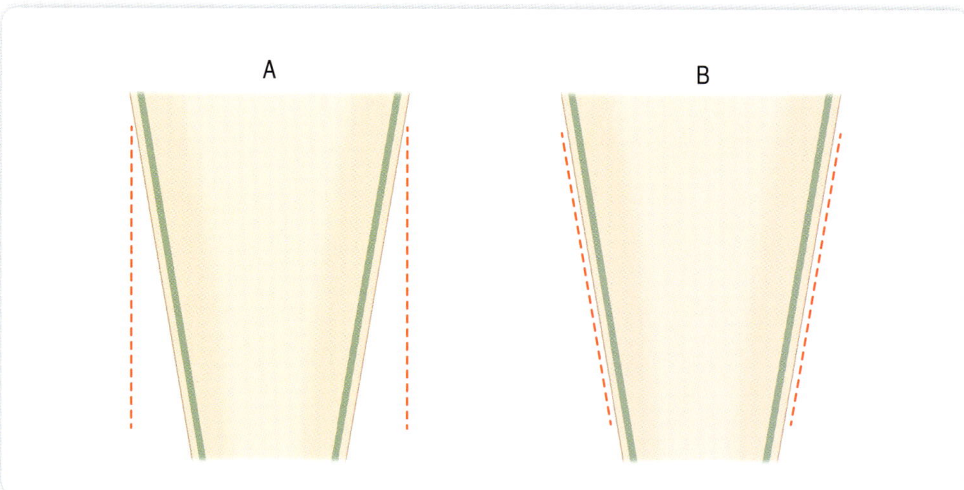

그림 12-1 붕대의 가장자리에 의해서 만들어지는 조이는 골.
A: 붕대의 상부 가장자리에 골이 생김, B: 압력이 잘 분포되어 골이 생기지 않는다.

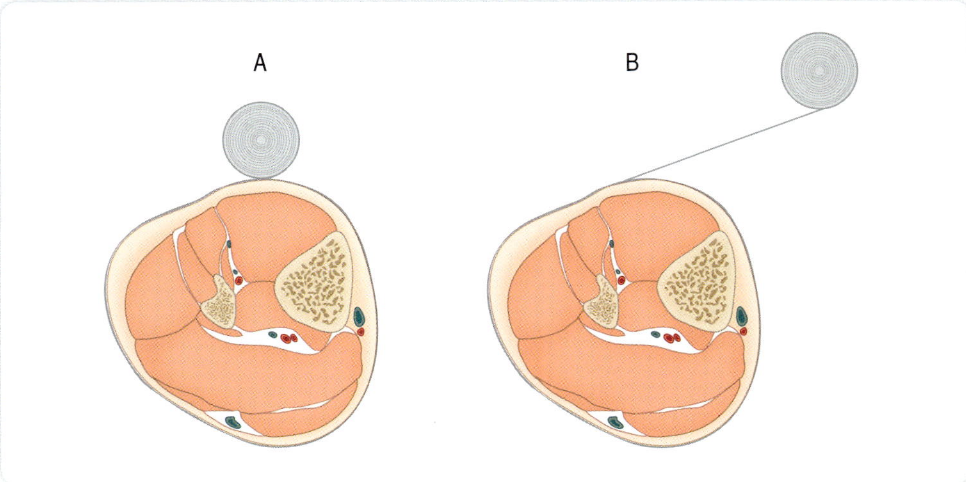

그림 12-2 붕대를 감을 때, 잡고 있는 붕대의 위치.
A: 붕대가 항상 피부에 접촉되도록 해야 하며, 이 상태에서 붕대를 풀어야 한다. B: 붕대를 피부에서 멀리 잡고 감게 되면 붕대의 가장자리 부분에 불규칙한 압력이 가해져서 조이는 골을 만들게 된다.

이러한 현상이 잘 일어난다. 피부 위에서 붕대의 가장자리가 이렇게 끼이는 것을 막기 위해서는 피부 표면에서 바로 붕대가 감겨질 수 있도록 하는 것이 좋으며, 이때 감는 방향으로 옆으로 약간 잡아당기도록 한다(그림 12-2). 붕대가 피부에 너무 느슨하게 감겨지게 되면 오히려 감겨진 부분이 정상적인 외형을 갖지 못할 수도 있다.

둘째, 조이는 골은 붕대가 미끄러지면서 생길 수 있다. 만약 너무 느슨하게 감는 경우에는 한쪽이 튀어나올 수도 있고 림프나 혈액 순환을 차단할 수 있다. 붕대가 흘러 내려오는 것은 부종의 형태에 따라서 다른데, 특히 다리의 경우에는 그림 12-3과 같은 외형에 따라 붕대가 잘 유지될 수도 또는 잘 흘러내릴 수도 있다.

정상적인 형태의 다리의 경우(그림 12-3-A)에는 C(종아리 부분에서 가장 큰 부분)보다 D가 더 좁기 때문에 잘 흘러내리지 않는다. 그러나 기둥 형태(그림 12-3-B)와 병 형태(그림 12-3-C)의 다리는 위와 아래가 거의 동일 또는 아래가 좁아지기 때문에 붕대가 잘 유지되지 않고 흘러내리는 경향이 있다. 붕대가 흘러내리게 되면, 둘레가 크지 않은 부분에서 붕대가 몰리면서 골이 형성된다. 이러한 문제는 접착성 붕대를 적절히 사용하게 되면 좋은 효과를 거둘 수 있다.

넙다리 부분은 항상 역삼각형이 되기 때문에 다리가 시작되는 샅 쪽은 둘레가 가장 클 수밖에 없다. 그러기 때문에 항상 미끄러지는 문제가 발생된다. 특히, 비만이

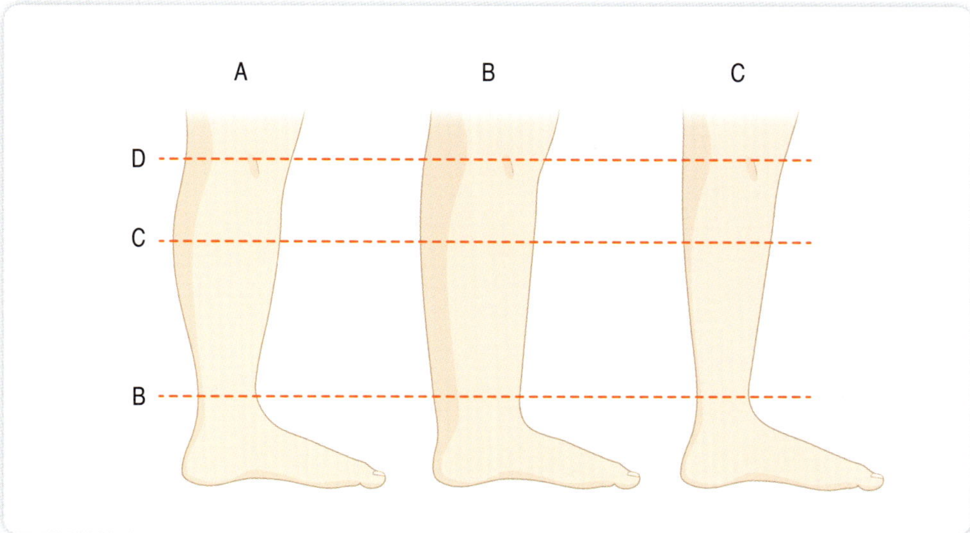

그림 12-3 다리의 세 가지 형태. A: 정상 형태(D < C > B) B: 기둥 형태(D = C = B) C: 병 형태(D > C > B)

있는 경우는 더욱 잘 흘러내린다. 이런 문제는 다리의 경우와 비슷하게 알레르기 위험이 있기는 하지만 접착성 붕대를 사용하면 된다. 피부와 붕대 사이에 접착성 붕대를 이용하여 덧대는 것은 피부에 붕대가 잘 유지될 수 있도록 해 준다. 덧대는 접착성 붕대는 폴리우레탄(polyurethane) 또는 플란넬(flannel) 붕대 등이 있다. 비슷한 용도로, 아연 반창고(zinc paste) 또는 접착성 붕대 등이 의료용 압박 스타킹을 신을 때 추천되기도 한다.

4 팔 붕대법

■ 기본 준비물

큰 거즈(손가락에서 어깨 이상의 길이), 손가락 붕대 2개, 솜 또는 스펀지 붕대 10cm 1개, 손등 패드(생략 가능), 붕대 6cm 1개/8cm 1개/10cm 2개(그림 12-4)

■ 준비

① 큰 거즈를 착용한다(한쪽에 구멍을 내어 엄지손가락이 나오게 하고, 주먹까지 덮여지게 하며 어깨 위로 여유 있게 착용한다).

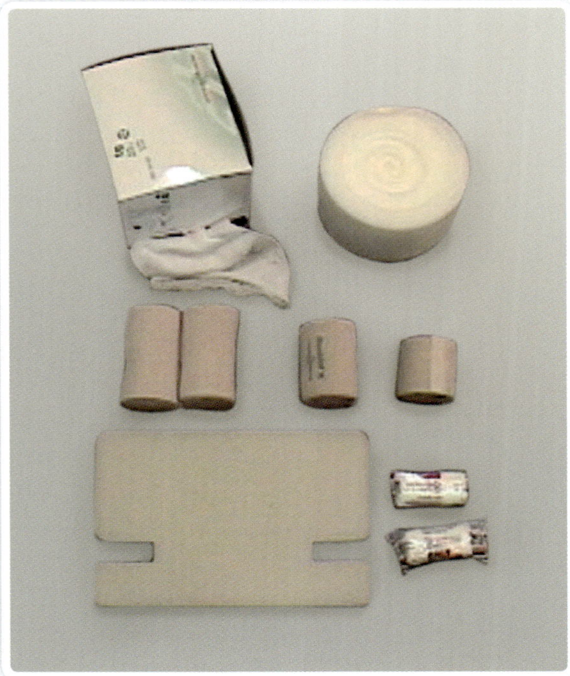

그림 12-4 팔 붕대의 기본 준비물

② 10cm 솜붕대를 손목에 한번 감고 새끼손가락 쪽에서 손등으로 올라와 엄지손가락과 집게손가락 사이로 나오게 하는데, 이때 솜붕대의 폭이 크므로 적절하게 위로 접도록 한다. 그 다음 손바닥에서 위로(어깨 방향) 감아올린다. 이때 주의할 점은 팔꿈치가 접히는 부분은 두 번 내지 세 번 정도 덧대도록 하고 어깨까지 충분히 감아올린다.

붕대감기

1. 손가락 붕대

1inch(2.5cm) 붕대로 손목에서 시작하여 집게손가락 쪽으로 가서 손톱을 반 정도 감고 붕대가 반 정도씩 겹치게 감아 내려온다. 집게손가락을 다 감게 되면 엄지손가락 방향의 손목으로 와서 손목 밑으로 내려와 다시 새끼손가락 쪽 손목으로 나와 가운뎃손가락을 집게손가락과 같은 방법으로 감는다. 이와 동일한 방법으로 약손가락까지 감고 새끼손가락은 왼쪽에서 오른쪽으로 감아 내려와서 나머지 엄지손가락을 감고, 손가락 사이를 확인해서 부족하게 감긴 부분을 보충한다(손가락 붕대는 2~3개 정도 소요).

2. 솜 또는 스펀지 붕대 10cm(필요 시 손등 패드)

10cm 솜 또는 스펀지 붕대를 손등에서부터 감는데 붕대 한 쪽에 엄지손가락이 들어갈 수 있는 구멍을 만들어 엄지손가락을 끼운 상태에서 감는 것이 좋다. 손등을 한 번 감고 바로 일정한 비율로 겨드랑이 부근까지 감는다. 손등 패드가 있다면 손등 패드를 대고 솜 또는 스펀지 붕대를 손목부터 감아 올라가면 된다.

3. 붕대 6cm

손가락과 마찬가지로 손목에서 시작하여 엄지손가락과 집게손가락 사이로 가서 엄지손가락의 움직임에 지장 없게 붕대를 바깥쪽으로 접고, 손바닥을 감고 새끼손가락으로 나와서 손등을 감고 손목을 돌아 새끼손가락 쪽으로 나와 주먹 있는 부분을 감고, 다시 손바닥과 새끼손가락을 거쳐 전과 같은 방법으로 손등과 손목을 거친 다음 다시 주먹 있는 부분을 감는다. 이때는 좀 더 압력을 주기 위해서 붕대의 반을 위로 접어올린채로 감는다. 계속해서 동일한 요령으로 주먹 있는 부분을 중심으로 한번은 그냥 감고 한번은 반을 접어 감는 식으로 끝까지 감고 마지막은 손목에서 마무리한다.

4. 붕대 8cm

6cm 붕대가 끝난 부분에 이어서 감는다. 손목에서 시작하여 손바닥으로 오는데 엄지손가락과 집게손가락 사이로 나오게 해서 붕대를 3등분으로 접고, 주먹을 한 번 감아 압력을 보강하고 동일한 압력으로 팔꿈치 전까지 감는다.

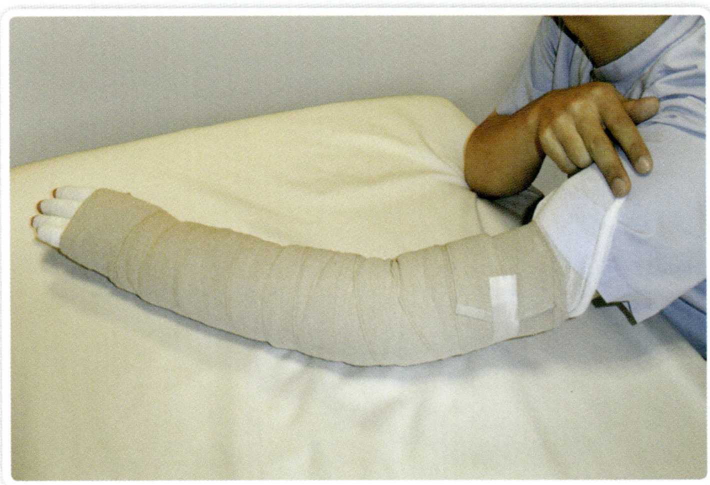

그림 12-5 팔 붕대 착용 예

5. 붕대 10cm

8cm 붕대가 끝난 부분에 이어서 감는다. 이때 팔꿈치 위로 올라가지 말고 팔목 있는 부분으로 다시 내려왔다가 다시 압력을 점검하면서 위로 올라간다.

6. 붕대 10cm(또는 12cm)

10cm 붕대가 끝난 부분에 이어서 감는다. 겨드랑이까지 서서히 일정한 압력으로 골고루 감아 올려 마무리 한다. 부종의 크기에 따라서 10cm를 12cm 붕대로 감아도 된다(그림 12-5).

5 다리 붕대법

■ 기본 준비물

큰 거즈(발가락에서 샅 이상의 길이), 발가락 붕대 1개, 솜 또는 스펀지 붕대 10cm 2개, 발등 패드(생략 가능), 붕대 8cm 1개/10cm 3개/12cm 2개, 강낭콩 형태의 패드 2개(그림 12-6)

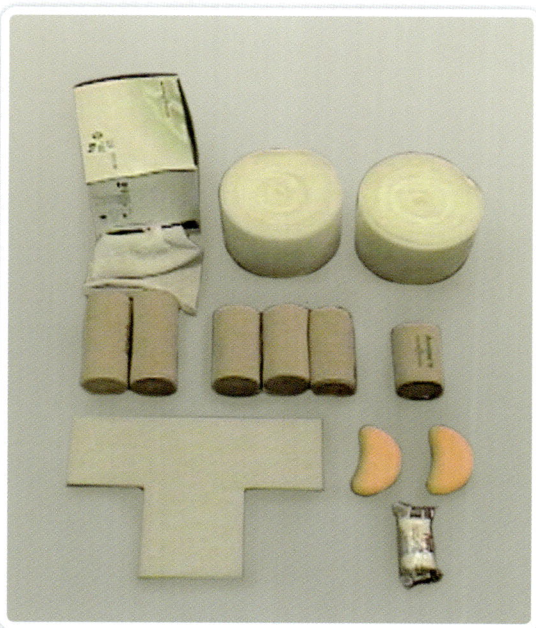

그림 12-6 다리 붕대의 기본 준비물

■ 준비

큰 거즈를 신는다(발가락이 보이게 하여 위로 올려 신고, 살까지 충분히 여유 있게 올린다).

■ 붕대감기

1. 발가락 붕대

발가락 붕대를 발등에서 시작해서 엄지발가락의 먼쪽부터 발톱이 약간 보이는 정도로 감아 올라가기 시작한다(평균 3~4회 정도 감는다). 엄지발가락과 두 번째 발가락 사이까지 감게 되면 발등 쪽으로 가서 다시 발바닥으로 붕대를 돌려 두 번째 발가락으로 온다. 두 번째 발가락을 엄지발가락과 동일한 방법으로 감는다. 이 다음 두 번째부터 네 번째 발가락까지 동일한 방법으로 감는다.

2. 솜 또는 스펀지 붕대 10cm

10cm 솜 또는 스펀지 붕대를 발가락이 구부러지는 부위부터 감아 올리는데, 양쪽 복숭아뼈 있는 곳에는 강낭콩 모양 패드의 볼록한 면을 가로 방향으로 대고, 그 위로 솜붕대를 덧대서 감아 무릎 밑까지 감도록 한다. 발등 패드가 있다면 발등 패드를 대고 솜 또는 스펀지 붕대는 발목부터 감아 올라가면 된다.

3. 붕대 8cm

8cm 붕대를 발가락이 시작되는 관절 부분과 발등을 4~5회 정도 감은 다음 발목을 90° 유지시킨 상태로 발목 뒤로 가서 발목을 돌아 다시 발등으로 와서 감고, 다시 발목을 돌아 발등 부분을 감는다. 조금씩 발목 쪽으로 붕대를 이동하면서 4~5회 정도 X자 형태로 감아 발등에 쐐기 모양이 될 수 있도록 한다. 마지막은 발목에서 마무리한다.

4. 붕대 10cm ①

10cm 붕대를 발목에서 한 번 감고, 발뒷꿈치를 한번 감은 다음, 발목을 돌아 발뒤꿈치 감은 붕대의 윗쪽 가장자리를 한 번 감싸고 바로 발등 쪽으로 와서 발뒤꿈치를 감은 붕대의 아래쪽(발바닥 부분)에 있는 가장자리를 감싸고 발목 위로 올라가 마무리한다.

5. 붕대 10cm ②

10cm 붕대를 무릎 바로 아래에서 시작해 발목 방향으로 내려갔다가 다시 올라와

무릎 아래에서 마무리한다. 여기서 반창고로 첫 번째 고정을 한다.

6. 솜 또는 스펀지 붕대 10cm

솜 또는 스펀지 붕대를 무릎부터 감기 시작해서 샅까지 가는데, 무릎 뒤는 관절이 접히는 부분이므로 두세 번 정도 덧대는 것이 좋다.

7. 붕대 10cm ③

10cm 붕대를 무릎 아래에서 시작해 무릎의 바로 윗부분까지 붕대를 골고루 이용해 감도록 한다. 무릎이 굽어질 때 무릎뼈가 붕대 밖으로 튀어 나오지 않도록 무릎 위로 올라갈 때는 무릎뼈를 X자 형태로 만들어 주기 위해 무릎뼈를 지나 무릎 위까지 올렸다가 다시 내려오면서 무릎뼈를 지난다. 이렇게 X자 형태로 무릎뼈를 지지해 준 다음 일정하게 무릎 위로 올라가면서 넙다리에서 마무리한다. 여기서 반창고로 두 번째 고정을 한다.

8. 붕대 12cm

12cm 붕대 2개를 이용하여 무릎 바로 위 넙다리에서 시작해 넙다리부와 샅을 감는다. 여기서는 붕대를 사용할 때마다 반창고를 각각 붙인다.

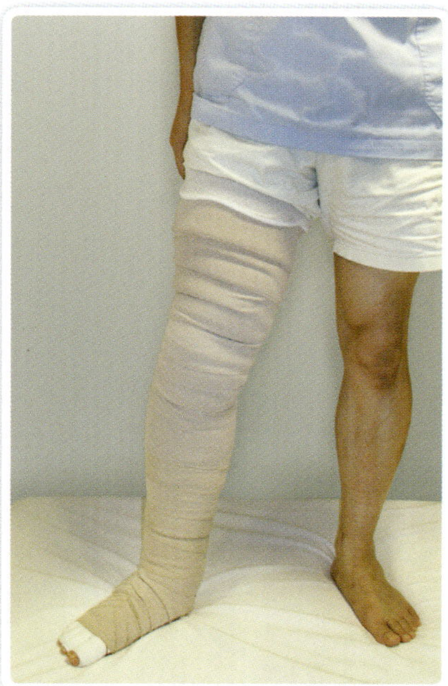

그림 12-7 다리 붕대 착용 예

참고문헌

권혁미, 김성중, 김귀정(2002). 피부 미용에서의 엠엘디 소개. **한국미용학회지**. 8(2), 85–91.

김성중, 노효련(2010). 하지 비대의 평가와 관리에 대한 이론적 연구. **대한피부미용학회지**, 8(1), 165–176.

김성중, 박용덕(2008). Effects of complex decongestive physiotherapy on the oedema and the quality of life of lower unilateral lymphoedema following treatment for gynecological cancer. *European Journal of Cancer care. 17,* 463–468.

김성중, 소운영(2006). 비뇨기 암으로 인한 남성 외성기 림프부종의 물리치료–사례연구. **대한물리치료학회지**. 21(4), 103–109.

김성중, 심정묘 외(2007). 아로마 마사지가 림프부종에 미치는 영향. **한국전문물리치료학회지**, 14(3), 1–8.

김성중, 심정묘, 김주상(2003). Dr. Vodder's MLD. **한국전문물리치료학회지**, 10(4), 105–116.

김성중, 심정묘(2008). 줄자를 이용한 복부둘레 측정 시 측정자간, 측정자내 신뢰도 측정에 관한 연구. **한국미용학회지**, 14(1), 150–157.

김성중, 양회송, 윤정규(2003). 스펀지 패딩을 이용한 붕대법이 부종 감소에 미치는 영향. **한국전문물리치료학회지**, 10(3), 53–45.

김성중, 황지혜(1999). 림프부종 환자의 보존적 치료법. **한국전문물리치료학회지**, 6(1), 62–73.

김성중(2002). **림프부종**. 정담미디어.

김성중(2006). 스웨디쉬 마사지가 승모근의 근전도 활성도에 미치는 영향. **코칭능력개발지**, 8(2), 345–352.

김성중(2009). 유지기 림프부종환자에서 MLD가 부종과 삶의 질에 미치는 영향. **대한물리치료학회지**, 21(4), 89–96.

김성중(2006). Measurement of quality of life of breast cancer patients with arm lymphedema using the SF–36. **한국전문물리치료학회지**, 13(4), 87–93.

용준환 외(2002). **인체 해부 생리학**. 정담미디어.

Albertini JJ, Lyman GH, Cox C, et al(1996). Lymphatic mapping and sentinal node biopsy in the patient with breast cancer. *JAMA, 276,* 1818–1822.

Bloom JR, Stewart SL, Chang S, et al(2004). Then and now: Quality of life of young breast cancer survivors. *Psychooncology, 13*(3), 147–160.

Brennan MJ, DePompolo RW, Garden FH(1996). Focused review: Postmastectomy lymphedema. *Arch Phys Med Rehabil, 77,* s74–s80.

Broeckel JA, Jacobsen PB, Balducci L, et al(2000). Quality of life after adjuvant chemotherapy for breast cancer. *Breast Cancer Res Treat, 62,* 141–151.

Bruno C(2001). *Theory and Practice of Lymph Drainage Therapy (1st ed).* I.H.H.Publishing, AZ: Scottsdale.

Casley–smith JR, Casley–smith JR(1994). *Modern treatment for lymphedema.* The Lymphoedema Association of Australia, Inc.: Adelaide.

Casley-smith JR, Casley-smith JR(1996). Treatment of lymphedema by complex physical therapy, with and without oral and topical benzopyrones: What should therapists and patients expect. *Lymphlogy, 29*, 76-82.

Cavezzi A, Michelini S(1998). *Phlebolymphoedema*. Edizioni P.R.

Dicken SC, Lerner R, Klose G, et al(1998). Effective treatment of lymphedema of the extremities. *Arch Surg. 133*, 452-458.

Didem K, Ufuk YS, Serdar S, et al(2005). The comparison of two different physiotherapy methods in treatment of lymphedema after breast surgery. *Breast Cancer Res Treat, 93*(1), 49-54.

Dow KH, Ferrell BR, Leigh S, et al(1996). An evaluation of the quality of life among long-term survivors of breast cancer. *Breast Cancer Res Treat, 39*(3), 261-273.

Fisher, AA(1987). Pressure algometry over normal muscles. Standard values, validity, and reproducibility of pressure threshold. *pain, 30*, 115-126.

Foldi E, Foldi M, Weissleder H(1985). Conservative Treatment of Lymphedema of the Limbs. *Angiology, 36*, 171-180.

Foldi E, Foldi M(1991). *Lymphoedema; Methods of Treatment and Control (5th ed)*. Stuttgart: Gustav Fischer Verlag. 63-98.

Foldi M(1994). Treatment of lymphedema. *lymphology. 27*, 1-5.

Franzeck UK, Spiegel I, Fischer M, et al(1997). Combined physical therapy for lymphedema evaluated by fluorescence microlymphography and lymph capillary pressure measurements. *J. Vasc. Res, 34*, 306.

Ganz PA, Day R, Ware JE Jr, et al(1995). Baseline quality of life assessment in the National Surgical Adjuvant Breast and Bowel Breast Cancer Prevention Trial. *J Natl Cancer Inst, 87*, 1372-1382.

Ganz PA(1997). Sexual functioning after breast cancer: A conceptual framework for future studies. *Ann Oncol, 8*, 105-107.

Hutzschenreuter PO, Wittlinger H, Wittlinger G, et al(1991). Post-mastectomy arm lymphedema: Treated by manual lymph drainage and compression bandaging therapy. Arch. *Phys. Med. Rehabil, 1*, 166.

Hwang JH, Kwon JY, Lee KW, Choi JY, et al(1999). Changes in Lymphatic Functions after Complex Physical Therapy for Lymphedema. *Lymphology, 32*(1), 15-21.

Johansson K, Lie E, Ekdahl C, et al(1998). A randomized study comparing manual lymph drainage with sequential pneumatic compression for treatment of post-operative arm lymphedema. *Lymphology, 31*, 56-64.

Kasseroler RG(1998). *Compendium of Dr. Vodder's Manual Lymph Drainage*. Heidelberg: HAUG. Karl F Haug Verlag. 49-194.

Kasseroller RG(1998). The Vodder School: The Vodder Method. *Cancer. 83*(12), 1840-2842.

Ko, DS, Lerner R, Klose G, et al(1998). Effective treatment of lymphedema of the extremities. *Arch. Surg, 133*, 452.

Launois R, Megnigbeto A, LeLay K, et al(2001). A specific quality of life scale in upper limb lymphoedema: The ULL-27 questionnaire. *Value Health. 4*(6), 407-408.

Lee CO(1997). Quality of life and breast cancer survivors. Psychosocial and treatment issues. *Cancer Pract, 5,* 309-316.

Liao SF, Huang MS, Li SH, et al(2004). Complex decongestive physiotherapy for patients with chronic cancer-associated lymphedema. *J Formos Med Assoc, 103*(5), 344-348.

MacWayne J, Heiney S(2005). Psychologic and Social Sequelae of Secondary Lymphedema. *Cancer, 104*(3), 457-466.

Moffatt CJ, Franks PJ, Doherty DC, et al(2003). Lymphoedema: An underestimated health problem. *Q J Med, 96*(10), 731-738.

Mortimer PS, Bates DO, Brassington HD, et al(1996). The prevalence of arm oedema following treatment for breast cancer. *Q J Med, 89,* 377-380.

Moyer A(1997). Psychosocial outcomes of breast-conserving surgery versus mastectomy: A meta-analytic review. *Health Psychol, 16,* 284-298.

Olszewski WL(1991). *Lymph Stasis: Pathophysiology Diagnosis and Treatment.* In: Olszewski WL. Clinical picture of lymphedema. CRC Press.

Pain SJ, Vowler SL, Purushotham AD(2003). Is physical function a more appropriate measure than volume excess in the assessment of breast cancer-related lyumphoedema(BCRL)? *Eur J Cancer, 39,* 2168-2172.

Partsch H, Rabe E, Stemmer R(2002). *Compression therapy of the extremities.* E.P.F.: Paris.

Passik SD, McDonald MV(1998). Psychosocial aspects of upper extremity lymphedema in women treated for breast carcinoma. *Cancer, 83*(12 Suppl Am), 2817-2820.

Pereira de Godoy JM, Braile DM, de Fatima Godoy M, et al(2002). Quality of life and peripheral lymphedema. *Lymphology, 35,* 72-35.

Peto R, Boreham J, Clarke M, et al(2000). UK and USA breast cancer deaths down 25% in year 2000 at ages 20-69 years. *Lancet, 355,* 1822.

Shumacker HB(1981). Management of Moderate Lymphedema. *Arch Surg, 116,* 1097-1098.

SJ Kim, OY Kwon, CW Lee(2007). Effect of complex decongestive therapy on edema and the quality of life in breast cancer patients with unilateral lymphedema. *Lymphology, 40,* 143-151.

SJ Kim, OY Kwon, CW Lee(2009). Effects of manual lymph drainage on cardiac autonomic tone in healthy subjects. *International Journal of Neuroscience, 119,* 1105~1117.

SJ Kim(2011). The Long-Term Effects of Complex Decongestive Physical Therapy on Lower Extremity Secondary Lymphedema and Quality of Life. *journal of physical therapy science, 23*(1), 155-159.

Velanovich V, Szymanski W(1999). Quality of life of breast cancer patients with lymphedema. *Am J Surg, 177*(3), 184-187.

Velanovich V(1998). Axillaury lymph node dissection for breast cancer: A decision analysis of T1 lesions. *Ann Surg Oncol, 5,* 131-139.

Wapnir IL, Cody RP, Greco RS(1996). Superior quality of life following lumpectomy-axillay dissection in patients with stage Ⅰ and stage Ⅱ breast cancer. *Surg Forum, 47,* 635–637.

Ware JE, Kosinski M, Gandek B(2004). *SF-36 Health Survey: Manual and interpretation guide.* QualityMetric Incorporated, RI: Lincoln.

Weiss JM, Spray BJ(2002). The effect of complete decongestive therapy on the quality of life of patients with peripheral lymphoedema. *Lymphology, 35*(2), 46–58.

Weissleder H, Schuchhardt C(2001). *Lymphedema Diagnosis and Therapy.* Viavital Verlag Gmbh.

Wittlinger H, and G(1998). *Textbook of Dr. Vodder's Manual Lymph Drainage. Volume 1: Basic Course (6th ed).* HAUG.

Woods M(1995). Sociological factors and psychosocial implications of lymphoedema. *Int J Palliat Care, 1*(1), 17–20.

네이버 백과사전(http://100.naver.com/100.nhn?docid=775355)

네이버 백과사전(http://100.naver.com/100.nhn?docid=155655)

찾아보기

A

B

C

V